平成30事業年度　総合農協統計表

STATISTICS　ON AGRICULTURAL COOPERATIVES

－2018 BUSINESS YEAR－

経営局協同組織課編

AGRICULTURAL COOPERATIVES DIVISION

MANAGEMENT IMPROVEMENT BUREAU

MINISTRY OF AGRICULTURE, FORESTRY AND FISHERIES

GOVERNMENT OF JAPAN

は　し　が　き

この統計表は、農業協同組合統計表のうち、総合農協に関するもので、平成30事業年度における総合農協の組織、財務及び事業について取りまとめたものです。

調査項目については、基本的には従来から実施してきた調査項目を踏襲しており、都道府県別集計のほか農業地帯別集計及び組織規模別集計を実施し、年度間比較の便に供し得るように配慮しました。

この統計表を、農業協同組合の全容を把握するための基礎資料として活用されれば幸いです。

この統計表の作成に当たって、多忙の中で多大の御協力をいただいた都道府県担当者及び農業協同組合関係者の方々に、ここで改めて深甚なる謝意を表します。

令和２年３月

農林水産省経営局協同組織課長

日　向　　　彰

目　次

Contents

第1部　都道府県別統計表

Statistics of Coops. by Prefecture

例　言

Introduction

第２部　農業地帯別組織規模別統計表
Statistics of Coops. by Agricultural Areas & Regular Membership

第1部　都道府県別統計表

Statistics of Coops.by Prefecture

例　　　　言

1　この調査は、調査票を都道府県農業協同組合主管課を通じて総合農協へ配付、回収し、農林水産省において取りまとめたもので、平成30年４月１日から平成31年３月31日までの間の一事業年度について、組織、財務及び事業の状況を調査したもので、時点に関するものは各組合の事業年度末現在である。

2　平成31年３月31日現在の総合農協は649組合である。しかしながら、その中には事業停止等の総合農協があるため調査対象総合農協は639組合となり、調査票を集計できた総合農協も同じく639組合となった。

3　この調査は、組合の事業年度が12か月のものの結果であるが、合併あるいは定款変更に基づき事業年度を変更したことにより過渡的に一事業年度が12か月に満たない場合には、調査票を記入するに当たって事業量等を便宜上12か月間にして記載した。

4　この統計表に用いた平成25、26、27、28、29年度の数字は、平成25、26、27、28、29事業年度総合農協統計表から引用した。

5　この統計表の一組合当たり平均は、各集計数値を原則として集計組合数である639で除したものである。

6　この統計表における単位については、その都度当該表に記してあるとおりであるが、金額の単位については、職員給与に関するものの一部、度数分布の級区分及び共済金額の単位など、千円単位でないものもある。

7　この統計表に用いた略号は次のとおりである。

「－」：事実不詳又は該当がないもの

「▲」：負数であるもの

「Ｘ」：団体に関する秘密を保護するため、統計数値を公表しないもの

8　説明を要するものについては、その都度欄外に脚注を設けてあるので、当該数字を利用する場合には必ず参照されたい。

総合農協…信用事業を行う農協（平成８年３月末より信用事業を行う専門農協については総合農協に含める。また、平成29年３月末より、農林中央金庫及び特定農水産業協同組合等による信用事業の再編及び強化に関する法律（平成８年法律第118号）（以下「再編強化法」という）第42条第1項に基づき、信用事業の譲渡を行い業務の代理を行っている農協を総合農協に含める。）

調　　査　　状　　況
Number of Agricultural cooperatives Surveyed

（単位：組合）
(Unit:coop.)

	事業年度 Business Year	集計組合数 Total number of coops. surveyed	うち合併組合（昭和36.4.1以降）of which. Amalgamated cooperatives (After April. 1961)	うち特定組合 of which. specified coops	未調査組合数 Number of coops.not surveyed 計 Total	未報告組合数 Number of unreport coops 事業停止 Business suspended coops.	その他 Others	小計 Sub-total	集計除外組合数 Number of coops report-ed but not surveyed	都道府県 Prefectures
	平25(2013)	712	630	156	21	21	-	21	-	
	平26(2014)	692	610	159	19	19	-	19	-	
	平27(2015)	686	603	163	19	19	-	19	-	
	平28(2016)	661	586	167	19	19	-	19	-	
	平29(2017)	657	585	173	17	17	-	17	-	
	平30(2018)	639	565	178	18	18	-	18	-	
	1 北海道	109	71	-	7	7	-	7	-	1 Hokkaido
東北	2 青森	10	10	-	-	-	-	-	-	2 Aomori
	3 岩手	7	7	1	2	2	-	2	-	3 Iwate
	4 宮城	14	13	-	-	-	-	-	-	4 Miyagi
	5 秋田	13	12	-	-	-	-	-	-	5 Akita
	6 山形	15	12	-	-	-	-	-	-	6 Yamagata
	7 福島	5	5	-	-	-	-	-	-	7 Fukushima
	小計	64	59	1	2	2	-	2	-	Subtotal
関東	8 茨城	20	19	4	-	-	-	-	-	8 Ibaraki
	9 栃木	10	10	8	2	2	-	2	-	9 Tochigi
	10 群馬	15	15	-	-	-	-	-	-	10 Gunma
	11 埼玉	16	14	8	1	1	-	1	-	11 Saitama
	12 千葉	19	16	7	-	-	-	-	-	12 Chiba
	13 東京	15	14	7	-	-	-	-	-	13 Tokyo
	14 神奈川	13	13	10	-	-	-	-	-	14 Kanagawa
	15 山梨	11	11	-	-	-	-	-	-	15 Yamanashi
	16 長野	18	14	9	-	-	-	-	-	16 Nagano
	17 静岡	18	16	13	-	-	-	-	-	17 Shizuoka
	小計	155	142	66	3	3	-	3	-	Subtotal
北陸	18 新潟	24	24	11	-	-	-	-	-	18 Niigata
	19 富山	15	14	5	-	-	-	-	-	19 Toyama
	20 石川	17	16	6	-	-	-	-	-	20 Ishikawa
	21 福井	12	12	1	-	-	-	-	-	21 Fukui
	小計	68	66	23	-	-	-	-	-	Subtotal
東海	22 岐阜	7	6	7	-	-	-	-	-	22 Gifu
	23 愛知	20	20	18	-	-	-	-	-	23 Aichi
	24 三重	11	11	10	-	-	-	-	-	24 Mie
	小計	38	37	35	-	-	-	-	-	Subtotal
近畿	25 滋賀	16	15	8	-	-	-	-	-	25 Shiga
	26 京都	5	5	1	-	-	-	-	-	26 Kyoto
	27 大阪	14	13	8	-	-	-	-	-	27 Osaka
	28 兵庫	14	13	7	-	-	-	-	-	28 Hyogo
	29 奈良	1	1	1	-	-	-	-	-	29 Nara
	30 和歌山	8	8	1	-	-	-	-	-	30 Wakayama
	小計	58	55	26	-	-	-	-	-	Subtotal
中国・四国	31 鳥取	3	3	3	-	-	-	-	-	31 Tottori
	32 島根	1	1	1	-	-	-	-	-	32 Shimane
	33 岡山	9	9	3	-	-	-	-	-	33 Okayama
	34 広島	13	13	2	3	3	-	3	-	34 Hiroshima
	35 山口	12	11	4	2	2	-	2	-	35 Yamaguchi
	36 徳島	15	14	1	-	-	-	-	-	36 Tokushima
	37 香川	1	1	-	-	-	-	-	-	37 Kagawa
	38 愛媛	12	11	3	-	-	-	-	-	38 Ehime
	39 高知	4	3	-	-	-	-	-	-	39 Kochi
	小計	70	66	17	5	5	-	5	-	Subtotal
九州	40 福岡	20	20	4	-	-	-	-	-	40 Fukuoka
	41 佐賀	4	3	2	-	-	-	-	-	41 Saga
	42 長崎	7	7	-	-	-	-	-	-	42 Nagasaki
	43 熊本	14	13	3	-	-	-	-	-	43 Kumamoto
	44 大分	5	3	-	-	-	-	-	-	44 Oita
	45 宮崎	13	11	-	-	-	-	-	-	45 Miyazaki
	46 鹿児島	13	11	-	1	1	-	1	-	46 Kagoshima
	小計	76	68	9	1	1	-	1	-	Subtotal
	47 沖縄	1	1	1	-	-	-	-	-	47 Okinawa

事　業　年　度
Business Year

(単位：組合)
(Unit:coop.)

事業年度 Business Year	集計組合数 Total Number of coops. surveyed	4月～3月 Apr.～Mar.	5月～4月 May～Apr.	6月～5月 June～May	7月～6月 July～June	8月～7月 Aug.～July	9月～8月 Sep.～Aug.
平25(2013)	712	381	–	–	3	–	–
平26(2014)	692	368	–	–	3	–	–
平27(2015)	686	366	–	–	3	–	–
平28(2016)	661	362	–	–	3	–	–
平29(2017)	657	359	–	–	3	–	–
平30(2018)	639	346	–	–	3	–	–
比率 Percentage	100.0	54.1	–	–	0.5	–	–
1 北海道	109	18	–	–	–	–	–
東北 2 青森	10	7	–	–	3	–	–
3 岩手	7	2	–	–	–	–	–
4 宮城	14	14	–	–	–	–	–
5 秋田	13	13	–	–	–	–	–
6 山形	15	11	–	–	–	–	–
7 福島	5	–	–	–	–	–	–
小計	64	47	–	–	3	–	–
関東 8 茨城	20	–	–	–	–	–	–
9 栃木	10	–	–	–	–	–	–
10 群馬	15	–	–	–	–	–	–
11 埼玉	16	16	–	–	–	–	–
12 千葉	19	2	–	–	–	–	–
13 東京	15	15	–	–	–	–	–
14 神奈川	13	5	–	–	–	–	–
15 山梨	11	–	–	–	–	–	–
16 長野	18	1	–	–	–	–	–
17 静岡	18	15	–	–	–	–	–
小計	155	54	–	–	–	–	–
北陸 18 新潟	24	1	–	–	–	–	–
19 富山	15	–	–	–	–	–	–
20 石川	17	13	–	–	–	–	–
21 福井	12	–	–	–	–	–	–
小計	68	14	–	–	–	–	–
東海 22 岐阜	7	7	–	–	–	–	–
23 愛知	20	20	–	–	–	–	–
24 三重	11	11	–	–	–	–	–
小計	38	38	–	–	–	–	–
近畿 25 滋賀	16	15	–	–	–	–	–
26 京都	5	5	–	–	–	–	–
27 大阪	14	14	–	–	–	–	–
28 兵庫	14	14	–	–	–	–	–
29 奈良	1	1	–	–	–	–	–
30 和歌山	8	8	–	–	–	–	–
小計	58	57	–	–	–	–	–
中国・四国 31 鳥取	3	–	–	–	–	–	–
32 島根	1	1	–	–	–	–	–
33 岡山	9	9	–	–	–	–	–
34 広島	13	13	–	–	–	–	–
35 山口	12	12	–	–	–	–	–
36 徳島	15	14	–	–	–	–	–
37 香川	1	1	–	–	–	–	–
38 愛媛	12	12	–	–	–	–	–
39 高知	4	3	–	–	–	–	–
小計	70	65	–	–	–	–	–
九州 40 福岡	20	20	–	–	–	–	–
41 佐賀	4	4	–	–	–	–	–
42 長崎	7	7	–	–	–	–	–
43 熊本	14	14	–	–	–	–	–
44 大分	5	5	–	–	–	–	–
45 宮崎	13	–	–	–	–	–	–
46 鹿児島	13	2	–	–	–	–	–
小計	76	52	–	–	–	–	–
47 沖縄	1	1	–	–	–	–	–

事　業　年　度（つづき）
Business Year(Cont.)

（単位：組合）
(Unit:coop.)

事業年度 Business Year	１０月～９月 Oct.～Sep.	１１月～１０月 Nov.～Oct.	１２月～１１月 Dec.～Nov.	１月～１２月 Jan.～Dec.	２月～１月 Feb.～Jan.	３月～２月 Mar.～Feb.
平25(2013)	−	−	−	44	135	149
平26(2014)	−	−	−	43	131	147
平27(2015)	−	−	−	43	127	147
平28(2016)	−	−	−	43	125	128
平29(2017)	−	−	−	43	125	127
平30(2018)	−	−	−	41	125	124
比率 Percentage	−	−	−	6.4	19.6	19.4
1 北海道	−	−	−	2	65	24
東北 2 青森	−	−	−	−	−	−
3 岩手	−	−	−	−	−	5
4 宮城	−	−	−	−	−	−
5 秋田	−	−	−	−	−	−
6 山形	−	−	−	−	−	4
7 福島	−	−	−	−	−	5
小計	−	−	−	−	−	14
関東 8 茨城	−	−	−	−	20	−
9 栃木	−	−	−	−	−	10
10 群馬	−	−	−	−	1	14
11 埼玉	−	−	−	−	−	−
12 千葉	−	−	−	17	−	−
13 東京	−	−	−	−	−	−
14 神奈川	−	−	−	−	−	8
15 山梨	−	−	−	−	11	−
16 長野	−	−	−	−	−	17
17 静岡	−	−	−	−	−	3
小計	−	−	−	17	32	52
北陸 18 新潟	−	−	−	1	11	11
19 富山	−	−	−	2	1	12
20 石川	−	−	−	4	−	−
21 福井	−	−	−	12	−	−
小計	−	−	−	19	12	23
東海 22 岐阜	−	−	−	−	−	−
23 愛知	−	−	−	−	−	−
24 三重	−	−	−	−	−	−
小計	−	−	−	−	−	−
近畿 25 滋賀	−	−	−	1	−	−
26 京都	−	−	−	−	−	−
27 大阪	−	−	−	−	−	−
28 兵庫	−	−	−	−	−	−
29 奈良	−	−	−	−	−	−
30 和歌山	−	−	−	−	−	−
小計	−	−	−	1	−	−
中国・四国 31 鳥取	−	−	−	−	3	−
32 島根	−	−	−	−	−	−
33 岡山	−	−	−	−	−	−
34 広島	−	−	−	−	−	−
35 山口	−	−	−	−	−	−
36 徳島	−	−	−	1	−	−
37 香川	−	−	−	−	−	−
38 愛媛	−	−	−	−	−	−
39 高知	−	−	−	1	−	−
小計	−	−	−	2	3	−
九州 40 福岡	−	−	−	−	−	−
41 佐賀	−	−	−	−	−	−
42 長崎	−	−	−	−	−	−
43 熊本	−	−	−	−	−	−
44 大分	−	−	−	−	−	−
45 宮崎	−	−	−	−	13	−
46 鹿児島	−	−	−	−	−	11
小計	−	−	−	−	13	11
47 沖縄	−	−	−	−	−	−

1　地帯別及び規模別組合数

Number of coops. Surveyed by Agricultural Areas & Regular Membership

(単位：組合)
(Unit:coop.)

県及び正組合員数 Prefecture. Regular Membership		集計組合数 Total Number of coops. surveyed	都市地帯 Urbanized Areas	都市的農村地帯 Urbanized Rural Areas	中山間地帯 Hilly and Mountainous Areas	農村地帯 Rural Areas
	平25(2013)	712	33	169	135	375
	平26(2014)	692	33	163	130	366
	平27(2015)	686	33	161	130	362
	平28(2016)	661	31	157	130	343
	平29(2017)	657	31	152	130	344
全国	～499	80	1	6	29	44
	500～999	54	5	9	10	30
	1000～1999	54	9	12	4	29
	2000～2999	48	6	16	6	20
	3000～4999	95	4	27	20	44
	5000～9999	185	3	51	37	94
	10000～19999	95	1	20	15	59
	20000～	28	-	8	5	15
	平30(2018)	639	29	149	126	335
	比率 Percentage	100.0	4.5	23.3	19.7	52.4
北海道	～499	66	-	4	23	39
	500～999	27	-	6	4	17
	1000～1999	13	-	4	-	9
	2000～2999	2	-	-	-	2
	3000～4999	1	1	-	-	-
	5000～9999	-	-	-	-	-
	10000～19999	-	-	-	-	-
	20000～	-	-	-	-	-
	計	109	1	14	27	67
青森	～499	-	-	-	-	-
	500～999	1	-	-	-	1
	1000～1999	1	-	-	-	1
	2000～2999	1	-	-	-	1
	3000～4999	1	-	-	-	1
	5000～9999	4	-	2	1	1
	10000～19999	2	-	1	-	1
	20000～	-	-	-	-	-
	計	10	-	3	1	6
岩手	～499	-	-	-	-	-
	500～999	-	-	-	-	-
	1000～1999	-	-	-	-	-
	2000～2999	-	-	-	-	-
	3000～4999	1	-	-	-	1
	5000～9999	2	-	-	1	1
	10000～19999	3	-	-	1	2
	20000～	1	-	-	-	1
	計	7	-	-	2	5
宮城	～499	1	-	1	-	-
	500～999	-	-	-	-	-
	1000～1999	-	-	-	-	-
	2000～2999	1	-	-	1	-
	3000～4999	2	-	1	-	1
	5000～9999	5	-	1	1	3
	10000～19999	5	-	1	1	3
	20000～	-	-	-	-	-
	計	14	-	4	3	7

(注)　表題の「地帯」とは、組合の地区で該当する立地条件をさし、次に示す４区分によった。

区分		
1	都市地帯	地区内の全面積（山林、水面を除く。）に対する都市計画で定める市街化区域の面積の比率が80%以上のもの
2	都市的農村地帯	地区内の全面積（山林、水面を除く。）に対する都市計画で定める市街化区域の面積の比率が50%以上のもので都市地帯に該当しない地帯
3	中山間地帯	地区内の全面積（山林、水面を除く。）に対する特定農山村地域（特定農山村地域における農林業等の活性化のための基盤整備の促進に関する法律）の指定面積の比率が80%以上のもの
4	農村地帯	都市地帯、都市的農村地帯、中山間地帯のいずれにも属さないもの

また、「規模」とは、組合の正組合員数をさす。

1 地帯別及び規模別組合数（つづき）
Number of coops. Surveyed by Agricultural Areas & Regular Membership(Cont.)

（単位：組合）
(Unit:coop.)

県及び正組合員数 Prefecture. Regular Membership	集計組合数 Total Number of coops. surveyed	都市地帯 Urbanized Areas	都市的農村地帯 Urbanized Rural Areas	中山間地帯 Hilly and Mountainous Areas	農村地帯 Rural Areas
秋田 ～499	-	-	-	-	-
500～999	-	-	-	-	-
1000～1999	2	-	-	-	2
2000～2999	-	-	-	-	-
3000～4999	5	-	-	-	5
5000～9999	3	-	1	-	2
10000～19999	2	-	-	-	2
20000～	1	-	-	-	1
計	13	-	1	-	12
山形 ～499	-	-	-	-	-
500～999	2	-	-	-	2
1000～1999	3	1	1	-	1
2000～2999	-	-	-	-	-
3000～4999	3	-	-	-	3
5000～9999	2	-	-	-	2
10000～19999	5	-	-	-	5
20000～	-	-	-	-	-
計	15	1	1	-	13
福島 ～499	-	-	-	-	-
500～999	-	-	-	-	-
1000～1999	-	-	-	-	-
2000～2999	-	-	-	-	-
3000～4999	-	-	-	-	-
5000～9999	1	-	-	-	1
10000～19999	1	-	-	-	1
20000～	3	-	-	-	3
計	5	-	-	-	5
茨城 ～499	-	-	-	-	-
500～999	1	1	-	-	-
1000～1999	1	-	-	-	1
2000～2999	4	-	-	-	4
3000～4999	3	-	2	-	1
5000～9999	7	-	5	-	2
10000～19999	3	-	1	-	2
20000～	1	-	-	1	-
計	20	1	8	1	10
栃木 ～499	-	-	-	-	-
500～999	-	-	-	-	-
1000～1999	-	-	-	-	-
2000～2999	-	-	-	-	-
3000～4999	1	-	-	-	1
5000～9999	4	-	-	1	3
10000～19999	5	-	-	-	5
20000～	-	-	-	-	-
計	10	-	-	1	9
群馬 ～499	-	-	-	-	-
500～999	-	-	-	-	-
1000～1999	1	-	-	-	1
2000～2999	2	-	-	-	2
3000～4999	7	-	3	3	1
5000～9999	4	-	2	1	1
10000～19999	1	-	-	-	1
20000～	-	-	-	-	-
計	15	-	5	4	6

1　地帯別及び規模別組合数（つづき）

Number of coops. Surveyed by Agricultural Areas & Regular Membership(Cont.)

（単位：組合）
(Unit:coop.)

県及び正組合員数 Prefecture. Regular Membership		集計組合数 Total Number of coops. surveyed	都市地帯 Urbanized Areas	都市的農村地帯 Urbanized Rural Areas	中山間地帯 Hilly and Mountainous Areas	農村地帯 Rural Areas
埼玉	～499	1	－	－	－	1
	500～999	2	－	－	1	1
	1000～1999	－	－	－	－	－
	2000～2999	1	－	1	－	－
	3000～4999	1	－	1	－	－
	5000～9999	7	－	2	2	3
	10000～19999	3	－	1	1	1
	20000～	1	－	1	－	－
	計	16	－	6	4	6
千葉	～499	－	－	－	－	－
	500～999	－	－	－	－	－
	1000～1999	3	－	1	－	2
	2000～2999	－	－	－	－	－
	3000～4999	5	－	4	－	1
	5000～9999	6	－	1	－	5
	10000～19999	5	－	2	－	3
	20000～	－	－	－	－	－
	計	19	－	8	－	11
東京	～499	－	－	－	－	－
	500～999	1	1	－	－	－
	1000～1999	4	3	－	－	1
	2000～2999	4	4	－	－	－
	3000～4999	5	2	3	－	－
	5000～9999	1	1	－	－	－
	10000～19999	－	－	－	－	－
	20000～	－	－	－	－	－
	計	15	11	3	－	1
神奈川	～499	－	－	－	－	－
	500～999	－	－	－	－	－
	1000～1999	2	－	2	－	－
	2000～2999	3	－	3	－	－
	3000～4999	4	－	3	1	－
	5000～9999	1	1	－	－	－
	10000～19999	3	1	2	－	－
	20000～	－	－	－	－	－
	計	13	2	10	1	－
山梨	～499	1	－	－	1	－
	500～999	－	－	－	－	－
	1000～1999	1	－	－	1	－
	2000～2999	2	－	2	－	－
	3000～4999	1	－	－	1	－
	5000～9999	5	－	－	3	2
	10000～19999	1	－	－	1	－
	20000～	－	－	－	－	－
	計	11	－	2	7	2
長野	～499	2	－	－	2	－
	500～999	1	－	－	－	1
	1000～1999	1	1	－	－	－
	2000～2999	1	－	－	1	－
	3000～4999	3	－	1	1	1
	5000～9999	2	－	－	2	－
	10000～19999	6	－	1	－	5
	20000～	2	－	－	－	2
	計	18	1	2	6	9

1　地帯別及び規模別組合数（つづき）

Number of coops. Surveyed by Agricultural Areas & Regular Membership(Cont.)

（単位：組合）
(Unit:coop.)

県及び正組合員数 Prefecture. Regular Membership		集計組合数 Total Number of coops. surveyed	都市地帯 Urbanized Areas	都市的農村地帯 Urbanized Rural Areas	中山間地帯 Hilly and Mountainous Areas	農村地帯 Rural Areas
静岡	～499	1	－	－	－	1
	500～999	－	－	－	－	－
	1000～1999	1	－	－	1	－
	2000～2999	1	－	－	－	1
	3000～4999	3	－	－	1	2
	5000～9999	9	－	1	1	7
	10000～19999	2	－	－	－	2
	20000～	1	－	－	－	1
	計	18	－	1	3	14
新潟	～499	－	－	－	－	－
	500～999	1	－	－	－	1
	1000～1999	2	－	－	－	2
	2000～2999	3	－	－	1	2
	3000～4999	5	－	－	1	4
	5000～9999	8	－	－	4	4
	10000～19999	5	－	－	－	5
	20000～	－	－	－	－	－
	計	24	－	－	6	18
富山	～499	1	－	－	1	－
	500～999	－	－	－	－	－
	1000～1999	－	－	－	－	－
	2000～2999	3	－	2	－	1
	3000～4999	2	－	－	－	2
	5000～9999	9	－	4	－	5
	10000～19999	－	－	－	－	－
	20000～	－	－	－	－	－
	計	15	－	6	1	8
石川	～499	－	－	－	－	－
	500～999	3	－	1	1	1
	1000～1999	2	1	1	－	－
	2000～2999	1	－	－	－	1
	3000～4999	6	－	1	2	3
	5000～9999	5	－	2	1	2
	10000～19999	－	－	－	－	－
	20000～	－	－	－	－	－
	計	17	1	5	4	7
福井	～499	－	－	－	－	－
	500～999	1	－	－	－	1
	1000～1999	3	－	－	1	2
	2000～2999	－	－	－	－	－
	3000～4999	2	－	－	－	2
	5000～9999	6	－	－	1	5
	10000～19999	－	－	－	－	－
	20000～	－	－	－	－	－
	計	12	－	－	2	10
岐阜	～499	－	－	－	－	－
	500～999	－	－	－	－	－
	1000～1999	－	－	－	－	－
	2000～2999	－	－	－	－	－
	3000～4999	－	－	－	－	－
	5000～9999	2	－	1	－	1
	10000～19999	2	－	－	2	－
	20000～	3	－	1	－	2
	計	7	－	2	2	3

1 地帯別及び規模別組合数（つづき）

Number of coops. Surveyed by Agricultural Areas & Regular Membership(Cont.)

（単位：組合）
(Unit:coop.)

県	県及び正組合員数 Prefecture. Regular Membership	集計組合数 Total Number of coops. surveyed	都市地帯 Urbanized Areas	都市的農村地帯 Urbanized Rural Areas	中山間地帯 Hilly and Mountainous Areas	農村地帯 Rural Areas
愛知	～499	-	-	-	-	-
	500～999	2	2	-	-	-
	1000～1999	-	-	-	-	-
	2000～2999	2	-	2	-	-
	3000～4999	1	-	1	-	-
	5000～9999	11	1	1	1	8
	10000～19999	4	-	-	-	4
	20000～	-	-	-	-	-
	計	20	3	4	1	12
三重	～499	-	-	-	-	-
	500～999	-	-	-	-	-
	1000～1999	-	-	-	-	-
	2000～2999	1	-	1	-	-
	3000～4999	1	-	-	-	1
	5000～9999	5	-	3	-	2
	10000～19999	3	-	-	-	3
	20000～	1	-	1	-	-
	計	11	-	5	-	6
滋賀	～499	1	-	-	-	1
	500～999	4	-	-	2	2
	1000～1999	3	-	1	-	2
	2000～2999	1	-	1	-	-
	3000～4999	2	-	-	-	2
	5000～9999	5	-	2	-	3
	10000～19999	-	-	-	-	-
	20000～	-	-	-	-	-
	計	16	-	4	2	10
京都	～499	-	-	-	-	-
	500～999	-	-	-	-	-
	1000～1999	-	-	-	-	-
	2000～2999	-	-	-	-	-
	3000～4999	2	-	2	-	-
	5000～9999	-	-	-	-	-
	10000～19999	2	-	1	-	1
	20000～	1	-	-	-	1
	計	5	-	3	-	2
大阪	～499	-	-	-	-	-
	500～999	2	1	1	-	-
	1000～1999	3	2	1	-	-
	2000～2999	2	1	1	-	-
	3000～4999	2	1	1	-	-
	5000～9999	5	-	5	-	-
	10000～19999	-	-	-	-	-
	20000～	-	-	-	-	-
	計	14	5	9	-	-
兵庫	～499	1	-	1	-	-
	500～999	-	-	-	-	-
	1000～1999	1	1	-	-	-
	2000～2999	1	1	-	-	-
	3000～4999	-	-	-	-	-
	5000～9999	3	-	-	2	1
	10000～19999	5	-	2	1	2
	20000～	3	-	2	1	-
	計	14	2	5	4	3

1 地帯別及び規模別組合数（つづき）
Number of coops. Surveyed by Agricultural Areas & Regular Membership(Cont.)

（単位：組合）
(Unit:coop.)

県及び正組合員数 Prefecture. Regular Membership		集計組合数 Total Number of coops. surveyed	都市地帯 Urbanized Areas	都市的農村地帯 Urbanized Rural Areas	中山間地帯 Hilly and Mountainous Areas	農村地帯 Rural Areas
奈良	～499	－	－	－	－	－
	500～999	－	－	－	－	－
	1000～1999	－	－	－	－	－
	2000～2999	－	－	－	－	－
	3000～4999	－	－	－	－	－
	5000～9999	－	－	－	－	－
	10000～19999	－	－	－	－	－
	20000～	1	－	1	－	－
	計	1	－	1	－	－
和歌山	～499	－	－	－	－	－
	500～999	－	－	－	－	－
	1000～1999	－	－	－	－	－
	2000～2999	1	－	1	－	－
	3000～4999	－	－	－	－	－
	5000～9999	4	－	2	1	1
	10000～19999	3	－	－	1	2
	20000～	－	－	－	－	－
	計	8	－	3	2	3
鳥取	～499	－	－	－	－	－
	500～999	－	－	－	－	－
	1000～1999	－	－	－	－	－
	2000～2999	－	－	－	－	－
	3000～4999	－	－	－	－	－
	5000～9999	－	－	－	－	－
	10000～19999	3	－	1	2	－
	20000～	－	－	－	－	－
	計	3	－	1	2	－
島根	～499	－	－	－	－	－
	500～999	－	－	－	－	－
	1000～1999	－	－	－	－	－
	2000～2999	－	－	－	－	－
	3000～4999	－	－	－	－	－
	5000～9999	－	－	－	－	－
	10000～19999	－	－	－	－	－
	20000～	1	－	－	－	1
	計	1	－	－	－	1
岡山	～499	－	－	－	－	－
	500～999	－	－	－	－	－
	1000～1999	－	－	－	－	－
	2000～2999	－	－	－	－	－
	3000～4999	－	－	－	－	－
	5000～9999	4	－	－	4	－
	10000～19999	3	－	－	1	2
	20000～	2	－	1	－	1
	計	9	－	1	5	3
広島	～499	－	－	－	－	－
	500～999	－	－	－	－	－
	1000～1999	－	－	－	－	－
	2000～2999	2	－	－	2	－
	3000～4999	1	－	1	－	－
	5000～9999	3	－	2	－	1
	10000～19999	6	－	2	3	1
	20000～	1	－	1	－	－
	計	13	－	6	5	2

1　地帯別及び規模別組合数（つづき）

Number of coops. Surveyed by Agricultural Areas & Regular Membership(Cont.)

（単位：組合）
(Unit:coop.)

県及び正組合員数 Prefecture. Regular Membership		集計組合数 Total Number of coops. surveyed	都市地帯 Urbanized Areas	都市的農村地帯 Urbanized Rural Areas	中山間地帯 Hilly and Mountainous Areas	農村地帯 Rural Areas
山口	～499	－	－	－	－	－
	500～999	－	－	－	－	－
	1000～1999	－	－	－	－	－
	2000～2999	2	－	1	－	1
	3000～4999	1	－	－	1	－
	5000～9999	7	－	1	1	5
	10000～19999	2	－	1	－	1
	20000～	－	－	－	－	－
	計	12	－	3	2	7
徳島	～499	1	－	－	－	1
	500～999	－	－	－	－	－
	1000～1999	3	－	－	－	3
	2000～2999	1	－	－	1	－
	3000～4999	4	－	－	2	2
	5000～9999	6	－	1	3	2
	10000～19999	－	－	－	－	－
	20000～	－	－	－	－	－
	計	15	－	1	6	8
香川	～499	－	－	－	－	－
	500～999	－	－	－	－	－
	1000～1999	－	－	－	－	－
	2000～2999	－	－	－	－	－
	3000～4999	－	－	－	－	－
	5000～9999	－	－	－	－	－
	10000～19999	－	－	－	－	－
	20000～	1	－	－	－	1
	計	1	－	－	－	1
愛媛	～499	－	－	－	－	－
	500～999	1	－	1	－	－
	1000～1999	－	－	－	－	－
	2000～2999	1	－	1	－	－
	3000～4999	3	－	1	－	2
	5000～9999	4	－	1	2	1
	10000～19999	3	－	1	1	1
	20000～	－	－	－	－	－
	計	12	－	5	3	4
高知	～499	1	－	－	1	－
	500～999	－	－	－	－	－
	1000～1999	－	－	－	－	－
	2000～2999	－	－	－	－	－
	3000～4999	1	－	－	－	1
	5000～9999	1	－	1	－	－
	10000～19999	－	－	－	－	－
	20000～	1	－	－	1	－
	計	4	－	1	2	1
福岡	～499	－	－	－	－	－
	500～999	－	－	－	－	－
	1000～1999	2	－	1	－	1
	2000～2999	1	－	－	－	1
	3000～4999	6	－	2	－	4
	5000～9999	9	－	2	1	6
	10000～19999	2	－	－	－	2
	20000～	－	－	－	－	－
	計	20	－	5	1	14

1 地帯別及び規模別組合数（つづき）

Number of coops. Surveyed by Agricultural Areas & Regular Membership(Cont.)

（単位：組合）
(Unit:coop.)

県及び正組合員数 Prefecture. Regular Membership		集計組合数 Total Number of coops. surveyed	都市地帯 Urbanized Areas	都市的農村地帯 Urbanized Rural Areas	中山間地帯 Hilly and Mountainous Areas	農村地帯 Rural Areas
佐賀	～499	1	1	-	-	-
	500～999	-	-	-	-	-
	1000～1999	-	-	-	-	-
	2000～2999	-	-	-	-	-
	3000～4999	1	-	-	1	-
	5000～9999	1	-	-	-	1
	10000～19999	-	-	-	-	-
	20000～	1	-	-	-	1
	計	4	1	-	1	2
長崎	～499	-	-	-	-	-
	500～999	-	-	-	-	-
	1000～1999	1	-	-	1	-
	2000～2999	-	-	-	-	-
	3000～4999	2	-	-	1	1
	5000～9999	2	-	2	-	-
	10000～19999	2	-	1	-	1
	20000～	-	-	-	-	-
	計	7	-	3	2	2
熊本	～499	1	-	-	-	1
	500～999	1	-	-	-	1
	1000～1999	-	-	-	-	-
	2000～2999	-	-	-	-	-
	3000～4999	2	-	-	1	1
	5000～9999	9	-	4	2	3
	10000～19999	1	-	1	-	-
	20000～	-	-	-	-	-
	計	14	-	5	3	6
大分	～499	1	-	-	1	-
	500～999	1	-	-	1	-
	1000～1999	-	-	-	-	-
	2000～2999	1	-	-	-	1
	3000～4999	1	-	-	1	-
	5000～9999	-	-	-	-	-
	10000～19999	-	-	-	-	-
	20000～	1	-	-	1	-
	計	5	-	-	4	1
宮崎	～499	-	-	-	-	-
	500～999	2	-	-	1	1
	1000～1999	-	-	-	-	-
	2000～2999	3	-	-	-	3
	3000～4999	3	-	-	2	1
	5000～9999	4	-	-	1	3
	10000～19999	1	-	1	-	-
	20000～	-	-	-	-	-
	計	13	-	1	4	8
鹿児島	～499	-	-	-	-	-
	500～999	1	-	-	-	1
	1000～1999	1	-	-	-	1
	2000～2999	-	-	-	-	-
	3000～4999	1	-	-	1	-
	5000～9999	9	-	2	-	7
	10000～19999	1	-	-	-	1
	20000～	-	-	-	-	-
	計	13	-	2	1	10

1　地帯別及び規模別組合数（つづき）

Number of coops. Surveyed by Agricultural Areas & Regular Membership(Cont.)

(単位：組合)
(Unit:coop.)

県及び正組合員数 Prefecture. Regular Membership		集計組合数 Total Number of coops. surveyed	都市地帯 Urbanized Areas	都市的農村地帯 Urbanized Rural Areas	中山間地帯 Hilly and Mountainous Areas	農村地帯 Rural Areas
沖縄	～499	–	–	–	–	–
	500～999	–	–	–	–	–
	1000～1999	–	–	–	–	–
	2000～2999	–	–	–	–	–
	3000～4999	–	–	–	–	–
	5000～9999	–	–	–	–	–
	10000～19999	–	–	–	–	–
	20000～	1	–	–	1	–
	計	1	–	–	1	–

2 組 合 員

Membership

(1) 組合員数及び組合員戸数

Number of Members & Member households

集計組合数　639
Total No. of Coops. Surveyed　639

(単位：人、団体、社、戸)
(Unit:Person、Group、Company、Household)

事業年度 Business Year		正組合員 Regular Membership 個人 Individuals	うち女性 of which Female	うち組合員たる地位を失わない者※ of which a man retaining Regular Membership(by a specila provision)	法人 Corporation	農事組合法人 Agricultural producer's cooperative corporation	その他法人 Others	計 Total	正組合員戸数 Regular Member Households
	平25(2013)	4 546 050	928 584	1 056	15 454	4 729	10 725	4 561 504	3 896 532
	平26(2014)	4 478 620	932 121	945	16 486	5 035	11 451	4 495 106	3 818 148
	平27(2015)	4 415 549	937 145	838	17 840	5 656	12 184	4 433 389	3 770 762
	平28(2016)	4 348 560	939 283	813	19 298	6 234	13 064	4 367 858	3 707 401
	平29(2017)	4 283 685	940 351	664	20 816	6 589	14 227	4 304 501	3 649 569
	平30(2018)	4 225 505	945 416	607	22 238	6 914	15 324	4 247 743	3 592 545
	1組合当たり Average Per Coop.	6 612.7	1 479.5	0.9	34.8	10.8	24.0	6 647.5	5 622.1
	1 北海道	60 202	10 986	436	3 363	327	3 036	63 565	44 976
東北	2 青森	62 254	10 851	54	316	70	246	62 570	59 680
	3 岩手	87 097	14 229	0	457	185	272	87 554	78 321
	4 宮城	113 201	27 518	1	487	197	290	113 688	89 659
	5 秋田	90 015	17 725	0	520	325	195	90 535	78 962
	6 山形	95 493	15 749	0	435	207	228	95 928	77 056
	7 福島	138 100	25 343	0	525	65	460	138 625	116 959
	小計	586 160	111 415	55	2 740	1 049	1 691	588 900	500 637
関東	8 茨城	148 400	25 420	0	563	113	450	148 963	127 748
	9 栃木	102 139	21 630	0	262	41	221	102 401	85 147
	10 群馬	74 297	11 709	0	565	129	436	74 862	67 593
	11 埼玉	138 904	33 955	0	335	90	245	139 239	120 410
	12 千葉	135 655	25 800	0	551	137	414	136 206	124 264
	13 東京	40 576	10 962	0	17	3	14	40 593	34 595
	14 神奈川	64 214	18 396	0	208	16	192	64 422	52 322
	15 山梨	58 707	9 960	0	107	8	99	58 814	56 191
	16 長野	176 241	38 425	0	736	351	385	176 977	141 454
	17 静岡	138 673	33 871	0	417	35	382	139 090	116 752
	小計	1 077 806	230 128	0	3 761	923	2 838	1 081 567	926 476
北陸	18 新潟	154 324	27 435	0	905	433	472	155 229	133 893
	19 富山	76 822	15 469	22	551	415	136	77 373	66 707
	20 石川	62 884	14 727	44	470	235	235	63 354	50 566
	21 福井	49 881	7 881	0	371	229	142	50 252	46 703
	小計	343 911	65 512	66	2 297	1 312	985	346 208	297 869
東海	22 岐阜	137 500	32 901	0	587	235	352	138 087	117 546
	23 愛知	157 898	35 565	0	389	73	316	158 287	145 940
	24 三重	98 409	19 656	0	437	90	347	98 846	87 618
	小計	393 807	88 122	0	1 413	398	1 015	395 220	351 104
近畿	25 滋賀	52 317	8 390	0	539	330	209	52 856	46 841
	26 京都	70 886	18 562	0	240	59	181	71 126	58 482
	27 大阪	54 560	12 465	0	52	12	40	54 612	47 345
	28 兵庫	205 280	58 574	0	346	115	231	205 626	152 202
	29 奈良	45 873	8 178	0	71	15	56	45 944	43 061
	30 和歌山	64 520	19 611	0	179	28	151	64 699	49 688
	小計	493 436	125 780	0	1 427	559	868	494 863	397 619
中国・四国	31 鳥取	41 975	7 806	0	249	106	143	42 224	38 312
	32 島根	64 436	15 013	0	449	230	219	64 885	50 226
	33 岡山	128 897	36 284	0	317	77	240	129 214	104 260
	34 広島	143 909	49 266	2	565	312	253	144 474	110 826
	35 山口	77 952	26 400	48	353	187	166	78 305	64 379
	36 徳島	68 134	18 172	0	139	50	89	68 273	53 202
	37 香川	62 046	14 257	0	271	122	149	62 317	54 029
	38 愛媛	83 164	20 853	0	400	93	307	83 564	70 361
	39 高知	54 085	16 542	0	183	45	138	54 268	46 462
	小計	724 598	204 593	50	2 926	1 222	1 704	727 524	592 057
九州	40 福岡	114 605	30 350	0	667	395	272	115 272	97 426
	41 佐賀	49 818	9 643	0	185	71	114	50 003	40 757
	42 長崎	49 463	8 663	0	249	74	175	49 712	44 398
	43 熊本	86 803	16 320	0	675	145	530	87 478	78 483
	44 大分	61 073	10 187	0	582	170	412	61 655	56 677
	45 宮崎	52 279	9 528	0	572	65	507	52 851	43 558
	46 鹿児島	83 515	18 103	0	957	133	824	84 472	77 231
	小計	497 556	102 794	0	3 887	1 053	2 834	501 443	438 530
	47 沖縄	48 029	6 086	0	424	71	353	48 453	43 277

※「うち組合員たる地位を失わない者」は、基盤強化法第32条第1項の規定により准組合員たる地位以外の組合員たる地位を失わない者で、平成24事業年度から新たに設定された項目である。

(1) 組合員数及び組合員戸数(つづき)

Number of Members & Member households(Cont.)

(単位：人、団体、社、戸)
(Unit:Person、Group、Company、Household)

	事業年度 Business Year	准組合員 Associate Membership 個人 Individuals	法人・団体 Groups	農業協同組合 Coops	農事組合法人 Agricultural producer's cooperative corporation	その他団体 Others	計 Total	准組合員戸数 Associate Member Households
	平25(2013)	5 503 946	79 913	223	2 617	77 073	5 583 859	4 556 467
	平26(2014)	5 692 730	79 778	218	2 564	76 996	5 772 508	4 685 872
	平27(2015)	5 857 393	79 390	258	2 476	76 656	5 936 783	4 813 905
	平28(2016)	5 997 642	78 926	197	2 839	75 892	6 076 568	4 901 662
	平29(2017)	6 128 521	78 326	189	2 844	75 293	6 206 847	5 020 805
	平30(2018)	6 165 396	77 568	189	2 711	74 668	6 242 964	5 054 853
	1組合当たり Average Per Coop.	9 648.5	121.4	0.3	4.2	116.9	9 769.9	7 910.6
	1 北海道	284 559	6 794	9	75	6 710	291 353	278 259
	2 青森	33 111	3 271	4	43	3 224	36 382	27 945
東	3 岩手	75 060	2 495	16	122	2 357	77 555	57 403
	4 宮城	67 262	2 413	0	44	2 369	69 675	59 287
	5 秋田	51 144	3 589	4	91	3 494	54 733	44 354
	6 山形	54 116	4 180	0	64	4 116	58 296	40 007
北	7 福島	115 602	2 252	4	80	2 168	117 854	83 325
	小計	396 295	18 200	28	444	17 728	414 495	312 321
	8 茨城	85 694	1 280	0	59	1 221	86 974	60 579
関	9 栃木	72 060	1 829	2	20	1 807	73 889	57 148
	10 群馬	105 858	914	1	18	895	106 772	88 487
	11 埼玉	218 774	1 851	2	31	1 818	220 625	194 246
	12 千葉	132 771	1 120	6	45	1 069	133 891	114 925
	13 東京	179 802	304	1	4	299	180 106	144 057
	14 神奈川	294 039	1 943	0	9	1 934	295 982	272 562
	15 山梨	35 296	285	0	75	210	35 581	29 327
	16 長野	142 024	3 030	12	655	2 363	145 054	100 339
東	17 静岡	301 474	1 429	33	15	1 381	302 903	250 736
	小計	1 567 792	13 985	57	931	12 997	1 581 777	1 312 406
北	18 新潟	158 516	6 519	2	43	6 474	165 035	113 105
	19 富山	62 575	2 964	2	94	2 868	65 539	51 031
	20 石川	63 202	1 458	0	77	1 381	64 660	47 266
陸	21 福井	63 538	1 026	1	11	1 014	64 564	55 885
	小計	347 831	11 967	5	225	11 737	359 798	267 287
東	22 岐阜	192 034	1 887	2	167	1 718	193 921	154 652
	23 愛知	456 845	1 111	5	64	1 042	457 956	387 288
	24 三重	104 003	615	7	14	594	104 618	87 716
海	小計	752 882	3 613	14	245	3 354	756 495	629 656
	25 滋賀	100 971	1 294	1	92	1 201	102 265	81 902
近	26 京都	76 068	1 000	2	31	967	77 068	64 574
	27 大阪	266 218	1 241	2	10	1 229	267 459	231 796
	28 兵庫	296 923	1 477	6	25	1 446	298 400	236 084
	29 奈良	57 257	294	7	19	268	57 551	53 746
畿	30 和歌山	129 682	324	0	7	317	130 006	106 287
	小計	927 119	5 630	18	184	5 428	932 749	774 389
	31 鳥取	38 225	1 388	4	53	1 331	39 613	30 369
中	32 島根	163 410	1 859	0	23	1 836	165 269	103 103
	33 岡山	74 553	877	0	12	865	75 430	60 863
国	34 広島	290 810	888	1	50	837	291 698	186 538
	35 山口	141 807	630	1	27	602	142 437	117 537
・	36 徳島	36 008	210	2	22	186	36 218	28 257
	37 香川	76 724	475	2	1	472	77 199	60 256
四	38 愛媛	148 883	405	2	9	394	149 288	133 791
	39 高知	63 095	191	6	4	181	63 286	53 869
国	小計	1 033 515	6 923	18	201	6 704	1 040 438	774 583
	40 福岡	242 508	1 913	2	55	1 856	244 421	188 085
九	41 佐賀	76 014	1 744	5	5	1 734	77 758	65 444
	42 長崎	94 405	721	11	33	677	95 126	72 883
	43 熊本	72 071	991	12	97	882	73 062	61 537
	44 大分	63 594	1 195	1	51	1 143	64 789	52 922
	45 宮崎	99 951	736	2	27	707	100 687	79 365
州	46 鹿児島	110 981	2 218	3	101	2 114	113 199	98 492
	小計	759 524	9 518	36	369	9 113	769 042	618 728
	47 沖縄	95 879	938	4	37	897	96 817	87 224

(1) 組合員数及び組合員戸数(つづき)

Number of Members & Member households(Cont.)

(単位：人、団体、組合)
(Unit:Person、Group、Coop.)

地域	事業年度 Business Year	合計 Total 個人 Individuals	合計 Total 法人・団体 Corporation & Groups	合計 Total 計 Total	一戸複数正組合員制実施組合数 Plural Regular Membership by a Household
	平25(2013)	10 049 996	95 367	10 145 363	677
	平26(2014)	10 171 350	96 264	10 267 614	657
	平27(2015)	10 272 942	97 230	10 370 172	653
	平28(2016)	10 346 202	98 224	10 444 426	633
	平29(2017)	10 412 206	99 142	10 511 348	632
	平30(2018)	10 390 901	99 806	10 490 707	617
	1組合当たり Average Per Coop.	16 261.2	156.2	16 417.4	−
	1 北海道	344 761	10 157	354 918	105
東北	2 青森	95 365	3 587	98 952	9
東北	3 岩手	162 157	2 952	165 109	7
東北	4 宮城	180 463	2 900	183 363	13
東北	5 秋田	141 159	4 109	145 268	13
東北	6 山形	149 609	4 615	154 224	15
東北	7 福島	253 702	2 777	256 479	5
東北	小計	982 455	20 940	1 003 395	62
関東	8 茨城	234 094	1 843	235 937	19
関東	9 栃木	174 199	2 091	176 290	10
関東	10 群馬	180 155	1 479	181 634	15
関東	11 埼玉	357 678	2 186	359 864	15
関東	12 千葉	268 426	1 671	270 097	18
関東	13 東京	220 378	321	220 699	15
関東	14 神奈川	358 253	2 151	360 404	13
関東	15 山梨	94 003	392	94 395	10
関東	16 長野	318 265	3 766	322 031	18
関東	17 静岡	440 147	1 846	441 993	17
関東	小計	2 645 598	17 746	2 663 344	150
北陸	18 新潟	312 840	7 424	320 264	24
北陸	19 富山	139 397	3 515	142 912	15
北陸	20 石川	126 086	1 928	128 014	17
北陸	21 福井	113 419	1 397	114 816	11
北陸	小計	691 742	14 264	706 006	67
東海	22 岐阜	329 534	2 474	332 008	7
東海	23 愛知	614 743	1 500	616 243	16
東海	24 三重	202 412	1 052	203 464	11
東海	小計	1 146 689	5 026	1 151 715	34
近畿	25 滋賀	153 288	1 833	155 121	15
近畿	26 京都	146 954	1 240	148 194	5
近畿	27 大阪	320 778	1 293	322 071	12
近畿	28 兵庫	502 203	1 823	504 026	14
近畿	29 奈良	103 130	365	103 495	1
近畿	30 和歌山	194 202	503	194 705	8
近畿	小計	1 420 555	7 057	1 427 612	55
中国・四国	31 鳥取	80 200	1 637	81 837	3
中国・四国	32 島根	227 846	2 308	230 154	1
中国・四国	33 岡山	203 450	1 194	204 644	9
中国・四国	34 広島	434 719	1 453	436 172	13
中国・四国	35 山口	219 759	983	220 742	12
中国・四国	36 徳島	104 142	349	104 491	14
中国・四国	37 香川	138 770	746	139 516	1
中国・四国	38 愛媛	232 047	805	232 852	12
中国・四国	39 高知	117 180	374	117 554	4
中国・四国	小計	1 758 113	9 849	1 767 962	69
九州	40 福岡	357 113	2 580	359 693	19
九州	41 佐賀	125 832	1 929	127 761	4
九州	42 長崎	143 868	970	144 838	7
九州	43 熊本	158 874	1 666	160 540	14
九州	44 大分	124 667	1 777	126 444	5
九州	45 宮崎	152 230	1 308	153 538	12
九州	46 鹿児島	194 496	3 175	197 671	13
九州	小計	1 257 080	13 405	1 270 485	74
	47 沖縄	143 908	1 362	145 270	1

（2） 正組合員戸数別組合数

Number of Coops. by Regular Member Households

（単位：組合）
(Unit:Coop.)

	事業年度 Business Year	集計組合数 Total No. Coops. surveyed	500戸未満 Less than 500 households	500～999戸	1000～1999戸	2000～2999戸	3000～4999戸	5000～9999戸	10000～19999戸	20000戸以上 More than 20,000 households (Including 20,000 households)
	平25(2013)	712	107	58	56	64	122	212	74	19
	平26(2014)	692	107	56	54	65	112	202	78	18
	平27(2015)	686	104	56	51	67	111	205	74	18
	平28(2016)	661	103	55	49	62	110	186	75	21
	平29(2017)	657	102	53	50	64	111	186	70	21
	平30(2018)	639	100	53	48	55	106	188	69	20
	比率 Percentage	100.0	15.6	8.3	7.5	8.6	16.6	29.4	10.8	3.1
	1 北海道	109	83	18	7	–	1	–	–	–
	2 青森	10	–	1	1	1	1	5	1	–
東	3 岩手	7	–	–	–	–	1	2	4	–
	4 宮城	14	1	–	–	1	4	5	3	–
	5 秋田	13	–	1	1	–	5	4	2	–
	6 山形	15	–	4	1	–	3	5	2	–
北	7 福島	5	–	–	–	–	–	1	1	3
	小計	64	1	6	3	2	14	22	13	3
	8 茨城	20	–	1	2	3	3	8	2	1
関	9 栃木	10	–	–	–	–	1	5	4	–
	10 群馬	15	–	1	–	2	8	3	1	–
	11 埼玉	16	1	2	–	1	2	6	3	1
	12 千葉	19	–	–	3	–	5	6	5	–
	13 東京	15	1	–	5	5	4	–	–	–
	14 神奈川	13	–	–	2	3	5	3	–	–
	15 山梨	11	1	–	1	2	1	5	1	–
	16 長野	18	2	2	1	3	–	4	5	1
東	17 静岡	18	1	–	2	1	4	7	3	–
	小計	155	6	6	16	20	33	47	24	3
北	18 新潟	24	–	1	3	3	4	9	4	–
	19 富山	15	1	–	1	3	2	8	–	–
	20 石川	17	–	4	1	4	5	3	–	–
陸	21 福井	12	–	1	3	–	3	5	–	–
	小計	68	1	6	8	10	14	25	4	–
東	22 岐阜	7	–	–	–	–	–	2	3	2
	23 愛知	20	–	2	1	1	1	11	4	–
	24 三重	11	–	–	–	1	3	3	4	–
海	小計	38	–	2	1	2	4	16	11	2
	25 滋賀	16	1	4	3	1	4	3	–	–
近	26 京都	5	–	–	–	1	1	1	1	1
	27 大阪	14	–	4	1	2	3	4	–	–
	28 兵庫	14	1	–	2	–	1	3	6	1
	29 奈良	1	–	–	–	–	–	–	–	1
畿	30 和歌山	8	–	–	–	1	1	6	–	–
	小計	58	2	8	6	5	10	17	7	3
	31 鳥取	3	–	–	–	–	–	1	2	–
中	32 島根	1	–	–	–	–	–	–	–	1
	33 岡山	9	–	–	–	–	1	4	2	2
国	34 広島	13	–	–	1	1	2	5	3	1
	35 山口	12	–	–	–	2	3	7	–	–
・	36 徳島	15	1	3	1	2	2	6	–	–
	37 香川	1	–	–	–	–	–	–	–	1
四	38 愛媛	12	1	–	–	2	3	5	1	–
	39 高知	4	1	–	–	1	1	–	–	1
国	小計	70	3	3	2	8	12	28	8	6
	40 福岡	20	–	–	2	2	8	7	1	–
九	41 佐賀	4	1	–	–	–	1	1	–	1
	42 長崎	7	–	–	1	1	1	3	1	–
	43 熊本	14	1	1	–	–	2	10	–	–
	44 大分	5	1	1	1	–	1	–	–	1
	45 宮崎	13	1	1	–	5	4	2	–	–
州	46 鹿児島	13	–	1	1	–	1	10	–	–
	小計	76	4	4	5	8	18	33	2	2
	47 沖縄	1	–	–	–	–	–	–	–	1

(3) 正組合員の資格
Qualification of Regular Membership

(単位：組合)
(Unit:Coop.)

地域	事業年度 Business Year	耕作面積 Cultivated area 該当組合数 No. of Coops. concerned	10アール以上 More than 10a (Including 10a)	5アール以上10アール未満 5-10a	5アール未満 Less than 5a	農業従事日数 The Days of engaged in Farming 該当組合数 No. of Coops. concerned	90日以上 More than 90 days	60日以上90日未満 60-90 days	60日未満 Less than 60 days
	平25(2013)	668	508	126	34	708	550	94	64
	平26(2014)	647	491	123	33	689	533	90	66
	平27(2015)	641	485	123	33	683	526	91	66
	平28(2016)	611	454	115	42	660	494	92	74
	平29(2017)	598	438	116	44	657	478	101	78
	平30(2018)	547	399	102	46	635	415	109	111
	比率 Percentage	85.6	62.4	16.0	7.2	99.4	64.9	17.1	17.4
	1 北海道	107	105	2	-	109	106	3	-
東北	2 青森	9	9	-	-	10	10	-	-
	3 岩手	7	6	1	-	7	6	-	1
	4 宮城	11	10	1	-	14	12	2	-
	5 秋田	9	8	-	1	13	5	5	3
	6 山形	14	14	-	-	15	14	-	1
	7 福島	4	4	-	-	5	4	-	1
	小計	54	51	2	1	64	51	7	6
関東	8 茨城	20	17	3	-	20	12	5	3
	9 栃木	10	10	-	-	10	-	10	-
	10 群馬	15	12	3	-	15	14	1	-
	11 埼玉	14	11	3	-	16	10	4	2
	12 千葉	19	17	2	-	19	19	-	-
	13 東京	-	-	-	-	15	1	2	12
	14 神奈川	13	5	4	4	13	8	3	2
	15 山梨	11	3	2	6	11	10	-	1
	16 長野	18	3	14	1	18	6	6	6
	17 静岡	18	10	7	1	18	17	1	-
	小計	138	88	38	12	155	97	32	26
北陸	18 新潟	24	23	1	-	24	-	-	24
	19 富山	15	14	1	-	15	8	7	-
	20 石川	14	14	-	-	17	15	-	2
	21 福井	12	11	1	-	12	-	1	11
	小計	65	62	3	-	68	23	8	37
東海	22 岐阜	3	-	3	-	7	-	-	7
	23 愛知	8	3	3	2	20	5	15	-
	24 三重	11	4	2	5	11	1	2	8
	小計	22	7	8	7	38	6	17	15
近畿	25 滋賀	10	9	1	-	16	8	1	7
	26 京都	1	-	1	-	1	-	1	-
	27 大阪	14	-	12	2	14	3	7	4
	28 兵庫	11	2	9	-	14	2	12	-
	29 奈良	1	1	-	-	1	1	-	-
	30 和歌山	8	5	2	1	8	6	1	1
	小計	45	17	25	3	54	20	22	12
中国・四国	31 鳥取	3	-	2	1	3	2	-	1
	32 島根	1	-	-	1	1	-	-	1
	33 岡山	9	6	1	2	9	6	3	-
	34 広島	13	-	11	2	13	10	3	-
	35 山口	12	-	-	12	12	-	-	12
	36 徳島	14	13	1	-	15	15	-	-
	37 香川	1	1	-	-	1	1	-	-
	38 愛媛	11	10	1	-	12	11	-	1
	39 高知	4	-	2	2	4	4	-	-
	小計	68	30	18	20	70	49	6	15
九州	40 福岡	8	7	1	-	20	8	12	-
	41 佐賀	4	4	-	-	4	4	-	-
	42 長崎	7	2	3	2	7	7	-	-
	43 熊本	9	9	-	-	14	14	-	-
	44 大分	3	3	-	-	5	5	-	-
	45 宮崎	3	3	-	-	13	13	-	-
	46 鹿児島	13	11	2	-	13	11	2	-
	小計	47	39	6	2	76	62	14	-
	47 沖縄	1	-	-	1	1	1	-	-

(4) 准組合員の資格
Qualification of Associate Membership

(単位：組合)
(Unit:Coop.)

	事業年度 Business Year	准組合員の資格 Qualification of Associate Membership 組合の地区内に勤務地を有する個人 Persons employed within their cooperative district	組合の地区外に住所を有する個人 Persons living outside their cooperative district
	平25(2013)	678	594
	平26(2014)	667	585
	平27(2015)	666	585
	平28(2016)	643	574
	平29(2017)	643	577
	平30(2018)	625	560
	比率 Percentage	97.8	87.6
	1 北海道	107	94
東北	2 青森	10	9
東北	3 岩手	7	7
東北	4 宮城	14	11
東北	5 秋田	13	12
東北	6 山形	12	10
東北	7 福島	5	4
東北	小計	61	53
関東	8 茨城	20	17
関東	9 栃木	10	10
関東	10 群馬	15	14
関東	11 埼玉	16	15
関東	12 千葉	19	17
関東	13 東京	15	13
関東	14 神奈川	13	13
関東	15 山梨	10	7
関東	16 長野	18	16
関東	17 静岡	17	15
関東	小計	153	137
北陸	18 新潟	24	24
北陸	19 富山	15	15
北陸	20 石川	17	16
北陸	21 福井	12	9
北陸	小計	68	64
東海	22 岐阜	7	6
東海	23 愛知	20	20
東海	24 三重	11	9
東海	小計	38	35
近畿	25 滋賀	15	11
近畿	26 京都	1	-
近畿	27 大阪	14	10
近畿	28 兵庫	14	13
近畿	29 奈良	1	1
近畿	30 和歌山	8	8
近畿	小計	53	43
中国・四国	31 鳥取	3	2
中国・四国	32 島根	1	1
中国・四国	33 岡山	9	9
中国・四国	34 広島	13	12
中国・四国	35 山口	12	12
中国・四国	36 徳島	15	12
中国・四国	37 香川	1	1
中国・四国	38 愛媛	12	11
中国・四国	39 高知	4	3
中国・四国	小計	70	63
九州	40 福岡	20	18
九州	41 佐賀	4	4
九州	42 長崎	7	6
九州	43 熊本	14	13
九州	44 大分	5	4
九州	45 宮崎	12	13
九州	46 鹿児島	13	13
九州	小計	75	71
	47 沖縄	-	-

3 役　職　員

Officers & Employees

(1) 役　職　員　数

Number of Officers & Employees

集計組合数　639
Total No. of Coops. Surveyed　639

(単位：人、組合)
(Unit:Person, Coop.)

事業年度 Business Year	役員数 Total Officers 経営管理委員 Business Management Commissioner	該当組合数 No. of Coops. concerned	うち常勤 of Which Full-time employment	うち認定農業者 of Which Certified Farmers	うち省令第76条の2に該当する者 of Which a person who corresponds to the Ordinance Article 76-2	うち女性 of Which Female	うち正組合員以外 of Which a man of Outside of Regular Member
平25(2013)	984	42	17	-	-	90	12
平26(2014)	1 018	43	18	-	-	95	13
平27(2015)	978	42	16	-	-	97	10
平28(2016)	961	42	16	-	-	100	15
平29(2017)	980	43	18	457	74	104	15
平30(2018)	937	41	17	493	78	108	15
該当1組合当たり Average Per Coop.	22.9	-	0.4	12.0	1.9	2.6	0.4
1 北海道	-	-	-	-	-	-	-
東北 2 青森	-	-	-	-	-	-	-
3 岩手	26	1	-	17	3	2	-
4 宮城	5	1	-	3	-	-	-
5 秋田	-	-	-	-	-	-	-
6 山形	14	1	-	8	-	5	1
7 福島	-	-	-	-	-	-	-
東北 小計	45	3	-	28	3	7	1
関東 8 茨城	-	-	-	-	-	-	-
9 栃木	-	-	-	-	-	-	-
10 群馬	-	-	-	-	-	-	-
11 埼玉	-	-	-	-	-	-	-
12 千葉	22	1	1	15	-	2	-
13 東京	12	1	-	3	2	1	1
14 神奈川	-	-	-	-	-	-	-
15 山梨	-	-	-	-	-	-	-
16 長野	-	-	-	-	-	-	-
17 静岡	71	2	2	45	4	4	2
関東 小計	105	4	3	63	6	7	3
北陸 18 新潟	290	11	11	178	22	29	1
19 富山	-	-	-	-	-	-	-
20 石川	-	-	-	-	-	-	-
21 福井	31	2	-	13	11	3	-
北陸 小計	321	13	11	191	33	32	1
東海 22 岐阜	-	-	-	-	-	-	-
23 愛知	-	-	-	-	-	-	-
24 三重	93	4	-	22	3	9	-
東海 小計	93	4	-	22	3	9	-
近畿 25 滋賀	151	7	-	64	24	25	1
26 京都	-	-	-	-	-	-	-
27 大阪	-	-	-	-	-	-	-
28 兵庫	-	-	-	-	-	-	-
29 奈良	14	1	1	8	3	2	-
30 和歌山	-	-	-	-	-	-	-
近畿 小計	165	8	1	72	27	27	1
中国・四国 31 鳥取	-	-	-	-	-	-	-
32 島根	-	-	-	-	-	-	-
33 岡山	47	1	-	18	-	3	-
34 広島	-	-	-	-	-	-	-
35 山口	15	1	1	3	5	4	-
36 徳島	-	-	-	-	-	-	-
37 香川	15	1	1	4	-	2	2
38 愛媛	71	3	-	47	1	8	5
39 高知	-	-	-	-	-	-	-
中国・四国 小計	148	6	2	72	6	17	7
九州 40 福岡	-	-	-	-	-	-	-
41 佐賀	-	-	-	-	-	-	-
42 長崎	-	-	-	-	-	-	-
43 熊本	-	-	-	-	-	-	-
44 大分	24	1	-	19	-	5	-
45 宮崎	-	-	-	-	-	-	-
46 鹿児島	11	1	-	10	-	2	2
九州 小計	35	2	-	29	-	7	2
47 沖縄	25	1	-	16	-	2	-

※1　役員数の「認定農業者」、「省令第76条の2に該当する者」及び「実践的能力者」は、平成29事業年度から設定された項目であり、法律の適用前であるが、これらの項目に該当している人数を記載している。
2　「省令第76条の2に該当する者」とは、農業協同組合法施行規則（平成17年農林水産省令第27号）第1項第1号イからリまでに掲げる者である。
3　「実践的能力者」とは、農畜産物の販売その他の当該農業協同組合が行う事業又は法人の経営に関し実践的な能力を有する者である。

(1) 役　職　員　数（つづき）
Number of Officers & Employees(Cont.)

(単位：人)
(Unit:Person)

地域	事業年度 Business Year	役員数（つづき） Total Officers(Cont.) 常勤理事 Full-time Directors	うち認定農業者 of Which Certified Farmers	うち実践的能力者 of Which Practical Professionals	うち省令第76条の2に該当する者 of Which a person who corresponds to the Ordinance Article 76-2	うち女性 of Which Female	うち組合長 of Which President	うち正組合員以外 of Which a man of Outside of Regular Member
	平25(2013)	2 590	-	-	-	12	701	143
	平26(2014)	2 563	-	-	-	8	683	191
	平27(2015)	2 543	-	-	-	16	676	220
	平28(2016)	2 517	-	-	-	12	652	227
	平29(2017)	2 479	440	1 604	56	14	649	346
	平30(2018)	2 465	453	1 682	42	10	623	355
	1組合当たり Average Per Coop.	3.9	0.7	2.6	0.1	0.0	1.0	0.6
	1 北海道	352	148	164	8	-	109	124
東北	2 青森	41	23	16	-	-	10	-
東北	3 岩手	30	5	23	-	-	7	-
東北	4 宮城	58	13	40	-	-	13	6
東北	5 秋田	46	16	19	-	-	13	3
東北	6 山形	59	14	29	3	-	15	9
東北	7 福島	48	12	29	-	1	5	-
東北	小計	282	83	156	3	1	63	18
関東	8 茨城	73	20	24	2	-	20	5
関東	9 栃木	40	15	20	1	-	10	3
関東	10 群馬	57	14	31	1	-	15	4
関東	11 埼玉	74	7	59	-	-	16	7
関東	12 千葉	70	2	56	2	1	18	14
関東	13 東京	67	10	55	-	-	15	19
関東	14 神奈川	60	3	45	1	-	13	13
関東	15 山梨	33	5	23	-	1	10	-
関東	16 長野	69	16	43	-	1	17	2
関東	17 静岡	63	10	41	1	-	18	6
関東	小計	606	102	397	8	3	152	73
北陸	18 新潟	83	14	60	-	-	24	11
北陸	19 富山	51	12	35	1	-	14	-
北陸	20 石川	54	6	38	1	2	16	2
北陸	21 福井	39	5	29	1	-	11	1
北陸	小計	227	37	162	3	2	65	14
東海	22 岐阜	30	1	25	-	-	6	3
東海	23 愛知	81	4	72	1	-	19	20
東海	24 三重	42	-	26	-	-	10	1
東海	小計	153	5	123	1	-	35	24
近畿	25 滋賀	60	3	47	1	1	16	11
近畿	26 京都	24	-	23	-	-	4	5
近畿	27 大阪	61	1	51	5	-	14	20
近畿	28 兵庫	64	2	58	-	-	14	11
近畿	29 奈良	13	-	13	-	-	1	4
近畿	30 和歌山	37	5	32	-	-	7	2
近畿	小計	259	11	224	6	1	56	53
中国・四国	31 鳥取	14	-	11	-	-	2	-
中国・四国	32 島根	33	8	19	6	-	1	1
中国・四国	33 岡山	30	2	28	-	1	9	3
中国・四国	34 広島	48	2	46	-	-	12	-
中国・四国	35 山口	37	3	22	-	-	12	2
中国・四国	36 徳島	46	5	36	-	1	14	3
中国・四国	37 香川	10	-	10	-	-	1	5
中国・四国	38 愛媛	40	3	33	-	-	12	5
中国・四国	39 高知	46	-	45	-	-	4	-
中国・四国	小計	304	23	250	6	2	67	19
九州	40 福岡	78	3	70	-	1	20	3
九州	41 佐賀	20	-	20	-	-	4	2
九州	42 長崎	24	6	12	-	-	7	1
九州	43 熊本	41	19	19	1	-	14	-
九州	44 大分	25	2	22	-	-	5	10
九州	45 宮崎	41	8	17	6	-	13	2
九州	46 鹿児島	42	6	35	-	-	12	5
九州	小計	271	44	195	7	1	75	23
	47 沖縄	11	-	11	-	-	1	7

（1）役　職　員　数（つづき）
Number of Officers & Employees(Cont.)

（単位：人）
(Unit:Person)

	事業年度 Business Year	役員数（つづき） Total Officers(Cont.)						
		非常勤理事 Part-time Directors						理事計 Directors Sub-total
			うち認定農業者 of Which Certified Farmers	うち実践的能力者 of Which Practical Professionals	うち省令第76条の2に該当する者 of Which a person who corresponds to the Ordinance Article 76-2	うち女性 of Which Female	うち正組合員以外 of Which a man of Outside of Regular Member	
	平25(2013)	11 525	-	-	-	978	30	14 115
	平26(2014)	11 244	-	-	-	1 082	45	13 807
	平27(2015)	11 095	-	-	-	1 132	61	13 638
	平28(2016)	10 678	-	-	-	1 125	77	13 195
	平29(2017)	10 486	4 243	2 697	477	1 134	134	12 965
	平30(2018)	10 273	4 509	2 929	442	1 153	119	12 738
	1組合当たり Average Per Coop.	16.1	7.1	4.6	0.7	1.8	0.2	19.9
	1 北海道	882	782	38	26	15	3	1 234
	2 青森	146	103	25	-	17	1	187
東	3 岩手	124	51	50	-	16	-	154
	4 宮城	236	129	53	9	19	1	294
	5 秋田	204	109	30	0	27	1	250
	6 山形	240	179	10	6	25	5	299
北	7 福島	171	68	66	-	21	-	219
	小計	1 121	639	234	15	125	8	1 403
	8 茨城	461	275	12	20	46	7	534
関	9 栃木	249	159	55	4	25	-	289
	10 群馬	253	141	29	5	33	2	310
	11 埼玉	449	201	147	-	45	3	523
	12 千葉	360	146	44	7	32	11	430
	13 東京	247	97	73	-	37	7	314
	14 神奈川	312	86	145	20	36	3	372
	15 山梨	195	42	111	3	23	4	228
	16 長野	373	124	152	21	66	-	442
東	17 静岡	313	113	133	12	34	1	376
	小計	3 212	1 384	901	92	377	38	3 818
北	18 新潟	146	78	40	5	28	4	229
	19 富山	231	60	100	20	28	4	282
	20 石川	251	78	104	21	39	1	305
陸	21 福井	154	46	56	2	17	-	193
	小計	782	262	300	48	112	9	1 009
東	22 岐阜	183	55	74	9	24	4	213
	23 愛知	432	145	189	30	45	19	513
	24 三重	152	36	37	-	16	-	194
海	小計	767	236	300	39	85	23	920
	25 滋賀	98	41	19	6	20	5	158
近	26 京都	108	28	66	-	11	-	132
	27 大阪	287	26	30	112	34	12	348
	28 兵庫	252	36	116	14	35	4	316
	29 奈良	-	-	-	-	-	-	13
畿	30 和歌山	203	83	34	11	33	2	240
	小計	948	214	265	143	133	23	1 207
	31 鳥取	87	26	37	-	6	-	101
中	32 島根	30	11	7	6	3	-	63
	33 岡山	163	60	87	-	18	-	193
国	34 広島	255	34	159	6	29	-	303
	35 山口	177	28	50	8	26	-	214
・	36 徳島	253	85	78	6	29	2	299
	37 香川	-	-	-	-	-	-	10
四	38 愛媛	184	62	68	1	19	1	224
	39 高知	68	33	10	-	9	1	114
国	小計	1 217	339	496	27	139	4	1 521
	40 福岡	397	179	119	9	47	-	475
九	41 佐賀	111	40	50	-	15	2	131
	42 長崎	132	59	40	5	19	3	156
	43 熊本	310	175	62	24	32	1	351
	44 大分	36	14	10	3	5	3	61
	45 宮崎	169	100	38	9	22	-	210
州	46 鹿児島	189	86	76	2	27	2	231
	小計	1 344	653	395	52	167	11	1 615
	47 沖縄	-	-	-	-	-	-	11

（1）役　職　員　数（つづき）
Number of Officers & Employees(Cont.)

（単位：人）
(Unit:Person)

	事業年度 Business Year	役員数（つづき） Total Officers(Cont.) 常勤監事 Full-time Auditors	うち実務精通者 ※ of Which a man of has skill and versed in work	うち女性 of Which Female	うち員外 of Which a man of Outside of Regular Member	非常勤監事 Part-time Auditors	うち実務精通者 of Which a man of has skill and versed in work	うち女性 of Which Female	うち員外 of Which a man of Outside of Regular Member	監事計 Auditors Sub-total
	平25(2013)	594	393	12	149	3 099	252	48	573	3 693
	平26(2014)	584	395	12	150	3 007	239	56	557	3 591
	平27(2015)	581	450	11	145	2 942	276	57	553	3 523
	平28(2016)	571	423	9	135	2 815	270	64	546	3 386
	平29(2017)	565	422	9	140	2 762	332	66	536	3 327
	平30(2018)	555	383	13	134	2 686	308	63	524	3 241
	1組合当たり Average Per Coop.	0.9	0.6	0.0	0.2	4.2	0.5	0.1	0.8	5.1
	1 北海道	56	29	1	38	320	19	5	72	376
	2 青森	9	3	−	8	39	6	−	2	48
東	3 岩手	7	3	1	2	37	1	−	6	44
	4 宮城	13	6	0	12	56	2	6	2	69
	5 秋田	12	9	0	4	60	7	2	9	72
	6 山形	12	9	−	1	63	3	2	17	75
北	7 福島	8	5	−	3	23	0	−	4	31
	小計	61	35	1	30	278	19	10	40	339
	8 茨城	20	13	−	11	93	3	2	10	113
関	9 栃木	10	4	−	−	61	0	−	10	71
	10 群馬	15	13	1	3	70	0	1	12	85
	11 埼玉	13	11	−	−	94	1	1	16	107
	12 千葉	18	12	−	4	86	11	−	15	104
	13 東京	14	13	−	−	66	0	4	15	80
	14 神奈川	13	12	−	1	66	2	1	12	79
	15 山梨	9	7	−	−	58	5	1	12	67
	16 長野	15	10	1	3	88	2	1	13	103
東	17 静岡	17	10	−	2	84	10	−	16	101
	小計	144	105	2	24	766	34	11	131	910
北	18 新潟	21	21	−	3	66	11	−	19	87
	19 富山	14	9	1	4	59	24	3	10	73
	20 石川	15	8	−	−	65	3	−	17	80
陸	21 福井	10	4	−	2	40	1	−	11	50
	小計	60	42	1	9	230	39	3	57	290
東	22 岐阜	7	7	−	−	32	10	1	7	39
	23 愛知	20	18	1	2	94	5	5	19	114
	24 三重	11	4	−	4	49	2	1	8	60
海	小計	38	29	1	6	175	17	7	34	213
	25 滋賀	12	10	−	4	55	13	1	12	67
近	26 京都	8	8	1	−	25	0	2	5	33
	27 大阪	14	11	1	−	62	3	8	15	76
	28 兵庫	14	12	1	1	52	11	3	13	66
	29 奈良	2	2	−	−	2	0	−	1	4
畿	30 和歌山	8	6	−	−	51	1	−	8	59
	小計	58	49	3	5	247	28	14	54	305
	31 鳥取	3	−	−	2	16	3	−	1	19
中	32 島根	2	2	−	−	7	0	−	1	9
	33 岡山	9	3	−	3	44	6	−	6	53
国	34 広島	13	11	−	1	61	15	2	14	74
	35 山口	12	6	−	1	40	10	−	11	52
・	36 徳島	12	7	1	3	67	6	2	12	79
	37 香川	2	1	−	−	3	2	1	1	5
四	38 愛媛	12	7	1	4	64	11	2	11	76
	39 高知	5	5	1	1	20	7	1	4	25
国	小計	70	42	3	15	322	60	8	61	392
	40 福岡	19	17	1	2	80	17	−	20	99
九	41 佐賀	4	3	−	1	13	7	−	4	17
	42 長崎	6	4	−	−	32	9	−	7	38
	43 熊本	12	7	−	1	73	15	1	12	85
	44 大分	4	3	−	1	21	5	3	6	25
	45 宮崎	11	8	−	1	55	10	−	13	66
州	46 鹿児島	11	9	−	1	68	23	1	12	79
	小計	67	51	1	7	342	86	5	74	409
	47 沖縄	1	1	−	−	6	6	−	1	7

※　「実務精通者」とは実務に精通し、組合の事業内容につき十分な見識と能力を有する者をいう。

(1) 役　職　員　数 (つづき)
Number of Officers & Employees(Cont.)

(単位：人)
(Unit:Person)

	事業年度 Business Year	役員合計 Officers Total	うち認定農業者 of Which Certified Farmers	うち実践的能力者 of Which Practical Professionals	うち省令第76条の2に該当する者 of Which a person who corresponds to the Ordinance Article 76-2	うち実務精通者 of Which a man of has skill and versed in work	うち女性 of Which Female	うち使用人兼務 of Which a man of Employee and a additional post
		役員数（つづき） Total Officers(Cont.)	合計 Total					
	平25(2013)	18 792	-	-	-	2 490	1 140	213
	平26(2014)	18 416	-	-	-	2 617	1 253	211
	平27(2015)	18 139	-	-	-	2 853	1 313	227
	平28(2016)	17 542	-	-	-	2 975	1 310	206
	平29(2017)	17 272	5 140	4 301	607	754	1 327	211
	平30(2018)	16 916	5 455	4 611	562	691	1 347	202
	1組合当たり Average Per Coop.	26.5	8.5	7.2	0.9	1.1	2.1	0.3
	1 北海道	1 610	930	202	34	48	21	93
	2 青森	235	126	41	-	9	17	1
東	3 岩手	224	73	73	3	4	19	-
	4 宮城	368	145	93	9	8	25	-
	5 秋田	322	125	49	0	16	29	0
	6 山形	388	201	39	9	12	32	16
北	7 福島	250	80	95	0	5	22	0
	小計	1 787	750	390	21	54	144	17
	8 茨城	647	295	36	22	16	48	2
関	9 栃木	360	174	75	5	4	25	-
	10 群馬	395	155	60	6	13	35	1
	11 埼玉	630	208	206	-	12	46	3
	12 千葉	556	163	100	9	23	35	3
	13 東京	406	110	128	2	13	42	2
	14 神奈川	451	89	190	21	14	37	1
	15 山梨	295	47	134	3	12	25	1
	16 長野	545	140	195	21	12	69	2
東	17 静岡	548	168	174	17	20	38	3
	小計	4 833	1 549	1 298	106	139	400	18
北	18 新潟	606	270	100	27	32	57	3
	19 富山	355	72	135	21	33	32	9
	20 石川	385	84	142	22	11	41	5
陸	21 福井	274	64	85	14	5	20	9
	小計	1 620	490	462	84	81	150	26
東	22 岐阜	252	56	99	9	17	25	1
	23 愛知	627	149	261	31	23	51	2
	24 三重	347	58	63	3	6	26	10
海	小計	1 226	263	423	43	46	102	13
	25 滋賀	376	108	66	31	23	47	15
近	26 京都	165	28	89	-	8	14	-
	27 大阪	424	27	81	117	14	43	2
	28 兵庫	382	38	174	14	23	39	4
	29 奈良	31	8	13	3	2	2	-
畿	30 和歌山	299	88	66	11	7	33	-
	小計	1 677	297	489	176	77	178	21
	31 鳥取	120	26	48	-	3	6	-
中	32 島根	72	19	26	12	2	3	-
	33 岡山	293	80	115	-	9	22	-
国	34 広島	377	36	205	6	26	31	-
	35 山口	281	34	72	13	16	30	-
・	36 徳島	378	90	114	6	13	33	4
	37 香川	30	4	10	-	3	3	-
四	38 愛媛	371	112	101	2	18	30	3
	39 高知	139	33	55	-	12	11	1
国	小計	2 061	434	746	39	102	169	8
	40 福岡	574	182	189	9	34	49	1
九	41 佐賀	148	40	70	-	10	15	-
	42 長崎	194	65	52	5	13	19	1
	43 熊本	436	194	81	25	22	33	-
	44 大分	110	35	32	3	8	13	4
	45 宮崎	276	108	55	15	18	22	-
州	46 鹿児島	321	102	111	2	32	30	-
	小計	2 059	726	590	59	137	181	6
	47 沖縄	43	16	11	-	7	2	-

（1）役　職　員　数（つづき）
Number of Officials & Employees(Cont.)

（単位：人）
(Unit:Person)

	事業年度 Business Year	職員数 Total Employees 参事 General Manager	営農指導員 Farm Advisers	その他職員 Other Employees	合計 Total	合計 Total うち女性 of Which Female	うち常勤嘱託 of which a regular employee	うち女性 of Which Female
	平25(2013)	232	14 154	195 092	209 478	78 462	39 299	23 991
	平26(2014)	239	13 814	193 093	207 146	78 474	40 463	24 559
	平27(2015)	240	13 893	190 383	204 516	78 244	40 171	24 078
	平28(2016)	244	13 750	189 184	203 178	78 255	40 576	24 151
	平29(2017)	241	13 669	186 279	200 189	78 345	40 467	24 205
	平30(2018)	221	13 507	181 781	195 508	76 979	39 699	23 315
	1組当たり Average Per Coop.	0.3	21.1	284.5	306.0	120.5	62.1	36.5
	1 北海道	74	1 196	11 261	12 531	3 946	2 910	1 469
東北	2 青森	4	232	2 203	2 439	831	267	134
	3 岩手	-	414	3 242	3 656	1 619	1 030	635
	4 宮城	-	408	3 488	3 896	1 596	720	399
	5 秋田	0	288	3 445	3 733	1 664	1 101	675
	6 山形	6	238	3 864	4 108	1 784	980	596
	7 福島	0	384	4 476	4 860	2 141	1 174	734
	小計	10	1 964	20 718	22 692	9 635	5 272	3 173
関東	8 茨城	-	256	3 829	4 085	1 427	678	428
	9 栃木	-	298	3 770	4 068	1 674	962	619
	10 群馬	1	299	3 419	3 719	1 386	328	207
	11 埼玉	-	254	4 734	4 988	1 711	301	101
	12 千葉	6	175	3 938	4 119	1 459	259	93
	13 東京	-	116	3 373	3 489	1 391	218	69
	14 神奈川	1	224	6 130	6 355	2 728	378	128
	15 山梨	6	100	2 063	2 169	748	386	211
	16 長野	-	560	7 540	8 100	3 077	2 206	1 482
	17 静岡	3	470	7 328	7 801	3 198	1 005	643
	小計	17	2 752	46 124	48 893	18 799	6 721	3 981
北陸	18 新潟	-	667	7 103	7 770	3 296	2 161	1 418
	19 富山	2	271	2 819	3 092	1 365	772	476
	20 石川	1	172	2 436	2 609	1 087	489	287
	21 福井	12	172	2 307	2 490	923	595	327
	小計	15	1 282	14 665	15 961	6 671	4 017	2 508
東海	22 岐阜	-	185	5 067	5 252	2 059	981	585
	23 愛知	1	428	9 258	9 687	4 226	1 924	1 345
	24 三重	-	341	3 157	3 498	1 290	489	271
	小計	1	954	17 482	18 437	7 575	3 394	2 201
近畿	25 滋賀	5	252	2 355	2 612	977	310	189
	26 京都	3	123	1 704	1 830	750	302	196
	27 大阪	3	173	3 219	3 395	1 409	232	44
	28 兵庫	1	378	5 571	5 950	2 387	949	575
	29 奈良	-	96	2 013	2 109	889	167	40
	30 和歌山	-	123	2 884	3 007	1 160	735	468
	小計	12	1 145	17 746	18 903	7 572	2 695	1 512
中国・四国	31 鳥取	2	108	1 457	1 567	660	383	178
	32 島根	-	206	3 330	3 536	1 526	1 386	851
	33 岡山	8	305	3 322	3 635	1 418	737	434
	34 広島	-	221	3 550	3 771	1 284	575	327
	35 山口	3	196	3 006	3 205	1 522	756	510
	36 徳島	22	71	1 603	1 696	683	360	198
	37 香川	-	241	2 135	2 376	819	207	40
	38 愛媛	6	262	3 507	3 775	1 347	288	125
	39 高知	-	224	2 401	2 625	1 115	708	405
	小計	41	1 834	24 311	26 186	10 374	5 400	3 068
九州	40 福岡	-	372	5 867	6 239	2 412	1 657	943
	41 佐賀	1	294	2 749	3 044	1 203	507	327
	42 長崎	-	197	3 332	3 529	1 428	1 382	825
	43 熊本	17	400	4 498	4 915	1 861	1 202	705
	44 大分	2	171	2 280	2 453	1 062	1 011	620
	45 宮崎	-	395	3 285	3 680	1 194	691	292
	46 鹿児島	25	395	4 695	5 115	2 086	1 798	1 143
	小計	45	2 224	26 706	28 975	11 246	8 248	4 855
	47 沖縄	6	156	2 768	2 930	1 161	1 042	548

(1) 役　職　員　数 (つづき)
Number of Officials & Employees(Cont.)

(単位：人)
(Unit:Person)

	事業年度 Business Year	左のうち本所・支所・出張所職員数 No. of Employees by Head Office, Branch, Sub-branch								
		本所 Head Office			支所（支店）・出張所 Branch and sub-branch			その他事業所 Other Business Facilities		
		総職員数 Total	うち女性 of Which Female	うち営農指導員 of Which Farm Advisers	総数 Total	うち女性 of Which Female	うち営農指導員 of Which Farm Advisers	総数 Total	うち女性 of Which Female	うち営農指導員 of Which Farm Advisers
	平25(2013)	61 269	20 012	4 861	97 774	43 591	3 279	50 435	14 859	6 014
	平26(2014)	59 167	19 396	4 724	98 360	44 370	3 162	49 619	14 708	5 928
	平27(2015)	59 935	20 026	4 712	96 504	43 912	3 190	48 077	14 306	5 991
	平28(2016)	58 545	19 791	4 616	94 406	43 314	3 019	50 227	15 150	6 115
	平29(2017)	58 284	20 131	4 543	92 522	43 071	2 919	49 383	15 143	6 207
	平30(2018)	56 331	19 645	4 439	90 379	42 318	2 881	48 798	15 016	6 187
	1組合当たり Average Per Coop.	88.2	30.7	6.9	141.4	66.2	4.5	76.4	23.5	9.7
	1 北海道	7 363	2 251	794	3 432	1 283	348	1 736	412	54
	2 青森	877	293	61	991	440	81	571	98	90
東	3 岩手	897	362	114	1 439	850	59	1 320	407	241
	4 宮城	1 192	441	164	1 568	805	90	1 136	350	154
	5 秋田	1 135	436	64	1 330	780	49	1 268	448	175
	6 山形	1 335	487	92	1 681	913	87	1 092	384	59
北	7 福島	856	297	33	2 289	1 117	65	1 715	727	286
	小計	6 292	2 316	528	9 298	4 905	431	7 102	2 414	1 005
	8 茨城	1 093	315	89	1 901	854	79	1 091	258	88
関	9 栃木	1 097	439	99	1 755	863	42	1 216	372	157
	10 群馬	1 056	330	104	1 596	787	45	1 067	269	150
	11 埼玉	1 144	326	75	2 869	1 251	41	975	134	138
	12 千葉	1 368	406	74	2 054	933	10	697	120	91
	13 東京	987	385	40	2 338	962	70	164	44	6
	14 神奈川	1 934	763	113	3 865	1 814	49	556	151	62
	15 山梨	641	179	23	1 175	478	66	353	91	11
	16 長野	2 486	852	192	3 620	1 685	77	1 994	540	291
東	17 静岡	2 091	790	132	4 139	1 855	53	1 571	553	285
	小計	13 897	4 785	941	25 312	11 482	532	9 684	2 532	1 279
北	18 新潟	2 049	826	175	2 645	1 436	59	3 076	1 034	433
	19 富山	895	368	108	1 243	681	73	954	316	90
	20 石川	836	299	119	1 014	534	21	759	254	32
陸	21 福井	722	247	81	1 072	472	74	696	204	17
	小計	4 502	1 740	483	5 974	3 123	227	5 485	1 808	572
東	22 岐阜	1 045	376	40	2 882	1 298	36	1 325	385	109
	23 愛知	2 415	937	100	4 362	2 144	16	2 910	1 145	312
	24 三重	971	287	139	1 546	714	-	981	289	202
海	小計	4 431	1 600	279	8 790	4 156	52	5 216	1 819	623
	25 滋賀	849	274	60	1 249	587	50	514	116	142
近	26 京都	435	174	32	1 218	515	75	177	61	16
	27 大阪	842	340	23	2 165	974	4	388	95	146
	28 兵庫	1 239	498	67	3 337	1 478	54	1 374	411	257
	29 奈良	645	238	10	1 060	525	-	404	126	86
畿	30 和歌山	867	317	44	1 444	592	34	696	251	45
	小計	4 877	1 841	236	10 473	4 671	217	3 553	1 060	692
	31 鳥取	385	135	32	806	455	35	376	70	41
中	32 島根	256	78	3	1 507	896	74	1 773	552	129
	33 岡山	773	260	61	1 868	901	52	994	257	192
国	34 広島	898	286	54	2 200	822	30	673	176	137
	35 山口	1 097	481	60	1 332	709	-	776	332	136
・	36 徳島	598	225	34	658	337	5	440	121	32
	37 香川	435	95	53	1 486	665	78	455	59	110
四	38 愛媛	999	338	80	1 790	804	28	986	205	154
	39 高知	268	116	7	1 745	806	187	612	193	30
国	小計	5 709	2 014	384	13 392	6 395	489	7 085	1 965	961
	40 福岡	1 773	648	140	2 495	1 179	66	1 971	585	166
九	41 佐賀	647	229	30	2 146	918	217	251	56	47
	42 長崎	677	269	34	1 201	559	28	1 651	600	135
	43 熊本	1 685	575	175	1 937	898	101	1 293	388	124
	44 大分	314	115	21	789	396	-	1 350	551	150
	45 宮崎	1 590	475	207	1 336	597	64	754	122	124
州	46 鹿児島	1 654	495	187	1 950	887	109	1 511	704	99
	小計	8 340	2 806	794	11 854	5 434	585	8 781	3 006	845
	47 沖縄	920	292	-	1 854	869	-	156	-	156

（2） 役 員 選 出 方 法

Method of Officer Election

（単位：組合）
(Unit:Coop.)

事業年度 Business Year	集計組合数 Total No.of Coops. surveyed	選挙 Voting	選任 Confidence	女性枠設置組合数 Cooperative with Women's officer election frame		農協青(壮)年部枠設置組合数 Cooperative with Youth officer election frame	
				経営管理委員 Business Management Commissioner	理事・監事 Directors & Auditors	経営管理委員 Business Management Commissioner	理事・監事 Directors & Auditors
平25(2013)	712	30	682	–	–	–	–
平26(2014)	692	26	666	–	–	–	–
平27(2015)	686	15	671	–	–	–	–
平28(2016)	661	14	647	–	–	–	–
平29(2017)	657	18	639	40	453	21	82
平30(2018)	639	16	623	38	443	18	80
比率 Percentage	100.0	2.5	97.5	5.9	69.3	2.8	12.5
1 北海道	109	7	102	–	5	–	–
東北 2 青森	10	–	10	–	8	–	–
東北 3 岩手	7	–	7	1	6	–	–
東北 4 宮城	14	–	14	–	8	–	–
東北 5 秋田	13	3	10	–	12	–	–
東北 6 山形	15	–	15	1	8	–	1
東北 7 福島	5	–	5	–	5	–	1
東北 小計	64	3	61	2	47	–	2
	–						
関東 8 茨城	20	–	20	–	20	–	3
関東 9 栃木	10	–	10	–	9	–	2
関東 10 群馬	15	1	14	–	14	–	8
関東 11 埼玉	16	–	16	–	15	–	2
関東 12 千葉	19	–	19	1	15	–	1
関東 13 東京	15	–	15	1	11	1	–
関東 14 神奈川	13	–	13	–	10	–	1
関東 15 山梨	11	–	11	–	9	–	–
関東 16 長野	18	–	18	–	17	–	1
関東 17 静岡	18	–	18	2	15	1	11
関東 小計	155	1	154	4	135	2	29
北陸 18 新潟	24	2	22	11	10	5	–
北陸 19 富山	15	–	15	–	12	–	–
北陸 20 石川	17	–	17	–	15	–	–
北陸 21 福井	12	–	12	2	9	2	2
北陸 小計	68	2	66	13	46	7	2
東海 22 岐阜	7	–	7	–	6	–	3
東海 23 愛知	20	–	20	–	20	–	2
東海 24 三重	11	1	10	3	7	2	1
東海 小計	38	1	37	3	33	2	6
近畿 25 滋賀	16	–	16	7	8	1	–
近畿 26 京都	5	–	5	–	4	–	2
近畿 27 大阪	14	–	14	–	13	–	1
近畿 28 兵庫	14	–	14	–	13	–	–
近畿 29 奈良	1	–	1	1	–	1	–
近畿 30 和歌山	8	–	8	–	6	–	2
近畿 小計	58	–	58	8	44	2	5
中国・四国 31 鳥取	3	1	2	–	3	–	1
中国・四国 32 島根	1	–	1	–	1	–	1
中国・四国 33 岡山	9	–	9	1	8	1	–
中国・四国 34 広島	13	–	13	–	11	–	3
中国・四国 35 山口	12	–	12	1	11	–	2
中国・四国 36 徳島	15	–	15	–	14	–	–
中国・四国 37 香川	1	–	1	1	–	–	1
中国・四国 38 愛媛	12	–	12	3	9	3	1
中国・四国 39 高知	4	1	3	–	3	–	3
中国・四国 小計	70	2	68	6	60	4	12
九州 40 福岡	20	–	20	–	19	–	7
九州 41 佐賀	4	–	4	–	4	–	–
九州 42 長崎	7	–	7	–	7	–	3
九州 43 熊本	14	–	14	–	14	–	11
九州 44 大分	5	–	5	–	4	–	–
九州 45 宮崎	13	–	13	–	13	–	–
九州 46 鹿児島	13	–	13	1	12	1	2
九州 小計	76	–	76	1	73	1	23
47 沖縄	1	–	1	1	–	–	1

※　「女性枠設置組合数」及び「農協青（壮）年部枠設置組合数」は、平成29事業年度から設定された項目である。

(3) 経営管理委員及び理事の年齢構成

Age composition of Business Management Commissioner and Directors

(単位：人)
(Unit:Person)

事業年度 Business Year		45歳以下 45 years old and under	46～49歳 46 to 49	50～54歳 50 to 54	55～59歳 55 to 59	60～64歳 60 to 64	65～69歳 65 to 69	70歳以上 70 years old and over	合計 Total
	平25(2013)	−	−	−	−	−	−	−	−
	平26(2014)	−	−	−	−	−	−	−	−
	平27(2015)	−	−	−	−	−	−	−	−
	平28(2016)	−	−	−	−	−	−	−	−
	平29(2017)	−	−	−	−	−	−	−	−
	平30(2018)	202	203	513	1 477	3 133	5 041	3 106	13 675
	比率 Percentage	1.5	1.5	3.8	10.8	22.9	36.9	22.7	100.0
	1 北海道	55	64	188	354	316	188	69	1 234
東北	2 青森	−	3	10	16	52	70	36	187
	3 岩手	3	−	1	13	38	65	60	180
	4 宮城	5	2	6	32	84	121	49	299
	5 秋田	9	5	14	30	69	89	34	250
	6 山形	7	3	25	57	87	103	31	313
	7 福島	−	−	3	10	40	106	60	219
	小計	24	13	59	158	370	554	270	1 448
関東	8 茨城	6	8	4	45	108	235	128	534
	9 栃木	−	5	11	29	81	125	38	289
	10 群馬	3	7	9	46	71	123	51	310
	11 埼玉	3	2	7	49	87	244	131	523
	12 千葉	4	4	8	36	89	182	129	452
	13 東京	1	2	9	34	76	99	105	326
	14 神奈川	−	1	9	44	77	157	84	372
	15 山梨	−	−	1	4	23	77	123	228
	16 長野	3	2	9	27	113	206	82	442
	17 静岡	8	10	12	33	109	177	98	447
	小計	28	41	79	347	834	1 625	969	3 923
北陸	18 新潟	9	6	15	44	145	215	85	519
	19 富山	−	4	−	9	52	108	109	282
	20 石川	4	3	9	28	66	134	61	305
	21 福井	4	2	9	17	43	101	48	224
	小計	17	15	33	98	306	558	303	1 330
東海	22 岐阜	3	1	2	11	33	76	87	213
	23 愛知	5	11	13	60	126	182	116	513
	24 三重	3	2	2	23	61	124	72	287
	小計	11	14	17	94	220	382	275	1 013
近畿	25 滋賀	4	5	12	32	65	118	73	309
	26 京都	2	−	3	10	20	29	68	132
	27 大阪	1	−	7	19	61	123	137	348
	28 兵庫	2	−	6	20	80	124	84	316
	29 奈良	−	1	1	−	14	3	8	27
	30 和歌山	7	3	9	31	62	90	38	240
	小計	16	9	38	112	302	487	408	1 372
中国・四国	31 鳥取	1	1	1	5	21	44	28	101
	32 島根	2	−	−	5	21	25	10	63
	33 岡山	2	3	2	11	31	87	104	240
	34 広島	1	1	7	16	57	120	101	303
	35 山口	4	1	3	8	35	95	83	229
	36 徳島	7	3	5	20	50	111	103	299
	37 香川	−	1	−	−	8	10	6	25
	38 愛媛	1	5	10	35	57	111	76	295
	39 高知	5	2	7	23	34	32	11	114
	小計	23	17	35	123	314	635	522	1 669
九州	40 福岡	3	7	15	35	104	166	145	475
	41 佐賀	2	1	8	7	46	62	5	131
	42 長崎	3	1	2	10	39	62	39	156
	43 熊本	6	8	12	55	99	128	43	351
	44 大分	1	2	1	15	26	31	9	85
	45 宮崎	7	1	14	34	62	61	31	210
	46 鹿児島	6	9	11	24	84	90	18	242
	小計	28	29	63	180	460	600	290	1 650
	47 沖縄	−	1	1	11	11	12	−	36

※ 経営管理委員及び理事の年齢構成は、平成30事業年度から設定された項目である。

(4) 職員員数別組合数
Number of Coops. by Number of Employees

(単位：組合)
(Unit:Coop.)

	事業年度 Business Year	集計組合数 Total No. of Coops surveyed	いないもの None	10人未満 Less Than 10 Persons	10～19人	20～29人	30～39人	40～49人	50～69人
	平25(2013)	712	–	–	6	16	13	17	51
	平26(2014)	692	–	–	7	14	13	16	50
	平27(2015)	686	–	–	6	12	16	11	51
	平28(2016)	661	–	–	6	14	11	16	47
	平29(2017)	657	–	–	6	11	14	12	47
	平30(2018)	639	–	–	5	11	11	19	42
	比率 Percentage	100.0	0.0	0.0	0.8	1.7	1.7	3.0	6.6
	1 北海道	109	–	–	–	1	2	9	17
東北	2 青森	10	–	–	–	–	1	–	–
	3 岩手	7	–	–	–	–	–	–	–
	4 宮城	14	–	–	–	–	–	1	–
	5 秋田	13	–	–	–	–	–	1	1
	6 山形	15	–	–	–	–	–	–	2
	7 福島	5	–	–	–	–	–	–	–
	小計	64	–	–	–	–	1	2	3
関東	8 茨城	20	–	–	–	–	–	1	2
	9 栃木	10	–	–	–	–	–	–	–
	10 群馬	15	–	–	–	–	–	–	–
	11 埼玉	16	–	–	1	2	–	–	–
	12 千葉	19	–	–	–	–	–	–	2
	13 東京	15	–	–	–	–	–	–	2
	14 神奈川	13	–	–	–	–	–	–	–
	15 山梨	11	–	–	–	1	1	–	–
	16 長野	18	–	–	1	1	–	–	2
	17 静岡	18	–	–	1	–	–	–	–
	小計	155	–	–	3	4	1	1	8
北陸	18 新潟	24	–	–	–	–	–	–	2
	19 富山	15	–	–	1	–	–	–	–
	20 石川	17	–	–	–	1	2	1	–
	21 福井	12	–	–	–	–	1	–	1
	小計	68	–	–	1	1	3	1	3
東海	22 岐阜	7	–	–	–	–	–	–	–
	23 愛知	20	–	–	–	–	–	–	2
	24 三重	11	–	–	–	–	–	–	–
	小計	38	–	–	–	–	–	–	2
近畿	25 滋賀	16	–	–	–	2	2	–	2
	26 京都	5	–	–	–	–	–	–	–
	27 大阪	14	–	–	–	–	1	–	–
	28 兵庫	14	–	–	–	1	–	–	–
	29 奈良	1	–	–	–	–	–	–	–
	30 和歌山	8	–	–	–	–	–	–	–
	小計	58	–	–	–	3	3	–	2
中国・四国	31 鳥取	3	–	–	–	–	–	–	–
	32 島根	1	–	–	–	–	–	–	–
	33 岡山	9	–	–	–	–	–	–	–
	34 広島	13	–	–	–	–	–	–	1
	35 山口	12	–	–	–	–	–	–	–
	36 徳島	15	–	–	–	2	–	1	3
	37 香川	1	–	–	–	–	–	–	–
	38 愛媛	12	–	–	–	–	–	1	–
	39 高知	4	–	–	–	–	–	–	–
	小計	70	–	–	–	2	–	2	4
九州	40 福岡	20	–	–	–	–	–	1	–
	41 佐賀	4	–	–	–	–	1	–	–
	42 長崎	7	–	–	–	–	–	–	1
	43 熊本	14	–	–	1	–	–	1	–
	44 大分	5	–	–	–	–	–	1	1
	45 宮崎	13	–	–	–	–	–	1	1
	46 鹿児島	13	–	–	–	–	–	–	–
	小計	76	–	–	1	–	1	4	3
	47 沖縄	1	–	–	–	–	–	–	–

(4) 職員員数別組合数(つづき)

Number of Coops. by Number of Employees (Cont.)

(単位：組合)
(Unit:Coop.)

	事業年度 Business Year	７０～９９人	１００～ １４９人	１５０～ １９９人	２００～ ２９９人	３００～ ３９９人	４００～ ４９９人	５００～ ５９９人	６００人以上 More Than 600 Persons (Including 600 persons)
	平25(2013)	64	90	58	129	102	64	34	68
	平26(2014)	66	80	66	115	104	66	30	65
	平27(2015)	67	78	67	113	107	59	33	66
	平28(2016)	60	78	69	104	100	53	34	69
	平29(2017)	59	79	71	104	102	57	27	68
	平30(2018)	64	66	69	110	97	51	29	65
	比率 Percentage	10.0	10.3	10.8	17.2	15.2	8.0	4.5	10.2
	1 北海道	38	22	9	3	6	2	-	-
	2 青森	-	1	2	3	2	1	-	-
東	3 岩手	-	-	-	2	-	2	-	3
	4 宮城	1	1	2	4	2	1	1	1
	5 秋田	-	2	2	2	2	-	2	1
	6 山形	3	-	2	-	4	3	-	1
北	7 福島	-	-	1	-	-	-	-	4
	小計	4	4	9	11	10	7	3	10
	8 茨城	1	6	3	3	1	1	1	1
関	9 栃木	-	-	-	3	3	1	2	1
	10 群馬	1	1	4	4	3	2	-	-
	11 埼玉	1	-	3	4	2	1	-	2
	12 千葉	2	2	2	5	5	1	-	-
	13 東京	-	-	4	4	4	1	-	-
	14 神奈川	1	1	1	3	1	1	2	3
	15 山梨	-	3	1	2	3	-	-	-
	16 長野	-	1	1	1	3	1	-	7
東	17 静岡	-	1	2	1	5	5	-	3
	小計	6	15	21	30	30	14	5	17
北	18 新潟	2	1	3	6	4	1	4	1
	19 富山	-	4	2	5	3	-	-	-
	20 石川	-	4	4	3	2	-	-	-
陸	21 福井	2	-	2	3	2	1	-	-
	小計	4	9	11	17	11	2	4	1
東	22 岐阜	-	-	-	1	-	1	1	4
	23 愛知	-	1	1	-	3	3	5	5
	24 三重	1	1	1	2	3	2	-	1
海	小計	1	2	2	3	6	6	6	10
	25 滋賀	1	2	2	2	2	-	1	-
近	26 京都	-	-	-	2	1	1	-	1
	27 大阪	2	1	1	5	2	2	-	-
	28 兵庫	1	1	1	2	2	1	2	3
	29 奈良	-	-	-	-	-	-	-	1
畿	30 和歌山	-	-	1	2	2	1	1	1
	小計	4	4	5	13	9	5	4	6
	31 鳥取	-	-	-	-	-	1	1	1
中	32 島根	-	-	-	-	-	-	-	1
	33 岡山	-	-	-	2	4	1	1	1
国	34 広島	-	1	2	6	1	-	-	2
	35 山口	-	2	1	4	3	2	-	-
・	36 徳島	4	2	1	1	1	-	-	-
	37 香川	-	-	-	-	-	-	-	1
四	38 愛媛	-	1	2	1	4	2	-	1
	39 高知	1	-	-	1	1	-	-	1
国	小計	5	6	6	15	14	6	2	8
	40 福岡	-	2	1	8	3	3	-	2
九	41 佐賀	-	-	-	1	-	1	-	1
	42 長崎	-	-	-	2	-	-	1	3
	43 熊本	-	1	-	2	3	3	2	1
	44 大分	-	1	1	-	-	-	-	1
	45 宮崎	-	-	4	3	2	-	-	2
州	46 鹿児島	2	-	-	2	3	2	2	2
	小計	2	4	6	18	11	9	5	12
	47 沖縄	-	-	-	-	-	-	-	1

（5）職員の担当業務別人員数

Number of Employees by Business in Charge

（単位：組合、人）
(Unit:Coop.,Person)

事業年度 Business Year	該当組合数 No. of Coops. concerned	信用 Credit	うち貸付専従者 of which fully-engaged in Loaning	うち貯金専従者 of which fully-engaged in Saving	共済 Mutual Insurance	うち専従者 of which fully-engaged Employees	購買 Purchasing	うち生産資材に従事 Number of persons in charge of essential Production Materials
平25(2013)	712	56 591	8 754	21 609	39 383	21 665	40 087	11 479
平26(2014)	692	56 379	8 192	21 799	38 763	21 681	39 218	11 564
平27(2015)	686	55 776	7 847	22 076	38 452	21 790	38 138	11 354
平28(2016)	661	55 195	7 772	21 677	38 161	21 582	37 423	11 166
平29(2017)	657	54 011	7 493	21 616	37 413	20 980	36 510	11 001
平30(2018)	639	52 610	7 143	20 490	36 288	20 444	35 366	11 076
1組合当たり Average Per Coop.	-	82.3	11.2	32.1	56.8	32.0	55.3	17.3
1 北海道	109	1 994	383	731	968	694	2 768	1 103
2 青森	10	429	81	156	439	290	513	268
東 3 岩手	7	858	147	367	711	651	475	248
4 宮城	14	868	261	408	743	670	750	201
5 秋田	13	674	105	234	636	440	764	251
6 山形	15	823	152	328	789	562	925	348
北 7 福島	5	1 112	184	541	1 199	862	700	301
小計	64	4 764	930	2 034	4 517	3 475	4 127	1 617
8 茨城	20	940	197	544	838	508	684	238
関 9 栃木	10	1 030	201	526	735	609	652	299
10 群馬	15	893	168	441	860	646	748	258
11 埼玉	16	1 910	186	742	1 018	613	644	216
12 千葉	19	1 419	219	750	817	413	606	135
13 東京	15	1 585	294	708	577	305	273	22
14 神奈川	13	2 589	339	643	1 210	421	537	169
15 山梨	11	463	76	207	507	264	511	209
16 長野	18	2 094	244	967	1 488	984	1 693	408
東 17 静岡	18	2 758	575	1 109	1 800	811	897	266
小計	155	15 681	2 499	6 637	9 850	5 574	7 245	2 220
北 18 新潟	24	1 756	341	820	1 269	648	1 914	558
19 富山	15	761	68	343	495	337	784	230
20 石川	17	626	104	307	496	310	707	54
陸 21 福井	12	478	51	222	456	276	467	15
小計	68	3 621	564	1 692	2 716	1 571	3 872	857
東 22 岐阜	7	1 898	185	848	1 040	367	986	397
23 愛知	20	3 063	251	1 179	1 899	787	1 562	412
24 三重	11	1 075	71	291	753	394	732	143
海 小計	38	6 036	507	2 318	3 692	1 548	3 280	952
25 滋賀	16	805	78	206	591	326	287	100
近 26 京都	5	640	20	201	440	211	230	36
27 大阪	14	1 667	104	410	585	166	243	11
28 兵庫	14	2 103	180	776	1 325	685	569	196
29 奈良	1	691	25	106	462	97	403	61
畿 30 和歌山	8	814	100	363	506	354	531	246
小計	58	6 720	507	2 062	3 909	1 839	2 263	650
31 鳥取	3	364	53	80	303	203	335	90
中 32 島根	1	821	60	160	612	200	767	200
33 岡山	9	1 030	87	172	781	223	718	172
国 34 広島	13	1 365	92	254	877	137	494	252
35 山口	12	931	121	429	646	244	515	94
・ 36 徳島	15	410	37	144	315	133	324	98
37 香川	1	682	52	152	555	153	336	267
四 38 愛媛	12	1 167	138	530	760	499	513	291
39 高知	4	494	67	246	508	356	682	195
国 小計	70	7 264	707	2 167	5 357	2 148	4 684	1 659
40 福岡	20	1 544	183	577	1 162	481	1 061	348
九 41 佐賀	4	552	47	400	480	465	591	142
42 長崎	7	521	77	269	574	405	1 187	210
43 熊本	14	820	135	347	785	649	1 347	348
44 大分	5	482	79	134	471	292	482	237
45 宮崎	13	722	175	306	579	466	751	338
州 46 鹿児島	13	1 052	173	515	793	561	1 292	147
小計	76	5 693	869	2 548	4 844	3 319	6 711	1 770
47 沖縄	1	837	177	301	435	276	416	248

（5）職員の担当業務別人員数（つづき）

Number of Employees by Business in Charge(Cont.)

（単位：人）
(Unit:Person)

	事業年度 Business Year	販売 Marketing	うち米専従 of which fully-engaged in Rice Marketing	保管※ Storage	加工 Processing & Manu-facturing	利用 Utilization	指導 Guidance
	平25(2013)	16 060	1 420	1 254	2 029	6 367	15 198
	平26(2014)	15 940	1 465	1 227	1 801	5 873	15 468
	平27(2015)	15 968	1 424	1 191	1 830	6 050	15 364
	平28(2016)	16 078	1 414	1 143	1 919	6 170	15 204
	平29(2017)	16 122	1 353	1 171	1 869	6 047	15 093
	平30(2018)	16 063	1 316	1 139	1 834	5 838	14 834
	1組合当たり Average Per Coop.	25.1	2.1	1.8	2.9	9.1	23.2
	1 北海道	2 146	171	273	221	306	1 509
東北	2 青森	305	53	33	27	87	253
	3 岩手	289	63	32	15	259	461
	4 宮城	253	49	67	6	144	396
	5 秋田	267	64	71	78	192	329
	6 山形	517	95	45	31	46	286
	7 福島	558	33	34	15	54	308
	小計	2 189	357	282	172	782	2 033
関東	8 茨城	506	71	39	33	117	288
	9 栃木	381	2	69	26	197	336
	10 群馬	343	23	2	17	96	213
	11 埼玉	268	27	9	6	34	213
	12 千葉	285	25	5	12	42	208
	13 東京	90	−	−	−	61	209
	14 神奈川	276	−	−	5	49	531
	15 山梨	161	2	3	8	50	114
	16 長野	598	23	12	50	339	591
	17 静岡	495	4	1	161	39	596
	小計	3 403	177	140	318	1 024	3 299
北陸	18 新潟	622	88	103	95	410	645
	19 富山	111	21	33	13	84	255
	20 石川	136	8	19	28	86	113
	21 福井	135	8	24	39	125	193
	小計	1 004	125	179	175	705	1 206
東海	22 岐阜	237	9	3	79	226	221
	23 愛知	693	24	17	52	243	530
	24 三重	135	14	17	40	75	222
	小計	1 065	47	37	171	544	973
近畿	25 滋賀	152	38	26	15	151	221
	26 京都	92	−	3	8	34	110
	27 大阪	128	−	−	1	30	127
	28 兵庫	341	22	22	11	151	343
	29 奈良	188	5	10	7	38	79
	30 和歌山	300	−	−	67	15	204
	小計	1 201	65	61	109	419	1 084
中国・四国	31 鳥取	123	−	7	2	46	116
	32 島根	222	24	15	61	160	292
	33 岡山	269	7	21	34	127	233
	34 広島	156	4	16	19	115	184
	35 山口	199	5	31	23	49	247
	36 徳島	249	12	1	15	3	83
	37 香川	109	2	−	5	188	230
	38 愛媛	289	13	5	55	35	297
	39 高知	369	11	2	28	46	258
	小計	1 985	78	98	242	769	1 940
九州	40 福岡	604	38	26	48	195	492
	41 佐賀	351	91	18	92	69	387
	42 長崎	423	16	9	6	139	229
	43 熊本	527	69	8	64	192	452
	44 大分	148	19	8	53	250	99
	45 宮崎	245	15	−	45	199	484
	46 鹿児島	488	−	−	39	190	398
	小計	2 786	248	69	347	1 234	2 541
	47 沖縄	284	48	−	79	55	249

※　「保管」は、平成29事業年度から新たに設定された項目である。なお、平成28事業年度までは「農業倉庫」を記載している。

（5）職員の担当業務別人員数（つづき）

Number of Employees by Business in Charge(Cont.)

（単位：人）
(Unit:Person)

	事業年度 Business Year	宅地等供給 Supplying Home-lots & Others	その他事業 Others Business	管理 Management	うち内部監査担当 of which in Inside Inspection charge	職員合計 Total	うち外務専従 of which fully-engaged in Foreign affairs
	平25(2013)	1 264	10 323	20 922	1 929	209 478	23 634
	平26(2014)	1 258	10 304	20 915	1 913	207 146	23 961
	平27(2015)	1 225	9 588	20 934	1 885	204 516	24 183
	平28(2016)	1 208	9 631	21 046	1 821	203 178	23 536
	平29(2017)	1 211	9 598	21 144	1 797	200 189	23 273
	平30(2018)	1 156	9 220	21 159	1 830	195 507	22 410
	1組合当たり Average Per Coop.	1.8	14.4	33.1	2.9	306.0	35.1
	1 北海道	44	961	1 340	172	12 530	279
東北	2 青森	−	72	281	27	2 439	193
	3 岩手	7	166	383	26	3 656	501
	4 宮城	29	184	456	39	3 896	469
	5 秋田	−	298	424	38	3 733	312
	6 山形	37	245	364	41	4 108	437
	7 福島	−	512	368	22	4 860	688
	小計	73	1 477	2 276	193	22 692	2 600
関東	8 茨城	44	221	375	44	4 085	524
	9 栃木	38	232	372	36	4 068	593
	10 群馬	38	136	373	41	3 719	531
	11 埼玉	115	236	535	49	4 988	813
	12 千葉	46	152	527	54	4 119	593
	13 東京	212	24	458	44	3 489	560
	14 神奈川	4	125	1 029	56	6 355	921
	15 山梨	1	48	303	19	2 169	206
	16 長野	23	332	880	57	8 100	867
	17 静岡	68	272	714	68	7 801	1 084
	小計	589	1 778	5 566	468	48 893	6 692
北陸	18 新潟	9	245	702	75	7 770	872
	19 富山	5	180	371	34	3 092	328
	20 石川	10	110	278	34	2 609	325
	21 福井	4	314	255	32	2 490	182
	小計	28	849	1 606	175	15 961	1 707
東海	22 岐阜	22	166	374	36	5 252	720
	23 愛知	168	290	1 170	81	9 687	1 176
	24 三重	16	88	345	31	3 498	532
	小計	206	544	1 889	148	18 437	2 428
近畿	25 滋賀	3	62	299	28	2 612	395
	26 京都	6	36	231	12	1 830	234
	27 大阪	23	44	547	53	3 395	612
	28 兵庫	75	264	746	52	5 950	1 112
	29 奈良	2	42	187	8	2 109	309
	30 和歌山	−	286	284	28	3 007	447
	小計	109	734	2 294	181	18 903	3 109
中国・四国	31 鳥取	1	76	194	11	1 567	117
	32 島根	4	215	367	19	3 536	272
	33 岡山	7	91	324	45	3 635	472
	34 広島	11	132	402	43	3 771	593
	35 山口	5	154	405	34	3 205	371
	36 徳島	−	125	171	27	1 696	174
	37 香川	−	−	271	16	2 376	303
	38 愛媛	2	264	388	38	3 775	543
	39 高知	3	43	192	16	2 625	254
	小計	33	1 100	2 714	249	26 186	3 099
九州	40 福岡	29	441	637	62	6 239	544
	41 佐賀	4	243	257	23	3 044	288
	42 長崎	−	64	377	16	3 529	228
	43 熊本	14	288	418	35	4 915	403
	44 大分	3	120	337	16	2 453	276
	45 宮崎	6	148	501	33	3 680	315
	46 鹿児島	5	349	509	48	5 115	276
	小計	61	1 653	3 036	233	28 975	2 330
	47 沖縄	13	124	438	11	2 930	166

（6）臨時・パート職員の担当業務別人員数

Number of Part-timer by Business in Charge

（単位：組合，人）
(Unit:Cooo.,Person)

事業年度 Business Year	該当組合数 No. of Coops. concerned	信用 Credit	うち貸付専従者 of which fully-engaged in Loaning	うち貯金専従者 of which fully-engaged in Saving	共済 Mutual Insurance	うち専従者 of which fully-engaged Employees	購買 Purchasing	うち生産資材に従事 Number of persons in charge of essential Production Materials
平25(2013)	594	4 273	198	2 248	1 624	871	12 486	2 668
平26(2014)	563	4 228	219	2 248	1 561	851	11 633	2 629
平27(2015)	565	4 200	215	2 462	1 556	929	11 745	2 679
平28(2016)	545	4 070	256	2 214	1 540	907	11 007	2 500
平29(2017)	543	3 965	249	2 050	1 507	829	11 104	2 502
平30(2018)	532	3 825	195	2 140	1 489	845	11 220	2 593
該当1組合当たり Average Per Coop.	比率 Percentage 83.3	7.2	0.4	4.0	2.8	1.6	21.1	4.9
1 北海道	85	78	4	43	33	18	1 095	114
東北 2 青森	8	16	1	9	6	2	184	51
3 岩手	6	87	12	52	44	44	175	114
4 宮城	12	49	7	28	29	17	158	39
5 秋田	11	38	1	21	20	9	218	57
6 山形	13	47	1	22	19	18	201	67
7 福島	5	116	8	82	69	41	318	117
小計	55	353	30	214	187	131	1 254	445
関東 8 茨城	20	165	7	125	79	32	286	48
9 栃木	8	18	–	17	2	1	51	–
10 群馬	14	144	8	104	68	59	414	66
11 埼玉	13	83	1	54	36	18	226	39
12 千葉	16	173	9	101	60	30	299	45
13 東京	13	30	1	22	6	5	92	1
14 神奈川	13	76	–	28	8	4	131	26
15 山梨	6	25	2	18	19	16	205	62
16 長野	16	165	5	72	72	37	535	118
17 静岡	15	142	13	113	55	30	187	37
小計	134	1 021	46	654	405	232	2 426	442
北陸 18 新潟	22	39	2	31	19	11	296	31
19 富山	13	31	–	11	16	13	110	23
20 石川	12	28	1	17	9	1	245	9
21 福井	7	36	–	15	9	1	47	8
小計	54	134	3	74	53	26	698	71
東海 22 岐阜	6	104	5	88	19	10	352	133
23 愛知	18	197	16	102	36	23	406	65
24 三重	10	149	6	81	23	13	227	39
小計	34	450	27	271	78	46	985	237
近畿 25 滋賀	15	56	1	10	23	5	155	31
26 京都	–	–	–	–	–	–	–	–
27 大阪	11	95	5	45	13	6	39	–
28 兵庫	11	309	10	112	137	49	192	57
29 奈良	1	–	–	–	–	–	–	–
30 和歌山	6	74	–	54	30	25	380	60
小計	44	534	16	221	203	85	766	148
中国・四国 31 鳥取	3	60	3	14	9	7	132	37
32 島根	1	42	–	3	25	1	102	–
33 岡山	6	107	5	37	30	19	264	85
34 広島	12	295	17	166	114	57	415	177
35 山口	12	62	6	28	19	8	196	17
36 徳島	11	50	–	20	30	8	114	25
37 香川	1	159	2	100	61	51	212	132
38 愛媛	12	132	7	105	57	46	467	208
39 高知	3	33	–	24	11	11	168	44
小計	61	940	40	497	356	208	2 070	725
九州 40 福岡	17	103	15	31	42	17	342	118
41 佐賀	3	10	–	–	12	–	70	18
42 長崎	6	18	2	16	4	4	356	32
43 熊本	10	21	–	6	24	24	269	35
44 大分	4	–	–	–	–	–	48	18
45 宮崎	13	49	8	32	46	30	346	129
46 鹿児島	11	99	4	66	42	20	432	22
小計	64	300	29	151	170	95	1 863	372
47 沖縄	1	15	–	15	4	4	63	39

※　「臨時・パート職員」は、パートタイマー等臨時職員の１人１年間の稼働時間を1,800時間とみて換算した人数である。

（6）臨時・パート職員の担当業務別人員数（つづき）
Number of Part-timer by Business in Charge(Cont.)

（単位：人）
(Unit:Person)

事業年度 Business Year	販売 Marketing	うち米専従 of which fully-engaged in Rice Marketing	保管 Storage	加工 Processing & Manufacturing	利用 Utilization	指導 Guidance
平25(2013)	8 751	231	452	1 805	4 971	1 016
平26(2014)	9 206	366	456	1 733	4 716	944
平27(2015)	9 167	370	422	2 426	4 555	1 038
平28(2016)	9 834	257	548	2 378	4 812	999
平29(2017)	10 203	282	513	2 097	4 763	956
平30(2018)	9 919	203	399	1 953	4 688	1 066
該当1組合当たり Average Per Coop.	18.6	0.4	0.8	3.7	8.8	2.0
1 北海道	447	21	126	77	154	70
東北 2 青森	912	3	2	98	259	9
3 岩手	127	12	7	8	132	80
4 宮城	51	18	17	1	103	24
5 秋田	106	5	143	77	82	9
6 山形	145	14	14	45	61	22
7 福島	475	12	7	3	39	33
小計	1 816	64	190	232	676	177
関東 8 茨城	389	10	9	98	124	36
9 栃木	244	2	6	75	294	8
10 群馬	270	4	–	59	124	13
11 埼玉	200	3	–	7	1	8
12 千葉	196	4	1	33	38	17
13 東京	135	–	–	–	–	12
14 神奈川	377	–	–	10	19	34
15 山梨	18	1	1	–	6	3
16 長野	222	1	7	81	1 065	22
17 静岡	213	–	–	30	6	32
小計	2 264	25	24	393	1 677	185
北陸 18 新潟	188	10	26	46	180	50
19 富山	27	1	4	4	25	3
20 石川	31	–	2	12	8	1
21 福井	13	–	1	10	25	3
小計	259	11	33	72	238	57
東海 22 岐阜	771	1	1	98	142	12
23 愛知	312	2	–	29	116	24
24 三重	69	2	1	58	58	16
小計	1 152	5	2	185	316	52
近畿 25 滋賀	95	2	2	14	30	15
26 京都	–	–	–	–	–	–
27 大阪	234	–	–	–	2	6
28 兵庫	190	12	2	33	41	42
29 奈良	–	–	–	–	48	–
30 和歌山	89	–	–	148	11	20
小計	608	14	4	195	132	83
中国・四国 31 鳥取	53	2	1	1	23	7
32 島根	65	–	–	–	18	12
33 岡山	131	4	3	31	31	20
34 広島	124	21	5	16	84	38
35 山口	154	11	5	69	28	18
36 徳島	53	3	–	–	4	6
37 香川	242	1	–	3	212	52
38 愛媛	266	11	1	133	71	74
39 高知	34	–	–	7	–	5
小計	1 122	53	15	260	471	232
九州 40 福岡	292	1	3	84	53	33
41 佐賀	431	2	1	322	23	7
42 長崎	357	2	–	6	8	1
43 熊本	272	5	–	12	13	4
44 大分	35	–	–	64	343	1
45 宮崎	465	–	1	19	149	52
46 鹿児島	151	–	–	9	249	96
小計	2 003	10	5	516	838	194
47 沖縄	248	–	–	23	186	16

（6）臨時・パート職員の担当業務別人員数（つづき）
Number of Part-timer by Business in Charge(Cont.)

（単位：人）
(Unit:Person)

事業年度 Business Year	宅地等供給 Supplying Home-lots & Others	その他事業 Other Business	管理 Management	合計 Total	うち外務専従 of which fully-engaged in Foreign affairs
平25(2013)	162	5 645	1 559	42 744	265
平26(2014)	137	5 233	1 609	41 456	217
平27(2015)	154	5 072	1 871	42 206	214
平28(2016)	150	5 233	1 684	42 255	223
平29(2017)	230	5 332	1 587	42 257	265
平30(2018)	162	5 071	1 741	41 533	203
該当1組合当たり Average Per Coop.	0.3	9.5	3.3	78.1	0.4
1 北海道	2	99	97	2 278	4
東北 2 青森	−	52	5	1 543	−
3 岩手	1	81	88	830	3
4 宮城	2	99	29	562	1
5 秋田	−	107	18	818	1
6 山形	2	122	30	708	13
7 福島	−	305	41	1 406	11
小計	5	766	211	5 867	29
関東 8 茨城	22	582	53	1 843	20
9 栃木	1	163	24	886	−
10 群馬	14	53	47	1 206	14
11 埼玉	5	309	36	911	−
12 千葉	8	216	65	1 106	8
13 東京	23	14	16	328	−
14 神奈川	2	25	42	724	1
15 山梨	−	34	11	322	8
16 長野	1	174	75	2 419	11
17 静岡	13	53	53	784	10
小計	89	1 623	422	10 529	72
北陸 18 新潟	−	82	31	957	4
19 富山	−	48	11	279	3
20 石川	2	10	16	364	−
21 福井	1	55	9	209	−
小計	3	195	67	1 809	7
東海 22 岐阜	4	122	8	1 633	3
23 愛知	12	113	63	1 308	1
24 三重	5	108	53	767	8
小計	21	343	124	3 708	12
近畿 25 滋賀	−	21	38	449	1
26 京都	−	−	−	−	−
27 大阪	1	3	35	428	−
28 兵庫	20	101	121	1 188	30
29 奈良	−	4	−	52	−
30 和歌山	−	137	16	905	5
小計	21	266	210	3 022	36
中国・四国 31 鳥取	−	81	29	396	9
32 島根	−	57	9	330	−
33 岡山	2	14	58	691	1
34 広島	8	139	52	1 290	1
35 山口	−	77	41	669	2
36 徳島	−	67	26	350	−
37 香川	−	−	45	986	−
38 愛媛	2	382	96	1 681	7
39 高知	−	21	11	290	1
小計	12	838	367	6 683	21
九州 40 福岡	3	101	50	1 106	1
41 佐賀	−	55	3	934	−
42 長崎	−	102	25	877	−
43 熊本	−	128	18	761	7
44 大分	−	202	15	708	−
45 宮崎	3	145	38	1 313	8
46 鹿児島	2	154	45	1 279	6
小計	8	887	194	6 978	22
47 沖縄	1	54	49	659	−

(7) 営農指導員

Farm Advisers

(a) 員数別組合数

Number of Coops. by Number of Farm Advisers

(単位：組合)
(Unit:Coop.)

事業年度 Business Year	集計組合数 Total No. of Coops. surveyed	いないもの None	1人 1 Person	2人	3人	4人	5～6人	7～10人	11～20人	21～30人	31人以上 More than 31 Persons
平25(2013)	712	23	34	27	29	36	54	102	165	96	146
平26(2014)	692	21	32	27	32	27	48	101	173	88	143
平27(2015)	686	18	33	26	25	27	54	103	165	95	140
平28(2016)	661	18	26	26	21	30	59	100	158	86	137
平29(2017)	657	16	26	26	26	32	51	90	165	84	141
平30(2018)	639	27	21	24	29	21	49	78	173	78	139
比率 Percentage	100.0	4.2	3.3	3.8	4.5	3.3	7.7	12.2	27.1	12.2	21.8
1 北海道	109	20	1	3	5	8	12	19	27	5	9
東北 2 青森	10	–	–	–	1	–	–	1	2	2	4
3 岩手	7	–	–	–	–	–	–	–	1	–	6
4 宮城	14	–	–	1	–	–	–	2	4	1	6
5 秋田	13	–	–	1	–	–	2	2	2	2	4
6 山形	15	–	–	–	–	1	4	2	4	1	3
7 福島	5	–	–	–	–	–	–	–	1	–	4
小計	64	–	–	2	1	1	6	7	14	6	27
関東 8 茨城	20	1	1	1	2	2	2	5	2	–	4
9 栃木	10	–	–	–	–	–	–	–	3	2	5
10 群馬	15	–	–	–	–	–	1	3	5	4	2
11 埼玉	16	–	1	1	2	–	1	3	5	1	2
12 千葉	19	–	1	–	2	3	3	4	4	2	–
13 東京	15	2	1	1	1	–	3	1	6	–	–
14 神奈川	13	–	–	–	–	–	3	2	5	1	2
15 山梨	11	1	1	1	1	1	–	3	1	2	–
16 長野	18	–	1	2	1	–	–	–	3	5	6
17 静岡	18	–	–	–	1	–	–	2	8	3	4
小計	155	4	6	6	10	6	13	23	42	20	25
北陸 18 新潟	24	–	–	1	–	–	2	3	6	3	9
19 富山	15	–	1	–	–	–	–	–	9	4	1
20 石川	17	–	4	–	–	–	1	5	6	–	1
21 福井	12	–	–	2	1	–	1	–	5	2	1
小計	68	–	5	3	1	–	4	8	26	9	12
東海 22 岐阜	7	–	–	–	1	–	–	1	2	–	3
23 愛知	20	1	1	1	–	–	–	1	8	5	3
24 三重	11	–	1	–	–	–	–	2	1	1	6
小計	38	1	2	1	1	–	–	4	11	6	12
近畿 25 滋賀	16	–	–	2	3	1	1	2	2	3	2
26 京都	5	1	–	–	1	–	–	–	–	1	2
27 大阪	14	1	–	–	–	2	2	3	4	–	2
28 兵庫	14	–	–	1	2	–	2	–	4	–	5
29 奈良	1	–	–	–	–	–	–	–	–	–	1
30 和歌山	8	–	–	1	–	–	–	–	4	3	–
小計	58	2	–	4	6	3	5	5	14	7	12
中国・四国 31 鳥取	3	–	–	–	–	–	–	–	1	–	2
32 島根	1	–	–	–	–	–	–	–	–	–	1
33 岡山	9	–	–	–	–	–	–	–	2	3	4
34 広島	13	–	1	1	–	1	–	2	3	3	2
35 山口	12	–	–	–	–	1	–	2	6	2	1
36 徳島	15	–	2	4	1	1	3	2	2	–	–
37 香川	1	–	–	–	–	–	–	–	–	–	1
38 愛媛	12	–	1	–	–	–	1	1	4	2	3
39 高知	4	–	1	–	–	–	–	–	2	–	1
小計	70	–	5	5	1	3	4	7	20	10	15
九州 40 福岡	20	–	–	–	1	–	2	1	8	6	2
41 佐賀	4	–	1	–	–	–	–	–	–	1	2
42 長崎	7	–	–	–	1	–	–	1	1	1	3
43 熊本	14	–	1	–	–	–	2	–	2	3	6
44 大分	5	–	–	–	1	–	1	1	1	–	1
45 宮崎	13	–	–	–	–	–	–	2	4	2	5
46 鹿児島	13	–	–	–	1	–	–	–	3	2	7
小計	76	–	2	–	4	–	5	5	19	15	26
47 沖縄	1	–	–	–	–	–	–	–	–	–	1

(7) 営農指導員(つづき)
Farm Advisers(Cont.)

(b) 種類別従事者数
Number by Sectors of Engagement

(単位：人)
(Unit:Person)

事業年度 Business Year	耕種 Productions of Rice & other grains	畜産 Livestock	野菜 Vegetables	果樹 Fruits	農家の経営指導 Management Guidance for Farmers	農業機械技術指導 Technical Guidance on Agri. Machines	その他 Others	合計 Total
平25(2013)	3 439	1 545	3 982	1 486	1 646	283	1 773	14 154
平26(2014)	3 491	1 522	3 934	1 431	1 621	146	1 669	13 814
平27(2015)	3 368	1 501	3 886	1 445	1 664	156	1 873	13 893
平28(2016)	3 378	1 472	3 881	1 393	1 613	171	1 842	13 750
平29(2017)	3 235	1 460	3 934	1 387	1 617	160	1 876	13 669
平30(2018)	3 229	1 428	3 951	1 389	1 613	157	1 740	13 507
比率 Percentage	23.9	10.6	29.3	10.3	11.9	1.2	12.9	100.0
1 北海道	174	279	135	6	440	33	129	1 196
東北 2 青森	37	14	111	46	1	-	23	232
3 岩手	135	92	86	20	40	-	41	414
4 宮城	108	75	67	12	88	13	45	408
5 秋田	91	25	83	16	27	-	46	288
6 山形	95	21	61	32	19	-	10	238
7 福島	89	30	116	61	39	1	48	384
小計	555	257	524	187	214	14	213	1 964
関東 8 茨城	39	10	114	25	21	2	45	256
9 栃木	88	21	107	17	37	4	24	298
10 群馬	65	45	77	15	63	4	30	299
11 埼玉	49	8	64	24	17	3	89	254
12 千葉	40	4	77	11	21	1	21	175
13 東京	-	2	30	4	38	2	40	116
14 神奈川	13	7	37	12	50	16	89	224
15 山梨	6	1	21	70	-	-	2	100
16 長野	80	37	192	130	25	-	96	560
17 静岡	48	18	199	69	17	-	119	470
小計	428	153	918	377	289	32	555	2 752
北陸 18 新潟	297	29	155	39	75	1	71	667
19 富山	188	11	34	9	10	-	19	271
20 石川	78	5	48	16	15	-	10	172
21 福井	74	5	26	2	48	2	15	172
小計	637	50	263	66	148	3	115	1 282
東海 22 岐阜	59	19	51	7	23	7	19	185
23 愛知	128	10	127	34	36	7	86	428
24 三重	155	11	32	29	39	10	65	341
小計	342	40	210	70	98	24	170	954
近畿 25 滋賀	129	9	63	10	25	-	16	252
26 京都	46	11	53	3	10	-	-	123
27 大阪	27	-	56	12	30	3	45	173
28 兵庫	149	18	114	30	24	13	30	378
29 奈良	4	-	12	5	-	-	75	96
30 和歌山	7	-	38	67	3	-	8	123
小計	362	38	336	127	92	16	174	1 145
中国・四国 31 鳥取	32	9	43	17	1	1	5	108
32 島根	62	29	47	18	32	-	18	206
33 岡山	111	13	76	64	21	5	15	305
34 広島	65	15	60	18	18	-	45	221
35 山口	60	16	75	22	13	1	9	196
36 徳島	7	1	43	14	5	-	1	71
37 香川	49	18	146	19	9	-	-	241
38 愛媛	35	16	80	92	19	-	20	262
39 高知	13	9	136	19	16	-	31	224
小計	434	126	706	283	134	7	144	1 834
九州 40 福岡	61	9	125	55	73	2	47	372
41 佐賀	82	31	78	35	56	-	12	294
42 長崎	9	55	91	28	-	-	14	197
43 熊本	70	44	178	45	22	-	41	400
44 大分	23	26	63	27	9	5	18	171
45 宮崎	37	130	126	35	19	19	29	395
46 鹿児島	12	158	147	28	8	2	40	395
小計	294	453	808	253	187	28	201	2 224
47 沖縄	3	32	51	20	11	-	39	156

（7）営 農 指 導 員（つづき）
Farm Advisers(Cont.)

（c）種 類 別 従 事 割 合
Percentage by Sectors of Engagement

（単位：%）
(Unit：%)

	事業年度 Business Year	耕種 Productions of Rice & other grains	畜産 Livestock	野菜 Vegetables	果樹 Fruits	農家の経営指導 Management Guidance for Farmers	農業機械技術指導 Technical Guidance on Agri. Machines	その他 Others	合計 Total
	平25(2013)	24.3	10.9	28.1	10.5	11.6	2.0	12.5	100.0
	平26(2014)	25.3	11.0	28.5	10.4	11.7	1.1	12.1	100.0
	平27(2015)	24.2	10.8	28.0	10.4	12.0	1.1	13.5	100.0
	平28(2016)	24.6	10.7	28.2	10.1	11.7	1.2	13.4	100.0
	平29(2017)	23.7	10.7	28.8	10.1	11.8	1.2	13.7	100.0
	平30(2018)	23.9	10.6	29.3	10.3	11.9	1.2	12.9	100.0
	1 北海道	14.5	23.3	11.3	0.5	36.8	2.8	10.8	100.0
東北	2 青森	15.9	6.0	47.8	19.8	0.4	0.0	9.9	100.0
	3 岩手	32.6	22.2	20.8	4.8	9.7	0.0	9.9	100.0
	4 宮城	26.5	18.4	16.4	2.9	21.6	3.2	11.0	100.0
	5 秋田	31.6	8.7	28.8	5.6	9.4	0.0	16.0	100.0
	6 山形	39.9	8.8	25.6	13.4	8.0	0.0	4.2	100.0
	7 福島	23.2	7.8	30.2	15.9	10.2	0.3	12.5	100.0
	小計	28.3	13.1	26.7	9.5	10.9	0.7	10.8	100.0
関東	8 茨城	15.2	3.9	44.5	9.8	8.2	0.8	17.6	100.0
	9 栃木	29.5	7.0	35.9	5.7	12.4	1.3	8.1	100.0
	10 群馬	21.7	15.1	25.8	5.0	21.1	1.3	10.0	100.0
	11 埼玉	19.3	3.1	25.2	9.4	6.7	1.2	35.0	100.0
	12 千葉	22.9	2.3	44.0	6.3	12.0	0.6	12.0	100.0
	13 東京	0.0	1.7	25.9	3.4	32.8	1.7	34.5	100.0
	14 神奈川	5.8	3.1	16.5	5.4	22.3	7.1	39.7	100.0
	15 山梨	6.0	1.0	21.0	70.0	0.0	0.0	2.0	100.0
	16 長野	14.3	6.6	34.3	23.2	4.5	0.0	17.1	100.0
	17 静岡	10.2	3.8	42.3	14.7	3.6	0.0	25.3	100.0
	小計	15.6	5.6	33.4	13.7	10.5	1.2	20.2	100.0
北陸	18 新潟	44.5	4.3	23.2	5.8	11.2	0.1	10.6	100.0
	19 富山	69.4	4.1	12.5	3.3	3.7	0.0	7.0	100.0
	20 石川	45.3	2.9	27.9	9.3	8.7	0.0	5.8	100.0
	21 福井	43.0	2.9	15.1	1.2	27.9	1.2	8.7	100.0
	小計	49.7	3.9	20.5	5.1	11.5	0.2	9.0	100.0
東海	22 岐阜	31.9	10.3	27.6	3.8	12.4	3.8	10.3	100.0
	23 愛知	29.9	2.3	29.7	7.9	8.4	1.6	20.1	100.0
	24 三重	45.5	3.2	9.4	8.5	11.4	2.9	19.1	100.0
	小計	35.8	4.2	22.0	7.3	10.3	2.5	17.8	100.0
近畿	25 滋賀	51.2	3.6	25.0	4.0	9.9	0.0	6.3	100.0
	26 京都	37.4	8.9	43.1	2.4	8.1	0.0	0.0	100.0
	27 大阪	15.6	0.0	32.4	6.9	17.3	1.7	26.0	100.0
	28 兵庫	39.4	4.8	30.2	7.9	6.3	3.4	7.9	100.0
	29 奈良	4.2	0.0	12.5	5.2	0.0	0.0	78.1	100.0
	30 和歌山	5.7	0.0	30.9	54.5	2.4	0.0	6.5	100.0
	小計	31.6	3.3	29.3	11.1	8.0	1.4	15.2	100.0
中国・四国	31 鳥取	29.6	8.3	39.8	15.7	0.9	0.9	4.6	100.0
	32 島根	30.1	14.1	22.8	8.7	15.5	0.0	8.7	100.0
	33 岡山	36.4	4.3	24.9	21.0	6.9	1.6	4.9	100.0
	34 広島	29.4	6.8	27.1	8.1	8.1	0.0	20.4	100.0
	35 山口	30.6	8.2	38.3	11.2	6.6	0.5	4.6	100.0
	36 徳島	9.9	1.4	60.6	19.7	7.0	0.0	1.4	100.0
	37 香川	20.3	7.5	60.6	7.9	3.7	0.0	0.0	100.0
	38 愛媛	13.4	6.1	30.5	35.1	7.3	0.0	7.6	100.0
	39 高知	5.8	4.0	60.7	8.5	7.1	0.0	13.8	100.0
	小計	23.7	6.9	38.5	15.4	7.3	0.4	7.9	100.0
九州	40 福岡	16.4	2.4	33.6	14.8	19.6	0.5	12.6	100.0
	41 佐賀	27.9	10.5	26.5	11.9	19.0	0.0	4.1	100.0
	42 長崎	4.6	27.9	46.2	14.2	0.0	0.0	7.1	100.0
	43 熊本	17.5	11.0	44.5	11.3	5.5	0.0	10.3	100.0
	44 大分	13.5	15.2	36.8	15.8	5.3	2.9	10.5	100.0
	45 宮崎	9.4	32.9	31.9	8.9	4.8	4.8	7.3	100.0
	46 鹿児島	3.0	40.0	37.2	7.1	2.0	0.5	10.1	100.0
	小計	13.2	20.4	36.3	11.4	8.4	1.3	9.0	100.0
	47 沖縄	1.9	20.5	32.7	12.8	7.1	0.0	25.0	100.0

4 支所、出張所等出先機関設置状況
Situation of Branch Office Establishments

(1) 出 先 機 関 数 等
Number of Branches and Sub-branches

集計組合数 639
Total No. of Coops. Surveyed 639

(単位：組合、か所)
(Unit : Coop., Office)

事業年度 Business Year	本所（本店） Head Office	左のうち信用事業を行っているもの of Which engaged in Credit Business	出先機関数 該当組合数 No. of Coops. concerned	支所（支店）・出張所 branch and Sub-branch	左のうち信用事業を行っているもの of Which engaged in Credit Business	事業所 Business Facilities	合計 Total
平25(2013)	740	672	662	8 306	7 956	8 642	16 948
平26(2014)	713	659	641	8 152	7 805	8 561	16 713
平27(2015)	706	652	638	8 007	7 662	8 303	16 310
平28(2016)	691	629	610	7 828	7 502	8 447	16 275
平29(2017)	688	620	611	7 674	7 355	8 471	16 145
平30(2018)	662	603	592	7 556	7 230	8 459	16 015
1組合当たり Average Per Coop.	1.0	0.9	－	該当1組合当たり 12.8	該当1組合当たり 12.2	該当1組合当たり 14.3	該当1組合当たり 27.1
1 北海道	110	106	79	221	200	261	482
東北 2 青森	10	10	10	79	78	82	161
3 岩手	7	7	7	113	113	111	224
4 宮城	19	13	14	110	110	163	273
5 秋田	13	13	12	103	103	210	313
6 山形	16	15	13	122	111	147	269
7 福島	7	2	5	201	197	173	374
小計	72	60	61	728	712	886	1 614
関東 8 茨城	20	19	20	141	141	226	367
9 栃木	10	9	10	120	111	102	222
10 群馬	17	14	15	140	136	249	389
11 埼玉	17	13	15	266	266	217	483
12 千葉	19	19	16	202	194	139	341
13 東京	15	10	15	149	133	30	179
14 神奈川	13	12	13	260	249	82	342
15 山梨	11	11	11	119	96	90	209
16 長野	20	18	15	283	257	413	696
17 静岡	18	18	17	373	363	217	590
小計	160	143	147	2 053	1 946	1 765	3 818
北陸 18 新潟	25	24	23	193	191	382	575
19 富山	15	15	15	113	112	134	247
20 石川	17	17	17	86	86	151	237
21 福井	12	12	12	80	80	98	178
小計	69	68	67	472	469	765	1 237
東海 22 岐阜	7	7	7	275	264	257	532
23 愛知	21	20	20	394	394	344	738
24 三重	11	11	11	227	218	223	450
小計	39	38	38	896	876	824	1 720
近畿 25 滋賀	16	15	14	107	104	108	215
26 京都	5	4	5	93	92	31	124
27 大阪	14	12	14	207	207	67	274
28 兵庫	14	13	14	275	264	276	551
29 奈良	1	1	1	101	101	73	174
30 和歌山	10	7	8	93	88	137	230
小計	60	52	56	876	856	692	1 568
中国・四国 31 鳥取	4	3	3	74	74	129	203
32 島根	1	1	1	139	117	138	277
33 岡山	9	9	9	143	143	181	324
34 広島	13	11	13	287	243	183	470
35 山口	12	11	12	105	105	90	195
36 徳島	15	15	14	65	65	43	108
37 香川	2	1	1	133	133	224	357
38 愛媛	14	10	12	235	199	310	545
39 高知	4	4	4	99	98	249	348
小計	74	65	69	1 280	1 177	1 547	2 827
九州 40 福岡	20	17	20	236	236	377	613
41 佐賀	4	4	4	91	86	92	183
42 長崎	7	7	7	102	98	218	320
43 熊本	14	12	13	136	131	235	371
44 大分	5	5	5	82	80	210	292
45 宮崎	13	12	12	106	99	165	271
46 鹿児島	14	13	13	170	157	417	587
小計	77	70	74	923	887	1 714	2 637
47 沖縄	1	1	1	107	107	5	112

注：複数の本所を有する組合があるため、本所数が集計組合数を上回っている。
Note:The No. of head offices exceed total No. of coops. surveyed because there are coops. With plural head offices.

（2）出先機関設置か所数別組合数

Number of Coops. by Number of Location of Branches and Sub-Branches

（単位：組合）
(Unit : Coop.)

	事業年度 Business Year	集計組合数 Total No. of Coops. surveyed	設置していない Not established	1か所 One Office	2か所	3か所	4か所	5か所
	平25(2013)	712	50	23	28	21	21	20
	平26(2014)	692	51	22	26	21	23	21
	平27(2015)	686	48	21	28	23	23	20
	平28(2016)	661	51	18	28	20	23	22
	平29(2017)	657	46	18	26	23	23	24
	平30(2018)	639	47	18	22	19	20	21
	比率 Percentage	100.0	7.4	2.8	3.4	3.0	3.1	3.3
	1 北海道	109	30	9	10	9	8	15
	2 青森	10	–	–	–	1	1	–
東	3 岩手	7	–	–	–	–	–	–
	4 宮城	14	–	–	1	–	–	1
	5 秋田	13	1	–	–	–	–	–
	6 山形	15	2	–	–	1	–	–
北	7 福島	5	–	–	–	–	–	–
	小計	64	3	–	1	2	1	1
	8 茨城	20	–	1	1	–	–	–
関	9 栃木	10	–	–	–	–	–	–
	10 群馬	15	–	–	–	1	–	–
	11 埼玉	16	1	1	1	–	–	–
	12 千葉	19	3	–	–	–	–	–
	13 東京	15	–	1	–	–	1	1
	14 神奈川	13	–	–	–	–	–	–
	15 山梨	11	–	–	1	2	–	–
	16 長野	18	3	1	–	–	–	–
東	17 静岡	18	1	1	–	–	–	–
	小計	155	8	5	3	3	1	1
北	18 新潟	24	1	–	1	2	–	–
	19 富山	15	–	–	1	–	–	–
	20 石川	17	–	–	1	–	1	1
陸	21 福井	12	–	–	–	–	2	–
	小計	68	1	–	3	2	3	1
東	22 岐阜	7	–	–	–	–	–	–
	23 愛知	20	–	–	1	–	–	–
	24 三重	11	–	–	–	–	–	–
海	小計	38	–	–	1	–	–	–
	25 滋賀	16	2	–	1	1	1	–
近	26 京都	5	–	–	–	–	–	–
	27 大阪	14	–	1	–	–	–	–
	28 兵庫	14	–	1	–	–	–	1
	29 奈良	1	–	–	–	–	–	–
畿	30 和歌山	8	–	–	–	–	–	–
	小計	58	2	2	1	1	1	1
	31 鳥取	3	–	–	–	–	–	–
中	32 島根	1	–	–	–	–	–	–
	33 岡山	9	–	–	–	–	–	–
国	34 広島	13	–	–	–	–	–	1
	35 山口	12	–	–	–	–	–	–
・	36 徳島	15	1	2	1	1	3	1
	37 香川	1	–	–	–	–	–	–
四	38 愛媛	12	–	–	–	–	1	–
	39 高知	4	–	–	–	–	1	–
国	小計	70	1	2	1	1	5	2
	40 福岡	20	–	–	–	–	–	–
九	41 佐賀	4	–	–	–	1	–	–
	42 長崎	7	–	–	–	–	–	–
	43 熊本	14	1	–	–	–	–	–
	44 大分	5	–	–	–	–	–	–
	45 宮崎	13	1	–	2	–	1	–
州	46 鹿児島	13	–	–	–	–	–	–
	小計	76	2	–	2	1	1	–
	47 沖縄	1	–	–	–	–	–	–

（2）出先機関設置か所数別組合数（つづき）

Number of Coops. by Number of Location of Branches and Sub-Branches(Cont.)

（単位：組合）
(Unit : Coop.)

	事業年度 Business Year	６か所	７か所	８か所～１０か所	１１か所～１４か所	１５か所～１９か所	２０か所～２９か所	３０か所以上 More than 30 Offices
	平25(2013)	22	19	50	62	70	133	193
	平26(2014)	21	18	51	52	72	129	185
	平27(2015)	19	14	54	55	75	126	180
	平28(2016)	14	14	52	50	74	119	176
	平29(2017)	15	15	50	52	74	118	173
	平30(2018)	21	15	44	59	72	112	169
	比率 Percentage	3.3	2.3	6.9	9.2	11.3	17.5	26.4
	1 北海道	4	6	8	2	3	5	－
東北	2 青森	－	－	3	－	－	4	1
	3 岩手	－	－	－	1	2	－	4
	4 宮城	－	－	3	3	－	4	2
	5 秋田	1	－	－	3	2	3	3
	6 山形	2	－	2	1	1	2	4
	7 福島	－	－	－	－	1	－	4
	小計	3	－	8	8	6	13	18
関東	8 茨城	1	3	2	2	2	6	2
	9 栃木	－	－	－	1	3	5	1
	10 群馬	－	1	－	－	2	7	4
	11 埼玉	－	－	1	3	1	3	5
	12 千葉	－	1	2	2	2	5	4
	13 東京	1	－	1	5	3	2	－
	14 神奈川	－	－	2	3	3	1	4
	15 山梨	－	－	－	1	2	3	2
	16 長野	－	－	1	－	2	2	9
	17 静岡	－	－	－	1	3	4	8
	小計	2	5	9	18	23	38	39
北陸	18 新潟	－	－	1	3	5	5	6
	19 富山	1	1	1	3	3	3	2
	20 石川	－	－	4	2	4	4	－
	21 福井	2	－	1	1	2	3	1
	小計	3	1	7	9	14	15	9
東海	22 岐阜	－	－	－	－	－	－	7
	23 愛知	1	－	1	1	2	3	11
	24 三重	1	－	－	1	－	1	8
	小計	2	－	1	2	2	4	26
近畿	25 滋賀	2	－	2	1	2	2	2
	26 京都	－	－	－	－	2	2	1
	27 大阪	2	1	－	－	4	3	3
	28 兵庫	－	1	－	1	1	4	5
	29 奈良	－	－	－	－	－	－	1
	30 和歌山	－	－	－	2	－	4	2
	小計	4	2	2	4	9	15	14
中国・四国	31 鳥取	－	－	－	－	－	－	3
	32 島根	－	－	－	－	－	－	1
	33 岡山	－	－	－	1	1	2	5
	34 広島	－	－	1	－	1	4	6
	35 山口	－	－	2	4	2	4	－
	36 徳島	－	－	1	2	2	1	－
	37 香川	－	－	－	－	－	－	1
	38 愛媛	1	－	－	－	－	1	9
	39 高知	－	－	－	－	1	1	1
	小計	1	－	4	7	7	13	26
九州	40 福岡	－	1	－	1	4	6	8
	41 佐賀	－	－	－	－	－	－	3
	42 長崎	－	－	1	－	1	1	4
	43 熊本	1	－	1	3	1	1	6
	44 大分	1	－	1	2	－	－	1
	45 宮崎	－	－	1	2	1	1	4
	46 鹿児島	－	－	1	1	1	－	10
	小計	2	1	5	9	8	9	36
	47 沖縄	－	－	－	－	－	－	1

5 組合員組織
Member's Organization

(1) 集落組織
Member's Organization at Hamlet Level

(2) 業種別生産組織
Commodity-wise Producer's Organization

集計組合数 639
Total No. of Coops. Surveyed 639

(単位：組合、組織)
(Unit:Coop, Organization)

(単位：組合、組織)
(Unit:Coop., Organization)

事業年度 Business Year	該当組合数 No. of Coops. concerned	組織数 No. of Organizations	1組織平均戸数 Average No. of Households per Organizations	耕種 Rice & Other grains 該当組合数 No. of Coops. concerned	耕種 Rice & Other grains 組織数 No. of Organizations	野菜 Vegetables 該当組合数 No. of Coops. concerned	野菜 Vegetables 組織数 No. of Organizations
平25(2013)	618	140 275	25	516	3 763	645	6 837
平26(2014)	601	139 226	26	499	3 418	628	6 748
平27(2015)	592	130 798	26	502	3 346	627	6 633
平28(2016)	569	130 628	22	483	3 353	603	6 399
平29(2017)	563	126 477	28	485	3 223	602	6 351
平30(2018)	554	124 999	27	479	3 115	581	6 325
該当1組合当たり Average Per Coop.	-	225.6	-	-	6.5	-	10.9
1 北海道	101	3 636	11	85	318	88	558
東北 2 青森	4	173	25	8	32	9	64
3 岩手	7	2 752	28	7	17	7	21
4 宮城	14	3 474	35	11	105	13	146
5 秋田	12	3 083	18	13	60	13	119
6 山形	14	3 473	21	15	49	15	91
7 福島	5	5 240	19	5	55	5	78
小計	56	18 195	-	59	318	62	519
関東 8 茨城	12	2 800	17	15	79	19	334
9 栃木	10	3 553	21	10	45	10	156
10 群馬	14	3 145	23	10	21	14	107
11 埼玉	16	5 340	24	13	154	16	249
12 千葉	19	6 252	20	15	76	19	243
13 東京	12	909	44	1	1	13	34
14 神奈川	12	2 122	36	5	28	11	78
15 山梨	7	1 703	17	2	2	9	39
16 長野	15	5 777	22	12	37	16	101
17 静岡	13	2 316	36	12	15	17	166
小計	130	33 917	-	95	458	144	1 507
北陸 18 新潟	24	5 491	28	24	259	24	241
19 富山	15	2 272	23	14	285	15	100
20 石川	17	2 159	21	14	208	16	109
21 福井	11	1 854	22	9	163	9	31
小計	67	11 776	-	61	915	64	481
東海 22 岐阜	7	3 747	35	7	143	7	140
23 愛知	20	4 734	29	13	65	19	288
24 三重	10	2 578	24	9	61	11	82
小計	37	11 059	-	29	269	37	510
			0				
近畿 25 滋賀	16	1 587	25	14	210	12	82
26 京都	4	707	35	4	29	4	117
27 大阪	14	1 856	28	3	3	8	60
28 兵庫	14	2 207	38	10	117	13	131
29 奈良	1	76	24	-	-	1	4
30 和歌山	3	70	261	4	7	7	57
小計	52	6 503	-	35	366	45	451
中国・四国 31 鳥取	3	2 124	19	2	28	3	99
32 島根	1	2 252	24	1	37	1	74
33 岡山	9	2 122	14	9	58	9	143
34 広島	7	1 071	14	11	27	13	123
35 山口	9	2 643	17	10	45	11	195
36 徳島	7	2 157	17	6	7	15	217
37 香川	-	-	-	1	31	1	192
38 愛媛	9	1 764	15	10	28	11	109
39 高知	2	221	19	2	26	3	129
小計	47	14 354	-	52	287	67	1 281
九州 40 福岡	20	5 245	17	20	66	20	244
41 佐賀	4	2 237	19	3	3	3	62
42 長崎	6	2 775	13	6	26	7	197
43 熊本	13	2 815	15	12	36	14	122
44 大分	4	5 727	11	4	19	4	128
45 宮崎	10	3 213	12	8	10	12	97
46 鹿児島	7	3 547	25	9	18	13	110
小計	64	25 559	-	62	178	73	960
47 沖縄	-	-	-	1	6	1	58

(2) 業種別生産組織(つづき)

Commodity-wise Producer's Organization(Cont.)

(単位：組合、組織)
(Unit:Coop.,Organization)

事業年度 Business Year	畜産 Livestock Framing							
	牛 Cattle		豚 Swine		鶏 Fowls		その他 Others	
	該当組合数 No. of Coops. concerned	組織数 No. of Organizations	該当組合数 No. of Coops. concerned	組織数 No. of Organizations	該当組合数 No. of Coops. concerned	組織数 No. of Organizations	該当組合数 No. of Coops. concerned	組織数 No. of Organizations
平25(2013)	487	1 339	170	198	69	77	114	168
平26(2014)	466	1 302	161	187	60	69	111	160
平27(2015)	464	1 297	157	183	61	69	109	165
平28(2016)	442	1 292	154	182	59	69	103	208
平29(2017)	434	1 285	153	176	59	69	103	151
平30(2018)	417	1 251	146	169	58	67	104	154
該当1組合当たり Average Per Coop.	-	3.0	-	1.2	-	1.2	-	1.5
1 北海道	86	291	15	15	-	-	32	45
2 青森	8	12	-	-	-	-	-	-
東 3 岩手	6	25	2	2	-	-	3	3
4 宮城	13	65	4	7	1	2	1	1
5 秋田	13	24	4	4	4	4	2	5
6 山形	12	22	6	6	-	-	2	2
北 7 福島	5	32	3	3	-	-	2	2
小計	57	180	19	22	5	6	10	13
8 茨城	7	22	7	7	1	2	-	-
関 9 栃木	10	23	3	3	-	-	3	3
10 群馬	12	34	11	13	-	-	6	17
11 埼玉	10	25	1	1	1	1	3	3
12 千葉	10	32	4	4	3	3	1	1
13 東京	4	5	1	1	2	2	5	5
14 神奈川	10	17	6	6	5	5	2	2
15 山梨	2	3	-	-	-	-	-	-
16 長野	10	22	6	6	4	4	7	16
東 17 静岡	11	21	8	8	2	2	3	4
小計	86	204	47	49	18	19	30	51
北 18 新潟	18	31	8	9	-	-	4	4
19 富山	9	13	3	3	1	1	4	4
20 石川	5	6	-	-	-	-	1	1
陸 21 福井	5	6	1	2	1	3	1	1
小計	37	56	12	14	2	4	10	10
東 22 岐阜	6	18	2	3	1	1	2	3
23 愛知	8	20	6	8	4	4	4	5
24 三重	7	7	2	2	-	-	1	1
海 小計	21	45	10	13	5	5	7	9
25 滋賀	5	9	-	-	2	2	-	-
近 26 京都	2	10	-	-	1	1	-	-
27 大阪	2	2	-	-	1	1	-	-
28 兵庫	11	26	-	-	-	-	-	-
29 奈良	-	-	-	-	-	-	-	-
畿 30 和歌山	-	-	-	-	-	-	-	-
小計	20	47	-	-	4	4	-	-
31 鳥取	3	13	1	1	-	-	-	-
中 32 島根	1	37	-	-	1	3	1	2
33 岡山	7	26	2	2	-	-	-	-
国 34 広島	8	17	1	1	1	1	-	-
35 山口	9	28	1	1	1	1	-	-
・ 36 徳島	7	7	-	-	1	1	1	1
37 香川	1	12	1	3	-	-	-	-
四 38 愛媛	7	14	5	6	2	2	3	5
39 高知	1	18	1	3	-	-	1	1
国 小計	44	172	12	17	6	8	6	9
40 福岡	13	16	3	3	1	1	1	1
九 41 佐賀	3	9	3	3	3	3	1	1
42 長崎	7	26	3	3	2	2	-	-
43 熊本	13	39	3	3	-	-	-	-
44 大分	4	39	-	-	-	-	1	2
45 宮崎	12	37	10	12	7	7	4	8
州 46 鹿児島	13	69	8	11	4	7	1	1
小計	65	235	30	35	17	20	8	13
47 沖縄	1	21	1	4	1	1	1	4

(2) 業種別生産組織(つづき)

Commodity-wise Producer's Organization(Cont.)

(単位:組合、組織)
(Unit:Coop.,Organization)

事業年度 Business Year	果樹 Fruit 該当組合数 No. of Coops. concerned	果樹 Fruit 組織数 No. of Organizations	花き・花木 Flowers & Ornamental Plants 該当組合数 No. of Coops. concerned	花き・花木 Flowers & Ornamental Plants 組織数 No. of Organizations	その他 Others 該当組合数 No. of Coops. concerned	その他 Others 組織数 No. of Organizations	合計 Total 該当組合数 No. of Coops. concerned	合計 Total 組織数 No. of Organizations
平25(2013)	477	2 554	466	1 197	435	2 170	682	18 303
平26(2014)	461	2 497	446	1 188	424	2 133	661	17 702
平27(2015)	454	2 528	440	1 170	405	2 195	657	17 586
平28(2016)	433	2 427	420	1 159	395	2 210	634	17 299
平29(2017)	432	2 309	420	1 109	397	2 250	633	16 923
平30(2018)	424	2 299	406	1 082	373	2 187	615	16 649
該当1組合当たり Average Per Coop.	−	5.4	−	2.7	−	5.9	−	27.1
1 北海道	18	29	26	37	45	167	100	1 460
東北 2 青森	7	55	7	12	4	30	9	205
3 岩手	5	15	5	6	5	15	7	104
4 宮城	6	23	9	21	9	46	13	416
5 秋田	11	20	13	14	10	91	13	341
6 山形	14	90	14	28	11	45	15	333
7 福島	5	32	5	21	5	61	5	284
小計	48	235	53	102	44	288	62	1 683
関東 8 茨城	12	78	13	24	11	178	19	724
9 栃木	10	35	10	26	8	46	10	337
10 群馬	10	29	7	22	11	75	14	318
11 埼玉	10	69	12	40	9	99	16	641
12 千葉	14	75	14	33	9	31	19	498
13 東京	8	15	13	30	10	32	14	125
14 神奈川	10	88	11	33	11	55	13	312
15 山梨	8	89	4	6	5	15	11	154
16 長野	15	77	15	31	13	88	17	382
17 静岡	18	72	17	58	15	50	18	396
小計	115	627	116	303	102	669	151	3 887
北陸 18 新潟	15	72	19	59	20	71	24	746
19 富山	12	30	12	26	8	52	15	514
20 石川	14	27	11	15	9	13	17	379
21 福井	3	7	5	9	3	127	11	349
小計	44	136	47	109	40	263	67	1 988
東海 22 岐阜	6	34	5	13	3	16	7	371
23 愛知	18	105	16	61	9	34	20	590
24 三重	10	39	5	11	8	42	11	245
小計	34	178	26	85	20	92	38	1 206
近畿 25 滋賀	7	14	9	14	4	6	15	337
26 京都	3	21	5	35	4	62	5	275
27 大阪	6	9	6	6	4	13	10	94
28 兵庫	11	42	8	19	10	71	13	406
29 奈良	1	1	1	1	1	1	1	7
30 和歌山	6	52	5	20	4	11	7	147
小計	34	139	34	95	27	164	51	1 266
中国・四国 31 鳥取	3	45	2	10	3	30	3	226
32 島根	1	32	1	20	1	45	1	250
33 岡山	9	119	9	23	7	45	9	416
34 広島	12	76	8	26	9	62	13	333
35 山口	12	44	9	14	6	19	12	347
36 徳島	13	76	9	27	6	18	15	354
37 香川	1	59	1	20	−	−	1	317
38 愛媛	10	101	4	6	5	13	12	284
39 高知	3	36	3	16	2	26	4	255
小計	64	588	46	162	39	258	70	2 782
九州 40 福岡	18	88	15	39	11	34	20	492
41 佐賀	3	28	2	4	2	5	4	118
42 長崎	7	54	5	26	7	20	7	354
43 熊本	13	42	11	28	7	35	14	305
44 大分	4	62	5	25	5	60	5	335
45 宮崎	11	37	11	21	11	47	12	276
46 鹿児島	10	32	8	18	12	68	13	334
小計	66	343	57	161	55	269	75	2 214
47 沖縄	1	24	1	28	1	17	1	163

（3）青年・女性部組織

Cooperative Youths& Women's Organization

（単位：組合）
(Unit:Coop.)

事業年度 Business Year		農協青（壮）年部設置組合数 Cooperative with Youths Organization	農協女性部設置組合数 Cooperative With Women's Organization
	平25(2013)	596	682
	平26(2014)	591	665
	平27(2015)	589	658
	平28(2016)	570	635
	平29(2017)	569	630
	平30(2018)	558	613
	比率 Percentage	87.3	95.9
	1 北海道	109	106
東北	2 青森	10	10
	3 岩手	7	7
	4 宮城	13	13
	5 秋田	13	13
	6 山形	15	14
	7 福島	5	5
	小計	63	62
関東	8 茨城	13	20
	9 栃木	10	10
	10 群馬	15	15
	11 埼玉	10	14
	12 千葉	17	18
	13 東京	15	15
	14 神奈川	12	11
	15 山梨	4	9
	16 長野	18	18
	17 静岡	18	17
	小計	132	147
北陸	18 新潟	19	23
	19 富山	15	13
	20 石川	13	15
	21 福井	10	12
	小計	57	63
東海	22 岐阜	6	7
	23 愛知	17	19
	24 三重	7	11
	小計	30	37
近畿	25 滋賀	8	13
	26 京都	5	5
	27 大阪	5	13
	28 兵庫	8	11
	29 奈良	1	1
	30 和歌山	7	8
	小計	34	51
中国・四国	31 鳥取	3	3
	32 島根	1	1
	33 岡山	7	9
	34 広島	10	13
	35 山口	11	12
	36 徳島	10	15
	37 香川	1	1
	38 愛媛	11	12
	39 高知	3	4
	小計	57	70
九州	40 福岡	20	20
	41 佐賀	4	4
	42 長崎	7	7
	43 熊本	13	14
	44 大分	5	5
	45 宮崎	13	13
	46 鹿児島	13	13
	小計	75	76
	47 沖縄	1	1

6 貸 借 対 照 表

Balance Sheet

総 括 表

Statement of National Total

集計組合数 639

(単位:千円)

資産			負債及び純資産		
科目	総額	1組合当たり	科目	総額	1組合当たり
1 信用事業資産	105 448 619 495	165 021 313.8	1 信用事業負債	104 716 487 776	163 875 567.7
(1)現金	424 372 836	664 120.2	(1)貯金	103 568 808 538	162 079 512.6
(2)預金	78 930 255 258	123 521 526.2	(2)譲渡性貯金	195 419 215	305 820.4
系統預金	78 681 504 932	123 132 245.6	(3)売現先勘定	0	0.0
系統外預金	248 750 122	389 280.3	(4)債券貸借取引受入担保金	0	0.0
譲渡性預金	0	0.0	(5)借入金	548 413 927	858 237.8
(3)コールローン	0	0.0	(6)外国為替	0	0.0
(4)買現先勘定	0	0.0	(7)その他の信用事業負債	386 208 459	604 395.1
(5)債券貸借取引支払保証金	0	0.0	未払費用	59 578 389	93 236.9
(6)買入手形	0	0.0	金融派生商品	643 995	1 007.8
(7)買入金銭債権	22 000	34.4	金融商品等受入担保金	25 846 090	40 447.7
(8)商品有価証券	0	0.0	その他の負債	300 139 721	469 702.2
(9)金銭の信託	21 975 300	34 390.1	(8)諸引当金	421 866	660.2
(10)有価証券	4 101 168 898	6 418 104.7	金融商品取引責任準備金	0	0.0
国債	1 582 253 806	2 476 140.5	(9)債務保証	17 215 356	26 941.1
地方債	955 490 775	1 495 290.7	2 共済事業負債	402 833 436	630 412.3
政府保証債	145 283 539	227 360.8	(1)共済借入金	3 362 494	5 262.1
金融債	22 277 530	34 863.1	(2)共済資金	244 881 352	383 225.9
短期社債	0	0.0	(3)共済未払利息	74 229	116.2
社債	1 031 598 145	1 614 394.6	(4)未経過共済付加収入	150 440 136	235 430.6
外国証券	1 231 139	1 926.7	(5)共済未払費用	1 698 546	2 658.1
株式	23 813 896	37 267.4	(6)その他の共済事業負債	2 375 986	3 718.3
受益証券	328 028 981	513 347.4	3 経済事業負債	565 991 364	885 745.5
投資証券	11 190 982	17 513.3	(1)支払手形	838 218	1 311.8
(11)貸出金	21 784 556 920	34 091 638.4	(2)経済事業未払金	333 681 054	522 192.6
(12)外国為替	0	0.0	(3)経済受託債務	175 924 043	275 311.5
(13)その他の信用事業資産	333 322 819	521 632.0	(4)その他の経済事業負債	55 547 638	86 929.0
未収収益	225 877 807	353 486.4	4 設備借入金	78 537 520	122 906.9
金融派生商品	51	0.1	5 雑負債	303 931 009	475 635.4
金融商品等差入担保金	0	0.0	(1)未払法人税等	47 117 712	73 736.6
その他の資産	107 444 732	168 145.1	(2)リース債務	34 885 109	54 593.3
(14)債務保証見返	17 215 356	26 941.1	(3)資産除去債務	11 581 699	18 124.7
(15)貸倒引当金	▲ 164 270 546	▲ 257 074.4	(4)その他の負債	210 346 108	329 180.1
2 共済事業資産	7 939 631	12 425.1	6 諸引当金	497 158 919	778 026.5
(1)共済貸付金	3 419 126	5 350.7	(1)賞与引当金	53 963 721	84 450.3
(2)共済未収利息	178 676	279.6	(2)退職給付引当金	365 513 373	572 008.4
(3)その他の共済事業資産	4 349 813	6 807.2	(3)役員退職慰労引当金	19 646 722	30 746.0
(4)貸倒引当金	▲ 8 051	▲ 12.6	(4)その他の引当金	58 034 670	90 821.1
3 経済事業資産	1 221 045 399	1 910 869.2	7 繰延税金負債	13 030 741	20 392.4
(1)受取手形	1 617 730	2 531.7	8 再評価に係る繰延税金負債	134 626 335	210 682.8
(2)経済事業未収金	484 575 640	758 334.3	負債の部合計	106 712 598 214	166 999 371.2
(3)経済受託債権	294 150 823	460 329.9	1 組合員資本	6 694 998 232	10 477 305.5
(4)棚卸資産	287 502 396	449 925.5	(1)出資金	1 566 139 942	2 450 923.2
(5)その他の経済事業資産	174 782 734	273 525.4	(うち後配出資金)	2 284 046	3 574.4
(6)貸倒引当金	▲ 21 584 422	▲ 33 778.4	(2)未払込出資金	0	0.0
4 雑資産	268 564 288	420 288.4	(3)回転出資金	1 080 408	1 690.8
5 固定資産	2 814 002 565	4 403 759.9	(4)資本準備金	168 364 114	263 480.6
(1)有形固定資産	2 799 835 107	4 381 588.6	(5)再評価積立金	35 510	55.6
建物	3 286 839 355	5 143 723.6	(6)利益剰余金	4 974 713 779	7 785 154.6
機械装置	1 032 723 187	1 616 155.2	利益準備金	1 491 184 557	2 333 622.2
土地	1 488 961 951	2 330 143.9	その他利益剰余金	3 483 529 139	5 451 532.3
リース資産	21 993 552	34 418.7	任意積立金	3 141 901 164	4 916 903.2
建設仮勘定	9 705 028	15 187.8	当期未処分剰余金	348 886 625	545 988.5
その他の有形固定資産	908 448 481	1 421 672.1	(当期未処理損失金差引)		
減価償却累計額(控除)	▲3 948 837 097	▲ 6 179 713.8	うち当期剰余金	161 866 308	253 311.9
(2)無形固定資産	14 105 635	22 074.5	(当期損失金差引)		
リース資産	213 634	334.3	(7)処分未済持分	▲ 15 335 637	▲ 23 999.4
その他の無形固定資産	13 892 001	21 740.2	2 評価・換算差額等	457 904 866	716 596.0
(3)合併特別勘定	61 600	96.4	(1)その他有価証券評価差額金	147 514 481	230 852.1
6 外部出資	4 011 473 574	6 277 736.4	(2)繰延ヘッジ損益	▲ 463 194	▲ 724.9
(1)外部出資	4 014 389 197	6 282 299.2	(3)土地再評価差額金	310 853 510	486 468.7
(2)外部出資等損失引当金(控除)	▲ 2 915 583	▲ 4 562.7	純資産の部合計	7 152 903 300	11 193 901.9
7 前払年金費用	7 364 171	11 524.5	負債及び純資産の部合計	113 865 501 754	178 193 273.5
8 繰延税金資産	86 326 329	135 096.0			
9 再評価に係る繰延税金資産	0	0.0			
10 繰延資産	164 989	258.2			
資産の部合計	113 865 501 754	178 193 273.5			

(注1)端数処理(千円未満)等のため、各勘定科目とその内訳が一致しない。

(注2)「うち当期剰余金」の額には、当期未処分剰余金(又は当期未処理損失金)を計上していない組合の当期剰余金又は当期損失金を含めている。

6 Balance Sheet

Statement of National Total

Total No. of Coops. Surveyed 639 (Unit:1000Yen)

Assets			Liabilities & Net-Assets		
Subject	Total	Average Per Coop.	Subject	Total	Average Per Coop.
1 Credit Business	105 448 619 495	165 021 313.8	1 Credit Business	104 716 487 776	163 875 567.7
(1) Cash	424 372 836	664 120.2	(1) Savings	103 568 808 538	162 079 512.6
(2) Deposits	78 930 255 258	123 521 526.2	(2) Certificates of Deposits	195 419 215	305 820.4
Affiliated Organs.	78 681 504 932	123 132 245.6	(3) Payables under Repurchase Agreements	0	0.0
Non affiliated Organs. Deposit	248 750 122	389 280.3	(4) Bond Loan Transaction Security deposits Received	0	0.0
Certificates of Deposits	0	0.0	(5) Borrowings	548 413 927	858 237.8
(3) Call Loan	0	0.0	(6) Foreign Exchange	0	0.0
(4) Receivables under Resale Agreements	0	0.0	(7) Others	386 208 459	604 395.1
(5) Bond loan transaction Certified Money	0	0.0	Accrued Expenses	59 578 389	93 236.9
(6) Purchase Bill	0	0.0	Trading-related Financial Derivatives	643 995	1 007.8
(7) Monetary Claims Bought	22 000	34.4	Cash Collateral Received for Financial Instruments	25 846 090	40 447.7
(8) Trading Account Pecuniary Interests	0	0.0	Others Liabilities	300 139 721	469 702.2
(9) Pecuniary Trust	21 975 300	34 390.1	(8) Others Reserves	421 866	660.2
(10) Securities	4 101 168 898	6 418 104.7	Reserve for liabilities in financial product trading	0	0.0
State Bond	1 582 253 806	2 476 140.5	(9) Acceptances and Guarantees	17 215 356	26 941.1
Local Government Bond	955 490 775	1 495 290.7	2 Insurance Business	402 833 436	630 412.3
Bond with State Guarantee	145 283 539	227 360.8	(1) Borrowings of Insurance	3 362 494	5 262.1
Bank Debenture	22 277 530	34 863.1	(2) Insurance Fund	244 881 352	383 225.9
Short Bonds	0	0.0	(3) Accrued Insurance Interest Payable	74 229	116.2
Bonds	1 031 598 145	1 614 394.6	(4) Prepaid insurance Premium	150 440 136	235 430.6
Foreign Bill	1 231 139	1 926.7	(5) Accrued Insurance Expenses Payable	1 698 546	2 658.1
Stock	23 813 896	37 267.4	(6) Others	2 375 986	3 718.3
Beneficiary Certificate of Securities	328 028 981	513 347.4	3 Economic Business	565 991 364	885 745.5
Investment securities	11 190 982	17 513.3	(1) Bills Payable	838 218	1 311.8
(11) Loan & Discounts	21 784 556 920	34 091 638.4	(2) Accounts Payable	333 681 054	522 192.6
(12) Foreign Exchange	0	0.0	(3) Commissioned Economic Liabilities	175 924 043	275 311.5
(13) Others	333 322 819	521 632.0	(4) Others	55 547 638	86 929.0
Uncollected Profits	225 877 807	353 486.4	4 Loan Payable for Investments in Facilities	78 537 520	122 906.9
Trading-related Financial Derivatives	51	0.1	5 Miscellaneous Liabilities	303 931 009	475 635.4
Cash Collateral Paid for Financial Instruments	0	0.0	(1) accrued income taxes	47 117 712	73 736.6
Other Assets	107 444 732	168 145.1	(2) lease obligations	34 885 109	54 593.3
(14) Other Assets Liability for Acceptances and Guarantees	17 215 356	26 941.1	(3) Asset Retirement Obligations	11 581 699	18 124.7
(15) Reserves for Bad-loans	▲ 164 270 546	▲ 257 074.4	(4) Others	210 346 108	329 180.1
2 Insurance Business	7 939 631	12 425.1	6 Other Reserves	497 158 919	778 026.5
(1) Insurance Loans	3 419 126	5 350.7	(1) Reserves for Bonus	53 963 721	84 450.3
(2) Insurance Uncollected Profits	178 676	279.6	(2) Reserves for Retirement Benefits	365 513 373	572 008.4
(3) Ohters	4 349 813	6 807.2	(3) Reversal to officers' retirement bonus	19 646 722	30 746.0
(4) Reserves for Bad-loans	▲ 8 051	▲ 12.6	(4) Other Reserves	58 034 670	90 821.1
3 Economic Business	1 221 045 399	1 910 869.2	7 Deferred tax liability	13 030 741	20 392.4
(1) Bills Receivable	1 617 730	2 531.7	8 Deferred tax liability concerning revaluation	134 626 335	210 682.8
(2) Accounts Receivable	484 575 640	758 334.3	Total of Liabilities	106 712 598 214	166 999 371.2
(3) Credits in Commissioned Marketing	294 150 823	460 329.9	1 Shareholders' Equity	6 694 998 232	10 477 305.5
(4) Stocks Inventoried	287 502 396	449 925.5	(1) Paid-in share Capital	1 566 139 942	2 450 923.2
(5) Others	174 782 734	273 525.4	of which Deferred Subscription	2 284 046	3 574.4
(6) Reserves for Bad-loans	▲ 21 584 422	▲ 33 778.4	(2) Unpaid Share Capital(deducted)	0	0.0
4 Miscellaneous Assets	268 564 288	420 288.4	(3) Revolving Capital	1 080 408	1 690.8
5 Fixed Assets Total	2 814 002 565	4 403 759.9	(4) Capital Reserve	168 364 114	263 480.6
(1) Tangible fixed Assets	2 799 835 107	4 381 588.6	(5) Reserve for Revaluation	35 510	55.6
Buildings	3 286 839 355	5 143 723.6	(6) Earned surplus	4 974 713 779	7 785 154.6
Machinery	1 032 723 187	1 616 155.2	Earned surplus Reserve	1 491 184 557	2 333 622.2
Land	1 488 961 951	2 330 143.9	Other Earned surplus	3 483 529 139	5 451 532.3
lease Assets	21 993 552	34 418.7	Voluntary Reserve	3 141 901 164	4 916 903.2
Buildings & Repairing Account	9 705 028	15 187.8	Current Surplus Unappropriated	348 886 625	545 988.5
Others	908 448 481	1 421 672.1	(Current Deficit Unappropriated)		
Depreciation Reserve (deducted)	▲3 948 837 097	▲ 6 179 713.8	of which Current Profit	161 866 308	253 311.9
(2) Intangible fixed Assets	14 105 635	22 074.5	(of which Current Loss)		
lease Assets	213 634	334.3	(7) Unappropriated Equity	▲ 15 335 637	▲ 23 999.4
Others	13 892 001	21 740.2	2 Variance of the Estimate	457 904 866	716 596.0
(3) Special Account for Amalgamation	61 600	96.4	(1) Net Unrealized Gains (losses)on Nontrading Securities Available for	147 514 481	230 852.1
6 External	4 011 473 574	6 277 736.4	(2) Prifit and Loss Brought hedge	▲ 463 194	▲ 724.9
(1) External	4 014 389 197	6 282 299.2	(3) Difference fund for Land Revaluation	310 853 510	486 468.7
(2) Loss Provision for External Contribution(deducted)	▲ 2 915 583	▲ 4 562.7	Total of Net-Assets	7 152 903 300	11 193 901.9
7 prepaid pension expense	7 364 171	11 524.5	Total of Liabilities & Net-Assets	113 865 501 754	178 193 273.5
8 Deferred tax Asset	86 326 329	135 096.0			
9 Deferred tax Asset concerning revaluation	0	0.0			
10 Deferred Assets	164 989	258.2			
Total	113 865 501 754	178 193 273.5			

Note1:The amount of each account title isn't equivalent to the sum of it's detailed account because of adjusting fractional figures (less than one thousand yen)and etc.

Note2:The amount of「of which Current Profit」includes the sum of Current Profit (Loss) in the Coops. without Current Surplus (Deficit) Unappropriate.

(1) 資　　産

Assets

集計組合数　639　　　　　　　　　　　　　　　　　　　　　　　　　　　（単位：千円）
Total No. of Coops. Surveyed　639　　　　　　　　　　　　　　　　　　(Unit:1000Yen)

事業年度	資産 Assets						
	信用事業資産 Credit Business						
Business Year	信用事業資産計 Total	現金 Cash	預金 Deposits	系統預金 Affiliated Organs.	系統外預金 Non affiliated Organs. Deposit	譲渡性預金 Certificates of Deposits	コールローン Call Loan
平25(2013)	93 066 262 336	393 677 685	65 205 404 814	64 930 579 836	274 824 751	0	0
平26(2014)	95 320 030 344	399 385 731	67 966 641 357	67 749 214 664	217 426 459	0	0
平27(2015)	97 703 533 135	419 811 119	70 625 447 235	70 391 203 712	234 243 294	0	0
平28(2016)	100 209 864 860	418 084 456	73 853 460 211	73 645 565 691	207 894 313	0	0
平29(2017)	103 150 678 687	413 673 214	76 872 827 158	76 645 519 167	227 307 793	0	0
平30(2018)	105 448 619 495	424 372 836	78 930 255 258	78 681 504 932	248 750 122	0	0
1組合当たり Average Per Coop.	165 021 313.8	664 120.2	123 521 526.2	123 132 245.6	389 280.3	0.0	0.0
1 北海道	3 706 049 965	17 717 176	2 840 557 726	2 828 218 795	12 338 920	0	0
東北 2 青森	550 167 005	6 421 442	406 166 878	405 314 045	852 833	0	0
3 岩手	1 085 228 169	6 650 779	807 416 687	803 082 394	4 334 292	0	0
4 宮城	1 284 210 054	9 094 302	868 471 982	864 201 757	4 270 216	0	0
5 秋田	780 317 873	7 350 116	548 001 142	546 041 454	1 959 682	0	0
6 山形	988 324 160	6 138 136	664 704 058	662 108 367	2 595 689	0	0
7 福島	1 918 898 548	14 859 764	1 424 263 183	1 423 338 063	925 119	0	0
小計	6 607 145 809	50 514 539	4 719 023 930	4 704 086 080	14 937 831	0	0
関東 8 茨城	1 860 878 803	8 267 630	1 462 735 666	1 457 847 994	4 887 661	0	0
9 栃木	1 777 503 470	8 608 094	1 353 648 779	1 350 433 412	3 215 364	0	0
10 群馬	1 632 623 750	6 925 030	1 323 335 217	1 321 139 223	2 195 983	0	0
11 埼玉	4 458 682 117	14 336 035	3 165 825 033	3 160 770 491	5 054 536	0	0
12 千葉	2 826 222 684	14 005 532	1 998 942 235	1 997 827 249	1 114 979	0	0
13 東京	4 105 061 327	11 279 958	2 788 056 001	2 773 995 402	14 060 595	0	0
14 神奈川	6 992 484 620	14 386 025	4 570 934 589	4 531 788 590	39 145 993	0	0
15 山梨	726 205 661	4 409 214	547 351 700	546 574 623	777 074	0	0
16 長野	3 258 480 243	15 370 816	2 513 824 447	2 508 096 183	5 728 260	0	0
17 静岡	5 563 912 273	17 970 217	3 936 925 352	3 907 123 470	29 801 876	0	0
小計	33 202 054 948	115 558 551	23 661 579 019	23 555 596 637	105 982 321	0	0
北陸 18 新潟	2 302 536 949	11 921 634	1 689 563 380	1 688 797 992	765 375	0	0
19 富山	1 435 171 684	4 723 152	1 189 267 870	1 189 180 893	86 972	0	0
20 石川	1 333 503 602	3 746 717	961 626 158	958 516 722	3 109 429	0	0
21 福井	941 496 874	3 863 615	760 883 462	754 830 251	6 053 206	0	0
小計	6 012 709 109	24 255 118	4 601 340 870	4 591 325 858	10 014 982	0	0
東海 22 岐阜	3 366 785 853	12 908 059	2 547 299 856	2 547 015 567	284 286	0	0
23 愛知	9 634 964 567	18 326 007	7 611 446 899	7 610 965 029	481 862	0	0
24 三重	2 585 467 518	7 173 647	1 952 329 111	1 941 502 016	10 827 090	0	0
小計	15 587 217 938	38 407 713	12 111 075 866	12 099 482 612	11 593 238	0	0
近畿 25 滋賀	1 737 226 428	5 415 575	1 359 818 918	1 357 523 889	2 295 025	0	0
26 京都	1 480 525 023	5 668 515	1 196 080 542	1 192 663 058	3 417 484	0	0
27 大阪	5 067 401 323	14 926 545	4 230 741 651	4 216 209 480	14 532 167	0	0
28 兵庫	5 965 342 313	13 653 152	4 685 519 973	4 684 967 591	552 374	0	0
29 奈良	1 514 310 123	6 786 354	1 027 020 882	1 007 952 615	19 068 266	0	0
30 和歌山	1 677 812 621	7 618 009	1 383 006 876	1 379 958 715	3 048 158	0	0
小計	17 442 617 831	54 068 150	13 882 188 842	13 839 275 348	42 913 474	0	0
中国・四国 31 鳥取	524 882 658	4 109 092	407 377 066	406 834 839	542 226	0	0
32 島根	987 179 693	7 158 968	522 005 682	521 293 050	712 631	0	0
33 岡山	1 850 040 383	8 356 975	1 361 890 430	1 348 728 504	13 161 923	0	0
34 広島	2 941 935 943	11 664 767	2 326 198 241	2 325 940 288	257 947	0	0
35 山口	1 254 881 928	8 050 127	940 636 291	935 465 127	5 171 160	0	0
36 徳島	911 706 327	3 340 395	778 766 240	772 274 466	6 491 769	0	0
37 香川	1 852 782 904	7 635 364	1 662 216 283	1 661 637 401	578 882	0	0
38 愛媛	2 005 809 962	7 381 740	1 591 975 799	1 591 837 623	138 170	0	0
39 高知	958 043 783	6 002 058	798 279 751	797 965 894	313 856	0	0
小計	13 287 263 581	63 699 486	10 389 345 783	10 361 977 192	27 368 564	0	0
九州 40 福岡	3 087 085 748	12 744 974	2 155 189 006	2 146 653 251	8 535 747	0	0
41 佐賀	984 289 318	6 152 579	673 424 689	671 931 915	1 492 774	0	0
42 長崎	675 733 958	5 589 058	491 267 330	489 976 291	1 291 036	0	0
43 熊本	1 139 619 380	7 009 697	775 789 301	769 971 304	5 817 989	0	0
44 大分	668 933 784	4 343 690	475 185 584	475 013 963	171 621	0	0
45 宮崎	845 295 018	6 139 694	579 959 771	577 431 649	2 528 122	0	0
46 鹿児島	1 349 088 762	10 474 263	1 046 102 967	1 042 875 536	3 227 429	0	0
小計	8 750 045 968	52 453 955	6 196 918 648	6 173 853 909	23 064 718	0	0
47 沖縄	853 514 346	7 698 148	528 224 574	527 688 501	536 074	0	0

# (1) 資　　産（つづき）
Assets(Cont.)

（単位：千円）
(Unit:1000Yen)

	事業年度 Business Year	資産 Assets / 信用事業資産 Credit Business / 買現先勘定 Receivables under Resale Agreements	債券貸借取引支払保証金 Bond Loan Transaction Certified Money	買入手形 Purchase Bill	買入金銭債権 Monetary Claims Bought	商品有価証券 Trading Account Securities	金銭の信託 Pecuniary Trust	有価証券 Securities
	平25(2013)	0	0	0	90 850	0	8 370 666	4 601 960 420
	平26(2014)	0	0	0	54 000	0	9 481 006	4 388 117 768
	平27(2015)	0	0	0	46 000	0	10 997 040	4 383 296 282
	平28(2016)	0	0	0	38 000	0	15 897 372	4 224 650 387
	平29(2017)	0	0	0	30 000	0	21 812 058	4 082 164 536
	平30(2018)	0	0	0	22 000	0	21 975 300	4 101 168 898
	1組合当たり Average Per Coop.	0.0	0.0	0.0	34.4	0.0	34 390.1	6 418 104.7
	1 北海道	0	0	0	0	0	0	13 266 816
東北	2 青森	0	0	0	0	0	0	17 357 752
	3 岩手	0	0	0	0	0	0	45 439 469
	4 宮城	0	0	0	0	0	0	58 979 866
	5 秋田	0	0	0	0	0	0	37 670 999
	6 山形	0	0	0	0	0	0	51 885 612
	7 福島	0	0	0	0	0	0	43 017 353
	小計	0	0	0	0	0	0	254 351 051
関東	8 茨城	0	0	0	0	0	0	70 209 453
	9 栃木	0	0	0	0	0	0	102 113 890
	10 群馬	0	0	0	0	0	0	30 630 562
	11 埼玉	0	0	0	0	0	0	167 883 225
	12 千葉	0	0	0	0	0	0	111 295 310
	13 東京	0	0	0	0	0	0	178 352 068
	14 神奈川	0	0	0	0	0	0	426 628 187
	15 山梨	0	0	0	0	0	0	29 319 513
	16 長野	0	0	0	0	0	0	59 217 308
	17 静岡	0	0	0	0	0	0	315 138 133
	小計	0	0	0	0	0	0	1 490 787 649
北陸	18 新潟	0	0	0	0	0	0	102 872 653
	19 富山	0	0	0	0	0	0	41 073 724
	20 石川	0	0	0	0	0	0	55 213 207
	21 福井	0	0	0	0	0	0	16 236 638
	小計	0	0	0	0	0	0	215 396 222
東海	22 岐阜	0	0	0	0	0	9 000 000	180 858 706
	23 愛知	0	0	0	0	0	0	347 134 741
	24 三重	0	0	0	0	0	6 191 942	221 194 724
	小計	0	0	0	0	0	15 191 942	749 188 171
近畿	25 滋賀	0	0	0	0	0	0	135 560 472
	26 京都	0	0	0	0	0	0	48 272 074
	27 大阪	0	0	0	22 000	0	0	177 667 421
	28 兵庫	0	0	0	0	0	0	71 348 552
	29 奈良	0	0	0	0	0	0	167 528 025
	30 和歌山	0	0	0	0	0	0	51 934 899
	小計	0	0	0	22 000	0	0	652 311 443
中国・四国	31 鳥取	0	0	0	0	0	0	12 333 802
	32 島根	0	0	0	0	0	3 555 638	155 212 088
	33 岡山	0	0	0	0	0	0	57 462 984
	34 広島	0	0	0	0	0	0	43 325 772
	35 山口	0	0	0	0	0	0	49 051 450
	36 徳島	0	0	0	0	0	0	21 650 268
	37 香川	0	0	0	0	0	0	0
	38 愛媛	0	0	0	0	0	3 004 706	78 069 929
	39 高知	0	0	0	0	0	0	26 184 941
	小計	0	0	0	0	0	6 560 344	443 291 234
九州	40 福岡	0	0	0	0	0	0	76 402 586
	41 佐賀	0	0	0	0	0	0	61 377 843
	42 長崎	0	0	0	0	0	0	11 011 460
	43 熊本	0	0	0	0	0	0	45 136 807
	44 大分	0	0	0	0	0	0	8 269 821
	45 宮崎	0	0	0	0	0	0	46 532 552
	46 鹿児島	0	0	0	0	0	0	6 831 102
	小計	0	0	0	0	0	0	255 562 171
	47 沖縄	0	0	0	0	0	223 014	27 014 141

（1）資　　産（つづき）

Assets(Cont.)

（単位：千円）
(Unit:1000Yen)

	事業年度 Business Year	資　産 Assets						
		信用事業資産 Credit Business						
		有価証券 Securities						
		国　債 State Bond	地方債 Local Government Bond	政府保証債 Bond with State Guarantee	金融債 Bank Debenture	短期社債 Short Bonds	社債 Bonds	外国証券 Foreign bill
	平25(2013)	1 837 605 892	1 130 267 578	204 405 386	540 739 765	0	783 030 925	690 625
	平26(2014)	1 806 386 523	1 146 033 359	187 672 454	332 533 201	0	753 815 183	251 446
	平27(2015)	1 822 236 937	1 148 560 502	179 500 242	204 007 134	0	805 312 150	663 129
	平28(2016)	1 822 209 259	1 046 363 743	155 975 153	101 115 148	0	841 221 013	649 743
	平29(2017)	1 685 122 628	984 782 883	136 944 406	53 655 926	0	899 498 360	948 913
	平30(2018)	1 582 253 806	955 490 775	145 283 539	22 277 530	0	1 031 598 145	1 231 139
	1組合当たり Average Per Coop.	2 476 140.5	1 495 290.7	227 360.8	34 863.1	0.0	1 614 394.6	1 926.7
	1 北海道	9 978 048	2 961 539	103 480	0	0	223 750	0
	2 青森	8 240 060	8 418 242	399 450	0	0	300 000	0
東	3 岩手	12 645 697	10 480 913	1 360 568	1 470 970	0	9 363 737	0
	4 宮城	26 785 143	24 879 736	3 222 625	0	0	4 092 360	0
	5 秋田	18 260 197	9 861 923	2 024 790	0	0	4 413 086	0
	6 山形	19 933 514	13 813 808	5 679 140	0	0	10 212 850	0
北	7 福島	19 032 775	11 928 761	10 094 976	0	0	1 960 840	0
	小計	104 897 386	79 383 383	22 781 549	1 470 970	0	30 342 873	0
	8 茨城	22 440 626	10 769 998	306 250	0	0	20 101 601	0
関	9 栃木	82 768 302	11 628 813	919 158	0	0	6 797 617	0
	10 群馬	16 410 056	9 823 796	855 440	0	0	3 231 240	0
	11 埼玉	55 958 598	50 926 271	11 135 125	700 000	0	39 200 190	0
	12 千葉	41 080 514	19 566 150	6 380 880	100 020	0	20 354 814	0
	13 東京	93 595 747	36 668 638	5 592 970	0	0	41 242 822	0
	14 神奈川	121 048 476	91 731 271	5 163 077	10 522 900	0	144 399 099	0
	15 山梨	19 313 560	8 804 183	586 940	0	0	614 830	0
	16 長野	21 498 836	8 744 185	1 598 140	0	0	14 001 990	0
東	17 静岡	124 094 851	65 665 411	11 585 234	0	0	93 966 174	0
	小計	598 209 566	314 328 716	44 123 214	11 322 920	0	383 910 377	0
北	18 新潟	43 784 493	23 898 554	4 250 144	110 000	0	26 044 660	0
	19 富山	17 164 598	16 805 945	400 000	800 440	0	4 974 848	0
	20 石川	16 556 438	14 117 589	1 028 160	0	0	16 926 189	0
陸	21 福井	4 623 234	9 635 550	99 703	0	0	1 878 150	0
	小計	82 128 763	64 457 638	5 778 007	910 440	0	49 823 847	0
東	22 岐阜	83 919 933	30 547 089	411 851	0	0	46 863 406	0
	23 愛知	99 925 768	99 836 885	28 135 078	4 910 700	0	99 756 511	0
	24 三重	35 741 796	37 315 313	1 455 470	0	0	101 349 199	1 012 245
海	小計	219 587 497	167 699 287	30 002 399	4 910 700	0	247 969 116	1 012 245
	25 滋賀	20 205 510	39 232 227	4 081 479	0	0	71 589 643	0
近	26 京都	13 476 882	15 764 809	1 150 890	0	0	15 195 210	0
	27 大阪	93 888 673	46 621 004	3 162 744	0	0	18 064 402	0
	28 兵庫	28 581 144	18 366 856	870 000	0	0	20 732 019	0
	29 奈良	53 081 956	39 954 605	1 253 967	0	0	69 343 198	0
畿	30 和歌山	23 700 871	24 766 827	104 810	0	0	2 529 280	0
	小計	232 935 036	184 706 328	10 623 890	0	0	197 453 752	0
	31 鳥取	4 071 651	1 448 386	417 140	0	0	6 129 620	0
中	32 島根	78 123 227	28 360 269	0	0	0	36 071 370	218 894
	33 岡山	9 440 090	17 220 536	14 216 610	1 401 030	0	7 858 870	0
国	34 広島	20 830 355	7 030 997	2 034 449	0	0	4 744 987	0
	35 山口	21 635 793	3 828 180	772 094	0	0	15 651 028	0
・	36 徳島	13 480 561	1 079 229	353 120	0	0	1 957 260	0
	37 香川	0	0	0	0	0	0	0
四	38 愛媛	50 450 285	14 797 774	1 829 020	300 140	0	6 603 099	0
	39 高知	16 895 416	4 232 705	1 254 880	0	0	3 801 940	0
国	小計	214 927 378	77 998 076	20 877 313	1 701 170	0	82 818 174	218 894
	40 福岡	28 028 867	16 415 398	3 129 810	616 630	0	21 770 100	0
九	41 佐賀	26 444 103	5 117 290	1 801 700	0	0	1 553 530	0
	42 長崎	6 648 750	4 160 150	202 560	0	0	0	0
	43 熊本	21 531 888	16 359 654	110 897	1 000 000	0	6 134 366	0
	44 大分	5 727 390	1 237 371	0	0	0	101 250	0
	45 宮崎	26 135 045	11 074 797	2 767 610	0	0	865 700	0
州	46 鹿児島	3 086 489	418 803	2 981 110	344 700	0	0	0
	小計	117 602 532	54 783 463	10 993 687	1 961 330	0	30 424 946	0
	47 沖縄	1 987 600	9 172 345	0	0	0	8 631 310	0

（1）資　　産（つづき）
Assets(Cont.)

（単位：千円）
(Unit:1000Yen)

	事業年度 Business Year	資産 Assets / 信用事業資産 Credit Business / 有価証券 Security / 株式 Stock	受益証券 Beneficiary Certificate of Securities	投資証券 Investment securities	貸出金 Loan & Discounts	外国為替 Foreign Exchange	その他信用事業資産 Others	未収収益 Uncollected Profits
	平25(2013)	20 762 277	84 107 830	349 970	22 828 740 090	0	291 514 465	198 133 321
	平26(2014)	17 541 582	142 553 535	1 330 309	22 503 388 184	0	294 052 143	204 233 255
	平27(2015)	20 457 653	199 197 358	3 361 055	22 182 359 531	0	302 577 892	207 051 957
	平28(2016)	20 910 966	230 145 431	6 059 831	21 600 820 874	0	296 761 146	206 149 031
	平29(2017)	25 106 225	286 934 945	9 170 155	21 629 022 386	0	307 237 268	211 086 371
	平30(2018)	23 813 896	328 028 981	11 190 982	21 784 556 920	0	333 322 819	225 877 807
	1組合当たり Average Per Coop.	37 267.4	513 347.4	17 513.3	34 091 638.4	0.0	521 632.0	353 486.4
	1 北海道	0	0	0	799 617 051	0	36 539 014	13 891 123
	2 青森	0	0	0	120 952 136	0	803 321	569 242
東	3 岩手	4 635	10 112 947	0	224 580 629	0	4 776 254	4 199 937
	4 宮城	0	0	0	347 500 279	0	2 067 985	1 456 067
	5 秋田	0	3 111 000	0	187 087 457	0	1 230 342	766 186
	6 山形	0	2 246 300	0	265 359 974	0	3 280 161	2 477 194
北	7 福島	0	0	0	426 014 749	0	9 793 677	9 576 454
	小計	4 635	15 470 247	0	1 571 495 224	0	21 951 740	19 045 080
	8 茨城	733 196	15 306 899	550 880	311 670 628	0	9 460 026	9 250 885
関	9 栃木	0	0	0	306 701 829	0	9 023 800	8 863 235
	10 群馬	0	310 030	0	264 342 925	0	8 692 459	8 126 751
	11 埼玉	585 873	9 377 156	0	1 111 362 940	0	3 741 227	2 740 657
	12 千葉	3 526 897	18 660 096	1 625 936	696 585 267	0	10 122 346	8 704 499
	13 東京	0	1 251 890	0	1 131 031 991	0	5 034 204	2 462 675
	14 神奈川	3 295 918	50 467 437	0	1 968 467 025	0	17 474 977	15 561 406
	15 山梨	0	0	0	144 976 572	0	2 389 832	1 684 459
	16 長野	0	13 374 154	0	679 794 728	0	3 594 540	1 940 884
東	17 静岡	759 483	18 484 310	582 658	1 287 618 906	0	12 458 348	4 944 904
	小計	8 901 367	127 231 972	2 759 474	7 902 552 811	0	81 991 759	64 280 355
北	18 新潟	140 565	4 644 234	0	490 705 236	0	10 330 620	9 463 318
	19 富山	0	927 890	0	194 658 562	0	7 288 098	6 309 938
	20 石川	0	6 584 830	0	312 437 067	0	2 144 289	868 124
陸	21 福井	0	0	0	160 661 724	0	1 257 030	629 676
	小計	140 565	12 156 954	0	1 158 462 589	0	21 020 037	17 271 056
東	22 岐阜	1 625 796	17 166 771	323 852	611 627 959	0	16 565 669	14 376 594
	23 愛知	2 983 418	11 586 373	0	1 620 190 692	0	49 021 716	46 716 902
	24 三重	3 887 498	37 891 518	2 541 673	394 927 909	0	4 317 676	2 055 514
海	小計	8 496 712	66 644 662	2 865 525	2 626 746 560	0	69 905 061	63 149 010
	25 滋賀	363 496	88 120	0	234 992 999	0	2 580 191	1 221 897
近	26 京都	0	2 684 283	0	230 046 587	0	1 298 627	863 211
	27 大阪	0	12 389 232	3 541 362	619 238 734	0	28 423 303	27 192 629
	28 兵庫	1 107 139	1 691 391	0	1 165 852 180	0	36 531 052	2 723 861
	29 奈良	0	3 894 300	0	313 419 609	0	1 464 793	1 233 701
畿	30 和歌山	0	833 110	0	228 699 537	0	8 235 678	465 721
	小計	1 470 635	21 580 436	3 541 362	2 792 249 646	0	78 533 644	33 701 020
	31 鳥取	267 004	0	0	101 082 674	0	384 264	335 522
中	32 島根	2 102 359	9 179 266	1 156 700	298 851 749	0	1 184 651	1 094 167
	33 岡山	0	7 325 847	0	420 985 332	0	1 841 897	1 200 102
国	34 広島	0	8 684 983	0	560 659 136	0	3 153 107	2 086 411
	35 山口	2 024 494	4 271 935	867 921	259 473 613	0	719 836	561 295
・	36 徳島	0	4 780 098	0	108 672 992	0	1 077 230	490 314
	37 香川	0	0	0	184 651 784	0	438 510	362 030
四	38 愛媛	0	4 089 610	0	326 404 652	0	2 744 074	1 374 110
	39 高知	0	0	0	129 028 862	0	560 183	358 853
国	小計	4 393 857	38 331 739	2 024 621	2 389 810 794	0	12 103 752	7 862 804
	40 福岡	0	6 441 780	0	842 135 551	0	2 544 605	1 783 892
九	41 佐賀	0	26 461 220	0	243 100 712	0	1 024 639	512 881
	42 長崎	0	0	0	169 028 976	0	499 002	446 969
	43 熊本	0	0	0	313 959 969	0	1 168 062	667 601
	44 大分	0	1 203 810	0	184 775 130	0	797 911	448 932
	45 宮崎	0	5 689 400	0	213 862 463	0	1 117 331	980 287
州	46 鹿児島	0	0	0	287 790 428	0	2 142 923	1 212 138
	小計	0	39 796 210	0	2 254 653 229	0	9 294 473	6 052 700
	47 沖縄	406 125	6 816 761	0	288 969 016	0	1 983 339	624 659

（1）資　　産（つづき）

Assets(Cont.)

（単位：千円）
(Unit:1000Yen)

事業年度 Business Year		資 産 Assets 信 用 事 業 資 産 Credit Business その他信用事業資産 金融派生商品 Trading-related Financial Derivatives	金融商品等差入担保金 Cash Collateral Paid for Financial Instruments	その他の資産 Other Assets	債務保証見返 Customers' Liabilities for Acceptances and Guarantees	貸倒引当金 Reserves for Bad-loans	共済事業資産 Insurance Business 共済事業資産計 Total	共済貸付金 Insurance Loans
平25(2013)		25 563	0	93 355 300	27 084 243	▲ 290 581 658	98 941 499	94 528 179
平26(2014)		384	0	89 818 273	25 793 612	▲ 266 884 182	99 156 619	95 290 000
平27(2015)		0	0	95 525 685	22 756 930	▲ 243 759 580	98 455 204	94 063 995
平28(2016)		13 314	0	90 598 576	20 046 941	▲ 219 895 147	95 592 161	90 873 708
平29(2017)		9 725	0	96 140 943	19 963 758	▲ 196 052 357	92 114 990	86 871 192
平30(2018)		51	0	107 444 732	17 215 356	▲ 164 270 546	7 939 631	3 419 126
1組合当たり Average Per Coop.		0.1	0.0	168 145.1	26 941.1	▲ 257 074.4	12 425.1	5 350.7
	1 北海道	0	0	22 647 877	9 978 490	▲ 11 626 347	125 461	27 660
東北	2 青森	0	0	234 078	132 076	▲ 1 666 601	41 740	11 221
	3 岩手	0	0	576 313	23 203	▲ 3 658 860	46 759	39 729
	4 宮城	0	0	611 914	536 982	▲ 2 441 368	65 054	16 274
	5 秋田	0	0	464 148	964 774	▲ 1 986 974	20 973	6 245
	6 山形	0	0	802 965	30 881	▲ 3 074 668	88 179	55 027
	7 福島	0	0	217 220	3 648 440	▲ 2 698 626	135 177	112 113
	小計	0	0	2 906 638	5 336 356	▲ 15 527 097	397 882	240 609
関東	8 茨城	0	0	209 133	0	▲ 1 464 621	505 280	411 565
	9 栃木	0	0	160 561	800	▲ 2 593 737	165 829	91 033
	10 群馬	0	0	565 701	0	▲ 1 302 460	143 905	117 009
	11 埼玉	0	0	1 000 561	0	▲ 4 466 363	108 228	3 510
	12 千葉	0	0	1 417 841	0	▲ 4 728 030	683 601	485 967
	13 東京	0	0	2 571 522	2 000	▲ 8 694 916	196 196	33 687
	14 神奈川	51	0	1 913 515	0	▲ 5 406 204	249 753	68 096
	15 山梨	0	0	705 370	15 200	▲ 2 256 383	185 491	154 550
	16 長野	0	0	1 653 646	211 309	▲ 13 532 930	1 043 695	339 452
	17 静岡	0	0	7 513 436	0	▲ 6 198 712	373 529	59 485
	小計	51	0	17 711 286	229 309	▲ 50 644 356	3 655 507	1 764 354
北陸	18 新潟	0	0	867 291	379 997	▲ 3 236 606	579 139	534 226
	19 富山	0	0	978 152	44 248	▲ 1 883 984	51 347	39 330
	20 石川	0	0	1 276 152	63 589	▲ 1 727 449	290 031	50 711
	21 福井	0	0	627 346	0	▲ 1 405 608	156 857	145 388
	小計	0	0	3 748 941	487 834	▲ 8 253 647	1 077 374	769 655
東海	22 岐阜	0	0	2 189 073	8 421	▲ 11 482 830	74 553	10 683
	23 愛知	0	0	2 304 807	20 000	▲ 11 175 512	585 342	55 201
	24 三重	0	0	2 262 160	132 430	▲ 799 938	90 261	3 025
	小計	0	0	6 756 040	160 851	▲ 23 458 280	750 156	68 909
近畿	25 滋賀	0	0	1 358 291	0	▲ 1 141 740	122 762	29 810
	26 京都	0	0	435 415	0	▲ 841 327	156 165	45 766
	27 大阪	0	0	1 230 668	0	▲ 3 618 349	186 700	31 220
	28 兵庫	0	0	33 807 181	0	▲ 7 562 611	453 157	85 548
	29 奈良	0	0	231 092	340 634	▲ 2 250 175	35 491	33 866
	30 和歌山	0	0	7 769 955	0	▲ 1 682 386	14 482	6 173
	小計	0	0	44 832 602	340 634	▲ 17 096 588	968 757	232 383
中国・四国	31 鳥取	0	0	48 740	3 000	▲ 407 246	73 267	0
	32 島根	0	0	90 483	313 893	▲ 1 102 979	7 663	3 788
	33 岡山	0	0	641 793	0	▲ 497 248	89 529	67 582
	34 広島	0	0	1 066 686	0	▲ 3 065 091	125 102	16 612
	35 山口	0	0	158 534	0	▲ 3 049 405	5 854	2 237
	36 徳島	0	0	586 913	0	▲ 1 800 819	22 474	9 731
	37 香川	0	0	76 480	2 530	▲ 2 161 568	4 694	2 318
	38 愛媛	0	0	1 369 958	4 759	▲ 3 775 712	94 284	3 761
	39 高知	0	0	201 330	0	▲ 2 012 018	19 764	4 980
	小計	0	0	4 240 917	324 182	▲ 17 872 086	442 631	111 009
九州	40 福岡	0	0	760 704	0	▲ 1 930 993	42 100	7 504
	41 佐賀	0	0	511 758	0	▲ 791 146	16 239	5 994
	42 長崎	0	0	52 030	0	▲ 1 661 875	24 662	3 845
	43 熊本	0	0	500 455	0	▲ 3 444 470	270 235	44 276
	44 大分	0	0	348 978	0	▲ 4 438 359	23 181	17 621
	45 宮崎	0	0	137 042	0	▲ 2 316 794	20 462	17 795
	46 鹿児島	0	0	930 784	63 000	▲ 4 315 923	107 383	95 971
	小計	0	0	3 241 751	63 000	▲ 18 899 560	504 262	193 006
	47 沖縄	0	0	1 358 680	294 700	▲ 892 585	17 601	11 541

（1）資　　産（つづき）

Assets(Cont.)

（単位：千円）
(Unit:1000Yen)

事業年度 Business Year	資産 Assets 共済事業資産 Insurance Business 共済未収利息 Insurance Uncollected Profits	その他共済事業資産 Others	貸倒引当金 Reserves for Bad-loans	経済事業資産 Economic Business 経済事業資産計 Total	受取手形 Bills Receivable	経済事業未収金 Accounts Receivable
平25(2013)	1 349 366	3 264 059	▲ 200 446	1 301 786 283	2 833 284	596 108 253
平26(2014)	1 238 934	2 831 967	▲ 204 599	1 229 182 892	2 433 921	532 801 869
平27(2015)	1 254 114	3 335 180	▲ 198 403	1 236 529 499	1 832 554	511 958 946
平28(2016)	1 117 987	3 785 424	▲ 185 275	1 200 999 723	1 700 260	487 339 787
平29(2017)	1 072 778	4 329 494	▲ 158 777	1 243 860 317	1 733 482	494 836 623
平30(2018)	178 676	4 349 813	▲ 8 051	1 221 045 399	1 617 730	484 575 640
1組合当たり Average Per Coop.	279.6	6 807.2	▲ 12.6	1 910 869.2	2 531.7	758 334.3
1 北海道	3 031	95 283	▲ 507	204 599 038	396 501	74 049 687
東北 2 青森	116	30 438	▲ 34	59 577 372	0	15 954 812
3 岩手	911	6 119	0	30 991 332	0	13 219 468
4 宮城	323	48 483	▲ 26	27 905 200	0	12 917 578
5 秋田	140	14 586	0	42 439 252	213	16 318 495
6 山形	1 180	32 348	▲ 374	49 860 432	9 269	12 935 650
7 福島	2 575	20 497	▲ 10	27 698 873	1 559	7 285 140
小計	5 245	152 471	▲ 444	238 472 461	11 041	78 631 143
関東 8 茨城	8 907	84 924	▲ 121	22 736 396	0	10 770 167
9 栃木	2 102	73 056	▲ 364	18 552 900	0	8 349 516
10 群馬	2 900	24 023	▲ 29	14 108 243	0	7 577 763
11 埼玉	0	104 731	▲ 13	9 236 805	0	5 167 128
12 千葉	10 040	187 594	▲ 9	21 063 250	0	8 506 202
13 東京	3 091	159 439	▲ 25	1 099 431	0	402 647
14 神奈川	2 342	179 311	0	4 619 129	0	3 610 307
15 山梨	3 378	28 006	▲ 444	7 602 418	2 400	1 485 031
16 長野	75 946	629 150	▲ 856	32 241 448	75 325	16 025 867
17 静岡	1 205	312 834	0	19 110 434	222 992	10 816 605
小計	109 911	1 783 068	▲ 1 861	150 370 454	300 717	72 711 233
北陸 18 新潟	11 655	35 478	▲ 2 216	36 702 746	34 365	12 177 668
19 富山	855	11 173	▲ 13	22 012 123	24 424	3 727 908
20 石川	944	238 755	▲ 379	12 451 362	35 890	5 643 840
21 福井	8 468	3 062	▲ 64	12 587 310	2 938	2 841 089
小計	21 922	288 468	▲ 2 672	83 753 541	97 617	24 390 505
東海 22 岐阜	184	63 686	0	17 330 399	15 181	7 998 454
23 愛知	1 308	529 323	▲ 492	27 154 669	607	16 903 781
24 三重	79	87 153	0	17 149 900	7 616	6 004 555
小計	1 571	680 162	▲ 492	61 634 968	23 404	30 906 790
近畿 25 滋賀	697	92 300	▲ 47	15 523 426	0	4 547 191
26 京都	1 140	109 267	▲ 10	4 887 815	45 698	3 028 539
27 大阪	6 788	148 743	▲ 52	2 175 355	0	1 029 527
28 兵庫	1 506	366 998	▲ 898	29 990 101	481	5 945 191
29 奈良	581	1 045	▲ 2	5 218 570	26 187	2 893 691
30 和歌山	158	8 150	0	13 725 280	13 702	7 327 531
小計	10 870	726 503	▲ 1 009	71 520 547	86 068	24 771 670
中国・四国 31 鳥取	0	73 270	▲ 2	11 226 276	205	3 845 916
32 島根	91	4 098	▲ 314	15 701 926	4 631	6 250 416
33 岡山	2 103	19 858	▲ 16	22 046 351	31 770	7 399 285
34 広島	1 746	106 758	▲ 16	10 273 668	21 720	5 712 627
35 山口	48	3 585	▲ 16	10 231 355	976	4 365 102
36 徳島	1 701	11 049	▲ 6	9 264 734	12 955	6 088 341
37 香川	51	2 325	0	13 048 741	0	6 188 221
38 愛媛	15 237	75 282	0	23 198 230	160 133	6 484 376
39 高知	431	14 352	0	23 783 326	28 528	10 545 963
小計	21 408	310 577	▲ 370	138 774 607	260 918	56 880 247
九州 40 福岡	301	34 291	0	30 205 681	6 849	13 061 675
41 佐賀	129	10 115	0	46 326 603	17 109	24 170 922
42 長崎	126	20 697	▲ 7	19 573 338	60 229	8 323 037
43 熊本	623	225 819	▲ 486	43 010 838	89 214	19 606 616
44 大分	369	5 269	▲ 79	9 533 339	15 844	4 604 723
45 宮崎	447	2 315	▲ 97	38 586 404	44 058	19 544 743
46 鹿児島	2 648	8 767	▲ 3	61 616 099	187 685	19 145 273
小計	4 643	307 273	▲ 672	248 852 302	420 988	108 456 989
47 沖縄	75	6 008	▲ 24	23 067 481	20 476	13 777 376

(1) 資　　産 (つづき)
Assets(Cont.)

(単位：千円)
(Unit:1000Yen)

地区	事業年度 Business Year	資産 Assets 経済事業資産 Economic Business 経済受託債権 Credits in Commissioned Marketing	棚卸資産 Stocks Inventoried	その他の経済事業資産 Others	貸倒引当金 Reserves for Bad-loans	雑資産 Miscellaneous Assets	固定資産計 Fixed Assets Total
	平25(2013)	285 684 184	287 687 621	165 206 465	▲ 35 734 034	228 552 778	2 892 287 963
	平26(2014)	271 401 244	286 463 359	168 928 030	▲ 32 846 035	216 195 991	2 879 485 923
	平27(2015)	294 130 901	277 951 595	179 054 893	▲ 28 399 868	324 253 000	2 871 865 000
	平28(2016)	281 496 015	275 020 673	179 690 528	▲ 24 248 049	288 914 524	2 874 555 621
	平29(2017)	303 174 771	289 419 786	177 078 984	▲ 22 383 793	280 005 819	2 862 938 715
	平30(2018)	294 150 823	287 502 396	174 782 734	▲ 21 584 422	268 564 288	2 814 002 565
	1組合当たり Average Per Coop.	460 329.9	449 925.5	273 525.4	▲ 33 778.4	420 288.4	4 403 759.9
	1 北海道	36 108 909	53 409 402	41 268 882	▲ 634 382	39 084 570	233 787 247
東北	2 青森	26 256 828	10 632 781	7 581 122	▲ 848 172	1 342 899	42 711 961
	3 岩手	11 918 578	3 990 735	2 301 992	▲ 439 451	9 066 999	49 907 078
	4 宮城	6 814 309	2 795 627	5 837 986	▲ 460 315	3 012 661	63 641 170
	5 秋田	14 350 959	10 446 431	1 885 920	▲ 562 777	3 376 890	45 441 817
	6 山形	26 843 858	8 399 915	2 294 083	▲ 622 347	3 535 090	58 793 948
	7 福島	4 797 214	14 740 034	1 059 688	▲ 184 767	7 120 981	60 883 717
	小計	90 981 746	51 005 523	20 960 791	▲ 3 117 829	27 455 520	321 379 691
関東	8 茨城	804 944	9 853 564	1 647 101	▲ 339 397	7 427 073	55 861 689
	9 栃木	5 882 679	3 486 425	1 090 993	▲ 256 725	3 853 514	42 964 827
	10 群馬	561 977	5 539 883	905 845	▲ 477 242	4 026 833	47 844 840
	11 埼玉	511 418	3 530 197	180 265	▲ 152 215	6 077 909	60 774 943
	12 千葉	2 096 310	10 417 235	258 317	▲ 214 831	3 797 211	69 511 422
	13 東京	9 287	532 170	171 264	▲ 15 948	7 615 736	51 081 740
	14 神奈川	87 643	930 115	97 222	▲ 106 167	7 020 500	83 422 452
	15 山梨	3 508 557	2 207 947	513 882	▲ 115 402	1 991 585	23 711 837
	16 長野	3 290 475	10 673 477	4 006 400	▲ 1 830 114	18 341 834	95 749 963
	17 静岡	1 060 643	6 535 454	1 130 905	▲ 656 180	9 569 033	103 685 437
	小計	17 813 933	53 706 467	10 002 194	▲ 4 164 221	69 721 228	634 609 150
北陸	18 新潟	15 313 071	5 601 988	4 058 609	▲ 482 983	6 480 186	86 971 396
	19 富山	11 359 963	6 760 445	254 102	▲ 114 736	2 178 511	40 580 654
	20 石川	2 936 183	3 566 751	412 557	▲ 143 876	2 007 543	36 325 767
	21 福井	5 804 081	3 071 620	992 119	▲ 124 552	3 017 057	26 278 898
	小計	35 413 298	19 000 804	5 717 387	▲ 866 147	13 683 297	190 156 715
東海	22 岐阜	1 223 612	3 580 466	5 159 695	▲ 647 017	4 240 019	60 422 778
	23 愛知	3 882 178	6 132 531	997 070	▲ 761 516	9 311 121	150 452 199
	24 三重	3 049 276	2 547 380	5 680 215	▲ 139 158	2 160 185	53 130 994
	小計	8 155 066	12 260 377	11 836 980	▲ 1 547 691	15 711 325	264 005 971
近畿	25 滋賀	7 521 064	2 230 150	1 423 179	▲ 198 165	3 451 922	35 721 174
	26 京都	154 744	1 656 334	39 681	▲ 37 186	3 582 408	23 748 388
	27 大阪	114 602	1 030 167	9 419	▲ 8 368	3 134 633	72 418 313
	28 兵庫	14 554 207	4 006 169	5 717 930	▲ 233 890	4 835 762	72 593 609
	29 奈良	50 479	1 975 697	321 239	▲ 48 723	737 333	17 377 118
	30 和歌山	1 781 741	4 139 819	544 214	▲ 81 728	5 858 349	48 564 264
	小計	24 176 837	15 038 336	8 055 662	▲ 608 060	21 600 407	270 422 866
中国・四国	31 鳥取	3 726 613	1 738 145	2 051 441	▲ 136 048	5 727 367	42 363 073
	32 島根	5 447 921	3 716 784	445 112	▲ 162 940	5 167 691	37 316 896
	33 岡山	9 826 799	4 077 201	883 280	▲ 171 989	3 548 686	52 006 562
	34 広島	225 199	4 331 380	210 375	▲ 227 648	5 055 903	86 345 720
	35 山口	3 742 944	1 921 977	493 080	▲ 292 735	2 517 896	37 626 879
	36 徳島	167 492	2 716 594	571 607	▲ 292 268	1 118 116	30 799 570
	37 香川	2 581 002	2 621 350	1 837 017	▲ 178 851	1 980 120	35 508 227
	38 愛媛	5 452 169	8 031 052	3 476 821	▲ 406 333	6 137 136	93 826 729
	39 高知	1 556 671	5 983 353	6 983 579	▲ 1 314 771	3 026 240	25 299 522
	小計	32 726 810	35 137 836	16 952 312	▲ 3 183 583	34 279 155	441 093 178
九州	40 福岡	10 687 525	4 513 154	2 606 519	▲ 670 063	11 463 568	118 340 391
	41 佐賀	14 139 367	4 737 474	3 730 740	▲ 469 011	4 106 927	56 089 425
	42 長崎	907 308	5 177 343	5 922 543	▲ 817 133	4 925 169	41 937 960
	43 熊本	8 908 296	6 824 743	8 569 716	▲ 987 766	4 877 241	80 267 640
	44 大分	704 975	3 582 056	751 760	▲ 126 024	1 297 393	31 346 325
	45 宮崎	4 337 155	8 295 870	7 651 782	▲ 1 287 204	4 372 019	41 066 998
	46 鹿児島	7 985 396	10 211 041	26 217 316	▲ 2 130 614	11 361 795	51 087 950
	小計	47 670 022	43 341 681	55 450 376	▲ 6 487 815	42 404 112	420 136 689
	47 沖縄	1 104 202	4 601 970	4 538 150	▲ 974 694	4 624 674	38 411 058

(1) 資　　産 (つづき)

Assets(Cont.)

(単位：千円)
(Unit:1000Yen)

事業年度 Business Year		資　産 Assets					
		固定資産計 Fixed Assets Total					
		有形固定資産 Tangible fixed Assets	建物 Buildings	機械装置 Machinery	土地 Land	リース資産 lease Assets	建設仮勘定 Buildings & Repairing Account
	平25(2013)	2 871 379 659	3 174 887 570	975 290 185	1 546 527 038	10 797 246	19 875 068
	平26(2014)	2 859 808 003	3 210 553 474	980 451 476	1 546 318 287	11 747 000	13 876 093
	平27(2015)	2 853 388 339	3 235 316 227	982 940 056	1 540 066 724	14 674 157	13 865 817
	平28(2016)	2 856 922 373	3 302 651 977	991 785 154	1 535 429 490	16 085 084	14 752 746
	平29(2017)	2 846 834 409	3 298 798 355	1 005 245 244	1 516 832 487	19 316 133	11 626 656
	平30(2018)	2 799 835 107	3 286 839 355	1 032 723 187	1 488 961 951	21 993 552	9 705 028
	1組合当たり Average Per Coop.	4 381 588.6	5 143 723.6	1 616 155.2	2 330 143.9	34 418.7	15 187.8
	1 北海道	233 061 202	353 481 995	192 212 536	65 338 428	5 205 699	1 908 473
東北	2 青森	42 550 005	62 032 876	26 580 182	17 222 692	1 391 730	178 519
	3 岩手	48 534 436	59 831 658	26 943 524	26 230 024	129 893	382 504
	4 宮城	63 505 354	70 196 341	16 562 898	35 145 535	145 993	64 309
	5 秋田	45 222 269	76 559 364	20 347 639	18 833 481	151 760	44 512
	6 山形	58 511 566	73 436 184	27 371 356	32 973 258	215 554	133 553
	7 福島	60 403 090	70 392 011	14 535 138	29 612 458	614 758	117 543
	小計	318 726 720	412 448 434	132 340 737	160 017 448	2 649 688	920 940
関東	8 茨城	55 622 843	64 321 420	17 524 137	28 922 910	118 670	173 559
	9 栃木	42 742 447	61 971 061	19 540 898	16 484 720	0	115 644
	10 群馬	47 648 289	58 360 558	13 315 373	27 441 660	143 726	0
	11 埼玉	60 337 179	73 038 435	11 023 115	28 457 377	0	80 382
	12 千葉	69 031 677	65 671 882	10 610 243	44 852 761	118 361	74 449
	13 東京	50 641 868	45 095 119	410 084	24 698 913	0	234 392
	14 神奈川	82 642 398	82 729 621	2 992 986	44 016 926	695 328	1 138 923
	15 山梨	23 616 129	28 785 088	7 700 964	13 424 748	163 258	11 590
	16 長野	95 378 248	159 798 062	52 072 236	41 300 058	249 419	181 680
	17 静岡	103 498 476	112 609 357	22 058 210	48 780 090	3 099 209	237 074
	小計	631 159 554	752 380 603	157 248 246	318 380 163	4 587 971	2 247 693
北陸	18 新潟	86 493 301	134 717 222	36 270 790	35 929 378	322 648	600 320
	19 富山	40 421 889	58 247 301	21 716 457	18 028 798	106 003	67 856
	20 石川	36 260 686	45 853 939	15 582 736	19 230 922	114 315	213 613
	21 福井	25 870 138	46 046 349	18 805 974	11 163 408	4 588	42 432
	小計	189 046 014	284 864 811	92 375 957	84 352 506	547 554	924 221
東海	22 岐阜	59 993 147	86 888 770	26 970 658	28 059 641	0	78 835
	23 愛知	149 728 343	156 243 376	35 913 387	77 164 940	2 896 094	449 549
	24 三重	52 948 574	64 955 753	17 025 290	31 560 680	62 076	178 079
	小計	262 670 064	308 087 899	79 909 335	136 785 261	2 958 170	706 463
近畿	25 滋賀	35 588 950	53 514 240	22 007 577	18 139 727	10 077	67 588
	26 京都	23 719 604	22 067 161	3 538 129	18 630 513	27 260	0
	27 大阪	71 895 475	50 673 984	3 046 476	45 202 671	921 164	209 069
	28 兵庫	72 076 701	97 822 144	22 869 887	34 812 226	564 973	28 033
	29 奈良	17 200 078	21 910 895	5 401 600	11 064 852	13 145	32 875
	30 和歌山	48 329 780	43 299 928	16 422 307	28 809 266	173 334	72 775
	小計	268 810 588	289 288 352	73 285 976	156 659 255	1 709 953	410 340
中国・四国	31 鳥取	42 282 298	46 151 768	16 568 551	26 109 617	81 973	129 319
	32 島根	36 887 180	50 394 657	10 971 860	15 214 890	157 221	45 571
	33 岡山	51 897 442	58 176 599	16 688 349	33 458 269	41 109	36 617
	34 広島	86 044 639	72 137 134	14 479 097	60 426 743	999 336	492 033
	35 山口	37 524 171	43 765 559	9 280 802	22 088 822	15 107	3 471
	36 徳島	30 740 195	23 606 368	7 443 630	20 904 624	138 695	3 041
	37 香川	35 142 088	46 356 456	15 731 739	20 135 430	52 066	124 512
	38 愛媛	93 693 228	76 292 949	27 549 221	68 240 787	808 755	238 331
	39 高知	25 127 686	16 588 336	30 934 042	12 541 503	345 173	15 568
	小計	439 338 927	433 469 826	149 647 291	279 120 685	2 639 435	1 088 463
九州	40 福岡	118 143 004	95 591 189	36 093 642	82 172 246	0	475 243
	41 佐賀	55 684 890	69 620 833	37 091 821	31 947 898	446 328	43 929
	42 長崎	41 709 894	48 039 648	12 048 611	23 475 137	325 884	77 472
	43 熊本	79 849 242	78 647 546	31 977 282	49 131 757	365 700	247 419
	44 大分	31 291 194	30 199 848	7 851 871	20 875 815	149 856	14 017
	45 宮崎	41 044 845	48 324 257	12 487 034	22 457 383	0	279 616
	46 鹿児島	51 065 300	53 059 392	15 225 643	36 046 246	12 298	286 502
	小計	418 788 369	423 482 713	152 775 904	266 106 482	1 300 066	1 424 198
	47 沖縄	38 233 669	29 334 722	2 927 205	22 201 723	395 016	74 237

# (1) 資　　産 (つづき)
Assets(Cont.)

(単位：千円)
(Unit:1000Yen)

	事業年度 Business Year	資産 Assets 固定資産計 Fixed Assets Total 有形固定資産 その他の有形固定資産 Others	減価償却累計額(控除) Depreciation Reserve (deducted)	無形固定資産 Intangible fixed Assets	リース資産 lease Assets	その他の無形固定資産 Others	合併特別勘定 Special Account for Amalgamation	外部出資 External
	平25(2013)	891 015 245	▲3 747 013 371	17 262 497	92 024	17 170 469	3 645 568	3 618 809 613
	平26(2014)	895 300 148	▲3 798 439 088	16 145 410	103 659	16 041 751	3 532 258	3 671 045 965
	平27(2015)	908 004 485	▲3 841 479 748	14 995 174	88 851	14 906 322	3 481 253	3 665 437 781
	平28(2016)	874 862 925	▲3 878 645 588	14 239 949	67 452	14 172 496	3 393 075	3 819 994 880
	平29(2017)	914 618 248	▲3 919 603 329	13 600 008	238 488	13 361 515	2 504 081	3 842 024 193
	平30(2018)	908 448 481	▲3 948 837 097	14 105 635	213 634	13 892 001	61 600	4 011 473 574
	1組合当たり Average Per Coop.	1 421 672.1	▲ 6 179 713.8	22 074.5	334.3	21 740.2	96.4	6 277 736.4
	1 北海道	106 282 367	▲ 491 368 347	664 433	0	664 433	61 600	169 871 166
東北	2 青森	22 642 310	▲ 87 498 306	161 955	36 198	125 757	0	34 116 703
	3 岩手	15 916 418	▲ 80 899 592	1 372 638	0	1 372 638	0	37 925 181
	4 宮城	16 566 859	▲ 75 176 601	135 810	0	135 810	0	65 435 684
	5 秋田	17 975 781	▲ 88 690 287	219 543	0	219 543	0	59 767 497
	6 山形	20 075 681	▲ 95 694 024	282 379	0	282 379	0	70 947 210
	7 福島	13 794 100	▲ 68 662 925	480 624	0	480 624	0	83 503 857
	小計	106 971 149	▲ 496 621 735	2 652 949	36 198	2 616 751	0	351 696 132
関東	8 茨城	15 432 214	▲ 70 870 094	238 835	0	238 835	0	49 681 384
	9 栃木	17 918 451	▲ 73 288 337	222 375	0	222 375	0	104 497 750
	10 群馬	18 711 453	▲ 70 324 497	196 539	0	196 539	0	82 385 977
	11 埼玉	23 762 999	▲ 76 025 147	437 756	0	437 756	0	173 129 638
	12 千葉	16 819 239	▲ 69 115 284	479 737	1 236	478 501	0	103 059 662
	13 東京	11 120 268	▲ 30 916 930	439 869	0	439 869	0	128 475 556
	14 神奈川	25 355 964	▲ 74 287 367	780 047	0	780 047	0	247 004 975
	15 山梨	6 142 335	▲ 32 611 869	95 706	0	95 706	0	26 508 432
	16 長野	48 682 273	▲ 206 905 503	371 706	0	371 706	0	123 023 526
	17 静岡	31 630 680	▲ 114 916 166	186 950	27 230	159 720	0	162 036 432
	小計	215 575 876	▲ 819 261 194	3 449 520	28 466	3 421 054	0	1 199 803 332
北陸	18 新潟	34 014 036	▲ 155 361 126	478 085	0	478 085	0	94 496 286
	19 富山	13 985 672	▲ 71 730 215	158 762	0	158 762	0	72 023 576
	20 石川	11 877 171	▲ 56 612 032	65 077	0	65 077	0	48 967 959
	21 福井	13 243 457	▲ 63 436 084	408 755	0	408 755	0	38 599 575
	小計	73 120 336	▲ 347 139 457	1 110 679	0	1 110 679	0	254 087 396
東海	22 岐阜	19 538 911	▲ 101 543 676	429 629	0	429 629	0	105 175 357
	23 愛知	43 455 973	▲ 166 395 010	723 843	0	723 843	0	260 955 309
	24 三重	16 922 419	▲ 77 755 746	182 412	0	182 412	0	85 665 121
	小計	79 917 303	▲ 345 694 432	1 335 884	0	1 335 884	0	451 795 787
近畿	25 滋賀	13 601 351	▲ 71 751 616	132 222	0	132 222	0	52 153 068
	26 京都	5 310 307	▲ 25 853 773	28 785	0	28 785	0	48 530 528
	27 大阪	13 323 938	▲ 41 481 845	522 829	0	522 829	0	166 138 917
	28 兵庫	26 366 511	▲ 110 387 087	516 901	0	516 901	0	225 997 876
	29 奈良	6 607 759	▲ 27 831 048	177 040	0	177 040	0	57 193 323
	30 和歌山	12 674 302	▲ 53 122 140	234 484	0	234 484	0	69 979 789
	小計	77 884 168	▲ 330 427 509	1 612 261	0	1 612 261	0	619 993 501
中国・四国	31 鳥取	11 130 230	▲ 57 889 166	80 774	0	80 774	0	14 818 140
	32 島根	15 197 094	▲ 55 094 115	429 715	0	429 715	0	68 104 802
	33 岡山	15 395 587	▲ 71 899 098	109 120	0	109 120	0	96 486 078
	34 広島	19 442 334	▲ 81 932 054	301 075	0	301 075	0	107 680 357
	35 山口	10 448 735	▲ 48 078 341	102 700	0	102 700	0	54 230 535
	36 徳島	6 275 999	▲ 27 632 179	59 373	0	59 373	0	46 038 475
	37 香川	11 346 296	▲ 58 604 412	366 138	148 070	218 068	0	45 935 059
	38 愛媛	18 126 808	▲ 97 563 629	133 498	0	133 498	0	70 622 407
	39 高知	9 819 764	▲ 45 116 703	171 834	900	170 934	0	35 066 890
	小計	117 182 847	▲ 543 809 697	1 754 227	148 970	1 605 257	0	538 982 743
九州	40 福岡	31 057 642	▲ 127 246 982	197 373	0	197 373	0	64 382 287
	41 佐賀	16 359 463	▲ 99 825 382	404 535	0	404 535	0	59 174 526
	42 長崎	11 827 686	▲ 54 084 553	228 060	0	228 060	0	50 964 890
	43 熊本	24 819 026	▲ 105 339 509	418 393	0	418 393	0	78 673 083
	44 大分	7 431 179	▲ 35 231 399	55 129	0	55 129	0	23 950 133
	45 宮崎	13 582 040	▲ 56 085 485	22 153	0	22 153	0	48 337 775
	46 鹿児島	19 272 178	▲ 72 836 961	22 649	0	22 649	0	61 766 248
	小計	124 349 214	▲ 550 650 271	1 348 292	0	1 348 292	0	387 248 942
	47 沖縄	7 165 221	▲ 23 864 455	177 390	0	177 390	0	37 994 575

（1）資　　産（つづき）

Assets(Cont.)

（単位：千円）
(Unit:1000Yen)

	事業年度 Business Year	資産 Assets						
		外部出資		前払年金費用 ※ prepaid pension expense	繰延税金資産 Deferred tax Asset	再評価に係る繰延税金資産 Deferred tax Asset concerning revaluation	繰延資産 Deferred Assets	資産の部合計 Total of Assets
		外部出資 External	外部出資等損失引当金（控除） Loss Provision for External Contribution(deducted)					
	平25(2013)	3 630 763 815	▲ 11 954 134	5 624 984	81 572 762	0	292 608	101 294 132 369
	平26(2014)	3 684 089 762	▲ 13 043 728	7 300 659	74 486 449	0	228 546	103 497 114 820
	平27(2015)	3 670 855 392	▲ 5 417 548	7 059 012	64 559 257	0	323 401	105 972 016 653
	平28(2016)	3 823 756 300	▲ 3 761 350	6 384 298	75 758 453	0	174 255	108 572 240 140
	平29(2017)	3 845 291 926	▲ 3 267 679	6 911 992	83 630 420	0	485 675	111 562 652 177
	平30(2018)	4 014 389 197	▲ 2 915 583	7 364 171	86 326 329	0	164 989	113 865 501 754
	1組合当たり Average Per Coop.	6 282 299.2	▲ 4 562.7	11 524.5	135 096.0	0.0	258.2	178 193 273.5
	1 北海道	170 054 072	▲ 182 904	237 317	3 971 488	0	81 389	4 357 807 714
東北	2 青森	34 119 737	▲ 3 034	0	1 058 879	0	0	689 016 562
	3 岩手	37 982 117	▲ 56 935	0	218 301	0	0	1 213 383 835
	4 宮城	65 452 739	▲ 17 055	0	342 622	0	35 249	1 444 647 731
	5 秋田	59 791 329	▲ 23 832	0	1 437 205	0	0	932 801 540
	6 山形	71 019 033	▲ 71 822	50 809	2 325 284	0	0	1 173 925 123
	7 福島	83 548 575	▲ 44 718	65 766	2 473 715	0	0	2 100 780 647
	小計	351 913 530	▲ 217 396	116 575	7 856 006	0	35 249	7 554 555 438
関東	8 茨城	49 715 863	▲ 34 478	120 638	1 455 942	0	0	1 998 667 262
	9 栃木	104 549 308	▲ 51 556	89 940	1 768 821	0	0	1 949 397 083
	10 群馬	82 385 977	0	121 021	664 508	0	0	1 781 919 116
	11 埼玉	173 142 535	▲ 12 895	240 413	2 398 361	0	0	4 710 648 460
	12 千葉	103 059 761	▲ 98	0	1 929 298	0	0	3 026 267 174
	13 東京	128 476 719	▲ 1 160	0	1 547 435	0	0	4 295 077 459
	14 神奈川	247 004 975	0	271 334	4 109 560	0	0	7 339 182 356
	15 山梨	26 515 432	▲ 7 000	193 810	67 908	0	0	786 467 166
	16 長野	123 034 026	▲ 10 500	0	7 153 450	0	0	3 536 034 215
	17 静岡	162 600 631	▲ 564 199	0	4 188 645	0	0	5 862 875 829
	小計	1 200 485 227	▲ 681 886	1 037 156	25 283 928	0	0	35 286 536 120
北陸	18 新潟	94 509 787	▲ 13 500	0	3 325 554	0	0	2 531 092 320
	19 富山	72 065 968	▲ 42 392	115 470	1 490 494	0	0	1 573 623 888
	20 石川	48 968 299	▲ 337	0	699 958	0	0	1 434 246 269
	21 福井	38 599 575	0	713 657	699 335	0	0	1 023 549 595
	小計	254 143 629	▲ 56 229	829 127	6 215 341	0	0	6 562 512 072
東海	22 岐阜	105 175 357	0	1 263 822	833 647	0	0	3 556 126 450
	23 愛知	260 955 309	0	0	7 242 398	0	0	10 090 665 658
	24 三重	85 674 158	▲ 9 034	0	2 154 355	0	1 437	2 745 819 800
	小計	451 804 824	▲ 9 034	1 263 822	10 230 400	0	1 437	16 392 611 908
近畿	25 滋賀	52 176 095	▲ 23 026	1 027 894	1 013 305	0	0	1 846 240 002
	26 京都	48 531 714	▲ 1 185	0	474 697	0	0	1 561 905 037
	27 大阪	166 138 927	▲ 10	315 826	2 367 764	0	0	5 314 138 864
	28 兵庫	225 998 176	▲ 300	71 933	5 167 631	0	0	6 304 452 427
	29 奈良	57 193 323	0	476 196	82 697	0	0	1 595 430 850
	30 和歌山	69 979 789	0	316 802	1 200 318	0	0	1 817 471 923
	小計	620 018 024	▲ 24 521	2 208 651	10 306 412	0	0	18 439 639 103
中国・四国	31 鳥取	15 444 995	▲ 626 854	0	197 159	0	0	599 287 951
	32 島根	68 320 969	▲ 216 167	0	0	0	0	1 113 478 673
	33 岡山	96 486 370	▲ 292	404 384	849 120	0	0	2 025 471 110
	34 広島	107 717 537	▲ 37 178	128 256	1 532 449	0	0	3 153 077 431
	35 山口	54 250 586	▲ 20 049	25 257	1 582 577	0	46 914	1 361 149 224
	36 徳島	46 044 193	▲ 5 716	267 029	501 821	0	0	999 718 582
	37 香川	46 378 040	▲ 442 981	771 498	1 852 204	0	0	1 951 883 450
	38 愛媛	70 857 361	▲ 234 950	75 099	1 361 882	0	0	2 201 125 759
	39 高知	35 076 063	▲ 9 171	0	178 527	0	0	1 045 418 065
	小計	540 576 114	▲ 1 593 358	1 671 523	8 055 739	0	46 914	14 450 610 245
九州	40 福岡	64 422 330	▲ 40 042	0	3 763 607	0	0	3 315 283 434
	41 佐賀	59 174 530	▲ 4	0	395 311	0	0	1 150 398 350
	42 長崎	50 976 590	▲ 11 700	0	1 609 023	0	0	794 769 018
	43 熊本	78 686 597	▲ 13 512	0	2 164 336	0	0	1 348 882 785
	44 大分	23 968 316	▲ 18 182	0	1 272 597	0	0	736 356 766
	45 宮崎	48 355 095	▲ 17 319	0	1 774 788	0	0	979 453 467
	46 鹿児島	61 815 744	▲ 49 496	0	2 144 843	0	0	1 537 173 088
	小計	387 399 202	▲ 150 255	0	13 124 505	0	0	9 862 316 908
	47 沖縄	37 994 575	0	0	1 282 510	0	0	958 912 246

※　「前払年金費用」は、平成25事業年度から新たに設定された項目である。

(2) 負　債・純 資 産
Liabilities & Net-Assets

(単位：千円)
(Unit:1000Yen)

事業年度 Business Year		負債 Liabilities 信用事業 Credit Business 信用事業負債計 Total	貯金 Savings	譲渡性貯金 Certificates of Deposits	売現先勘定 Payables under Repurchase Agreements	債券貸借取引受入担保金 Bond Loan Transaction Security deposits Received	借入金 Borrowings
	平25(2013)	92 689 029 370	91 831 314 301	140 496 779	0	0	340 866 356
	平26(2014)	94 781 744 491	93 979 227 890	147 024 591	0	0	318 115 507
	平27(2015)	97 010 753 791	96 217 870 202	157 155 135	0	0	294 778 846
	平28(2016)	99 586 300 033	98 712 664 284	173 328 978	0	0	361 997 315
	平29(2017)	102 502 631 461	101 536 958 521	175 113 080	0	0	451 747 520
	平30(2018)	104 716 487 776	103 568 808 538	195 419 215	0	0	548 413 927
	1組合当たり Average Per Coop.	163 875 567.7	162 079 512.6	305 820.4	0.0	0.0	858 237.8
	1 北海道	3 677 914 819	3 547 115 483	7 300 000	0	0	103 733 402
東北	2 青森	581 736 772	577 683 186	0	0	0	2 263 246
	3 岩手	1 109 961 358	1 093 976 880	0	0	0	12 318 061
	4 宮城	1 315 732 769	1 290 424 745	0	0	0	16 456 268
	5 秋田	837 457 483	826 636 336	5 831 882	0	0	1 795 697
	6 山形	1 042 209 024	1 027 764 190	7 641 113	0	0	1 403 746
	7 福島	1 941 938 127	1 910 340 342	960 000	0	0	15 778 483
	小計	6 829 035 533	6 726 825 679	14 432 995	0	0	50 015 501
関東	8 茨城	1 862 776 358	1 844 104 621	0	0	0	12 998 220
	9 栃木	1 776 141 927	1 761 219 775	0	0	0	9 837 651
	10 群馬	1 645 357 072	1 638 581 242	0	0	0	1 022 267
	11 埼玉	4 395 799 459	4 389 157 085	0	0	0	3 722 844
	12 千葉	2 807 911 412	2 792 234 712	100 000	0	0	2 587 951
	13 東京	3 938 139 070	3 863 105 127	0	0	0	73 400 000
	14 神奈川	6 825 911 548	6 710 881 125	0	0	0	90 261 918
	15 山梨	734 087 211	733 048 518	0	0	0	125 979
	16 長野	3 224 232 753	3 214 189 804	100 000	0	0	1 439 374
	17 静岡	5 417 593 880	5 375 185 827	15 600 000	0	0	6 176 727
	小計	32 627 950 690	32 321 707 836	15 800 000	0	0	201 572 931
北陸	18 新潟	2 306 108 116	2 291 195 408	0	0	0	6 164 955
	19 富山	1 454 952 330	1 450 421 161	0	0	0	81 542
	20 石川	1 286 032 156	1 280 017 125	0	0	0	1 111 786
	21 福井	951 548 536	948 081 626	200 000	0	0	44 700
	小計	5 998 641 138	5 969 715 320	200 000	0	0	7 402 983
東海	22 岐阜	3 289 441 296	3 279 154 025	0	0	0	344 142
	23 愛知	9 262 815 365	9 164 759 347	0	0	0	62 759 969
	24 三重	2 561 792 266	2 553 372 843	0	0	0	457 592
	小計	15 114 048 927	14 997 286 215	0	0	0	63 561 703
近畿	25 滋賀	1 711 357 771	1 706 446 651	0	0	0	186 298
	26 京都	1 449 224 391	1 427 893 705	0	0	0	17 585 179
	27 大阪	5 024 803 015	4 986 039 968	0	0	0	26 327 654
	28 兵庫	5 917 952 801	5 882 233 358	4 200 000	0	0	350 829
	29 奈良	1 514 804 029	1 381 156 233	126 055 214	0	0	171 201
	30 和歌山	1 703 060 870	1 699 789 582	0	0	0	196 256
	小計	17 321 202 877	17 083 559 497	130 255 214	0	0	44 817 417
中国・四国	31 鳥取	546 333 300	544 125 809	0	0	0	884 904
	32 島根	1 011 549 963	976 555 978	1 114 880	0	0	2 065 680
	33 岡山	1 866 282 478	1 853 392 537	0	0	0	4 779 299
	34 広島	2 943 142 753	2 930 803 732	0	0	0	283 425
	35 山口	1 256 535 654	1 252 218 672	0	0	0	568 154
	36 徳島	924 877 449	919 046 933	0	0	0	2 508 134
	37 香川	1 830 961 889	1 824 386 442	0	0	0	2 815 916
	38 愛媛	2 021 081 636	2 009 493 508	0	0	0	3 130 722
	39 高知	953 435 801	951 288 025	0	0	0	167 678
	小計	13 354 200 923	13 261 311 636	1 114 880	0	0	17 203 912
九州	40 福岡	3 028 663 706	2 991 957 937	11 450 000	0	0	3 213 734
	41 佐賀	1 013 455 818	997 505 718	0	0	0	12 252 337
	42 長崎	708 856 396	707 067 165	0	0	0	452 059
	43 熊本	1 187 422 319	1 161 064 424	0	0	0	23 242 646
	44 大分	684 388 511	682 101 794	0	0	0	740 554
	45 宮崎	875 981 342	855 606 879	0	0	0	16 610 362
	46 鹿児島	1 407 274 399	1 387 266 934	14 866 126	0	0	1 285 252
	小計	8 906 042 491	8 782 570 851	26 316 126	0	0	57 796 944
	47 沖縄	887 450 378	878 716 021	0	0	0	2 309 134

(2) 負　債・純 資 産(つづき)
Liabilities & Net-Assets(Cont.)

(単位：千円)
(Unit:1000Yen)

事業年度 Business Year	負債 Liabilities 信用事業負債 Credit Business 外国為替 Foreign Exchange	その他の信用事業負債 Others	未払費用 Accrued Expenses	金融派生商品 Trading-related Financial Derivatives	金融商品等受入担保金※ Cash Collateral Received for Financial Instruments	その他の負債 Others Liabilities	諸引当金 Others Reserves
平25(2013)	0	349 231 761	74 980 342	2 503 411	0	271 747 723	35 430
平26(2014)	0	311 385 729	79 733 328	2 162 412	0	229 489 724	196 719
平27(2015)	0	317 912 473	87 767 357	2 277 381	0	227 867 469	279 741
平28(2016)	0	317 918 676	84 472 745	1 545 068	0	231 900 626	343 404
平29(2017)	0	318 444 974	77 500 692	784 500	0	240 159 518	403 202
平30(2018)	0	386 208 459	59 578 389	643 995	25 846 090	300 139 721	421 866
1組合当たり Average Per Coop.	0.0	604 395.1	93 236.9	1 007.8	40 447.7	469 702.2	660.2
1 北海道	0	9 757 395	3 199 311	0	0	6 558 066	30 012
2 青森	0	1 658 263	261 528	0	0	1 396 734	0
東 3 岩手	0	3 643 209	207 462	0	0	3 435 744	0
4 宮城	0	8 314 759	239 247	0	0	8 075 502	0
5 秋田	0	2 228 778	443 754	0	0	1 785 017	0
6 山形	0	5 369 089	833 839	0	0	4 535 247	0
北 7 福島	0	11 210 857	581 097	0	0	10 629 757	0
小計	0	32 424 955	2 566 927	0	0	29 858 001	0
8 茨城	0	5 673 502	496 258	0	0	5 177 234	0
関 9 栃木	0	5 083 697	401 075	0	0	4 682 616	0
10 群馬	0	5 753 553	477 625	0	0	5 275 919	0
11 埼玉	0	2 919 515	728 088	0	0	2 191 419	0
12 千葉	0	12 988 736	1 180 582	0	0	11 808 143	0
13 東京	0	1 631 938	471 717	0	0	1 160 215	0
14 神奈川	0	24 768 498	1 773 652	2 912	0	22 991 928	0
15 山梨	0	897 507	215 923	0	0	681 577	0
16 長野	0	8 292 255	2 208 861	0	0	6 083 387	0
東 17 静岡	0	20 631 309	1 964 962	0	0	18 666 336	0
小計	0	88 640 510	9 918 743	2 912	0	78 718 774	0
北 18 新潟	0	8 367 731	1 098 365	0	0	7 269 357	0
19 富山	0	4 405 375	594 164	0	0	3 811 202	0
20 石川	0	4 839 644	453 057	0	0	4 386 579	0
陸 21 福井	0	3 222 201	305 316	0	0	2 916 877	0
小計	0	20 834 951	2 450 902	0	0	18 384 015	0
東 22 岐阜	0	9 934 699	2 396 718	0	0	7 537 977	0
23 愛知	0	35 276 030	8 340 924	641 083	0	26 294 012	0
24 三重	0	7 829 394	2 129 919	0	0	5 699 467	0
海 小計	0	53 040 123	12 867 561	641 083	0	39 531 456	0
25 滋賀	0	4 724 817	1 158 978	0	0	3 565 832	0
近 26 京都	0	3 745 503	364 382	0	0	3 381 118	0
27 大阪	0	12 043 527	5 138 951	0	0	6 904 571	391 854
28 兵庫	0	31 168 600	3 729 793	0	0	27 438 800	0
29 奈良	0	7 080 747	2 310 091	0	0	4 770 656	0
畿 30 和歌山	0	3 075 027	742 310	0	0	2 332 714	0
小計	0	61 838 221	13 444 505	0	0	48 393 691	391 854
31 鳥取	0	1 319 585	435 558	0	0	884 026	0
中 32 島根	0	31 499 530	510 328	0	25 846 090	5 143 111	0
33 岡山	0	8 110 635	941 968	0	0	7 168 665	0
国 34 広島	0	12 055 584	1 416 147	0	0	10 639 430	0
35 山口	0	3 748 819	438 684	0	0	3 310 126	0
・ 36 徳島	0	3 322 372	638 114	0	0	2 684 251	0
37 香川	0	3 757 000	2 369 826	0	0	1 387 174	0
四 38 愛媛	0	8 452 638	1 791 148	0	0	6 661 484	0
39 高知	0	1 980 093	1 346 032	0	0	634 060	0
国 小計	0	74 246 256	9 887 805	0	25 846 090	38 512 327	0
40 福岡	0	22 042 015	2 814 458	0	0	19 227 547	0
九 41 佐賀	0	3 697 759	295 017	0	0	3 402 742	0
42 長崎	0	1 337 166	204 800	0	0	1 132 364	0
43 熊本	0	3 115 241	649 444	0	0	2 465 794	0
44 大分	0	1 546 158	474 215	0	0	1 071 939	0
45 宮崎	0	3 764 102	202 367	0	0	3 561 734	0
州 46 鹿児島	0	3 793 083	363 317	0	0	3 429 765	0
小計	0	39 295 524	5 003 618	0	0	34 291 885	0
47 沖縄	0	6 130 524	239 017	0	0	5 891 506	0

（2）負　債・純資産（つづき）
Liabilities & Net-Assets(Cont.)

（単位：千円）
(Unit:1000Yen)

	事業年度 Business Year	負債 Liabilities					
		信用事業負債 Credit Business		共済事業負債 Insurance Business			
		諸引当金 Others Reserves 金融商品取引責任準備金 Reserves for Liability for Financial Futures Transactions	債務保証 Acceptances and Guarantees	共済事業負債計 Total	共済借入金 Borrowings of Insurance	共済資金 Insurance Fund	共済未払利息 Accrued Insurance Interest Payable
	平25(2013)	0	27 084 243	492 204 316	94 209 040	218 468 448	1 242 695
	平26(2014)	0	25 793 612	481 980 093	94 813 725	214 643 329	1 252 553
	平27(2015)	0	22 756 930	511 660 655	93 597 745	249 061 438	1 188 116
	平28(2016)	0	20 046 941	498 795 337	90 660 835	242 624 832	1 023 354
	平29(2017)	0	19 963 758	436 913 460	86 470 127	191 690 222	974 467
	平30(2018)	0	17 215 356	402 833 436	3 362 494	244 881 352	74 229
	1組合当たり Average Per Coop.	0.0	26 941.1	630 412.3	5 262.1	383 225.9	116.2
	1 北海道	0	9 978 490	15 248 731	27 612	9 423 130	602
東北	2 青森	0	132 076	4 185 923	9 473	2 577 715	108
	3 岩手	0	23 203	5 055 035	299 121	2 633 363	937
	4 宮城	0	536 982	6 671 923	7 792	3 877 831	160
	5 秋田	0	964 774	5 452 756	4 860	3 364 529	102
	6 山形	0	30 881	6 674 732	52 519	3 667 013	1 208
	7 福島	0	3 648 440	9 061 323	106 835	4 849 380	2 488
	小計	0	5 336 356	37 101 692	480 600	20 969 831	5 003
関東	8 茨城	0	0	8 294 635	401 932	4 752 586	8 899
	9 栃木	0	800	7 674 980	89 543	4 554 319	2 065
	10 群馬	0	0	6 639 516	109 832	3 288 308	2 540
	11 埼玉	0	0	13 585 679	0	7 824 050	0
	12 千葉	0	0	13 496 348	471 230	9 391 084	9 858
	13 東京	0	2 000	8 110 084	15 550	4 758 843	343
	14 神奈川	0	0	12 193 199	52 775	6 607 121	1 191
	15 山梨	0	15 200	4 552 150	152 962	2 573 196	3 649
	16 長野	0	211 309	13 081 830	320 256	6 423 107	7 171
	17 静岡	0	0	18 785 595	46 080	11 301 107	1 047
	小計	0	229 309	106 414 016	1 660 160	61 473 721	36 763
北陸	18 新潟	0	379 997	13 491 345	522 694	7 353 169	15 043
	19 富山	0	44 248	6 245 530	39 330	3 804 113	855
	20 石川	0	63 589	9 343 610	51 162	6 611 753	1 322
	21 福井	0	0	4 868 913	138 520	2 733 498	3 887
	小計	0	487 834	33 949 398	751 706	20 502 533	21 107
東海	22 岐阜	0	8 421	10 105 240	8 448	5 908 265	184
	23 愛知	0	20 000	29 620 718	42 145	17 592 339	918
	24 三重	0	132 430	10 150 476	3 025	6 711 799	64
	小計	0	160 851	49 876 434	53 618	30 212 403	1 166
近畿	25 滋賀	0	0	7 301 595	23 467	4 654 714	339
	26 京都	0	0	9 075 663	35 137	6 708 805	774
	27 大阪	0	0	12 788 467	13 836	8 516 212	304
	28 兵庫	0	0	20 136 440	68 154	13 373 552	1 500
	29 奈良	0	340 634	4 809 601	27 100	2 979 817	566
	30 和歌山	0	0	5 513 562	6 173	3 356 965	136
	小計	0	340 634	59 625 328	173 867	39 590 065	3 619
中国・四国	31 鳥取	0	3 000	2 055 371	0	985 433	0
	32 島根	0	313 893	5 487 169	2 323	3 296 674	51
	33 岡山	0	0	8 751 524	40 142	5 083 500	2 031
	34 広島	0	0	13 165 452	9 130	9 157 541	199
	35 山口	0	0	7 766 605	2 237	5 090 720	48
	36 徳島	0	0	3 694 331	3 751	2 378 092	78
	37 香川	0	2 530	3 658 402	2 318	1 519 106	51
	38 愛媛	0	4 759	8 396 463	2 311	5 594 286	29
	39 高知	0	0	4 675 511	4 980	3 170 136	110
	小計	0	324 182	57 650 828	67 192	36 275 488	2 597
九州	40 福岡	0	0	10 166 817	6 124	5 950 881	134
	41 佐賀	0	0	4 185 237	5 914	2 390 297	129
	42 長崎	0	0	4 086 738	3 360	2 474 492	74
	43 熊本	0	0	7 163 734	5 097	4 534 561	109
	44 大分	0	0	4 854 626	12 425	3 435 959	274
	45 宮崎	0	0	3 647 508	16 885	2 031 186	371
	46 鹿児島	0	63 000	5 300 055	94 548	2 986 030	2 206
	小計	0	63 000	39 404 715	144 353	23 803 406	3 297
	47 沖縄	0	294 700	3 562 294	3 386	2 630 775	75

(2) 負 債 ・ 純 資 産 (つづき)
Liabilities & Net-Assets (Cont.)

(単位：千円)
(Unit:1000Yen)

事業年度 Business Year	負債 Liabilities / 共済事業負債 Insurance Business / 未経過共済付加収入 Prepaid Insurance Premium	共済未払費用 Accrued Insurance Expenses Payable	その他の共済事業負債 Others	経済事業負債 Economic Business / 経済事業負債計 Total	支払手形 Bills Payable	経済事業未払金 Accounts Payable
平25(2013)	174 218 098	1 690 171	2 374 736	616 325 750	1 712 725	413 692 232
平26(2014)	167 786 925	1 642 784	1 839 701	575 696 420	1 182 814	361 750 469
平27(2015)	164 106 976	1 753 127	1 952 189	578 492 465	985 664	342 499 806
平28(2016)	160 576 915	1 774 050	2 134 306	573 526 710	1 103 277	338 567 728
平29(2017)	153 786 826	1 776 897	2 213 880	583 007 285	732 730	344 036 252
平30(2018)	150 440 136	1 698 546	2 375 986	565 991 364	838 218	333 681 054
1組合当たり Average Per Coop.	235 430.6	2 658.1	3 718.3	885 745.5	1 311.8	522 192.6
1 北海道	5 729 433	17 741	50 178	114 872 077	812 505	102 105 017
東北 2 青森	1 560 001	22 091	16 533	35 780 528	0	8 790 922
3 岩手	2 105 732	10 311	5 566	13 042 883	0	4 852 585
4 宮城	2 758 790	5 984	21 350	8 495 530	0	5 971 995
5 秋田	2 067 507	7	15 735	12 460 463	0	3 029 576
6 山形	2 931 544	8 106	14 335	15 604 739	0	5 519 300
7 福島	4 031 697	41 265	29 650	10 339 356	0	3 262 187
東北 小計	15 455 271	87 764	103 169	95 723 499	0	31 426 565
関東 8 茨城	3 075 848	45 491	9 840	7 136 248	739	4 971 224
9 栃木	2 933 454	78 450	17 130	8 928 471	0	4 613 058
10 群馬	3 182 974	39 479	16 356	6 553 582	0	4 807 473
11 埼玉	5 637 732	69 194	54 684	4 906 261	0	3 693 337
12 千葉	3 537 292	49 000	37 852	7 989 410	0	6 371 988
13 東京	3 237 174	11 913	86 240	905 950	0	828 808
14 神奈川	5 440 346	54 877	36 870	5 083 993	0	4 552 508
15 山梨	1 720 788	60 148	41 394	4 185 235	0	1 365 750
16 長野	6 061 742	116 732	152 794	17 159 617	0	12 979 236
17 静岡	7 226 484	96 723	114 130	13 002 309	0	11 304 378
関東 小計	42 053 834	622 007	567 290	75 851 076	739	55 487 760
北陸 18 新潟	5 497 097	87 367	15 935	8 376 594	0	5 246 232
19 富山	2 369 124	11 548	20 546	4 224 364	0	3 291 968
20 石川	2 603 811	53 185	22 348	6 887 951	0	4 093 342
21 福井	1 896 997	13 749	82 243	4 574 163	0	2 067 296
北陸 小計	12 367 029	165 849	141 072	24 063 072	0	14 698 838
東海 22 岐阜	4 125 626	27 163	35 542	6 210 087	0	3 153 969
23 愛知	10 906 637	166 438	912 213	13 326 122	0	8 013 241
24 三重	3 391 484	27 283	16 807	10 213 436	0	3 233 482
東海 小計	18 423 747	220 884	964 562	29 749 645	0	14 400 692
近畿 25 滋賀	2 567 089	22 720	33 259	6 152 879	0	2 491 175
26 京都	2 307 995	22 585	360	2 323 281	0	1 889 679
27 大阪	4 136 836	88 904	32 352	832 987	0	662 807
28 兵庫	6 455 965	22 099	215 146	16 323 584	0	3 989 516
29 奈良	1 713 865	61 045	27 208	1 297 466	0	924 643
30 和歌山	2 105 711	1 222	43 349	9 181 062	0	5 235 713
近畿 小計	19 287 461	218 575	351 674	36 111 259	0	15 193 533
中国・四国 31 鳥取	1 052 232	0	17 703	5 640 102	24 974	2 266 677
32 島根	2 171 055	14 329	2 735	4 928 414	0	3 718 674
33 岡山	3 591 572	16 262	18 003	12 624 820	0	5 839 803
34 広島	3 920 268	70 539	7 760	6 567 247	0	6 053 337
35 山口	2 668 125	5 469	0	3 409 482	0	2 601 991
36 徳島	1 273 331	21 372	17 690	4 888 773	0	3 859 534
37 香川	2 069 587	49 326	18 012	4 653 686	0	2 396 630
38 愛媛	2 723 847	63 502	12 474	18 276 118	0	7 044 876
39 高知	1 483 708	14 024	2 546	12 902 065	0	4 108 591
中国・四国 小計	20 953 725	254 823	96 923	73 890 707	24 974	37 890 113
九州 40 福岡	4 191 943	15 653	2 065	26 485 239	0	6 900 600
41 佐賀	1 754 648	0	34 248	18 000 531	0	13 293 019
42 長崎	1 585 867	11 113	11 822	5 807 482	0	2 813 697
43 熊本	2 530 617	73 766	19 564	21 552 420	0	12 372 640
44 大分	1 401 622	1 094	3 247	4 567 498	0	3 987 321
45 宮崎	1 592 412	1 612	5 040	16 138 587	0	8 829 828
46 鹿児島	2 185 256	7 665	24 346	15 284 578	0	7 774 470
九州 小計	15 242 365	110 903	100 332	107 836 335	0	55 971 575
47 沖縄	927 271	0	786	7 893 694	0	6 506 961

(2) 負　債・純資産(つづき)
Liabilities & Net-Assets(Cont.)

(単位：千円)
(Unit:1000Yen)

	事業年度 Business Year	負債 Liabilities 経済事業負債 Economic Business Liabilities 経済受託債務 Commissioned Economic Liabilities	その他の経済事業負債 Others	設備借入金 Loan Payable for Investments in Facilities	雑負債 Miscellaneous Liabilities 雑負債計 Total	未払法人税等 accrued income taxes	リース債務 lease obligations	資産除去債務 Asset Retirement Obligations	その他の負債 Others
	平25(2013)	147 455 853	53 464 465	79 809 059	286 299 338	53 885 875	27 819 146	12 326 397	192 267 532
	平26(2014)	164 072 789	48 689 931	71 540 164	291 825 377	45 207 099	30 250 762	9 843 407	206 523 735
	平27(2015)	181 797 042	53 209 510	71 171 407	294 465 973	52 136 570	33 418 004	9 909 008	199 002 010
	平28(2016)	172 031 714	61 823 588	67 141 674	279 938 259	46 548 725	31 504 531	10 133 883	191 750 750
	平29(2017)	182 467 813	55 770 110	73 013 102	291 408 271	44 084 648	35 087 940	10 840 753	201 394 566
	平30(2018)	175 924 043	55 547 638	78 537 520	303 931 009	47 117 712	34 885 109	11 581 699	210 346 108
	1組合当たり Average Per Coop.	275 311.5	86 929.0	122 906.9	475 635.4	73 736.6	54 593.3	18 124.7	329 180.1
	1 北海道	8 211 261	3 743 281	37 685 321	53 250 763	2 794 254	25 355 415	269 222	24 831 847
	2 青森	25 367 756	1 621 850	2 285 578	4 267 787	598 563	486 798	105 967	3 076 459
東	3 岩手	7 614 275	576 019	239 822	2 782 943	205 238	86 744	44 653	2 446 304
	4 宮城	2 251 629	271 892	751 893	3 856 892	484 018	81 317	59 244	3 232 304
	5 秋田	8 929 464	501 414	3 940 406	3 791 922	510 691	66 809	33 400	3 181 016
	6 山形	8 658 140	1 427 296	53 821	4 152 690	458 286	57 899	546 164	3 090 340
北	7 福島	6 908 380	168 787	816 900	5 514 545	521 858	450 125	220 648	4 321 910
	小計	59 729 644	4 567 258	8 088 420	24 366 779	2 778 654	1 229 692	1 010 076	19 348 333
	8 茨城	626 709	1 537 556	646 722	4 632 070	688 351	67 191	148 808	3 727 703
関	9 栃木	3 253 742	1 061 658	364 700	2 292 290	549 711	0	61 018	1 681 554
	10 群馬	1 249 714	496 384	874 372	5 528 703	733 143	110 874	310 697	4 373 976
	11 埼玉	725 349	487 565	0	6 550 142	1 764 872	0	608 948	4 176 308
	12 千葉	1 108 385	509 019	841 176	7 446 854	1 066 618	66 176	469 593	5 844 449
	13 東京	36 290	40 845	0	8 194 714	2 319 810	0	663 942	5 210 950
	14 神奈川	446 699	84 779	0	11 832 031	4 070 304	0	300 336	7 461 381
	15 山梨	2 648 866	170 613	0	1 704 244	110 509	123 355	197 301	1 273 073
	16 長野	2 556 163	1 624 201	2 949 884	8 536 855	1 047 931	136 702	374 657	6 977 549
東	17 静岡	1 538 411	159 503	461 535	14 912 347	2 018 047	2 531 608	500 318	9 862 355
	小計	14 190 328	6 172 123	6 138 389	71 630 250	14 369 296	3 035 906	3 635 618	50 589 298
北	18 新潟	2 530 846	599 492	710 859	7 121 438	1 665 525	152 347	152 033	5 151 517
	19 富山	855 780	76 604	391 342	2 870 308	483 974	58 742	252 955	2 074 633
	20 石川	2 455 447	339 142	221 590	3 356 038	804 165	49 155	185 892	2 316 816
陸	21 福井	2 504 219	2 639	594 400	2 628 753	109 988	5 054	54 072	2 459 632
	小計	8 346 292	1 017 877	1 918 191	15 976 537	3 063 652	265 298	644 952	12 002 598
東	22 岐阜	436 797	2 619 314	0	6 223 561	735 296	0	324 542	5 163 716
	23 愛知	4 038 769	1 274 096	477 870	19 784 779	6 399 945	877 663	281 476	12 225 676
	24 三重	3 816 553	3 163 391	791 897	4 905 522	1 288 644	46 628	472 569	3 097 670
海	小計	8 292 119	7 056 801	1 269 767	30 913 862	8 423 885	924 291	1 078 587	20 487 062
	25 滋賀	2 012 953	1 648 747	0	2 605 080	413 407	4 840	31 464	2 155 364
近	26 京都	328 630	104 969	0	3 540 347	964 675	1 393	231 843	2 342 432
	27 大阪	154 809	15 364	1 341 622	9 355 958	2 027 037	351 320	819 501	6 158 082
	28 兵庫	8 059 373	4 274 679	380 241	7 159 635	2 330 613	76 966	512 492	4 239 553
	29 奈良	300 118	72 704	0	2 687 144	563 810	4 089	485 563	1 633 681
畿	30 和歌山	3 800 123	145 220	764 649	4 560 268	602 860	127 861	636 936	3 192 606
	小計	14 656 006	6 261 683	2 486 512	29 908 432	6 902 402	566 469	2 717 799	19 721 718
	31 鳥取	2 075 581	1 272 866	5 942 521	1 731 343	152 141	70 580	155 862	1 352 756
中	32 島根	809 104	400 635	336 511	3 288 716	117 997	26 994	30 393	3 113 331
	33 岡山	6 635 961	149 051	560 000	4 570 550	658 975	75 465	176 525	3 659 583
国	34 広島	357 428	156 474	81 213	6 736 967	1 201 624	980 187	244 706	4 310 436
	35 山口	696 415	111 066	6 225	3 386 937	267 681	87 100	52 994	2 979 153
・	36 徳島	513 203	516 023	515 700	2 302 152	249 262	114 691	28 898	1 909 299
	37 香川	1 902 912	354 143	0	4 461 777	346 611	156 937	177 130	3 781 098
四	38 愛媛	6 788 392	4 442 838	579 122	6 943 438	631 093	483 618	209 737	5 618 979
	39 高知	3 836 649	4 956 821	159 155	4 366 439	93 672	132 089	134 020	4 006 651
国	小計	23 615 645	12 359 917	8 180 447	37 788 319	3 719 056	2 127 661	1 210 265	30 731 286
	40 福岡	16 561 299	3 023 320	488 986	8 756 037	2 003 353	0	169 448	6 583 228
九	41 佐賀	4 539 059	168 450	5 214 725	5 711 396	193 217	186 641	159 179	5 172 357
	42 長崎	1 543 282	1 450 498	1 023 100	6 539 485	564 237	96 409	69 670	5 809 160
	43 熊本	6 822 358	2 357 409	3 318 129	4 803 614	878 985	152 897	0	3 771 727
	44 大分	532 455	47 719	1 019 348	1 927 591	101 480	82 100	122 096	1 621 912
	45 宮崎	3 538 091	3 770 669	98 150	3 213 608	217 874	0	126 031	2 869 702
州	46 鹿児島	4 883 226	2 626 879	1 608 035	6 081 288	1 048 425	490 589	211 049	4 331 222
	小計	38 419 770	13 444 944	12 770 473	37 033 019	5 007 571	1 008 636	857 473	30 159 308
	47 沖縄	462 978	923 754	0	3 063 048	58 942	371 741	157 707	2 474 658

(2) 負　債・純資産(つづき)
Liabilities & Net-Assets(Cont.)

(単位：千円)
(Unit:1000Yen)

事業年度 Business Year	負　債　Liabilities							
	諸引当金計 Total	諸引当金 Other Reserves				繰延税金負債 Deferred tax liability	再評価に係る繰延税金負債 Deferred tax liability concerning revaluation	負債の部合計 Total of Liabilities
		賞与引当金 Reserves for Bonus	退職給付引当金 Reserves for Retirement Benefits	役員退職慰労引当金 Reserves for Retirement bonus to officers	その他の引当金 Other Reserves			
平25(2013)	501 654 953	56 548 316	411 276 931	20 320 029	13 509 204	3 318 336	151 996 307	94 820 638 655
平26(2014)	497 204 477	56 265 743	403 956 143	19 096 600	17 885 581	11 714 070	148 664 531	96 860 370 817
平27(2015)	502 566 621	55 845 808	400 810 658	19 557 270	26 352 423	22 575 056	146 051 999	99 137 739 134
平28(2016)	495 445 887	55 367 517	389 986 412	20 470 389	29 621 144	14 221 745	143 889 688	101 659 260 467
平29(2017)	486 652 960	54 695 007	376 993 809	19 423 330	35 540 408	11 991 980	140 172 357	104 525 792 039
平30(2018)	497 158 919	53 963 721	365 513 373	19 646 722	58 034 670	13 030 741	134 626 335	106 712 598 214
1組合当たり Average Per Coop.	778 026.5	84 450.3	572 008.4	30 746.0	90 821.1	20 392.4	210 682.8	166 999 371.2
1 北海道	19 095 650	2 434 174	12 757 423	3 223 599	680 437	232 159	646 748	3 918 946 325
2 青森	6 503 381	379 039	6 023 666	100 676	0	0	179 028	634 939 000
東 3 岩手	8 873 614	546 095	8 093 794	0	233 722	216 272	3 469 737	1 143 641 678
4 宮城	8 173 625	831 867	6 897 609	113 632	330 511	393 829	5 059 778	1 349 136 277
5 秋田	5 532 269	500 237	4 534 978	336 242	160 795	273 823	2 029 587	870 938 742
6 山形	10 826 709	829 258	7 820 825	443 062	1 733 558	22 236	4 375 014	1 083 918 974
北 7 福島	10 642 418	630 546	7 741 451	501 769	1 768 643	0	4 544 735	1 982 857 412
小計	50 552 016	3 717 042	41 112 323	1 495 381	4 227 229	906 160	19 657 879	7 065 432 083
8 茨城	6 434 091	547 633	5 488 778	331 709	65 956	103 260	5 239 227	1 895 262 659
関 9 栃木	12 423 008	1 143 823	11 163 552	73 394	42 226	216 800	0	1 808 042 194
10 群馬	6 286 231	843 599	5 382 576	47 998	12 052	86 603	2 219 472	1 673 545 584
11 埼玉	12 775 214	1 972 281	8 551 254	651 528	1 600 139	156 542	0	4 433 773 337
12 千葉	11 820 127	673 936	10 532 432	404 959	208 786	198 822	7 454 822	2 857 159 024
13 東京	14 306 401	2 049 725	10 197 822	573 218	1 485 627	1 444 505	0	3 971 100 762
14 神奈川	24 463 507	2 339 097	14 508 438	807 041	6 808 919	119 642	0	6 879 603 945
15 山梨	1 119 106	230 934	816 745	71 424	0	333 049	495 604	746 476 624
16 長野	29 743 636	2 463 902	23 673 564	818 869	2 787 284	0	0	3 295 704 613
東 17 静岡	26 568 853	2 403 431	21 828 596	878 117	1 458 692	351 946	0	5 491 676 498
小計	145 940 174	14 668 361	112 143 757	4 658 257	14 469 681	3 011 169	15 409 125	33 052 345 240
北 18 新潟	14 469 217	1 269 898	12 332 867	485 555	380 867	33 953	0	2 350 311 572
19 富山	5 874 296	559 073	4 957 623	357 589	0	56 405	1 470 920	1 476 085 521
20 石川	3 785 343	784 941	2 581 334	348 365	70 688	508 119	303 097	1 310 437 938
陸 21 福井	3 485 125	134 650	2 764 530	110 592	475 342	47 114	0	967 747 027
小計	27 613 981	2 748 562	22 636 354	1 302 101	926 897	645 591	1 774 017	6 104 582 058
東 22 岐阜	10 176 399	2 093 081	6 257 201	324 676	1 501 436	720 634	0	3 322 877 227
23 愛知	34 785 496	3 908 591	20 161 844	880 896	9 834 139	0	3 107 488	9 363 917 880
24 三重	14 429 656	1 191 386	9 464 930	289 751	3 483 584	349 624	2 725 879	2 605 358 781
海 小計	59 391 551	7 193 058	35 883 975	1 495 323	14 819 159	1 070 258	5 833 367	15 292 153 888
25 滋賀	10 972 274	775 119	7 313 752	446 839	2 436 559	320 217	0	1 738 709 833
近 26 京都	8 321 179	480 719	7 353 069	472 556	14 830	0	2 973 898	1 475 458 769
27 大阪	11 979 674	1 588 967	6 456 065	609 161	3 325 471	3 012 760	6 992 196	5 071 106 713
28 兵庫	17 054 371	2 581 911	11 531 473	984 891	1 956 093	67 498	0	5 979 074 593
29 奈良	6 237 493	419 541	5 721 449	96 503	0	0	0	1 529 835 733
畿 30 和歌山	4 346 176	721 461	2 248 897	337 954	1 037 861	269 041	3 577 893	1 731 273 536
小計	58 911 167	6 567 718	40 624 705	2 947 904	8 770 814	3 669 516	13 543 987	17 525 459 177
31 鳥取	3 498 506	116 441	2 501 508	62 612	817 942	0	3 117 308	568 318 456
中 32 島根	7 918 073	1 459 427	6 044 369	173 346	240 930	733 863	0	1 034 242 712
33 岡山	13 298 923	1 621 374	10 499 077	185 339	993 129	164 389	4 755 847	1 911 008 547
国 34 広島	8 963 674	1 582 636	6 821 436	452 070	107 520	112 834	11 593 068	2 990 363 238
35 山口	9 815 124	742 457	5 773 281	0	3 299 364	39 644	3 958 634	1 284 918 336
・ 36 徳島	2 574 120	402 991	1 858 349	296 698	16 066	262 288	3 438 065	942 552 914
37 香川	7 636 062	730 726	6 449 420	131 423	324 491	0	96 136	1 851 467 955
四 38 愛媛	7 755 543	1 076 865	6 158 545	360 687	159 438	273 696	10 287 038	2 073 593 083
39 高知	6 876 278	777 779	3 457 849	114 264	2 526 382	137 372	172 075	982 724 703
国 小計	68 336 303	8 510 696	49 563 834	1 776 439	8 485 262	1 724 086	37 418 171	13 639 189 944
40 福岡	17 731 017	2 151 055	10 932 185	907 142	3 740 610	324 588	13 905 444	3 106 521 888
九 41 佐賀	11 540 852	679 569	9 977 948	296 203	587 132	1 279 241	4 237 102	1 063 624 904
42 長崎	6 018 370	779 289	4 741 611	330 066	167 395	0	2 322 742	734 654 331
43 熊本	9 342 006	1 608 223	6 699 929	687 156	346 686	141 379	7 128 570	1 240 872 202
44 大分	2 446 086	401 725	1 840 635	83 027	120 694	0	2 901 845	702 105 518
45 宮崎	6 461 459	890 258	5 047 344	345 700	178 155	26 594	2 126 289	907 693 541
州 46 鹿児島	9 834 451	1 172 738	8 400 144	0	261 566	0	5 089 319	1 450 472 135
小計	63 374 241	7 682 857	47 639 796	2 649 294	5 402 238	1 771 802	37 711 311	9 205 944 519
47 沖縄	3 943 836	441 253	3 151 206	98 424	252 953	0	2 631 730	908 544 980

（2）負　債・純資産（つづき）
Liabilities & Net-Assets(Cont.)

（単位：千円）
(Unit:1000Yen)

事業年度 Business Year	純資産 Net-Assets						
	組合員資本 Shareholder's Equity	出資金 Paid-in Share Capital	うち後配出資 of which Deferred Subscription	未払込出資金（控除） Unpaid Share Capital (deducted)	回転出資金 Revolving Capital	資本準備金 Capital Reserve	再評価積立金 Reserve for Revaluation
平25(2013)	6 031 019 878	1 602 085 515	2 710 832	▲ 16 216	4 798 128	169 274 875	36 629
平26(2014)	6 164 074 393	1 602 625 662	2 558 718	▲ 28 176	4 598 796	169 363 029	35 511
平27(2015)	6 305 390 568	1 567 659 760	15 412 901	▲ 31 066	3 847 102	169 364 073	35 510
平28(2016)	6 440 633 636	1 557 779 918	3 838 819	▲ 5 615	2 543 074	169 354 748	35 510
平29(2017)	6 579 856 927	1 563 314 022	3 456 643	▲ 17 687	1 844 165	169 227 590	35 510
平30(2018)	6 694 998 232	1 566 139 942	2 284 046	0	1 080 408	168 364 114	35 510
1組合当たり Average Per Coop.	10 477 305.5	2 450 923.2	3 574.4	0.0	1 690.8	263 480.6	55.6
1 北海道	435 315 072	162 685 796	0	0	94 700	57 626	0
2 青森	53 392 376	33 663 892	0	0	0	83 962	0
東 3 岩手	61 039 642	37 569 849	0	0	0	2 578 987	0
4 宮城	82 827 219	35 494 513	0	0	0	69 620	11 374
5 秋田	56 637 246	41 825 249	0	0	0	48 405	0
6 山形	78 605 468	34 264 822	0	0	0	120 002	2
北 7 福島	106 089 670	42 030 600	0	0	0	10 519	0
小計	438 591 621	224 848 925	0	0	0	2 911 495	11 376
8 茨城	89 379 855	34 517 753	0	0	0	47 965	0
関 9 栃木	135 765 428	28 479 419	0	0	0	264 332	0
10 群馬	102 210 435	25 390 847	0	0	0	93 734	0
11 埼玉	274 170 675	36 890 486	0	0	0	761 302	0
12 千葉	148 415 624	35 792 903	0	0	0	11 882 556	0
13 東京	313 180 124	18 544 449	0	0	0	81 564	0
14 神奈川	449 927 888	33 985 128	0	0	0	423 011	0
15 山梨	37 523 064	16 647 482	0	0	0	30 457	0
16 長野	238 438 564	72 049 990	0	0	202 317	200	0
東 17 静岡	361 205 673	32 244 029	0	0	0	9 012	0
小計	2 150 217 330	334 542 486	0	0	202 317	13 594 133	0
北 18 新潟	178 376 653	62 997 978	0	0	80 922	13 248	3 006
19 富山	93 748 485	24 199 799	0	0	0	5 957 564	0
20 石川	120 069 247	25 334 332	0	0	54 690	23 937	78
陸 21 福井	55 606 354	20 356 173	0	0	0	10 922 723	0
小計	447 800 739	132 888 282	0	0	135 612	16 917 472	3 084
東 22 岐阜	228 986 382	29 370 756	0	0	0	19 262	3 818
23 愛知	708 418 866	31 214 582	0	0	0	476 463	0
24 三重	126 097 473	26 340 958	0	0	0	6 479	0
海 小計	1 063 502 721	86 926 296	0	0	0	502 204	3 818
25 滋賀	103 356 922	25 320 082	0	0	9 173	2 662 860	4 742
近 26 京都	78 100 924	23 035 397	0	0	0	708 886	325
27 大阪	216 362 718	27 264 604	0	0	0	6 571 076	0
28 兵庫	323 829 626	46 643 284	32 464	0	0	1 145 594	0
29 奈良	64 539 963	9 414 137	0	0	0	27 135 821	0
畿 30 和歌山	77 277 815	26 225 563	0	0	0	13 088 932	0
小計	863 467 968	157 903 067	32 464	0	9 173	51 313 169	5 067
31 鳥取	23 594 532	14 875 302	2 251 582	0	0	13 178	0
中 32 島根	71 143 209	22 512 685	0	0	0	4 580 653	0
33 岡山	101 632 197	35 190 629	0	0	0	64 679	330
国 34 広島	132 741 773	33 793 373	0	0	0	6 278	0
35 山口	65 210 462	16 728 581	0	0	0	7 945 616	1 053
・ 36 徳島	48 032 268	13 725 052	0	0	0	3 236 688	0
37 香川	100 086 333	25 986 771	0	0	0	39 966 079	0
四 38 愛媛	100 698 152	38 984 920	0	0	0	12 868 710	0
39 高知	60 406 049	17 175 380	0	0	0	1 324 306	7 901
国 小計	703 544 975	218 972 693	2 251 582	0	0	70 006 187	9 284
40 福岡	170 704 519	50 899 696	0	0	62 554	10 237	0
九 41 佐賀	65 979 688	29 436 702	0	0	0	9 436	0
42 長崎	54 437 590	20 711 977	0	0	0	1 919	2 881
43 熊本	88 652 518	49 824 429	0	0	290 740	1 514	0
44 大分	26 355 524	11 716 158	0	0	0	260 975	0
45 宮崎	66 830 926	26 281 299	0	0	111 149	11 316	0
州 46 鹿児島	75 776 257	35 831 751	0	0	0	8 894 024	0
小計	548 737 022	224 702 012	0	0	464 443	9 189 421	2 881
47 沖縄	43 820 784	22 670 385	0	0	174 163	3 872 407	0

(2) 負　　債 ・ 純　資　産 (つづき)
Liabilities & Net-Assets (Cont.)

(単位：千円)
(Unit:1000Yen)

地域	事業年度 Business Year	純資産 Net-Assets 組合員資本 Shareholder's Equity 利益剰余金 Earned surplus fund	利益準備金 Earned surplus Reserve	その他利益剰余金 Other earned surplus fund	任意積立金 Voluntary Reserve	当期未処分剰余金 Current Surplus Unappropriated	うち当期剰余金 of which Current Profit	うち当期損失金 of which Current Loss
	平25(2013)	4 269 027 151	1 305 262 067	2 963 764 986	2 628 304 882	336 356 043	195 978 438	▲ 963 606
	平26(2014)	4 402 449 656	1 345 599 885	3 056 849 677	2 721 194 777	337 879 739	187 193 052	▲ 1 773 424
	平27(2015)	4 579 654 161	1 391 478 735	3 188 175 339	2 839 561 701	349 501 120	203 000 392	▲ 1 778 680
	平28(2016)	4 725 199 433	1 428 065 062	3 297 134 288	2 953 757 762	344 875 670	186 835 421	▲ 855 918
	平29(2017)	4 859 539 192	1 462 344 528	3 397 194 583	3 057 930 368	344 772 810	164 768 103	▲ 6 436 637
	平30(2018)	4 974 713 779	1 491 184 557	3 483 529 139	3 141 901 164	348 886 625	161 866 308	▲ 17 276 155
	1組合当たり Average Per Coop.	7 785 154.6	2 333 622.2	5 451 532.3	4 916 903.2	545 988.5	253 311.9	▲ 27 036.2
	1 北海道	274 280 609	123 560 239	150 720 368	131 018 645	19 930 548	14 970 045	▲ 44 438
東北	2 青森	20 396 647	12 066 674	8 329 973	4 936 047	3 393 926	1 978 393	▲ 26 252
	3 岩手	21 473 583	11 461 839	10 011 742	7 927 287	2 084 455	925 808	▲ 16 460
	4 宮城	47 853 798	20 736 780	27 117 015	22 393 882	4 723 128	1 642 143	▲ 271 425
	5 秋田	15 582 054	9 750 667	5 831 384	5 483 164	2 400 086	1 664 112	0
	6 山形	44 543 443	23 911 355	20 632 085	16 414 631	4 572 414	2 249 987	0
	7 福島	64 370 574	25 591 298	38 779 275	33 032 890	5 746 385	2 616 792	▲ 8 321
	小計	214 220 099	103 518 613	110 701 474	90 187 901	22 920 394	11 077 235	▲ 322 458
関東	8 茨城	55 073 659	25 205 921	29 867 734	23 971 381	5 896 349	2 440 038	▲ 337 327
	9 栃木	107 150 614	32 412 677	74 737 933	68 650 641	6 087 291	3 883 316	0
	10 群馬	77 015 812	37 133 625	39 882 185	36 029 397	3 852 785	2 044 717	0
	11 埼玉	236 699 823	65 218 430	171 481 390	156 097 175	15 384 215	5 714 248	▲ 158 579
	12 千葉	100 917 883	39 133 571	61 784 310	47 246 035	14 538 274	3 890 659	0
	13 東京	294 750 318	40 501 951	254 248 366	234 354 206	19 894 159	9 319 860	0
	14 神奈川	415 660 268	87 175 920	328 484 348	307 049 699	21 434 648	11 550 928	0
	15 山梨	20 911 955	12 523 654	8 388 300	6 528 433	2 293 845	1 535 793	▲ 140 474
	16 長野	166 647 125	68 295 534	98 351 583	86 953 714	11 397 861	5 644 343	▲ 804 574
	17 静岡	329 111 809	62 160 363	266 951 446	250 741 143	16 210 301	6 098 588	▲ 223 760
	小計	1 803 939 266	469 761 646	1 334 177 595	1 217 621 824	116 989 728	52 122 490	▲ 1 664 714
北陸	18 新潟	115 595 642	58 131 830	57 463 804	51 357 717	6 106 084	1 980 154	▲ 1 315 687
	19 富山	63 690 287	21 824 373	41 865 913	37 348 670	4 517 240	2 207 103	0
	20 石川	94 740 809	32 053 716	62 687 088	56 447 529	6 239 559	3 012 858	▲ 40 327
	21 福井	24 474 428	8 551 749	15 922 679	14 036 062	1 886 616	735 323	▲ 171 669
	小計	298 501 166	120 561 668	177 939 484	159 189 978	18 749 499	7 935 438	▲ 1 527 683
東海	22 岐阜	199 733 101	45 027 490	154 705 611	146 120 669	8 584 942	4 176 141	▲ 36 688
	23 愛知	676 818 299	109 154 497	567 663 800	532 859 696	34 804 102	18 194 806	0
	24 三重	99 930 219	26 893 784	73 036 436	66 415 578	6 638 026	3 262 780	▲ 240 689
	小計	976 481 619	181 075 771	795 405 847	745 395 943	50 027 070	25 633 727	▲ 277 377
近畿	25 滋賀	75 482 234	26 894 388	48 587 847	43 710 798	4 877 048	1 244 168	▲ 162 974
	26 京都	54 596 448	22 805 945	31 790 502	26 607 666	5 182 834	2 853 036	▲ 108 019
	27 大阪	182 727 056	43 055 946	139 671 108	118 253 348	21 417 758	5 646 565	▲ 75 334
	28 兵庫	276 277 215	64 885 308	211 391 906	199 108 523	12 283 379	8 374 086	0
	29 奈良	28 016 162	5 770 000	22 246 162	18 453 000	3 793 162	1 917 560	0
	30 和歌山	38 102 388	11 341 226	26 761 162	22 319 628	4 441 533	2 431 005	0
	小計	655 201 503	174 752 813	480 448 687	428 452 963	51 995 714	22 466 420	▲ 346 327
中国・四国	31 鳥取	8 922 496	4 228 163	4 694 332	3 700 905	993 427	515 254	0
	32 島根	44 194 886	18 631 023	25 563 862	22 920 191	2 643 671	1 869 701	0
	33 岡山	66 678 473	25 689 551	40 988 921	35 458 086	5 530 835	1 005 877	▲ 232 329
	34 広島	99 176 984	48 533 581	50 643 398	40 305 643	10 337 755	3 686 985	▲ 232 934
	35 山口	40 716 627	15 680 882	25 035 743	19 045 821	5 989 921	0	▲ 8 156 531
	36 徳島	31 160 937	12 775 062	18 385 871	14 406 170	3 979 699	877 954	▲ 790 288
	37 香川	34 444 578	9 920 000	24 524 578	20 684 732	3 839 846	2 685 017	0
	38 愛媛	49 366 865	22 250 108	27 116 756	22 559 138	4 600 058	2 326 534	▲ 34 001
	39 高知	42 298 594	15 061 662	27 236 932	30 048 831	783 154	493 470	0
	小計	416 960 440	172 770 032	244 190 393	209 129 517	38 698 366	13 460 792	▲ 9 446 083
九州	40 福岡	120 410 385	46 324 840	74 085 540	64 095 257	9 990 283	1 107 855	▲ 3 300 440
	41 佐賀	36 920 851	18 762 802	18 158 049	15 752 229	2 405 820	1 286 577	0
	42 長崎	33 944 244	13 821 746	20 122 497	16 587 807	3 574 752	2 199 782	▲ 197 549
	43 熊本	39 161 743	18 200 367	20 961 375	16 726 845	4 533 936	3 046 958	0
	44 大分	14 532 462	8 985 953	5 546 508	4 043 039	1 503 469	1 007 404	0
	45 宮崎	40 823 430	18 323 880	22 499 550	20 895 549	1 798 942	1 374 394	0
	46 鹿児島	32 059 914	16 699 587	15 360 324	11 422 245	3 938 078	3 020 287	▲ 149 086
	小計	317 853 029	141 119 175	176 733 843	149 522 971	27 745 280	13 043 257	▲ 3 647 075
	47 沖縄	17 276 048	4 064 600	13 211 448	11 381 422	1 830 026	1 156 904	0

(2) 負　債 ・ 純 資 産(つづき)
Liabilities & Net-Assets(Cont.)

(単位：千円)
(Unit:1000Yen)

事業年度 Business Year	純資産 Net-Assets / 組合員資本 Shareholder's Equity / 利益剰余金 Earned surplus fund / その他利益剰余金 Current earned Surplus fund / 当期未処理損失金 Current Deficit Unappropriated	うち当期剰余金 of which Current Profit	うち当期損失金 of which Current Loss	処分未済持分 Unappropriated Equity	評価・換算差額等 Variance of the Estimate	その他有価証券評価差額金 Net Unrealized Gains (Losses) on Non-trading Securities Available for Sale, Net of Taxes
平25(2013)	▲ 896 126	3 472 386	▲ 1 763 082	▲ 14 186 344	442 473 345	95 740 231
平26(2014)	▲ 2 224 968	16 400	▲ 2 021 938	▲ 14 970 199	472 669 133	130 649 002
平27(2015)	▲ 887 836	0	▲ 1 842 613	▲ 15 139 081	528 886 490	192 962 189
平28(2016)	▲ 1 499 192	67 882	▲ 2 053 578	▲ 14 278 737	472 345 591	141 190 588
平29(2017)	▲ 5 508 654	0	▲ 5 828 583	▲ 14 085 974	457 002 737	134 298 564
平30(2018)	▲ 7 258 706	761 710	▲ 3 618 255	▲ 15 335 637	457 904 866	147 514 481
1組合当たり Average Per Coop.	▲ 11 359.5	1 192.0	▲ 5 662.4	▲ 23 999.4	716 596.0	230 852.1
1 北海道	▲ 228 826	0	▲ 232 065	▲ 1 803 663	3 546 298	2 139 161
東北 2 青森	0	0	0	▲ 752 125	685 185	270 336
3 岩手	0	0	0	▲ 582 778	8 702 508	1 744 658
4 宮城	0	0	0	▲ 602 090	12 684 224	2 054 405
5 秋田	▲ 2 051 867	761 710	0	▲ 818 462	5 225 541	1 462 779
6 山形	▲ 354 960	0	▲ 281 544	▲ 322 802	11 400 677	2 592 169
7 福島	0	0	0	▲ 322 024	11 833 560	1 048 282
小計	▲ 2 406 827	761 710	▲ 281 544	▲ 3 400 281	50 531 695	9 172 629
関東 8 茨城	0	0	0	▲ 259 529	14 024 730	1 020 255
9 栃木	0	0	0	▲ 128 941	5 589 450	5 589 450
10 群馬	0	0	0	▲ 289 971	6 163 085	1 000 947
11 埼玉	0	0	0	▲ 180 939	2 704 438	2 704 438
12 千葉	0	0	0	▲ 177 720	20 692 507	2 817 861
13 東京	0	0	0	▲ 196 213	10 796 558	10 796 558
14 神奈川	0	0	0	▲ 140 523	9 650 507	9 650 507
15 山梨	▲ 433 984	0	▲ 1 289 626	▲ 66 830	2 467 472	1 154 093
16 長野	0	0	0	▲ 461 068	1 891 017	1 891 017
17 静岡	0	0	0	▲ 159 180	9 993 640	9 993 640
小計	▲ 433 984	0	▲ 1 289 626	▲ 2 060 914	83 973 404	46 618 766
北陸 18 新潟	0	0	0	▲ 314 148	2 404 077	2 404 077
19 富山	0	0	0	▲ 99 168	3 789 872	544 373
20 石川	0	0	0	▲ 84 600	3 739 071	2 970 001
21 福井	0	0	0	▲ 146 974	196 205	196 205
小計	0	0	0	▲ 644 890	10 129 225	6 114 656
東海 22 岐阜	0	0	0	▲ 140 557	4 262 835	4 262 835
23 愛知	0	0	0	▲ 90 481	18 328 893	10 775 620
24 三重	▲ 17 168	0	▲ 220 223	▲ 180 183	14 363 531	8 306 321
小計	▲ 17 168	0	▲ 220 223	▲ 411 221	36 955 259	23 344 776
近畿 25 滋賀	0	0	0	▲ 122 170	4 173 239	4 173 239
26 京都	0	0	0	▲ 240 132	8 345 338	1 221 734
27 大阪	0	0	0	▲ 200 024	26 669 425	9 979 139
28 兵庫	0	0	0	▲ 236 470	1 548 198	1 548 198
29 奈良	0	0	0	▲ 26 157	1 055 154	1 055 154
30 和歌山	0	0	0	▲ 139 069	8 920 564	931 275
小計	0	0	0	▲ 964 022	50 711 918	18 908 739
中国・四国 31 鳥取	0	0	0	▲ 216 445	7 374 961	166 101
32 島根	0	0	0	▲ 145 015	8 092 750	8 092 750
33 岡山	0	0	0	▲ 301 916	12 830 360	1 219 835
34 広島	0	0	0	▲ 234 866	29 972 407	1 773 544
35 山口	0	0	0	▲ 181 421	11 020 416	1 654 236
36 徳島	0	0	0	▲ 90 412	9 133 383	1 567 840
37 香川	0	0	0	▲ 311 096	329 161	93 123
38 愛媛	▲ 42 440	0	▲ 206 193	▲ 522 348	26 834 513	4 413 735
39 高知	▲ 3 595 052	0	▲ 466 606	▲ 400 134	2 287 308	1 837 275
小計	▲ 3 637 492	0	▲ 672 799	▲ 2 403 653	107 875 259	20 818 439
九州 40 福岡	0	0	0	▲ 678 354	38 057 008	4 703 395
41 佐賀	0	0	0	▲ 387 302	20 793 757	11 189 471
42 長崎	▲ 40 062	0	▲ 104 793	▲ 223 433	5 677 091	157 825
43 熊本	▲ 299 406	0	▲ 619 303	▲ 625 910	19 358 053	2 096 043
44 大分	0	0	0	▲ 154 074	7 895 722	833 290
45 宮崎	▲ 194 941	0	▲ 197 902	▲ 396 269	4 929 000	990 382
46 鹿児島	0	0	0	▲ 1 009 433	10 924 695	521 839
小計	▲ 534 409	0	▲ 921 998	▲ 3 474 775	107 635 326	20 492 245
47 沖縄	0	0	0	▲ 172 218	6 546 482	▲ 94 930

(2) 負 債 ・ 純 資 産 (つづき)
Liabilities & Net-Assets(Cont.)

(単位：千円,組合)
(Unit:1000Yen,Coop.)

事業年度 Business Year		純資産 Net-Assets 評価・換算差額等 繰延ヘッジ損益 Profit and Loss Brought hedge	土地再評価差額金 Difference fund for Land Revaluation	純資産の部合計 Total of Net-Assets	負債及び純資産の部合計 Total of Liabilities & Net-Assets	参考 回転出資金を有する組合数 No. of Coops. with Revolving Capital
	平25(2013)	▲ 1 542 113	348 275 149	6 473 493 437	101 294 132 369	42
	平26(2014)	▲ 1 422 600	343 442 656	6 636 743 763	103 497 114 820	34
	平27(2015)	▲ 1 506 801	337 431 036	6 834 277 276	105 972 016 653	31
	平28(2016)	▲ 932 833	332 087 775	6 912 979 441	108 572 240 140	24
	平29(2017)	▲ 546 077	323 250 190	7 036 859 895	111 562 652 177	21
	平30(2018)	▲ 463 194	310 853 510	7 152 903 300	113 865 501 754	18
	1組合当たり Average Per Coop.	▲ 724.9	486 468.7	11 193 901.9	178 193 273.5	比率 Percentage 2.8
	1 北海道	0	1 407 137	438 861 381	4 357 807 714	1
東北	2 青森	0	414 849	54 077 561	689 016 562	0
	3 岩手	0	6 957 845	69 742 153	1 213 383 835	0
	4 宮城	0	10 629 816	95 511 449	1 444 647 731	0
	5 秋田	0	3 762 762	61 862 790	932 801 540	0
	6 山形	0	8 808 508	90 006 148	1 173 925 123	0
	7 福島	0	10 785 276	117 923 231	2 100 780 647	0
	小計	0	41 359 056	489 123 332	7 554 555 438	0
関東	8 茨城	0	13 004 468	103 404 592	1 998 667 262	0
	9 栃木	0	0	141 354 884	1 949 397 083	0
	10 群馬	0	5 162 135	108 373 525	1 781 919 116	0
	11 埼玉	0	0	276 875 116	4 710 648 460	0
	12 千葉	0	17 874 642	169 108 144	3 026 267 174	0
	13 東京	0	0	323 976 691	4 295 077 459	0
	14 神奈川	0	0	459 578 403	7 339 182 356	0
	15 山梨	0	1 313 377	39 990 538	786 467 166	0
	16 長野	0	0	240 329 587	3 536 034 215	3
	17 静岡	0	0	371 199 320	5 862 875 829	0
	小計	0	37 354 622	2 234 190 800	35 286 536 120	3
北陸	18 新潟	0	0	180 780 737	2 531 092 320	2
	19 富山	0	3 245 498	97 538 361	1 573 623 888	0
	20 石川	0	769 070	123 808 323	1 434 246 269	2
	21 福井	0	0	55 802 561	1 023 549 595	0
	小計	0	4 014 568	457 929 982	6 562 512 072	4
東海	22 岐阜	0	0	233 249 220	3 556 126 450	0
	23 愛知	▲ 463 194	8 016 466	726 747 768	10 090 665 658	0
	24 三重	0	6 057 209	140 461 010	2 745 819 800	0
	小計	▲ 463 194	14 073 675	1 100 457 998	16 392 611 908	0
近畿	25 滋賀	0	0	107 530 165	1 846 240 002	1
	26 京都	0	7 123 603	86 446 265	1 561 905 037	0
	27 大阪	0	16 690 281	243 032 147	5 314 138 864	0
	28 兵庫	0	0	325 377 828	6 304 452 427	0
	29 奈良	0	0	65 595 118	1 595 430 850	0
	30 和歌山	0	7 989 288	86 198 385	1 817 471 923	0
	小計	0	31 803 172	914 179 908	18 439 639 103	1
中国・四国	31 鳥取	0	7 208 859	30 969 494	599 287 951	0
	32 島根	0	0	79 235 960	1 113 478 673	0
	33 岡山	0	11 610 524	114 462 558	2 025 471 110	0
	34 広島	0	28 198 859	162 714 184	3 153 077 431	0
	35 山口	0	9 366 174	76 230 885	1 361 149 224	0
	36 徳島	0	7 565 539	57 165 659	999 718 582	0
	37 香川	0	236 037	100 415 495	1 951 883 450	0
	38 愛媛	0	22 420 774	127 532 672	2 201 125 759	0
	39 高知	0	450 033	62 693 359	1 045 418 065	0
	小計	0	87 056 799	811 420 266	14 450 610 245	0
九州	40 福岡	0	33 353 605	208 761 536	3 315 283 434	2
	41 佐賀	0	9 604 286	86 773 445	1 150 398 350	0
	42 長崎	0	5 519 265	60 114 683	794 769 018	0
	43 熊本	0	17 262 006	108 010 577	1 348 882 785	2
	44 大分	0	7 062 432	34 251 247	736 356 766	0
	45 宮崎	0	3 938 619	71 759 926	979 453 467	4
	46 鹿児島	0	10 402 856	86 700 953	1 537 173 088	0
	小計	0	87 143 069	656 372 367	9 862 316 908	8
	47 沖縄	0	6 641 412	50 367 266	958 912 246	1

(2) 負債・純資産(つづき)
Liabilities & Net-Assets(Cont.)

(単位:組合)
(Unit:Coop.)

(3) 勘定科目の内訳
The items of the Accounts Subject

(単位:千円)
(Unit:1000Yen)

事業年度 Business Year	参考 Reference		貸出金 Loan & Discounts			
	当期末処分剰余金を計上した組合数 No. of Coops. with Unappropriated Surplus	当期末処理損失金を計上した組合数 No. of Coops. with Unappropriated Deficit	手形貸付金 Loans on Bills	証書貸付金 Loans on Deeds	当座貸越 Over-drafts	その他貸付金 Other Loans
平25(2013)	700	11	307 150 516	21 421 023 951	483 593 807	615 495 985
平26(2014)	687	5	283 622 456	21 155 726 082	455 368 603	607 245 670
平27(2015)	681	5	234 658 545	20 897 721 178	414 309 106	634 599 371
平28(2016)	656	5	210 795 474	20 411 675 740	392 966 454	584 366 051
平29(2017)	651	5	195 291 704	20 481 964 104	363 858 112	586 915 334
平30(2018)	625	13	182 811 992	20 730 972 640	359 397 665	510 598 940
1組合当たり Average Per Coop.	比率 Percentage 97.8	2.0	286 090.8	32 442 836.7	562 437.7	799 059.4
1 北海道	108	1	53 849 332	715 444 029	23 963 370	6 360 303
東北 2 青森	10	0	472 040	111 254 066	1 786 030	7 440 000
3 岩手	7	0	2 248 648	202 264 837	14 567 141	5 500 000
4 宮城	14	0	699 012	325 786 069	11 649 799	9 365 394
5 秋田	12	1	300 931	176 659 086	3 147 428	6 980 004
6 山形	13	2	1 372 918	240 623 694	15 875 359	7 488 000
7 福島	5	0	495 276	403 422 209	4 020 262	18 077 000
小計	61	3	5 588 825	1 460 009 961	51 046 019	54 850 398
関東 8 茨城	20	0	445 021	278 223 803	3 722 795	29 279 000
9 栃木	10	0	4 832 996	296 329 510	5 535 170	0
10 群馬	15	0	22 799	253 957 015	2 582 101	7 781 000
11 埼玉	16	0	1 620 438	1 092 374 128	3 780 254	13 584 000
12 千葉	19	0	2 483 681	664 473 016	4 285 558	25 343 000
13 東京	15	0	512 055	1 087 706 372	1 694 608	41 118 950
14 神奈川	13	0	4 969 933	1 958 982 470	4 514 613	0
15 山梨	8	3	537 981	142 941 752	1 496 832	0
16 長野	18	0	10 526 315	624 318 683	12 732 938	32 200 000
17 静岡	18	0	1 949 275	1 246 793 238	24 866 386	14 000 000
小計	152	3	27 900 494	7 646 099 987	65 211 255	163 305 950
北陸 18 新潟	24	0	2 366 258	453 339 232	8 469 852	26 520 000
19 富山	15	0	516 739	188 455 581	5 665 966	0
20 石川	17	0	1 388 490	304 762 238	3 661 334	2 625 000
21 福井	11	0	1 024 235	141 971 224	2 266 258	15 400 000
小計	67	0	5 295 722	1 088 528 275	20 063 410	44 545 000
東海 22 岐阜	7	0	1 248 103	564 452 984	13 376 955	32 197 000
23 愛知	20	0	6 514 487	1 562 097 544	18 519 851	33 026 500
24 三重	10	1	2 625 617	353 942 085	7 636 626	30 700 000
小計	37	1	10 388 207	2 480 492 613	39 533 432	95 923 500
近畿 25 滋賀	16	0	612 288	221 452 016	2 854 696	10 074 000
26 京都	5	0	12 174	213 823 913	3 409 498	12 801 000
27 大阪	14	0	1 454 397	608 826 579	5 956 971	3 000 000
28 兵庫	14	0	2 097 420	1 133 319 570	13 419 603	16 850 000
29 奈良	1	0	2 818 152	308 829 618	1 708 997	0
30 和歌山	8	0	170 440	214 209 232	8 401 863	5 918 000
小計	58	0	7 164 871	2 700 460 928	35 751 628	48 643 000
中国・四国 31 鳥取	3	0	1 134 626	90 062 788	6 096 257	3 789 000
32 島根	1	0	9 208 832	264 040 301	11 234 616	14 368 000
33 岡山	9	0	1 969 571	410 107 256	3 430 507	5 477 995
34 広島	13	0	318 739	551 981 023	8 235 451	123 915
35 山口	12	0	653 697	231 862 138	5 968 412	20 989 359
36 徳島	15	0	994 578	102 384 324	3 394 082	1 900 000
37 香川	1	0	4 657 994	175 968 324	4 025 466	0
38 愛媛	11	1	4 418 595	315 884 980	5 918 461	179 931
39 高知	3	1	380 447	124 077 714	4 432 364	138 333
小計	68	2	23 737 079	2 266 368 848	52 735 616	46 966 533
九州 40 福岡	20	0	16 008 736	783 416 426	9 701 374	33 009 000
41 佐賀	4	0	3 576 018	234 866 356	4 658 338	0
42 長崎	6	1	2 154 116	161 050 051	5 812 654	0
43 熊本	13	1	5 703 452	289 003 861	10 239 171	9 013 474
44 大分	5	0	5 510 377	174 942 412	1 810 288	2 512 051
45 宮崎	12	1	2 770 262	196 079 943	9 542 528	5 469 731
46 鹿児島	13	0	9 141 986	265 687 972	12 960 471	0
小計	73	3	44 864 947	2 105 047 021	54 724 824	50 004 256
47 沖縄	1	0	4 022 515	268 520 978	16 368 111	0

（3）勘定科目の内訳（つづき）
The items of the Accounts Subject (Cont.)

事業年度 Business Year	貸出金 Loan & Discounts 小計 Sub-total	うち農業近代化資金 of which Agricul-turalmodernization fund	うち日本政策金融公庫資金 of which ※JFC fund	割引手形 Bills Discounted	合計 Total	組合員に対する貸付金 Loans for Members
平25(2013)	22 827 264 573	127 196 294	183 360 634	1 475 511	22 828 740 090	17 140 171 315
平26(2014)	22 501 963 126	123 422 332	170 644 352	1 425 038	22 503 388 184	17 066 413 812
平27(2015)	22 181 288 500	139 498 417	159 157 040	1 071 012	22 182 359 531	16 968 277 468
平28(2016)	21 599 804 008	123 997 844	155 968 197	1 016 839	21 600 820 874	16 936 106 559
平29(2017)	21 628 029 565	142 971 186	155 381 567	992 812	21 629 022 386	17 141 602 395
平30(2018)	21 783 781 516	142 646 719	146 796 774	775 396	21 784 556 920	17 520 697 732
1組合当たり Average Per Coop.	34 090 424.9	223 234.3	229 728.9	1 213.5	34 091 638.4	27 418 932.3
1 北海道	799 617 050	10 227 355	78 470 887	0	799 617 051	718 414 045
東北 2 青森	120 952 136	2 272 107	1 381 222	0	120 952 136	90 461 741
3 岩手	224 580 629	5 692 822	282 883	0	224 580 629	178 019 033
4 宮城	347 500 279	3 718 158	526 735	0	347 500 279	294 198 133
5 秋田	187 087 457	5 442 505	1 796 211	0	187 087 457	149 354 281
6 山形	265 359 975	1 894 404	1 107 744	0	265 359 974	196 330 683
7 福島	426 014 749	2 812 069	793 316	0	426 014 749	362 298 513
小計	1 571 495 225	21 832 065	5 888 111	0	1 571 495 224	1 270 662 384
関東 8 茨城	311 670 628	1 279 347	221 140	0	311 670 628	209 813 734
9 栃木	306 697 683	3 893 928	120 404	4 146	306 701 829	228 404 474
10 群馬	264 342 924	6 209 267	939 282	0	264 342 925	197 017 034
11 埼玉	1 111 358 830	2 229 257	407 839	4 110	1 111 362 940	998 823 759
12 千葉	696 585 267	4 464 643	173 003	0	696 585 267	575 156 006
13 東京	1 131 031 991	5 961	0	0	1 131 031 991	942 615 800
14 神奈川	1 968 467 025	385 027	0	0	1 968 467 025	1 702 666 462
15 山梨	144 976 572	632 891	119 432	0	144 976 572	68 446 476
16 長野	679 777 948	4 512 240	1 033 513	16 779	679 794 728	489 028 073
17 静岡	1 287 608 905	4 744 824	5 138 467	10 000	1 287 618 906	1 080 164 784
小計	7 902 517 773	28 357 385	8 153 080	35 035	7 902 552 811	6 492 136 602
北陸 18 新潟	490 695 360	2 874 848	6 112 810	9 875	490 705 236	406 996 808
19 富山	194 638 289	1 523 670	29 006	20 271	194 658 562	120 819 276
20 石川	312 437 067	1 653 442	1 059 350	0	312 437 067	209 221 587
21 福井	160 661 724	1 803 468	48 207	0	160 661 724	104 246 624
小計	1 158 432 440	7 855 428	7 249 373	30 146	1 158 462 589	841 284 295
東海 22 岐阜	611 275 049	493 223	193 237	352 909	611 627 959	493 713 508
23 愛知	1 620 158 396	7 157 588	10 730 183	32 295	1 620 190 692	1 407 808 858
24 三重	394 904 340	2 874 109	425 566	23 570	394 927 909	243 887 679
小計	2 626 337 785	10 524 920	11 348 986	408 774	2 626 746 560	2 145 410 045
近畿 25 滋賀	234 993 001	9 611	90 931	0	234 992 999	176 547 195
26 京都	230 046 587	97 625	351 456	0	230 046 587	192 700 046
27 大阪	619 237 953	22 017	0	780	619 238 734	525 730 249
28 兵庫	1 165 686 599	963 749	353 438	165 580	1 165 852 180	1 006 716 346
29 奈良	313 356 767	19 863	0	62 842	313 419 609	129 064 071
30 和歌山	228 699 537	867 147	177 294	0	228 699 537	188 453 809
小計	2 792 020 444	1 980 012	973 119	229 202	2 792 249 646	2 219 211 716
中国・四国 31 鳥取	101 082 674	384 196	693 662	0	101 082 674	60 127 799
32 島根	298 851 749	683 267	2 003 503	0	298 851 749	200 649 105
33 岡山	420 985 332	1 556 738	4 639 868	0	420 985 332	338 612 864
34 広島	560 659 136	340 417	257 982	0	560 659 136	473 124 557
35 山口	259 473 613	825 773	487 896	0	259 473 613	218 575 527
36 徳島	108 672 991	941 271	7 424	0	108 672 992	84 137 894
37 香川	184 651 784	90 493	146 187	0	184 651 784	108 430 932
38 愛媛	326 401 977	1 097 008	30 665	2 672	326 404 652	269 855 831
39 高知	129 028 862	921 333	63 833	0	129 028 862	90 531 567
小計	2 389 808 118	6 840 496	8 331 020	2 672	2 389 810 794	1 844 046 076
九州 40 福岡	842 135 551	2 439 468	2 867 897	0	842 135 551	723 330 101
41 佐賀	243 100 712	5 665 832	3 611 099	0	243 100 712	222 335 556
42 長崎	169 016 824	4 487 342	357 257	12 154	169 028 976	145 369 063
43 熊本	313 959 969	8 996 642	1 755 073	0	313 959 969	218 432 589
44 大分	184 775 130	3 144 375	716 705	0	184 775 130	137 103 282
45 宮崎	213 862 463	20 116 510	16 749 614	0	213 862 463	171 535 015
46 鹿児島	287 790 429	8 772 178	8 088	0	287 790 428	192 242 209
小計	2 254 641 078	53 622 347	26 065 733	12 154	2 254 653 229	1 810 347 815
47 沖縄	288 911 603	1 406 711	316 465	57 413	288 969 016	179 184 754

※ JFC Japan Finance Corporation

（3）勘定科目の内訳（つづき）

The items of the Accounts Subject (Cont.)

（単位：千円）
(Unit:1000Yen)

事業年度 Business Year	貸出金 Loan & Discounts 組合員外に対する貸付金 地方公共団体 Local Goverments	地方公社等 Local Public Corporations etc.	金融機関 Financial Institutions	そ の 他 Others	小 計 Sub-total	経済事業未収金 Accounts Receivable 購買未収金 Receivable of Purchasing Bus.	販売未収金 Receivable of Marketing Bus.	その他未収金 Others Receivable
平25(2013)	2 894 446 836	156 952 779	1 273 598 010	1 363 570 681	5 688 568 306	479 867 838	81 299 299	34 940 995
平26(2014)	2 753 533 492	120 077 006	1 296 506 460	1 266 856 946	5 436 973 904	415 608 300	81 255 909	35 937 508
平27(2015)	2 571 962 058	101 561 184	1 348 349 670	1 192 208 723	5 214 081 635	391 433 831	80 789 059	39 735 909
平28(2016)	2 378 151 091	73 160 576	1 055 892 775	1 157 509 453	4 664 713 895	366 875 819	81 337 628	39 126 189
平29(2017)	2 269 381 003	56 134 257	1 046 969 079	1 114 935 220	4 487 419 559	364 358 686	93 176 852	37 300 946
平30(2018)	2 153 033 751	54 394 242	950 744 373	1 105 686 376	4 263 858 742	358 966 435	88 946 243	36 662 780
1組合当たり Average Per Coop.	3 369 379.9	85 124.0	1 487 862.9	1 730 338.6	6 672 705.4	561 762.8	139 196.0	57 375.2
1 北海道	48 723 046	659 917	10 414 923	21 405 071	81 202 957	33 771 790	34 527 072	5 750 819
2 青森	15 829 936	0	11 358 000	3 302 459	30 490 395	12 987 211	2 591 697	375 904
東 3 岩手	25 519 665	45 022	7 500 000	13 496 903	46 561 590	11 720 219	800 614	698 635
4 宮城	25 961 763	0	18 461 000	8 879 370	53 302 133	11 453 529	1 159 103	304 938
5 秋田	21 266 156	0	7 954 000	8 513 012	37 733 168	14 694 224	962 333	661 932
6 山形	42 664 152	1 392 712	12 529 000	12 443 421	69 029 285	9 807 812	1 376 946	1 750 888
北 7 福島	24 123 415	4 284 088	26 877 000	8 431 729	63 716 232	6 551 244	368 576	365 318
小計	155 365 087	5 721 822	84 679 000	55 066 894	300 832 803	67 214 239	7 259 269	4 157 615
8 茨城	67 239 425	1 017 822	29 279 000	4 320 627	101 856 874	8 847 311	982 537	940 312
関 9 栃木	37 723 532	687 463	31 741 000	8 145 350	78 297 345	6 570 374	1 030 279	748 858
10 群馬	32 172 991	251 924	27 450 000	7 450 962	67 325 877	6 247 795	953 983	375 973
11 埼玉	52 791 984	9 015 094	30 000 000	20 732 094	112 539 172	4 655 912	155 876	355 332
12 千葉	71 867 570	4 320	37 005 000	12 552 355	121 429 245	5 500 852	2 618 213	387 126
13 東京	3 839 788	5 765 264	41 118 950	137 692 180	188 416 182	285 035	16 394	101 210
14 神奈川	72 540 146	2 111 309	56 680 000	134 469 097	265 800 552	3 126 516	429 923	53 867
15 山梨	53 539 439	2 148 775	16 500 000	4 341 871	76 530 085	1 445 702	9 975	29 353
16 長野	89 058 118	276 524	65 300 000	36 131 999	190 766 641	13 676 235	1 572 774	776 847
東 17 静岡	55 101 761	249 195	58 500 000	93 603 147	207 454 103	8 253 026	1 201 455	1 362 112
小計	535 874 754	21 527 690	393 573 950	459 439 682	1 410 416 076	58 608 758	8 971 409	5 130 990
北 18 新潟	43 718 051	1 213 168	32 500 000	6 277 193	83 708 412	10 410 787	1 213 426	553 452
19 富山	46 058 849	773 515	21 496 000	5 510 909	73 839 273	2 716 457	907 262	104 180
20 石川	85 371 460	1 693 789	2 625 000	13 525 222	103 215 471	5 363 967	132 676	147 195
陸 21 福井	34 524 160	0	17 400 000	4 490 933	56 415 093	2 103 606	492 551	244 924
小計	209 672 520	3 680 472	74 021 000	29 804 257	317 178 249	20 594 817	2 745 915	1 049 751
東 22 岐阜	48 121 351	474 900	45 500 000	23 818 191	117 914 442	7 130 392	342 649	525 410
23 愛知	37 369 884	1 300 150	55 000 000	118 711 782	212 381 816	12 261 071	4 017 593	625 109
24 三重	51 771 599	1 003 458	30 700 000	67 565 165	151 040 222	5 439 208	250 289	315 056
海 小計	137 262 834	2 778 508	131 200 000	210 095 138	481 336 480	24 830 671	4 610 531	1 465 575
25 滋賀	40 703 764	2 058 567	10 074 000	5 609 468	58 445 799	3 802 028	615 692	129 469
近 26 京都	12 078 497	397 594	21 000 000	3 870 448	37 346 539	2 438 487	23 394	566 656
27 大阪	33 809 437	2 979 024	17 500 000	39 220 013	93 508 474	902 344	65 216	61 961
28 兵庫	105 833 652	5 169	25 000 000	28 297 005	159 135 826	4 775 545	742 311	427 333
29 奈良	167 712 225	25 888	8 106 000	8 511 426	184 355 539	2 434 533	399 653	59 504
畿 30 和歌山	26 916 835	0	10 000 000	3 328 886	40 245 721	5 194 429	1 483 666	649 433
小計	387 054 410	5 466 242	91 680 000	88 837 246	573 037 898	19 547 366	3 329 932	1 894 356
31 鳥取	26 475 020	4 361 928	4 590 000	5 527 924	40 954 872	2 282 099	1 331 972	231 845
中 32 島根	60 990 864	3 570 879	14 368 000	19 272 899	98 202 642	4 417 443	568 467	1 264 506
33 岡山	49 852 459	1 102 642	12 406 000	19 011 361	82 372 462	4 734 660	800 610	1 864 011
国 34 広島	69 170 031	281 499	0	18 083 037	87 534 567	4 321 677	634 635	756 307
35 山口	6 357 632	237 000	21 500 000	12 803 445	40 898 077	3 218 467	697 674	448 959
・ 36 徳島	14 927 048	580 000	2 952 000	6 076 038	24 535 086	4 481 425	1 306 412	300 497
37 香川	71 731 097	0	0	4 489 754	76 220 851	4 966 988	742 297	478 937
四 38 愛媛	35 566 531	172 113	13 400 000	7 410 166	56 548 810	4 267 658	827 227	1 389 484
39 高知	30 685 662	786 048	5 009 000	2 016 581	38 497 291	8 077 978	1 639 246	828 738
国 小計	365 756 344	11 092 109	74 225 000	94 691 205	545 764 658	40 768 395	8 548 540	7 563 284
40 福岡	37 529 084	141 005	35 504 000	45 631 340	118 805 429	11 366 853	632 932	1 061 890
九 41 佐賀	14 010 951	0	0	6 754 200	20 765 151	15 847 435	6 998 921	1 324 567
42 長崎	9 470 828	839 730	7 799 000	5 550 353	23 659 911	7 913 175	179 437	230 425
43 熊本	68 399 629	0	17 865 000	9 262 736	95 527 365	16 055 080	2 210 488	1 341 047
44 大分	23 302 201	3 152	2 500 000	21 866 491	47 671 844	3 496 556	604 890	503 277
45 宮崎	22 454 756	352 197	12 133 000	7 387 490	42 327 443	13 638 907	3 587 771	2 318 065
州 46 鹿児島	75 165 377	1 737 837	0	18 645 002	95 548 216	15 077 461	2 704 573	1 363 238
小計	250 332 826	3 073 921	75 801 000	115 097 612	444 305 359	83 395 467	16 919 012	8 142 509
47 沖縄	62 991 930	393 561	15 149 500	31 249 271	109 784 262	10 234 932	2 034 563	1 507 881

(3) 勘定科目の内訳(つづき)
The items of the Accounts Subject (Cont.)

(単位:千円)
(Unit:1000Yen)

	事業年度 Business Year	外部出資 External 系統 Affiliated	うち連合会 of which Federations	うち農林中金 of which The Norinchukin Bank	系統外 Non-Affiliated	うち農業信用基金協会 of which Agriculture Credit Gurantee Fund Association	子会社等出資 Subsidiaries ,etc.
	平25(2013)	3 396 492 916	2 752 113 716	609 272 050	196 631 532	153 623 639	37 639 299
	平26(2014)	3 437 350 740	2 800 249 821	610 604 934	207 941 245	155 911 689	38 797 711
	平27(2015)	3 459 148 135	2 719 797 676	698 889 972	172 331 724	124 108 933	39 375 467
	平28(2016)	3 612 495 417	2 891 802 524	694 346 053	171 277 134	124 850 741	39 983 691
	平29(2017)	3 632 060 048	2 912 398 038	703 313 095	172 600 975	125 260 842	40 630 851
	平30(2018)	3 798 789 349	3 002 279 871	756 295 932	172 839 301	126 525 030	42 760 493
	1組合当たり Average Per Coop.	5 944 897.3	4 698 403.6	1 183 561.7	270 484.0	198 004.7	66 917.8
	1 北海道	149 557 334	148 835 334	494 865	17 532 366	10 867 490	2 964 371
	2 青森	32 512 997	9 246 908	23 000 160	1 216 740	1 025 970	390 000
東	3 岩手	34 826 963	34 706 708	120 215	2 388 122	1 857 200	767 031
	4 宮城	61 633 688	11 789 730	49 843 957	3 001 469	2 518 610	817 581
	5 秋田	54 886 354	17 652 380	36 554 570	3 855 048	3 466 620	1 049 921
	6 山形	66 101 482	18 604 691	46 981 700	3 574 547	2 941 790	1 343 003
北	7 福島	79 742 421	19 712 193	58 653 768	2 711 854	1 763 300	1 094 300
	小計	329 703 905	111 712 610	215 154 370	16 747 780	13 573 490	5 461 836
	8 茨城	46 558 927	46 020 183	83 290	2 674 683	2 372 480	482 250
関	9 栃木	100 195 701	20 927 851	79 267 850	4 001 936	3 164 890	351 670
	10 群馬	77 688 183	17 604 561	59 884 920	3 610 444	3 200 580	1 087 349
	11 埼玉	164 342 662	164 310 941	30 920	8 506 171	6 186 920	293 699
	12 千葉	99 054 374	17 503 335	81 551 039	3 572 034	2 510 160	433 353
	13 東京	123 607 259	123 568 050	37 975	4 639 460	4 584 390	230 000
	14 神奈川	240 526 230	240 000 260	190 440	5 715 405	2 667 430	763 340
	15 山梨	24 548 502	23 917 765	29 310	1 779 330	1 738 630	187 600
	16 長野	113 653 088	110 840 083	91 890	7 611 484	5 742 310	1 769 450
東	17 静岡	154 934 629	154 427 880	400 460	6 208 178	5 088 090	1 457 823
	小計	1 145 109 555	919 120 909	221 568 094	48 319 125	37 255 880	7 056 534
北	18 新潟	88 388 504	88 088 070	111 690	4 071 711	3 542 880	2 049 570
	19 富山	69 450 922	16 018 181	53 432 465	1 685 326	1 535 590	929 720
	20 石川	46 399 246	46 023 980	317 550	1 525 673	1 178 470	1 043 380
陸	21 福井	37 361 710	37 165 410	156 300	872 090	796 440	365 775
	小計	241 600 382	187 295 641	54 018 005	8 154 800	7 053 380	4 388 445
東	22 岐阜	102 878 700	102 358 925	82 245	2 193 776	1 681 700	102 880
	23 愛知	258 419 507	258 153 766	264 540	1 457 067	584 200	1 078 734
	24 三重	83 635 141	83 419 651	186 410	1 848 487	1 533 640	190 526
海	小計	444 933 348	443 932 342	533 195	5 499 330	3 799 540	1 372 140
	25 滋賀	49 908 611	49 764 107	86 830	1 596 894	1 225 900	670 590
近	26 京都	46 289 776	45 658 740	38 220	2 003 387	1 854 970	238 550
	27 大阪	161 019 278	160 770 080	249 198	4 928 187	4 824 670	191 462
	28 兵庫	219 338 610	219 104 195	234 415	5 020 224	4 612 410	1 639 340
	29 奈良	55 127 086	8 316 810	46 810 276	1 906 637	1 706 400	159 600
畿	30 和歌山	65 400 867	65 246 177	154 690	4 504 019	4 377 430	74 900
	小計	597 084 228	548 860 109	47 573 629	19 959 348	18 601 780	2 974 442
	31 鳥取	13 024 550	12 907 020	117 530	1 366 910	1 132 050	1 053 535
中	32 島根	62 669 518	12 799 820	49 747 203	3 884 265	3 576 340	1 767 184
	33 岡山	94 102 120	25 396 690	48 101 790	2 248 350	2 151 890	135 900
国	34 広島	105 080 123	104 918 153	120 670	2 283 865	1 606 630	353 545
	35 山口	52 394 095	52 326 321	61 060	1 569 422	1 331 120	287 070
・	36 徳島	44 573 757	44 291 070	65 100	1 183 434	763 360	287 000
	37 香川	42 856 356	42 751 340	105 016	1 438 069	972 580	2 083 614
四	38 愛媛	67 192 171	67 024 720	167 450	2 543 230	1 675 240	1 121 960
	39 高知	31 853 035	31 070 844	124 940	1 274 182	1 003 900	1 948 845
国	小計	513 745 725	393 485 978	98 610 759	17 791 727	14 213 110	9 038 653
	40 福岡	61 326 926	58 891 180	171 400	2 815 962	2 416 290	279 439
九	41 佐賀	39 790 029	38 233 961	57 711	14 155 888	1 976 720	5 228 612
	42 長崎	46 927 419	11 813 090	35 114 329	3 874 882	2 597 420	174 290
	43 熊本	73 062 180	19 425 497	53 633 480	5 089 052	2 880 100	535 360
	44 大分	21 502 542	21 091 090	115 500	2 265 974	1 837 570	199 800
	45 宮崎	43 348 646	38 185 410	38 585	4 258 228	3 621 860	748 222
州	46 鹿児島	57 443 920	56 911 420	44 100	3 630 133	3 224 810	741 690
	小計	343 401 662	244 551 648	89 175 105	36 090 119	18 554 770	7 907 413
	47 沖縄	33 653 210	4 485 300	29 167 910	2 744 706	2 605 590	1 596 659

（3）勘定科目の内訳（つづき）
The items of the Accounts Subject (Cont.)

（単位：千円）
(Unit:1000Yen)

	事業年度 Business Year	貯金 Savings 要求払 On Demand	定期性 Fixed	うち定期積金 of which Installment Savings	借入金 Borrowings 手形借入金 Borrowings on Bills	証書借入金 Borrowings on Deeds	当座借越 Overdrafts	その他 Others
	平25(2013)	29 271 925 536	62 559 388 508	2 802 336 796	71 603 250	254 556 470	10 710 609	3 996 029
	平26(2014)	30 217 553 069	63 761 674 559	2 366 608 122	70 121 250	234 636 405	10 693 043	2 664 816
	平27(2015)	31 218 568 000	64 999 301 942	2 259 288 374	67 860 050	216 906 624	7 475 057	2 537 120
	平28(2016)	32 724 775 112	65 987 888 936	2 189 144 642	90 416 850	264 722 451	4 407 065	2 450 951
	平29(2017)	34 520 387 299	67 016 570 977	2 197 714 669	89 044 458	350 963 505	9 196 984	2 542 577
	平30(2018)	36 607 021 109	66 961 787 196	2 084 198 561	89 102 365	447 396 750	9 317 574	2 597 244
	1組合当たり Average Per Coop.	57 287 983.0	104 791 529.3	3 261 656.6	139 440.3	700 151.4	14 581.5	4 064.5
	1 北海道	1 531 714 078	2 015 401 385	14 705 790	32 615	101 146 003	497 542	2 057 246
	2 青森	238 935 417	338 747 770	3 001 524	830 000	1 433 246	0	0
東	3 岩手	453 658 260	640 318 612	21 695 531	11 110 000	1 198 238	0	9 822
	4 宮城	554 822 281	735 602 460	16 082 768	14 770 000	1 686 268	0	0
	5 秋田	374 236 309	452 400 025	6 154 919	0	1 795 698	0	0
	6 山形	428 550 593	599 213 597	19 622 903	0	1 403 746	0	0
北	7 福島	846 111 996	1 064 228 343	66 670 098	14 980 000	798 483	0	0
	小計	2 896 314 856	3 830 510 807	133 227 743	41 690 000	8 315 679	0	9 822
	8 茨城	691 091 841	1 153 012 769	22 975 073	11 940 000	1 058 220	0	0
関	9 栃木	647 143 893	1 114 075 876	25 119 212	9 420 000	417 651	0	0
	10 群馬	632 750 211	1 005 831 021	25 480 460	0	1 022 267	0	0
	11 埼玉	1 940 518 986	2 448 638 091	80 371 749	0	524 084	3 198 760	0
	12 千葉	1 071 594 947	1 720 639 759	55 037 462	2 270 000	317 951	0	0
	13 東京	1 600 772 550	2 262 332 571	68 600 271	0	73 200 000	0	200 000
	14 神奈川	2 377 646 685	4 333 234 430	154 302 083	19 750	90 242 168	0	0
	15 山梨	288 836 583	444 211 929	10 696 908	0	120 194	0	5 785
	16 長野	1 205 141 366	2 009 048 425	82 068 390	170 000	1 245 098	24 276	0
東	17 静岡	1 843 661 548	3 531 524 271	166 601 019	0	6 176 728	0	0
	小計	12 299 158 610	20 022 549 142	691 252 627	23 819 750	174 324 361	3 223 036	205 785
北	18 新潟	942 072 955	1 349 122 440	48 917 674	0	6 164 955	0	0
	19 富山	446 840 512	1 003 580 649	36 002 098	0	81 542	0	0
	20 石川	354 703 504	925 313 615	50 994 636	0	1 111 786	0	0
陸	21 福井	306 214 654	641 866 965	30 163 260	0	44 700	0	0
	小計	2 049 831 625	3 919 883 669	166 077 668	0	7 402 983	0	0
東	22 岐阜	1 060 356 790	2 218 797 232	58 874 031	0	344 142	0	0
	23 愛知	2 777 785 070	6 386 974 272	142 308 505	0	62 759 969	0	0
	24 三重	694 670 084	1 858 702 754	68 398 625	0	457 592	0	0
海	小計	4 532 811 944	10 464 474 258	269 581 161	0	63 561 703	0	0
	25 滋賀	463 315 171	1 243 131 477	40 613 735	0	186 298	0	0
近	26 京都	441 389 616	986 504 087	37 808 275	0	17 585 179	0	0
	27 大阪	1 394 495 616	3 591 544 346	116 923 873	0	26 327 654	0	0
	28 兵庫	1 585 336 417	4 296 896 937	128 124 434	0	157 626	0	193 203
	29 奈良	363 694 166	1 017 462 067	8 919 100	0	171 201	0	0
畿	30 和歌山	507 019 981	1 192 769 598	37 745 281	0	196 256	0	0
	小計	4 755 250 967	12 328 308 512	370 134 698	0	44 624 214	0	193 203
	31 鳥取	190 823 551	353 302 257	10 468 030	0	884 904	0	0
中	32 島根	425 882 444	550 673 534	26 859 245	0	2 065 680	0	0
	33 岡山	703 909 647	1 149 482 889	41 446 719	0	4 779 299	0	0
国	34 広島	999 080 878	1 931 722 847	71 531 205	0	283 425	0	0
	35 山口	538 631 904	713 586 762	26 972 335	0	568 154	0	0
・	36 徳島	289 836 338	629 210 586	11 566 790	2 500 000	8 134	0	0
	37 香川	505 530 076	1 318 856 365	27 444 794	0	255 162	2 560 753	0
四	38 愛媛	543 890 299	1 465 603 202	45 906 674	0	83 439	3 036 243	11 040
	39 高知	277 623 741	673 664 282	9 843 884	0	167 678	0	0
国	小計	4 475 208 878	8 786 102 724	272 039 676	2 500 000	9 095 875	5 596 996	11 040
	40 福岡	1 156 466 447	1 835 491 478	76 547 875	0	3 213 278	0	456
九	41 佐賀	352 340 535	645 165 182	23 784 106	0	12 252 337	0	0
	42 長崎	284 969 321	422 097 843	11 348 277	0	452 060	0	0
	43 熊本	552 752 663	608 311 752	11 939 456	21 060 000	2 182 646	0	0
	44 大分	259 509 112	422 592 682	8 751 657	0	740 554	0	0
	45 宮崎	390 332 509	465 274 370	12 696 985	0	16 593 874	0	16 488
州	46 鹿児島	628 654 828	758 612 107	18 510 541	0	1 182 049	0	103 204
	小計	3 625 025 415	5 157 545 414	163 578 897	21 060 000	36 616 798	0	120 148
	47 沖縄	441 704 736	437 011 285	3 600 301	0	2 309 134	0	0

（3）勘定科目の内訳（つづき）
The items of the Accounts Subject (Cont.)

（単位：千円）
(Unit:1000Yen)

	事業年度 Business Year	借入金 Borrowings 小計 Sub-total	借入金 Borrowings うち転貸資金分 of which Sublease Borrowings	経済事業未払金 Accounts Payable 購買未払金 Payable of Purchasing Bus.	経済事業未払金 Accounts Payable 販売未払金 Payable of Marketing Bus.	経済事業未払金 Accounts Payable その他未払金 Others	個別貸倒引当金 Individual Reserves for Bad - loans 信用事業 Credit Business	個別貸倒引当金 Individual Reserves for Bad - loans 共済事業 Insurance Business
	平25(2013)	340 866 356	158 992 321	329 698 984	66 737 232	17 255 933	▲ 214 857 607	▲ 8 867
	平26(2014)	318 115 507	166 159 951	281 269 115	64 847 088	15 634 156	▲ 193 626 525	▲ 5 570
	平27(2015)	294 778 846	160 810 814	262 771 329	62 012 902	17 715 472	▲ 172 185 581	▲ 2 047
	平28(2016)	361 997 315	191 378 069	255 470 472	66 699 130	16 398 041	▲ 151 033 639	▲ 1 508
	平29(2017)	451 747 520	270 821 603	259 646 675	67 086 188	17 303 295	▲ 131 944 174	▲ 2 683
	平30(2018)	548 413 927	324 994 210	253 310 871	63 611 022	16 759 028	▲ 120 632 441	▲ 1 736
	1組合当たり Average Per Coop.	858 237.8	508 598.1	396 417.6	99 547.8	26 227.0	▲ 188 783.2	▲ 2.7
	1 北海道	103 733 402	84 815 803	72 285 815	24 825 012	4 994 183	▲ 8 888 327	0
	2 青森	2 263 246	1 424 277	8 552 777	132 972	105 172	▲ 1 481 888	0
東	3 岩手	12 318 061	1 120 779	4 621 076	63 153	168 353	▲ 3 044 742	0
	4 宮城	16 456 268	561 618	5 426 816	451 362	93 816	▲ 1 534 086	0
	5 秋田	1 795 697	1 469 388	2 974 975	28 071	26 527	▲ 1 399 905	0
	6 山形	1 403 746	1 281 711	4 471 761	213 772	833 763	▲ 2 489 838	0
北	7 福島	15 778 483	6 450 885	3 017 169	208 386	36 630	▲ 1 348 313	0
	小計	50 015 501	12 308 658	29 064 574	1 097 716	1 264 261	▲ 11 298 772	0
	8 茨城	12 998 220	682 080	3 893 631	135 478	942 114	▲ 1 243 034	0
関	9 栃木	9 837 651	250 711	3 405 148	1 142 954	64 952	▲ 1 596 476	0
	10 群馬	1 022 267	194 122	3 973 043	766 710	67 711	▲ 1 238 298	0
	11 埼玉	3 722 844	372 540	3 179 246	136 849	377 233	▲ 2 169 389	0
	12 千葉	2 587 951	282 606	4 389 704	1 526 917	455 361	▲ 2 592 583	0
	13 東京	73 400 000	17 400 000	521 647	113 817	193 334	▲ 6 495 229	0
	14 神奈川	90 261 918	90 117 339	4 113 563	335 756	103 187	▲ 4 620 268	0
	15 山梨	125 979	125 979	1 332 159	4 340	29 251	▲ 1 891 051	0
	16 長野	1 439 374	1 163 233	8 695 080	3 430 365	853 783	▲ 11 894 274	▲ 750
東	17 静岡	6 176 727	5 725 347	7 940 575	3 179 435	184 360	▲ 2 707 247	0
	小計	201 572 931	116 313 957	41 443 796	10 772 621	3 271 286	▲ 36 447 849	▲ 750
北	18 新潟	6 164 955	6 164 955	4 339 762	662 318	244 147	▲ 1 670 139	▲ 198
	19 富山	81 542	74 702	3 217 746	62 747	11 472	▲ 1 315 903	0
	20 石川	1 111 786	973 220	4 081 823	11 521	0	▲ 737 477	0
陸	21 福井	44 700	36 243	2 035 261	10 875	21 157	▲ 897 781	0
	小計	7 402 983	7 249 120	13 674 592	747 461	276 776	▲ 4 621 300	▲ 198
東	22 岐阜	344 142	303 205	3 045 027	69 897	39 043	▲ 9 633 317	0
	23 愛知	62 759 969	40 341 638	4 643 057	3 254 175	116 007	▲ 6 131 536	0
	24 三重	457 592	230 111	2 961 121	228 437	43 922	▲ 779 773	0
海	小計	63 561 703	40 874 954	10 649 205	3 552 509	198 972	▲ 16 544 626	0
	25 滋賀	186 298	154 477	1 579 372	844 026	67 774	▲ 371 306	▲ 47
近	26 京都	17 585 179	9 047 037	1 465 471	11 891	412 316	▲ 671 956	0
	27 大阪	26 327 654	18 008 267	614 853	41 930	6 022	▲ 2 524 745	0
	28 兵庫	350 829	315 756	3 232 856	469 711	286 946	▲ 4 276 296	0
	29 奈良	171 201	0	852 706	0	71 938	▲ 2 189 894	0
畿	30 和歌山	196 256	163 344	3 859 763	1 108 438	267 509	▲ 932 556	0
	小計	44 817 417	27 688 881	11 605 021	2 475 996	1 112 505	▲ 10 966 753	▲ 47
	31 鳥取	884 904	843 192	1 621 844	575 370	69 463	▲ 371 162	0
中	32 島根	2 065 680	2 065 680	3 360 700	175 848	182 126	▲ 921 855	▲ 312
	33 岡山	4 779 299	4 251 698	5 098 836	338 951	402 011	▲ 459 497	0
国	34 広島	283 425	197 949	4 860 137	951 956	241 240	▲ 2 877 030	0
	35 山口	568 154	422 221	2 293 054	205 713	103 222	▲ 2 201 700	0
・	36 徳島	2 508 134	6 440	1 962 385	1 654 877	242 265	▲ 1 485 862	0
	37 香川	2 815 916	255 162	1 929 374	351 585	115 672	▲ 2 077 061	0
四	38 愛媛	3 130 722	46 754	5 484 408	1 103 812	456 647	▲ 3 624 922	0
	39 高知	167 678	137 834	2 669 641	1 357 337	81 612	▲ 1 611 247	0
国	小計	17 203 912	8 226 930	29 280 379	6 715 449	1 894 258	▲ 15 630 336	▲ 312
	40 福岡	3 213 734	2 442 348	6 394 323	117 338	388 939	▲ 1 870 334	0
九	41 佐賀	12 252 337	6 498 783	7 044 866	5 647 993	600 160	▲ 680 553	0
	42 長崎	452 059	325 396	2 538 566	265 663	9 469	▲ 1 195 510	▲ 1
	43 熊本	23 242 646	3 684 954	9 456 087	2 369 128	547 421	▲ 2 474 201	▲ 354
	44 大分	740 554	740 554	2 724 429	886 190	376 702	▲ 4 400 063	▲ 74
	45 宮崎	16 610 362	13 451 910	7 139 511	1 156 523	533 794	▲ 1 388 064	0
州	46 鹿児島	1 285 252	312 828	5 368 913	1 731 476	674 082	▲ 3 420 211	0
	小計	57 796 944	27 456 773	40 666 695	12 174 311	3 130 567	▲ 15 428 936	▲ 429
	47 沖縄	2 309 134	59 134	4 640 794	1 249 947	616 220	▲ 805 542	0

（3）勘定科目の内訳（つづき）
The items of the Accounts Subject (Cont.)

（単位：千円）
(Unit:1000Yen)

（4）株 式 の 取 得 状 況
Cooperative Investment in Joint Stock Companies

（a）取得株式会社数・金額
Numbers and Amount of shares of Joint stock Companies invested by Coops.

	事業年度 Business Year	個別貸倒引当金 Individual Reserves for Bad - loans 経済事業 Economic Business	その他 Others	該当組合数 No. of Coops. concerned	取得株式会社数 No. of Joint-stock Companies Invested by Coops.	取得株式総金額 Total Amount of Shares Purchased by Coops.
				Coop. 組合	Conpanies 社	1000Yen 千円
	平25(2013)	▲ 30 562 644	▲ 5 225 380	700	5 504	129 456 617
	平26(2014)	▲ 27 877 442	▲ 5 704 974	684	5 521	86 705 691
	平27(2015)	▲ 23 929 607	▲ 5 431 621	677	5 531	91 222 061
	平28(2016)	▲ 20 347 981	▲ 4 201 732	652	5 378	85 826 922
	平29(2017)	▲ 18 507 679	▲ 4 606 475	653	5 440	87 318 217
	平30(2018)	▲ 17 951 189	▲ 4 852 152	635	5 327	87 062 125
	1組合当たり Average Per Coop.	▲ 28 092.6	▲ 7 593.4	比率 Percentage 99.4	該当1組合当たり Average Per Coop. 8.4	137 105.7
	1 北海道	▲ 227 703	▲ 245 190	109	932	9 325 844
	2 青森	▲ 780 832	▲ 59 866	10	68	568 824
東	3 岩手	▲ 365 801	▲ 22 168	7	111	1 284 977
	4 宮城	▲ 397 179	▲ 32 090	14	87	1 269 341
	5 秋田	▲ 460 732	▲ 5 292	13	125	1 421 352
	6 山形	▲ 514 179	▲ 121 797	15	156	1 936 488
北	7 福島	▲ 148 480	▲ 11 093	5	112	1 987 768
	小計	▲ 2 667 203	▲ 252 306	64	659	8 468 750
	8 茨城	▲ 302 957	▲ 47 471	20	165	783 036
関	9 栃木	▲ 191 649	▲ 40 668	10	94	1 187 703
	10 群馬	▲ 472 553	▲ 36 939	15	131	554 607
	11 埼玉	▲ 116 304	▲ 219 096	16	102	939 200
	12 千葉	▲ 180 001	▲ 6 015	19	94	1 492 603
	13 東京	▲ 11 160	▲ 1 814	15	50	283 585
	14 神奈川	▲ 104 059	▲ 19 615	13	145	3 806 378
	15 山梨	▲ 109 443	0	11	38	223 082
	16 長野	▲ 1 752 413	▲ 208 751	17	211	3 696 464
東	17 静岡	▲ 540 622	▲ 91 292	17	148	2 572 404
	小計	▲ 3 781 161	▲ 671 661	153	1 178	15 539 062
北	18 新潟	▲ 388 391	▲ 22 340	24	179	2 562 986
	19 富山	▲ 69 991	▲ 22 914	15	105	1 056 065
	20 石川	▲ 119 452	▲ 415	17	120	1 382 060
陸	21 福井	▲ 109 297	▲ 1 515 669	12	58	434 309
	小計	▲ 687 131	▲ 1 561 338	68	462	5 435 420
東	22 岐阜	▲ 599 099	▲ 6 321	7	83	599 504
	23 愛知	▲ 672 344	▲ 27 315	20	133	1 902 504
	24 三重	▲ 137 310	▲ 200	11	93	495 850
海	小計	▲ 1 408 753	▲ 33 836	38	309	2 997 858
	25 滋賀	▲ 119 621	▲ 88 183	16	119	937 512
近	26 京都	▲ 36 523	▲ 164	5	35	382 261
	27 大阪	▲ 7 056	▲ 430	14	58	286 758
	28 兵庫	▲ 204 040	▲ 13 435	14	118	1 967 912
	29 奈良	▲ 47 739	▲ 38 365	1	11	337 839
畿	30 和歌山	▲ 61 728	▲ 625	7	45	177 944
	小計	▲ 476 707	▲ 141 202	57	386	4 090 226
	31 鳥取	▲ 105 125	▲ 39 463	3	55	1 265 157
中	32 島根	▲ 94 173	▲ 63 978	1	89	2 026 501
	33 岡山	▲ 158 323	▲ 16 905	9	60	219 881
国	34 広島	▲ 215 808	▲ 45 935	13	91	998 083
	35 山口	▲ 165 461	▲ 43 279	11	85	447 027
・	36 徳島	▲ 264 734	▲ 7 232	15	70	594 621
	37 香川	▲ 175 504	▲ 165 203	1	38	2 545 934
四	38 愛媛	▲ 375 384	▲ 26 323	12	110	1 485 766
	39 高知	▲ 978 955	▲ 381 898	4	59	2 026 516
国	小計	▲ 2 533 467	▲ 790 216	69	657	11 609 486
	40 福岡	▲ 569 756	▲ 25 391	20	175	802 014
九	41 佐賀	▲ 395 928	▲ 217 179	4	55	17 395 504
	42 長崎	▲ 644 763	▲ 229 027	7	54	1 400 355
	43 熊本	▲ 882 596	▲ 41 581	14	104	2 562 057
	44 大分	▲ 120 705	▲ 22 041	5	45	666 607
	45 宮崎	▲ 1 152 127	▲ 99 528	13	125	1 300 673
州	46 鹿児島	▲ 1 607 507	▲ 356 604	13	125	1 126 904
	小計	▲ 5 373 382	▲ 991 351	76	683	25 254 114
	47 沖縄	▲ 795 682	▲ 165 052	1	61	4 341 365

(4) 株 式 の 取 得 状 況 (つづき)

Cooperative Investment in Joint Stock Companies (Cont.)

(b) 子会社の業種
Industry of Subsidiary Companies

(単位：組合、社)
(Unit: Coop., Companies)

事業年度 Business Year	該当組合数 No. of Coops. concerned	生産資材の供給 Supply of Production Materials	生活物資の供給 Supply of Livelihood Necessities	うち購買店舗設置 of which Cooperative Stores	農産物加工・販売 Processing & Purchasing	農産物の運搬 Conveyance of Agricultural Products
平25(2013)	384	29	118	54	116	12
平26(2014)	379	29	122	54	126	12
平27(2015)	383	35	118	51	132	12
平28(2016)	378	38	110	50	138	12
平29(2017)	389	36	109	49	148	14
平30(2018)	380	33	115	48	141	12
1組合当たり Average Per Coop.	比率 Percentage 59.5	0.1	0.3	0.1	0.4	0.0
1 北海道	57	5	14	11	14	5
東北 2 青森	4	1	3	1	1	-
3 岩手	7	1	3	-	2	-
4 宮城	6	-	4	1	2	-
5 秋田	9	-	6	2	1	-
6 山形	12	-	7	2	4	-
7 福島	5	4	4	-	9	-
小計	43	6	27	6	19	-
関東 8 茨城	13	2	1	-	4	-
9 栃木	8	2	1	-	4	-
10 群馬	6	1	-	-	3	-
11 埼玉	7	-	1	1	3	-
12 千葉	8	-	-	-	-	-
13 東京	4	-	2	-	-	-
14 神奈川	12	1	1	-	1	-
15 山梨	7	-	1	-	2	1
16 長野	17	-	5	-	11	1
17 静岡	11	1	4	1	3	2
小計	93	7	16	2	31	4
北陸 18 新潟	15	-	7	4	1	-
19 富山	10	-	4	1	2	-
20 石川	9	-	-	-	2	-
21 福井	6	-	4	3	2	-
小計	40	-	15	8	7	-
東海 22 岐阜	7	-	-	-	4	-
23 愛知	13	1	2	2	5	-
24 三重	8	-	2	-	2	-
小計	28	1	4	2	11	-
近畿 25 滋賀	14	1	2	1	4	-
26 京都	2	-	-	-	1	-
27 大阪	2	-	-	-	-	-
28 兵庫	11	1	2	-	1	-
29 奈良	1	-	-	-	1	-
30 和歌山	2	-	1	1	1	-
小計	32	2	5	2	8	-
中国・四国 31 鳥取	3	-	5	4	4	-
32 島根	1	2	3	1	6	1
33 岡山	3	-	-	-	1	-
34 広島	5	1	3	-	2	-
35 山口	5	-	1	1	3	-
36 徳島	6	1	1	-	-	-
37 香川	1	-	2	2	4	-
38 愛媛	9	2	3	2	4	-
39 高知	4	-	3	2	3	1
小計	37	6	21	12	27	2
九州 40 福岡	8	-	-	-	3	-
41 佐賀	4	2	3	2	6	-
42 長崎	4	-	-	-	1	-
43 熊本	9	-	4	2	3	-
44 大分	4	-	-	-	1	-
45 宮崎	11	1	1	-	4	-
46 鹿児島	9	-	2	-	4	-
小計	49	3	10	4	22	-
47 沖縄	1	3	3	1	2	1

（4）株式の取得状況（つづき）

Cooperative Investment in Joint Stock Companies(Cont.)

（b）子会社の業種（つづき）
Industry of Subsidiary Companies(Cont.)

（単位：社）
(Unit: Companies)

	事業年度 Business Year	リース業 Leasing Business	不動産業 Real Estate Business	共同利用施設 Joint Utilization Facilities	その他 Others	計 Total
	平25(2013)	5	51	16	348	695
	平26(2014)	3	48	14	360	714
	平27(2015)	3	50	16	361	727
	平28(2016)	3	50	15	368	734
	平29(2017)	5	48	15	368	743
	平30(2018)	4	47	14	370	736
	1組合当たり Average Per Coop.	0.0	0.1	0.0	1.0	1.9
	1 北海道	2	4	1	51	96
東北	2 青森	－	－	－	2	7
	3 岩手	－	－	－	7	13
	4 宮城	－	－	－	3	9
	5 秋田	－	－	－	13	20
	6 山形	－	－	－	9	20
	7 福島	－	－	4	12	33
	小計	－	－	4	46	102
関東	8 茨城	－	1	2	12	22
	9 栃木	－	－	－	5	12
	10 群馬	－	1	－	2	7
	11 埼玉	－	－	－	5	9
	12 千葉	－	3	－	5	8
	13 東京	－	1	－	1	4
	14 神奈川	－	10	－	6	19
	15 山梨	1	－	－	4	9
	16 長野	－	7	－	19	43
	17 静岡	－	－	－	8	18
	小計	1	23	2	67	151
北陸	18 新潟	－	－	－	16	24
	19 富山	－	1	－	16	23
	20 石川	－	1	－	9	12
	21 福井	－	1	－	1	8
	小計	－	3	－	42	67
東海	22 岐阜	－	－	－	12	16
	23 愛知	－	4	－	8	20
	24 三重	－	－	1	11	16
	小計	－	4	1	31	52
近畿	25 滋賀	－	－	－	15	22
	26 京都	－	－	－	2	3
	27 大阪	－	1	－	1	2
	28 兵庫	－	1	－	14	19
	29 奈良	－	－	－	1	2
	30 和歌山	－	－	－	－	2
	小計	－	2	－	33	50
中国・四国	31 鳥取	－	－	－	3	12
	32 島根	－	2	3	4	21
	33 岡山	－	－	－	5	6
	34 広島	－	－	－	2	8
	35 山口	－	1	1	1	7
	36 徳島	－	1	－	7	10
	37 香川	－	－	－	2	8
	38 愛媛	1	1	－	8	19
	39 高知	－	1	－	5	13
	小計	1	6	4	37	104
九州	40 福岡	－	2	－	4	9
	41 佐賀	－	2	－	7	20
	42 長崎	－	1	－	6	8
	43 熊本	－	－	－	9	16
	44 大分	－	－	1	3	5
	45 宮崎	－	－	1	18	25
	46 鹿児島	－	－	－	13	19
	小計	－	5	2	60	102
	47 沖縄	－	－	－	3	12

(5) 子会社の経営状況
Closing Condition of Subsidiaries

(単位：社、千円)
(Unit:Companies, 1000Yen)

	事業年度 Business Year	当期利益金計上 Current Surplus 会社数 No. of Companies concerned	当期利益金計上 Current Surplus 当期利益金 Current Surplus	当期損失金計上 Current Deficit 会社数 No. of Companies concerned	当期損失金計上 Current Deficit 当期損失金 Current Deficit	利益損失無会社数 No. of Companies No Profit nor Loss	配当状況 Dividends 有配当会社数 No. of Companies Dividends	配当状況 Dividends 無配当会社数 No. of Companies Non-Dividends
	平25(2013)	594	10 604 146	97	1 424 700	4	221	474
	平26(2014)	586	11 711 355	122	1 805 244	6	223	491
	平27(2015)	617	13 495 300	104	775 774	6	224	503
	平28(2016)	642	14 166 463	86	633 888	6	236	498
	平29(2017)	640	11 859 749	96	1 003 450	7	230	513
	平30(2018)	597	10 971 838	131	5 494 873	8	231	505
	比率 Percentage	81.1	1社当たり Average Per Companies 18 378.3	17.8	1社当たり Average Per Companies 41 945.6	1.1	31.4	68.6
	1 北海道	79	721 763	16	150 479	1	17	79
東北	2 青森	7	133 115	–	–	–	5	2
	3 岩手	11	322 739	2	25 373	–	4	9
	4 宮城	7	343 126	2	7 841	–	5	4
	5 秋田	18	538 079	2	3 421	–	8	12
	6 山形	18	569 605	2	1 095	–	6	14
	7 福島	27	408 188	6	54 318	–	10	23
	小計	88	2 314 852	14	92 048	–	38	64
関東	8 茨城	18	302 335	4	22 031	–	5	17
	9 栃木	8	156 330	4	31 369	–	2	10
	10 群馬	2	88 728	5	11 888	–	1	6
	11 埼玉	7	113 379	2	4 830	–	–	9
	12 千葉	7	73 172	1	7 434	–	2	6
	13 東京	4	214 125	–	–	–	4	–
	14 神奈川	16	633 918	3	24 558	–	13	6
	15 山梨	7	31 596	2	16 644	–	4	5
	16 長野	39	512 374	4	55 949	–	14	29
	17 静岡	10	271 540	8	538 796	–	8	10
	小計	118	2 397 497	33	713 499	–	53	98
北陸	18 新潟	18	337 425	6	2 031 843	–	9	15
	19 富山	21	200 834	2	20 218	–	7	16
	20 石川	10	162 244	2	4 447	–	3	9
	21 福井	6	38 489	1	28 180	1	2	6
	小計	55	738 992	11	2 084 688	1	21	46
東海	22 岐阜	11	123 489	5	20 506	–	1	15
	23 愛知	15	409 854	5	20 504	–	7	13
	24 三重	11	130 560	5	7 759	–	5	11
	小計	37	663 903	15	48 769	–	13	39
近畿	25 滋賀	22	114 818	–	–	–	9	13
	26 京都	1	1 446	2	2 949	–	–	3
	27 大阪	1	5 466	1	2 697	–	1	1
	28 兵庫	18	310 026	1	4 344	–	4	15
	29 奈良	2	13 026	–	–	–	1	1
	30 和歌山	2	10 069	–	–	–	–	2
	小計	46	454 851	4	9 990	–	15	35
中国・四国	31 鳥取	11	106 010	1	24 344	–	4	8
	32 島根	19	99 830	2	8 634	–	2	19
	33 岡山	4	5 576	2	139 331	–	–	6
	34 広島	6	240 751	2	14 642	–	5	3
	35 山口	4	30 530	3	12 980	–	2	5
	36 徳島	6	41 805	1	2 053	3	4	6
	37 香川	5	342 912	3	346 615	–	4	4
	38 愛媛	15	253 489	4	1 249 527	–	7	12
	39 高知	9	137 820	4	10 697	–	5	8
	小計	79	1 258 723	22	1 808 823	3	33	71
九州	40 福岡	5	246 454	3	8 890	1	4	5
	41 佐賀	18	989 286	2	98 538	–	16	4
	42 長崎	6	119 636	1	282	1	3	5
	43 熊本	15	155 950	1	878	–	7	9
	44 大分	4	24 384	1	10 920	–	–	5
	45 宮崎	23	299 170	2	9 434	–	5	20
	46 鹿児島	16	361 460	2	5 706	1	1	18
	小計	87	2 196 340	12	134 648	3	36	66
	47 沖縄	8	224 917	4	451 929	–	5	7

（6）払込済出資金金額別組合数

Number of Coops. by the Balance of Paid-in Share Capital

（単位：組合）
(Unit:Coop.)

地区	事業年度 Business Year	集計組合数 Total No. of Coops. surveyed	1億円未満 Less than 1 Hundred million Yen	1億円以上～2億円未満	2億円以上～3億円未満	3億円以上～4億円未満	4億円以上～5億円未満	5億円以上～8億円未満	8億円以上～10億円未満	10億円以上～20億円未満	20億円以上 More than 2 Billion Yen (Including 2Billion yen)
	平25(2013)	712	–	29	22	17	17	88	47	202	290
	平26(2014)	692	–	27	19	17	17	88	40	194	290
	平27(2015)	686	–	24	19	12	18	87	42	201	283
	平28(2016)	661	–	23	17	11	15	88	44	190	273
	平29(2017)	657	–	20	19	9	17	81	45	188	278
	平30(2018)	639	–	19	15	11	15	74	43	184	278
	比率 Percentage	100.0	0.0	3.0	2.3	1.7	2.3	11.6	6.7	28.8	43.5
	1 北海道	109	–	–	1	–	6	31	9	39	23
東北	2 青森	10	–	–	–	–	–	1	–	1	8
	3 岩手	7	–	–	–	–	–	–	–	1	6
	4 宮城	14	–	1	–	–	–	1	–	6	6
	5 秋田	13	–	–	–	–	–	1	1	3	8
	6 山形	15	–	–	–	1	2	1	1	3	7
	7 福島	5	–	–	–	–	–	–	–	1	4
	小計	64	–	1	–	1	2	4	2	15	39
関東	8 茨城	20	–	1	–	–	–	3	3	7	6
	9 栃木	10	–	–	–	–	–	–	–	3	7
	10 群馬	15	–	–	–	–	–	1	2	7	5
	11 埼玉	16	–	2	1	–	–	–	1	6	6
	12 千葉	19	–	–	–	1	–	4	–	5	9
	13 東京	15	–	–	1	1	–	1	2	8	2
	14 神奈川	13	–	–	–	–	1	1	2	4	5
	15 山梨	11	–	2	–	–	–	2	1	2	4
	16 長野	18	–	1	–	–	–	2	2	1	12
	17 静岡	18	–	1	1	–	–	1	4	5	6
	小計	155	–	7	3	2	1	15	17	48	62
北陸	18 新潟	24	–	–	–	–	–	4	1	5	14
	19 富山	15	–	1	–	–	–	1	3	6	4
	20 石川	17	–	–	2	–	–	2	1	9	3
	21 福井	12	–	1	–	1	–	2	–	3	5
	小計	68	–	2	2	1	–	9	5	23	26
東海	22 岐阜	7	–	–	–	–	–	–	–	1	6
	23 愛知	20	–	3	2	–	–	1	1	8	5
	24 三重	11	–	–	–	–	–	1	1	4	5
	小計	38	–	3	2	–	–	2	2	13	16
近畿	25 滋賀	16	–	2	–	1	1	3	–	4	5
	26 京都	5	–	–	–	–	–	–	–	1	4
	27 大阪	14	–	–	–	–	1	1	–	7	5
	28 兵庫	14	–	1	–	–	1	1	1	1	9
	29 奈良	1	–	–	–	–	–	–	–	–	1
	30 和歌山	8	–	–	–	–	–	–	–	1	7
	小計	58	–	3	–	1	3	5	1	14	31
中国・四国	31 鳥取	3	–	–	–	–	–	–	–	–	3
	32 島根	1	–	–	–	–	–	–	–	–	1
	33 岡山	9	–	–	–	–	–	–	–	2	7
	34 広島	13	–	–	–	–	–	2	–	4	7
	35 山口	12	–	–	–	–	1	1	2	5	3
	36 徳島	15	–	1	4	–	1	4	–	3	2
	37 香川	1	–	–	–	–	–	–	–	–	1
	38 愛媛	12	–	–	1	–	–	–	2	–	9
	39 高知	4	–	1	–	–	–	–	–	1	2
	小計	70	–	2	5	–	2	7	4	15	35
九州	40 福岡	20	–	–	–	1	–	1	–	7	11
	41 佐賀	4	–	–	–	1	–	–	–	–	3
	42 長崎	7	–	–	1	–	–	–	–	1	5
	43 熊本	14	–	–	1	1	–	–	–	2	10
	44 大分	5	–	1	–	1	–	–	1	1	1
	45 宮崎	13	–	–	–	1	1	–	1	5	5
	46 鹿児島	13	–	–	–	1	–	–	1	1	10
	小計	76	–	1	2	6	1	1	3	17	45
	47 沖縄	1	–	–	–	–	–	–	–	–	1

（7）出資金の出資口数
No. of units of capital Subscriptions

（8）貯金年度末残高金額別組合数
Number of Coops. by the Balance of Savings at the End of Business Year

（単位：組合）
(Unit:Coop.)

事業年度 Business Year	集計組合数 Total No. of Coops. surveyed	正組合員 Regular Membership	准組合員 Associate Membership	集計組合数 Total No. of Coops. surveyed	１０億円未満 Less than 1 Billion Yen	１０億円以上 ～２０億円未満	２０億円以上 ～３０億円未満
	Coop. 組合	Units 口	Units 口				
平25(2013)	712	1 387 382 919	391 922 479	712	2	2	1
平26(2014)	692	1 384 053 999	407 927 937	692	2	2	2
平27(2015)	686	1 368 881 397	424 538 597	686	2	2	1
平28(2016)	661	1 411 105 550	456 458 522	661	2	1	1
平29(2017)	657	1 406 447 311	480 012 943	657	1	0	1
平30(2018)	639	1 394 019 917	495 049 710	639	1	0	1
比率		1組合当たり	Average Per Coop.				
Percentage	100.0	2 181 564.8	774 725.7	100.0	0.2	0.0	0.2
1 北海道	109	127 601 459	27 291 526	109	−	−	−
東北 2 青森	10	26 373 229	1 804 338	10	−	−	−
3 岩手	7	39 125 789	2 932 278	7	−	−	−
4 宮城	14	21 731 484	1 719 966	14	−	−	−
5 秋田	13	10 998 557	797 392	13	−	−	−
6 山形	15	10 403 158	641 946	15	−	−	−
7 福島	5	36 432 654	5 275 922	5	−	−	−
小計	64	145 064 871	13 171 842	64	−	−	−
関東 8 茨城	20	23 485 409	4 727 471	20	−	−	−
9 栃木	10	28 300 566	17 133 252	10	−	−	−
10 群馬	15	21 645 468	6 334 699	15	−	−	−
11 埼玉	16	227 821 157	83 887 021	16	−	−	−
12 千葉	19	37 163 778	12 201 379	19	−	−	−
13 東京	15	10 318 219	8 030 017	15	1	−	−
14 神奈川	13	23 404 950	11 037 319	13	−	−	−
15 山梨	11	7 674 460	2 123 750	11	−	−	−
16 長野	18	54 430 208	11 653 728	18	−	−	1
17 静岡	18	21 314 527	13 432 150	18	−	−	−
小計	155	455 558 742	170 560 786	155	1	−	1
北陸 18 新潟	24	50 309 302	8 880 581	24	−	−	−
19 富山	15	20 194 786	3 905 845	15	−	−	−
20 石川	17	9 730 858	2 963 047	17	−	−	−
21 福井	12	12 361 916	2 879 813	12	−	−	−
小計	68	92 596 862	18 629 286	68	−	−	−
東海 22 岐阜	7	27 335 500	15 720 989	7	−	−	−
23 愛知	20	53 135 822	27 236 275	20	−	−	−
24 三重	11	20 837 506	9 950 085	11	−	−	−
小計	38	101 308 828	52 907 349	38	−	−	−
近畿 25 滋賀	16	12 398 959	10 801 323	16	−	−	−
26 京都	5	16 694 037	14 499 783	5	−	−	−
27 大阪	14	10 610 668	16 453 912	14	−	−	−
28 兵庫	14	26 397 569	13 738 547	14	−	−	−
29 奈良	1	6 235 467	3 152 513	1	−	−	−
30 和歌山	8	16 454 585	9 681 909	8	−	−	−
小計	58	88 791 285	68 327 987	58	−	−	−
中国・四国 31 鳥取	3	12 904 438	1 754 419	3	−	−	−
32 島根	1	16 545 860	5 821 810	1	−	−	−
33 岡山	9	25 785 152	9 103 561	9	−	−	−
34 広島	13	18 634 057	14 506 661	13	−	−	−
35 山口	12	10 295 838	5 224 482	12	−	−	−
36 徳島	15	5 956 644	1 484 468	15	−	−	−
37 香川	1	18 842 867	6 832 808	1	−	−	−
38 愛媛	12	28 243 245	10 219 327	12	−	−	−
39 高知	4	9 069 963	6 821 325	4	−	−	−
小計	70	146 278 064	61 768 861	70	−	−	−
九州 40 福岡	20	28 828 647	21 392 695	20	−	−	−
41 佐賀	4	24 023 690	5 025 710	4	−	−	−
42 長崎	7	18 249 840	4 978 566	7	−	−	−
43 熊本	14	42 969 498	6 229 021	14	−	−	−
44 大分	5	69 268 708	21 240 290	5	−	−	−
45 宮崎	13	22 725 225	3 159 805	13	−	−	−
46 鹿児島	13	24 728 370	10 426 632	13	−	−	−
小計	76	230 793 978	72 452 719	76	−	−	−
47 沖縄	1	6 025 828	9 939 354	1	−	−	−

（8）貯金年度末残高金額別組合数（つづき）

Number of Coops. by the Balance of Savings at the End of Business Year(Cont.)

（単位：組合）
(Unit:Coop.)

	事業年度 Business Year	３０億円以上 ～５０億円未満	５０億円以上 ～１００億円未満	１００億円以上 ～３００億円未満	３００億円以上 ～５００億円未満	５００億円以上 ～１０００億円未満	１０００億円以上 ～２０００億円未満	２０００億円以上 More than 200 Billion Yen (Including 200 Billion yen)	未記入 Unclassified
	平25(2013)	8	33	135	72	167	177	115	-
	平26(2014)	6	31	129	72	150	174	124	-
	平27(2015)	6	29	123	73	148	174	128	-
	平28(2016)	5	29	117	70	135	172	129	-
	平29(2017)	5	25	113	71	138	168	135	-
	平30(2018)	5	23	102	66	134	164	143	-
	比率 Percentage	0.8	3.6	16.0	10.3	21.0	25.7	22.4	0.0
	1 北海道	1	10	66	13	14	4	1	-
	2 青森	-	1	-	3	6	-	-	-
東	3 岩手	-	-	-	-	1	4	2	-
	4 宮城	-	-	1	3	4	5	1	-
	5 秋田	-	1	-	6	2	4	-	-
	6 山形	-	2	2	1	5	5	-	-
北	7 福島	-	-	-	-	1	1	3	-
	小計	-	4	3	13	19	19	6	-
	8 茨城	-	-	1	4	8	5	2	-
関	9 栃木	-	-	-	-	1	7	2	-
	10 群馬	-	-	-	3	7	2	3	-
	11 埼玉	-	1	2	-	-	5	8	-
	12 千葉	-	-	3	-	6	5	5	-
	13 東京	-	-	-	-	1	4	9	-
	14 神奈川	-	-	1	-	1	3	8	-
	15 山梨	-	2	-	2	4	3	-	-
	16 長野	1	-	2	-	4	3	7	-
東	17 静岡	-	1	-	-	1	6	10	-
	小計	1	4	9	9	33	43	54	-
北	18 新潟	-	-	4	4	7	8	1	-
	19 富山	1	-	-	1	6	7	-	-
	20 石川	-	1	1	5	6	3	1	-
陸	21 福井	-	-	3	1	5	3	-	-
	小計	1	1	8	11	24	21	2	-
東	22 岐阜	-	-	-	-	-	1	6	-
	23 愛知	-	-	-	-	-	4	16	-
	24 三重	-	-	-	1	2	4	4	-
海	小計	-	-	-	1	2	9	26	-
	25 滋賀	-	-	4	2	2	6	2	-
近	26 京都	-	-	-	-	-	1	4	-
	27 大阪	-	-	-	1	-	3	10	-
	28 兵庫	-	-	-	-	2	2	10	-
	29 奈良	-	-	-	-	-	-	1	-
畿	30 和歌山	-	-	-	-	1	1	6	-
	小計	-	-	4	3	5	13	33	-
	31 鳥取	-	-	-	-	-	2	1	-
中	32 島根	-	-	-	-	-	-	1	-
	33 岡山	-	-	-	-	1	5	3	-
国	34 広島	-	-	1	1	-	8	3	-
	35 山口	-	-	-	1	5	6	-	-
・	36 徳島	-	-	4	5	3	3	-	-
	37 香川	-	-	-	-	-	-	1	-
四	38 愛媛	-	-	-	1	3	5	3	-
	39 高知	-	1	-	-	1	1	1	-
国	小計	-	1	5	8	13	30	13	-
	40 福岡	-	-	1	1	6	8	4	-
九	41 佐賀	-	-	-	1	1	1	1	-
	42 長崎	-	-	1	1	1	4	-	-
	43 熊本	1	-	1	1	7	4	-	-
	44 大分	1	1	1	-	1	-	1	-
	45 宮崎	-	2	1	3	5	2	-	-
州	46 鹿児島	-	-	2	1	3	6	1	-
	小計	2	3	7	8	24	25	7	-
	47 沖縄	-	-	-	-	-	-	1	-

(9) 当期未処分剰余金金額別組合数
Number of Coops. by Unappropriated Surplus

(単位：組合)
(Unit:Coop.)

	事業年度 Business Year	集計組合数 Total No. of Coops. surveyed	剰余・損失のない組合数 Coops. without Surplus and Deficit	未処分剰余金計上組合数 Coops. with Surplus	５００万円未満 Less than 5 Million Yen	５００万円以上～１０００万円未満	１０００万円以上～３０００万円未満
	平25(2013)	712	1	700	1	3	23
	平26(2014)	692	–	687	2	5	17
	平27(2015)	686	–	681	–	1	24
	平28(2016)	661	–	656	1	2	18
	平29(2017)	657	1	651	1	2	14
	平30(2018)	639	1	625	3	2	10
	比率 Percentage	100.0	0.2	97.8	0.5	0.3	1.6
	1 北海道	109	–	108	1	1	3
東北	2 青森	10	–	10	–	–	–
	3 岩手	7	–	7	–	–	–
	4 宮城	14	–	14	–	–	–
	5 秋田	13	–	12	–	–	–
	6 山形	15	–	13	–	–	–
	7 福島	5	–	5	–	–	–
	小計	64	–	61	–	–	–
関東	8 茨城	20	–	20	–	–	–
	9 栃木	10	–	10	–	–	–
	10 群馬	15	–	15	–	–	–
	11 埼玉	16	–	16	–	–	1
	12 千葉	19	–	19	–	–	–
	13 東京	15	–	15	–	–	–
	14 神奈川	13	–	13	–	–	–
	15 山梨	11	–	8	–	1	–
	16 長野	18	–	18	1	–	–
	17 静岡	18	–	18	–	–	1
	小計	155	–	152	1	1	2
北陸	18 新潟	24	–	24	–	–	1
	19 富山	15	–	15	–	–	1
	20 石川	17	–	17	–	–	1
	21 福井	12	1	11	1	–	–
	小計	68	1	67	1	–	3
東海	22 岐阜	7	–	7	–	–	–
	23 愛知	20	–	20	–	–	–
	24 三重	11	–	10	–	–	–
	小計	38	–	37	–	–	–
近畿	25 滋賀	16	–	16	–	–	–
	26 京都	5	–	5	–	–	–
	27 大阪	14	–	14	–	–	–
	28 兵庫	14	–	14	–	–	–
	29 奈良	1	–	1	–	–	–
	30 和歌山	8	–	8	–	–	–
	小計	58	–	58	–	–	–
中国・四国	31 鳥取	3	–	3	–	–	–
	32 島根	1	–	1	–	–	–
	33 岡山	9	–	9	–	–	–
	34 広島	13	–	13	–	–	–
	35 山口	12	–	12	–	–	–
	36 徳島	15	–	15	–	–	–
	37 香川	1	–	1	–	–	–
	38 愛媛	12	–	11	–	–	–
	39 高知	4	–	3	–	–	–
	小計	70	–	68	–	–	–
九州	40 福岡	20	–	20	–	–	–
	41 佐賀	4	–	4	–	–	–
	42 長崎	7	–	6	–	–	–
	43 熊本	14	–	13	–	–	–
	44 大分	5	–	5	–	–	–
	45 宮崎	13	–	12	–	–	1
	46 鹿児島	13	–	13	–	–	1
	小計	76	–	73	–	–	2
	47 沖縄	1	–	1	–	–	–

（9）当期末処分剰余金金額別組合数（つづき）
Number of Coops. by Unappropriated Surplus (Cont.)

（単位：組合）
(Unit:Coop.)

地域	事業年度 Business Year	３０００万円以上～５０００万円未満	５０００万円以上～１億円未満 More than 50 Million yen Less than 100Million yen	１億円以上～１億５０００万円未満	１億５０００万円以上～２億円未満	２億円以上 More than 200 Million Yen (Including 200Million yen)
	平25(2013)	30	75	81	56	431
	平26(2014)	30	82	75	58	418
	平27(2015)	27	61	64	56	448
	平28(2016)	21	60	58	71	425
	平29(2017)	30	54	68	63	419
	平30(2018)	26	62	58	60	404
	比率 Percentage	4.2	9.9	9.3	9.6	64.6
	1 北海道	13	25	16	21	28
東北	2 青森	1	-	2	1	6
	3 岩手	-	1	-	1	5
	4 宮城	-	1	3	3	7
	5 秋田	-	3	3	2	4
	6 山形	1	1	-	1	10
	7 福島	-	-	-	-	5
	小計	2	6	8	8	37
関東	8 茨城	-	1	4	2	13
	9 栃木	-	-	-	-	10
	10 群馬	-	2	2	3	8
	11 埼玉	-	1	1	-	13
	12 千葉	-	-	-	2	17
	13 東京	-	-	-	-	15
	14 神奈川	-	-	1	-	12
	15 山梨	-	1	1	-	5
	16 長野	-	3	-	2	12
	17 静岡	-	-	-	-	17
	小計	-	8	9	9	122
北陸	18 新潟	2	4	3	2	12
	19 富山	-	3	2	-	9
	20 石川	1	1	1	2	11
	21 福井	2	1	2	3	2
	小計	5	9	8	7	34
東海	22 岐阜	-	-	-	-	7
	23 愛知	-	-	-	-	20
	24 三重	1	1	-	1	7
	小計	1	1	-	1	34
近畿	25 滋賀	-	2	3	-	11
	26 京都	-	-	-	-	5
	27 大阪	-	-	1	-	13
	28 兵庫	-	1	-	1	12
	29 奈良	-	-	-	-	1
	30 和歌山	-	-	-	1	7
	小計	-	3	4	2	49
中国・四国	31 鳥取	-	-	-	-	3
	32 島根	-	-	-	-	1
	33 岡山	-	-	-	-	9
	34 広島	-	-	1	2	10
	35 山口	-	-	1	-	11
	36 徳島	-	1	2	3	9
	37 香川	-	-	-	-	1
	38 愛媛	-	1	1	1	8
	39 高知	-	-	-	1	2
	小計	-	2	5	7	54
九州	40 福岡	1	1	2	1	15
	41 佐賀	-	-	-	1	3
	42 長崎	-	1	-	-	5
	43 熊本	1	2	1	1	8
	44 大分	1	1	-	-	3
	45 宮崎	1	3	4	1	2
	46 鹿児島	1	-	1	1	9
	小計	5	8	8	5	45
	47 沖縄	-	-	-	-	1

（１０）当期未処理損失金金額別組合数

Number of Coops. by Unappropriated Deficit

（単位：組合）
(Unit:Coop.)

事業年度 Business Year	損失組合数 Total No. of Coops. with Deficit	１００万円未満 Less than 1 Million Yen	１００万円以上 １０００万円未満	１０００万円以上 ３０００万円未満	３０００万円以上 ５０００万円未満	５０００万円以上 １億円未満 More than 50 Million yen Less than 100Million yen	１億円以上 １億５０００万円未満	１億５０００万円以上 ２億円未満	２億円以上 More Than 200 Million Yen (Including 200Million yen)
平25(2013)	11	−	1	4	1	2	−	2	1
平26(2014)	5	−	−	1	−	1	−	2	1
平27(2015)	5	−	−	−	1	−	1	−	3
平28(2016)	5	−	−	2	−	1	−	−	2
平29(2017)	5	1	1	−	−	−	−	1	2
平30(2018)	13	−	−	1	2	1	2	2	5
比率 Percentage	2.0	0.0	0.0	0.2	0.3	0.2	0.3	0.3	0.8
1 北海道	1	−	−	−	−	−	−	−	1
東北 2 青森	−	−	−	−	−	−	−	−	−
3 岩手	−	−	−	−	−	−	−	−	−
4 宮城	−	−	−	−	−	−	−	−	−
5 秋田	1	−	−	−	−	−	−	−	1
6 山形	2	−	−	−	−	−	1	−	1
7 福島	−	−	−	−	−	−	−	−	−
小計	3	−	−	−	−	−	1	−	2
関東 8 茨城	−	−	−	−	−	−	−	−	−
9 栃木	−	−	−	−	−	−	−	−	−
10 群馬	−	−	−	−	−	−	−	−	−
11 埼玉	−	−	−	−	−	−	−	−	−
12 千葉	−	−	−	−	−	−	−	−	−
13 東京	−	−	−	−	−	−	−	−	−
14 神奈川	−	−	−	−	−	−	−	−	−
15 山梨	3	−	−	−	−	1	1	1	−
16 長野	−	−	−	−	−	−	−	−	−
17 静岡	−	−	−	−	−	−	−	−	−
小計	3	−	−	−	−	1	1	1	−
北陸 18 新潟	−	−	−	−	−	−	−	−	−
19 富山	−	−	−	−	−	−	−	−	−
20 石川	−	−	−	−	−	−	−	−	−
21 福井	−	−	−	−	−	−	−	−	−
小計	−	−	−	−	−	−	−	−	−
東海 22 岐阜	−	−	−	−	−	−	−	−	−
23 愛知	−	−	−	−	−	−	−	−	−
24 三重	1	−	−	1	−	−	−	−	−
小計	1	−	−	1	−	−	−	−	−
近畿 25 滋賀	−	−	−	−	−	−	−	−	−
26 京都	−	−	−	−	−	−	−	−	−
27 大阪	−	−	−	−	−	−	−	−	−
28 兵庫	−	−	−	−	−	−	−	−	−
29 奈良	−	−	−	−	−	−	−	−	−
30 和歌山	−	−	−	−	−	−	−	−	−
小計	−	−	−	−	−	−	−	−	−
中国・四国 31 鳥取	−	−	−	−	−	−	−	−	−
32 島根	−	−	−	−	−	−	−	−	−
33 岡山	−	−	−	−	−	−	−	−	−
34 広島	−	−	−	−	−	−	−	−	−
35 山口	−	−	−	−	−	−	−	−	−
36 徳島	−	−	−	−	−	−	−	−	−
37 香川	−	−	−	−	−	−	−	−	−
38 愛媛	1	−	−	−	1	−	−	−	−
39 高知	1	−	−	−	−	−	−	−	1
小計	2	−	−	−	1	−	−	−	1
九州 40 福岡	−	−	−	−	−	−	−	−	−
41 佐賀	−	−	−	−	−	−	−	−	−
42 長崎	1	−	−	−	1	−	−	−	−
43 熊本	1	−	−	−	−	−	−	−	1
44 大分	−	−	−	−	−	−	−	−	−
45 宮崎	1	−	−	−	−	−	−	1	−
46 鹿児島	−	−	−	−	−	−	−	−	−
小計	3	−	−	−	1	−	−	1	1
47 沖縄	−	−	−	−	−	−	−	−	−

（１１）退職給付債務等の状況

Situation of Funds Reserved for Retirement Benefits

（単位：組合、千円）
(Unit:Coop.,1000Yen)

地域	事業年度 Business Year	該当組合数 No. of Coops. concerned	退職給付債務の額 Final Retirement benefit obligations	年金資産 Plan assete	うち 特定退職金共済制度による積立金 of which Plan assete for the Mutual Reserve System	うち 確定給付企業年金制度による積立金 of which plan assets for Defined-Benefit Corporate Ponsion plan	退職給付引当金の額 Reserves for Retirement Benefits
	平25(2013)	712	1 175 567 748	752 016 731	463 122 261	224 372 457	411 276 931
	平26(2014)	692	1 180 006 256	765 581 268	467 279 570	248 820 946	403 956 143
	平27(2015)	686	1 182 655 438	755 679 199	450 344 318	239 601 429	400 810 658
	平28(2016)	661	1 148 221 946	740 970 505	436 708 327	246 561 843	389 986 412
	平29(2017)	657	1 131 789 674	736 468 799	453 766 060	278 203 081	376 993 809
	平30(2018)	639	1 095 247 887	724 436 331	447 528 205	272 740 083	365 513 373
	1組合当たり Average Per Coop.	-	1 714 003.0	1 133 703.2	700 357.1	426 823.3	572 008.4
	1 北海道	109	58 175 641	45 667 333	39 509 138	6 161 175	12 757 423
東北	2 青森	10	14 956 257	8 481 079	8 481 079	0	6 023 666
	3 岩手	7	21 362 479	13 258 000	13 258 000	0	8 093 794
	4 宮城	14	20 343 927	12 394 603	12 137 580	257 023	6 897 609
	5 秋田	13	16 716 564	11 731 376	9 899 559	1 831 815	4 534 978
	6 山形	15	20 199 282	12 352 255	2 752 019	9 600 236	7 820 825
	7 福島	5	23 376 734	14 788 552	14 138 615	649 937	7 741 451
	小計	64	116 955 243	73 005 865	60 666 852	12 339 011	41 112 323
関東	8 茨城	20	19 812 245	14 251 611	11 294 900	2 956 710	5 488 778
	9 栃木	10	23 059 133	10 597 910	6 874 257	3 723 653	11 163 552
	10 群馬	15	20 895 938	15 634 377	9 840 704	4 773 187	5 382 576
	11 埼玉	16	45 053 415	34 616 238	9 284 455	25 331 779	8 551 254
	12 千葉	19	26 601 373	16 195 058	8 466 427	7 728 629	10 532 432
	13 東京	15	25 579 561	14 066 260	12 997 777	1 068 482	10 197 822
	14 神奈川	13	52 436 437	36 236 830	19 789 088	16 447 738	14 508 438
	15 山梨	11	6 687 912	6 539 600	1 002 847	4 710 797	816 745
	16 長野	18	54 161 993	28 465 180	28 465 180	0	23 673 564
	17 静岡	18	54 019 693	34 186 120	24 027 010	9 568 072	21 828 596
	小計	155	328 307 700	210 789 184	132 042 645	76 309 047	112 143 757
北陸	18 新潟	24	41 246 476	28 937 980	27 392 735	1 545 245	12 332 867
	19 富山	15	14 517 971	9 675 814	5 543 169	4 132 638	4 957 623
	20 石川	17	12 600 787	10 027 421	6 233 106	3 794 313	2 581 334
	21 福井	12	15 098 420	12 816 562	3 043 412	9 773 148	2 764 530
	小計	68	83 463 654	61 457 777	42 212 422	19 245 344	22 636 354
東海	22 岐阜	7	24 413 385	19 799 196	4 499 984	15 299 212	6 257 201
	23 愛知	20	62 041 717	41 084 916	23 856 977	17 227 934	20 161 844
	24 三重	11	23 685 183	13 269 699	6 972 045	6 297 650	9 464 930
	小計	38	110 140 285	74 153 811	35 329 006	38 824 796	35 883 975
近畿	25 滋賀	16	19 570 669	13 158 620	81 527	12 804 204	7 313 752
	26 京都	5	8 843 074	4 637 047	4 637 047	0	7 353 069
	27 大阪	14	27 890 845	21 884 769	3 351 222	18 533 544	6 456 065
	28 兵庫	14	37 372 439	25 536 838	3 043 750	22 493 086	11 531 473
	29 奈良	1	15 343 531	8 587 880	0	8 587 880	5 721 449
	30 和歌山	8	16 462 377	13 769 440	5 453 416	8 316 023	2 248 897
	小計	58	125 482 935	87 574 594	16 566 962	70 734 737	40 624 705
中国・四国	31 鳥取	3	4 794 331	2 281 488	2 281 488	0	2 501 508
	32 島根	1	14 416 568	8 525 212	6 783 427	1 741 785	6 044 369
	33 岡山	9	22 721 895	12 629 264	8 664 074	3 965 190	10 499 077
	34 広島	13	21 200 693	13 674 806	7 071 758	6 603 047	6 821 436
	35 山口	12	13 548 424	7 984 677	4 940 628	3 044 048	5 773 281
	36 徳島	15	6 642 008	5 046 592	2 311 345	2 735 246	1 858 349
	37 香川	1	13 944 742	8 493 677	0	8 493 677	6 449 420
	38 愛媛	12	20 756 813	14 252 386	4 394 090	9 858 294	6 158 545
	39 高知	4	13 625 741	11 098 031	8 768 349	2 329 682	3 457 849
	小計	70	131 651 215	83 986 133	45 215 159	38 770 969	49 563 834
九州	40 福岡	20	30 075 914	19 231 024	17 484 196	786 200	10 932 185
	41 佐賀	4	19 338 779	9 136 712	7 117 373	2 019 339	9 977 948
	42 長崎	7	12 367 456	7 427 175	7 427 175	0	4 741 611
	43 熊本	14	23 746 370	16 163 991	8 238 699	7 515 863	6 699 929
	44 大分	5	6 371 823	4 725 178	4 691 024	33 602	1 840 635
	45 宮崎	13	17 367 715	12 086 079	12 086 079	0	5 047 344
	46 鹿児島	13	22 413 632	12 793 155	12 703 155	0	8 400 144
	小計	76	131 681 689	81 563 314	69 747 701	10 355 004	47 639 796
	47 沖縄	1	9 389 525	6 238 320	6 238 320	0	3 151 206

7　損　益　計　算　書
Profit and Loss Statement

総　括　表
Statement of National Total

集計組合数　639　　　　(単位：千円)

科目	総額	1組合当たり
1．事業総利益	1 801 399 467	2 819 091.5
(1)信用事業収益	922 220 998	1 443 225.3
資金運用収益	852 076 607	1 333 453.2
(うち預金利息)	426 415 042	667 316.2
(うち有価証券利息)	44 361 617	69 423.5
(うち貸出金利息)	277 294 610	433 950.9
(うちその他受入利息)	104 004 651	162 761.6
役務取引等収益	28 200 253	44 131.9
その他事業直接収益	10 826 204	16 942.4
その他経常収益	31 117 348	48 696.9
(2)信用事業費用	157 991 834	247 248.6
資金調達費用	70 108 827	109 716.5
(うち貯金利息)	64 548 648	101 015.1
(うち給付補填備金繰入)	2 157 112	3 375.8
(うち譲渡性貯金利息)	189 990	297.3
(うち借入金利息)	1 295 406	2 027.2
(うちその他支払利息)	1 917 040	3 000.1
役務取引等費用	11 122 512	17 406.1
その他事業直接費用	2 634 519	4 122.9
その他経常費用	74 125 473	116 002.3
(うち貸倒引当金繰入額)	3 236 972	5 065.7
(うち貸倒引当金戻入益)	▲ 26 171 730	▲ 40 957.3
(うち貸出金償却)	660 510	1 033.7
※　信用事業総利益	764 228 957	1 195 976.5
(3)共済事業収益	496 029 934	776 259.7
共済付加収入	458 827 302	718 039.6
共済貸付金利息	939 902	1 470.9
その他の収益	36 262 262	56 748.5
(4)共済事業費用	31 829 777	49 811.9
共済借入金利息	935 929	1 464.7
共済推進費	18 555 643	29 038.6
共済保全費	3 494 045	5 468.0
その他の費用	8 843 554	13 839.7
(うち貸倒引当金繰入額)	2 351	3.7
(うち貸倒引当金戻入益)	▲ 125 616	▲ 196.6
(うち貸出金償却)	0	0.0
※　共済事業総利益	464 199 925	726 447.5
(5)購買事業収益	2 581 893 313	4 040 521.6
購買品供給高(買取)	2 499 436 099	3 911 480.6
購買手数料(受託)	372 428	582.8
修理サービス料	22 806 510	35 690.9
その他の収益	59 277 854	92 766.6
(6)購買事業費用	2 299 089 716	3 597 949.5
購買品供給原価(買取)	2 198 781 999	3 440 973.4
購買供給費	36 940 375	57 809.7
修理サービス費	4 514 227	7 064.5
その他の費用	58 852 613	92 101.1
(うち貸倒引当金繰入額)	1 444 737	2 260.9
(うち貸倒引当金戻入益)	▲ 1 864 583	▲ 2 918.0
(うち貸倒損失)	14 997	23.5
※　購買事業総利益	282 803 350	442 571.8
(7)販売事業収益	423 032 286	662 022.4
販売品販売高(買取)	226 102 378	353 837.8
販売手数料(受託)	119 130 806	186 433.2
その他の収益	77 798 718	121 750.7
(8)販売事業費用	275 575 226	431 260.1
販売品販売原価(買取)	199 139 370	311 642.2
販売費	28 298 479	44 285.6
その他の費用	48 137 113	75 331.9
(うち貸倒引当金繰入額)	290 428	454.5
(うち貸倒引当金戻入益)	▲ 526 484	▲ 823.9
(うち貸倒損失)	301	0.5
※　販売事業総利益	147 456 829	230 761.9

科目	総額	1組合当たり
(9)保管事業収益	25 385 419	39 726.8
(10)保管事業費用	10 206 331	15 972.3
※　保管事業総利益	15 178 940	23 754.2
(11)加工事業収益	106 837 241	167 194.4
(12)加工事業費用	91 639 586	143 410.9
※　加工事業総利益	15 197 567	23 783.4
(13)利用事業収益	233 639 081	365 632.4
(14)利用事業費用	162 960 040	255 023.5
※　利用事業総利益	70 678 839	110 608.5
(15)宅地等供給事業収益	18 088 618	28 307.7
(16)宅地等供給事業費用	4 559 566	7 135.5
※　宅地等供給事業総利益	13 528 970	21 172.1
(17)その他事業収益	200 403 565	313 620.6
(18)その他事業費用	148 713 373	232 728.3
※　その他事業総利益	51 689 937	80 891.9
(19)指導事業収入	31 466 860	49 243.9
(20)指導事業支出	55 032 236	86 122.4
※　指導事業収支差額	▲ 23 565 180	▲ 36 878.2
2．事業管理費	1 610 210 447	2 519 891.2
(1)人件費	1 149 744 252	1 799 286.8
(2)業務費	135 306 300	211 746.9
(3)諸税負担金	60 242 138	94 275.6
(4)施設費	256 450 158	401 330.5
(5)その他事業管理費	8 466 667	13 249.9
事業利益(又は事業損失)	191 188 802	299 200.0
3．事業外収益	104 978 296	164 285.3
(1)受取雑利息	1 650 133	2 582.4
(2)受取出資配当金	52 151 792	81 614.7
(3)賃貸料	24 412 823	38 204.7
(4)貸倒引当金戻入益	1 632 948	2 555.5
(5)償却債権取立益	1 490 859	2 333.1
(6)雑収入	23 638 949	36 993.7
4．事業外費用	24 735 380	38 709.5
(1)支払雑利息	910 359	1 424.7
(2)貸倒損失	22 434	35.1
(3)寄付金	1 003 146	1 569.9
(4)雑損失	22 799 162	35 679.4
経常利益(又は経常損失)	271 431 692	424 775.7
5．特別利益	65 134 040	101 931.2
(1)固定資産処分益	5 653 836	8 847.9
(2)一般補助金	40 248 636	62 986.9
(3)金融商品取引責任準備金取崩額	0	0.0
(4)その他の特別利益	19 231 446	30 096.2
6．特別損失	150 351 235	235 291.4
(1)固定資産処分損	9 043 483	14 152.6
(2)固定資産圧縮損	40 416 699	63 249.9
(3)減損損失	59 761 647	93 523.7
(4)金融商品取引責任準備金繰入額	0	0.0
(5)その他の特別損失	41 129 086	64 364.8
税引前当期利益(税引前当期損失差引)	186 214 495	291 415.5
7．法人税、住民税及び事業税	57 506 880	89 995.1
8．法人税等調整額	▲ 13 026 146	▲ 20 385.2
当期剰余金(当期損失金差引)	141 733 608	221 805.3
当期首繰越剰余金(当期首繰越損失金差引)	134 423 068	210 364.7
任意積立金取崩額	65 482 715	102 476.9
当期未処分剰余金(当期未処理損失金差引)	341 627 919	534 629.0

(注) 端数処理(千円未満)等のため、各勘定科目とその内訳が一致しない。

7 Profit and Loss Statement

Statement of National Total

Total No. of Coops. Surveyed 639 (Unit:1000Yen)

Subject	Total	Average Per Coop.	Subject	Total	Average Per Coop.
1. Total Business Profit	1 801 399 467	2 819 091.5	(9)Earning of Warehouseing Business	25 385 419	39 726.8
(1) Earnings of Credit Business	922 220 998	1 443 225.3	(10)Expenses in Warehouseing Business	10 206 331	15 972.3
Profits for Working Assets	852 076 607	1 333 453.2	※ Total Profit in Warehouseing Business	15 178 940	23 754.2
(of which Interests on Deposits)	426 415 042	667 316.2	(11)Earnings of Processing Business	106 837 241	167 194.4
(of which Interests and Dividends on Securities)	44 361 617	69 423.5	(12)Expenses in Processing Business	91 639 586	143 410.9
(of which Interests on Loans)	277 294 610	433 950.9	※ Total Profit in Processing Business	15 197 567	23 783.4
(of which Receipt interest)	104 004 651	162 761.6	(13)Earnings of Utilization Business	233 639 081	365 632.4
Profits for Service Transactions	28 200 253	44 131.9	(14)Expenses in Utilization Business	162 960 040	255 023.5
Other Direct Business Profits	10 826 204	16 942.4	※ Total Profit in Utilization Business	70 678 839	110 608.5
Other Current Profits	31 117 348	48 696.9	(15)Earnings of Business Supplying Home-lots & Others	18 088 618	28 307.7
(2) Total Credit Business Expenses	157 991 834	247 248.6	(16)Expenses in Business Supplying Home-lots & Others	4 559 566	7 135.5
Funding and Investment	70 108 827	109 716.5	※ Total Profit in Business Supplying Home-lots & Others	13 528 970	21 172.1
(of which Interests on Saving)	64 548 648	101 015.1	(17)Earnings of Other Business	200 403 565	313 620.6
(of which Transferred to Reserves for Additional Payments)	2 157 112	3 375.8	(18)Expenses in Other Business	148 713 373	232 728.3
(of which interests on Negotiable Certificate of deposits)	189 990	297.3	※ Total Profit in Others Business	51 689 937	80 891.9
(of which interests Paid on Loans payable)	1 295 406	2 027.2	(19)Revenue in Guidance Business	31 466 860	49 243.9
(of which Payment interests)	1 917 040	3 000.1	(20)Expenditure in Guidance Business	55 032 236	86 122.4
Expenses of Service Transactions	11 122 512	17 406.1	※ Revenue and Expenditure Balance in Guidance Business	▲ 23 565 180	▲ 36 878.2
Other Direct Business Expenses	2 634 519	4 122.9	2. Business Administration Expenses	1 610 210 447	2 519 891.2
Other Current Expenses	74 125 473	116 002.3	(1) Personal expenses	1 149 744 252	1 799 286.8
(of which Provision for Reserve for Possible Loan Losses)	3 236 972	5 065.7	(2) Business expenses	135 306 300	211 746.9
(of which Return on Reserve for Possible Loan Losses)	▲ 26 171 730	▲ 40 957.3	(3) Various Tax burden money	60 242 138	94 275.6
(of which Loans and Bills Discounted Write off)	660 510	1 033.7	(4) Facilities fee	256 450 158	401 330.5
※ Total Profit in Credit Business	764 228 957	1 195 976.5	(5) Other expenses	8 466 667	13 249.9
(3) Total Earnings of insurance Business	496 029 934	776 259.7	Business Profit	191 188 802	299 200.0
Premium Income	458 827 302	718 039.6	3. Earnings of Non-business	104 978 296	164 285.3
Interest received for Insurance Loans	939 902	1 470.9	(1) Receipt interest	1 650 133	2 582.4
Other Profits	36 262 262	56 748.5	(2) Receipt investment dividend	52 151 792	81 614.7
(4) Total Insurance Business Expenses	31 829 777	49 811.9	(3) Rent	24 412 823	38 204.7
Interest Paid for Borrowings	935 929	1 464.7	(4) Return on Reserve for Possible Loan Losses	1 632 948	2 555.5
Mutual Insurance Business Promotional Expenses	18 555 643	29 038.6	(5) Collection of Written-off Claims	1 490 859	2 333.1
Mutual Insurance Conservation Expenses	3 494 045	5 468.0	(6) Income	23 638 949	36 993.7
Other Expenses	8 843 554	13 839.7	4. Expenses in Non-business	24 735 380	38 709.5
(of which Provision for Reserve for Possible Loan Losses)	2 351	3.7	(1) Payment interest	910 359	1 424.7
(of which Return on Reserve for Possible Loan Losses)	▲ 125 616	▲ 196.6	(2) Bad dept loss	22 434	35.1
(of which Loans and Bills Discounted Write off)	0	0.0	(3) Donation	1 003 146	1 569.9
※ Total Profit in Insurance Business	464 199 925	726 447.5	(4) Loss	22 799 162	35 679.4
(5) Total Earnings of Purchasing Business	2 581 893 313	4 040 521.6	Ordinary Profit or Loss	271 431 692	424 775.7
Value of Supplies(Purchase method)	2 499 436 099	3 911 480.6	5. Extraordinary Profits	65 134 040	101 931.2
Commissions Taken(Consignment)	372 428	582.8	(1) Disposal of Fixed assets profit	5 653 836	8 847.9
Repairing Service Fee	22 806 510	35 690.9	(2) General Subsidy	40 248 636	62 986.9
Other Profits	59 277 854	92 766.6	(3)Drawdown from Reserve for liabilities in financial product trading	0	0.0
(6) Total Expenses Purchasing Business	2 299 089 716	3 597 949.5	(4) Other Extraordinary Profits	19 231 446	30 096.2
Original Cost of Supplies(Purchase method)	2 198 781 999	3 440 973.4	6. Extraordinary Loss	150 351 235	235 291.4
Supply Expenses	36 940 375	57 809.7	(1) Disposal of fixed assets loss	9 043 483	14 152.6
Repairing Service Expenses	4 514 227	7 064.5	(2) Fixed assets advanced depreciation deduction	40 416 699	63 249.9
Other Expenses	58 852 613	92 101.1	(3) Losses on Impairment of Fixed assets	59 761 647	93 523.7
(of which Provision for Reserve for Possible Loan Losses)	1 444 737	2 260.9	(4) Provision for reserve for liabilities in financial product trading	0	0.0
(of which Return on Reserve for Possible Loan Losses)	▲ 1 864 583	▲ 2 918.0	(5) Other Extraordinary Loss	41 129 086	64 364.8
(of which Bad dept loss)	14 997	23.5	Net Current Profit(Loss)before Deducation of Tax	186 214 495	291 415.5
※ Total Profit in Purchasing Business	282 803 350	442 571.8	7. Corporation's Tax & Inhabitant's Tax	57 506 880	89 995.1
(7) Total Earnings of Marketing Business	423 032 286	662 022.4	8. Deferred Income Taxes	▲ 13 026 146	▲ 20 385.2
Value of Commodities Marketed (Purchase method)	226 102 378	353 837.8	Current Surplus (deducted current Deficit)	141 733 608	221 805.3
Commission Taken(Consignment)	119 130 806	186 433.2	Surplus Brought Forward (deducted Loss Brought Forward)	134 423 068	210 364.7
Other Profits	77 798 718	121 750.7	Transfar from Voluntary Reserve	65 482 715	102 476.9
(8) Total Expenses in Marketing Business	275 575 226	431 260.1	Current Surplus Unappropriated (deducted Current Deficit Unappropriated)	341 627 919	534 629.0
Original Cost of Commodities Marketed (Purchase method)	199 139 370	311 642.2			
Marketing Expenses	28 298 479	44 285.6			
Other Expenses	48 137 113	75 331.9			
(of which Provision for Reserve for Possible Loan Losses)	290 428	454.5			
(of which Return on Reserve for Possible Loan Losses)	▲ 526 484	▲ 823.9			
(of which Bad dept loss)	301	0.5			
※ Total Profit in Marketing Business	147 456 829	230 761.9			

Note:The amount of each account title isn't equivalent to the sum of it's detailed account because of adjusting fractional figures (less than one thousand yen)and etc.

(1) 事 業 総 利 益
Total Business Profit

集計組合数 639
Total No. of Coops. Surveyed 639

(単位：千円)
(Unit:1000Yen)

	事業年度 Business Year	事業総利益 Total Business Profit	信用事業収益 Earnings of Credit Business: 信用事業収益計 Total Earnings of Credit Business	資金運用収益 Profits for Working Assets	うち預金利息 of which Interests on Deposits	うち有価証券利息 of which Interests and Dividends on Securities	うち貸出金利息 of which Interests on Loans
	平25(2013)	1 876 025 612	974 292 081	899 682 256	363 537 584	62 067 640	399 033 404
	平26(2014)	1 842 061 842	975 898 696	898 860 014	378 656 867	56 350 461	375 473 441
	平27(2015)	1 856 119 429	974 711 450	900 873 087	393 491 284	54 113 087	352 063 737
	平28(2016)	1 821 671 697	948 376 764	869 422 648	401 646 233	50 358 104	317 712 625
	平29(2017)	1 800 851 716	924 448 232	847 146 005	405 338 350	47 515 302	292 255 457
	平30(2018)	1 801 399 467	922 220 998	852 076 607	426 415 042	44 361 617	277 294 610
	1組合当たり Average Per Coop.	2 819 091.5	1 443 225.3	1 333 453.2	667 316.2	69 423.5	433 950.9
	1 北海道	122 175 985	32 150 012	29 336 838	381 055	163 453	12 409 150
	2 青森	21 924 505	5 493 854	5 107 389	2 406 450	185 346	2 324 434
東	3 岩手	25 826 159	10 194 248	9 135 236	4 467 925	707 528	3 756 641
	4 宮城	30 268 484	12 821 278	12 003 499	5 400 708	688 595	5 308 711
	5 秋田	26 789 080	8 279 745	7 556 581	3 209 466	339 366	3 651 736
	6 山形	31 441 729	10 607 772	9 575 108	3 945 095	502 637	4 662 196
北	7 福島	40 656 930	16 344 575	15 498 122	7 930 592	465 888	6 148 046
	小計	176 906 887	63 741 472	58 875 935	27 360 236	2 889 360	25 851 764
	8 茨城	36 643 251	15 179 130	13 857 877	8 722 819	778 014	3 939 478
関	9 栃木	34 424 289	15 540 268	14 768 388	7 614 769	1 073 058	5 188 532
	10 群馬	33 276 201	14 404 193	12 654 018	7 262 751	385 181	4 160 905
	11 埼玉	54 372 484	34 039 417	31 787 458	18 154 940	1 581 306	11 228 644
	12 千葉	43 368 784	24 491 568	22 564 578	11 074 685	1 182 981	9 012 981
	13 東京	49 723 805	35 270 387	32 701 625	13 171 488	1 738 862	14 109 920
	14 神奈川	80 760 125	62 202 923	58 232 609	777 769	4 272 838	20 551 046
	15 山梨	16 618 119	6 239 990	5 233 710	2 754 031	362 258	1 787 365
	16 長野	71 645 589	31 424 207	28 103 597	14 662 483	673 145	8 521 684
東	17 静岡	76 966 174	48 396 504	44 417 436	25 871 721	3 229 427	14 530 207
	小計	497 798 821	287 188 587	264 321 296	110 067 456	15 277 070	93 030 762
北	18 新潟	54 562 551	20 797 639	18 994 824	9 470 495	1 247 946	6 585 195
	19 富山	25 623 602	11 279 563	10 699 586	6 546 375	385 598	3 001 081
	20 石川	24 763 718	11 148 584	10 281 224	4 793 248	676 266	3 469 890
陸	21 福井	17 407 997	7 464 247	6 867 898	4 525 351	199 687	1 856 502
	小計	122 357 868	50 690 033	46 843 532	25 335 469	2 509 497	14 912 668
東	22 岐阜	46 914 181	27 358 708	25 269 327	12 936 757	2 015 645	7 689 232
	23 愛知	117 232 700	78 725 645	74 478 186	49 813 512	3 504 051	17 496 514
	24 三重	38 980 334	25 178 099	21 938 752	13 318 738	3 189 327	5 006 051
海	小計	203 127 215	131 262 452	121 686 265	76 069 007	8 709 023	30 191 797
	25 滋賀	23 860 168	14 037 796	12 486 258	6 476 148	1 427 927	2 768 116
近	26 京都	18 826 316	11 017 470	10 420 644	6 641 889	502 977	2 714 395
	27 大阪	43 122 512	40 230 877	38 373 106	26 636 964	2 146 863	7 077 394
	28 兵庫	64 136 480	50 370 943	47 788 386	26 522 017	875 016	13 303 407
	29 奈良	17 841 589	12 305 575	11 791 600	7 185 965	1 221 954	3 383 508
畿	30 和歌山	28 047 998	13 108 823	12 302 159	7 341 446	569 918	3 029 218
	小計	195 835 063	141 071 484	133 162 153	80 804 429	6 744 655	32 276 038
	31 鳥取	11 946 832	4 513 109	4 198 032	2 192 931	135 547	1 346 095
中	32 島根	28 608 268	11 769 657	10 600 452	3 660 161	1 874 019	4 614 958
	33 岡山	32 840 988	17 110 387	16 075 730	8 591 643	474 000	6 183 347
国	34 広島	44 618 205	27 753 594	25 726 795	16 124 572	551 644	7 346 192
	35 山口	23 576 408	12 560 248	11 209 412	5 630 248	653 862	4 114 285
・	36 徳島	13 348 339	7 023 307	6 610 877	4 840 604	231 591	1 389 945
	37 香川	26 533 687	17 891 207	17 117 633	12 134 349	0	1 940 778
四	38 愛媛	33 662 610	19 121 608	16 830 543	10 472 253	772 571	4 225 615
	39 高知	21 016 708	8 970 457	7 622 092	4 424 969	376 221	1 915 682
国	小計	236 152 045	126 713 574	115 991 566	68 071 730	5 069 455	33 076 897
	40 福岡	60 136 062	26 820 609	25 269 071	11 863 424	907 997	10 531 470
九	41 佐賀	25 915 186	9 515 169	8 588 258	4 276 253	618 879	3 343 844
	42 長崎	25 961 861	6 706 026	6 229 929	2 901 068	104 227	2 955 706
	43 熊本	37 472 649	11 041 468	10 195 195	4 525 108	444 123	4 681 992
	44 大分	16 028 475	5 722 853	5 287 763	2 434 460	129 516	2 389 761
	45 宮崎	25 815 833	8 761 575	7 463 941	2 753 174	368 222	3 203 958
州	46 鹿児島	35 914 026	11 763 829	10 548 218	6 391 289	63 133	4 083 832
	小計	227 244 092	80 331 529	73 582 375	35 144 776	2 636 097	31 190 563
	47 沖縄	19 801 491	9 071 855	8 276 647	3 180 884	363 007	4 354 971

（1）事　業　総　利　益（つづき）

Total Business Profit(Cont.)

（単位：千円）
(Unit:1000Yen)

	事業年度 Business Year	信用事業収益 Earnings of Credit Business 資金運用収益 うちその他受入利息 of which Receipt interest	役務取引等収益 Profits for Service Transactions	その他事業直接収益 Other Direct Business Profits	その他経常収益 Other Current Profits	信用事業費用 信用事業費用計 Total Credit Business Expenses	資金調達費用 Funding and Investment
	平25(2013)	75 042 898	28 221 240	18 950 036	27 437 897	192 600 968	97 458 477
	平26(2014)	88 378 539	28 106 280	18 840 574	30 091 221	195 087 614	101 580 265
	平27(2015)	101 204 227	28 326 238	17 367 905	28 143 630	201 881 662	106 663 646
	平28(2016)	99 704 999	28 036 869	19 963 038	30 953 624	196 024 599	95 696 713
	平29(2017)	102 036 223	28 008 817	14 760 466	34 532 350	181 341 531	81 751 773
	平30(2018)	104 004 651	28 200 253	10 826 204	31 117 348	157 991 834	70 108 827
	1組合当たり Average Per Coop.	162 761.6	44 131.9	16 942.4	48 696.9	247 248.6	109 716.5
	1 北海道	16 383 142	1 278 265	40 172	1 494 703	7 873 343	3 117 016
	2 青森	191 158	219 930	30 584	135 951	1 491 187	433 199
東	3 岩手	203 135	478 459	316 367	264 179	2 027 184	381 388
	4 宮城	605 463	432 925	105 311	279 528	2 943 989	514 979
	5 秋田	355 996	336 189	139 718	247 244	2 094 098	501 385
	6 山形	465 172	422 122	235 330	375 207	2 158 645	721 782
北	7 福島	953 588	623 986	31 605	190 857	2 813 209	961 802
	小計	2 774 512	2 513 611	858 915	1 492 966	13 528 312	3 514 535
	8 茨城	417 534	409 389	347 671	564 170	2 196 095	836 170
関	9 栃木	892 015	464 855	44 225	262 785	2 127 710	722 159
	10 群馬	845 157	379 522	111 953	1 258 686	2 692 797	648 245
	11 埼玉	822 543	937 306	236 211	1 078 424	5 742 948	1 255 609
	12 千葉	1 293 904	638 595	529 890	758 489	4 042 312	1 248 738
	13 東京	3 681 334	793 764	577 205	1 197 777	1 297 753	957 609
	14 神奈川	32 630 939	1 798 294	453 175	1 718 828	2 905 219	2 572 608
	15 山梨	330 042	200 874	412 665	392 728	1 036 760	352 117
	16 長野	4 246 260	1 058 813	187 215	2 074 560	5 062 389	1 734 123
東	17 静岡	786 055	1 802 086	1 010 767	1 166 190	7 637 393	2 784 898
	小計	45 945 783	8 483 498	3 910 977	10 472 637	34 741 376	13 112 276
北	18 新潟	1 691 151	928 668	185 893	688 229	4 403 650	943 957
	19 富山	766 517	346 702	22 173	211 089	1 996 316	702 075
	20 石川	1 341 795	364 863	109 988	392 490	2 119 767	664 426
陸	21 福井	286 343	255 962	62 330	278 045	1 515 249	510 697
	小計	4 085 806	1 896 195	380 384	1 569 853	10 034 982	2 821 155
東	22 岐阜	2 627 683	1 140 393	224 223	724 754	4 681 627	1 947 721
	23 愛知	3 664 085	1 970 195	254 561	2 022 677	12 652 896	8 487 634
	24 三重	424 623	706 234	776 268	1 756 825	4 002 338	2 152 907
海	小計	6 716 391	3 816 822	1 255 052	4 504 256	21 336 861	12 588 262
	25 滋賀	1 814 057	349 960	478 043	723 526	3 493 671	1 529 366
近	26 京都	561 380	287 102	41 777	267 941	2 104 671	876 827
	27 大阪	2 511 866	785 760	154 577	917 413	10 110 558	6 739 553
	28 兵庫	7 087 922	1 230 441	109 009	1 243 089	14 366 441	6 353 623
	29 奈良	174	235 576	94 882	183 516	2 568 829	1 718 212
畿	30 和歌山	1 361 567	427 810	0	378 846	1 981 517	1 134 676
	小計	13 336 966	3 316 649	878 288	3 714 331	34 625 687	18 352 257
	31 鳥取	523 454	165 229	21 163	128 682	1 043 775	441 449
中	32 島根	451 313	400 588	143 175	625 441	752 883	533 118
	33 岡山	826 732	483 883	54 837	495 933	2 460 822	1 168 389
国	34 広島	1 704 373	982 756	448 254	595 773	3 397 213	2 308 831
	35 山口	810 999	355 465	417 317	578 037	2 119 801	804 651
・	36 徳島	148 716	177 458	53 709	181 247	1 552 650	653 369
	37 香川	3 042 504	262 686	4	510 882	3 105 683	2 049 693
四	38 愛媛	1 360 087	570 349	609 266	1 111 435	4 315 218	2 188 174
	39 高知	905 216	246 302	762 021	340 035	1 861 238	1 011 058
国	小計	9 773 394	3 644 716	2 509 746	4 567 465	20 609 283	11 158 732
	40 福岡	1 966 146	715 036	189 301	647 180	2 908 740	2 191 652
九	41 佐賀	349 280	279 846	234 769	412 295	2 497 453	724 046
	42 長崎	268 923	220 536	16 870	238 681	1 067 322	236 581
	43 熊本	543 954	483 540	22 317	340 403	2 922 526	474 311
	44 大分	334 020	239 033	7 305	188 745	1 509 040	380 021
	45 宮崎	1 138 587	371 267	320 310	606 054	1 332 373	295 589
州	46 鹿児島	9 962	548 163	82 709	584 736	2 618 845	601 253
	小計	4 610 872	2 857 421	873 581	3 018 094	14 856 299	4 903 453
	47 沖縄	377 785	393 076	119 089	283 043	385 691	541 141

(1) 事　業　総　利　益（つづき）
Total Business Profit(Cont.)

(単位：千円)
(Unit:1000Yen)

事業年度 Business Year	信　用　事　業　費　用 Expenses in Credit Business					
	資金調達費用 Funding and Investment					役務取引等費用 Expenses of Service Transactions
	うち貯金利息 of which Interests on Saving	うち給付補填備金繰入 of which Transferred to Reserves for Additional Payments	うち譲渡性貯金利息 of which interests on Negotiable Certificate of Deposit	うち借入金利息 of which interests Paid on Loans payable	うちその他支払利息 of which Payment interests	
平25(2013)	84 424 936	3 179 023	380 207	2 959 058	6 514 520	9 995 741
平26(2014)	89 816 247	2 699 905	465 349	2 477 404	6 120 683	10 371 796
平27(2015)	96 852 086	2 535 600	527 129	2 060 239	4 687 937	10 701 187
平28(2016)	88 980 689	2 448 243	408 888	1 717 232	2 141 012	10 843 198
平29(2017)	75 622 971	2 317 326	236 116	1 441 904	2 132 811	10 856 040
平30(2018)	64 548 648	2 157 112	189 990	1 295 406	1 917 040	11 122 512
1組合当たり Average Per Coop.	101 015.1	3 375.8	297.3	2 027.2	3 000.1	17 406.1
1 北海道	2 367 467	10 607	1 198	727 772	9 935	586 996
東北 2 青森	418 413	1 003	0	8 389	5 393	48 545
3 岩手	325 414	15 156	0	18 995	21 812	157 175
4 宮城	473 705	12 586	0	8 610	20 059	144 981
5 秋田	470 324	11 699	2 486	16 798	66	271 797
6 山形	662 959	21 345	9 085	11 153	17 232	276 028
7 福島	880 900	63 734	104	17 058	0	0
小計	3 231 715	125 523	11 675	81 003	64 562	898 526
関東 8 茨城	780 525	12 751	0	10 021	32 847	196 692
9 栃木	685 001	28 846	0	1 878	6 422	172 489
10 群馬	579 544	45 275	0	669	22 734	477 773
11 埼玉	1 184 940	59 621	0	10 236	789	266 790
12 千葉	1 192 134	21 104	63	2 883	32 531	222 996
13 東京	926 132	30 934	0	0	530	217 356
14 神奈川	2 216 259	164 562	5	437	191 330	708 457
15 山梨	346 917	3 912	0	1 274	8	82 784
16 長野	1 631 769	82 789	171	19 026	343	336 787
17 静岡	2 408 870	203 429	7 089	43 203	122 280	811 031
小計	11 952 091	653 223	7 328	89 627	409 814	3 493 155
北陸 18 新潟	835 264	39 793	0	30 104	38 760	311 608
19 富山	637 698	56 847	0	708	6 807	87 828
20 石川	577 929	54 077	0	2 937	29 464	108 951
21 福井	463 582	37 804	67	1 127	8 105	66 586
小計	2 514 473	188 521	67	34 876	83 136	574 973
東海 22 岐阜	1 842 287	56 005	0	2 892	46 526	450 924
23 愛知	7 695 270	178 848	0	29 110	584 377	737 642
24 三重	2 036 410	83 005	0	3 965	29 514	289 104
小計	11 573 967	317 858	0	35 967	660 417	1 477 670
近畿 25 滋賀	1 443 601	70 219	0	1 806	13 732	119 442
26 京都	814 130	36 730	0	3 424	22 537	96 878
27 大阪	6 572 644	99 443	0	27 510	39 938	207 612
28 兵庫	6 039 441	150 096	437	6 518	157 106	808 881
29 奈良	1 549 341	6 306	147 181	9	15 375	389 186
30 和歌山	1 089 644	24 842	0	2 991	17 195	147 729
小計	17 508 801	387 636	147 618	42 258	265 883	1 769 728
中国・四国 31 鳥取	422 226	11 955	0	2 105	5 159	40 988
32 島根	445 352	37 428	2 756	18 323	29 258	162 177
33 岡山	999 185	54 624	0	65 916	48 655	145 935
34 広島	2 206 528	39 923	46	8 364	53 949	424 782
35 山口	739 161	33 349	0	3 616	28 511	135 136
36 徳島	618 313	7 017	0	11 370	16 645	54 332
37 香川	1 977 845	53 340	565	16 570	1 370	53 086
38 愛媛	2 048 993	106 191	0	5 295	27 682	139 104
39 高知	989 420	16 666	0	1 281	3 688	76 431
小計	10 447 023	360 493	3 367	132 840	214 917	1 231 971
九州 40 福岡	2 044 670	35 071	6 072	20 420	85 398	441 099
41 佐賀	674 691	25 599	0	14 985	8 770	174 886
42 長崎	219 726	9 097	0	5 897	1 853	34 947
43 熊本	439 361	9 508	0	16 431	8 995	163 770
44 大分	348 708	6 544	0	16 930	7 833	71 784
45 宮崎	231 719	3 297	0	36 008	24 563	146 318
46 鹿児島	559 127	18 303	12 665	7 460	3 696	0
小計	4 518 002	107 419	18 737	118 131	141 108	1 032 804
47 沖縄	435 109	5 832	0	32 932	67 268	56 689

(1) 事 業 総 利 益 (つづき)
Total Business Profit (Cont.)

(単位：千円)
(Unit:1000Yen)

	事業年度 Business Year	信用事業費用					信用事業総利益 Total Profit in Credit Business	共済事業収益 Profit in Insurance Business	
		その他事業直接費用 Other Direct Business Expenses	その他経常費用 Other Current Expenses	うち貸倒引当金繰入額 of which Provision for Reserve for Possible Loan Losses	うち貸倒引当金戻入益 of which Return on Reserve for Possible Loan Losses	うち貸出金償却 of which Loans and Bills Discounted Write off		共済事業収益計 Total Earnings of insurance Business	共済付加収入 Premium Income
	平25(2013)	6 180 641	78 965 553	8 606 438	▲ 18 269 177	966 930	781 690 874	511 847 363	493 680 426
	平26(2014)	3 419 899	79 715 161	8 023 902	▲ 18 330 274	1 440 733	780 810 821	503 892 331	482 328 064
	平27(2015)	3 741 168	80 775 174	4 649 613	▲ 15 025 790	1 051 314	772 829 558	512 454 552	475 925 110
	平28(2016)	4 807 898	84 676 321	3 156 407	▲ 13 159 442	695 638	752 351 911	508 491 238	469 202 793
	平29(2017)	4 364 045	84 369 171	2 713 597	▲ 15 107 888	477 388	743 106 463	508 859 003	471 629 714
	平30(2018)	2 634 519	74 125 473	3 236 972	▲ 26 171 730	660 510	764 228 957	496 029 934	458 827 302
	1組合当たり Average Per Coop.	4 122.9	116 002.3	5 065.7	▲ 40 957.3	1 033.7	1 195 976.5	776 259.7	718 039.6
	1 北海道	25 047	4 144 250	254 714	▲ 913 406	254 860	24 276 660	15 700 448	14 359 467
	2 青森	0	1 009 443	68 260	▲ 315 307	21 487	4 002 666	5 348 734	5 006 240
東	3 岩手	102 182	1 386 433	20 323	▲ 152 148	170	8 167 062	8 433 540	7 958 825
	4 宮城	58 018	2 225 994	19 273	▲ 365 426	13 945	9 877 284	10 093 389	9 433 763
	5 秋田	7 192	1 313 709	37 024	▲ 235 554	170	6 185 640	6 923 241	6 384 227
	6 山形	90 873	1 069 959	42 508	▲ 163 705	988	8 449 125	9 186 197	8 568 656
北	7 福島	30 243	1 821 162	32 141	▲ 40 504	11 432	13 531 364	14 835 651	13 866 367
	小計	288 508	8 826 700	219 529	▲ 1 272 644	48 192	50 213 141	54 820 752	51 218 078
	8 茨城	49 910	1 113 301	72 453	▲ 206 979	4 221	12 983 032	10 083 009	9 286 465
関	9 栃木	6 310	1 226 742	1 938	▲ 229 289	160 202	13 412 553	9 411 383	8 759 799
	10 群馬	0	1 566 768	7 201	▲ 147 047	0	11 711 388	9 921 270	9 180 739
	11 埼玉	0	4 220 532	70 558	▲ 301 574	748	28 296 463	17 467 435	15 988 804
	12 千葉	173 515	2 397 044	29 031	▲ 547 099	3 689	20 449 247	12 649 915	11 792 940
	13 東京	40 031	82 743	2 795	▲ 2 140 773	0	33 972 632	10 312 856	9 421 603
	14 神奈川	159 182	▲ 535 035	1 314	▲ 5 759 523	343	59 297 698	18 358 124	16 922 813
	15 山梨	20 350	581 500	16 498	▲ 310 167	0	5 203 225	6 342 387	5 903 849
	16 長野	6 359	2 985 098	710 315	▲ 1 311 420	997	26 361 806	18 908 981	17 584 465
東	17 静岡	254 465	3 786 981	151 437	▲ 737 930	91 202	40 759 104	25 255 520	23 297 587
	小計	710 122	17 425 674	1 063 540	▲ 11 691 801	261 402	252 447 148	138 710 880	128 139 064
北	18 新潟	13 657	3 134 403	31 867	▲ 142 243	0	16 393 980	16 118 158	14 966 684
	19 富山	0	1 206 402	18 146	▲ 113 719	0	9 283 243	6 831 129	6 289 621
	20 石川	20 548	1 325 826	198 062	▲ 326 857	1 276	9 028 809	8 102 791	7 379 134
陸	21 福井	1 632	936 317	0	▲ 78 446	38 257	5 948 994	6 493 597	5 959 712
	小計	35 837	6 602 948	248 075	▲ 661 265	39 533	40 655 026	37 545 675	34 595 151
東	22 岐阜	21 675	2 261 300	0	▲ 352 662	7 058	22 677 078	13 928 782	12 792 787
	23 愛知	140 345	3 287 254	115 968	▲ 922 723	0	66 072 738	28 484 277	26 526 176
	24 三重	276 750	1 283 565	0	▲ 1 237 396	4 442	21 175 754	10 966 371	10 120 657
海	小計	438 770	6 832 119	115 968	▲ 2 512 781	11 500	109 925 570	53 379 430	49 439 620
	25 滋賀	40 915	1 803 941	6 194	▲ 114 112	0	10 544 124	7 768 603	7 234 384
近	26 京都	0	1 130 960	0	▲ 524 852	0	8 912 799	7 412 378	6 911 170
	27 大阪	92 300	3 071 077	523 687	0	5 055	30 120 310	11 651 798	10 614 574
	28 兵庫	11 033	7 192 883	145 623	▲ 74 120	3 805	36 004 496	18 955 920	17 462 867
	29 奈良	0	461 431	0	0	0	9 736 746	5 129 928	4 707 298
畿	30 和歌山	0	699 106	14 746	▲ 312 726	0	11 127 302	6 773 814	6 279 111
	小計	144 248	14 359 398	690 250	▲ 1 025 810	8 860	106 445 777	57 692 441	53 209 404
	31 鳥取	5 520	555 815	28 337	▲ 20 382	715	3 469 334	3 858 634	3 501 037
中	32 島根	126 440	▲ 68 852	0	▲ 933 331	35	11 016 773	7 958 664	7 338 181
	33 岡山	0	1 146 492	3 549	▲ 658 403	0	14 649 565	11 276 751	10 433 688
国	34 広島	0	663 587	5 313	▲ 1 511 850	3 154	24 356 377	13 396 321	12 328 757
	35 山口	7 836	1 172 165	115 023	▲ 175 858	11 473	10 440 437	9 854 901	9 067 228
・	36 徳島	146	844 785	98 767	▲ 122 699	1 902	5 470 654	4 061 579	3 792 322
	37 香川	0	1 002 904	0	0	0	14 785 523	6 202 143	5 812 921
四	38 愛媛	434	1 987 499	78 622	▲ 413 353	923	14 806 385	8 917 981	8 236 358
	39 高知	469	773 272	149 470	▲ 76 991	15 674	7 109 219	6 086 672	5 609 794
国	小計	140 845	8 077 667	479 081	▲ 3 912 867	33 876	106 104 267	71 613 646	66 120 286
	40 福岡	259 296	16 678	214	▲ 2 203 154	0	23 911 862	16 005 201	14 788 781
九	41 佐賀	3 000	1 595 519	0	▲ 160 384	0	7 017 715	6 249 099	5 772 821
	42 長崎	324 958	470 829	7 716	▲ 76 523	0	5 638 700	7 272 244	6 777 890
	43 熊本	0	2 284 432	11 405	▲ 113 946	510	8 118 935	10 454 939	9 568 598
	44 大分	985	1 056 247	0	▲ 206 318	290	4 213 809	5 365 372	5 029 719
	45 宮崎	189 913	700 552	101 722	▲ 236 119	1 485	7 429 200	7 685 571	7 185 247
州	46 鹿児島	60	2 017 530	44 758	▲ 247 079	2	9 144 983	9 217 309	8 665 672
	小計	778 212	8 141 787	165 815	▲ 3 243 523	2 287	65 475 204	62 249 735	57 788 728
	47 沖縄	72 930	▲ 285 070	0	▲ 937 633	0	8 686 164	4 316 927	3 957 504

(1) 事 業 総 利 益 (つづき)
Total Business Profit(Cont.)

(単位：千円)
(Unit:1000Yen)

事業年度 Business Year	共済事業収益 Profit in Insurance Business		共 済 事 業 費 用 Expenses in Insurance Business			
	共済貸付金利息 Interest received for Insurance Loans	その他の収益 Other Profits	共済事業費用計 Total Insurance Business Expenses	共済借入金利息 Interest Paid for Borrowings	共 済 推 進 費 Mutual Insurance Business Promotional Expenses	共 済 保 全 費 Mutual Insurance Conservation Expenses
平25(2013)	2 712 559	15 453 853	39 694 647	2 694 790	20 599 430	4 940 627
平26(2014)	2 651 232	18 912 526	38 498 744	2 626 466	19 583 640	4 861 585
平27(2015)	2 532 371	33 996 588	38 425 470	2 522 716	20 050 690	4 581 406
平28(2016)	2 359 122	36 928 859	36 318 777	2 344 292	20 112 918	3 923 332
平29(2017)	2 154 458	35 074 341	35 612 948	2 151 931	20 065 990	3 701 784
平30(2018)	939 902	36 262 262	31 829 777	935 929	18 555 643	3 494 045
1組合当たり Average Per Coop.	1 470.9	56 748.5	49 811.9	1 464.7	29 038.6	5 468.0
1 北海道	30 551	1 310 400	984 786	4 292	320 946	130 997
2 青森	2 715	339 779	455 093	2 726	284 010	38 138
東 3 岩手	4 854	469 853	777 128	4 854	392 360	190 138
4 宮城	15 697	643 914	730 620	15 645	391 407	50 295
5 秋田	10 288	528 715	599 314	10 204	413 256	65 539
6 山形	38 769	578 770	620 017	37 563	420 306	46 481
北 7 福島	23 381	945 900	1 029 111	22 764	794 918	72 284
小計	95 704	3 506 931	4 211 283	93 756	2 696 257	462 875
8 茨城	52 129	744 395	606 240	52 077	331 735	29 083
関 9 栃木	14 942	636 632	566 085	15 014	316 232	16 677
10 群馬	24 634	715 876	884 513	24 266	535 212	58 314
11 埼玉	25 034	1 453 581	998 452	25 106	632 649	115 233
12 千葉	48 908	808 044	724 778	48 191	410 949	87 055
13 東京	20 194	871 042	531 826	20 159	435 936	21 016
14 神奈川	16 551	1 418 745	675 610	15 747	428 713	56 111
15 山梨	15 891	422 634	536 605	15 857	392 240	39 332
16 長野	52 325	1 272 182	1 394 414	51 946	511 465	148 109
東 17 静岡	29 447	1 928 474	1 484 548	28 859	1 051 703	198 082
小計	300 055	10 271 605	8 403 071	297 222	5 046 834	769 012
北 18 新潟	98 988	1 052 463	994 012	97 377	426 760	189 915
19 富山	6 300	535 193	389 325	6 249	191 043	40 210
20 石川	9 536	714 105	506 512	9 296	206 097	38 537
陸 21 福井	11 748	522 124	391 689	11 748	177 467	75 844
小計	126 572	2 823 885	2 281 538	124 670	1 001 367	344 506
東 22 岐阜	9 278	1 126 713	613 857	7 835	388 349	49 328
23 愛知	48 301	1 909 782	1 639 028	48 102	1 029 809	419 389
24 三重	11 995	833 707	581 066	11 995	341 558	106 623
海 小計	69 574	3 870 202	2 833 951	67 932	1 759 716	575 340
25 滋賀	26 991	507 221	512 891	27 013	272 950	34 917
近 26 京都	21 345	479 858	353 891	21 116	225 210	28 593
27 大阪	26 157	1 011 055	459 839	25 447	304 567	20 004
28 兵庫	49 291	1 443 749	1 224 100	48 995	786 599	161 363
29 奈良	19 449	403 180	303 528	18 363	140 345	53 184
畿 30 和歌山	9 725	484 972	467 318	9 725	206 078	18 934
小計	152 958	4 330 035	3 321 567	150 659	1 935 749	316 995
31 鳥取	417	357 177	287 560	417	190 831	22 584
中 32 島根	1 936	618 546	666 076	1 840	557 963	52 947
33 岡山	39 365	803 693	767 287	37 528	490 329	32 050
国 34 広島	18 977	1 048 574	779 484	16 067	531 922	108 898
35 山口	2 423	785 241	749 214	2 350	377 846	7 878
・ 36 徳島	7 222	262 021	270 220	7 108	106 814	15 981
37 香川	1 955	387 266	241 876	1 955	208 355	30 404
四 38 愛媛	11 491	670 124	683 504	29 768	342 635	61 499
39 高知	10 648	466 228	378 282	10 703	233 490	31 083
国 小計	94 434	5 398 870	4 823 503	107 736	3 040 185	363 324
40 福岡	10 792	1 205 609	903 455	10 778	518 079	113 217
九 41 佐賀	5 925	470 352	455 242	5 656	301 274	22 947
42 長崎	4 026	490 322	560 217	24 125	319 586	81 772
43 熊本	7 388	878 942	653 520	7 372	345 266	128 133
44 大分	13 325	322 325	403 886	12 964	288 087	18 688
45 宮崎	3 328	496 995	687 433	3 305	396 443	51 428
州 46 鹿児島	20 910	530 725	906 128	20 928	264 165	44 625
小計	65 694	4 395 270	4 569 881	85 128	2 432 900	460 810
47 沖縄	4 360	355 064	400 197	4 534	321 689	70 186

（1）事　業　総　利　益（つづき）
Total Business Profit(Cont.)

（単位：千円）
(Unit:1000Yen)

事業年度 Business Year	共済事業費用 Expenses in Insurance Business				共済事業総利益 Total Profit in Insurance Business	購買事業収益 Earnings of Purchasing Business		
	その他の費用 Other Expenses	うち貸倒引当金繰入額 of which Provision for Reserve for Possible Loan Losses	うち貸倒引当金戻入益 of which Return on Reserve for Possible Loan Losses	うち貸出金償却 of which Loans and Bills Discounted Write off		購買事業収益計 Total Earning of Purchasing Business	購買品供給高 Value of Supplies	購買手数料 Commissions Taken
平25(2013)	11 459 130	44 770	▲ 62 240	0	472 152 443	3 143 870 902	3 044 049 511	279 261
平26(2014)	11 426 399	22 613	▲ 24 098	0	465 393 348	2 845 598 366	2 749 358 310	210 091
平27(2015)	11 270 001	10 772	▲ 16 123	455	474 028 846	2 698 604 656	2 606 465 138	233 450
平28(2016)	9 937 636	18 428	▲ 105 333	0	472 172 218	2 577 876 482	2 486 308 433	251 810
平29(2017)	9 692 618	7 237	▲ 268 751	0	473 245 802	2 597 457 339	2 509 256 922	190 917
平30(2018)	8 843 554	2 351	▲ 125 616	0	464 199 925	2 581 893 313	2 499 436 099	372 428
1組合当たり Average Per Coop.	13 839.7	3.7	▲ 196.6	0.0	726 447.5	4 040 521.6	3 911 480.6	582.8
1 北海道	528 522	788	▲ 1 451	0	14 715 651	520 567 848	501 901 523	0
東北 2 青森	130 218	1	▲ 1 119	0	4 893 641	48 779 641	46 064 110	0
3 岩手	189 765	0	▲ 336	0	7 656 408	43 502 414	41 869 034	0
4 宮城	273 258	0	▲ 3 526	0	9 362 763	48 340 109	46 152 811	0
5 秋田	110 299	0	0	0	6 323 920	48 740 604	47 190 958	0
6 山形	115 664	165	▲ 1 408	0	8 566 178	51 440 128	49 520 346	81 075
7 福島	139 140	4	▲ 38	0	13 806 540	47 334 714	46 725 608	0
小計	958 344	170	▲ 6 427	0	50 609 450	288 137 610	277 522 867	81 075
関東 8 茨城	193 314	1 096	▲ 1 444	0	9 476 764	55 725 282	54 535 705	0
9 栃木	218 151	0	▲ 4 423	0	8 845 293	45 500 508	43 966 321	0
10 群馬	266 699	0	▲ 452	0	9 036 749	62 015 847	60 174 286	0
11 埼玉	225 444	0	▲ 7 094	0	16 468 974	54 719 618	53 892 647	0
12 千葉	178 554	1	▲ 26	0	11 925 127	50 080 082	49 209 582	4 192
13 東京	54 697	0	▲ 7 910	0	9 781 022	8 285 184	8 177 257	2 107
14 神奈川	175 025	0	▲ 9	0	17 682 509	25 963 168	24 240 703	0
15 山梨	89 164	0	▲ 5 243	0	5 805 775	28 530 368	27 712 348	57 026
16 長野	682 880	0	▲ 9 732	0	17 514 563	113 954 062	111 174 335	0
17 静岡	205 877	0	0	0	23 770 966	52 314 530	51 282 354	499
小計	2 289 805	1 097	▲ 36 333	0	130 307 742	497 088 649	484 365 538	63 824
北陸 18 新潟	279 925	0	▲ 25 067	0	15 124 132	87 539 193	83 238 947	153
19 富山	151 808	0	▲ 933	0	6 441 797	46 535 912	44 468 311	21 916
20 石川	252 564	67	▲ 191	0	7 596 269	42 810 717	41 242 432	0
21 福井	126 614	1	▲ 2 528	0	6 101 901	28 689 250	28 031 955	56
小計	810 911	68	▲ 28 719	0	35 264 099	205 575 072	196 981 645	22 125
東海 22 岐阜	168 340	0	0	0	13 314 923	53 334 255	53 003 378	0
23 愛知	141 705	0	▲ 12 743	0	26 845 242	80 576 102	79 132 815	96 480
24 三重	120 879	0	▲ 4 241	0	10 385 300	36 180 721	34 898 987	0
小計	430 924	0	▲ 16 984	0	50 545 465	170 091 078	167 035 180	96 480
近畿 25 滋賀	178 001	0	▲ 5	0	7 255 708	17 644 402	17 111 258	0
26 京都	78 964	0	▲ 3 174	0	7 058 486	12 155 758	11 884 945	0
27 大阪	109 804	0	0	0	11 191 951	8 034 596	7 985 487	0
28 兵庫	227 119	176	▲ 11 549	0	17 731 813	29 762 571	28 714 589	0
29 奈良	91 636	0	0	0	4 826 400	13 158 309	13 020 952	0
30 和歌山	232 573	0	0	0	6 306 492	37 503 827	36 274 741	243
小計	918 097	176	▲ 14 728	0	54 370 850	118 259 463	114 991 972	243
中国・四国 31 鳥取	73 722	0	▲ 13	0	3 571 074	22 232 564	21 510 019	0
32 島根	53 325	0	▲ 937	0	7 292 587	35 760 631	33 915 052	12 123
33 岡山	207 371	8	▲ 4 898	0	10 509 461	30 256 618	28 907 976	32 852
34 広島	122 581	0	▲ 6 409	0	12 616 829	29 375 002	28 791 419	0
35 山口	361 131	0	▲ 254	0	9 105 683	19 607 741	18 731 388	214
36 徳島	140 301	0	▲ 2 391	0	3 791 351	21 511 200	21 127 112	43 512
37 香川	1 161	0	0	0	5 960 267	20 551 939	19 879 226	0
38 愛媛	249 588	0	▲ 524	0	8 234 471	43 372 754	42 062 751	2 430
39 高知	103 005	3	▲ 428	0	5 708 382	33 597 861	32 108 767	0
小計	1 312 185	11	▲ 15 854	0	66 790 105	256 266 310	247 033 710	91 131
九州 40 福岡	261 356	0	0	0	15 101 735	62 809 072	61 584 048	0
41 佐賀	125 363	0	▲ 350	0	5 793 857	65 992 448	64 326 974	0
42 長崎	134 722	0	▲ 782	0	6 712 023	54 806 955	51 920 031	0
43 熊本	172 731	41	▲ 1 384	0	9 801 414	99 370 871	95 416 010	6 025
44 大分	84 141	0	▲ 720	0	4 961 485	23 165 709	22 569 978	8
45 宮崎	236 255	0	▲ 817	0	6 998 140	77 162 597	73 527 785	275
46 鹿児島	576 410	0	▲ 767	0	8 311 178	91 398 669	89 544 892	0
小計	1 590 978	41	▲ 4 820	0	57 679 832	474 706 321	458 889 718	6 308
47 沖縄	3 788	0	▲ 300	0	3 916 731	51 200 962	50 713 946	11 242

(1) 事　業　総　利　益（つづき）

Total Business Profit(Cont.)

(単位：千円)
(Unit:1000Yen)

	事業年度 Business Year	購買事業収益 Earnings of Purchasing Business		購買事業費用 Expenses in Purchasing Business			
		修理サービス料 Repairing Service Fee	その他の収益 Other Profits	購買事業費用計 Total Expenses Purchasing Business	購買品供給原価 Original Cost of Supplies	購買供給費 Supply Expenses	修理サービス費 Repairing Service Expenses
	平25(2013)	22 852 368	76 689 290	2 815 696 176	2 700 411 024	44 121 496	3 807 674
	平26(2014)	22 224 652	73 804 887	2 537 774 823	2 428 150 547	41 700 271	3 939 911
	平27(2015)	21 799 900	70 105 733	2 388 586 934	2 285 964 252	38 505 849	3 776 526
	平28(2016)	21 682 711	69 633 138	2 281 331 218	2 180 951 710	38 629 309	3 826 392
	平29(2017)	21 694 135	66 314 946	2 308 470 069	2 208 315 725	38 371 951	3 868 619
	平30(2018)	22 806 510	59 277 854	2 299 089 716	2 198 781 999	36 940 375	4 514 227
	1組合当たり Average Per Coop.	35 690.9	92 766.6	3 597 949.5	3 440 973.4	57 809.7	7 064.5
	1 北海道	2 569 195	16 097 099	488 260 628	468 241 187	2 655 703	1 106 016
	2 青森	125 617	2 589 913	43 436 416	40 768 878	778 144	5 261
東	3 岩手	291 771	1 341 604	39 398 244	37 330 576	1 030 468	88 176
	4 宮城	937 454	1 249 830	42 667 731	40 422 581	1 433 360	47 343
	5 秋田	925 730	623 902	41 844 680	40 097 556	1 004 777	56 999
	6 山形	654 338	1 184 365	44 847 664	42 840 740	1 333 114	104 422
北	7 福島	246 197	362 905	40 978 445	39 888 942	479 151	21 872
	小計	3 181 107	7 352 519	253 173 180	241 349 273	6 059 014	324 073
	8 茨城	721 041	468 520	50 177 863	48 363 468	826 274	161 289
関	9 栃木	179 060	1 355 117	40 379 101	38 741 542	225 085	6 533
	10 群馬	591 079	1 250 471	55 446 500	52 642 124	1 688 025	173 040
	11 埼玉	183 825	643 135	48 626 471	46 665 696	484 068	1 090
	12 千葉	363 623	502 669	44 757 573	43 460 063	659 418	81 866
	13 東京	3 665	102 143	7 279 616	7 083 466	102 895	0
	14 神奈川	11 418	1 711 034	23 095 957	20 794 387	1 420 089	40 136
	15 山梨	175 551	585 435	25 108 716	23 832 554	150 234	88 853
	16 長野	1 527 244	1 252 470	98 336 011	92 801 359	1 907 368	616 891
東	17 静岡	116 961	914 701	44 930 609	42 451 530	1 126 961	35 386
	小計	3 873 467	8 785 695	438 138 417	416 836 189	8 590 417	1 205 084
北	18 新潟	3 302 720	997 351	74 483 023	70 754 312	1 704 632	223 850
	19 富山	1 224 822	820 847	40 438 986	38 674 119	643 499	82 333
	20 石川	1 016 346	551 922	37 620 871	35 362 089	724 683	69 810
陸	21 福井	139 219	518 016	25 599 005	24 452 678	245 839	0
	小計	5 683 107	2 888 136	178 141 885	169 243 198	3 318 653	375 993
東	22 岐阜	0	330 873	47 541 680	45 977 489	486 738	0
	23 愛知	0	1 346 792	69 475 124	67 924 827	989 868	1 440
	24 三重	305 759	975 966	31 056 106	29 393 673	706 721	1 641
海	小計	305 759	2 653 631	148 072 910	143 295 989	2 183 327	3 081
	25 滋賀	101 149	431 987	15 376 527	14 099 130	711 699	16 058
近	26 京都	101 723	169 086	10 880 884	10 424 763	157 237	4 416
	27 大阪	0	49 102	7 295 512	7 094 331	65 330	0
	28 兵庫	497 006	550 961	26 167 529	25 039 577	512 819	89 316
	29 奈良	42 909	94 448	11 188 050	10 883 390	10 079	3 434
畿	30 和歌山	80 117	1 148 721	31 810 801	30 419 621	422 224	0
	小計	822 904	2 444 305	102 719 303	97 960 812	1 879 388	113 224
	31 鳥取	372 230	350 311	20 264 999	19 556 975	555 064	0
中	32 島根	479 403	1 354 052	30 076 264	28 272 940	879 118	302 011
	33 岡山	756 620	559 166	26 462 128	24 942 769	325 178	205 507
国	34 広島	137 422	446 154	25 637 279	24 110 989	953 132	17 601
	35 山口	447 207	428 919	17 639 531	16 458 902	737 015	126 067
・	36 徳島	44 423	296 143	19 600 516	19 043 163	134 560	463
	37 香川	164 090	508 622	18 218 702	17 519 019	387 151	7 247
四	38 愛媛	191 302	1 116 261	37 835 848	35 934 057	422 634	1 156
	39 高知	269 114	1 219 976	29 076 727	26 604 843	500 136	83 739
国	小計	2 861 811	6 279 604	224 811 994	212 443 657	4 893 988	743 791
	40 福岡	765 803	459 203	53 968 437	52 273 328	637 490	350 085
九	41 佐賀	573 059	1 092 413	59 617 307	58 633 591	170 155	100 811
	42 長崎	490 399	2 396 520	45 713 795	44 164 109	424 508	21 326
	43 熊本	1 072 384	2 876 440	88 049 174	84 584 364	505 976	79 191
	44 大分	207 785	387 934	20 104 632	19 346 030	336 001	14 846
	45 宮崎	192 507	3 442 030	69 771 150	66 976 203	1 265 439	48 035
州	46 鹿児島	207 223	1 646 551	81 833 578	79 615 124	1 137 103	28 671
	小計	3 509 160	12 301 091	419 058 073	405 592 749	4 476 672	642 965
	47 沖縄	0	475 774	46 713 326	43 818 945	2 883 213	0

(1) 事　業　総　利　益 (つづき)

Total Business Profit(Cont.)

(単位：千円)
(Unit:1000Yen)

事業年度 Business Year	購買事業費用 Expenses in Purchasing Business				購買事業総利益 Total Profit in Purchasing Business	販売事業収益 Earning of Marketing business	
	その他の費用 Other Expenses	うち貸倒引当金繰入額 of which Provision for Reserve for Possible Loan Losses	うち貸倒引当金戻入益 of which Return on Reserve for Possible Loan Losses	うち貸倒損失 of which Bad dept loss		販売事業収益計 Total Earnings of Marketing Business	販売品販売高 Value of Commodities Marketed
平25(2013)	67 355 435	2 256 948	▲ 3 825 228	100 302	328 174 447	360 459 496	162 258 328
平26(2014)	63 983 602	1 920 404	▲ 3 303 553	34 227	307 823 288	346 162 274	150 879 362
平27(2015)	60 339 776	1 088 500	▲ 3 995 993	45 699	310 017 476	360 782 144	154 071 905
平28(2016)	57 923 310	630 517	▲ 3 884 709	19 193	296 545 034	378 704 536	169 063 108
平29(2017)	57 913 279	1 053 995	▲ 2 293 440	20 493	288 986 995	406 353 389	201 987 136
平30(2018)	58 852 613	1 444 737	▲ 1 864 583	14 997	282 803 350	423 032 286	226 102 378
1組合当たり Average Per Coop.	92 101.1	2 260.9	▲ 2 918.0	23.5	442 571.8	662 022.4	353 837.8
1 北海道	16 257 698	106 727	▲ 88 709	715	32 307 197	75 011 307	41 365 081
東北 2 青森	1 884 133	60 512	▲ 32 708	704	5 343 224	6 847 045	653 751
3 岩手	949 018	32 994	▲ 1 654	0	4 104 166	5 452 327	1 757 223
4 宮城	764 430	32 207	▲ 42 188	194	5 672 370	5 812 611	1 918 882
5 秋田	685 331	60 820	▲ 90 912	380	6 895 919	5 043 515	853 836
6 山形	569 382	59 006	▲ 146 864	0	6 592 463	5 990 942	1 752 334
7 福島	588 474	3 366	▲ 15 429	0	6 356 267	28 621 051	18 280 017
小計	5 440 768	248 905	▲ 329 755	1 278	34 964 409	57 767 491	25 216 043
関東 8 茨城	826 803	41 772	▲ 30 071	19	5 547 412	20 679 560	14 409 309
9 栃木	1 405 935	26 043	▲ 11 887	0	5 121 402	14 768 531	9 641 745
10 群馬	943 295	14 143	▲ 74 100	0	6 569 342	13 305 785	5 338 315
11 埼玉	1 475 601	24 164	▲ 22 081	0	6 093 142	4 847 265	2 361 273
12 千葉	556 206	8 837	▲ 10 715	3 120	5 322 500	25 655 041	22 769 767
13 東京	93 243	2 701	▲ 433	0	1 005 560	2 100 547	1 700 962
14 神奈川	841 333	1 531	▲ 10 636	173	2 867 202	6 475 293	4 380 229
15 山梨	1 037 064	4 167	▲ 22 863	350	3 421 650	1 788 186	315 629
16 長野	3 010 374	145 145	▲ 107 634	30	15 618 042	9 806 462	3 375 399
17 静岡	1 316 720	29 319	▲ 17 739	131	7 383 912	9 150 336	3 949 673
小計	11 506 574	297 822	▲ 308 159	3 823	58 950 164	108 577 006	68 242 301
北陸 18 新潟	1 800 199	98 142	▲ 27 519	429	13 056 153	11 489 493	4 819 458
19 富山	1 039 021	9 030	▲ 11 624	200	6 096 918	5 378 569	3 187 513
20 石川	1 464 269	27 677	▲ 24 370	195	5 189 840	1 974 343	218 402
21 福井	900 483	31 063	▲ 5 094	0	3 090 237	1 978 122	646 557
小計	5 203 972	165 912	▲ 68 607	824	27 433 148	20 820 527	8 871 930
東海 22 岐阜	1 077 446	18 073	▲ 34 551	123	5 792 571	4 593 630	2 560 267
23 愛知	558 973	39 024	▲ 55 897	277	11 100 966	13 325 436	6 294 407
24 三重	954 062	30 277	▲ 20 732	3	5 124 612	1 944 896	319 252
小計	2 590 481	87 374	▲ 111 180	403	22 018 149	19 863 962	9 173 926
近畿 25 滋賀	549 637	22 356	▲ 10 237	8	2 267 872	4 576 971	2 711 869
26 京都	294 461	1 536	▲ 9 407	0	1 274 871	4 010 750	3 116 844
27 大阪	135 841	3 743	0	0	739 075	3 242 107	2 474 446
28 兵庫	525 803	12 246	▲ 19 611	1 011	3 595 034	9 402 386	5 357 406
29 奈良	291 148	0	0	16	1 970 259	2 339 554	1 937 113
30 和歌山	968 951	2 815	▲ 11 979	6	5 693 023	6 927 691	2 958 895
小計	2 765 841	42 696	▲ 51 234	1 041	15 540 134	30 499 459	18 556 573
中国・四国 31 鳥取	152 957	13 180	▲ 8 380	0	1 967 562	1 603 499	0
32 島根	622 194	0	▲ 23 390	0	5 684 366	6 408 070	4 958 366
33 岡山	988 665	52 617	▲ 11 740	0	3 794 486	4 236 279	2 398 854
34 広島	555 543	3 200	▲ 56 878	2 165	3 737 717	10 378 831	8 714 451
35 山口	317 529	10 731	▲ 21 346	0	1 968 204	4 044 916	2 538 962
36 徳島	422 317	5 962	▲ 49 845	0	1 910 676	5 381 467	4 058 986
37 香川	305 284	0	0	0	2 333 236	5 974 640	0
38 愛媛	1 477 993	42 686	▲ 28 760	174	5 536 899	7 480 065	3 659 524
39 高知	1 888 002	126 733	▲ 73 274	4 007	4 521 137	9 888 856	5 286 002
小計	6 730 484	255 109	▲ 273 613	6 346	31 454 283	55 396 623	31 615 145
九州 40 福岡	707 507	34 219	▲ 102 528	561	8 840 627	8 659 472	2 780 750
41 佐賀	712 749	28 276	▲ 39 984	0	6 375 140	6 579 560	2 158 929
42 長崎	1 103 846	21 860	▲ 127 470	0	9 093 155	4 842 733	744 623
43 熊本	2 879 628	88 633	▲ 29 963	0	11 321 693	6 053 019	712 752
44 大分	407 749	143	▲ 9 157	0	3 061 075	4 104 199	3 137 388
45 宮崎	1 481 471	13 608	▲ 154 903	0	7 391 450	6 472 410	2 522 133
46 鹿児島	1 052 678	53 453	▲ 90 523	6	9 565 089	6 794 851	2 378 706
小計	8 345 628	240 192	▲ 554 528	567	55 648 229	43 506 244	14 435 281
47 沖縄	11 167	0	▲ 78 798	0	4 487 637	11 589 667	8 626 098

(1) 事　業　総　利　益 (つづき)

Total Business Profit (Cont.)

(単位：千円)
(Unit:1000Yen)

	事業年度 Business Year	販売事業収益 Earning of Marketing business		販売事業費用 Expenses in Marketing Business			
		販売手数料 Commission Taken	その他の収益 Other Profits	販売事業費用計 Total Expenses in Marketing Business	販売品販売原価 Original Cost of Commodities Marketed	販売費 Marketing Expenses	その他の費用 Other Expenses
	平25(2013)	118 654 470	79 546 310	221 757 290	144 191 362	29 063 333	48 502 302
	平26(2014)	116 823 842	78 458 707	209 999 940	132 399 538	29 387 434	48 212 689
	平27(2015)	122 410 977	84 298 869	216 541 788	133 812 162	29 135 245	53 594 098
	平28(2016)	124 103 172	85 537 867	229 659 505	146 144 152	29 098 032	54 417 048
	平29(2017)	123 115 987	81 249 863	259 538 968	177 279 096	28 878 117	53 381 476
	平30(2018)	119 130 806	77 798 718	275 575 226	199 139 370	28 298 479	48 137 113
	1組合当たり Average Per Coop.	186 433.2	121 750.7	431 260.1	311 642.2	44 285.6	75 331.9
	1 北海道	18 503 334	15 142 881	49 917 374	36 759 423	3 538 478	9 619 462
	2 青森	3 125 056	3 068 237	2 510 437	588 602	947 150	974 685
東	3 岩手	2 720 874	974 227	2 378 220	1 646 684	186 947	544 582
	4 宮城	2 377 273	1 516 444	2 640 078	1 834 613	349 075	456 382
	5 秋田	2 903 694	1 285 975	927 771	668 960	215 897	42 907
	6 山形	3 184 098	1 054 507	2 247 592	1 595 050	204 441	448 100
北	7 福島	2 031 479	8 309 552	23 339 837	15 996 566	893 035	6 450 232
	小計	16 342 474	16 208 942	34 043 935	22 330 475	2 796 545	8 916 888
	8 茨城	3 230 413	3 039 819	15 868 655	12 900 086	800 649	2 167 899
関	9 栃木	3 370 958	1 755 821	10 669 398	8 709 370	514 488	1 445 535
	10 群馬	6 732 939	1 234 521	9 892 527	4 916 449	4 409 734	566 337
	11 埼玉	2 171 534	314 448	2 970 748	2 224 819	32 226	713 691
	12 千葉	1 757 320	1 127 935	21 784 682	20 219 518	394 828	1 170 326
	13 東京	318 372	81 197	1 469 035	1 382 574	23 104	63 349
	14 神奈川	1 492 969	602 081	4 821 608	3 583 319	178 868	1 059 415
	15 山梨	805 182	667 372	725 127	218 009	183 263	323 855
	16 長野	5 058 231	1 372 817	3 998 186	2 835 199	687 324	475 662
東	17 静岡	2 956 576	2 244 073	5 338 246	3 112 613	336 964	1 888 658
	小計	27 894 494	12 440 084	77 538 212	60 101 956	7 561 448	9 874 727
北	18 新潟	4 801 532	1 868 479	6 887 260	4 337 422	1 428 053	1 121 772
	19 富山	1 630 320	560 727	3 367 627	2 920 435	54 317	392 871
	20 石川	1 448 720	307 212	482 976	192 951	68 779	221 242
陸	21 福井	867 508	464 050	1 042 070	604 023	118 068	319 976
	小計	8 748 080	3 200 468	11 779 933	8 054 831	1 669 217	2 055 861
東	22 岐阜	1 392 896	640 459	3 231 213	2 319 089	8 817	903 304
	23 愛知	5 486 068	1 544 941	6 370 698	5 283 014	606 173	481 501
	24 三重	1 265 470	360 171	818 225	273 280	144 414	400 528
海	小計	8 144 434	2 545 571	10 420 136	7 875 383	759 404	1 785 333
	25 滋賀	1 278 655	586 442	3 173 049	2 277 404	383 612	512 030
近	26 京都	337 603	556 299	3 099 878	2 891 082	129 208	79 585
	27 大阪	623 634	144 016	2 258 419	1 958 961	143 937	155 511
	28 兵庫	2 574 907	1 470 059	6 473 721	4 394 414	978 638	1 100 660
	29 奈良	320 501	81 940	1 937 297	1 797 074	8 788	131 435
畿	30 和歌山	2 736 562	1 232 230	3 624 892	2 473 698	85 638	1 065 552
	小計	7 871 862	4 070 986	20 567 256	15 792 633	1 729 821	3 044 773
	31 鳥取	1 256 773	346 725	421 450	0	107 845	313 605
中	32 島根	759 844	689 858	4 968 659	4 344 970	273 782	349 906
	33 岡山	1 210 661	626 757	3 045 440	2 119 519	400 034	525 882
国	34 広島	977 027	687 340	9 187 329	8 311 895	609 051	266 373
	35 山口	1 112 293	393 651	2 798 106	2 283 627	157 649	356 818
・	36 徳島	765 894	556 575	4 089 945	3 675 922	56 546	357 469
	37 香川	1 172 983	4 801 657	4 536 468	0	4 207 474	328 993
四	38 愛媛	1 765 013	2 055 517	5 131 571	3 302 143	247 142	1 582 279
	39 高知	1 448 286	3 154 566	7 013 970	4 153 273	1 827 825	1 032 869
国	小計	10 468 774	13 312 646	41 192 938	28 191 349	7 887 348	5 114 194
	40 福岡	3 981 788	1 896 912	3 745 986	2 200 589	447 297	1 098 087
九	41 佐賀	3 498 142	922 490	2 602 987	1 702 892	263 983	636 111
	42 長崎	1 972 472	2 125 637	2 430 112	621 735	56 582	1 751 790
	43 熊本	3 080 169	2 260 091	2 141 265	595 249	111 485	1 434 526
	44 大分	704 602	262 205	3 258 181	2 932 763	80 589	244 826
	45 宮崎	2 830 951	1 119 324	3 411 460	2 178 769	542 633	690 059
州	46 鹿児島	3 292 079	1 124 063	2 748 438	2 101 925	167 112	479 399
	小計	19 360 203	9 710 722	20 338 429	12 333 922	1 669 681	6 334 798
	47 沖縄	1 797 151	1 166 418	9 777 013	7 699 398	686 537	1 391 077

(1) 事 業 総 利 益 (つづき)

Total Business Profit(Cont.)

(単位：千円)
(Unit:1000Yen)

	事業年度 Business Year	販売事業費用 その他の費用			販売事業総利益 Total Profit in Marketing Business	保管事業収益 Earnings of Warehouseing Business	保管事業費用 Expenses in Warehouseing Business	保管事業総利益 Total Profit in Warehouseing Business
		うち貸倒引当金繰入額 of which Provision for Reserve for Possible Loan Losses	うち貸倒引当金戻入益 of which Return on Reserve for Possible Loan Losses	うち貸倒損失 of which Bad dept loss				
	平25(2013)	733 200	▲ 453 575	1 910	138 701 946	31 239 324	11 518 725	19 720 407
	平26(2014)	329 028	▲ 994 677	260 114	136 162 094	31 411 936	11 771 495	19 640 246
	平27(2015)	264 708	▲ 952 174	105 001	144 240 121	32 218 248	11 977 894	20 240 180
	平28(2016)	168 233	▲ 406 351	81	149 044 786	28 129 536	10 913 159	17 216 230
	平29(2017)	128 775	▲ 278 212	0	146 814 184	28 017 145	10 911 004	17 105 997
	平30(2018)	290 428	▲ 526 484	301	147 456 829	25 385 419	10 206 331	15 178 940
	1組合当たり Average Per Coop.	454.5	▲ 823.9	0.5	230 761.9	39 726.8	15 972.3	23 754.2
	1 北海道	50 975	▲ 27 338	0	25 093 924	9 209 130	4 212 533	4 996 588
東北	2 青森	64 620	▲ 17 735	0	4 336 607	971 356	366 814	604 542
	3 岩手	8 828	▲ 1 497	0	3 074 105	1 248 463	424 644	823 818
	4 宮城	873	▲ 3 680	0	3 172 528	1 346 948	527 431	819 514
	5 秋田	4 571	▲ 290 832	171	4 115 740	1 592 844	675 213	917 626
	6 山形	39 846	▲ 23 302	0	3 743 347	1 351 533	461 340	890 192
	7 福島	2 280	▲ 4 191	0	5 281 213	414 295	201 193	213 099
	小計	121 018	▲ 341 237	171	23 723 540	6 925 439	2 656 635	4 268 791
関東	8 茨城	12	▲ 225	0	4 810 893	346 127	181 814	164 305
	9 栃木	994	▲ 880	0	4 099 127	842 499	313 062	529 433
	10 群馬	167	▲ 2	0	3 413 250	167 353	41 687	125 661
	11 埼玉	19	▲ 151	0	1 876 511	171 371	23 604	147 760
	12 千葉	669	▲ 5 461	0	3 870 350	232 603	91 661	140 936
	13 東京	0	▲ 17	0	631 507	0	0	0
	14 神奈川	0	▲ 1 063	0	1 653 678	5 339	871	4 466
	15 山梨	9	▲ 1	0	1 063 053	26 771	8 369	18 401
	16 長野	2	▲ 9 593	39	5 808 267	427 119	157 567	269 547
	17 静岡	16 943	▲ 2 357	0	3 812 082	171	205	▲ 33
	小計	18 815	▲ 19 750	39	31 038 718	2 219 353	818 840	1 400 476
北陸	18 新潟	5 427	▲ 13 160	0	4 602 215	1 653 476	599 629	1 053 834
	19 富山	1 501	▲ 3 053	0	2 010 934	575 280	176 079	399 195
	20 石川	3 082	▲ 236	0	1 491 359	312 482	123 669	188 806
	21 福井	2 312	▲ 313	0	936 044	313 801	96 969	216 828
	小計	12 322	▲ 16 762	0	9 040 552	2 855 039	996 346	1 858 663
東海	22 岐阜	6 321	0	0	1 362 414	155 941	30 315	125 621
	23 愛知	12 601	▲ 7 004	0	6 954 726	216 002	24 080	191 920
	24 三重	0	▲ 19 501	0	1 126 667	307 434	72 018	235 409
	小計	18 922	▲ 26 505	0	9 443 807	679 377	126 413	552 950
近畿	25 滋賀	1 391	▲ 51	0	1 403 920	340 528	116 260	224 265
	26 京都	0	▲ 232	0	910 870	68 848	42 762	26 085
	27 大阪	9	0	1	983 683	0	0	0
	28 兵庫	92	▲ 5 409	0	2 928 656	411 663	103 746	307 910
	29 奈良	0	0	90	402 257	83 231	19 843	63 388
	30 和歌山	50	0	0	3 302 798	0	0	0
	小計	1 542	▲ 5 692	91	9 932 184	904 270	282 611	621 648
中国・四国	31 鳥取	0	▲ 3 045	0	1 182 047	101 933	61 872	40 058
	32 島根	0	▲ 2 382	0	1 439 410	239 373	79 375	159 998
	33 岡山	36	▲ 12 463	0	1 190 837	280 613	94 480	186 129
	34 広島	35 798	▲ 2 131	0	1 191 498	228 683	106 542	122 137
	35 山口	5 580	▲ 1 109	0	1 246 806	226 227	106 396	119 823
	36 徳島	89	▲ 1 667	0	1 291 515	25 683	10 317	15 363
	37 香川	0	0	0	1 438 172	130 958	78 185	52 773
	38 愛媛	0	▲ 206	0	2 348 487	71 304	35 085	36 217
	39 高知	3 731	▲ 3 100	0	2 874 886	10 484	279	10 205
	小計	45 234	▲ 26 103	0	14 203 658	1 315 258	572 531	742 703
九州	40 福岡	7 434	▲ 2 621	0	4 913 476	162 165	91 599	70 557
	41 佐賀	2 564	▲ 7 763	0	3 976 574	475 813	174 242	301 572
	42 長崎	1 432	▲ 8 178	0	2 412 618	100 844	24 583	76 257
	43 熊本	6 032	▲ 1 690	0	3 911 750	266 316	123 432	142 887
	44 大分	1 958	▲ 110	0	846 015	138 197	74 438	63 758
	45 宮崎	1 534	▲ 1 154	0	3 060 948	78 696	30 122	48 574
	46 鹿児島	646	▲ 9 357	0	4 046 411	55 522	22 006	33 516
	小計	21 600	▲ 30 873	0	23 167 792	1 277 553	540 422	737 121
	47 沖縄	0	▲ 32 224	0	1 812 654	0	0	0

※　平成28事業年度までは、「農業倉庫事業」に「保管事業」を含んでいる。

(1) 事　業　総　利　益 (つづき)

Total Business Profit(Cont.)

(単位：千円)
(Unit:1000Yen)

事業年度 Business Year		加工事業収益 Earnings of Processing Business	加工事業費用 Expenses in Processing Business	加工事業総利益 Total Profit in Processing Business	利用事業収益 Earnings of Utilization Business	利用事業費用 Expenses in Utilization Business	利用事業総利益 Total Profit in Utilization Business	宅地等供給事業収益 Earnings of Business Supplying Home-lots & Others
	平25(2013)	122 476 314	107 045 996	15 430 209	239 155 790	162 344 289	76 811 280	20 441 838
	平26(2014)	118 508 345	102 812 106	15 696 133	240 956 125	163 878 931	77 076 991	18 550 896
	平27(2015)	117 459 982	101 100 758	16 359 095	234 055 695	158 913 043	75 142 449	18 597 152
	平28(2016)	117 194 141	100 866 060	16 327 978	230 602 700	156 761 262	73 841 227	18 906 260
	平29(2017)	118 807 224	102 808 233	15 998 861	233 938 056	160 296 753	73 641 083	18 206 310
	平30(2018)	106 837 241	91 639 586	15 197 567	233 639 081	162 960 040	70 678 839	18 088 618
	1組合当たり Average Per Coop.	167 194.4	143 410.9	23 783.4	365 632.4	255 023.5	110 608.5	28 307.7
	1 北海道	33 494 367	29 003 355	4 491 009	18 020 850	13 678 077	4 342 762	543 708
東北	2 青森	2 511 059	2 196 919	314 140	10 198 988	7 636 278	2 562 709	62
	3 岩手	313 538	292 563	20 976	6 478 443	4 506 213	1 972 227	131 730
	4 宮城	130 701	118 698	12 002	3 890 304	2 567 678	1 322 619	266 793
	5 秋田	893 305	698 697	194 603	4 864 834	3 258 403	1 606 427	18 481
	6 山形	948 831	591 706	357 125	1 999 937	1 456 234	543 701	539 971
	7 福島	131 629	93 072	38 556	2 474 058	1 845 964	628 094	0
	小計	4 929 063	3 991 655	937 402	29 906 564	21 270 770	8 635 777	957 037
関東	8 茨城	1 428 510	1 169 206	259 302	11 099 850	8 816 034	2 283 806	387 634
	9 栃木	153 639	127 975	25 660	5 471 842	3 347 086	2 124 752	462 209
	10 群馬	676 146	452 095	224 049	3 451 571	2 011 908	1 439 659	828 534
	11 埼玉	167 992	118 672	49 317	1 299 166	734 967	564 188	1 569 220
	12 千葉	0	0	0	2 448 825	1 962 819	486 001	840 542
	13 東京	2 896	688	2 206	3 121 989	2 238 185	883 800	4 010 482
	14 神奈川	57 048	40 896	16 151	989 453	791 075	198 376	97
	15 山梨	70 482	32 815	37 664	1 008 264	288 027	720 233	575
	16 長野	3 609 033	2 592 119	1 016 906	25 086 450	20 065 256	5 021 187	233 316
	17 静岡	6 679 656	5 858 571	821 082	1 804 384	1 265 817	538 560	544 046
	小計	12 845 402	10 393 037	2 452 337	55 781 794	41 521 174	14 260 562	8 876 655
北陸	18 新潟	5 539 678	4 964 739	574 934	12 059 415	7 905 440	4 153 959	110 350
	19 富山	123 624	81 818	41 805	5 494 952	4 172 426	1 322 522	20 955
	20 石川	593 085	458 242	134 838	3 630 383	2 489 526	1 140 848	161 001
	21 福井	1 041 111	863 885	177 223	3 771 862	2 880 849	891 007	263 886
	小計	7 297 498	6 368 684	928 800	24 956 612	17 448 241	7 508 336	556 192
東海	22 岐阜	1 880 205	1 300 668	579 535	5 475 017	3 036 029	2 438 984	282 100
	23 愛知	1 722 356	1 288 511	433 842	6 780 593	3 778 658	3 001 930	2 496 230
	24 三重	1 276 910	1 095 101	181 807	3 982 812	3 130 135	852 673	448 814
	小計	4 879 471	3 684 280	1 195 184	16 238 422	9 944 822	6 293 587	3 227 144
近畿	25 滋賀	336 825	298 940	37 883	5 002 857	2 901 454	2 101 400	107 059
	26 京都	2 279 880	2 137 590	142 290	1 367 412	914 922	452 487	91 349
	27 大阪	4 700	2 639	2 061	614 481	339 644	274 830	399 491
	28 兵庫	290 920	218 740	72 178	5 026 356	3 432 847	1 593 507	876 283
	29 奈良	383 044	329 932	53 113	764 050	408 313	355 737	71 474
	30 和歌山	5 361 425	4 573 461	787 962	133 921	13 171	120 749	1 347
	小計	8 656 794	7 561 302	1 095 487	12 909 077	8 010 351	4 898 710	1 547 003
中国・四国	31 鳥取	405 205	332 783	72 421	3 695 587	2 252 921	1 442 665	1 027
	32 島根	5 729 639	5 192 587	537 051	2 050 556	1 146 630	903 926	62 003
	33 岡山	1 606 367	1 252 651	353 715	4 869 772	3 001 478	1 868 290	190 752
	34 広島	650 368	449 771	200 595	4 816 543	2 755 965	2 060 571	490 356
	35 山口	279 632	237 229	42 398	1 797 554	1 279 188	518 360	37 705
	36 徳島	595 498	447 675	147 821	1 419 766	900 297	519 461	0
	37 香川	4 572 506	4 287 206	285 299	3 431 768	1 351 303	2 080 465	0
	38 愛媛	3 437 063	2 802 826	634 233	2 174 586	1 778 382	396 201	40 386
	39 高知	1 264 823	1 100 091	164 732	1 253 097	888 329	364 766	89 464
	小計	18 541 101	16 102 819	2 438 265	25 509 229	15 354 493	10 154 705	911 693
九州	40 福岡	1 523 630	1 154 081	369 546	3 775 184	1 999 941	1 775 236	570 163
	41 佐賀	2 519 048	2 381 024	138 025	5 227 006	3 046 682	2 180 324	366 839
	42 長崎	436 355	421 809	14 546	6 098 774	4 177 367	1 921 403	0
	43 熊本	2 757 983	2 390 931	367 048	7 272 406	5 223 595	2 048 806	171 069
	44 大分	899 801	711 023	188 776	7 428 441	5 063 306	2 365 133	64 587
	45 宮崎	2 072 331	1 806 397	265 934	8 833 120	7 875 755	957 363	60 952
	46 鹿児島	2 186 660	1 929 888	256 772	8 866 114	5 817 038	3 049 075	102 034
	小計	12 395 808	10 795 153	1 600 647	47 501 045	33 203 684	14 297 340	1 335 644
	47 沖縄	3 797 737	3 739 301	58 436	2 815 488	2 528 428	287 060	133 542

（1）事 業 総 利 益（つづき）
Total Business Profit(Cont.)

（単位：千円）
(Unit:1000Yen)

	事業年度 Business Year	宅地等供給事業費用 Expenses in Business Supplying Home-lots & Others	宅地等供給事業総利益 Total Profit in Business Supplying Home-lots & Others	その他事業収益 Earnings of Other Business	その他事業費用 Expenses in Other Business	その他事業総利益 Total Profit in Other Business	指導事業収入 Revenue in Guidance Business
	平25(2013)	6 872 245	13 569 495	214 655 501	162 619 291	52 035 938	30 077 292
	平26(2014)	6 057 349	12 493 451	209 371 060	158 939 602	50 431 185	29 121 481
	平27(2015)	5 579 068	13 017 978	208 711 540	155 048 695	53 662 554	29 915 907
	平28(2016)	5 991 511	12 914 659	207 746 943	152 974 355	54 772 357	31 567 788
	平29(2017)	4 822 787	13 383 441	203 885 394	151 711 942	52 173 227	31 723 064
	平30(2018)	4 559 566	13 528 970	200 403 565	148 713 373	51 689 937	31 466 860
	1組合当たり Average Per Coop.	7 135.5	21 172.1	313 620.6	232 728.3	80 891.9	49 243.9
	1 北海道	136 774	406 934	49 185 959	39 458 529	9 727 415	12 397 128
	2 青森	122	▲ 60	1 993 176	1 625 371	367 801	285 965
東	3 岩手	91 009	40 721	2 876 361	2 059 102	817 251	902 008
	4 宮城	75 992	190 799	2 464 453	1 594 131	870 321	494 846
	5 秋田	7 451	11 029	1 967 250	1 150 173	817 066	520 805
	6 山形	167 791	372 178	8 317 875	5 931 631	2 386 240	605 137
北	7 福島	0	0	4 731 518	3 157 663	1 573 846	1 066 395
	小計	342 365	614 667	22 350 633	15 518 071	6 832 525	3 875 156
	8 茨城	133 264	254 363	5 945 992	4 742 190	1 203 794	553 793
関	9 栃木	277 016	185 190	1 372 457	713 901	658 552	167 838
	10 群馬	444 825	383 703	1 789 479	1 017 045	772 422	342 076
	11 埼玉	37 344	1 531 872	432 358	232 165	200 190	221 824
	12 千葉	68 666	771 874	6 512 554	5 453 589	1 058 956	266 941
	13 東京	58 590	3 951 887	416 823	251 671	165 151	256 184
	14 神奈川	352	▲ 254	1 790 068	1 175 423	614 637	374 268
	15 山梨	3 106	▲ 2 531	1 384 796	951 257	433 534	164 252
	16 長野	224 592	8 723	1 917 564	1 157 914	759 639	1 003 785
東	17 静岡	43 578	500 457	2 222 534	1 402 857	819 668	328 989
	小計	1 291 333	7 585 284	23 784 625	17 098 012	6 686 543	3 679 950
北	18 新潟	71 037	39 310	4 219 502	3 693 169	526 325	823 110
	19 富山	4 885	16 071	2 026 356	1 329 576	696 777	302 738
	20 石川	49 212	111 787	1 274 194	895 450	378 736	221 597
陸	21 福井	247 351	16 535	1 322 484	932 556	389 919	357 039
	小計	372 485	183 703	8 842 536	6 850 751	1 991 757	1 704 484
東	22 岐阜	53 197	228 900	2 571 336	1 622 671	948 661	159 668
	23 愛知	879 169	1 617 055	3 163 852	929 283	2 234 558	1 030 964
	24 三重	226 334	222 476	1 006 848	808 544	198 305	115 355
海	小計	1 158 700	2 068 431	6 742 036	3 360 498	3 381 524	1 305 987
	25 滋賀	64 048	43 011	1 547 671	1 315 015	232 651	319 946
近	26 京都	3 797	87 552	474 306	355 404	118 900	115 758
	27 大阪	16 991	382 493	343 631	203 522	140 106	143 553
	28 兵庫	108 501	767 779	5 077 045	2 962 225	2 114 802	359 890
	29 奈良	667	70 806	1 569 850	1 003 978	565 872	115 888
畿	30 和歌山	51	1 296	2 175 673	1 233 421	942 246	659 912
	小計	194 055	1 352 937	11 188 176	7 073 565	4 114 577	1 714 947
	31 鳥取	223	804	1 719 448	1 323 331	396 115	326 165
中	32 島根	42 889	19 114	6 131 079	3 934 213	2 196 866	585 607
	33 岡山	106 038	84 713	1 884 759	1 353 403	531 354	251 176
国	34 広島	309 490	180 865	1 913 810	1 293 194	620 612	228 174
	35 山口	28 114	9 588	1 145 998	771 846	374 144	221 375
・	36 徳島	59	▲ 59	1 935 001	1 613 317	321 678	70 599
	37 香川	0	0	230 799	141 118	89 680	301 147
四	38 愛媛	22 477	17 908	8 328 492	6 114 332	2 214 148	343 672
	39 高知	65 216	24 248	1 340 349	932 863	407 480	135 108
国	小計	574 506	337 181	24 629 735	17 477 617	7 152 077	2 463 023
	40 福岡	47 579	522 580	19 538 939	14 173 828	5 365 106	698 803
九	41 佐賀	245 702	121 137	6 171 827	5 867 863	303 964	398 588
	42 長崎	0	0	1 940 911	1 550 446	390 463	588 046
	43 熊本	55 471	115 598	7 321 464	5 206 214	2 115 242	709 398
	44 大分	13 981	50 606	3 593 939	3 211 678	382 259	160 377
	45 宮崎	46 273	14 679	4 702 027	4 321 773	380 256	889 007
州	46 鹿児島	70 073	31 960	7 726 662	5 500 254	2 226 407	484 139
	小計	479 079	856 560	50 995 769	39 832 056	11 163 697	3 928 358
	47 沖縄	10 269	123 273	2 684 096	2 044 274	639 822	397 827

（1）事業総利益（つづき） Total Business Profit(Cont.)

（2）事 業 管 理 費 Business Administration Expenses

（単位：千円）
(Unit:1000Yen)

	事業年度 Business Year	指導事業支出 Expenditure in Guidance Business	指導事業収支差額 Revenue and Expenditure Balance in Guidance Business	事業管理費 Business Administration Expenses	人件費 Personal expenses	業務費 Business expenses	諸税負担金 Various Tax burden money
	平25(2013)	52 340 465	▲ 22 262 953	1 670 593 878	1 197 006 777	140 656 785	58 603 005
	平26(2014)	52 588 877	▲ 23 467 184	1 656 144 537	1 185 645 640	138 881 581	61 934 965
	平27(2015)	53 336 442	▲ 23 420 327	1 656 888 842	1 189 409 254	139 972 774	60 872 485
	平28(2016)	55 084 037	▲ 23 516 047	1 635 473 504	1 171 178 725	138 206 552	60 680 354
	平29(2017)	55 328 997	▲ 23 605 714	1 626 435 110	1 163 440 810	137 198 721	60 552 488
	平30(2018)	55 032 236	▲ 23 565 180	1 610 210 447	1 149 744 252	135 306 300	60 242 138
	1組合当たり Average Per Coop.	86 122.4	▲ 36 878.2	2 519 891.2	1 799 286.8	211 746.9	94 275.6

地区	都道府県	指導事業支出	指導事業収支差額	事業管理費	人件費	業務費	諸税負担金
	1 北海道	10 579 360	1 817 758	106 590 789	72 076 243	6 965 533	4 234 933
東北	2 青森	786 736	▲ 500 770	19 402 102	13 228 070	1 070 257	706 211
東北	3 岩手	1 752 609	▲ 850 598	24 511 769	16 709 988	2 065 380	1 081 636
東北	4 宮城	1 526 607	▲ 1 031 753	28 076 603	20 814 628	1 364 413	963 612
東北	5 秋田	799 733	▲ 278 924	24 813 302	16 763 177	1 827 368	852 546
東北	6 山形	1 063 973	▲ 458 833	29 257 980	21 285 048	1 507 294	974 639
東北	7 福島	1 838 462	▲ 772 066	38 539 066	26 901 087	3 395 661	1 255 587
東北	小計	7 768 120	▲ 3 892 944	164 600 822	115 701 998	11 230 373	5 834 231
関東	8 茨城	894 274	▲ 340 470	34 108 462	24 568 773	2 806 524	940 113
関東	9 栃木	745 552	▲ 577 711	32 232 878	23 215 906	2 236 900	1 351 667
関東	10 群馬	742 161	▲ 400 075	30 459 797	23 095 398	2 129 795	1 147 364
関東	11 埼玉	1 077 801	▲ 855 969	48 606 025	36 729 181	3 933 762	1 705 912
関東	12 千葉	923 198	▲ 656 249	38 355 866	28 604 782	2 580 994	1 648 157
関東	13 東京	926 189	▲ 669 997	39 364 215	27 634 295	4 537 162	2 018 370
関東	14 神奈川	1 948 633	▲ 1 574 361	63 568 581	47 388 452	5 936 147	2 304 091
関東	15 山梨	247 166	▲ 82 909	15 932 368	11 930 942	897 940	588 687
関東	16 長野	1 736 938	▲ 733 149	65 646 929	46 984 322	5 538 648	2 171 520
関東	17 静岡	1 768 669	▲ 1 439 670	69 814 079	49 599 082	7 368 773	2 247 454
関東	小計	11 010 581	▲ 7 330 560	438 089 200	319 751 133	37 966 645	16 123 335
北陸	18 新潟	1 785 482	▲ 962 362	52 271 754	38 142 806	3 692 144	1 576 955
北陸	19 富山	988 431	▲ 685 686	23 862 707	16 360 199	2 457 752	795 778
北陸	20 石川	719 229	▲ 497 620	21 462 749	15 574 054	1 560 214	749 766
北陸	21 福井	717 768	▲ 360 723	16 817 896	11 912 073	1 113 423	746 152
北陸	小計	4 210 910	▲ 2 506 391	114 415 106	81 989 132	8 823 533	3 868 651
東海	22 岐阜	714 201	▲ 554 531	42 880 241	30 256 378	3 773 955	1 295 081
東海	23 愛知	2 251 318	▲ 1 220 344	94 508 343	64 041 564	11 034 158	3 584 999
東海	24 三重	638 053	▲ 522 692	32 092 362	23 901 891	3 140 173	1 016 419
東海	小計	3 603 572	▲ 2 297 567	169 480 946	118 199 833	17 948 286	5 896 499
近畿	25 滋賀	570 624	▲ 250 677	22 249 230	16 634 482	1 746 381	860 769
近畿	26 京都	273 793	▲ 158 033	15 096 710	11 420 662	1 337 079	636 097
近畿	27 大阪	855 586	▲ 712 024	36 331 565	24 995 756	4 588 554	1 577 568
近畿	28 兵庫	1 339 639	▲ 979 741	55 963 174	41 416 624	3 060 962	2 862 392
近畿	29 奈良	318 877	▲ 202 989	15 849 198	11 922 614	1 114 012	464 728
近畿	30 和歌山	893 800	▲ 233 886	25 429 059	17 905 456	2 044 209	904 999
近畿	小計	4 252 319	▲ 2 537 350	170 918 936	124 295 594	13 891 197	7 306 553
中国・四国	31 鳥取	521 424	▲ 195 258	11 347 727	7 511 294	1 030 781	480 544
中国・四国	32 島根	1 227 434	▲ 641 827	26 980 072	17 867 904	3 033 501	894 575
中国・四国	33 岡山	578 758	▲ 327 579	30 484 319	22 289 217	2 788 515	1 012 192
中国・四国	34 広島	697 207	▲ 469 030	39 419 920	27 384 304	4 308 035	1 458 396
中国・四国	35 山口	470 459	▲ 249 082	22 994 592	15 292 594	2 577 239	1 177 651
中国・四国	36 徳島	190 766	▲ 120 161	12 125 720	8 625 218	874 824	557 962
中国・四国	37 香川	792 878	▲ 491 730	24 409 227	16 352 390	3 156 986	741 054
中国・四国	38 愛媛	906 051	▲ 562 375	31 184 048	23 087 769	2 129 627	1 103 632
中国・四国	39 高知	303 447	▲ 168 337	20 876 801	14 283 439	1 936 459	799 640
中国・四国	小計	5 688 424	▲ 3 225 379	219 822 426	152 694 129	21 835 967	8 225 646
九州	40 福岡	1 433 522	▲ 734 711	52 927 598	39 167 568	4 165 578	1 982 556
九州	41 佐賀	691 710	▲ 293 124	24 361 857	16 702 362	2 439 517	937 954
九州	42 長崎	885 369	▲ 297 319	23 384 324	16 282 278	1 280 889	964 444
九州	43 熊本	1 180 161	▲ 470 757	34 564 925	26 434 296	1 420 839	1 415 980
九州	44 大分	264 839	▲ 104 461	15 243 208	11 117 961	998 137	581 565
九州	45 宮崎	1 619 720	▲ 730 713	24 277 420	18 597 380	1 704 755	915 399
九州	46 鹿児島	1 235 516	▲ 751 376	32 575 332	23 854 025	2 346 555	1 285 953
九州	小計	7 310 837	▲ 3 382 461	207 334 664	152 155 870	14 356 270	8 083 851
	47 沖縄	608 113	▲ 210 286	18 957 558	12 880 320	2 288 496	668 439

（2）事業管理費（つづき） Business Administration Expenses(Cont.)

（3）事業外収益 Earnings of Non-business

（単位：千円）
(Unit:1000Yen)

事業年度 Business Year		事業管理費 施設費 Facilities fee	事業管理費 その他事業管理費 Other Business Administration Expenses	事業利益 Business Profit	事業外収益 Earnings of Non-business	受取雑利息 Receipt interest	受取出資配当金 Receipt investment dividend
平25(2013)		265 653 783	8 672 440	205 431 482	96 493 162	2 633 852	47 780 416
平26(2014)		261 745 303	7 936 067	185 917 045	97 992 645	2 449 445	49 534 454
平27(2015)		258 482 039	8 151 273	199 230 364	100 815 197	2 255 419	50 431 873
平28(2016)		257 133 612	8 273 308	186 197 956	100 206 450	1 968 602	50 408 261
平29(2017)		256 840 545	8 401 633	174 416 340	102 826 476	1 751 926	51 662 867
平30(2018)		256 450 158	8 466 667	191 188 802	104 978 296	1 650 133	52 151 792
1組合当たり Average Per Coop.		401 330.5	13 249.9	299 200.0	164 285.3	2 582.4	81 614.7
	1 北海道	22 582 389	731 631	15 585 182	6 256 669	317 938	1 842 424
	2 青森	4 284 564	112 999	2 522 402	851 045	88 665	281 479
東	3 岩手	4 578 278	76 476	1 314 385	1 127 432	49 494	559 076
	4 宮城	4 746 253	187 667	2 191 875	1 731 948	14 223	639 349
	5 秋田	5 184 829	185 357	1 975 773	1 496 767	17 455	821 709
	6 山形	5 392 077	98 917	2 183 747	1 875 990	9 439	831 186
北	7 福島	6 908 702	78 022	2 117 861	2 198 280	54 296	977 323
	小計	31 094 703	739 438	12 306 043	9 281 462	233 572	4 110 122
	8 茨城	5 726 473	66 539	2 534 779	2 259 844	67 790	1 106 605
関	9 栃木	5 210 515	217 874	2 191 406	2 128 190	35 793	1 392 422
	10 群馬	3 970 700	116 512	2 816 394	2 003 172	44 017	682 401
	11 埼玉	6 039 672	197 467	5 766 451	3 046 040	23 732	2 131 777
	12 千葉	5 297 465	224 432	5 012 908	1 535 676	36 966	620 912
	13 東京	4 969 626	204 733	10 359 581	2 417 513	22 728	1 781 258
	14 神奈川	7 654 498	285 372	17 191 539	4 405 345	16 113	3 368 994
	15 山梨	2 459 278	55 499	685 748	852 380	4 254	305 818
	16 長野	10 579 463	372 937	5 998 650	6 180 208	83 942	1 747 915
東	17 静岡	10 144 050	454 684	7 152 085	4 756 458	21 701	2 311 806
	小計	62 051 740	2 196 049	59 709 541	29 584 826	357 036	15 449 908
北	18 新潟	8 589 702	270 098	2 290 784	2 841 233	90 581	1 297 224
	19 富山	4 118 611	130 345	1 760 890	1 447 977	15	847 320
	20 石川	3 423 882	154 801	3 300 964	1 231 289	4 834	665 702
陸	21 福井	2 987 855	58 367	590 103	998 614	6 724	464 548
	小計	19 120 050	613 611	7 942 741	6 519 113	102 154	3 274 794
東	22 岐阜	7 343 212	211 603	4 033 938	2 255 948	11 942	1 381 060
	23 愛知	15 513 953	333 628	22 724 348	7 639 498	57 048	4 194 692
	24 三重	3 948 829	85 030	6 887 965	1 661 081	6 276	944 648
海	小計	26 805 994	630 261	33 646 251	11 556 527	75 266	6 520 400
	25 滋賀	2 929 800	77 785	1 610 938	1 482 865	1 189	712 092
近	26 京都	1 596 562	106 300	3 729 604	1 313 293	12 113	639 862
	27 大阪	5 005 679	163 983	6 790 938	3 750 740	4 177	2 855 418
	28 兵庫	8 253 483	369 687	8 173 300	4 861 685	90 667	3 246 847
	29 奈良	2 289 334	58 511	1 992 391	1 885 731	6 761	557 791
畿	30 和歌山	4 535 899	38 487	2 618 934	1 524 693	2 081	1 068 521
	小計	24 610 757	814 753	24 916 105	14 819 007	116 988	9 080 531
	31 鳥取	2 274 322	50 779	599 103	1 140 061	58 156	183 021
中	32 島根	5 075 352	108 738	1 628 196	1 460 576	35 242	629 646
	33 岡山	4 232 482	161 900	2 356 669	1 662 487	28 414	899 173
国	34 広島	6 034 474	234 682	5 198 283	1 915 888	1 200	1 024 347
	35 山口	3 575 315	371 776	581 814	1 267 946	3 901	564 617
・	36 徳島	1 986 980	80 710	1 222 609	851 607	1 322	528 364
	37 香川	4 020 901	137 893	2 124 460	1 616 932	1 205	996 018
四	38 愛媛	4 713 193	149 807	2 478 555	2 817 151	27 186	1 289 497
	39 高知	3 685 805	171 457	139 909	1 170 109	54 626	507 211
国	小計	35 598 824	1 467 742	16 329 598	13 902 757	211 252	6 621 894
	40 福岡	7 291 942	319 914	7 208 456	2 611 410	20 358	1 115 057
九	41 佐賀	4 154 585	127 438	1 553 329	1 617 336	15 629	678 126
	42 長崎	4 784 333	72 367	2 577 533	1 371 998	68 401	583 624
	43 熊本	5 062 589	231 200	2 907 718	1 674 713	20 330	941 984
	44 大分	2 487 562	57 973	785 266	615 303	6 430	253 686
	45 宮崎	2 965 855	94 028	1 538 413	1 242 804	10 217	510 017
州	46 鹿児島	4 762 801	325 993	3 338 693	2 439 262	91 355	715 306
	小計	31 509 667	1 228 913	19 909 408	11 572 826	232 720	4 797 800
	47 沖縄	3 076 034	44 269	843 933	1 485 109	3 207	453 919

(3) 事業外収益 (つづき)　(4) 事業外費用

Earnings of Non-business (Cont.)　Expenses in Non-business

(単位：千円)
(Unit:1000Yen)

事業年度 Business Year	事業外収益 賃貸料 Rent	貸倒引当金戻入益 of which Return on Reserve for Possible Loan Losses	償却債権取立益 Collection of Written-off Claims	雑収入 Income	事業外費用 Expenses in Non-business	支払雑利息 Payment interest	貸倒損失 Bad dept loss	寄付金 Donation	雑損失 Loss
平25(2013)	24 548 534	1 896 796	2 396 627	17 236 007	21 623 273	1 305 653	62 941	1 098 617	19 155 754
平26(2014)	24 406 657	2 144 145	1 941 024	17 516 089	25 375 678	1 226 212	258 668	1 010 487	22 880 084
平27(2015)	24 390 862	2 361 596	2 235 387	19 139 225	24 144 356	1 119 173	108 105	942 558	21 974 195
平28(2016)	24 521 602	2 651 107	1 733 607	18 922 485	23 753 195	962 285	45 665	1 196 218	21 548 736
平29(2017)	24 392 431	2 182 317	1 687 534	21 148 676	23 659 037	954 024	186 533	1 271 073	21 247 154
平30(2018)	24 412 823	1 632 948	1 490 859	23 638 949	24 735 380	910 359	22 434	1 003 146	22 799 162
1組合当たり Average Per Coop.	38 204.7	2 555.5	2 333.1	36 993.7	38 709.5	1 424.7	35.1	1 569.9	35 679.4
1 北海道	2 567 380	1 267	84 699	1 442 925	2 179 662	261 853	14 222	146 420	1 757 176
2 青森	241 716	481	35 933	202 770	158 671	18 812	0	919	138 940
東 3 岩手	367 949	990	7 570	142 340	271 299	9 335	0	12 186	249 769
4 宮城	448 382	0	21 563	608 404	584 453	3 005	0	13 208	568 231
5 秋田	350 683	0	21 615	285 285	347 357	41 267	0	3 245	302 841
6 山形	661 531	63 629	19 199	291 000	472 489	1 385	0	4 808	466 292
北 7 福島	405 694	188	38 067	722 701	1 202 649	5 719	0	88 117	1 108 806
小計	2 475 955	65 288	143 947	2 252 500	3 036 918	79 523	0	122 483	2 834 879
8 茨城	475 094	0	4 102	606 221	676 094	8 487	0	12 660	654 935
関 9 栃木	262 461	417	44 410	392 664	247 724	0	0	13 463	234 254
10 群馬	773 855	0	1 163	501 713	661 219	8 937	0	4 956	647 309
11 埼玉	430 465	844	647	458 541	434 811	2 942	0	30 301	401 553
12 千葉	528 750	7	83 132	265 872	180 572	23 736	0	12 126	144 700
13 東京	275 870	0	2 410	335 234	259 089	36 641	0	11 926	210 516
14 神奈川	685 395	14	515	334 298	341 859	17 943	0	11 312	312 598
15 山梨	115 004	37	168 100	259 145	253 131	0	0	2 296	250 832
16 長野	1 670 678	0	449 277	2 228 357	2 530 483	29 956	707	101 060	2 398 745
東 17 静岡	1 606 270	6 840	17 630	792 182	1 249 817	67 470	500	57 780	1 124 050
小計	6 823 842	8 159	771 386	6 174 227	6 834 799	196 112	1 207	257 880	6 379 492
北 18 新潟	852 425	155	6 186	594 626	761 925	1 550	11	22 595	737 761
19 富山	277 205	0	8 487	314 938	203 538	3 487	0	7 856	192 189
20 石川	217 662	0	2 461	340 598	226 110	2 719	0	5 591	217 795
陸 21 福井	382 987	952	4 994	138 390	268 928	1 030	0	4 711	263 180
小計	1 730 279	1 107	22 128	1 388 552	1 460 501	8 786	11	40 753	1 410 925
東 22 岐阜	399 500	0	176 629	286 806	479 650	2 880	0	30 753	446 011
23 愛知	1 360 100	0	24	2 027 601	2 201 111	48 073	0	58 941	2 094 080
24 三重	267 298	0	44 356	398 489	308 732	1 655	0	8 774	298 304
海 小計	2 026 898	0	221 009	2 712 896	2 989 493	52 608	0	98 468	2 838 395
25 滋賀	400 991	0	25 156	343 430	293 336	6 809	0	6 432	280 091
近 26 京都	220 466	198 887	360	241 599	15 677	0	0	1 502	14 175
27 大阪	159 896	351 071	12 828	367 326	289 719	47 177	0	27 014	215 507
28 兵庫	962 777	51 797	1 837	507 735	503 844	51 076	0	29 120	423 633
29 奈良	178 729	873 270	0	269 180	62 522	1	0	2 764	59 758
畿 30 和歌山	149 511	60	13 843	290 667	117 401	2 726	0	5 179	109 491
小計	2 072 370	1 475 085	54 024	2 019 937	1 282 499	107 789	0	72 011	1 102 655
31 鳥取	572 445	0	0	326 433	625 944	54 361	1 350	972	569 260
中 32 島根	420 047	1 213	3 875	370 551	493 978	6 886	31	13 788	473 272
33 岡山	298 766	60	32 518	403 547	385 518	13 153	0	71 993	300 371
国 34 広島	591 629	2 646	5 502	290 543	396 086	3 613	0	13 414	379 055
35 山口	209 109	603	1 375	488 322	256 426	324	0	14 561	241 535
・ 36 徳島	190 392	290	412	130 806	99 370	74	0	7 282	92 010
37 香川	370 248	26 742	3 106	219 610	90 647	4	0	8 698	81 945
四 38 愛媛	839 691	36	3 808	656 917	1 353 138	10 362	5 563	18 530	1 318 675
39 高知	185 764	0	4 668	417 835	201 152	1 716	0	5 576	193 861
国 小計	3 678 091	31 590	55 264	3 304 564	3 902 259	90 493	6 944	154 814	3 649 984
40 福岡	759 585	38 821	8 709	668 849	450 282	20 549	0	8 815	420 906
九 41 佐賀	608 915	0	8 786	305 877	747 136	50 168	0	14 884	682 081
42 長崎	332 946	0	1 636	385 382	263 551	7 524	50	12 056	243 916
43 熊本	379 821	0	21 419	311 141	306 870	14 683	0	18 868	273 310
44 大分	130 656	10 391	0	214 132	190 994	9 746	0	1 354	179 893
45 宮崎	255 512	1 240	0	465 814	378 069	4 861	0	31 081	342 127
州 46 鹿児島	192 899	0	1 877	1 437 819	263 506	5 664	0	8 687	249 154
小計	2 660 334	50 452	42 427	3 789 014	2 600 408	113 195	50	95 745	2 391 387
47 沖縄	377 674	0	95 975	554 334	448 841	0	0	14 572	434 269

(5) 特 別 利 益

Extraordinary Profits

(単位：千円)
(Unit:1000Yen)

	事業年度 Business Year	経常利益 (又は経常損失) Ordinary Profit or Loss	特別利益 Extraordinary Profits				
				固定資産処分益 Disposal of Fixed assets profit	一般補助金 General Subsidy	金融商品取引責任準備金取崩額 Drawdown from reserve for liabilities in financial product trading	その他の特別利益 Other Extraordinary Profits
	平25(2013)	280 301 376	64 995 453	8 061 757	36 318 619	0	20 614 934
	平26(2014)	258 534 019	45 651 734	7 320 640	21 960 031	0	16 370 958
	平27(2015)	275 901 218	57 520 739	6 125 436	30 023 965	0	21 371 209
	平28(2016)	262 651 218	53 510 281	5 649 722	34 053 426	0	13 807 053
	平29(2017)	253 583 805	65 070 547	7 351 969	47 710 406	0	10 008 066
	平30(2018)	271 431 692	65 134 040	5 653 836	40 248 636	0	19 231 446
	1組合当たり Average Per Coop.	424 775.7	101 931.2	8 847.9	62 986.9	0.0	30 096.2
	1 北海道	19 662 185	16 358 146	338 069	12 928 904	0	3 091 160
	2 青森	3 214 777	283 154	22 297	27 487	0	233 370
東	3 岩手	2 170 520	753 577	27 763	641 231	0	84 579
	4 宮城	3 339 368	771 875	15 962	739 506	0	16 403
	5 秋田	3 125 186	1 447 269	18 136	1 252 020	0	177 109
	6 山形	3 587 250	444 518	52 779	288 544	0	103 195
北	7 福島	3 113 493	1 735 706	11 339	128 567	0	1 595 794
	小計	18 550 594	5 436 099	148 276	3 077 355	0	2 210 450
	8 茨城	4 118 525	1 467 538	75 755	1 024 045	0	367 736
関	9 栃木	4 071 870	2 268 471	162 479	1 083 319	0	1 022 663
	10 群馬	4 158 347	379 859	59 942	286 379	0	33 538
	11 埼玉	8 377 681	1 931 776	206 058	5 808	0	1 719 907
	12 千葉	6 368 014	189 721	19 395	49 264	0	121 061
	13 東京	12 518 005	685 059	432 346	108 285	0	144 427
	14 神奈川	21 255 023	95 393	39 403	13 472	0	42 515
	15 山梨	1 284 993	1 054 272	171 524	123 542	0	759 203
	16 長野	9 648 374	621 401	161 458	389 963	0	69 977
東	17 静岡	10 658 725	1 302 035	629 879	465 042	0	207 111
	小計	82 459 557	9 995 525	1 958 239	3 549 119	0	4 488 138
北	18 新潟	4 370 092	1 362 418	166 197	1 062 891	0	133 322
	19 富山	3 005 330	1 423 685	187 503	1 131 654	0	104 527
	20 石川	4 306 139	417 956	19 947	75 731	0	322 275
陸	21 福井	1 319 784	426 013	97 874	285 355	0	42 783
	小計	13 001 345	3 630 072	471 521	2 555 631	0	602 907
東	22 岐阜	5 810 236	1 433 512	43 769	1 041 075	0	348 667
	23 愛知	28 162 731	574 729	309 775	63 711	0	201 242
	24 三重	8 240 315	234 533	103 312	78 440	0	52 781
海	小計	42 213 282	2 242 774	456 856	1 183 226	0	602 690
	25 滋賀	2 800 467	732 464	162 487	274 381	0	295 596
近	26 京都	5 027 221	191 614	83 411	38 991	0	69 209
	27 大阪	10 251 960	226 634	88 845	0	0	137 788
	28 兵庫	12 531 139	587 285	75 513	261 273	0	250 499
	29 奈良	3 815 599	28 367	7 257	21 110	0	0
畿	30 和歌山	4 026 227	290 425	69 514	87 325	0	133 581
	小計	38 452 613	2 056 789	487 027	683 080	0	886 673
	31 鳥取	1 113 219	928 459	21 852	904 535	0	2 071
中	32 島根	2 594 794	191 495	23 482	150 818	0	17 194
	33 岡山	3 633 636	922 712	200 528	237 545	0	484 637
国	34 広島	6 718 081	1 289 456	100 796	277 346	0	911 309
	35 山口	1 593 334	1 043 839	371 540	143 580	0	528 713
・	36 徳島	1 974 842	605 726	10 834	542 292	0	52 599
	37 香川	3 650 745	476 461	206 137	222 567	0	47 756
四	38 愛媛	3 942 570	1 991 242	51 925	230 082	0	1 709 230
	39 高知	1 108 869	1 801 320	107 083	1 453 494	0	240 743
国	小計	26 330 090	9 250 710	1 094 177	4 162 259	0	3 994 252
	40 福岡	9 369 581	3 390 901	39 104	2 641 406	0	710 382
九	41 佐賀	2 423 529	1 914 879	268 415	1 300 488	0	345 975
	42 長崎	3 685 983	2 816 918	102 331	1 909 635	0	804 949
	43 熊本	4 275 560	3 844 900	80 382	2 843 500	0	921 015
	44 大分	1 209 575	280 370	38 624	213 326	0	28 420
	45 宮崎	2 403 147	2 079 696	66 947	1 737 230	0	275 519
州	46 鹿児島	5 514 450	386 925	91 232	264 365	0	31 327
	小計	28 881 825	14 714 589	687 035	10 909 950	0	3 117 587
	47 沖縄	1 880 201	1 449 336	12 636	1 199 112	0	237 589

(6) 特 別 損 失
Extraordinary Losses

(単位：千円)
(Unit:1000Yen)

	事業年度 Business Year	特別損失 Extraordinary Losses	固定資産処分損 Disposal of fixed assets loss	固定資産圧縮損 Fixed assets advanced depreciation deduction	減損損失 Losses on Impairment of Fixed assets	金融商品取引責任準備金繰入額 Provision for reserve for liabilities in financial product trading	その他の特別損失 Other Extraordinary Losses	税引前当期利益(税引前当期損失差引) Net Current Profit(Loss) before Deduction of Tax
	平25(2013)	81 664 455	10 953 425	36 767 462	15 801 849	0	18 141 406	263 632 353
	平26(2014)	64 349 308	9 896 664	23 367 426	15 101 306	0	15 983 619	239 836 397
	平27(2015)	76 047 046	9 388 963	30 925 428	16 821 534	0	18 910 797	257 374 888
	平28(2016)	77 864 819	9 041 551	34 425 563	17 166 827	0	17 230 604	238 296 626
	平29(2017)	123 019 602	9 066 941	47 155 028	44 846 383	0	21 950 971	195 634 719
	平30(2018)	150 351 235	9 043 483	40 416 699	59 761 647	0	41 129 086	186 214 495
	1組合当たり Average Per Coop.	235 291.4	14 152.6	63 249.9	93 523.7	0.0	64 364.8	291 415.5
	1 北海道	17 899 724	465 351	13 414 890	904 368	0	3 115 092	18 120 605
	2 青森	902 524	174 833	64 239	485 938	0	177 514	2 595 407
東	3 岩手	1 715 437	33 095	621 828	761 272	0	299 235	1 208 659
	4 宮城	2 376 651	164 165	725 045	1 454 461	0	32 972	1 734 588
	5 秋田	1 944 701	37 644	1 251 692	600 375	0	54 988	2 627 752
	6 山形	1 223 214	84 390	280 695	721 294	0	136 835	2 808 555
北	7 福島	1 424 509	171 993	115 646	277 187	0	859 678	3 424 690
	小計	9 587 036	666 120	3 059 145	4 300 527	0	1 561 222	14 399 651
	8 茨城	3 192 820	329 854	1 049 885	1 730 117	0	82 953	2 393 244
関	9 栃木	1 450 024	49 912	1 079 703	240 101	0	80 302	4 890 317
	10 群馬	1 638 011	116 979	315 314	1 198 523	0	7 184	2 900 193
	11 埼玉	2 655 924	90 007	253 504	968 754	0	1 343 655	7 653 529
	12 千葉	1 356 901	225 926	49 241	923 295	0	158 428	5 200 833
	13 東京	1 371 598	192 524	410 756	22 334	0	745 981	11 831 462
	14 神奈川	7 044 014	169 950	12 917	52 219	0	6 808 919	14 306 402
	15 山梨	2 041 952	165 008	113 183	965 808	0	797 948	297 315
	16 長野	3 809 325	317 480	297 766	2 931 407	0	262 660	6 460 451
東	17 静岡	4 120 951	511 219	10 979	1 622 485	0	1 976 250	7 839 810
	小計	28 681 520	2 168 859	3 593 248	10 655 043	0	12 264 280	63 773 556
北	18 新潟	4 322 404	346 446	1 155 218	1 500 160	0	1 320 561	1 410 111
	19 富山	1 544 162	183 163	1 133 809	134 768	0	92 420	2 884 850
	20 石川	778 787	60 869	92 623	572 991	0	52 294	3 945 305
陸	21 福井	966 650	284 126	297 868	236 996	0	147 654	779 145
	小計	7 612 003	874 604	2 679 518	2 444 915	0	1 612 929	9 019 411
東	22 岐阜	2 048 635	138 952	683 796	826 565	0	399 315	5 195 115
	23 愛知	3 940 223	502 338	88 803	3 088 172	0	260 898	24 797 235
	24 三重	5 470 175	189 703	198 601	1 233 467	0	3 848 407	3 004 679
海	小計	11 459 033	830 993	971 200	5 148 204	0	4 508 620	32 997 029
	25 滋賀	2 107 112	50 001	297 476	514 978	0	1 244 654	1 425 819
近	26 京都	1 563 033	40 395	38 266	1 363 084	0	121 281	3 655 804
	27 大阪	2 333 294	69 019	0	2 163 927	0	100 343	8 145 297
	28 兵庫	1 879 662	523 920	87 689	766 306	0	501 741	11 238 760
	29 奈良	1 403 905	44 996	21 110	1 337 799	0	0	2 440 062
畿	30 和歌山	955 988	165 012	71 890	602 351	0	116 726	3 360 663
	小計	10 242 994	893 343	516 431	6 748 445	0	2 084 745	30 266 405
	31 鳥取	1 348 847	249 218	904 535	195 091	0	0	692 833
中	32 島根	845 006	34 813	147 329	493 391	0	169 472	1 941 283
	33 岡山	3 148 634	83 280	238 411	1 207 799	0	1 619 141	1 407 713
国	34 広島	3 843 536	388 792	165 623	2 946 729	0	342 378	4 164 001
	35 山口	11 816 421	295 236	168 806	6 989 306	0	4 363 051	▲ 9 179 241
・	36 徳島	2 820 786	245 465	549 376	1 997 115	0	28 823	▲ 240 217
	37 香川	784 712	240 551	337 140	167 399	0	39 619	3 342 493
四	38 愛媛	3 264 211	353 741	221 009	1 141 286	0	1 548 164	2 669 599
	39 高知	2 441 692	46 795	924 857	547 799	0	922 240	468 498
国	小計	30 313 845	1 937 891	3 657 086	15 685 915	0	9 032 888	5 266 962
	40 福岡	14 745 085	141 045	2 695 808	7 678 297	0	4 229 918	▲ 1 984 597
九	41 佐賀	2 650 336	246 152	1 486 698	365 427	0	552 059	1 688 072
	42 長崎	3 914 427	121 915	1 767 158	1 022 791	0	1 002 555	2 588 474
	43 熊本	4 993 350	357 490	2 861 375	1 658 018	0	116 458	3 127 110
	44 大分	504 857	54 434	213 326	153 560	0	83 535	985 087
	45 宮崎	2 907 255	24 693	1 978 041	390 680	0	513 842	1 575 586
州	46 鹿児島	2 727 331	54 796	280 029	2 380 663	0	11 841	3 174 046
	小計	32 442 641	1 000 525	11 282 435	13 649 436	0	6 510 208	11 153 778
	47 沖縄	2 112 439	205 797	1 242 746	224 794	0	439 102	1 217 098

(7)法人税、住民税及び事業税等
Corporation's Tax Inhabitant's Tax Business's Tax

(8) 当期未処分剰余金
Current Surplus Unappropriated

(単位：千円)
(Unit:1000Yen)

	事業年度 Business Year	法人税、住民税及び事業税 Corporation's Tax Inhabitant's Tax & Business's Tax	法人税等調整額 Deferred Income Taxes	当期剰余金(当期損失金差引) Current Surplus (deducted current Deficit)	当期首繰越剰余金(当期首繰越損失金差引) Surplus Brought Forward (deducted Loss Brought Forward)	任意積立金取崩額 Transfer from Voluntary Reserve	当期未処分剰余金(当期未処理損失金差引) Current Surplus Unappropriated (deducted Current Deficit Unappropriated)
	平25(2013)	63 067 882	3 840 061	196 724 136	107 203 917	31 531 423	335 459 917
	平26(2014)	54 586 820	1 835 232	183 414 090	107 223 659	45 016 613	335 654 771
	平27(2015)	62 384 322	▲ 4 388 758	199 379 099	116 409 918	32 823 861	348 613 284
	平28(2016)	57 337 117	▲ 3 034 536	183 993 807	126 116 064	33 266 224	343 376 478
	平29(2017)	54 908 110	▲ 11 776 494	152 502 883	134 756 124	52 004 805	339 264 156
	平30(2018)	57 506 880	▲ 13 026 146	141 733 608	134 423 068	65 482 715	341 627 919
	1組合当たり Average Per Coop.	89 995.1	▲ 20 385.2	221 805.3	210 364.7	102 476.9	534 629.0
	1 北海道	3 155 114	271 928	14 693 542	3 607 220	1 400 933	19 701 722
東北	2 青森	654 019	▲ 10 753	1 952 141	1 263 131	178 655	3 393 926
	3 岩手	292 931	6 379	909 348	940 646	234 457	2 084 455
	4 宮城	603 304	▲ 239 433	1 370 718	1 553 340	1 799 055	4 723 128
	5 秋田	522 930	▲ 321 006	2 425 822	▲ 2 133 672	56 063	348 219
	6 山形	587 019	253 092	1 968 443	2 037 203	211 807	4 217 454
	7 福島	675 028	141 187	2 608 471	1 390 338	1 747 568	5 746 385
	小計	3 335 231	▲ 170 534	11 234 943	5 050 986	4 227 605	20 513 567
関東	8 茨城	835 485	▲ 544 959	2 102 711	2 569 469	1 224 151	5 896 349
	9 栃木	837 210	169 787	3 883 316	1 866 820	337 150	6 087 291
	10 群馬	887 163	▲ 31 694	2 044 717	1 451 893	356 170	3 852 785
	11 埼玉	2 271 331	▲ 173 482	5 555 669	8 061 153	1 779 204	15 384 215
	12 千葉	1 220 206	89 954	3 890 659	9 973 633	673 965	14 538 274
	13 東京	2 705 040	▲ 193 440	9 319 860	8 793 768	1 780 523	19 894 159
	14 神奈川	4 855 945	▲ 2 100 469	11 550 928	9 550 986	332 729	21 434 648
	15 山梨	138 319	53 297	105 693	549 464	1 204 697	1 859 861
	16 長野	1 363 065	257 613	4 839 769	3 604 990	2 953 087	11 397 861
	17 静岡	2 528 306	▲ 563 328	5 874 828	10 050 339	285 123	16 210 301
	小計	17 642 070	▲ 3 036 721	49 168 150	56 472 515	10 926 799	116 555 744
北陸	18 新潟	1 901 638	▲ 1 156 002	664 467	4 272 482	1 169 128	6 106 084
	19 富山	650 875	26 868	2 207 103	1 991 257	318 869	4 517 240
	20 石川	953 851	18 920	2 972 531	2 110 462	1 156 551	6 239 559
	21 福井	163 642	51 843	563 654	898 952	424 002	1 886 616
	小計	3 670 006	▲ 1 058 371	6 407 755	9 273 153	3 068 550	18 749 499
東海	22 岐阜	1 018 249	37 411	4 139 453	3 362 470	1 083 012	8 584 942
	23 愛知	7 317 528	▲ 715 102	18 194 806	10 767 785	5 841 500	34 804 102
	24 三重	1 704 675	▲ 1 501 863	2 801 868	3 563 642	255 343	6 620 858
	小計	10 040 452	▲ 2 179 554	25 136 127	17 693 897	7 179 855	50 009 902
近畿	25 滋賀	529 542	▲ 184 921	1 081 194	2 368 764	1 427 084	4 877 048
	26 京都	1 100 856	▲ 190 069	2 745 017	1 649 245	788 572	5 182 834
	27 大阪	2 663 913	▲ 89 851	5 571 231	15 366 405	480 107	21 417 758
	28 兵庫	3 020 219	▲ 155 551	8 374 086	3 608 761	300 524	12 283 379
	29 奈良	679 441	▲ 156 940	1 917 560	1 778 602	97 000	3 793 162
	30 和歌山	825 024	104 633	2 431 005	1 385 031	625 490	4 441 533
	小計	8 818 995	▲ 672 699	22 120 093	26 156 808	3 718 777	51 995 714
中国・四国	31 鳥取	199 381	▲ 21 804	515 254	307 790	170 381	993 427
	32 島根	308 194	▲ 236 612	1 869 701	679 627	94 341	2 643 671
	33 岡山	857 138	▲ 222 974	773 548	2 077 514	2 679 769	5 530 835
	34 広島	1 423 050	▲ 713 099	3 454 051	2 639 865	4 243 825	10 337 755
	35 山口	333 317	▲ 1 356 028	▲ 8 156 531	2 024 770	12 121 676	5 989 921
	36 徳島	343 349	▲ 671 237	87 666	2 877 698	1 014 326	3 979 699
	37 香川	504 139	153 336	2 685 017	975 061	179 766	3 839 846
	38 愛媛	815 479	▲ 232 229	2 086 340	1 623 295	847 972	4 557 618
	39 高知	141 744	299 890	26 864	▲ 3 069 257	230 494	▲ 2 811 898
	小計	4 925 791	▲ 3 000 757	3 341 910	10 136 363	21 582 550	35 060 874
九州	40 福岡	2 287 139	▲ 2 079 151	▲ 2 192 585	1 769 665	10 413 193	9 990 283
	41 佐賀	229 143	172 351	1 286 577	662 532	456 708	2 405 820
	42 長崎	659 176	31 855	1 897 440	712 751	924 495	3 534 690
	43 熊本	1 107 528	▲ 408 074	2 427 655	1 219 304	587 558	4 234 530
	44 大分	114 532	▲ 136 848	1 007 404	389 955	106 106	1 503 469
	45 宮崎	350 714	48 381	1 176 492	391 795	35 712	1 604 001
	46 鹿児島	1 112 047	▲ 809 204	2 871 201	382 903	683 972	3 938 078
	小計	5 860 279	▲ 3 180 690	8 474 184	5 528 905	13 207 744	27 210 871
	47 沖縄	58 942	1 252	1 156 904	503 221	169 902	1 830 026

(9) 勘定科目の内訳

Detail of Account Title

(単位：千円)
(Unit:1000Yen)

地区	事業年度 Business Year	参考 Reference 当期剰余金 Current Profit	当期損失金 Current Loss	指導事業収入 うち賦課金収入 of which from Membership Fees	事業管理費 Business Administration Expenses 人件費 Personal expenses 役員報酬 Remuneration to Officers	うち常勤・非常勤理事報酬額 of which Remuneration for Manager	うち常勤・非常勤監事報酬額 of which Remuneration for Auditor
	平25(2013)	199 450 824	2 726 688	7 758 103	37 081 755	30 258 533	6 823 161
	平26(2014)	187 209 452	3 795 362	7 737 915	36 915 855	30 109 449	6 806 341
	平27(2015)	203 000 392	3 621 293	7 657 268	36 744 327	30 047 351	6 696 916
	平28(2016)	186 903 303	2 909 496	7 352 713	36 270 783	29 709 010	6 561 720
	平29(2017)	164 768 103	12 265 220	7 486 529	36 189 824	29 657 046	6 532 743
	平30(2018)	162 628 018	20 894 410	7 530 417	36 117 758	29 610 724	6 506 997
	1組合当たり Average Per Coop.	該当1組合当たり 289 373.7	該当1組合当たり 271 356.0	11 784.7	56 522.3	46 339.2	10 183.1
	1 北海道	14 970 045	276 503	4 513 042	3 211 514	2 653 269	558 244
	2 青森	1 978 393	26 252	0	388 846	320 880	67 966
東	3 岩手	925 808	16 460	272 399	463 985	376 662	87 323
	4 宮城	1 642 143	271 425	163 765	766 219	652 464	113 752
	5 秋田	2 425 822	0	333 759	548 716	434 801	113 912
	6 山形	2 249 987	281 544	330 983	688 436	560 974	127 463
北	7 福島	2 616 792	8 321	32 873	627 212	540 413	86 802
	小計	11 838 945	604 002	1 133 779	3 483 414	2 886 194	597 218
	8 茨城	2 440 038	337 327	35 857	831 516	677 966	153 548
関	9 栃木	3 883 316	0	9 885	699 021	560 144	138 872
	10 群馬	2 044 717	0	41 379	800 023	646 248	153 775
	11 埼玉	5 714 248	158 579	2 777	1 210 369	1 027 106	183 256
	12 千葉	3 890 659	0	1 316	1 115 645	916 270	199 376
	13 東京	9 319 860	0	0	1 368 335	1 119 630	248 703
	14 神奈川	11 550 928	0	11 705	1 464 417	1 219 407	245 009
	15 山梨	1 535 793	1 430 100	31 147	310 432	240 612	69 820
	16 長野	5 644 343	804 574	388 005	1 243 704	1 015 876	227 825
東	17 静岡	6 098 588	223 760	74 858	1 408 133	1 143 718	264 411
	小計	52 122 490	2 954 340	596 929	10 451 595	8 566 977	1 884 595
北	18 新潟	1 980 154	1 315 687	425 724	1 110 989	923 661	187 328
	19 富山	2 207 103	0	54 652	617 961	513 146	104 815
	20 石川	3 012 858	40 327	5 473	694 055	543 330	150 725
陸	21 福井	735 323	171 669	70 289	443 095	350 303	92 791
	小計	7 935 438	1 527 683	556 138	2 866 100	2 330 440	535 659
東	22 岐阜	4 176 141	36 688	0	586 426	489 210	97 216
	23 愛知	18 194 806	0	0	1 943 006	1 596 160	346 843
	24 三重	3 262 780	460 912	0	637 542	505 530	132 013
海	小計	25 633 727	497 600	0	3 166 974	2 590 900	576 072
	25 滋賀	1 244 168	162 974	24 201	599 096	484 000	115 095
近	26 京都	2 853 036	108 019	14 694	477 632	374 921	102 712
	27 大阪	5 646 565	75 334	192	1 086 654	898 927	187 726
	28 兵庫	8 374 086	0	0	1 213 337	1 016 272	197 065
	29 奈良	1 917 560	0	0	220 625	192 625	28 000
畿	30 和歌山	2 431 005	0	0	589 609	484 340	105 269
	小計	22 466 420	346 327	39 087	4 186 953	3 451 085	735 867
	31 鳥取	515 254	0	63 483	199 178	166 107	33 071
中	32 島根	1 869 701	0	74 601	361 387	333 757	27 630
	33 岡山	1 005 877	232 329	0	538 093	435 189	102 904
国	34 広島	3 686 985	232 934	32 454	875 170	698 331	176 839
	35 山口	0	8 156 531	3 500	601 334	475 195	126 135
・	36 徳島	877 954	790 288	0	494 509	387 285	107 226
	37 香川	2 685 017	0	0	179 389	150 482	28 908
四	38 愛媛	2 326 534	240 194	468	624 596	490 479	134 115
	39 高知	493 470	466 606	0	572 951	449 957	122 993
国	小計	13 460 792	10 118 882	174 506	4 446 607	3 586 782	859 821
	40 福岡	1 107 855	3 300 440	187 919	1 282 798	1 084 397	198 400
九	41 佐賀	1 286 577	0	214 549	343 312	300 589	42 723
	42 長崎	2 199 782	302 342	36 724	331 832	266 000	65 832
	43 熊本	3 046 958	619 303	50 572	596 723	492 336	104 387
	44 大分	1 007 404	0	7 820	255 851	211 595	44 255
	45 宮崎	1 374 394	197 902	9 490	577 909	455 311	122 598
州	46 鹿児島	3 020 287	149 086	9 862	743 692	581 169	162 522
	小計	13 043 257	4 569 073	516 936	4 132 117	3 391 397	740 717
	47 沖縄	1 156 904	0	0	172 484	153 680	18 804

※ 当期剰余金該当組合数は562組合、当期損失金該当組合数は77組合

(9) 勘 定 科 目 の 内 訳 (つづき)

Detail of Account Title (Cont.)

(単位：千円)
(Unit:1000Yen)

	事業年度 Business Year	事業管理費 Business Administration Expenses — 人件費 Personal expenses: 給料手当 Salaries Allowances to Employees	賞与引当金戻入(控除) Bonus Reserves Refunded (deducted)	賞与引当金繰入 Bonus Reserves Transferred	福利厚生費 Welfare Expenses	退職給付費用 Retirement benefit cost	役員退職慰労金 Director's Retirement Allowance	役員退職慰労引当金戻入(控除) Retirement Allowance of Officers Refunded (deducted)
	平25(2013)	893 303 402	▲ 42 922 316	56 822 598	179 196 299	68 996 239	2 620 189	▲ 2 019 140
	平26(2014)	883 866 883	▲ 43 025 713	56 840 151	179 448 856	67 413 212	2 715 872	▲ 2 434 561
	平27(2015)	881 906 565	▲ 42 281 870	56 311 322	179 982 137	72 343 589	2 475 256	▲ 2 142 798
	平28(2016)	874 791 744	▲ 40 430 626	54 947 654	177 436 766	64 116 202	2 095 346	▲ 1 799 057
	平29(2017)	868 259 986	▲ 40 458 389	55 035 896	177 928 112	62 714 067	2 168 832	▲ 2 186 829
	平30(2018)	858 745 173	▲ 39 863 937	53 531 781	175 399 368	61 976 396	1 957 626	▲ 1 967 920
	1組合当たり Average Per Coop.	1 343 889.2	▲ 62 384.9	83 774.3	274 490.4	96 989.7	3 063.6	▲ 3 079.7
	1 北海道	51 684 176	▲ 720 541	2 418 478	11 537 413	3 612 195	59 656	▲ 228 670
東北	2 青森	9 701 044	▲ 271 576	383 278	1 982 675	1 026 875	11 286	▲ 11 286
	3 岩手	12 810 699	▲ 547 627	546 095	2 546 352	890 480	0	0
	4 宮城	15 787 332	▲ 793 357	829 169	3 007 676	1 199 756	0	0
	5 秋田	12 552 070	▲ 410 915	496 745	2 455 412	1 059 944	70 625	▲ 70 576
	6 山形	16 476 186	▲ 743 638	829 258	2 962 483	999 162	28 506	▲ 28 284
	7 福島	20 732 958	▲ 640 990	630 546	4 057 750	1 420 887	0	0
	小計	88 060 289	▲ 3 408 103	3 715 091	17 012 348	6 597 104	110 417	▲ 110 146
関東	8 茨城	18 758 068	▲ 471 039	517 585	3 552 988	1 325 920	44 859	▲ 44 991
	9 栃木	17 424 050	▲ 1 410 536	1 143 824	4 183 793	1 158 054	30 384	▲ 29 658
	10 群馬	16 985 962	▲ 589 392	843 300	3 717 117	1 325 443	26 522	▲ 26 258
	11 埼玉	27 263 864	▲ 1 808 228	1 972 282	5 376 301	2 582 996	2 569	0
	12 千葉	21 347 931	▲ 618 418	757 312	4 896 320	1 005 922	81 352	▲ 72 718
	13 東京	20 435 126	▲ 1 943 555	2 049 725	3 777 752	1 829 243	19 301	▲ 12 563
	14 神奈川	35 735 227	▲ 2 388 171	2 347 023	6 875 330	3 172 402	174 299	▲ 166 852
	15 山梨	9 192 971	▲ 146 707	230 935	2 023 228	294 747	18 714	▲ 12 854
	16 長野	34 678 496	▲ 1 729 449	2 463 902	7 085 637	3 066 824	51 941	▲ 46 883
	17 静岡	37 026 940	▲ 2 090 913	2 400 459	7 887 897	2 784 596	0	0
	小計	238 848 635	▲ 13 196 408	14 726 347	49 376 363	18 546 147	449 941	▲ 412 777
北陸	18 新潟	28 765 321	▲ 1 338 294	1 269 684	5 793 913	2 436 952	56 618	▲ 86 074
	19 富山	11 916 091	▲ 28 322	559 073	2 383 354	853 207	3 950	0
	20 石川	11 639 040	▲ 740 129	784 943	2 750 378	383 195	3 772	▲ 3 126
	21 福井	8 883 158	▲ 11 150	118 308	1 817 449	640 891	366	0
	小計	61 203 610	▲ 2 117 895	2 732 008	12 745 094	4 314 245	64 706	▲ 89 200
東海	22 岐阜	23 956 387	▲ 2 204 386	2 093 082	4 450 982	1 310 647	22 547	▲ 20 397
	23 愛知	44 637 739	▲ 2 979	3 885 190	8 898 267	4 462 773	8 309	0
	24 三重	17 096 894	▲ 27 235	1 168 047	3 521 634	1 438 924	4 331	0
	小計	85 691 020	▲ 2 234 600	7 146 319	16 870 883	7 212 344	35 187	▲ 20 397
近畿	25 滋賀	12 298 782	▲ 739 156	775 120	2 614 191	1 004 008	66 918	▲ 65 034
	26 京都	8 544 621	▲ 501 625	480 719	1 684 689	668 925	20 150	▲ 19 152
	27 大阪	18 556 861	▲ 1 348 669	1 555 137	3 410 569	1 596 801	37 653	▲ 34 086
	28 兵庫	32 039 002	▲ 2 639 045	2 581 911	6 206 787	1 818 569	249 706	▲ 241 567
	29 奈良	9 124 601	▲ 426 621	419 541	1 666 335	887 479	73 933	▲ 70 527
	30 和歌山	13 535 115	▲ 690 353	720 275	2 784 982	897 363	19 087	▲ 32 369
	小計	94 098 982	▲ 6 345 469	6 532 703	18 367 553	6 873 145	467 447	▲ 462 735
中国・四国	31 鳥取	5 703 045	▲ 80 855	116 442	1 196 033	363 210	0	0
	32 島根	14 097 390	▲ 1 488 851	1 521 231	2 575 797	753 157	738	▲ 608
	33 岡山	15 333 945	0	1 503 443	3 952 181	918 832	5 449	0
	34 広島	21 105 458	▲ 1 513 283	1 519 353	4 042 782	1 267 013	61 921	▲ 60 448
	35 山口	11 720 058	▲ 682 296	568 377	2 706 294	339 396	228 836	▲ 202 968
	36 徳島	5 944 630	0	397 971	1 472 615	262 428	6 854	▲ 1 579
	37 香川	12 956 833	▲ 741 568	730 726	2 439 128	761 102	0	0
	38 愛媛	17 615 830	▲ 1 099 344	1 059 030	3 414 675	1 407 995	49 436	▲ 43 156
	39 高知	10 107 177	▲ 283 321	871 968	2 129 672	779 693	150 163	▲ 94 492
	小計	114 584 366	▲ 5 889 518	8 288 541	23 929 177	6 852 826	503 397	▲ 403 251
九州	40 福岡	28 814 369	▲ 1 077 133	2 037 160	6 170 885	1 723 156	31 382	▲ 14 806
	41 佐賀	12 701 853	▲ 578 935	679 570	2 444 704	1 055 232	5 440	▲ 5 280
	42 長崎	12 639 340	▲ 761 529	779 292	2 941 373	288 878	84 878	▲ 82 986
	43 熊本	20 271 601	▲ 1 589 892	1 575 983	3 899 748	1 531 884	128 193	▲ 124 844
	44 大分	8 356 993	▲ 31 571	401 726	1 753 904	357 357	0	0
	45 宮崎	13 946 362	▲ 862 918	882 133	2 844 048	1 131 732	16 982	▲ 12 828
	46 鹿児島	18 149 854	▲ 1 049 425	1 175 177	3 542 064	1 292 663	0	0
	小計	114 880 372	▲ 5 951 403	7 531 041	23 596 726	7 380 902	266 875	▲ 240 744
	47 沖縄	9 693 723	0	441 253	1 963 811	587 488	0	0

(9) 勘定科目の内訳 (つづき)

Detail of Account Title(Cont.)

(単位：千円)
(Unit:1000Yen)

	事業年度 Business Year	事業管理費 Business Administration Expenses						
		人件費	業務費	諸税負担金 Various Tax burden money			施設費	その他事業管理費
		役員退職慰労引当金繰入 Retirement Allowance of Officers Transferred	Business Fee	租税公課 Tax	支払賦課金 Payment Due	分担金 Assignment money	Facilities Fee	Other Business Administration Expenses
	平25(2013)	3 927 405	140 656 785	35 111 713	17 214 568	6 276 294	265 653 783	8 672 440
	平26(2014)	3 904 661	138 881 581	38 709 358	17 058 778	6 166 411	261 745 303	7 936 067
	平27(2015)	4 070 302	139 972 774	38 477 668	16 475 076	5 919 368	258 482 039	8 151 273
	平28(2016)	3 799 819	138 206 552	38 456 570	16 498 521	5 724 879	257 133 612	8 273 308
	平29(2017)	3 788 832	137 198 721	38 293 775	16 595 986	5 662 340	256 840 545	8 401 633
	平30(2018)	3 847 588	135 306 300	37 791 597	16 701 240	5 748 939	256 450 158	8 466 667
	1組合当たり Average Per Coop.	6 021.3	211 746.9	59 141.8	26 136.5	8 996.8	401 330.5	13 249.9
	1 北海道	502 006	6 965 533	2 542 347	1 177 732	514 842	22 582 389	731 631
東北	2 青森	16 929	1 070 257	406 818	238 173	61 220	4 284 564	112 999
	3 岩手	0	2 065 380	636 018	370 763	74 850	4 578 278	76 476
	4 宮城	17 821	1 364 413	593 940	324 972	44 689	4 746 253	187 667
	5 秋田	61 137	1 827 368	547 909	289 661	14 965	5 184 829	185 357
	6 山形	72 936	1 507 294	619 342	259 677	95 619	5 392 077	98 917
	7 福島	72 723	3 395 661	850 667	356 503	48 415	6 908 702	78 022
	小計	241 546	11 230 373	3 654 694	1 839 749	339 758	31 094 703	739 438
関東	8 茨城	53 856	2 806 524	546 667	342 616	50 813	5 726 473	66 539
	9 栃木	16 959	2 236 900	598 883	698 475	54 304	5 210 515	217 874
	10 群馬	12 665	2 129 795	585 442	516 374	45 540	3 970 700	116 512
	11 埼玉	129 001	3 933 762	1 043 274	455 848	206 774	6 039 672	197 467
	12 千葉	91 415	2 580 994	808 080	422 812	417 248	5 297 465	224 432
	13 東京	110 909	4 537 162	1 323 223	414 021	281 116	4 969 626	204 733
	14 神奈川	174 767	5 936 147	1 750 499	499 562	54 023	7 654 498	285 372
	15 山梨	19 466	897 940	341 222	182 431	65 025	2 459 278	55 499
	16 長野	170 123	5 538 648	1 453 980	588 979	128 553	10 579 463	372 937
	17 静岡	181 958	7 368 773	1 588 105	594 379	64 952	10 144 050	454 684
	小計	961 119	37 966 645	10 039 375	4 715 497	1 368 348	62 051 740	2 196 049
北陸	18 新潟	133 696	3 692 144	1 010 078	471 337	95 521	8 589 702	270 098
	19 富山	54 872	2 457 752	565 908	193 402	36 462	4 118 611	130 345
	20 石川	61 918	1 560 214	495 773	219 466	34 516	3 423 882	154 801
	21 福井	19 941	1 113 423	381 160	295 985	68 996	2 987 855	58 367
	小計	270 427	8 823 533	2 452 919	1 180 190	235 495	19 120 050	613 611
東海	22 岐阜	61 081	3 773 955	895 563	255 435	144 081	7 343 212	211 603
	23 愛知	209 230	11 034 158	2 527 408	634 060	423 508	15 513 953	333 628
	24 三重	61 743	3 140 173	690 374	270 650	55 390	3 948 829	85 030
	小計	332 054	17 948 286	4 113 345	1 160 145	622 979	26 805 994	630 261
近畿	25 滋賀	80 552	1 746 381	546 195	260 410	54 158	2 929 800	77 785
	26 京都	64 697	1 337 079	370 007	246 778	19 309	1 596 562	106 300
	27 大阪	134 821	4 588 554	1 232 863	292 746	51 943	5 005 679	163 983
	28 兵庫	187 915	3 060 962	1 571 880	347 277	943 224	8 253 483	369 687
	29 奈良	27 247	1 114 012	341 726	84 347	38 655	2 289 334	58 511
	30 和歌山	81 740	2 044 209	587 793	265 477	51 725	4 535 899	38 487
	小計	576 972	13 891 197	4 650 464	1 497 035	1 159 014	24 610 757	814 753
中国・四国	31 鳥取	14 239	1 030 781	360 214	112 519	7 809	2 274 322	50 779
	32 島根	47 663	3 033 501	555 949	162 610	176 015	5 075 352	108 738
	33 岡山	37 270	2 788 515	602 475	356 796	52 916	4 232 482	161 900
	34 広島	86 326	4 308 035	1 061 814	358 887	37 683	6 034 474	234 682
	35 山口	13 554	2 577 239	646 672	502 890	28 082	3 575 315	371 776
	36 徳島	47 767	874 824	261 905	259 151	36 893	1 986 980	80 710
	37 香川	26 778	3 156 986	578 914	92 300	69 839	4 020 901	137 893
	38 愛媛	58 694	2 129 627	774 292	286 943	42 387	4 713 193	149 807
	39 高知	49 637	1 936 459	439 540	223 547	136 549	3 685 805	171 457
	小計	381 928	21 835 967	5 281 775	2 355 643	588 173	35 598 824	1 467 742
九州	40 福岡	199 753	4 165 578	1 309 302	507 151	166 087	7 291 942	319 914
	41 佐賀	56 467	2 439 517	506 668	368 338	62 947	4 154 585	127 438
	42 長崎	61 200	1 280 889	488 600	428 101	47 743	4 784 333	72 367
	43 熊本	144 894	1 420 839	819 235	421 798	174 932	5 062 589	231 200
	44 大分	23 700	998 137	337 809	225 483	18 268	2 487 562	57 973
	45 宮崎	73 961	1 704 755	622 353	201 946	91 104	2 965 855	94 028
	46 鹿児島	0	2 346 555	622 310	422 562	241 080	4 762 801	325 993
	小計	559 975	14 356 270	4 706 277	2 575 379	802 161	31 509 667	1 228 913
	47 沖縄	21 561	2 288 496	350 401	199 870	118 169	3 076 034	44 269

(10) 当期剰余金金額別組合数

Number of Coops. by Current Profit

(単位：組合)
(Unit:Coop.)

	事業年度 Business Year	集計組合数 Total No. of Coops. surveyed	剰余金発生組合数 No. of Coops. with Profit	250万円未満 Less than 2.5 Million Yen	250～500万円未満 2.5～5.0	500～1000万円未満 5.0～10	1000～1500万円未満 10～15
	平25(2013)	712	696	1	4	7	9
	平26(2014)	692	676	2	3	9	9
	平27(2015)	686	669	–	2	6	9
	平28(2016)	661	645	1	4	4	8
	平29(2017)	657	620	1	1	11	11
	平30(2018)	639	562	4	7	8	6
	比率 Percentage	–	87.9	0.6	1.1	1.3	0.9
	1 北海道	109	106	–	–	1	2
	2 青森	10	9	–	1	–	–
東	3 岩手	7	6	1	–	–	–
	4 宮城	14	13	–	–	–	–
	5 秋田	13	13	–	–	–	–
	6 山形	15	13	–	–	–	–
北	7 福島	5	4	–	–	–	–
	小計	64	58	1	1	–	–
	8 茨城	20	16	1	–	–	–
関	9 栃木	10	10	–	–	–	–
	10 群馬	15	15	–	–	–	–
	11 埼玉	16	15	1	1	–	–
	12 千葉	19	19	–	–	–	–
	13 東京	15	15	–	–	–	1
	14 神奈川	13	13	–	–	–	–
	15 山梨	11	7	–	–	1	–
	16 長野	18	16	1	–	–	–
東	17 静岡	18	17	–	–	–	–
	小計	155	143	3	1	1	1
北	18 新潟	24	17	–	2	–	1
	19 富山	15	15	–	–	1	–
	20 石川	17	16	–	1	–	–
陸	21 福井	12	10	–	–	2	–
	小計	68	58	–	3	3	1
東	22 岐阜	7	6	–	–	–	–
	23 愛知	20	20	–	–	–	–
	24 三重	11	8	–	–	1	–
海	小計	38	34	–	–	1	–
	25 滋賀	16	13	–	–	–	–
近	26 京都	5	4	–	–	–	–
	27 大阪	14	13	–	–	–	–
	28 兵庫	14	14	–	–	–	–
	29 奈良	1	1	–	–	–	–
畿	30 和歌山	8	8	–	–	–	–
	小計	58	53	–	–	–	–
	31 鳥取	3	3	–	–	–	–
中	32 島根	1	1	–	–	–	–
	33 岡山	9	7	–	–	–	–
国	34 広島	13	12	–	–	–	–
	35 山口	12	–	–	–	–	–
・	36 徳島	15	11	–	1	1	–
	37 香川	1	1	–	–	–	–
四	38 愛媛	12	10	–	–	–	–
	39 高知	4	3	–	–	–	–
国	小計	70	48	–	1	1	–
	40 福岡	20	10	–	1	–	1
九	41 佐賀	4	4	–	–	–	–
	42 長崎	7	5	–	–	–	–
	43 熊本	14	13	–	–	–	–
	44 大分	5	5	–	–	1	–
	45 宮崎	13	12	–	–	–	–
州	46 鹿児島	13	12	–	–	–	1
	小計	76	61	–	1	1	2
	47 沖縄	1	1	–	–	–	–

(10) 当期剰余金金額別組合数(つづき)

Number of Coops. by Current Profit (Cont.)

(単位：組合)
(Unit:Coop.)

事業年度 Business Year	1500～2000万円未満 15～20	2000～3000万円未満 20～30	3000～5000万円未満 30～50	5000万円～1億円未満 50～100	1億円～2億円未満 100～200	2億円以上 More than 200 Million Yen (Including 200 Million yen)
平25(2013)	11	36	58	119	164	287
平26(2014)	16	26	52	139	142	278
平27(2015)	11	24	50	100	160	307
平28(2016)	13	22	49	95	170	279
平29(2017)	14	24	46	109	156	247
平30(2018)	7	25	45	109	115	236
比率 Percentage	1.1	3.9	7.0	17.1	18.0	36.9
1 北海道	1	8	17	35	22	20
東北 2 青森	–	–	–	1	2	5
3 岩手	–	–	–	–	3	2
4 宮城	–	1	1	6	2	3
5 秋田	–	–	1	4	5	3
6 山形	1	1	1	2	3	5
7 福島	–	–	–	–	–	4
小計	1	2	3	13	15	22
関東 8 茨城	–	1	1	3	6	4
9 栃木	–	–	–	–	1	9
10 群馬	–	1	–	7	3	4
11 埼玉	–	1	1	–	4	7
12 千葉	–	–	3	3	4	9
13 東京	–	–	–	–	–	14
14 神奈川	–	–	2	2	1	8
15 山梨	–	–	1	–	2	3
16 長野	–	1	–	5	2	7
17 静岡	1	1	1	1	2	11
小計	1	5	9	21	25	76
北陸 18 新潟	1	–	1	2	6	4
19 富山	–	–	1	5	2	6
20 石川	–	2	–	3	5	5
21 福井	–	1	1	4	2	–
小計	1	3	3	14	15	15
東海 22 岐阜	–	–	–	–	1	5
23 愛知	–	–	–	–	1	19
24 三重	–	–	–	1	2	4
小計	–	–	–	1	4	28
近畿 25 滋賀	2	2	1	3	4	1
26 京都	–	–	–	–	–	4
27 大阪	–	–	–	2	–	11
28 兵庫	–	1	–	–	2	11
29 奈良	–	–	–	–	–	1
30 和歌山	–	–	–	–	2	6
小計	2	3	1	5	8	34
中国・四国 31 鳥取	–	–	–	1	–	2
32 島根	–	–	–	–	–	1
33 岡山	–	–	–	2	3	2
34 広島	–	2	2	1	3	4
35 山口	–	–	–	–	–	–
36 徳島	–	1	2	4	1	1
37 香川	–	–	–	–	–	1
38 愛媛	–	–	–	2	3	5
39 高知	–	–	–	–	2	1
小計	–	3	4	10	12	17
九州 40 福岡	1	–	1	–	5	1
41 佐賀	–	–	–	1	–	3
42 長崎	–	–	1	–	2	2
43 熊本	–	–	2	2	2	7
44 大分	–	–	2	–	–	2
45 宮崎	–	1	2	6	2	1
46 鹿児島	–	–	–	1	3	7
小計	1	1	8	10	14	23
47 沖縄	–	–	–	–	–	1

（１１）当期損失金金額別組合数
Number of Coops. by Current Loss

(単位：組合)
(Unit:Coop.)

	事業年度 Business Year	損失金発生組合数 No. of Coops. with Loss	１００万円未満 Less than 1 Million Yen	１００～２５０万円未満 1～2.5	２５０～５００万円未満 2.5～5.0	５００～１０００万円未満 5.0～10
	平25(2013)	16	–	1	–	–
	平26(2014)	16	–	–	–	–
	平27(2015)	17	–	–	–	1
	平28(2016)	16	–	–	–	2
	平29(2017)	37	–	1	–	3
	平30(2018)	77	–	–	1	3
	比率 Percentage	12.1	0.0	0.0	0.2	0.5
	1 北海道	3	–	–	1	–
	2 青森	1	–	–	–	–
東	3 岩手	1	–	–	–	–
	4 宮城	1	–	–	–	–
	5 秋田	–	–	–	–	–
	6 山形	2	–	–	–	–
北	7 福島	1	–	–	–	1
	小計	6	–	–	–	1
	8 茨城	4	–	–	–	–
関	9 栃木	–	–	–	–	–
	10 群馬	–	–	–	–	–
	11 埼玉	1	–	–	–	–
	12 千葉	–	–	–	–	–
	13 東京	–	–	–	–	–
	14 神奈川	–	–	–	–	–
	15 山梨	4	–	–	–	–
	16 長野	2	–	–	–	–
東	17 静岡	1	–	–	–	–
	小計	12	–	–	–	–
北	18 新潟	7	–	–	–	–
	19 富山	–	–	–	–	–
	20 石川	1	–	–	–	–
陸	21 福井	2	–	–	–	–
	小計	10	–	–	–	–
東	22 岐阜	1	–	–	–	–
	23 愛知	–	–	–	–	–
	24 三重	3	–	–	–	–
海	小計	4	–	–	–	–
	25 滋賀	3	–	–	–	–
近	26 京都	1	–	–	–	–
	27 大阪	1	–	–	–	–
	28 兵庫	–	–	–	–	–
	29 奈良	–	–	–	–	–
畿	30 和歌山	–	–	–	–	–
	小計	5	–	–	–	–
	31 鳥取	–	–	–	–	–
中	32 島根	–	–	–	–	–
	33 岡山	2	–	–	–	–
国	34 広島	1	–	–	–	–
	35 山口	12	–	–	–	–
・	36 徳島	4	–	–	–	1
	37 香川	–	–	–	–	–
四	38 愛媛	2	–	–	–	–
	39 高知	1	–	–	–	–
国	小計	22	–	–	–	1
	40 福岡	10	–	–	–	1
九	41 佐賀	–	–	–	–	–
	42 長崎	2	–	–	–	–
	43 熊本	1	–	–	–	–
	44 大分	–	–	–	–	–
	45 宮崎	1	–	–	–	–
州	46 鹿児島	1	–	–	–	–
	小計	15	–	–	–	1
	47 沖縄	–	–	–	–	–

（１１）当期損失金金額別組合数（つづき）

Number of Coops. by Current Loss (Cont.)

（単位：組合）
(Unit:Coop.)

地域	事業年度 Business Year	１０００～ ２０００万円未満 10～20	２０００～ ５０００万円未満 20～50	５０００万円～ １億円未満 50～100	１億円以上 More than 100 Million Yen (Including 100 million yen)	剰余・損失いずれもない組合数 No. of coops. without both Profit and Loss
	平25(2013)	1	5	1	8	−
	平26(2014)	2	1	5	8	−
	平27(2015)	2	2	2	10	−
	平28(2016)	−	4	4	6	−
	平29(2017)	1	3	10	19	−
	平30(2018)	3	12	12	46	−
	比率 Percentage	0.5	1.9	1.9	7.2	0.0
	1 北海道	−	1	−	1	−
東北	2 青森	−	1	−	−	−
東北	3 岩手	1	−	−	−	−
東北	4 宮城	−	−	−	1	−
東北	5 秋田	−	−	−	−	−
東北	6 山形	−	−	−	2	−
東北	7 福島	−	−	−	−	−
東北	小計	1	1	−	3	−
関東	8 茨城	−	2	1	1	−
関東	9 栃木	−	−	−	−	−
関東	10 群馬	−	−	−	−	−
関東	11 埼玉	−	−	−	1	−
関東	12 千葉	−	−	−	−	−
関東	13 東京	−	−	−	−	−
関東	14 神奈川	−	−	−	−	−
関東	15 山梨	−	−	−	4	−
関東	16 長野	−	−	−	2	−
関東	17 静岡	−	−	−	1	−
関東	小計	−	2	1	9	−
北陸	18 新潟	1	3	1	2	−
北陸	19 富山	−	−	−	−	−
北陸	20 石川	−	1	−	−	−
北陸	21 福井	−	−	2	−	−
北陸	小計	1	4	3	2	−
東海	22 岐阜	−	1	−	−	−
東海	23 愛知	−	−	−	−	−
東海	24 三重	−	1	−	2	−
東海	小計	−	2	−	2	−
近畿	25 滋賀	1	−	2	−	−
近畿	26 京都	−	−	−	1	−
近畿	27 大阪	−	−	1	−	−
近畿	28 兵庫	−	−	−	−	−
近畿	29 奈良	−	−	−	−	−
近畿	30 和歌山	−	−	−	−	−
近畿	小計	1	−	3	1	−
中国・四国	31 鳥取	−	−	−	−	−
中国・四国	32 島根	−	−	−	−	−
中国・四国	33 岡山	−	−	1	1	−
中国・四国	34 広島	−	−	−	1	−
中国・四国	35 山口	−	−	−	12	−
中国・四国	36 徳島	−	1	1	1	−
中国・四国	37 香川	−	−	−	−	−
中国・四国	38 愛媛	−	1	−	1	−
中国・四国	39 高知	−	−	−	1	−
中国・四国	小計	−	2	2	17	−
九州	40 福岡	−	−	3	6	−
九州	41 佐賀	−	−	−	−	−
九州	42 長崎	−	−	−	2	−
九州	43 熊本	−	−	−	1	−
九州	44 大分	−	−	−	−	−
九州	45 宮崎	−	−	−	1	−
九州	46 鹿児島	−	−	−	1	−
九州	小計	−	−	3	11	−
	47 沖縄	−	−	−	−	−

(12) 当期未処分剰余金の内訳

Current Surplus Unappropriated

(単位：千円、組合)
(Unit:1000yen, Coop.)

	事業年度 Business Year	当期未処分剰余金 Current SurpLus Unappropriated		任意積立金取崩額（目的外） Transfer from Voluntary Reserve (beyond for purpose)		合計 Total Amount of Surplus
		該当組合数 No. of coops. concerned	金額 Amount	該当組合数 No. of coops. concerned	金額 Amount	
	平25(2013)	701	336 356 043	72	36 666 742	373 022 785
	平26(2014)	687	337 879 739	73	24 821 737	362 701 476
	平27(2015)	681	349 501 120	67	28 474 262	377 975 382
	平28(2016)	656	344 875 670	53	13 216 044	358 091 714
	平29(2017)	652	344 772 810	54	17 188 815	361 961 625
	平30(2018)	626	348 886 625	57	19 044 061	367 930 686
	該当1組合当たり Average Per Coop.	-	557 326.9	-	334 106.3	-
	1 北海道	108	19 930 548	7	696 273	20 626 821
	2 青森	10	3 393 926	-	0	3 393 926
東	3 岩手	7	2 084 455	2	5 169	2 089 624
	4 宮城	14	4 723 128	5	1 836 237	6 559 365
	5 秋田	12	2 400 086	-	0	2 400 086
	6 山形	13	4 572 414	-	0	4 572 414
北	7 福島	5	5 746 385	5	275 909	6 022 294
	小計	61	22 920 394	12	2 117 315	25 037 709
	8 茨城	20	5 896 349	2	261 436	6 157 785
関	9 栃木	10	6 087 291	-	0	6 087 291
	10 群馬	15	3 852 785	1	1 114 469	4 967 254
	11 埼玉	16	15 384 215	-	0	15 384 215
	12 千葉	19	14 538 274	-	0	14 538 274
	13 東京	15	19 894 159	-	0	19 894 159
	14 神奈川	13	21 434 648	-	0	21 434 648
	15 山梨	8	2 293 845	3	591 280	2 885 125
	16 長野	18	11 397 861	-	0	11 397 861
東	17 静岡	18	16 210 301	1	8 325	16 218 626
	小計	152	116 989 728	7	1 975 510	118 965 238
北	18 新潟	24	6 106 084	1	200 000	6 306 084
	19 富山	15	4 517 240	-	0	4 517 240
	20 石川	17	6 239 559	2	17 900	6 257 459
陸	21 福井	12	1 886 616	-	0	1 886 616
	小計	68	18 749 499	3	217 900	18 967 399
東	22 岐阜	7	8 584 942	-	0	8 584 942
	23 愛知	20	34 804 102	5	690 361	35 494 463
	24 三重	10	6 638 026	1	20 000	6 658 026
海	小計	37	50 027 070	6	710 361	50 737 431
	25 滋賀	16	4 877 048	2	1 826 359	6 703 407
近	26 京都	5	5 182 834	1	500 000	5 682 834
	27 大阪	14	21 417 758	5	824 442	22 242 200
	28 兵庫	14	12 283 379	1	15 498	12 298 877
	29 奈良	1	3 793 162	-	0	3 793 162
畿	30 和歌山	8	4 441 533	-	0	4 441 533
	小計	58	51 995 714	9	3 166 299	55 162 013
	31 鳥取	3	993 427	-	0	993 427
中	32 島根	1	2 643 671	-	0	2 643 671
	33 岡山	9	5 530 835	4	5 835 724	11 366 559
国	34 広島	13	10 337 755	2	777 225	11 114 980
	35 山口	12	5 989 921	-	0	5 989 921
・	36 徳島	15	3 979 699	1	666 000	4 645 699
	37 香川	1	3 839 846	-	0	3 839 846
四	38 愛媛	11	4 600 058	1	1 567 619	6 167 677
	39 高知	3	783 154	-	0	783 154
国	小計	68	38 698 366	8	8 846 568	47 544 934
	40 福岡	20	9 990 283	4	1 213 835	11 204 118
九	41 佐賀	4	2 405 820	-	0	2 405 820
	42 長崎	6	3 574 752	-	0	3 574 752
	43 熊本	13	4 533 936	1	100 000	4 633 936
	44 大分	5	1 503 469	-	0	1 503 469
	45 宮崎	12	1 798 942	-	0	1 798 942
州	46 鹿児島	13	3 938 078	-	0	3 938 078
	小計	73	27 745 280	5	1 313 835	29 059 115
	47 沖縄	1	1 830 026	-	0	1 830 026

(13) 剰余金の処分状況
Appropriation of Surplus

(単位：千円、組合)
(Unit:1000yen,Coop.)

事業年度 Business Year		利益準備金 Earned surplus Reserve 該当組合数 No. of coops. concerned	金額 Amount	任意積立金 Voluntary Reserve 該当組合数 No. of coops. concerned	金額 Amount	うち目的積立金 of which Appropriation Surplus 該当組合数 No. of coops. concerned	金額 Amount
平25(2013)		631	40 795 662	656	174 744 963	617	146 566 554
平26(2014)		615	36 375 648	662	169 270 568	646	149 419 052
平27(2015)		600	38 555 304	652	174 368 680	619	161 824 893
平28(2016)		574	34 248 103	629	152 564 658	614	132 190 897
平29(2017)		552	31 513 020	618	156 477 062	607	138 046 916
平30(2018)		493	29 820 308	566	151 244 875	554	134 929 523
該当1組合当たり Average Per Coop.		-	60 487.4	-	267 217.1	-	243 555.1
	1 北海道	106	3 495 282	104	7 735 588	102	7 456 967
東北	2 青森	9	593 000	9	945 000	8	915 000
	3 岩手	6	283 000	5	700 000	5	700 000
	4 宮城	12	369 000	13	3 759 954	13	3 399 954
	5 秋田	12	617 700	11	877 000	11	877 000
	6 山形	13	665 000	13	1 938 506	13	1 828 506
	7 福島	4	580 000	5	3 032 615	5	3 032 615
	小計	56	3 107 700	56	11 253 075	55	10 753 075
関東	8 茨城	14	697 348	16	2 056 823	16	2 006 823
	9 栃木	10	955 000	10	2 700 379	10	2 600 379
	10 群馬	13	571 000	14	2 340 000	14	2 340 000
	11 埼玉	10	781 203	15	5 132 209	15	5 112 209
	12 千葉	17	1 308 000	14	2 066 551	14	2 056 551
	13 東京	2	22 743	13	7 825 436	11	3 825 436
	14 神奈川	5	146 000	12	7 731 441	12	7 631 441
	15 山梨	7	343 100	7	1 779 516	7	1 719 516
	16 長野	16	1 717 191	16	4 703 736	16	4 693 337
	17 静岡	6	239 576	16	4 774 621	15	2 651 621
	小計	100	6 781 161	133	41 110 712	130	34 637 313
北陸	18 新潟	16	815 082	21	2 656 270	20	2 552 270
	19 富山	14	462 340	15	1 597 109	15	1 597 109
	20 石川	16	748 128	17	2 261 751	17	2 261 751
	21 福井	10	166 800	9	442 793	9	422 793
	小計	56	2 192 350	62	6 957 923	61	6 833 923
東海	22 岐阜	5	560 000	7	4 251 148	7	3 101 148
	23 愛知	9	1 257 984	20	21 957 828	20	17 089 542
	24 三重	7	534 000	7	1 783 593	7	1 691 000
	小計	21	2 351 984	34	27 992 569	34	21 881 690
近畿	25 滋賀	14	468 300	16	3 670 755	15	3 498 755
	26 京都	3	690 000	5	2 813 413	4	1 963 413
	27 大阪	9	886 592	12	2 437 924	12	2 212 924
	28 兵庫	9	1 237 000	14	6 089 760	14	5 309 760
	29 奈良	1	400 000	1	1 400 000	1	1 400 000
	30 和歌山	8	628 000	8	1 705 375	7	1 605 375
	小計	44	4 309 892	56	18 117 227	53	15 990 227
中国・四国	31 鳥取	3	283 000	3	432 790	2	312 790
	32 島根	1	374 000	1	1 386 464	1	1 386 464
	33 岡山	8	478 700	9	7 798 614	9	7 798 614
	34 広島	11	829 254	12	6 542 167	12	6 542 167
	35 山口	-	-	-	-	-	-
	36 徳島	10	420 032	12	1 139 967	12	1 139 967
	37 香川	1	600 000	1	1 400 000	1	1 400 000
	38 愛媛	9	434 000	11	3 657 838	11	3 657 838
	39 高知	2	79 500	3	377 500	3	377 500
	小計	45	3 498 486	52	22 735 340	51	22 615 340
九州	40 福岡	15	449 063	20	7 629 513	20	7 558 513
	41 佐賀	4	284 500	4	878 137	3	617 684
	42 長崎	5	487 000	5	1 938 158	5	1 688 158
	43 熊本	12	767 000	13	1 555 456	13	1 555 456
	44 大分	4	312 840	3	526 615	3	526 615
	45 宮崎	12	318 550	12	650 660	12	650 660
	46 鹿児島	12	1 164 500	11	1 811 000	11	1 811 000
	小計	64	3 783 453	68	14 989 539	67	14 408 086
	47 沖縄	1	300 000	1	352 902	1	352 902

（13）剰余金の処分状況（つづき）
Appropriation of Surplus(Cont.)

（単位：千円、組合）
(Unit:1000yen,Coop.)

	事業年度 Business Year	出資配当金 Dividends on Share Capital 該当組合数 No. of coops. concerned	出資配当金 金額 Amount	事業分量配当金 Special Patronage dividends 該当組合数 No. of coops. concerned	事業分量配当金 金額 Amount	次期繰越剰余金 Surplus to be Carried to Next Term 該当組合数 No. of coops. concerned	次期繰越剰余金 金額 Amount
	平25(2013)	640	21 644 445	234	15 482 930	699	120 354 254
	平26(2014)	625	21 117 112	245	15 801 291	687	120 136 323
	平27(2015)	622	21 909 652	258	16 962 919	680	126 347 410
	平28(2016)	606	20 817 643	262	16 711 224	656	133 749 699
	平29(2017)	601	20 230 071	257	16 290 743	654	137 774 301
	平30(2018)	567	19 463 394	237	16 205 049	623	151 007 799
	該当1組合当たり Average Per Coop.	-	34 327.0	-	68 375.7	-	242 388.1
	1 北海道	84	1 141 245	83	4 660 862	108	3 593 728
東北	2 青森	6	225 067	4	298 479	10	1 332 375
	3 岩手	5	179 392	-	-	7	927 231
	4 宮城	11	338 811	2	47 342	14	2 044 252
	5 秋田	8	150 119	1	3 127	12	752 136
	6 山形	10	239 531	-	-	13	1 729 371
	7 福島	5	616 638	1	48 047	5	1 744 990
	小計	45	1 749 558	8	396 995	61	8 530 355
関東	8 茨城	20	387 904	6	84 523	19	2 931 173
	9 栃木	10	360 481	-	-	10	2 071 424
	10 群馬	15	276 321	5	288 225	15	1 491 701
	11 埼玉	16	532 571	6	1 034 773	16	7 915 266
	12 千葉	19	410 221	3	69 884	19	10 683 605
	13 東京	14	602 814	13	2 093 832	15	9 349 318
	14 神奈川	13	1 115 546	9	1 521 895	13	10 919 758
	15 山梨	7	102 829	3	177 759	7	368 547
	16 長野	18	749 820	8	369 221	18	3 857 879
	17 静岡	18	904 516	2	212 194	18	10 087 706
	小計	150	5 443 023	55	5 852 306	150	59 676 377
北陸	18 新潟	24	628 905	9	247 642	23	1 958 163
	19 富山	15	242 724	9	199 473	15	2 015 577
	20 石川	17	368 933	12	639 954	17	2 238 671
	21 福井	10	219 873	5	172 868	11	884 274
	小計	66	1 460 435	35	1 259 937	66	7 096 685
東海	22 岐阜	7	474 229	-	-	7	3 299 558
	23 愛知	20	1 306 882	6	877 406	20	10 094 343
	24 三重	11	406 953	5	304 383	11	3 668 615
	小計	38	2 188 064	11	1 181 789	38	17 062 516
近畿	25 滋賀	16	286 087	6	55 574	16	2 222 676
	26 京都	5	89 756	3	134 684	5	1 954 976
	27 大阪	14	620 571	1	77 685	14	18 219 427
	28 兵庫	14	911 163	5	377 043	14	3 683 904
	29 奈良	1	281 639	-	-	1	1 711 522
	30 和歌山	8	327 025	3	106 963	8	1 674 163
	小計	58	2 516 241	18	751 949	58	29 466 668
中国・四国	31 鳥取	2	43 776	-	-	3	233 860
	32 島根	1	223 066	-	-	1	660 141
	33 岡山	9	854 862	-	-	9	2 234 378
	34 広島	13	428 044	2	51 164	13	3 264 339
	35 山口	-	-	-	-	11	5 605 615
	36 徳島	14	180 509	1	3 498	15	2 901 686
	37 香川	1	256 289	1	669 214	1	914 343
	38 愛媛	12	389 101	1	71 767	12	1 872 521
	39 高知	3	93 438	1	47 590	3	185 124
	小計	55	2 469 085	6	843 233	68	17 872 007
九州	40 福岡	20	651 483	2	42 903	20	2 431 140
	41 佐賀	4	205 110	4	336 925	4	701 140
	42 長崎	6	287 674	2	107 452	6	754 462
	43 熊本	12	438 232	5	438 883	13	1 434 357
	44 大分	3	61 267	-	-	5	602 747
	45 宮崎	12	214 344	4	93 696	12	521 682
	46 鹿児島	13	448 765	3	33 686	13	480 114
	小計	70	2 306 875	20	1 053 545	73	6 925 642
	47 沖縄	1	188 868	1	204 433	1	783 821

(14) 当期未処理損失金の内訳
Undisposed Deficit

(単位：千円、組合)
(Unit:1000yen, Coop.)

事業年度 Business Year		当期未処理損失金 Undisposed Deficit		任意積立金取崩額(目的外) Transfer from Voluntary Reserve(beyond for purpose)		合計 Total Amount of Surplus
		該当組合数 No. of coops. concerned	金額 Amount	該当組合数 No. of coops. concerned	金額 Amount	
平25(2013)		11	896 126	1	43 500	852 626
平26(2014)		5	2 224 968	1	1 860 171	364 797
平27(2015)		5	887 836	1	234 209	653 627
平28(2016)		5	1 499 192	1	225 390	1 273 802
平29(2017)		5	5 508 654	3	674 000	4 834 654
平30(2018)		13	7 258 706	4	596 696	6 662 010
該当1組合当たり Average Per Coop.		–	558 362.0	–	149 174.0	–
	1 北海道	1	228 826	–	0	228 826
東北	2 青森	–	0	–	0	0
	3 岩手	–	0	–	0	0
	4 宮城	–	0	–	0	0
	5 秋田	1	2 051 867	–	0	2 051 867
	6 山形	2	354 960	1	20 000	334 960
	7 福島	–	0	–	0	0
	小計	3	2 406 827	1	20 000	2 386 827
関東	8 茨城	–	0	–	0	0
	9 栃木	–	0	–	0	0
	10 群馬	–	0	–	0	0
	11 埼玉	–	0	–	0	0
	12 千葉	–	0	–	0	0
	13 東京	–	0	–	0	0
	14 神奈川	–	0	–	0	0
	15 山梨	3	433 984	–	0	433 984
	16 長野	–	0	–	0	0
	17 静岡	–	0	–	0	0
	小計	3	433 984	–	0	433 984
北陸	18 新潟	–	0	–	0	0
	19 富山	–	0	–	0	0
	20 石川	–	0	–	0	0
	21 福井	–	0	–	0	0
	小計	–	0	–	0	0
東海	22 岐阜	–	0	–	0	0
	23 愛知	–	0	–	0	0
	24 三重	1	17 168	1	56 696	▲ 39 528
	小計	1	17 168	1	56 696	▲ 39 528
近畿	25 滋賀	–	0	–	0	0
	26 京都	–	0	–	0	0
	27 大阪	–	0	–	0	0
	28 兵庫	–	0	–	0	0
	29 奈良	–	0	–	0	0
	30 和歌山	–	0	–	0	0
	小計	–	0	–	0	0
中国・四国	31 鳥取	–	0	–	0	0
	32 島根	–	0	–	0	0
	33 岡山	–	0	–	0	0
	34 広島	–	0	–	0	0
	35 山口	–	0	–	0	0
	36 徳島	–	0	–	0	0
	37 香川	–	0	–	0	0
	38 愛媛	1	42 440	1	300 000	▲ 257 560
	39 高知	1	3 595 052	–	0	3 595 052
	小計	2	3 637 492	1	300 000	3 337 492
九州	40 福岡	–	0	–	0	0
	41 佐賀	–	0	–	0	0
	42 長崎	1	40 062	–	0	40 062
	43 熊本	1	299 406	1	220 000	79 406
	44 大分	–	0	–	0	0
	45 宮崎	1	194 941	–	0	194 941
	46 鹿児島	–	0	–	0	0
	小計	3	534 409	1	220 000	314 409
	47 沖縄	–	0	–	0	0

(15) 損失金の処理状況

Management of Deficit

(単位：千円、組合)
(Unit:1000yen, Coop.)

事業年度 Business Year	任意積立金取崩額 Amount of Redemption by Voluntary Reserve		利益準備金取崩額 Amount of Redemption by Earned Surplus Reserve		資本準備金取崩額 Amount of Redemption by Capital Reserve	
	該当組合数 No. of coops. concerned	金額 Amount	該当組合数 No. of coops. concerned	金額 Amount	該当組合数 No. of coops. concerned	金額 Amount
平25(2013)	3	501 537	4	191 579	–	0
平26(2014)	1	50 901	2	372 930	–	0
平27(2015)	2	123 634	1	377 165	–	0
平28(2016)	2	1 156 603	2	239 891	1	1 420
平29(2017)	2	1 514 408	1	805 964	–	0
平30(2018)	3	564 105	3	3 869 079	–	0
該当1組合当たり Average Per Coop.	–	188 035.0	–	1 289 693.0	–	0.0
1 北海道	1	228 826	–	0	–	0
2 青森	–	0	–	0	–	0
東 3 岩手	–	0	–	0	–	0
4 宮城	–	0	–	0	–	0
5 秋田	–	0	–	0	–	0
6 山形	1	140 338	1	194 621	–	0
北 7 福島	–	0	–	0	–	0
小計	1	140 338	1	194 621	–	0
8 茨城	–	0	–	0	–	0
関 9 栃木	–	0	–	0	–	0
10 群馬	–	0	–	0	–	0
11 埼玉	–	0	–	0	–	0
12 千葉	–	0	–	0	–	0
13 東京	–	0	–	0	–	0
14 神奈川	–	0	–	0	–	0
15 山梨	–	0	–	0	–	0
16 長野	–	0	–	0	–	0
東 17 静岡	–	0	–	0	–	0
小計	–	0	–	0	–	0
北 18 新潟	–	0	–	0	–	0
19 富山	–	0	–	0	–	0
20 石川	–	0	–	0	–	0
陸 21 福井	–	0	–	0	–	0
小計	–	0	–	0	–	0
東 22 岐阜	–	0	–	0	–	0
23 愛知	–	0	–	0	–	0
24 三重	–	0	–	0	–	0
海 小計	–	0	–	0	–	0
25 滋賀	–	0	–	0	–	0
近 26 京都	–	0	–	0	–	0
27 大阪	–	0	–	0	–	0
28 兵庫	–	0	–	0	–	0
29 奈良	–	0	–	0	–	0
畿 30 和歌山	–	0	–	0	–	0
小計	–	0	–	0	–	0
31 鳥取	–	0	–	0	–	0
中 32 島根	–	0	–	0	–	0
33 岡山	–	0	–	0	–	0
国 34 広島	–	0	–	0	–	0
35 山口	–	0	–	0	–	0
・ 36 徳島	–	0	–	0	–	0
37 香川	–	0	–	0	–	0
四 38 愛媛	–	0	–	0	–	0
39 高知	–	0	1	3 595 052	–	0
国 小計	–	0	1	3 595 052	–	0
40 福岡	–	0	–	0	–	0
九 41 佐賀	–	0	–	0	–	0
42 長崎	–	0	–	0	–	0
43 熊本	–	0	1	79 406	–	0
44 大分	–	0	–	0	–	0
45 宮崎	1	194 941	–	0	–	0
州 46 鹿児島	–	0	–	0	–	0
小計	1	194 941	1	79 406	–	0
47 沖縄	–	0	–	0	–	0

(15) 損失金の処理状況(つづき)
Management of Deficit (Cont.)

(単位:千円、組合)
(Unit:1000yen, Coop.)

	事業年度 Business Year	回転出資金取崩額 Amount of Redemption by Revolving Capital		次期繰越損失金 Deficit to be Carried to Next Term	
		該当組合数 No. of coops. concerned	金額 Amount	該当組合数 No. of coops. concerned	金額 Amount
	平25(2013)	−	0	5	232 395
	平26(2014)	−	0	1	23 076
	平27(2015)	−	0	2	307 487
	平28(2016)	−	0	1	27 210
	平29(2017)	−	0	1	2 838 373
	平30(2018)	−	0	5	2 525 913
	該当1組合当たり Average Per Coop.	−	0.0	−	505 182.6
	1 北海道	−	0	−	0
	2 青森	−	0	−	0
東	3 岩手	−	0	−	0
	4 宮城	−	0	−	0
	5 秋田	−	0	1	2 051 867
	6 山形	−	0	−	0
北	7 福島	−	0	−	0
	小計	−	0	1	2 051 867
	8 茨城	−	0	−	0
関	9 栃木	−	0	−	0
	10 群馬	−	0	−	0
	11 埼玉	−	0	−	0
	12 千葉	−	0	−	0
	13 東京	−	0	−	0
	14 神奈川	−	0	−	0
	15 山梨	−	0	3	433 984
	16 長野	−	0	−	0
東	17 静岡	−	0	−	0
	小計	−	0	3	433 984
北	18 新潟	−	0	−	0
	19 富山	−	0	−	0
	20 石川	−	0	−	0
陸	21 福井	−	0	−	0
	小計	−	0	−	0
東	22 岐阜	−	0	−	0
	23 愛知	−	0	−	0
	24 三重	−	0	−	0
海	小計	−	0	−	0
	25 滋賀	−	0	−	0
近	26 京都	−	0	−	0
	27 大阪	−	0	−	0
	28 兵庫	−	0	−	0
	29 奈良	−	0	−	0
畿	30 和歌山	−	0	−	0
	小計	−	0	−	0
	31 鳥取	−	0	−	0
中	32 島根	−	0	−	0
	33 岡山	−	0	−	0
国	34 広島	−	0	−	0
	35 山口	−	0	−	0
・	36 徳島	−	0	−	0
	37 香川	−	0	−	0
四	38 愛媛	−	0	−	0
	39 高知	−	0	−	0
国	小計	−	0	−	0
	40 福岡	−	0	−	0
九	41 佐賀	−	0	−	0
	42 長崎	−	0	1	40 062
	43 熊本	−	0	−	0
	44 大分	−	0	−	0
	45 宮崎	−	0	−	0
州	46 鹿児島	−	0	−	0
	小計	−	0	1	40 062
	47 沖縄	−	0	−	0

(15) 損失金の処理状況（つづき）
Management of Deficit (Cont.)

(単位：千円、組合)
(Unit:1000yen,Coop.)

事業年度 Business Year	利益準備金 Legal Reserve 該当組合数 No.of coops. concerned	 金額 Amount	任意積立金 Voluntary Reserve 該当組合数 No.of coops. concerned	 金額 Amount	うち目的積立金 of which Appropriation Surplus 該当組合数 No.of coops. concerned	 金額 Amount
平25(2013)	–	0	–	0	–	0
平26(2014)	–	0	–	0	–	0
平27(2015)	–	0	–	0	–	0
平28(2016)	–	0	1	84 350	1	84 350
平29(2017)	–	0	–	0	–	0
平30(2018)	–	0	–	0	–	0
該当1組合当たり Average Per Coop.	–	0.0	–	0.0	–	0.0
1 北海道	–	0	–	0	–	0
2 青森	–	0	–	0	–	0
東 3 岩手	–	0	–	0	–	0
4 宮城	–	0	–	0	–	0
5 秋田	–	0	–	0	–	0
6 山形	–	0	–	0	–	0
北 7 福島	–	0	–	0	–	0
小計	–	0	–	0	–	0
8 茨城	–	0	–	0	–	0
関 9 栃木	–	0	–	0	–	0
10 群馬	–	0	–	0	–	0
11 埼玉	–	0	–	0	–	0
12 千葉	–	0	–	0	–	0
13 東京	–	0	–	0	–	0
14 神奈川	–	0	–	0	–	0
15 山梨	–	0	–	0	–	0
16 長野	–	0	–	0	–	0
東 17 静岡	–	0	–	0	–	0
小計	–	0	–	0	–	0
北 18 新潟	–	0	–	0	–	0
19 富山	–	0	–	0	–	0
20 石川	–	0	–	0	–	0
陸 21 福井	–	0	–	0	–	0
小計	–	0	–	0	–	0
東 22 岐阜	–	0	–	0	–	0
23 愛知	–	0	–	0	–	0
24 三重	–	0	–	0	–	0
海 小計	–	0	–	0	–	0
25 滋賀	–	0	–	0	–	0
近 26 京都	–	0	–	0	–	0
27 大阪	–	0	–	0	–	0
28 兵庫	–	0	–	0	–	0
29 奈良	–	0	–	0	–	0
畿 30 和歌山	–	0	–	0	–	0
小計	–	0	–	0	–	0
31 鳥取	–	0	–	0	–	0
中 32 島根	–	0	–	0	–	0
33 岡山	–	0	–	0	–	0
国 34 広島	–	0	–	0	–	0
35 山口	–	0	–	0	–	0
・ 36 徳島	–	0	–	0	–	0
37 香川	–	0	–	0	–	0
四 38 愛媛	–	0	–	0	–	0
39 高知	–	0	–	0	–	0
国 小計	–	0	–	0	–	0
40 福岡	–	0	–	0	–	0
九 41 佐賀	–	0	–	0	–	0
42 長崎	–	0	–	0	–	0
43 熊本	–	0	–	0	–	0
44 大分	–	0	–	0	–	0
45 宮崎	–	0	–	0	–	0
州 46 鹿児島	–	0	–	0	–	0
小計	–	0	–	0	–	0
47 沖縄	–	0	–	0	–	0

(15) 損失金の処理状況 (つづき)
Management of Deficit (Cont.)

(単位：千円、組合)
(Unit:1000yen,Coop.)

事業年度 Business Year		出資配当金 Dividends on Share Capital 該当組合数 No. of coops. concerned	出資配当金 金額 Amount	事業分量配当金 Special Patronage dividends 該当組合数 No. of coops. concerned	事業分量配当金 金額 Amount	次期繰越剰余金 Surplus to be Carried to Next Term 該当組合数 No. of coops. concerned	次期繰越剰余金 金額 Amount
	平25(2013)	1	6 192	–	0	2	66 693
	平26(2014)	1	22 813	–	0	1	59 298
	平27(2015)	–	0	–	0	1	154 659
	平28(2016)	1	16 532	–	0	1	50 441
	平29(2017)	–	0	–	0	–	0
	平30(2018)	–	0	–	0	–	0
	該当1組合当たり Average Per Coop.	–	0.0	–	0.0	–	0.0
	1 北海道	–	0	–	0	–	0
	2 青森	–	0	–	0	–	0
東	3 岩手	–	0	–	0	–	0
	4 宮城	–	0	–	0	–	0
	5 秋田	–	0	–	0	–	0
	6 山形	–	0	–	0	–	0
北	7 福島	–	0	–	0	–	0
	小計	–	0	–	0	–	0
	8 茨城	–	0	–	0	–	0
関	9 栃木	–	0	–	0	–	0
	10 群馬	–	0	–	0	–	0
	11 埼玉	–	0	–	0	–	0
	12 千葉	–	0	–	0	–	0
	13 東京	–	0	–	0	–	0
	14 神奈川	–	0	–	0	–	0
	15 山梨	–	0	–	0	–	0
	16 長野	–	0	–	0	–	0
東	17 静岡	–	0	–	0	–	0
	小計	–	0	–	0	–	0
北	18 新潟	–	0	–	0	–	0
	19 富山	–	0	–	0	–	0
	20 石川	–	0	–	0	–	0
陸	21 福井	–	0	–	0	–	0
	小計	–	0	–	0	–	0
東	22 岐阜	–	0	–	0	–	0
	23 愛知	–	0	–	0	–	0
	24 三重	–	0	–	0	–	0
海	小計	–	0	–	0	–	0
	25 滋賀	–	0	–	0	–	0
近	26 京都	–	0	–	0	–	0
	27 大阪	–	0	–	0	–	0
	28 兵庫	–	0	–	0	–	0
	29 奈良	–	0	–	0	–	0
畿	30 和歌山	–	0	–	0	–	0
	小計	–	0	–	0	–	0
	31 鳥取	–	0	–	0	–	0
中	32 島根	–	0	–	0	–	0
	33 岡山	–	0	–	0	–	0
国	34 広島	–	0	–	0	–	0
	35 山口	–	0	–	0	–	0
・	36 徳島	–	0	–	0	–	0
	37 香川	–	0	–	0	–	0
四	38 愛媛	–	0	–	0	–	0
	39 高知	–	0	–	0	–	0
国	小計	–	0	–	0	–	0
	40 福岡	–	0	–	0	–	0
九	41 佐賀	–	0	–	0	–	0
	42 長崎	–	0	–	0	–	0
	43 熊本	–	0	–	0	–	0
	44 大分	–	0	–	0	–	0
	45 宮崎	–	0	–	0	–	0
州	46 鹿児島	–	0	–	0	–	0
	小計	–	0	–	0	–	0
	47 沖縄	–	0	–	0	–	0

（１６）剰余金処分における出資配当率別組合数

Number of Coops. by the Rate of Dividend on Share Capital

(単位：組合)
(Unit:Coop.)

事業年度 Business Year	配当なし No dividend	４％未満 Less than 4%	４～７%未満 4%～Less than 7%	７％以上 More than 7% (Including 7%)
平25(2013)	71	597	39	5
平26(2014)	66	583	36	7
平27(2015)	64	581	36	5
平28(2016)	55	569	33	4
平29(2017)	57	559	34	7
平30(2018)	72	532	29	6
比率 Percentage	11.3	83.3	4.5	0.9
1 北海道	25	84	－	－
東北 2 青森	4	6	－	－
3 岩手	2	5	－	－
4 宮城	3	10	1	－
5 秋田	5	8	－	－
6 山形	5	10	－	－
7 福島	－	5	－	－
東北 小計	19	44	1	－
関東 8 茨城	－	20	－	－
9 栃木	－	10	－	－
10 群馬	－	15	－	－
11 埼玉	－	16	－	－
12 千葉	－	19	－	－
13 東京	1	9	5	－
14 神奈川	－	10	2	1
15 山梨	4	7	－	－
16 長野	－	18	－	－
17 静岡	－	16	2	－
関東 小計	5	140	9	1
北陸 18 新潟	－	24	－	－
19 富山	－	15	－	－
20 石川	－	17	－	－
21 福井	2	10	－	－
北陸 小計	2	66	－	－
東海 22 岐阜	－	6	1	－
23 愛知	－	3	15	2
24 三重	－	11	－	－
東海 小計	－	20	16	2
近畿 25 滋賀	－	16	－	－
26 京都	－	5	－	－
27 大阪	－	14	－	－
28 兵庫	－	12	2	－
29 奈良	－	1	－	－
30 和歌山	－	8	－	－
近畿 小計	－	56	2	－
中国・四国 31 鳥取	1	2	－	－
32 島根	－	1	－	－
33 岡山	－	6	1	2
34 広島	－	13	－	－
35 山口	12	－	－	－
36 徳島	1	14	－	－
37 香川	－	1	－	－
38 愛媛	－	12	－	－
39 高知	1	2	－	1
中国・四国 小計	15	51	1	3
九州 40 福岡	－	20	－	－
41 佐賀	－	4	－	－
42 長崎	1	6	－	－
43 熊本	2	12	－	－
44 大分	2	3	－	－
45 宮崎	1	12	－	－
46 鹿児島	－	13	－	－
九州 小計	6	70	－	－
47 沖縄	－	1	－	－

※　配当なしの組合には損失金計上組合及び優先出資に係る配当のみの組合を含む。

8 諸　　　税
Taxes and Imposts

集計組合数　639
Total No. of Coops. Surveyed　639

(単位：千円、組合)
(Unit:1000yen, Coop.)

	事業年度 Business Year	法人税 Corporation Tax 該当組合数 No. of coops. concerned	法人税 Corporation Tax 金額 Amount	印紙税 Revenue Stamp Tax 該当組合数 No. of coops. concerned	印紙税 Revenue Stamp Tax 金額 Amount	都道府県民税 Prefectural Inhabitant Tax 該当組合数 No. of coops. concerned	都道府県民税 Prefectural Inhabitant Tax 金額 Amount	事業税 Business Tax 該当組合数 No. of coops. concerned	事業税 Business Tax 金額 Amount
	平25(2013)	616	33 528 032	655	2 880 942	698	2 722 754	607	11 772 095
	平26(2014)	573	28 353 040	633	2 080 178	678	2 531 251	565	10 804 163
	平27(2015)	583	29 036 555	626	1 498 571	670	2 307 486	591	12 158 657
	平28(2016)	589	28 777 509	612	1 463 496	656	2 462 927	585	12 117 544
	平29(2017)	569	27 329 002	596	1 266 319	648	1 974 630	574	11 460 078
	平30(2018)	552	27 118 717	578	1 203 204	627	1 922 875	550	11 086 209
	該当1組合当たり Average Per Coop.	-	49 128	-	2 082	-	3 067	-	20 157
	1 北海道	96	1 670 786	97	58 547	107	131 340	95	625 673
東北	2 青森	10	295 707	7	5 357	10	19 571	9	120 790
東北	3 岩手	6	80 391	7	17 332	7	12 000	6	64 254
東北	4 宮城	13	281 436	14	11 485	14	28 623	12	120 463
東北	5 秋田	11	273 105	13	20 359	13	29 555	11	103 283
東北	6 山形	14	213 279	15	13 507	15	22 441	14	100 793
東北	7 福島	4	399 107	5	9 450	5	25 404	4	203 116
東北	小計	58	1 543 025	61	77 490	64	137 594	56	712 699
関東	8 茨城	17	373 437	18	21 196	19	28 956	17	179 692
関東	9 栃木	10	1 035 171	9	13 621	10	31 001	9	153 168
関東	10 群馬	15	477 362	12	18 996	14	26 325	14	134 308
関東	11 埼玉	16	950 091	15	39 243	15	63 935	15	369 793
関東	12 千葉	17	638 174	16	24 914	19	39 676	17	244 630
関東	13 東京	15	1 312 520	15	53 503	15	161 998	15	512 498
関東	14 神奈川	12	1 988 758	10	94 349	13	86 125	12	733 761
関東	15 山梨	6	63 115	10	10 708	11	6 604	4	17 642
関東	16 長野	13	614 117	16	41 665	18	44 859	15	286 250
関東	17 静岡	17	1 234 263	15	33 627	18	72 103	17	548 954
関東	小計	138	8 687 008	136	351 822	152	561 582	135	3 180 696
北陸	18 新潟	23	713 399	21	46 320	24	47 321	23	312 156
北陸	19 富山	11	254 025	15	15 084	15	26 520	14	132 904
北陸	20 石川	16	456 591	6	7 410	17	36 043	16	195 510
北陸	21 福井	6	38 164	11	11 171	11	8 378	7	26 563
北陸	小計	56	1 462 179	53	79 985	67	118 262	60	667 133
東海	22 岐阜	6	671 466	7	43 652	7	40 559	6	284 856
東海	23 愛知	20	3 733 185	20	82 999	20	259 040	20	1 418 780
東海	24 三重	10	782 994	10	19 453	11	41 173	10	310 362
東海	小計	36	5 187 645	37	146 104	38	340 772	36	2 013 998
近畿	25 滋賀	12	288 991	15	20 068	15	25 170	12	91 438
近畿	26 京都	5	544 801	5	14 568	5	28 340	5	232 716
近畿	27 大阪	13	852 124	14	57 594	13	69 589	13	500 789
近畿	28 兵庫	13	1 359 370	12	52 855	14	80 102	14	658 405
近畿	29 奈良	1	277 210	1	15 666	1	16 011	1	131 532
近畿	30 和歌山	8	264 443	8	28 280	8	23 359	8	115 331
近畿	小計	52	3 586 939	55	189 031	56	242 571	53	1 730 211
中国・四国	31 鳥取	3	88 460	3	7 116	3	9 757	3	36 124
中国・四国	32 島根	1	128 988	1	10 285	1	6 052	1	83 537
中国・四国	33 岡山	9	321 979	8	35 220	9	25 306	9	157 750
中国・四国	34 広島	11	575 644	13	37 083	13	37 012	11	239 250
中国・四国	35 山口	6	213 535	11	11 409	10	24 857	5	88 117
中国・四国	36 徳島	12	164 407	14	10 156	15	17 072	10	83 936
中国・四国	37 香川	1	276 184	1	13 344	1	19 239	1	153 205
中国・四国	38 愛媛	8	338 228	10	18 478	12	27 893	8	182 730
中国・四国	39 高知	3	50 882	4	13 928	4	10 829	3	23 400
中国・四国	小計	54	2 158 307	65	157 019	68	178 017	51	1 048 049
九州	40 福岡	17	1 025 854	20	38 994	18	57 423	17	423 782
九州	41 佐賀	3	82 404	3	11 337	4	15 460	3	32 564
九州	42 長崎	6	367 060	7	12 021	7	19 618	6	143 941
九州	43 熊本	12	507 729	13	24 528	14	57 623	13	219 278
九州	44 大分	3	46 853	5	9 580	5	5 118	3	21 958
九州	45 宮崎	8	147 608	12	8 584	13	16 654	9	52 608
九州	46 鹿児島	13	645 320	13	23 973	13	37 231	13	213 619
九州	小計	62	2 822 828	73	129 017	74	209 127	64	1 107 750
	47 沖縄	-	0	1	14 189	1	3 610	-	0

8 諸 税（つづき）
Taxes and Imposts (Cont.)

（単位：千円、組合）
(Unit:1000yen,Coop.)

	事業年度 Business Year	市町村民税 Municipal Inhabitant Tax 該当組合数 No. of coops. concerned	市町村民税 金額 Amount	固定資産税 Fixed Assets tax 該当組合数 No. of coops. concerned	固定資産税 金額 Amount	自動車・軽自動車税 Automobile and Motor Bicycle Tax 該当組合数 No. of coops. concerned	自動車・軽自動車税 金額 Amount	消費税 Consumption tax 該当組合数 No. of coops. concerned	消費税 金額 Amount
	平25(2013)	698	7 934 128	710	23 898 974	677	1 049 382	663	13 061 241
	平26(2014)	676	7 211 554	686	23 465 417	652	1 132 054	665	18 336 086
	平27(2015)	669	6 908 743	680	22 793 505	650	1 189 186	638	20 509 144
	平28(2016)	652	6 629 230	655	22 820 948	626	471 358	630	20 069 355
	平29(2017)	640	6 342 784	651	23 006 190	617	456 124	577	18 811 196
	平30(2018)	623	6 306 620	634	22 760 963	598	680 094	576	18 073 983
	該当1組合当たり Average Per Coop.	−	10 123	−	35 901	−	1 137	−	31 378
	1 北海道	107	441 013	109	2 286 508	100	81 942	95	2 227 540
	2 青森	10	83 832	10	343 486	9	12 231	10	366 109
東	3 岩手	7	84 312	7	379 984	6	11 624	7	212 942
	4 宮城	13	74 553	14	368 930	13	11 214	14	193 728
	5 秋田	13	79 731	13	335 757	13	8 061	13	253 365
	6 山形	14	79 493	15	443 657	14	11 761	14	311 288
北	7 福島	5	130 721	5	375 746	5	2 438	4	232 071
	小計	62	532 642	64	2 247 560	60	57 329	62	1 569 503
	8 茨城	20	131 937	19	288 113	18	10 114	16	257 958
関	9 栃木	10	123 214	10	392 316	9	6 257	8	458 298
	10 群馬	14	99 037	15	410 914	14	15 971	15	471 369
	11 埼玉	15	252 894	16	541 327	15	5 067	14	194 840
	12 千葉	19	156 167	17	355 382	17	14 182	16	565 111
	13 東京	11	158 386	15	495 811	15	5 237	15	369 244
	14 神奈川	13	326 610	12	709 176	11	11 546	12	392 161
	15 山梨	10	29 623	11	197 622	10	468	11	168 186
	16 長野	18	188 568	18	994 067	17	29 276	18	1 270 999
東	17 静岡	18	216 713	18	1 041 639	16	4 351	15	334 916
	小計	148	1 683 149	151	5 426 367	142	102 469	140	4 483 082
北	18 新潟	24	168 816	24	721 064	24	13 522	23	879 187
	19 富山	15	80 632	15	396 544	14	9 196	13	256 659
	20 石川	17	104 898	17	334 948	16	8 798	17	170 909
陸	21 福井	12	44 023	12	260 332	12	2 212	10	137 960
	小計	68	398 369	68	1 712 888	66	33 728	63	1 444 715
東	22 岐阜	7	161 496	7	462 354	7	3 969	6	448 756
	23 愛知	20	547 625	19	1 322 498	18	6 592	15	1 046 126
	24 三重	11	134 453	11	388 524	11	7 206	9	250 368
海	小計	38	843 574	37	2 173 376	36	17 767	30	1 745 250
	25 滋賀	15	68 283	16	313 261	16	7 306	14	186 779
近	26 京都	5	112 356	5	186 108	5	1 984	4	106 295
	27 大阪	13	212 857	14	361 054	14	8 563	10	510 819
	28 兵庫	14	302 591	14	733 574	14	4 990	13	514 449
	29 奈良	1	91 813	1	168 678	1	1 204	1	131 036
畿	30 和歌山	8	87 143	8	337 777	7	6 185	8	531 739
	小計	56	875 043	58	2 100 452	57	30 232	50	1 981 117
	31 鳥取	3	40 524	3	282 205	3	2 100	3	106 424
中	32 島根	1	57 066	1	315 128	1	2 438	1	158 907
	33 岡山	9	115 919	9	377 995	9	11 506	9	366 144
国	34 広島	13	141 345	13	571 307	13	13 070	13	270 565
	35 山口	11	60 739	12	306 789	11	258 527	11	214 291
・	36 徳島	15	48 558	15	162 792	14	5 507	14	72 023
	37 香川	1	94 868	1	324 270	1	670	1	188 356
四	38 愛媛	12	110 125	12	581 866	11	4 938	12	634 215
	39 高知	4	47 206	4	279 245	3	4 711	4	210 051
国	小計	69	716 350	70	3 201 597	66	303 467	68	2 220 976
	40 福岡	18	229 132	20	842 033	19	8 084	17	582 390
九	41 佐賀	4	58 184	4	423 316	4	5 942	2	40 771
	42 長崎	7	79 471	7	363 217	6	2 231	6	270 180
	43 熊本	14	146 204	14	631 040	12	7 000	13	284 816
	44 大分	5	49 559	5	220 438	4	2 160	5	137 738
	45 宮崎	13	58 108	13	499 390	12	7 015	12	350 812
州	46 鹿児島	13	140 490	13	397 012	13	18 067	12	619 353
	小計	74	761 148	76	3 376 446	70	50 499	67	2 286 060
	47 沖縄	1	55 332	1	235 769	1	2 661	1	115 740

8 諸　　税（つづき）
Taxes and Imposts (Cont.)

（単位：千円、組合）
(Unit:1000yen, Coop.)

地方	事業年度 Business Year	その他の税 Other Taxes 該当組合数 No. of coops. concerned	その他の税 Other Taxes 金額 Amount	合計 Total 該当組合数 No. of coops. concerned	合計 Total 金額 Amount
	平25(2013)	532	5 103 708	712	101 951 256
	平26(2014)	499	4 975 130	692	98 888 873
	平27(2015)	478	4 752 957	686	101 154 804
	平28(2016)	474	4 714 714	661	99 527 081
	平29(2017)	469	4 984 975	657	95 631 298
	平30(2018)	454	4 374 847	639	93 527 512
	該当1組合当たり Average Per Coop.	−	9 636	−	146 365
	1 北海道	68	242 755	109	7 766 104
東北	2 青森	4	75 417	10	1 322 500
	3 岩手	5	112 330	7	975 169
	4 宮城	9	32 637	14	1 123 069
	5 秋田	9	24 600	13	1 127 816
	6 山形	11	129 631	15	1 325 850
	7 福島	4	194 171	5	1 572 224
	小計	42	568 786	64	7 446 628
関東	8 茨城	14	30 730	20	1 322 133
	9 栃木	7	182 964	10	2 396 010
	10 群馬	11	109 843	15	1 764 125
	11 埼玉	10	69 649	16	2 486 839
	12 千葉	12	75 209	19	2 113 445
	13 東京	13	172 598	15	3 241 795
	14 神奈川	9	111 771	13	4 454 257
	15 山梨	7	11 079	11	505 047
	16 長野	16	137 513	18	3 607 314
	17 静岡	14	437 650	18	3 924 216
	小計	113	1 339 006	155	25 815 181
北陸	18 新潟	20	93 937	24	2 995 722
	19 富山	12	44 909	15	1 216 473
	20 石川	11	39 952	17	1 355 059
	21 福井	9	23 009	12	551 812
	小計	52	201 807	68	6 119 066
東海	22 岐阜	6	159 535	7	2 276 643
	23 愛知	16	354 309	20	8 771 154
	24 三重	8	41 975	11	1 976 508
	小計	30	555 819	38	13 024 305
近畿	25 滋賀	11	29 061	16	1 030 357
	26 京都	3	22 296	5	1 249 464
	27 大阪	13	205 549	14	2 778 938
	28 兵庫	9	96 372	14	3 802 708
	29 奈良	1	25 141	1	858 291
	30 和歌山	6	88 837	8	1 483 094
	小計	43	467 256	58	11 202 852
中国・四国	31 鳥取	3	14 537	3	587 247
	32 島根	1	52 203	1	814 604
	33 岡山	6	65 630	9	1 477 449
	34 広島	9	80 800	13	1 966 076
	35 山口	10	46 561	12	1 224 825
	36 徳島	9	13 960	15	578 411
	37 香川	1	9 481	1	1 079 617
	38 愛媛	5	63 433	12	1 961 906
	39 高知	2	24 817	4	665 069
	小計	46	371 422	70	10 355 204
九州	40 福岡	14	228 406	20	3 436 098
	41 佐賀	4	49 961	4	719 939
	42 長崎	7	42 232	7	1 299 971
	43 熊本	11	93 577	14	1 971 795
	44 大分	3	22 120	5	515 524
	45 宮崎	9	62 710	13	1 203 489
	46 鹿児島	11	99 822	13	2 194 887
	小計	59	598 828	76	11 341 703
	47 沖縄	1	29 168	1	456 469

9 職 員 給 与

Employees' Salaries

(1) 平均給与（30年9月末）

Average Monthly Salary (As of the end of Sept. 2018)

集計組合数 639
Total No. of Coops. Surveyed 639

(単位：人)
(Unit:Person)

事業年度 Business Year		集計組合数 Total No. of Coops. surveyed	対象職員数 Total No. of Employees 男 Male	女 Female	計 Total
	Coop. 組合				
	平25(2013)	712	118 912	55 708	174 620
	平26(2014)	692	116 614	55 190	171 804
	平27(2015)	686	113 803	55 332	169 135
	平28(2016)	661	111 706	55 163	166 869
	平29(2017)	657	109 202	55 093	164 295
	平30(2018)	639	106 141	54 853	160 994
	1組合当たり Average Per Coop.	–	166.1	85.8	251.9
	1 北海道	109	7 231	2 557	9 788
東北	2 青森	10	1 597	790	2 387
	3 岩手	7	1 698	993	2 691
	4 宮城	14	2 185	1 284	3 469
	5 秋田	13	1 723	1 014	2 737
	6 山形	15	1 999	1 207	3 206
	7 福島	5	2 418	1 406	3 824
	小計	64	11 620	6 694	18 314
関東	8 茨城	20	2 431	989	3 420
	9 栃木	10	2 080	1 082	3 162
	10 群馬	15	2 273	1 197	3 470
	11 埼玉	16	3 210	1 679	4 889
	12 千葉	19	2 612	1 408	4 020
	13 東京	15	2 021	1 362	3 383
	14 神奈川	13	3 446	2 572	6 018
	15 山梨	11	1 296	532	1 828
	16 長野	18	4 257	1 605	5 862
	17 静岡	18	4 609	2 832	7 441
	小計	155	28 235	15 258	43 493
北陸	18 新潟	24	3 793	1 919	5 712
	19 富山	15	1 462	904	2 366
	20 石川	17	1 394	839	2 233
	21 福井	12	1 299	607	1 906
	小計	68	7 948	4 269	12 217
東海	22 岐阜	7	2 980	1 582	4 562
	23 愛知	20	5 071	2 870	7 941
	24 三重	11	2 183	1 057	3 240
	小計	38	10 234	5 509	15 743
近畿	25 滋賀	16	1 546	805	2 351
	26 京都	5	1 040	605	1 645
	27 大阪	14	1 854	1 343	3 197
	28 兵庫	14	3 387	1 873	5 260
	29 奈良	1	x	x	x
	30 和歌山	8	1 632	710	2 342
	小計	58	x	x	x
中国・四国	31 鳥取	3	762	445	1 207
	32 島根	1	1 491	655	2 146
	33 岡山	9	2 025	1 064	3 089
	34 広島	13	2 375	1 008	3 383
	35 山口	12	1 450	1 056	2 506
	36 徳島	15	904	511	1 415
	37 香川	1	1 440	787	2 227
	38 愛媛	12	2 387	1 265	3 652
	39 高知	4	1 260	696	1 956
	小計	70	14 094	7 487	21 581
九州	40 福岡	20	3 287	1 539	4 826
	41 佐賀	4	1 704	848	2 552
	42 長崎	7	1 689	637	2 326
	43 熊本	14	2 682	1 187	3 869
	44 大分	5	1 072	500	1 572
	45 宮崎	13	2 086	884	2 970
	46 鹿児島	13	2 416	949	3 365
	小計	76	14 936	6 544	21 480
	47 沖縄	1	1 335	587	1 922

(1) 平　均　給　与 (つづき)
Average Monthly Salary (Cont.)

(単位：円)
(Unit:Yen)

事業年度 Business Year		(a) 1 職員当たり平均給与 Average Salary per Employee					
		男 Male	うち超過勤務手当 of which Overtime Pay	女 Female	うち超過勤務手当 of which Overtime Pay	計 Total	うち超過勤務手当 of which Overtime Pay
平25(2013)		319 808	8 707	241 373	6 160	294 786	7 892
平26(2014)		321 486	10 246	244 253	7 274	296 676	9 291
平27(2015)		322 354	9 450	245 121	7 010	297 087	8 652
平28(2016)		322 618	10 129	247 102	7 260	297 654	9 181
平29(2017)		322 994	10 589	248 262	7 561	297 934	9 573
平30(2018)		325 997	11 674	250 486	7 353	300 269	10 202
	1 北海道	337 022	15 324	234 437	5 263	310 223	12 695
東北	2 青森	275 634	13 237	220 963	6 746	257 540	11 089
	3 岩手	286 492	10 419	234 830	5 875	267 428	8 742
	4 宮城	301 034	10 028	231 479	8 105	275 289	9 316
	5 秋田	294 026	10 013	236 979	5 316	272 891	8 273
	6 山形	310 442	10 326	243 813	5 273	285 357	8 423
	7 福島	327 823	11 699	266 328	9 179	305 213	10 773
	小計	301 572	10 923	241 112	6 906	279 473	9 455
関東	8 茨城	320 071	16 112	275 263	5 101	307 113	12 928
	9 栃木	324 631	12 500	252 528	7 247	299 958	10 702
	10 群馬	316 154	7 334	242 632	5 088	290 792	6 559
	11 埼玉	336 623	6 365	250 898	4 488	307 183	5 720
	12 千葉	342 682	11 195	266 987	7 094	316 170	9 758
	13 東京	372 984	11 598	284 083	9 891	337 192	10 911
	14 神奈川	375 019	14 283	293 008	11 363	339 969	13 035
	15 山梨	324 878	15 634	240 902	3 594	300 439	12 130
	16 長野	367 040	11 436	270 964	6 660	340 735	10 129
	17 静岡	338 250	14 046	235 734	6 452	299 233	11 156
	小計	344 828	11 966	262 437	7 214	315 924	10 299
北陸	18 新潟	303 388	10 712	249 898	5 980	285 418	9 122
	19 富山	321 802	20 897	254 989	9 519	296 275	16 549
	20 石川	326 662	16 320	259 945	6 138	301 595	12 494
	21 福井	324 567	8 986	253 799	3 298	302 030	7 175
	小計	314 319	13 287	253 506	6 379	293 069	10 873
東海	22 岐阜	328 849	13 671	224 433	9 838	292 640	12 342
	23 愛知	349 835	16 452	247 560	9 483	312 871	13 933
	24 三重	338 277	17 472	240 313	9 612	306 318	14 908
	小計	341 259	15 860	239 528	9 610	305 660	13 673
近畿	25 滋賀	348 188	12 729	273 125	9 792	322 486	11 723
	26 京都	350 763	13 444	264 264	13 446	318 951	13 445
	27 大阪	361 034	10 076	268 013	8 900	321 958	9 582
	28 兵庫	348 283	7 036	249 806	5 296	313 217	6 417
	29 奈良	x	x	x	x	x	x
	30 和歌山	314 389	7 221	242 424	5 383	292 572	6 664
	小計	x	x	x	x	x	x
中国・四国	31 鳥取	285 864	10 341	254 346	5 847	274 244	8 684
	32 島根	317 316	13 945	245 388	12 240	295 362	13 425
	33 岡山	319 629	9 655	244 445	9 034	293 732	9 441
	34 広島	341 804	14 856	278 587	15 833	322 968	15 148
	35 山口	320 105	7 281	240 728	6 841	286 656	7 096
	36 徳島	289 529	14 504	237 875	4 628	270 875	10 938
	37 香川	x	x	x	x	x	x
	38 愛媛	293 752	3 844	236 961	3 919	274 081	3 870
	39 高知	293 988	7 863	271 445	4 490	285 967	6 663
	小計	x	x	x	x	x	x
九州	40 福岡	326 580	9 299	243 287	6 218	300 018	8 317
	41 佐賀	311 782	5 378	243 950	4 184	289 243	4 981
	42 長崎	285 231	8 335	226 732	7 116	269 211	8 001
	43 熊本	295 339	8 351	248 662	3 494	281 019	6 861
	44 大分	314 008	11 377	236 190	8 800	289 257	10 557
	45 宮崎	284 961	5 850	221 464	4 095	266 061	5 328
	46 鹿児島	285 811	8 409	220 966	7 693	267 523	8 207
	小計	301 297	8 096	236 009	5 672	281 406	7 357
	47 沖縄	282 718	9 934	229 019	6 605	266 317	8 917

（1）平　均　給　与（つづき）
Average Monthly Salary (Cont.)

（単位：歳、年）
(Unit:Age,Year)

	事業年度 Business Year	(b) 1職員当たり平均年齢 Average Age of Employees 男 Male	女 Female	計 Total	(c) 1職員当たり平均勤務年数 Average Period of service of Employees 男 Male	女 Female	計 Total
	平25(2013)	41.5	35.9	39.7	18.4	13.0	16.7
	平26(2014)	41.5	36.0	39.8	18.2	13.2	16.6
	平27(2015)	41.5	36.1	39.7	18.3	13.1	16.6
	平28(2016)	41.4	35.9	39.6	18.1	13.2	16.5
	平29(2017)	41.3	35.9	39.5	18.0	13.2	16.4
	平30(2018)	41.3	36.1	39.5	17.9	13.3	16.4
	1 北海道	41.1	34.6	39.4	17.8	13.5	16.7
東北	2 青森	41.8	39.2	40.9	17.4	14.4	16.4
	3 岩手	41.2	36.1	39.3	18.2	13.3	16.4
	4 宮城	43.3	37.9	41.3	19.8	12.8	17.2
	5 秋田	42.8	39.1	41.4	19.2	13.9	17.2
	6 山形	41.3	39.2	40.5	17.8	14.2	16.5
	7 福島	41.0	35.6	39.0	18.1	12.2	15.9
	小計	41.9	37.7	40.3	18.4	13.4	16.6
関東	8 茨城	39.6	35.2	38.3	16.1	12.5	15.0
	9 栃木	40.3	35.1	38.6	17.6	12.4	15.9
	10 群馬	40.3	34.5	38.3	17.2	12.7	15.6
	11 埼玉	41.4	35.7	39.4	18.1	13.6	16.5
	12 千葉	41.5	35.3	39.3	18.1	13.4	16.5
	13 東京	40.0	36.2	38.5	16.5	14.7	15.8
	14 神奈川	40.6	36.1	38.7	17.6	14.6	16.3
	15 山梨	40.8	35.3	39.2	16.6	12.4	15.4
	16 長野	41.8	35.4	40.0	19.4	13.4	17.8
	17 静岡	41.5	36.6	39.7	17.9	11.9	15.6
	小計	40.9	35.7	39.1	17.7	13.3	16.2
北陸	18 新潟	41.6	37.7	40.3	18.2	14.1	16.8
	19 富山	40.9	37.0	39.4	17.2	13.0	15.6
	20 石川	41.4	38.3	40.2	17.9	14.7	16.7
	21 福井	42.4	37.8	40.9	19.4	14.3	17.8
	小計	41.6	37.7	40.2	18.2	14.0	16.7
東海	22 岐阜	41.0	33.6	38.4	18.5	11.7	16.2
	23 愛知	41.6	33.7	38.7	19.3	11.6	16.5
	24 三重	41.2	34.4	39.0	18.0	12.4	16.2
	小計	41.3	33.8	38.7	18.8	11.8	16.3
近畿	25 滋賀	41.4	35.6	39.4	18.3	13.0	16.5
	26 京都	42.2	35.3	39.7	18.6	12.4	16.3
	27 大阪	40.7	35.6	38.5	17.6	13.2	15.7
	28 兵庫	40.5	35.5	38.7	17.5	12.6	15.7
	29 奈良	*x*	*x*	*x*	*x*	*x*	*x*
	30 和歌山	41.1	35.0	39.3	17.9	13.2	16.5
	小計	*x*	*x*	*x*	*x*	*x*	*x*
中国・四国	31 鳥取	41.8	39.2	40.9	17.6	15.8	16.9
	32 島根	41.7	37.8	40.5	17.6	13.7	16.4
	33 岡山	41.6	36.3	39.8	19.2	12.9	17.0
	34 広島	42.0	37.3	40.6	17.9	13.4	16.6
	35 山口	41.8	37.3	39.9	16.7	12.9	15.1
	36 徳島	40.4	37.8	39.4	16.3	13.2	15.2
	37 香川	41.2	36.3	39.5	18.4	12.9	16.5
	38 愛媛	41.3	37.4	40.0	17.7	14.2	16.5
	39 高知	42.4	41.6	42.1	21.2	19.2	20.5
	小計	41.6	37.6	40.2	18.1	14.0	16.7
九州	40 福岡	40.7	33.5	38.4	17.1	11.9	15.5
	41 佐賀	42.1	36.9	40.4	19.8	15.3	18.3
	42 長崎	41.7	35.7	40.0	17.3	13.7	16.3
	43 熊本	41.5	38.2	40.5	18.1	16.2	17.5
	44 大分	42.5	34.9	40.1	17.3	11.8	15.6
	45 宮崎	39.9	34.4	38.3	16.2	13.5	15.4
	46 鹿児島	41.0	34.4	39.1	16.3	11.4	14.9
	小計	41.2	35.4	39.4	17.4	13.4	16.2
	47 沖縄	40.6	38.1	39.8	15.0	12.5	14.2

(1) 平 均 給 与 (つづき)
Average Monthly Salary (Cont.)

(単位：人、千円)
(Unit:Person, 1000Yen)

	事業年度 Business Year	(d) 1職員当たり平均年間賞与額 Average Annual Total of Bonus per Employee 男 Male	女 Female	計 Total
	平25(2013)	1 216.5	935.3	1 126.8
	平26(2014)	1 225.2	946.2	1 135.5
	平27(2015)	1 245.5	964.8	1 153.7
	平28(2016)	1 242.2	974.3	1 153.6
	平29(2017)	1 250.0	983.2	1 160.5
	平30(2018)	1 247.6	985.8	1 158.4
	1 北海道	1 422.0	1 098.6	1 337.5
	2 青森	899.2	721.6	840.4
東	3 岩手	815.5	691.6	769.8
	4 宮城	789.5	614.5	724.7
	5 秋田	413.7	348.4	389.5
	6 山形	990.6	814.9	924.5
北	7 福島	981.8	818.1	921.6
	小計	827.3	677.2	772.4
	8 茨城	1 035.6	862.5	985.6
関	9 栃木	1 260.5	1 041.7	1 185.6
	10 群馬	1 112.8	931.2	1 050.2
	11 埼玉	1 531.2	1 231.8	1 428.4
	12 千葉	1 158.3	958.8	1 088.4
	13 東京	1 849.7	1 401.1	1 669.1
	14 神奈川	1 834.0	1 442.5	1 666.7
	15 山梨	925.2	716.0	864.3
	16 長野	1 202.3	923.1	1 125.9
東	17 静岡	1 395.0	793.0	1 165.9
	小計	1 360.5	1 064.3	1 256.6
北	18 新潟	861.0	696.3	805.7
	19 富山	1 005.7	797.3	926.1
	20 石川	1 234.1	1 035.4	1 159.4
陸	21 福井	1 054.8	883.9	1 000.4
	小計	984.7	811.0	924.0
東	22 岐阜	1 393.0	993.3	1 254.4
	23 愛知	1 809.7	1 302.0	1 626.2
	24 三重	1 414.4	1 092.6	1 309.4
海	小計	1 604.0	1 173.2	1 453.2
	25 滋賀	1 149.3	935.6	1 076.2
近	26 京都	1 147.2	969.5	1 081.9
	27 大阪	1 574.5	1 215.6	1 423.7
	28 兵庫	1 550.0	1 220.7	1 432.8
	29 奈良	x	x	x
畿	30 和歌山	1 240.4	1 046.4	1 181.6
	小計	x	x	x
	31 鳥取	692.7	641.3	673.8
中	32 島根	1 266.5	1 001.8	1 185.7
	33 岡山	1 292.9	1 008.8	1 195.1
国	34 広島	1 294.9	1 030.2	1 216.1
	35 山口	1 184.9	892.2	1 061.6
・	36 徳島	1 129.8	986.0	1 077.9
	37 香川	x	x	x
四	38 愛媛	997.8	835.5	941.6
	39 高知	1 136.4	1 096.4	1 122.2
国	小計	x	x	x
	40 福岡	1 489.7	1 135.6	1 376.8
九	41 佐賀	1 132.4	869.2	1 045.0
	42 長崎	1 032.7	917.6	1 001.2
	43 熊本	1 171.5	1 036.4	1 130.1
	44 大分	897.6	755.5	852.4
	45 宮崎	1 099.5	869.1	1 030.9
州	46 鹿児島	1 077.0	872.5	1 019.3
	小計	1 176.4	958.7	1 110.1
	47 沖縄	1 032.3	897.7	991.2

(2) 定 年 制 採 用 状 況

Number of Coops. Adopting Age Limit System for Employees

(単位：組合)
(Unit:Coop.)

地方	事業年度 Business Year	集計組合数 Total No. of Coops. surveyed	採用していない組合数 No. of Coops. not adopted	採用している組合数 No. of Coops. adopted	59歳以下 Under 59 years old	60歳	61歳以上 More than 61 years old (Including 61)
	平25(2013)	712	－	712	1	696	15
	平26(2014)	692	－	692	1	676	15
	平27(2015)	686	－	686	2	669	15
	平28(2016)	661	－	661	1	644	16
	平29(2017)	657	－	657	1	638	18
	平30(2018)	639	－	639	1	618	20
	比率 Percentage	100.0	0.0	100.0	0.2	96.7	3.1
	1 北海道	109	－	109	－	101	8
東北	2 青森	10	－	10	－	7	3
東北	3 岩手	7	－	7	－	7	－
東北	4 宮城	14	－	14	－	14	－
東北	5 秋田	13	－	13	－	12	1
東北	6 山形	15	－	15	－	15	－
東北	7 福島	5	－	5	－	5	－
東北	小計	64	－	64	－	60	4
関東	8 茨城	20	－	20	－	20	－
関東	9 栃木	10	－	10	－	10	－
関東	10 群馬	15	－	15	－	14	1
関東	11 埼玉	16	－	16	－	16	－
関東	12 千葉	19	－	19	－	19	－
関東	13 東京	15	－	15	－	15	－
関東	14 神奈川	13	－	13	－	13	－
関東	15 山梨	11	－	11	－	11	－
関東	16 長野	18	－	18	－	18	－
関東	17 静岡	18	－	18	－	17	1
関東	小計	155	－	155	－	153	2
北陸	18 新潟	24	－	24	－	24	－
北陸	19 富山	15	－	15	－	14	1
北陸	20 石川	17	－	17	－	16	1
北陸	21 福井	12	－	12	－	10	2
北陸	小計	68	－	68	－	64	4
東海	22 岐阜	7	－	7	－	7	－
東海	23 愛知	20	－	20	－	20	－
東海	24 三重	11	－	11	－	11	－
東海	小計	38	－	38	－	38	－
近畿	25 滋賀	16	－	16	1	15	－
近畿	26 京都	5	－	5	－	5	－
近畿	27 大阪	14	－	14	－	14	－
近畿	28 兵庫	14	－	14	－	14	－
近畿	29 奈良	1	－	1	－	1	－
近畿	30 和歌山	8	－	8	－	8	－
近畿	小計	58	－	58	1	57	－
中国・四国	31 鳥取	3	－	3	－	3	－
中国・四国	32 島根	1	－	1	－	1	－
中国・四国	33 岡山	9	－	9	－	9	－
中国・四国	34 広島	13	－	13	－	13	－
中国・四国	35 山口	12	－	12	－	12	－
中国・四国	36 徳島	15	－	15	－	15	－
中国・四国	37 香川	1	－	1	－	1	－
中国・四国	38 愛媛	12	－	12	－	12	－
中国・四国	39 高知	4	－	4	－	4	－
中国・四国	小計	70	－	70	－	70	－
九州	40 福岡	20	－	20	－	20	－
九州	41 佐賀	4	－	4	－	4	－
九州	42 長崎	7	－	7	－	7	－
九州	43 熊本	14	－	14	－	12	2
九州	44 大分	5	－	5	－	5	－
九州	45 宮崎	13	－	13	－	13	－
九州	46 鹿児島	13	－	13	－	13	－
九州	小計	76	－	76	－	74	2
	47 沖縄	1	－	1	－	1	－

(3)勤務延長制度の状況
Situations of Age Limit System Improvement

(4)再雇用制度の状況
Situations of Re-employment System

(単位：組合)
(Unit:Coop.)

地域	事業年度 Business Year	(3) 集計組合数 Total No. of Coops. surveyed	(3) 採用していない No. of Coops. not adopted	(3) 採用している No. of Coops. adopted	(4) 集計組合数 Total No. of Coops. surveyed	(4) 採用していない No. of Coops. not adopted	(4) 採用している No. of Coops. adopted
	平25(2013)	712	676	36	712	10	702
	平26(2014)	692	658	34	692	9	683
	平27(2015)	686	654	32	686	8	678
	平28(2016)	661	633	28	661	6	655
	平29(2017)	657	625	32	657	5	652
	平30(2018)	639	608	31	639	5	634
	比率 Percentage	100.0	95.1	4.9	100.0	0.8	99.2
	1 北海道	109	106	3	109	3	106
東北	2 青森	10	10	−	10	1	9
	3 岩手	7	7	−	7	−	7
	4 宮城	14	14	−	14	−	14
	5 秋田	13	13	−	13	−	13
	6 山形	15	15	−	15	−	15
	7 福島	5	5	−	5	−	5
	小計	64	64	−	64	1	63
関東	8 茨城	20	19	1	20	1	19
	9 栃木	10	10	−	10	−	10
	10 群馬	15	15	−	15	−	15
	11 埼玉	16	15	1	16	−	16
	12 千葉	19	19	−	19	−	19
	13 東京	15	14	1	15	−	15
	14 神奈川	13	13	−	13	−	13
	15 山梨	11	11	−	11	−	11
	16 長野	18	17	1	18	−	18
	17 静岡	18	16	2	18	−	18
	小計	155	149	6	155	1	154
北陸	18 新潟	24	22	2	24	−	24
	19 富山	15	14	1	15	−	15
	20 石川	17	16	1	17	−	17
	21 福井	12	11	1	12	−	12
	小計	68	63	5	68	−	68
東海	22 岐阜	7	7	−	7	−	7
	23 愛知	20	19	1	20	−	20
	24 三重	11	9	2	11	−	11
	小計	38	35	3	38	−	38
近畿	25 滋賀	16	13	3	16	−	16
	26 京都	5	4	1	5	−	5
	27 大阪	14	14	−	14	−	14
	28 兵庫	14	14	−	14	−	14
	29 奈良	1	1	−	1	−	1
	30 和歌山	8	8	−	8	−	8
	小計	58	54	4	58	−	58
中国・四国	31 鳥取	3	3	−	3	−	3
	32 島根	1	1	−	1	−	1
	33 岡山	9	7	2	9	−	9
	34 広島	13	13	−	13	−	13
	35 山口	12	11	1	12	−	12
	36 徳島	15	13	2	15	−	15
	37 香川	1	1	−	1	−	1
	38 愛媛	12	11	1	12	−	12
	39 高知	4	4	−	4	−	4
	小計	70	64	6	70	−	70
九州	40 福岡	20	19	1	20	−	20
	41 佐賀	4	4	−	4	−	4
	42 長崎	7	7	−	7	−	7
	43 熊本	14	12	2	14	−	14
	44 大分	5	5	−	5	−	5
	45 宮崎	13	12	1	13	−	13
	46 鹿児島	13	13	−	13	−	13
	小計	76	72	4	76	−	76
	47 沖縄	1	1	−	1	−	1

(5) 退　職　金 (平均)

Retirement Allowance (Average)

事業年度 Business Year		該当組合数 Number of Coops. concerned	退職者総数 Total No. of Retired Employees	1 退職者当たり平均退職金 Average Retirement Allowance per Employee 内部支給額 Amount of Internal Payment	外部支給額 Amount of External Payment	計 Total
		Coop. 組合	Person 人	1000Yen 千円		
平25(2013)		692	9 763	3 984.6	6 186.6	10 171.2
平26(2014)		670	10 320	3 962.2	6 283.4	10 245.6
平27(2015)		665	10 408	3 737.7	5 915.2	9 652.9
平28(2016)		641	9 849	3 532.7	5 920.5	9 453.1
平29(2017)		643	10 274	3 442.3	6 023.8	9 466.1
平30(2018)		626	11 062	3 167.0	5 672.0	8 839.0
	1 北海道	107	624	3 066.3	5 728.6	8 794.9
東北	2 青森	10	137	4 869.7	5 821.2	10 690.9
	3 岩手	7	214	2 847.5	6 494.9	9 342.4
	4 宮城	13	278	3 268.6	6 608.2	9 876.9
	5 秋田	13	264	2 488.4	5 188.2	7 676.6
	6 山形	15	229	4 559.1	4 612.4	9 171.5
	7 福島	5	304	3 333.3	6 972.2	10 305.5
	小計	63	1 426	3 435.8	6 009.8	9 445.6
関東	8 茨城	19	297	2 686.2	6 138.4	8 824.6
	9 栃木	10	225	4 474.1	5 203.2	9 677.3
	10 群馬	15	258	2 723.3	6 772.2	9 495.5
	11 埼玉	15	280	2 373.2	6 701.5	9 074.7
	12 千葉	19	349	4 284.9	4 033.1	8 317.9
	13 東京	15	173	3 468.3	5 721.4	9 189.7
	14 神奈川	13	314	2 025.0	8 347.0	10 372.0
	15 山梨	11	115	1 726.6	6 342.8	8 069.5
	16 長野	16	372	3 655.8	6 722.6	10 378.5
	17 静岡	18	438	4 675.7	5 284.6	9 960.2
	小計	151	2 821	3 370.9	6 090.3	9 461.2
北陸	18 新潟	24	357	3 260.1	6 998.3	10 258.4
	19 富山	14	160	3 310.4	5 056.2	8 366.5
	20 石川	17	134	2 495.3	5 256.3	7 751.7
	21 福井	12	151	1 334.6	6 826.8	8 161.4
	小計	67	802	2 779.8	6 287.5	9 067.3
東海	22 岐阜	7	357	1 201.0	4 427.9	5 628.9
	23 愛知	20	373	3 077.9	7 706.6	10 784.5
	24 三重	11	229	4 239.6	6 022.4	10 262.0
	小計	38	959	2 656.6	6 083.9	8 740.5
近畿	25 滋賀	15	155	4 016.1	4 978.7	8 994.8
	26 京都	5	142	4 674.4	3 433.6	8 108.0
	27 大阪	14	200	3 146.6	6 318.7	9 465.3
	28 兵庫	14	320	2 290.9	5 962.5	8 253.5
	29 奈良	1	126	x	x	x
	30 和歌山	7	125	3 050.2	7 391.1	10 441.3
	小計	56	1 068	x	x	x
中国・四国	31 鳥取	3	89	4 363.7	3 074.1	7 437.7
	32 島根	1	145	2 231.5	4 322.2	6 553.7
	33 岡山	9	209	4 272.8	4 771.6	9 044.4
	34 広島	12	270	3 611.4	4 348.3	7 959.8
	35 山口	12	189	2 411.2	4 813.7	7 224.8
	36 徳島	14	124	3 349.6	4 882.9	8 232.5
	37 香川	1	134	x	x	x
	38 愛媛	11	321	2 939.3	4 985.6	7 924.9
	39 高知	4	231	2 278.9	4 433.5	6 712.4
	小計	67	1 712	x	x	x
九州	40 福岡	20	321	2 362.0	5 431.2	7 793.2
	41 佐賀	4	180	4 405.3	4 532.1	8 937.4
	42 長崎	7	193	4 253.0	4 550.1	8 803.1
	43 熊本	14	257	2 598.3	5 830.6	8 429.0
	44 大分	5	121	1 695.6	4 000.4	5 696.0
	45 宮崎	13	227	2 759.1	5 460.7	8 219.8
	46 鹿児島	13	235	2 721.5	5 119.0	7 840.5
	小計	76	1 534	2 940.5	5 125.4	8 066.0
	47 沖縄	1	116	2 168.9	5 280.6	7 449.5

(6) 新　　卒　　者
Employment of New Graduates
(a) 新卒者採用組合数
Number of Coops. Employed a New Graduate

(単位：組合)
(Unit:coop.)

事業年度 Business Year		男 Male				女 Female			
		高校卒業 High School	短大卒業 Junior College	大学卒業 University	採用組合数 No. of coops Employed	高校卒業 High School	短大卒業 Junior College	大学卒業 University	採用組合数 No. of coops Employed
平25(2013)		290	200	532	599	360	229	439	568
平26(2014)		297	190	533	605	344	237	429	560
平27(2015)		288	217	496	590	387	267	428	578
平28(2016)		293	226	477	559	381	241	394	541
平29(2017)		294	215	474	551	381	238	390	545
平30(2018)		279	208	450	537	386	230	355	521
	1 北海道	40	42	55	86	65	17	15	72
東北	2 青森	8	3	6	10	5	5	3	7
	3 岩手	6	5	7	7	6	5	7	7
	4 宮城	10	5	10	13	13	4	8	13
	5 秋田	8	1	7	9	8	2	4	9
	6 山形	6	4	11	12	7	6	8	11
	7 福島	3	5	5	5	5	3	4	5
	小計	41	23	46	56	44	25	34	52
関東	8 茨城	9	6	16	18	10	4	14	17
	9 栃木	8	4	10	10	9	3	10	10
	10 群馬	8	6	13	13	9	8	11	12
	11 埼玉	7	5	11	12	11	4	12	13
	12 千葉	13	7	13	17	11	5	13	15
	13 東京	-	-	13	13	4	-	13	13
	14 神奈川	2	2	12	13	6	5	10	13
	15 山梨	1	3	5	5	7	6	7	9
	16 長野	9	12	15	16	9	14	9	17
	17 静岡	6	4	17	17	13	10	15	16
	小計	63	49	125	134	89	59	114	135
北陸	18 新潟	8	13	17	21	11	16	11	19
	19 富山	7	4	11	13	11	7	10	13
	20 石川	6	-	12	13	7	5	6	12
	21 福井	3	-	6	7	6	3	4	8
	小計	24	17	46	54	35	31	31	52
東海	22 岐阜	5	3	7	7	7	5	6	7
	23 愛知	8	9	18	20	14	9	19	19
	24 三重	7	2	8	11	7	7	8	10
	小計	20	14	33	38	28	21	33	36
近畿	25 滋賀	3	3	9	10	7	4	8	11
	26 京都	1	2	5	5	1	4	5	5
	27 大阪	2	1	14	14	2	5	13	13
	28 兵庫	5	5	11	11	5	6	11	12
	29 奈良	-	1	1	1	1	1	1	1
	30 和歌山	5	2	8	8	5	5	7	8
	小計	16	14	48	49	21	25	45	50
中国・四国	31 鳥取	3	3	3	3	3	2	3	3
	32 島根	1	-	1	1	1	1	1	1
	33 岡山	4	6	7	7	8	4	5	8
	34 広島	6	1	12	12	7	5	11	11
	35 山口	2	5	6	9	10	3	7	11
	36 徳島	4	3	5	7	7	5	4	10
	37 香川	1	1	1	1	1	1	1	1
	38 愛媛	4	2	10	10	8	3	6	9
	39 高知	2	2	3	4	1	1	3	3
	小計	27	23	48	54	46	25	41	57
九州	40 福岡	9	7	17	19	14	9	16	19
	41 佐賀	4	1	2	4	3	1	2	3
	42 長崎	7	4	5	7	6	2	3	6
	43 熊本	9	2	8	11	9	4	7	11
	44 大分	2	1	2	3	2	2	2	3
	45 宮崎	7	4	8	11	12	2	6	12
	46 鹿児島	9	6	6	10	11	6	5	12
	小計	47	25	48	65	57	26	41	66
	47 沖縄	1	1	1	1	1	1	1	1

(6) 新　卒　者 (つづき)

Employment of New Graduates (Cont.)

(b) 新卒者採用者数
Number of New Graduates Employed

(単位：人)
(Unit:Person)

事業年度 Business Year		男 Male 高校卒業 High School	男 Male 短大卒業 Junior College	男 Male 大学卒業 University	男 Male 計 Total	女 Female 高校卒業 High School	女 Female 短大卒業 Junior College	女 Female 大学卒業 University	女 Female 計 Total
	平25(2013)	612	318	2 256	3 186	975	377	1 778	3 130
	平26(2014)	626	325	2 306	3 257	960	411	1 783	3 154
	平27(2015)	617	344	2 222	3 183	1 145	482	1 836	3 463
	平28(2016)	673	360	2 202	3 235	1 247	454	1 672	3 373
	平29(2017)	627	351	2 121	3 099	1 245	449	1 611	3 305
	平30(2018)	573	317	2 045	2 935	1 245	443	1 471	3 159
	1 北海道	68	55	119	242	122	26	22	170
	2 青森	19	4	18	41	14	11	6	31
東	3 岩手	18	17	14	49	56	14	17	87
	4 宮城	22	6	18	46	40	5	17	62
	5 秋田	18	1	12	31	27	3	4	34
	6 山形	10	5	45	60	16	9	20	45
北	7 福島	13	10	36	59	58	12	21	91
	小計	100	43	143	286	211	54	85	350
	8 茨城	26	9	60	95	29	9	40	78
関	9 栃木	14	7	50	71	29	7	26	62
	10 群馬	14	7	35	56	35	14	30	79
	11 埼玉	15	5	72	92	30	5	55	90
	12 千葉	33	11	57	101	42	8	40	90
	13 東京	-	-	55	55	8	-	61	69
	14 神奈川	2	4	94	100	15	9	103	127
	15 山梨	1	9	18	28	9	12	14	35
	16 長野	16	24	81	121	17	52	33	102
東	17 静岡	12	7	112	131	40	14	107	161
	小計	133	83	634	850	254	130	509	893
北	18 新潟	13	19	38	70	33	20	27	80
	19 富山	9	4	27	40	24	8	17	49
	20 石川	6	-	24	30	12	8	8	28
陸	21 福井	3	-	10	13	14	3	7	24
	小計	31	23	99	153	83	39	59	181
東	22 岐阜	16	4	50	70	61	15	54	130
	23 愛知	15	9	145	169	53	10	128	191
	24 三重	10	3	46	59	22	10	28	60
海	小計	41	16	241	298	136	35	210	381
	25 滋賀	4	3	32	39	15	4	18	37
近	26 京都	1	2	25	28	3	6	21	30
	27 大阪	2	1	80	83	4	22	70	96
	28 兵庫	9	9	99	117	30	7	84	121
	29 奈良	-	1	37	38	13	5	39	57
畿	30 和歌山	11	2	38	51	21	5	18	44
	小計	27	18	311	356	86	49	250	385
	31 鳥取	11	6	18	35	12	5	6	23
中	32 島根	6	-	16	22	11	7	6	24
	33 岡山	5	11	21	37	18	5	28	51
国	34 広島	9	2	67	78	16	9	51	76
	35 山口	3	7	14	24	36	3	11	50
・	36 徳島	5	3	14	22	11	7	15	33
	37 香川	4	5	36	45	8	6	26	40
四	38 愛媛	6	2	31	39	25	7	23	55
	39 高知	7	2	28	37	10	3	27	40
国	小計	56	38	245	339	147	52	193	392
	40 福岡	14	9	65	88	46	16	51	113
九	41 佐賀	10	2	47	59	28	6	17	51
	42 長崎	23	6	30	59	27	3	11	41
	43 熊本	26	2	27	55	23	5	12	40
	44 大分	6	1	21	28	11	8	17	36
	45 宮崎	18	5	18	41	40	4	11	55
州	46 鹿児島	18	10	19	47	28	8	8	44
	小計	115	35	227	377	203	50	127	380
	47 沖縄	2	6	26	34	3	8	16	27

10 信 用 事 業
Credit Business

(1) 月末平均残高
Average Outstanding

(a) 総括表
Statement of National Total

集計組合数 639
Total No. of Coops. Surveyed 639

(単位：千円)
(Unit:1000 Yen)

		総額 Total Amount	1組合当たり Average Per Coop.
預金 Deposits	系統 With Affiliated Org.	78 211 503 261	122 396 718.7
	系統外 With Non-Affiliated Org.	259 575 590	406 221.6
	計 Total	78 471 078 851	122 802 940.3
有価証券等 Security & Others	国債 State Bond	1 565 165 308	2 449 398.0
	地方債 Local Government Bond	937 801 881	1 467 608.6
	政府保証債 Bond with state Guarantee	130 996 280	205 002.0
	金融債 Bank Debenture	37 964 535	59 412.4
	短期社債 Short Bond	555 305	869.0
	社債 Bond	949 609 002	1 486 086.1
	外国証券 Foreign Bill	1 167 197	1 826.6
	株式 Stock	22 726 932	35 566.4
	受益証券 Beneficiary Certificate of Securities	311 441 188	487 388.4
	投資証券 Investment bond	8 605 525	13 467.2
	小計 Sub-total	3 966 033 153	6 206 624.7
	買入金銭債権 Monetary claims Bought	24 461	38.3
	金銭の信託 Pecuniary Trust	23 835 725	37 301.6
	商品有価証券 Trading Account Securities	0	0.0
	計 Total	3 989 893 339	6 243 964.5
貸出金 Loans & Discounts	手形 Loans on Bills	182 748 436	285 991.3
	証書 Loans on Deeds	20 391 134 524	31 911 008.6
	その他 Other Loans	1 095 689 483	1 714 694.0
	小計 Sub-Total	21 669 572 443	33 911 694.0
	(うち組合員) of which Regular and Associate Membership	17 381 678 897	27 201 375.4
	割引手形 Bills Discounted	764 077	1 195.7
	計 Total	21 670 336 520	33 912 889.7
貯金 Savings	要求払 On Demand	35 528 654 618	55 600 398.5
	定期性 Fixed	67 558 690 694	105 725 650.5
	計 Total	103 087 345 312	161 326 049.0
借入金 Borrowings	計 Total	517 971 110	810 596.4
	(うち系統) of which Total amount through affiliated Orgs.	399 510 556	625 212.1

(b) 月末平均残高明細
Detail of Average Balance

集計組合数 639
Total No. of Coops. Surveyed 639

(単位：千円)
(Unit:1000Yen)

	事業年度 Business Year	(1) 預金 Deposits: 系統 With Affiliated Org.	(1) 預金 Deposits: 系統外 With Non Affiliated Org.	(1) 預金 Deposits: 計 Total	(2) 有価証券等 Security & Others: 国債 State Bond	(2) 有価証券等 Security & Others: 地方債 Local Government Bond	(2) 有価証券等 Security & Others: 政府保証債 Bond with State Guarantee
	平25(2013)	63 879 353 879	291 652 064	64 171 005 943	1 772 768 694	1 083 531 348	213 432 298
	平26(2014)	66 198 182 297	427 567 825	66 625 750 122	1 737 989 774	1 103 735 940	196 409 515
	平27(2015)	69 028 044 195	251 377 458	69 279 421 653	1 740 360 467	1 104 638 815	183 596 906
	平28(2016)	72 336 712 650	232 159 039	72 568 871 689	1 680 338 090	1 034 180 011	161 075 077
	平29(2017)	75 444 487 304	238 263 398	75 682 750 702	1 652 927 321	979 902 382	136 574 605
	平30(2018)	78 211 503 261	259 575 590	78 471 078 851	1 565 165 308	937 801 881	130 996 280
	1組合当たり Average Per Coop.	122 396 718.7	406 221.6	122 802 940.3	2 449 398.0	1 467 608.6	205 002.0
	1 北海道	2 755 873 222	13 290 563	2 769 163 785	11 669 798	2 870 541	99 967
東北	2 青森	399 058 824	1 197 481	400 256 305	8 299 810	7 534 547	399 411
	3 岩手	797 125 589	5 040 014	802 165 603	15 177 791	10 372 281	1 291 686
	4 宮城	875 415 264	3 545 254	878 960 518	27 100 755	23 431 772	2 943 115
	5 秋田	525 723 398	2 586 235	528 309 633	16 293 773	9 019 112	1 302 142
	6 山形	669 387 885	2 703 847	672 091 732	19 768 250	13 311 587	4 565 190
	7 福島	1 428 297 776	1 648 688	1 429 946 464	19 547 587	11 901 143	7 792 894
	小計	4 695 008 736	16 721 519	4 711 730 255	106 187 966	75 570 442	18 294 438
関東	8 茨城	1 462 345 447	4 770 418	1 467 115 865	24 510 226	9 677 840	131 718
	9 栃木	1 330 942 243	2 877 628	1 333 819 871	73 287 409	11 222 928	904 574
	10 群馬	1 309 109 552	2 492 278	1 311 601 830	16 342 925	9 442 639	736 230
	11 埼玉	3 182 789 161	8 780 872	3 191 570 033	54 849 012	47 579 155	8 918 418
	12 千葉	1 946 407 858	1 542 802	1 947 950 660	43 505 086	18 407 086	6 132 921
	13 東京	2 742 774 265	13 777 132	2 756 551 397	78 024 152	33 576 788	4 227 997
	14 神奈川	4 419 134 153	38 231 044	4 457 365 197	125 988 950	91 977 069	7 430 595
	15 山梨	531 693 707	737 606	532 431 313	23 366 776	8 120 782	562 525
	16 長野	2 466 948 002	6 277 298	2 473 225 300	21 629 490	9 123 256	1 316 810
	17 静岡	3 879 932 732	28 062 874	3 907 995 606	120 768 391	66 642 533	10 846 480
	小計	23 272 077 120	107 549 952	23 379 627 072	582 272 417	305 770 076	41 208 268
北陸	18 新潟	1 683 588 767	1 542 405	1 685 131 172	46 937 276	25 081 166	4 470 201
	19 富山	1 172 780 733	278 289	1 173 059 022	16 699 473	16 574 994	400 000
	20 石川	955 605 301	3 803 734	959 409 035	15 512 636	13 604 439	926 924
	21 福井	730 753 842	7 030 356	737 784 198	4 256 749	12 200 344	2 538 384
	小計	4 542 728 643	12 654 784	4 555 383 427	83 406 134	67 460 943	8 335 509
東海	22 岐阜	2 555 080 694	545 370	2 555 626 064	78 644 698	31 785 265	406 935
	23 愛知	7 486 598 964	717 338	7 487 316 302	97 821 293	103 165 936	26 838 352
	24 三重	1 939 653 875	14 283 727	1 953 937 602	37 493 408	34 234 796	1 583 662
	小計	11 981 333 533	15 546 435	11 996 879 968	213 959 399	169 185 997	28 828 949
近畿	25 滋賀	1 331 596 159	2 725 190	1 334 321 349	24 264 205	37 648 239	3 647 320
	26 京都	1 188 409 253	3 519 448	1 191 928 701	14 480 629	15 108 283	990 447
	27 大阪	4 250 514 934	15 710 851	4 266 225 785	81 017 305	47 524 480	3 104 182
	28 兵庫	4 706 198 127	654 469	4 706 852 596	30 002 280	19 290 283	803 518
	29 奈良	1 028 105 336	19 637 321	1 047 742 657	52 665 085	36 600 834	1 241 139
	30 和歌山	1 366 913 670	1 642 131	1 368 555 801	24 536 958	25 037 305	61 908
	小計	13 871 737 479	43 889 410	13 915 626 889	226 966 462	181 209 424	9 848 514
中国・四国	31 鳥取	397 457 715	599 714	398 057 429	4 260 806	1 290 101	377 128
	32 島根	546 823 782	1 141 404	547 965 186	74 029 113	29 939 553	0
	33 岡山	1 375 097 352	13 154 723	1 388 252 075	10 192 493	15 827 692	8 395 053
	34 広島	2 278 228 127	391 201	2 278 619 328	23 185 872	6 393 479	1 954 731
	35 山口	942 177 701	2 883 103	945 060 804	23 167 302	3 750 625	819 212
	36 徳島	768 001 760	6 087 906	774 089 666	12 287 100	1 265 649	301 873
	37 香川	1 652 803 923	466 511	1 653 270 434	0	0	0
	38 愛媛	1 580 740 790	365 699	1 581 106 489	48 223 959	15 374 279	1 794 766
	39 高知	798 234 000	493 000	798 727 000	16 576 000	4 496 000	1 270 000
	小計	10 339 565 150	25 583 261	10 365 148 411	211 922 645	78 337 378	14 912 763
九州	40 福岡	2 123 685 296	8 955 334	2 132 640 630	25 553 369	16 046 830	2 991 536
	41 佐賀	693 312 157	1 148 276	694 460 433	26 562 503	6 369 717	1 499 774
	42 長崎	490 537 248	1 391 275	491 928 523	7 618 826	4 346 292	243 915
	43 熊本	806 622 330	6 536 302	813 158 632	20 335 926	15 390 816	111 833
	44 大分	472 295 681	270 826	472 566 507	6 682 292	1 311 957	0
	45 宮崎	575 150 177	1 607 510	576 757 687	28 249 303	8 037 037	2 290 738
	46 鹿児島	1 033 416 471	4 366 965	1 037 783 436	1 949 011	943 526	2 330 076
	小計	6 195 019 360	24 276 488	6 219 295 848	116 951 230	52 446 175	9 467 872
	47 沖縄	558 160 018	63 178	558 223 196	11 829 257	4 950 905	0

(b) 月末平均残高明細 (つづき)
Detail of Average Balance (Cont.)

(単位：千円)
(Unit:1000Yen)

	事業年度 Business Year	(2) 有価証券等 Security & Others 金融債 Bank Debenture	短期社債 Short Bond	社債 Bond (社債＋特殊法人債)	外国証券 Foreign Bill	株式 Stock	受益証券 Beneficiary Certificate of Securities	投資証券 Investment bond	小計 Sub Total
	平25(2013)	676 442 528	0	820 094 875	624 214	13 763 697	69 162 058	257 798	4 650 077 510
	平26(2014)	422 738 762	0	753 678 246	555 087	15 938 178	105 252 199	517 303	4 336 815 004
	平27(2015)	254 431 525	0	747 438 758	435 426	15 145 411	154 701 902	2 008 045	4 202 757 255
	平28(2016)	146 437 523	0	804 265 884	718 488	17 697 871	202 367 718	5 487 373	4 052 568 035
	平29(2017)	69 928 008	400 000	848 962 980	812 821	18 779 275	244 569 381	6 800 883	3 959 657 656
	平30(2018)	37 964 535	555 305	949 609 002	1 167 197	22 726 932	311 441 188	8 605 525	3 966 033 153
	1組合当たり Average Per Coop.	59 412.4	869.0	1 486 086.1	1 826.6	35 566.4	487 388.4	13 467.2	6 206 624.7
	1 北海道	0	0	203 516	0	0	0	0	14 843 822
東北	2 青森	0	0	300 000	0	0	0	0	16 533 768
東北	3 岩手	2 017 137	0	8 191 729	0	519 258	13 210 732	0	50 780 614
東北	4 宮城	0	0	3 958 340	0	0	0	0	57 433 982
東北	5 秋田	0	0	3 741 124	0	0	2 838 670	0	33 194 821
東北	6 山形	237 534	0	9 396 891	0	0	1 636 538	0	48 915 990
東北	7 福島	40 547	0	1 620 173	0	0	0	0	40 902 344
東北	小計	2 295 218	0	27 208 257	0	519 258	17 685 940	0	247 761 519
関東	8 茨城	130 410	0	16 936 957	0	854 954	13 966 946	654 236	66 863 287
関東	9 栃木	587 493	0	6 344 840	0	0	0	0	92 347 244
関東	10 群馬	269 863	0	3 373 983	0	0	551 416	0	30 717 056
関東	11 埼玉	1 300 000	0	37 158 305	0	668 566	8 361 429	0	158 834 885
関東	12 千葉	621 636	0	18 445 078	0	3 019 198	18 860 139	1 097 653	110 088 797
関東	13 東京	0	0	36 702 828	0	0	4 204 467	0	156 736 232
関東	14 神奈川	13 759 657	0	131 192 652	0	4 593 077	42 369 086	0	417 311 086
関東	15 山梨	102 729	0	957 876	0	0	0	0	33 110 688
関東	16 長野	0	0	12 880 457	0	0	14 014 742	0	58 964 755
関東	17 静岡	0	0	91 210 181	0	539 941	16 255 728	600 040	306 863 294
関東	小計	16 771 788	0	355 203 157	0	9 675 736	118 583 953	2 351 929	1 431 837 324
北陸	18 新潟	270 329	555 305	23 457 417	0	140 565	4 024 171	0	104 936 430
北陸	19 富山	2 047 145	0	4 607 040	0	0	782 750	0	41 111 402
北陸	20 石川	19 446	0	16 321 389	0	0	5 841 043	0	52 225 877
北陸	21 福井	0	0	0	0	0	0	0	18 995 477
北陸	小計	2 336 920	555 305	44 385 846	0	140 565	10 647 964	0	217 269 186
東海	22 岐阜	0	0	45 208 813	0	1 231 355	16 148 089	342 438	173 767 593
東海	23 愛知	7 964 748	0	93 295 704	0	1 566 777	9 840 247	0	340 493 057
東海	24 三重	0	0	93 135 644	1 051 883	4 215 606	37 977 796	1 409 636	211 102 431
東海	小計	7 964 748	0	231 640 161	1 051 883	7 013 738	63 966 132	1 752 074	725 363 081
近畿	25 滋賀	0	0	66 617 772	0	351 044	244 354	0	132 772 934
近畿	26 京都	0	0	14 521 405	0	0	2 690 206	0	47 790 970
近畿	27 大阪	144 109	0	14 873 377	0	0	12 972 282	3 559 027	163 194 762
近畿	28 兵庫	0	0	19 635 156	0	963 437	1 558 882	0	72 253 556
近畿	29 奈良	0	0	58 110 323	0	0	4 145 715	0	152 763 096
近畿	30 和歌山	0	0	2 025 885	0	0	641 283	0	52 303 339
近畿	小計	144 109	0	175 783 918	0	1 314 481	22 252 722	3 559 027	621 078 657
中国・四国	31 鳥取	0	0	5 459 369	0	49 743	241 553	0	11 678 700
中国・四国	32 島根	115 401	0	35 447 214	115 314	1 375 209	8 713 401	910 176	150 645 381
中国・四国	33 岡山	3 600 502	0	7 089 291	0	0	6 522 782	0	51 627 813
中国・四国	34 広島	0	0	4 279 107	0	0	9 229 738	0	45 042 927
中国・四国	35 山口	61 642	0	15 102 993	0	1 908 112	5 086 702	32 319	49 928 907
中国・四国	36 徳島	0	0	2 041 567	0	0	3 476 541	0	19 372 730
中国・四国	37 香川	0	0	0	0	0	0	0	0
中国・四国	38 愛媛	300 193	0	6 485 399	0	0	4 117 244	0	76 295 840
中国・四国	39 高知	0	0	3 951 000	0	0	0	0	26 293 000
中国・四国	小計	4 077 738	0	79 855 940	115 314	3 333 064	37 387 961	942 495	430 885 298
九州	40 福岡	0	0	20 697 672	0	0	7 942 556	0	73 231 963
九州	41 佐賀	0	0	919 420	0	0	19 546 967	0	54 898 381
九州	42 長崎	0	0	0	0	0	0	0	12 209 033
九州	43 熊本	2 148 685	0	4 528 304	0	0	0	0	42 515 564
九州	44 大分	0	0	97 909	0	0	1 025 873	0	9 118 031
九州	45 宮崎	0	0	737 491	0	0	2 824 974	0	42 139 543
九州	46 鹿児島	0	0	0	0	0	0	0	5 222 613
九州	小計	2 148 685	0	26 980 796	0	0	31 340 370	0	239 335 128
	47 沖縄	2 225 329	0	8 347 411	0	730 090	9 576 146	0	37 659 138

(b) 月末平均残高明細 (つづき)
Detail of Average Balance (Cont.)

(単位：千円)
(Unit:1000Yen)

事業年度 Business Year	(2) 有価証券等 Security & Others 買入金銭債権 Monetary Claims Bought	金銭の信託 Pecuniary Trust	商品有価証券 Trading Account Securities	合計 Total
平25(2013)	102 210	8 261 114	0	4 658 440 834
平26(2014)	57 692	9 108 602	0	4 345 981 298
平27(2015)	48 461	10 904 638	0	4 213 710 354
平28(2016)	40 461	12 704 918	0	4 065 313 414
平29(2017)	32 461	18 150 067	0	3 977 840 184
平30(2018)	24 461	23 835 725	0	3 989 893 339
1組合当たり Average Per Coop.	38.3	37 301.6	0.0	6 243 964.5
1 北海道	0	0	0	14 843 822
2 青森	0	0	0	16 533 768
東 3 岩手	0	0	0	50 780 614
4 宮城	0	0	0	57 433 982
5 秋田	0	0	0	33 194 821
6 山形	0	0	0	48 915 990
北 7 福島	0	0	0	40 902 344
小計	0	0	0	247 761 519
8 茨城	0	0	0	66 863 287
関 9 栃木	0	0	0	92 347 244
10 群馬	0	0	0	30 717 056
11 埼玉	0	1 465 120	0	160 300 005
12 千葉	0	0	0	110 088 797
13 東京	0	0	0	156 736 232
14 神奈川	0	0	0	417 311 086
15 山梨	0	0	0	33 110 688
16 長野	0	0	0	58 964 755
東 17 静岡	0	0	0	306 863 294
小計	0	1 465 120	0	1 433 302 444
北 18 新潟	0	0	0	104 936 430
19 富山	0	0	0	41 111 402
20 石川	0	0	0	52 225 877
陸 21 福井	0	0	0	18 995 477
小計	0	0	0	217 269 186
東 22 岐阜	0	9 000 000	0	182 767 593
23 愛知	0	0	0	340 493 057
24 三重	0	5 660 315	0	216 762 746
海 小計	0	14 660 315	0	740 023 396
25 滋賀	0	0	0	132 772 934
近 26 京都	0	0	0	47 790 970
27 大阪	24 461	0	0	163 219 223
28 兵庫	0	0	0	72 253 556
29 奈良	0	0	0	152 763 096
畿 30 和歌山	0	0	0	52 303 339
小計	24 461	0	0	621 103 118
31 鳥取	0	0	0	11 678 700
中 32 島根	0	3 506 576	0	154 151 957
33 岡山	0	0	0	51 627 813
国 34 広島	0	0	0	45 042 927
35 山口	0	0	0	49 928 907
・ 36 徳島	0	0	0	19 372 730
37 香川	0	0	0	0
四 38 愛媛	0	2 600 229	0	78 896 069
39 高知	0	0	0	26 293 000
国 小計	0	6 106 805	0	436 992 103
40 福岡	0	0	0	73 231 963
九 41 佐賀	0	0	0	54 898 381
42 長崎	0	0	0	12 209 033
43 熊本	0	0	0	42 515 564
44 大分	0	0	0	9 118 031
45 宮崎	0	0	0	42 139 543
州 46 鹿児島	0	0	0	5 222 613
小計	0	0	0	239 335 128
47 沖縄	0	1 603 485	0	39 262 623

(b) 月末平均残高明細(つづき)

Detail of Average Balance (Cont.)

(単位:千円)
(Unit:1000Yen)

事業年度 Business Year		(3) 貸出金 Loans & Discounts 手形貸付金 Loans on Bills	証書貸付金 Loans on Deeds	その他貸付金 Other Loans	小計 Sab-total	うち組合員 of Which Members	割引手形 Bills Discounted	合計 Total
	平25(2013)	302 781 257	21 299 720 786	1 286 879 687	22 889 381 730	16 949 332 701	1 539 023	22 890 920 753
	平26(2014)	280 579 942	21 000 182 172	1 283 789 510	22 564 551 624	16 712 445 749	1 456 950	22 566 008 574
	平27(2015)	242 093 944	20 801 173 788	1 278 564 780	22 321 832 512	16 913 971 638	1 235 592	22 323 068 104
	平28(2016)	254 196 880	20 334 649 182	1 170 480 955	21 759 327 017	16 558 323 186	1 053 944	21 760 380 961
	平29(2017)	195 415 505	20 238 217 662	1 116 952 794	21 550 585 961	16 805 200 621	886 486	21 551 472 447
	平30(2018)	182 748 436	20 391 134 524	1 095 689 483	21 669 572 443	17 381 678 897	764 077	21 670 336 520
	1組合当たり Average Per Coop.	285 991.3	31 911 008.6	1 714 694.0	33 911 694.0	27 201 375.4	1 195.7	33 912 889.7
	1 北海道	54 099 373	702 473 471	70 021 801	826 594 645	719 545 099	0	826 594 645
東北	2 青森	555 926	113 784 757	7 649 431	121 990 114	92 747 658	0	121 990 114
	3 岩手	2 252 607	208 999 719	15 944 224	227 196 550	177 302 954	0	227 196 550
	4 宮城	746 827	322 171 334	17 129 820	340 047 981	289 088 701	0	340 047 981
	5 秋田	778 721	179 155 278	12 294 192	192 228 191	149 588 024	0	192 228 191
	6 山形	1 125 734	238 670 259	23 156 446	262 952 439	193 862 435	0	262 952 439
	7 福島	575 407	389 652 788	19 526 187	409 754 382	344 573 735	0	409 754 382
	小計	6 035 222	1 452 434 135	95 700 300	1 554 169 657	1 247 163 507	0	1 554 169 657
関東	8 茨城	491 121	277 828 728	23 465 226	301 785 075	220 157 814	0	301 785 075
	9 栃木	4 737 004	270 985 140	32 790 526	308 512 670	202 168 561	7 940	308 520 610
	10 群馬	41 660	240 031 888	14 628 645	254 702 193	196 657 615	0	254 702 193
	11 埼玉	1 904 332	1 075 719 772	19 388 848	1 097 012 952	989 949 491	4 862	1 097 017 814
	12 千葉	2 874 433	666 187 660	24 844 493	693 906 586	568 561 271	0	693 906 586
	13 東京	586 130	1 078 618 784	63 487 632	1 142 692 546	913 608 768	0	1 142 692 546
	14 神奈川	5 541 645	1 940 766 183	8 470 057	1 954 777 885	1 686 936 471	0	1 954 777 885
	15 山梨	1 021 050	133 579 041	11 750 271	146 350 362	72 762 055	0	146 350 362
	16 長野	10 867 529	609 473 722	61 194 096	681 535 347	490 205 436	23 584	681 558 931
	17 静岡	2 071 862	1 220 941 199	56 202 979	1 279 216 040	1 073 345 865	12 176	1 279 228 216
	小計	30 136 766	7 514 132 117	316 222 773	7 860 491 656	6 414 353 347	48 562	7 860 540 218
北陸	18 新潟	2 728 463	458 601 217	34 522 202	495 851 882	409 325 858	11 695	495 863 577
	19 富山	523 866	178 296 040	16 766 171	195 586 077	128 797 714	20 734	195 606 811
	20 石川	1 483 558	307 197 387	15 170 517	323 851 462	205 351 211	0	323 851 462
	21 福井	1 030 992	146 335 165	14 269 266	161 635 423	111 084 500	0	161 635 423
	小計	5 766 879	1 090 429 809	80 728 156	1 176 924 844	854 559 283	32 429	1 176 957 273
東海	22 岐阜	1 239 230	552 242 979	45 834 909	599 317 118	509 872 761	319 571	599 636 689
	23 愛知	7 088 033	1 526 009 531	75 801 337	1 608 898 901	1 393 091 298	44 848	1 608 943 749
	24 三重	2 728 996	350 578 114	57 943 350	411 250 460	238 808 752	23 165	411 273 625
	小計	11 056 259	2 428 830 624	179 579 596	2 619 466 479	2 141 772 811	387 584	2 619 854 063
近畿	25 滋賀	648 813	227 239 344	7 778 480	235 666 637	174 197 744	0	235 666 637
	26 京都	10 822	208 075 549	18 479 113	226 565 484	188 356 003	0	226 565 484
	27 大阪	1 459 146	608 623 591	16 443 329	626 526 066	526 456 213	1 288	626 527 354
	28 兵庫	2 188 027	1 117 252 171	31 099 043	1 150 539 241	997 603 976	168 407	1 150 707 648
	29 奈良	2 982 481	293 795 953	16 803 114	313 581 548	125 617 073	59 360	313 640 908
	30 和歌山	211 070	209 852 458	17 935 150	227 998 678	189 293 670	0	227 998 678
	小計	7 500 359	2 664 839 066	108 538 229	2 780 877 654	2 201 524 679	229 055	2 781 106 709
中国・四国	31 鳥取	1 129 442	91 295 797	8 288 247	100 713 486	59 293 599	0	100 713 486
	32 島根	3 875 288	258 692 514	11 404 364	273 972 166	197 607 154	0	273 972 166
	33 岡山	2 046 437	406 508 602	24 365 289	432 920 328	334 322 131	0	432 920 328
	34 広島	452 582	537 928 104	8 670 367	547 051 053	469 944 998	0	547 051 053
	35 山口	700 775	229 662 076	27 188 626	257 551 477	219 251 762	0	257 551 477
	36 徳島	1 015 411	101 160 887	6 331 705	108 508 003	78 955 318	0	108 508 003
	37 香川	4 082 280	172 959 062	4 128 516	181 169 858	103 148 066	0	181 169 858
	38 愛媛	4 669 096	307 888 090	6 441 185	318 998 371	268 129 517	2 082	319 000 453
	39 高知	454 000	118 782 000	9 831 000	129 067 000	89 607 545	0	129 067 000
	小計	18 425 311	2 224 877 132	106 649 299	2 349 951 742	1 820 260 090	2 082	2 349 953 824
九州	40 福岡	15 242 605	780 350 514	38 526 797	834 119 916	724 974 401	0	834 119 916
	41 佐賀	3 529 940	232 328 109	4 993 541	240 851 590	226 490 779	0	240 851 590
	42 長崎	2 109 921	156 862 168	8 819 637	167 791 726	143 002 853	21 328	167 813 054
	43 熊本	6 359 322	271 050 449	22 163 118	299 572 889	215 078 283	0	299 572 889
	44 大分	6 015 422	175 550 695	4 390 758	185 956 875	135 452 701	0	185 956 875
	45 宮崎	2 768 600	190 960 544	20 135 976	213 865 120	172 423 316	0	213 865 120
	46 鹿児島	9 839 691	270 398 741	11 097 448	291 335 880	191 347 549	0	291 335 880
	小計	45 865 501	2 077 501 220	110 127 275	2 233 493 996	1 808 769 882	21 328	2 233 515 324
	47 沖縄	3 862 766	235 616 950	28 122 054	267 601 770	173 730 199	43 037	267 644 807

(b) 月末平均残高明細 (つづき)
Detail of Average Balance (Cont.)

(単位：千円)
(Unit:1000Yen)

事業年度 Business Year	(4) 貯金 Savings			(5) 借入金 Borrowings	
	要求払 On Demand	定期性 Fixed	計 Total	借入金 Borrowings	うち系統 of Which Affiliated org.
平25(2013)	28 755 809 175	62 504 761 776	91 260 570 951	367 482 776	273 631 809
平26(2014)	29 497 523 001	63 672 749 490	93 170 272 491	339 792 432	255 235 296
平27(2015)	30 469 168 049	64 820 086 199	95 289 254 248	313 086 568	233 677 153
平28(2016)	31 904 414 843	65 743 783 099	97 648 197 942	332 879 333	257 963 526
平29(2017)	33 448 430 069	67 147 633 311	100 596 063 380	414 583 839	326 238 005
平30(2018)	35 528 654 618	67 558 690 694	103 087 345 312	517 971 110	399 510 556
1組合当たり Average Per Coop.	55 600 398.5	105 725 650.5	161 326 049.0	810 596.4	625 212.1
1 北海道	1 467 156 056	2 051 630 503	3 518 786 559	118 496 182	106 833 353
2 青森	233 932 839	344 080 340	578 013 179	2 324 389	1 197 798
東 3 岩手	441 259 855	658 246 766	1 099 506 621	12 781 048	12 515 977
4 宮城	535 282 928	749 277 632	1 284 560 560	16 476 862	13 391 943
5 秋田	356 022 524	458 748 194	814 770 718	1 849 931	1 674 124
6 山形	446 759 838	595 745 306	1 042 505 144	1 556 546	709 682
北 7 福島	832 634 065	1 067 173 020	1 899 807 085	16 136 264	14 980 000
小計	2 845 892 049	3 873 271 258	6 719 163 307	51 125 040	44 469 524
8 茨城	675 492 051	1 158 522 593	1 834 014 644	13 151 287	12 581 593
関 9 栃木	623 901 987	1 116 737 417	1 740 639 404	9 886 782	9 420 452
10 群馬	620 087 878	1 004 279 688	1 624 367 566	1 046 572	42 106
11 埼玉	1 888 738 952	2 505 374 106	4 394 113 058	1 194 864	998 338
12 千葉	1 029 898 597	1 721 096 693	2 750 995 290	2 628 753	1 329 375
13 東京	1 545 212 800	2 291 461 041	3 836 673 841	59 274 360	24 946 228
14 神奈川	2 274 445 525	4 334 006 277	6 608 451 802	66 630 613	65 855 543
15 山梨	280 067 444	445 027 224	725 094 668	155 384	48 605
16 長野	1 175 773 947	2 010 936 540	3 186 710 487	1 751 361	199 205
東 17 静岡	1 779 001 749	3 558 537 105	5 337 538 854	6 565 330	1 634 205
小計	11 892 620 930	20 145 978 684	32 038 599 614	162 285 306	117 055 650
北 18 新潟	912 112 640	1 363 363 810	2 275 476 450	6 828 104	2 691 981
19 富山	430 158 716	1 008 930 376	1 439 089 092	115 387	69 350
20 石川	347 766 759	930 231 544	1 277 998 303	932 715	282 113
陸 21 福井	300 530 373	631 925 581	932 455 954	65 094	65 094
小計	1 990 568 488	3 934 451 311	5 925 019 799	7 941 300	3 108 538
東 22 岐阜	1 017 900 284	2 237 357 995	3 255 258 279	965 741	920 168
23 愛知	2 676 015 507	6 316 384 865	8 992 400 372	54 714 384	47 236 175
24 三重	684 069 786	1 867 890 150	2 551 959 936	549 227	331 472
海 小計	4 377 985 577	10 421 633 010	14 799 618 587	56 229 352	48 487 815
25 滋賀	450 901 133	1 235 269 911	1 686 171 044	254 646	101 336
近 26 京都	433 488 563	996 958 625	1 430 447 188	15 113 565	10 710 009
27 大阪	1 317 250 797	3 700 287 869	5 017 538 666	28 322 303	21 624 598
28 兵庫	1 554 430 142	4 339 149 415	5 893 579 557	480 441	214 944
29 奈良	353 044 075	1 022 187 846	1 375 231 921	164 117	0
畿 30 和歌山	488 962 539	1 195 898 910	1 684 861 449	205 039	198 937
小計	4 598 077 249	12 489 752 576	17 087 829 825	44 540 111	32 849 824
31 鳥取	189 784 410	345 129 721	534 914 131	897 309	710 196
中 32 島根	408 562 989	606 328 966	1 014 891 955	2 262 592	1 581 080
33 岡山	693 951 499	1 192 780 001	1 886 731 500	5 057 403	2 541 198
国 34 広島	950 748 531	1 928 690 380	2 879 438 911	463 885	396 638
35 山口	531 932 829	729 678 119	1 261 610 948	651 016	352 652
・ 36 徳島	283 533 304	633 078 184	916 611 488	3 176 401	109 004
37 香川	493 294 218	1 323 735 816	1 817 030 034	2 441 654	2 166 971
四 38 愛媛	583 488 571	1 419 852 981	2 003 341 552	565 739	541 084
39 高知	271 522 000	678 122 000	949 644 000	174 000	163 943
国 小計	4 406 818 351	8 857 396 168	13 264 214 519	15 689 999	8 562 766
40 福岡	1 134 487 598	1 852 731 222	2 987 218 820	3 311 467	2 900 199
九 41 佐賀	334 244 580	680 673 765	1 014 918 345	9 524 754	9 524 754
42 長崎	277 411 483	430 604 242	708 015 725	520 182	320 226
43 熊本	538 908 910	637 033 523	1 175 942 433	23 946 559	15 464 094
44 大分	253 136 454	444 178 662	697 315 116	2 150 905	716 272
45 宮崎	385 322 061	459 676 757	844 998 818	17 719 107	8 826 033
州 46 鹿児島	602 004 973	807 453 884	1 409 458 857	1 629 345	391 508
小計	3 525 516 059	5 312 352 055	8 837 868 114	58 802 319	38 143 086
47 沖縄	424 019 859	472 225 129	896 244 988	2 861 501	0

(２) 手形割引・内国為替取引・債務保証・業務代理等の状況

Status of Bill Discounted, Domestic Exchange, Guarantee for Customers Liabilities, and Business Proxy

(単位：組合)
(Unit:coop.)

	事業年度 Business Year	該当組合数 No. of Coops. concerned	手形割引 Bill Discount	内国為替取引 Domestic Exchange	債務保証 Guarantee of liabilities	特定社債の引受等 Undertaking of a specific corporate Bond	業務代理 Business Proxy
	平25(2013)	689	25	678	140	2	441
	平26(2014)	671	25	663	138	2	427
	平27(2015)	669	23	661	141	2	423
	平28(2016)	648	22	642	130	4	410
	平29(2017)	654	21	650	133	4	411
	平30(2018)	634	22	629	125	3	404
	比率 Percentage	100.0	3.5	99.2	19.7	0.5	63.7
	1 北海道	108	−	105	82	−	63
東北	2 青森	10	−	10	5	−	9
	3 岩手	7	−	7	−	−	5
	4 宮城	14	−	14	2	−	11
	5 秋田	13	−	13	5	−	11
	6 山形	15	−	15	2	1	10
	7 福島	5	−	5	3	−	5
	小計	64	−	64	17	1	51
関東	8 茨城	20	−	20	−	−	7
	9 栃木	10	1	10	−	−	7
	10 群馬	15	−	15	−	−	13
	11 埼玉	16	1	16	−	−	10
	12 千葉	19	−	19	−	−	12
	13 東京	14	−	14	1	−	8
	14 神奈川	13	−	13	−	−	10
	15 山梨	11	−	11	2	−	5
	16 長野	18	2	16	2	−	11
	17 静岡	18	1	18	−	−	11
	小計	154	5	152	5	−	94
北陸	18 新潟	24	2	24	3	−	18
	19 富山	15	2	15	3	−	10
	20 石川	17	−	17	2	−	10
	21 福井	12	−	12	−	−	5
	小計	68	4	68	8	−	43
東海	22 岐阜	7	3	7	4	1	7
	23 愛知	20	2	20	1	−	15
	24 三重	11	2	11	2	−	4
	小計	38	7	38	7	1	26
近畿	25 滋賀	15	−	15	−	−	9
	26 京都	5	−	5	−	−	3
	27 大阪	14	1	14	−	−	7
	28 兵庫	14	1	14	−	−	14
	29 奈良	1	1	1	1	−	1
	30 和歌山	8	−	8	−	−	5
	小計	57	3	57	1	−	39
中国・四国	31 鳥取	3	−	3	1	−	1
	32 島根	1	−	1	1	−	1
	33 岡山	9	−	9	−	−	9
	34 広島	13	−	13	−	−	4
	35 山口	11	−	11	−	−	5
	36 徳島	15	−	15	−	1	6
	37 香川	1	−	1	1	−	1
	38 愛媛	12	1	12	1	−	11
	39 高知	4	−	4	−	−	2
	小計	69	1	69	4	1	40
九州	40 福岡	20	−	20	−	−	14
	41 佐賀	4	−	4	−	−	2
	42 長崎	7	1	7	−	−	4
	43 熊本	14	−	14	−	−	9
	44 大分	5	−	5	−	−	4
	45 宮崎	12	−	12	−	−	8
	46 鹿児島	13	−	13	−	−	6
	小計	75	1	75	−	−	47
	47 沖縄	1	1	1	1	−	1

（2）手形割引・内国為替取引・債務保証・業務代理等の状況（つづき）

Status of Bill Discounted, Domestic Exchange, Guarantee for Customers Liabilities, and Business Proxy (Cont.)

（単位：組合）
(Unit: coop.)

	事業年度 Business Year	国・地公体・会社等の金銭の取扱 Handling of money such as a country, a municipal corporation and a company	有価証券等の保護預り Deposit for safe custody of negotiable securities	両替 Exchange	金融先物取引等の受託 Trust of a financial futures transaction etc.	デリバティブ取引 Derivative dealings	信託事業 Trust Business
	平25(2013)	571	245	329	1	3	21
	平26(2014)	560	236	328	–	3	24
	平27(2015)	564	229	337	2	3	23
	平28(2016)	554	217	352	2	3	24
	平29(2017)	553	212	365	1	2	24
	平30(2018)	541	204	365	1	2	31
	比率 Percentage	85.3	32.2	57.6	0.2	0.3	4.9
	1 北海道	79	7	66	–	–	3
	2 青森	8	3	9	–	–	–
東	3 岩手	7	2	3	–	–	–
	4 宮城	13	4	6	1	–	–
	5 秋田	9	3	6	–	–	–
	6 山形	12	6	10	–	–	2
北	7 福島	5	2	3	–	–	–
	小計	54	20	37	1	–	2
	8 茨城	17	4	9	–	–	–
関	9 栃木	9	4	4	–	–	–
	10 群馬	13	5	5	–	–	1
	11 埼玉	12	7	11	–	–	1
	12 千葉	17	7	11	–	–	–
	13 東京	12	2	11	–	–	6
	14 神奈川	12	10	5	–	1	5
	15 山梨	8	2	7	–	–	–
	16 長野	17	6	9	–	–	–
東	17 静岡	18	8	11	–	–	1
	小計	135	55	83	–	1	14
北	18 新潟	23	11	6	–	–	3
	19 富山	13	8	6	–	–	–
	20 石川	13	8	9	–	–	1
陸	21 福井	11	1	4	–	–	–
	小計	60	28	25	–	–	4
東	22 岐阜	7	3	3	–	–	–
	23 愛知	18	10	13	–	1	2
	24 三重	10	5	9	–	–	3
海	小計	35	18	25	–	1	5
	25 滋賀	11	7	7	–	–	–
近	26 京都	5	3	4	–	–	–
	27 大阪	12	5	12	–	–	1
	28 兵庫	14	8	13	–	–	–
	29 奈良	1	–	1	–	–	–
畿	30 和歌山	7	5	3	–	–	–
	小計	50	28	40	–	–	1
	31 鳥取	3	1	2	–	–	–
中	32 島根	1	1	1	–	–	–
	33 岡山	9	4	6	–	–	–
国	34 広島	11	4	10	–	–	–
	35 山口	9	7	6	–	–	–
・	36 徳島	13	–	7	–	–	–
	37 香川	1	1	1	–	–	1
四	38 愛媛	11	4	10	–	–	–
	39 高知	4	2	3	–	–	–
国	小計	62	24	46	–	–	1
	40 福岡	18	8	10	–	–	1
九	41 佐賀	4	2	4	–	–	–
	42 長崎	6	–	3	–	–	–
	43 熊本	12	5	5	–	–	–
	44 大分	5	1	1	–	–	–
	45 宮崎	8	5	9	–	–	–
州	46 鹿児島	12	2	10	–	–	–
	小計	65	23	42	–	–	1
	47 沖縄	1	1	1	–	–	–

(3) CD・ATMの設置状況

Situation of Cash Dispenser & Auto Teller Machine Establishments

(単位：組合、台、件)
(Unit:Coop., Number, Case)

事業年度 Business Year	CD・ATM (Cash Dispenser & Auto Teller Machine Establishments) 該当組合数 No. of Coops. concerned	台数 Number	うち信用店舗以外 of which established in Non-Credit Store
平25(2013)	689	11 396	3 752
平26(2014)	669	11 418	3 858
平27(2015)	666	11 374	3 903
平28(2016)	642	11 351	3 868
平29(2017)	641	11 304	3 874
平30(2018)	623	11 165	3 818
該当1組合当たり Average Per Coop.	−	17.9	6.1
1 北海道	109	394	88
東北 2 青森	10	120	45
3 岩手	7	207	99
4 宮城	14	210	85
5 秋田	13	170	73
6 山形	15	208	87
7 福島	5	255	95
東北 小計	64	1 170	484
関東 8 茨城	20	221	95
9 栃木	10	209	83
10 群馬	15	209	64
11 埼玉	16	373	71
12 千葉	19	299	71
13 東京	15	210	30
14 神奈川	13	405	32
15 山梨	11	109	42
16 長野	16	443	206
17 静岡	18	603	81
関東 小計	153	3 081	775
北陸 18 新潟	24	313	108
19 富山	15	149	45
20 石川	17	120	53
21 福井	12	114	48
北陸 小計	68	696	254
東海 22 岐阜	7	432	151
23 愛知	20	639	148
24 三重	11	323	118
東海 小計	38	1 394	417
近畿 25 滋賀	16	188	68
26 京都	5	152	56
27 大阪	14	353	100
28 兵庫	−	−	−
29 奈良	1	143	58
30 和歌山	8	197	101
近畿 小計	44	1 033	383
中国・四国 31 鳥取	3	99	35
32 島根	1	241	126
33 岡山	9	224	81
34 広島	13	388	146
35 山口	12	213	89
36 徳島	15	130	60
37 香川	1	221	93
38 愛媛	12	276	138
39 高知	4	167	86
中国・四国 小計	70	1 959	854
九州 40 福岡	20	311	88
41 佐賀	4	121	56
42 長崎	7	145	60
43 熊本	14	226	121
44 大分	5	128	56
45 宮崎	13	136	37
46 鹿児島	13	222	109
九州 小計	76	1 289	527
47 沖縄	1	149	36

（4）信用事業及び共済事業の委託施設の状況

Establishment Situation of the Facilities trust Credit and Insurance Business

事業年度 Business Year	該当組合数 No. of Coops. concerned	特定信用事業代理業者数 No. of agents related to specific credit Business	特定信用事業代理業を営む事務所数 No. of office related to specific credit Business	該当組合数 No. of Coops. concerned	共済代理店数 No. of Insurance Business Agancy
平25(2013)	53	53	78	655	24 057
平26(2014)	61	61	70	638	23 985
平27(2015)	58	58	83	636	23 974
平28(2016)	53	53	60	612	23 862
平29(2017)	59	59	72	609	23 708
平30(2018)	49	49	62	591	23 444
該当1組合当たり Average Per Coop.	–	1.0	–	–	39.7
1 北海道	–	–	–	91	494
東北 2 青森	–	–	–	10	333
3 岩手	7	7	7	7	602
4 宮城	14	14	14	14	414
5 秋田	–	–	–	13	671
6 山形	–	–	–	14	608
7 福島	–	–	–	5	751
小計	21	21	21	63	3 379
関東 8 茨城	–	–	–	18	415
9 栃木	–	–	–	10	449
10 群馬	–	–	–	15	698
11 埼玉	–	–	–	16	950
12 千葉	–	–	–	19	414
13 東京	–	–	–	14	129
14 神奈川	12	12	24	12	246
15 山梨	–	–	–	11	564
16 長野	–	–	–	16	720
17 静岡	–	–	–	17	750
小計	12	12	24	148	5 335
北陸 18 新潟	–	–	–	19	216
19 富山	–	–	–	10	52
20 石川	–	–	–	17	198
21 福井	2	2	2	12	194
小計	2	2	2	58	660
東海 22 岐阜	–	–	–	7	298
23 愛知	–	–	–	20	1 244
24 三重	–	–	–	11	502
小計	–	–	–	38	2 044
近畿 25 滋賀	–	–	–	15	388
26 京都	–	–	–	5	245
27 大阪	–	–	–	7	33
28 兵庫	–	–	–	13	722
29 奈良	–	–	–	1	367
30 和歌山	–	–	1	8	459
小計	–	–	1	49	2 214
中国・四国 31 鳥取	–	–	–	3	127
32 島根	–	–	–	1	566
33 岡山	–	–	–	9	378
34 広島	–	–	–	13	574
35 山口	–	–	–	12	541
36 徳島	–	–	–	14	261
37 香川	–	–	–	1	265
38 愛媛	–	–	–	12	506
39 高知	–	–	–	4	447
小計	–	–	–	69	3 665
九州 40 福岡	–	–	–	20	891
41 佐賀	–	–	–	4	486
42 長崎	–	–	–	7	559
43 熊本	14	14	14	13	446
44 大分	–	–	–	5	612
45 宮崎	–	–	–	13	992
46 鹿児島	–	–	–	12	1 175
小計	14	14	14	74	5 161
47 沖縄	–	–	–	1	492

（5）国債等の窓口販売業務

Agency service for sale of government bonds

（単位：組合、千円）
(Unit:Coop, 1000yen)

事業年度 Business Year	該当組合数 No. of coops. Concerned	販売実績 Actual sales results	うち国債 of which State Bond	うち地方債 of which Local Government Bond
平25(2013)	304	18 479 512	16 996 023	590 451
平26(2014)	244	12 501 367	11 185 040	182 665
平27(2015)	185	7 709 936	5 920 502	136 838
平28(2016)	118	4 838 635	2 908 132	12 702
平29(2017)	125	5 974 270	2 386 646	4 403
平30(2018)	119	7 824 979	2 556 693	31 917
該当1組合当たり Average Per Coop.	−	65 756	21 485	268
1 北海道	1	5 150	5 150	−
東北 2 青森	−	−	−	−
3 岩手	1	1 000	1 000	−
4 宮城	4	31 042	27 320	−
5 秋田	1	26 919	−	−
6 山形	2	12 121	6 300	−
7 福島	−	−	−	−
小計	8	71 082	34 620	−
関東 8 茨城	−	−	−	−
9 栃木	6	168 901	129 140	−
10 群馬	2	14 020	14 020	−
11 埼玉	9	212 659	196 410	−
12 千葉	5	76 350	76 350	−
13 東京	6	33 750	33 750	−
14 神奈川	8	4 750 500	1 196 390	31 300
15 山梨	−	−	−	−
16 長野	6	74 370	71 320	−
17 静岡	3	35 730	35 730	−
小計	45	5 366 280	1 753 110	31 300
北陸 18 新潟	8	54 727	25 800	−
19 富山	1	6 200	6 200	−
20 石川	3	7 131	5 311	−
21 福井	1	10 000	10 000	−
小計	13	78 058	47 311	−
東海 22 岐阜	3	483 593	22 700	−
23 愛知	8	122 855	122 750	−
24 三重	4	916 066	7 750	−
小計	15	1 522 514	153 200	−
近畿 25 滋賀	2	15 027	15 027	−
26 京都	−	−	−	−
27 大阪	3	17 900	17 900	−
28 兵庫	4	45 900	45 900	−
29 奈良	1	37 795	37 795	−
30 和歌山	8	25 986	6 000	617
小計	18	142 608	122 622	617
中国・四国 31 鳥取	3	48 921	42 920	−
32 島根	1	179 186	1 200	−
33 岡山	2	260	260	−
34 広島	3	18 770	18 770	−
35 山口	−	−	−	−
36 徳島	1	13 000	13 000	−
37 香川	1	6 266	−	−
38 愛媛	2	9 180	8 700	−
39 高知	1	3 000	3 000	−
小計	14	278 583	87 850	−
九州 40 福岡	1	2 000	2 000	−
41 佐賀	−	−	−	−
42 長崎	−	−	−	−
43 熊本	−	−	−	−
44 大分	−	−	−	−
45 宮崎	3	354 404	346 830	−
46 鹿児島	−	−	−	−
小計	4	356 404	348 830	−
47 沖縄	1	4 300	4 000	−

11 共　済　事　業

Insurance business

(1) 長　期　共　済

Long-term Insurance

(単位：件、万円)
(Unit:Case, 10,000Yen)

	事業年度 Business Year	生命総合共済 Comprehensive Life Insurance				うち終身 of which Perpetual Insurance	
		新契約高 New Contracts		期末保有契約高 Policies in force at the End of Business Year		新契約高 New Contracts	
		件数 No. of Policies	金額 Amount	件数 No. of Policies	金額 Amount	件数 No. of Policies	金額 Amount
	平25(2013)	2 195 493	1 007 029 616	20 793 494	14 531 672 176	400 486	642 363 161
	平26(2014)	1 913 036	873 156 304	21 240 702	13 812 788 046	394 105	601 727 605
	平27(2015)	1 863 244	744 957 970	21 704 221	13 148 651 846	376 587	488 500 715
	平28(2016)	1 673 129	664 144 927	22 008 750	12 519 827 530	355 809	446 398 841
	平29(2017)	905 130	257 182 629	21 807 025	11 776 647 993	188 797	174 644 708
	平30(2018)	1 185 010	288 119 930	21 631 979	11 004 453 424	249 419	195 808 501
	1 北海道	30 580	8 252 127	674 677	441 674 224	4 614	5 246 844
東北	2 青森	7 662	2 154 581	183 578	90 216 913	1 460	1 657 606
	3 岩手	14 301	3 286 921	353 213	175 086 792	3 132	2 246 863
	4 宮城	19 393	4 185 517	395 715	222 125 227	3 733	2 694 663
	5 秋田	11 784	2 420 996	309 283	141 818 929	2 264	1 267 649
	6 山形	19 717	4 661 270	423 978	190 904 989	4 414	3 225 212
	7 福島	37 269	8 104 195	649 192	338 875 005	6 422	5 382 704
	小計	110 126	24 813 480	2 314 959	1 159 027 855	21 425	16 474 697
関東	8 茨城	26 747	6 021 964	480 342	266 485 830	4 830	3 757 744
	9 栃木	25 995	5 059 687	440 988	234 003 729	4 146	3 219 392
	10 群馬	34 780	6 510 735	498 631	211 987 582	6 638	4 191 581
	11 埼玉	45 956	13 041 549	648 058	345 404 332	14 010	8 674 110
	12 千葉	26 555	7 336 569	473 448	288 782 104	5 335	4 856 089
	13 東京	24 159	7 432 341	320 506	167 112 286	5 736	4 656 612
	14 神奈川	40 373	16 778 413	609 282	355 736 304	11 072	12 356 050
	15 山梨	10 823	2 770 701	237 033	132 067 931	2 313	1 874 108
	16 長野	54 080	12 218 681	941 247	455 527 372	9 671	8 725 901
	17 静岡	56 790	12 507 390	940 142	525 291 586	11 644	8 165 109
	小計	346 258	89 678 030	5 589 677	2 982 399 056	75 395	60 476 696
北陸	18 新潟	40 004	7 748 312	847 479	411 950 381	9 793	5 542 654
	19 富山	14 855	2 512 730	326 548	158 225 349	2 658	1 404 697
	20 石川	21 136	4 648 305	390 972	191 919 727	4 396	3 073 477
	21 福井	10 595	2 738 128	273 545	160 294 645	2 010	1 784 528
	小計	86 590	17 647 475	1 838 544	922 390 102	18 857	11 805 356
東海	22 岐阜	37 087	6 893 316	634 671	294 164 693	6 885	4 359 601
	23 愛知	70 422	16 387 237	1 224 181	621 747 360	14 900	10 155 933
	24 三重	25 629	5 333 701	500 627	253 473 505	5 973	3 579 124
	小計	133 138	28 614 254	2 359 479	1 169 385 558	27 758	18 094 658
近畿	25 滋賀	16 375	3 304 869	347 132	191 127 844	3 047	2 041 095
	26 京都	15 548	3 869 903	308 661	148 203 802	4 482	2 864 015
	27 大阪	28 915	11 619 760	443 333	240 978 433	6 828	6 744 565
	28 兵庫	61 572	13 132 834	1 000 762	475 381 033	11 703	9 241 182
	29 奈良	14 980	3 345 511	219 103	102 152 876	3 955	2 310 795
	30 和歌山	18 159	4 037 519	316 929	151 395 151	3 830	2 380 897
	小計	155 549	39 310 396	2 635 920	1 309 239 139	33 845	25 582 549
中国・四国	31 鳥取	6 748	1 414 132	178 116	84 313 766	1 512	1 041 424
	32 島根	19 002	3 662 353	382 204	174 480 266	3 404	2 697 952
	33 岡山	29 047	7 738 956	515 339	258 560 827	8 238	5 836 717
	34 広島	32 634	8 241 947	604 917	323 989 828	8 389	5 724 284
	35 山口	34 045	6 533 510	477 672	185 373 787	8 232	5 194 281
	36 徳島	4 861	1 023 357	153 772	101 449 785	851	657 697
	37 香川	15 246	2 965 095	311 019	179 554 823	3 428	2 053 732
	38 愛媛	28 922	4 826 659	512 487	223 904 425	4 585	3 477 303
	39 高知	14 212	2 544 884	252 142	118 463 793	2 116	1 989 893
	小計	184 717	38 950 893	3 387 668	1 650 091 300	40 755	28 673 283
九州	40 福岡	39 398	16 448 678	646 198	343 039 231	7 757	12 743 096
	41 佐賀	13 692	3 439 923	302 250	143 378 050	3 068	2 205 714
	42 長崎	12 620	3 884 868	286 903	155 974 273	2 707	2 846 413
	43 熊本	22 000	5 311 137	463 094	208 933 931	3 720	3 521 383
	44 大分	12 357	2 483 712	229 506	104 130 405	2 388	1 746 153
	45 宮崎	14 696	3 845 405	329 363	166 504 242	2 963	2 600 583
	46 鹿児島	15 132	3 771 618	441 384	179 468 888	2 925	2 857 324
	小計	129 895	39 185 341	2 698 698	1 301 429 020	25 528	28 520 666
	47 沖縄	8 157	1 667 890	132 357	68 817 096	1 242	933 730
	全国	-	-	-	-	-	-

(注) 共済事業の実績については、全国共済農業協同組合連合会「JA共済事業統計」の一部を掲載した。

(1) 長 期 共 済 (つづき)

Long-term Insurance (Cont.)

(単位：件、万円)
(Unit:Case, 10, 000Yen)

事業年度 Business Year		生命総合共済 Comprehensive Life Insurance					
		うち終身 of which Perpetual Insurance		うち養老生命 of which Endowment Life Insurance			
		期末保有契約高 Policies in force at the End of Business Year		新契約高 New Contracts		期末保有契約高 Policies in force at the End of Business Year	
		件数 No. of Policies	金額 Amount	件数 No. of Policies	金額 Amount	件数 No. of Policies	金額 Amount
	平25(2013)	6 991 925	8 912 679 782	694 862	307 122 551	5 958 717	5 006 431 299
	平26(2014)	7 005 146	8 639 208 171	424 744	205 938 161	5 699 888	4 580 700 089
	平27(2015)	7 064 026	8 393 922 674	443 115	197 224 520	5 480 071	4 170 896 601
	平28(2016)	7 131 822	8 147 137 037	433 386	175 116 857	5 322 343	3 810 610 741
	平29(2017)	7 136 447	7 830 517 577	156 585	59 213 241	4 955 837	3 405 336 923
	平30(2018)	7 188 445	7 525 458 074	197 874	68 230 561	4 413 890	2 957 626 558
	1 北海道	247 918	271 461 304	5 956	2 779 808	189 341	146 943 645
東北	2 青森	67 551	57 371 898	1 085	445 523	41 824	29 958 248
東北	3 岩手	116 173	111 748 457	2 199	924 328	75 623	56 607 637
東北	4 宮城	129 478	133 638 835	2 547	1 225 500	99 811	78 488 153
東北	5 秋田	107 485	78 380 337	2 310	1 031 856	83 564	58 154 172
東北	6 山形	141 231	126 779 335	2 927	1 200 731	81 922	57 287 747
東北	7 福島	198 502	213 361 226	5 675	2 366 392	134 894	112 273 062
東北	小計	760 420	721 280 088	16 743	7 194 330	517 638	392 769 019
関東	8 茨城	158 608	149 627 887	4 381	1 976 460	129 923	110 708 468
関東	9 栃木	141 896	153 865 268	4 675	1 507 202	94 778	68 755 767
関東	10 群馬	168 936	138 973 005	5 906	1 901 867	116 727	64 563 835
関東	11 埼玉	205 213	207 741 992	6 745	2 420 100	162 656	120 619 248
関東	12 千葉	165 579	199 165 913	3 960	1 673 211	91 403	73 259 464
関東	13 東京	100 946	105 781 420	3 964	1 900 137	69 626	48 540 577
関東	14 神奈川	196 330	249 882 431	5 128	2 363 524	113 015	81 901 221
関東	15 山梨	89 825	90 310 510	1 929	766 109	49 578	36 874 643
関東	16 長野	308 988	319 750 776	8 076	2 481 441	170 238	114 702 173
関東	17 静岡	308 001	388 387 599	10 799	3 081 616	168 776	107 030 639
関東	小計	1 844 322	2 003 486 801	55 563	20 071 667	1 166 720	826 956 035
北陸	18 新潟	310 338	279 896 137	5 003	1 522 537	162 225	113 021 318
北陸	19 富山	117 931	113 028 393	3 200	867 734	75 247	40 397 476
北陸	20 石川	138 674	145 950 925	4 664	1 239 896	66 307	36 513 002
北陸	21 福井	103 281	117 926 260	2 399	811 473	55 592	35 841 012
北陸	小計	670 224	656 801 715	15 266	4 441 640	359 371	225 772 808
東海	22 岐阜	184 847	194 945 033	6 499	1 761 843	136 082	81 490 623
東海	23 愛知	376 072	431 361 189	13 261	3 871 506	232 096	137 412 862
東海	24 三重	171 059	177 682 931	4 760	1 368 120	97 934	64 589 094
東海	小計	731 978	803 989 153	24 520	7 001 469	466 112	283 492 579
近畿	25 滋賀	119 678	137 268 291	2 990	929 625	65 483	47 252 559
近畿	26 京都	97 377	101 696 606	1 995	650 993	61 199	37 003 816
近畿	27 大阪	128 092	155 223 427	4 889	2 672 826	96 641	64 642 820
近畿	28 兵庫	342 482	366 281 936	8 448	2 468 522	169 544	86 980 738
近畿	29 奈良	81 434	69 637 853	2 327	834 070	46 634	28 170 607
近畿	30 和歌山	96 177	107 579 195	3 832	1 162 956	71 572	37 241 747
近畿	小計	865 240	937 687 308	24 481	8 718 992	511 073	301 292 287
中国・四国	31 鳥取	68 954	61 631 812	1 136	300 754	30 090	18 619 265
中国・四国	32 島根	122 262	134 977 434	2 979	786 882	62 547	32 815 057
中国・四国	33 岡山	172 577	190 898 829	4 913	1 371 076	93 952	58 748 210
中国・四国	34 広島	207 718	231 912 522	5 947	1 933 128	118 186	82 642 230
中国・四国	35 山口	160 113	135 524 837	3 969	917 021	74 512	36 935 486
中国・四国	36 徳島	58 580	68 291 776	951	314 144	39 226	31 355 356
中国・四国	37 香川	117 266	130 863 806	1 983	615 504	53 650	42 617 136
中国・四国	38 愛媛	172 289	167 201 930	4 661	1 139 020	85 996	47 622 492
中国・四国	39 高知	75 135	84 121 018	1 381	416 501	51 349	28 983 277
中国・四国	小計	1 154 894	1 205 423 964	27 920	7 794 030	609 508	380 338 509
九州	40 福岡	213 069	250 860 244	7 571	3 292 764	114 095	82 994 074
九州	41 佐賀	83 926	90 238 276	3 525	1 116 847	72 518	46 349 534
九州	42 長崎	95 344	105 986 798	2 105	956 262	61 931	45 843 796
九州	43 熊本	151 794	127 589 745	4 089	1 618 276	93 886	76 160 007
九州	44 大分	76 792	65 209 193	2 071	609 255	57 015	35 986 331
九州	45 宮崎	107 968	113 861 202	2 564	1 109 901	60 097	42 972 596
九州	46 鹿児島	144 456	131 105 286	3 218	835 695	93 496	44 846 227
九州	小計	873 349	884 850 744	25 143	9 539 000	553 038	375 152 565
	47 沖縄	40 100	40 476 976	2 282	689 625	41 089	24 909 087
	全国	–	–	–	–	–	–

(1) 長 期 共 済 (つづき)
Long-term Insurance (Cont.)

(単位：件、万円)
(Unit:Case, 10,000Yen)

事業年度 Business Year	生命総合共済 Comprehensive Life Insurance / うち養老生命 of which Endowment Life Insurance / うちこども共済 of which Children's Insurance				建物更生共済 Building Endowment Insurance	
	新契約高 New Contracts		期末保有契約高 Policies in force at the End of Business Year		新契約高 New Contracts	
	件数 No. of Policies	金額 Amount	件数 No. of Policies	金額 Amount	件数 No. of Policies	金額 Amount
平25(2013)	113 308	35 259 357	1 506 780	934 056 602	835 099	1 142 933 970
平26(2014)	119 954	33 689 095	1 543 683	923 173 487	886 371	1 127 418 019
平27(2015)	127 646	33 724 518	1 585 919	909 491 645	896 365	1 091 248 936
平28(2016)	172 704	42 352 820	1 670 004	899 363 950	967 196	1 099 411 245
平29(2017)	117 614	27 962 460	1 705 749	878 621 369	1 624 820	2 949 657 125
平30(2018)	158 385	38 030 510	1 766 818	844 149 159	1 472 160	2 426 688 845
1 北海道	4 198	1 033 250	47 206	25 550 376	27 901	48 830 727
2 青森	693	199 980	12 134	7 404 218	16 329	26 194 805
東 3 岩手	1 512	416 390	25 486	15 178 411	24 069	36 758 351
4 宮城	1 555	524 870	24 247	18 201 868	32 657	57 281 408
5 秋田	1 223	376 840	19 817	13 523 935	17 758	25 267 050
6 山形	1 882	518 990	25 908	16 678 287	27 424	45 571 297
北 7 福島	4 016	1 067 900	47 959	33 021 899	49 562	73 616 279
小計	10 881	3 104 970	155 551	104 008 618	167 799	264 689 190
8 茨城	3 018	784 330	36 638	23 428 224	31 912	42 436 471
関 9 栃木	3 868	946 260	36 232	17 978 780	27 400	41 431 837
10 群馬	4 671	1 124 340	37 915	8 354 111	30 503	37 117 206
11 埼玉	5 164	1 144 130	49 867	24 974 190	52 144	106 665 843
12 千葉	2 934	768 220	33 191	20 089 177	35 933	75 403 060
13 東京	2 987	768 380	33 998	15 779 320	16 983	53 028 509
14 神奈川	4 009	1 011 630	50 801	24 780 636	35 271	111 313 731
15 山梨	1 210	293 690	17 249	10 481 368	22 178	34 840 447
16 長野	6 850	1 303 630	74 695	43 194 329	56 842	97 173 131
東 17 静岡	9 647	2 227 600	86 082	37 965 256	82 695	161 532 142
小計	44 358	10 372 210	456 668	227 025 391	391 861	760 942 377
北 18 新潟	3 754	870 670	54 521	33 309 066	45 131	75 067 475
19 富山	2 646	624 830	25 222	10 229 398	16 465	26 679 268
20 石川	3 966	805 100	35 018	15 351 760	21 951	35 393 908
陸 21 福井	1 820	475 390	21 977	10 162 010	19 510	31 416 565
小計	12 186	2 775 990	136 738	69 052 234	103 057	168 557 216
東 22 岐阜	5 733	1 271 870	58 471	23 373 834	46 260	71 608 521
23 愛知	12 128	2 991 080	110 029	49 872 344	73 219	147 534 764
24 三重	3 859	853 190	41 296	20 032 737	39 671	55 838 665
海 小計	21 720	5 116 140	209 796	93 278 915	159 150	274 981 950
25 滋賀	2 514	577 040	31 744	15 010 575	21 249	35 108 056
近 26 京都	1 586	373 490	23 141	10 304 871	26 997	48 096 135
27 大阪	3 381	909 940	47 886	21 889 767	31 200	67 630 076
28 兵庫	7 456	1 750 510	80 913	29 652 346	54 295	89 784 138
29 奈良	1 669	424 000	16 270	7 000 650	14 594	21 241 683
畿 30 和歌山	3 140	763 560	34 080	10 423 580	22 596	34 444 174
小計	19 746	4 798 540	234 034	94 281 789	170 931	296 304 262
31 鳥取	959	210 290	11 425	4 977 502	12 661	17 937 870
中 32 島根	2 545	590 710	33 056	11 417 359	24 190	32 115 406
33 岡山	4 258	949 480	42 006	17 138 696	42 801	54 816 577
国 34 広島	4 997	1 266 150	46 724	23 080 451	43 591	61 139 793
35 山口	3 634	721 510	43 892	16 764 723	38 012	44 415 263
・ 36 徳島	740	179 230	10 834	6 748 260	13 121	20 839 832
37 香川	1 722	460 300	22 094	9 855 868	18 277	23 645 243
四 38 愛媛	4 190	882 200	45 326	14 553 558	24 906	30 465 906
39 高知	1 155	255 560	15 959	8 573 298	19 203	28 352 027
国 小計	24 200	5 515 430	271 316	113 109 715	236 762	313 727 917
40 福岡	5 383	1 404 380	62 237	30 053 942	52 193	86 982 676
九 41 佐賀	2 834	673 560	25 075	13 882 218	17 568	23 617 225
42 長崎	1 476	416 170	22 750	12 876 080	24 777	32 994 904
43 熊本	3 178	879 180	36 043	20 652 370	34 035	45 513 053
44 大分	1 743	393 570	19 024	8 644 990	18 556	25 395 477
45 宮崎	1 933	711 460	28 920	18 356 995	24 296	30 102 973
州 46 鹿児島	2 724	511 810	40 878	7 559 004	37 478	41 051 648
小計	19 271	4 990 130	234 927	112 025 599	208 903	285 657 956
47 沖縄	1 825	323 850	20 582	5 816 499	5 796	12 997 250
全国	–	–	–	–	–	–

(1) 長 期 共 済 (つづき)
Long-term Insurance (Cont.)

(単位：件、万円)
(Unit:Case, 10,000Yen)

事業年度 Business Year	建物更生共済 Building Endowment Insurance		財産形成貯蓄共済 Worker's property accumulation savings Insurance			
	期末保有契約高 Policies in force at the End of Business Year		新契約高 New Contracts		期末保有契約高 Policies in force at the End of Business Year	
	件数 No. of Policies	金額 Amount	件数 No. of Policies	金額 Amount	件数 No. of Policies	金額 Amount
平25(2013)	10 587 202	14 407 393 317	2 490	194 578	10 774	1 096 439
平26(2014)	10 529 449	14 305 288 549	2 077	142 335	10 751	1 122 278
平27(2015)	10 548 951	14 218 449 148	2 056	142 057	10 808	1 144 064
平28(2016)	10 639 089	14 202 022 091	2 030	140 951	10 823	1 152 631
平29(2017)	10 378 632	14 217 902 116	2 226	139 519	11 074	1 189 020
平30(2018)	10 175 559	14 261 623 877	2 733	167 584	11 033	1 189 870
1 北海道	164 786	256 799 054	-	-	-	-
2 青森	125 100	152 207 221	-	-	-	-
東 3 岩手	158 070	197 881 378	-	-	-	-
4 宮城	193 708	282 700 025	-	-	-	-
5 秋田	130 988	146 976 657	-	-	-	-
6 山形	157 563	201 367 451	-	-	-	-
北 7 福島	295 505	358 476 250	-	-	-	-
小計	1 060 934	1 339 608 982	-	-	-	-
8 茨城	216 662	252 594 090	-	-	-	-
関 9 栃木	162 773	225 890 836	-	-	-	-
10 群馬	192 580	211 222 980	-	-	-	-
11 埼玉	338 208	575 674 409	-	-	-	-
12 千葉	270 835	443 822 344	-	-	-	-
13 東京	211 894	508 776 272	-	-	-	-
14 神奈川	349 004	789 869 671	-	-	-	-
15 山梨	128 180	174 127 820	-	-	-	-
16 長野	358 942	512 068 173	-	-	-	-
東 17 静岡	595 033	942 668 539	-	-	-	-
小計	2 824 111	4 636 715 134	-	-	-	-
北 18 新潟	323 026	429 240 399	-	-	-	-
19 富山	158 584	201 236 182	-	-	-	-
20 石川	153 509	210 968 711	-	-	-	-
陸 21 福井	142 983	185 531 838	-	-	-	-
小計	778 102	1 026 977 130	-	-	-	-
東 22 岐阜	310 673	410 555 495	-	-	-	-
23 愛知	654 864	1 095 169 474	-	-	-	-
24 三重	254 029	314 086 190	-	-	-	-
海 小計	1 219 566	1 819 811 159	-	-	-	-
25 滋賀	150 679	209 865 806	-	-	-	-
近 26 京都	156 037	223 711 014	-	-	-	-
27 大阪	267 308	502 769 935	-	-	-	-
28 兵庫	373 588	519 148 533	-	-	-	-
29 奈良	123 467	155 243 071	-	-	-	-
畿 30 和歌山	150 125	198 451 839	-	-	-	-
小計	1 221 204	1 809 190 198	-	-	-	-
31 鳥取	87 496	99 787 272	-	-	-	-
中 32 島根	141 395	169 367 801	-	-	-	-
33 岡山	254 454	280 099 672	3	78	23	1 056
国 34 広島	293 031	337 302 689	-	-	-	-
35 山口	251 033	261 147 146	-	-	-	-
・ 36 徳島	107 706	132 398 232	-	-	-	-
37 香川	135 250	151 505 575	-	-	-	-
四 38 愛媛	192 689	199 171 350	-	-	-	-
39 高知	150 858	177 184 678	-	-	-	-
国 小計	1 613 912	1 807 964 415	3	78	23	1 056
40 福岡	320 337	454 669 842	-	-	-	-
九 41 佐賀	116 266	133 344 583	-	-	-	-
42 長崎	154 085	175 819 115	-	-	-	-
43 熊本	191 482	228 912 891	-	-	-	-
44 大分	103 860	123 186 868	-	-	-	-
45 宮崎	144 875	157 980 016	-	-	-	-
州 46 鹿児島	230 496	227 006 495	-	-	-	-
小計	1 261 401	1 500 919 810	-	-	-	-
47 沖縄	31 543	63 637 975	-	-	-	-
全国	-	-	2 730	167 505	11 010	1 188 814

(1) 長期共済(つづき)
Long-term Insurance (Cont.)

(単位:件、万円)
(Unit:Case, 10,000Yen)

	事業年度 Business Year	長期共済合計 Total of Long - Term Insurance 新契約高 New Contracts 件数 No.of Policies	金額 Amount	期末保有契約高 Policies in force at the End of Business Year 件数 No.of Policies	金額 Amount
	平25(2013)	3 033 082	2 150 158 164	31 391 470	28 940 161 933
	平26(2014)	2 801 484	2 000 716 659	31 780 902	28 119 198 875
	平27(2015)	2 761 665	1 836 348 963	32 263 980	27 368 245 059
	平28(2016)	2 642 355	1 763 697 123	32 658 662	26 723 002 253
	平29(2017)	2 532 176	3 206 979 274	32 196 731	25 995 739 130
	平30(2018)	2 659 903	2 714 976 359	31 818 571	25 267 267 174
	1 北海道	58 481	57 082 854	839 463	698 473 280
東北	2 青森	23 991	28 349 386	308 678	242 424 136
	3 岩手	38 370	40 045 272	511 283	372 968 171
	4 宮城	52 050	61 466 925	589 423	504 825 254
	5 秋田	29 542	27 688 046	440 271	288 795 587
	6 山形	47 141	50 232 567	581 541	392 272 442
	7 福島	86 831	81 720 474	944 697	697 351 256
	小計	277 925	289 502 670	3 375 893	2 498 636 846
関東	8 茨城	58 659	48 458 435	697 004	519 079 922
	9 栃木	53 395	46 491 524	603 761	459 894 566
	10 群馬	65 283	43 627 941	691 211	423 210 564
	11 埼玉	98 100	119 707 392	986 266	921 078 743
	12 千葉	62 488	82 739 629	744 283	732 604 450
	13 東京	41 142	60 460 850	532 400	675 888 560
	14 神奈川	75 644	128 092 144	958 286	1 145 605 977
	15 山梨	33 001	37 611 148	365 213	306 195 751
	16 長野	110 922	109 391 812	1 300 189	967 595 547
	17 静岡	139 485	174 039 532	1 535 175	1 467 960 127
	小計	738 119	850 620 407	8 413 788	7 619 114 207
北陸	18 新潟	85 135	82 815 787	1 170 505	841 190 781
	19 富山	31 320	29 191 998	485 132	359 461 532
	20 石川	43 087	40 042 213	544 481	402 888 440
	21 福井	30 105	34 154 693	416 528	345 826 485
	小計	189 647	186 204 691	2 616 646	1 949 367 238
東海	22 岐阜	83 347	78 501 837	945 344	704 720 189
	23 愛知	143 641	163 922 001	1 879 045	1 716 916 836
	24 三重	65 300	61 172 366	754 656	567 559 696
	小計	292 288	303 596 204	3 579 045	2 989 196 721
近畿	25 滋賀	37 624	38 412 925	497 811	400 993 651
	26 京都	42 545	51 966 038	464 698	371 914 817
	27 大阪	60 115	79 249 836	710 641	743 748 369
	28 兵庫	115 867	102 916 972	1 374 350	994 529 568
	29 奈良	29 574	24 587 194	342 570	257 395 948
	30 和歌山	40 755	38 481 693	467 054	349 846 992
	小計	326 480	335 614 658	3 857 124	3 118 429 345
中国・四国	31 鳥取	19 409	19 352 002	265 612	184 101 040
	32 島根	43 192	35 777 759	523 599	343 848 069
	33 岡山	71 851	62 555 611	769 816	538 661 556
	34 広島	76 225	69 381 740	897 948	661 292 519
	35 山口	72 057	50 948 773	728 705	446 520 934
	36 徳島	17 982	21 863 189	261 478	233 848 019
	37 香川	33 523	26 610 338	446 269	331 060 398
	38 愛媛	53 828	35 292 565	705 176	423 075 777
	39 高知	33 415	30 896 911	403 000	295 648 472
	小計	421 482	352 678 888	5 001 603	3 458 056 784
九州	40 福岡	91 591	103 431 354	966 535	797 709 074
	41 佐賀	31 260	27 057 148	418 516	276 722 634
	42 長崎	37 397	36 879 772	440 988	331 793 389
	43 熊本	56 035	50 824 190	654 576	437 846 824
	44 大分	30 913	27 879 189	333 366	227 317 275
	45 宮崎	38 992	33 948 378	474 238	324 484 259
	46 鹿児島	52 610	44 823 266	671 880	406 475 386
	小計	338 798	324 843 297	3 960 099	2 802 348 841
	47 沖縄	13 953	14 665 140	163 900	132 455 073
	全国	2 730	167 505	11 010	1 188 814

(2) 短 期 共 済
Short-term Insurance

(単位：件、千円)
(Unit:Case, 1,000Yen)

事業年度 Business Year	火災共済 Fire Insurance 件数 No. of Policies	火災共済 Fire Insurance 共済掛金 Premiums	団体建物火災共済 Cooperative-owned Building Fire Insurance 件数 No. of Policies	団体建物火災共済 Cooperative-owned Building Fire Insurance 共済掛金 Premiums	自動車共済 Automobile Insurance 件数 No. of Policies	自動車共済 Automobile Insurance 共済掛金 Premiums
平25(2013)	1 434 794	17 515 696	257 387	5 384 411	36 603 152	365 679 225
平26(2014)	1 438 580	17 567 990	250 129	5 522 212	36 666 588	372 103 061
平27(2015)	1 426 453	17 474 959	249 611	5 862 605	37 204 576	369 195 220
平28(2016)	1 410 137	17 207 014	247 401	5 952 076	36 974 039	367 536 939
平29(2017)	1 375 029	16 544 082	248 839	6 121 647	37 516 407	369 695 121
平30(2018)	1 324 049	15 900 948	226 540	5 701 439	37 158 486	349 788 579
1 北海道	160 594	2 186 312	28 538	1 135 476	1 989 781	19 606 952
東北 2 青森	14 495	257 007	7 085	182 446	591 721	5 496 017
3 岩手	13 438	230 952	4 477	105 466	865 143	8 163 380
4 宮城	13 535	192 512	5 519	130 943	820 698	7 857 520
5 秋田	14 300	194 877	5 764	124 467	809 400	7 656 444
6 山形	40 524	436 283	6 704	126 877	887 967	8 290 808
7 福島	20 516	318 726	6 111	114 850	1 243 804	12 250 573
小計	116 808	1 630 357	35 660	785 049	5 218 733	49 714 742
関東 8 茨城	34 821	470 967	5 965	126 700	776 468	7 161 271
9 栃木	22 232	340 682	3 719	95 277	879 915	8 138 561
10 群馬	27 355	330 184	4 569	107 703	1 055 408	9 690 482
11 埼玉	54 804	680 890	3 145	89 044	1 088 031	10 229 081
12 千葉	23 207	298 857	3 784	81 853	641 000	6 097 415
13 東京	30 056	382 996	1 429	48 660	389 425	4 316 810
14 神奈川	40 495	509 687	3 627	91 562	624 452	6 376 748
15 山梨	13 335	164 862	4 293	75 924	517 469	4 807 212
16 長野	65 725	696 614	15 551	312 464	1 459 575	12 580 674
17 静岡	20 158	251 138	5 973	211 936	1 293 364	12 882 789
小計	332 188	4 126 877	52 055	1 241 123	8 725 107	82 281 043
北陸 18 新潟	65 924	800 454	7 651	214 208	1 281 415	11 685 286
19 富山	35 518	401 434	2 618	69 758	540 735	5 075 163
20 石川	34 390	412 298	2 611	74 809	592 799	5 736 485
21 福井	21 639	246 523	2 635	58 709	434 365	4 220 317
小計	157 471	1 860 709	15 515	417 484	2 849 314	26 717 251
東海 22 岐阜	28 236	336 092	4 797	140 308	783 014	8 153 765
23 愛知	36 929	412 774	8 099	238 809	1 791 350	17 908 178
24 三重	16 564	187 120	4 194	82 157	674 916	6 642 039
小計	81 729	935 986	17 090	461 274	3 249 280	32 703 982
近畿 25 滋賀	16 408	206 877	2 171	50 121	592 287	5 665 687
26 京都	71 150	549 836	2 604	46 310	378 285	3 750 174
27 大阪	28 848	355 579	1 927	51 817	363 795	3 697 037
28 兵庫	41 989	492 127	5 136	130 331	1 104 178	10 493 526
29 奈良	12 576	151 942	1 854	38 339	273 546	2 823 652
30 和歌山	13 210	131 038	3 339	84 134	408 067	3 669 645
小計	184 181	1 887 399	17 031	401 052	3 120 158	30 099 721
中国・四国 31 鳥取	11 234	127 372	2 951	63 843	360 273	3 381 331
32 島根	13 028	171 178	360	10 862	723 308	6 909 925
33 岡山	43 010	516 916	4 548	75 390	806 564	7 562 340
34 広島	39 038	407 137	7 930	131 250	823 846	8 084 630
35 山口	12 221	124 209	4 027	72 050	717 555	6 746 878
36 徳島	12 468	139 931	2 088	37 893	303 187	2 632 162
37 香川	19 347	242 582	3 783	83 465	432 606	3 821 696
38 愛媛	25 068	238 772	5 354	120 983	763 114	6 561 182
39 高知	8 746	96 550	3 610	70 437	501 972	4 449 549
小計	184 160	2 064 647	34 651	666 173	5 432 425	50 149 693
九州 40 福岡	21 707	244 472	2 096	41 875	1 010 495	9 151 217
41 佐賀	11 016	199 147	4 532	118 423	577 197	5 342 519
42 長崎	10 041	135 456	2 953	84 041	664 203	5 918 666
43 熊本	16 636	155 601	896	39 159	1 115 076	10 611 293
44 大分	12 272	116 235	2 727	59 999	522 373	4 956 292
45 宮崎	9 990	97 061	3 757	83 270	792 379	7 162 222
46 鹿児島	20 891	191 948	6 285	105 631	918 982	8 152 273
小計	102 553	1 139 920	23 246	532 398	5 600 705	51 294 482
47 沖縄	4 365	68 720	2 417	44 792	972 983	7 220 688
全国	-	-	337	16 594	-	-

（2）短 期 共 済（つづき）
Short-term Insurance (Cont.)

（単位：件、千円）
(Unit:Case, 1,000Yen)

事業年度 Business Year	傷害共済 Personal Accident Insurance 件数 No. of Policies	傷害共済 Personal Accident Insurance 共済掛金 Premiums	団体定期生命共済 Group Term Life Insurance 件数 No. of Policies	団体定期生命共済 Group Term Life Insurance 共済掛金 Premiums	定額定期生命共済 Fixed Amount Life Insurance 件数 No. of Policies	定額定期生命共済 Fixed Amount Life Insurance 共済掛金 Premiums
平25(2013)	12 066 089	12 805 012	207 165	22 181 141	3 443	79 707
平26(2014)	12 053 043	12 972 573	158 261	21 262 555	3 149	73 166
平27(2015)	12 066 879	12 728 038	174 096	20 973 204	2 887	67 135
平28(2016)	11 899 297	12 414 633	175 973	21 479 741	2 651	61 688
平29(2017)	11 712 893	12 118 234	177 461	22 142 172	2 456	57 568
平30(2018)	11 329 481	11 680 481	177 057	21 583 097	2 275	53 962
1 北海道	348 899	1 212 244	1 595	398 170	1	39
東北 2 青森	94 601	179 830	752	94 450	39	874
3 岩手	300 344	90 795	884	243 620	21	460
4 宮城	317 933	183 865	1 104	380 584	29	645
5 秋田	200 102	98 061	4 626	142 107	47	967
6 山形	293 574	937 687	866	210 821	72	1 794
7 福島	319 603	227 044	2 447	577 588	30	647
小計	1 526 157	1 717 282	10 679	1 649 170	238	5 387
関東 8 茨城	216 794	96 986	1 179	326 416	25	539
9 栃木	215 226	161 515	962	383 973	16	359
10 群馬	379 112	281 065	3 542	267 556	57	1 380
11 埼玉	273 043	76 824	8 163	801 759	563	13 534
12 千葉	196 636	63 360	1 280	423 750	62	1 507
13 東京	119 333	29 551	499	335 085	52	1 245
14 神奈川	189 155	99 482	13 606	1 361 648	146	3 702
15 山梨	178 562	247 421	2 356	109 842	17	336
16 長野	561 900	942 341	25 183	644 200	27	602
17 静岡	148 398	123 349	2 942	1 599 910	42	1 045
小計	2 478 159	2 121 894	59 712	6 254 139	1 007	24 249
北陸 18 新潟	309 497	183 339	4 459	654 002	82	1 917
19 富山	175 714	95 906	302	202 189	33	917
20 石川	92 108	34 809	683	224 995	8	241
21 福井	127 462	31 157	341	140 195	13	335
小計	704 781	345 211	5 785	1 221 381	136	3 410
東海 22 岐阜	467 873	276 562	6 695	649 950	－	－
23 愛知	803 562	467 834	23 947	1 728 161	52	1 420
24 三重	160 978	31 773	7 512	633 586	23	683
小計	1 432 413	776 169	38 154	3 011 697	75	2 103
近畿 25 滋賀	370 458	279 084	546	219 696	33	703
26 京都	160 860	38 016	475	175 932	54	1 362
27 大阪	98 141	41 349	1 366	530 408	15	431
28 兵庫	320 506	311 209	5 937	1 486 238	35	820
29 奈良	108 251	40 675	606	240 619	19	540
30 和歌山	189 016	358 726	662	257 567	31	732
小計	1 247 232	1 069 059	9 592	2 910 460	187	4 588
中国・四国 31 鳥取	132 576	81 928	362	80 304	16	376
32 島根	269 555	603 103	964	317 032	5	109
33 岡山	383 999	546 337	1 282	629 992	6	124
34 広島	429 027	640 871	3 855	784 203	365	7 978
35 山口	215 742	599 522	3 640	365 516	24	635
36 徳島	79 369	136 327	219	94 156	11	278
37 香川	176 353	149 702	815	192 355	11	259
38 愛媛	187 655	375 410	6 848	353 046	9	209
39 高知	82 111	32 707	448	93 535	6	143
小計	1 956 387	3 165 907	18 433	2 910 139	453	10 111
九州 40 福岡	311 096	693 059	4 956	283 400	16	426
41 佐賀	178 259	275 971	769	260 788	27	631
42 長崎	125 560	28 162	623	195 887	30	697
43 熊本	363 246	118 851	8 679	332 027	16	349
44 大分	134 523	35 673	1 933	177 375	4	90
45 宮崎	178 169	60 408	322	141 315	72	1 469
46 鹿児島	176 542	41 010	4 023	143 609	1	23
小計	1 467 395	1 253 134	21 305	1 534 401	166	3 685
47 沖縄	168 058	19 559	376	89 720	12	367
全国	－	－	11 426	1 603 794	－	－

（2）短　期　共　済（つづき）
Short-term Insurance (Cont.)

（単位：件、千円）
(Unit:Case,1,000Yen)

事業年度 Business Year		賠償責任共済 Liability Insurance		自賠責共済 Automobile Liability Insurance		短期合計 Total of Short-term Insurance	
		件数 No.of Policies	共済掛金 Premiums	件数 No.of Policies	共済掛金 Premiums	件数 No.of Policies	共済掛金 Premiums
平25(2013)		208 958	430 030	3 422 483	83 494 254	54 203 471	507 569 480
平26(2014)		217 911	449 081	3 315 086	80 706 205	54 102 747	510 656 848
平27(2015)		231 304	479 552	3 338 619	81 056 116	54 694 425	507 836 832
平28(2016)		238 613	495 294	3 328 580	80 844 562	54 276 691	505 991 950
平29(2017)		240 220	506 432	3 295 752	75 994 251	54 569 057	503 179 512
平30(2018)		242 280	511 603	3 257 626	75 274 088	53 717 794	480 494 200
	1 北海道	4 312	12 695	157 676	3 811 700	2 691 396	28 363 588
	2 青森	3 902	9 842	41 769	960 674	754 364	7 181 140
東	3 岩手	2 323	5 788	85 339	2 049 768	1 271 969	10 890 229
	4 宮城	9 197	22 275	68 057	1 644 297	1 236 072	10 412 641
	5 秋田	4 880	12 221	108 667	2 708 153	1 147 786	10 937 297
	6 山形	8 548	22 006	72 993	1 750 776	1 311 248	11 777 052
北	7 福島	9 185	21 220	110 906	2 693 964	1 712 602	16 204 612
	小計	38 035	93 352	487 731	11 807 632	7 434 041	67 402 971
	8 茨城	4 035	8 862	42 618	1 002 638	1 081 905	9 194 379
関	9 栃木	3 816	9 189	54 011	1 289 845	1 179 897	10 419 401
	10 群馬	5 869	11 835	84 628	2 045 776	1 560 540	12 735 981
	11 埼玉	8 433	17 372	86 466	2 026 356	1 522 648	13 934 860
	12 千葉	5 419	11 492	39 580	912 064	910 968	7 890 298
	13 東京	7 841	16 198	17 712	381 062	566 347	5 511 607
	14 神奈川	6 656	12 155	44 400	1 001 837	922 537	9 456 821
	15 山梨	4 129	9 620	61 909	1 456 502	782 070	6 871 719
	16 長野	14 571	27 309	110 817	2 642 730	2 253 349	17 846 934
東	17 静岡	11 446	22 124	94 638	2 225 284	1 576 961	17 317 575
	小計	72 215	146 156	636 779	14 984 094	12 357 222	111 179 575
北	18 新潟	9 201	20 127	63 618	1 429 050	1 741 847	14 988 383
	19 富山	2 866	6 165	26 931	660 707	784 717	6 512 239
	20 石川	2 178	4 670	33 095	815 240	757 872	7 303 547
陸	21 福井	303	694	27 632	678 919	614 390	5 376 849
	小計	14 548	31 656	151 276	3 583 916	3 898 826	34 181 018
東	22 岐阜	2 069	4 141	55 291	1 342 958	1 347 975	10 903 776
	23 愛知	15 632	30 130	154 719	3 656 263	2 834 290	24 443 569
	24 三重	3 299	6 690	57 647	1 377 994	925 133	8 962 042
海	小計	21 000	40 961	267 657	6 377 215	5 107 398	44 309 387
	25 滋賀	6 079	12 419	49 627	1 185 436	1 037 609	7 620 023
近	26 京都	2 604	4 176	25 557	591 853	641 589	5 157 659
	27 大阪	8 269	15 267	16 838	367 030	519 199	5 058 918
	28 兵庫	7 766	16 707	95 950	2 285 380	1 581 497	15 216 338
	29 奈良	1 000	1 530	37 150	809 238	435 002	4 106 535
畿	30 和歌山	2 558	4 535	52 153	1 184 548	669 036	5 690 925
	小計	28 276	54 634	277 275	6 423 485	4 883 932	42 850 398
	31 鳥取	1 813	3 787	22 527	548 257	531 752	4 287 198
中	32 島根	3 709	7 743	90 322	2 170 464	1 101 251	10 190 416
	33 岡山	4 649	9 438	62 305	1 470 950	1 306 363	10 811 487
国	34 広島	4 266	6 734	77 751	1 845 695	1 386 078	11 908 498
	35 山口	5 330	10 710	69 444	1 684 657	1 027 983	9 604 177
・	36 徳島	1 320	2 233	27 579	648 267	426 241	3 691 247
	37 香川	2 440	4 582	34 039	778 111	669 394	5 272 752
四	38 愛媛	5 845	9 690	71 544	1 634 866	1 065 437	9 294 158
	39 高知	2 926	6 219	71 504	1 728 075	671 323	6 477 215
国	小計	32 298	61 136	527 015	12 509 342	8 185 822	71 537 148
	40 福岡	8 891	18 901	97 794	2 305 501	1 457 051	12 738 851
九	41 佐賀	4 997	10 430	59 745	1 442 009	836 542	7 649 918
	42 長崎	2 006	4 252	82 251	1 488 028	887 667	7 855 189
	43 熊本	6 688	14 708	69 466	1 611 128	1 580 703	12 883 116
	44 大分	2 599	5 454	69 160	1 653 936	745 591	7 005 054
	45 宮崎	2 713	5 470	131 971	3 198 508	1 119 373	10 749 723
州	46 鹿児島	2 038	4 827	145 645	3 008 104	1 274 407	11 647 425
	小計	29 932	64 042	656 032	14 707 214	7 901 334	70 529 276
	47 沖縄	1 664	6 949	96 185	1 069 473	1 246 060	8 520 268
	全国	－	－	－	－	11 763	1 620 388

12 購 買 事 業
Purchasing Business

総 括 表
Statement of National Total

(A) 総 額
Total Amount

集計組合数 639
Total No. of Coops. Surveyed 639

(単位：千円)
(Unit:1000 Yen)

	品名 Commodities	当期受入高 (A) Value of Current Supplies Procured	左のうち系統利用 (B) of which Purchased through Coop. Channel	系統利用率 (B／A) % Percentage of utilizing Coop. Channel	当期供給・取扱高 Value of Current Supplies Handled	購買利益 (購買手数料を含む) Purchasing Profit (Including Commission)
生産資材	肥料 Fertilizer	240 169 774	194 501 000	81.0	272 301 242	33 691 951
	農薬 Agri.Chemicals	194 964 207	127 135 186	65.2	220 381 210	24 745 526
	飼料 Feed	316 608 845	191 282 521	60.4	329 023 753	12 021 027
	農業機械 Agri.Machinery	212 224 105	138 455 039	65.2	237 558 129	24 513 918
	燃料 Oil Products	281 184 060	240 183 135	85.4	318 577 250	34 765 796
	自動車（二輪車を除く） Automobiles(Excluding Two wheel Auto.)	51 009 513	21 550 012	42.2	56 063 320	5 018 385
	その他 Others	370 411 001	205 305 359	55.4	412 963 367	41 309 330
	小計 Sub-Total	1 666 572 575	1 118 413 140	67.1	1 846 869 463	176 066 950
生活物資	食料品 Food Stuffs	147 812 216	69 692 645	47.1	179 544 639	30 571 543
	衣料品 Clothings	4 057 400	2 584 468	63.7	4 764 565	694 518
	耐久消費財 Durable Consumer Goods	28 646 535	15 283 708	53.4	31 990 200	3 186 687
	日用保健雑貨用品 Miscellaneous Commodities for Daily Use & health Keeping	37 147 311	18 527 084	49.9	42 283 291	4 883 216
	家庭燃料 Household Fuel	133 568 187	109 812 772	82.2	190 222 038	54 789 597
	その他 Others	174 294 985	85 144 870	48.9	204 852 151	30 832 541
	小計 Sub-Total	525 527 619	301 046 353	57.3	653 657 930	124 959 046
	合計 Total	2 192 100 415	1 419 459 672	64.8	2 500 527 602	301 026 202

(B) 1組合当たり平均
Average Per Coop.

集計組合数 639
Total No. of Coops. Surveyed 639

(単位：千円)
(Unit:1000 Yen)

品名 Commodities	当期受入高 Value of Current Supplies Procured	左のうち系統利用 of which Purchased through Coop. Channel	当期供給・取扱高 Value of Current Supplies Handled	購買利益 (購買手数料を含む) Purchasing Profit (Including Commission)
生産資材 肥料 Fertilizer	375 852.5	304 383.4	426 136.5	52 726.1
農薬 Agri.Chemicals	305 108.3	198 959.6	344 884.5	38 725.4
飼料 Feed	495 475.5	299 346.7	514 904.2	18 812.2
農業機械 Agri.Machinery	332 119.1	216 674.6	371 765.5	38 362.9
燃料 Oil Products	440 037.7	375 873.5	498 555.9	54 406.6
自動車(二輪車を除く) Automobiles(Excluding Two wheel Auto.)	79 827.1	33 724.6	87 736.0	7 853.5
その他 Others	579 672.9	321 291.6	646 265.1	64 646.8
小計 Sub-Total	2 608 094.8	1 750 255.3	2 890 249.6	275 535.1
生活物資 食料品 Food Stuffs	231 318.0	109 065.2	280 977.5	47 842.8
衣料品 Clothings	6 349.6	4 044.6	7 456.3	1 086.9
耐久消費財 Durable Consumer Goods	44 830.3	23 918.2	50 062.9	4 987.0
日用保健雑貨用品 Miscellaneous Commodities for Daily Use & health Keeping	58 133.5	28 993.9	66 171.0	7 642.0
家庭燃料 Household Fuel	209 026.9	171 851.0	297 687.1	85 742.7
その他 Others	272 762.1	133 247.1	320 582.4	48 251.2
小計 Sub-Total	822 421.9	471 121.1	1 022 938.9	195 554.1
合計 Total	3 430 517.1	2 221 376.6	3 913 188.7	471 089.5

（1）購買品品目別供給・取扱高
Purchasing Goods

(A) 生　産　資　材
Production Materials

(a) 肥　　料
Fertilizer

集計組合数 639
Total No. of Coops. Surveyed 639

(単位：千円)
(Unit:1000Yen)

	事業年度 Business Year	当期受入高 Value of Current Supplies Procured	左のうち系統利用 of which Purchased through Coop. Channel	当期供給・取扱高 Value of Current Supplies Handled	購買利益 (購買手数料を含む) Purchasing Profit (Including Commission)
	平25(2013)	296 699 936	246 934 641	335 347 138	39 740 755
	平26(2014)	264 618 313	218 508 272	297 328 695	34 307 164
	平27(2015)	265 472 401	218 319 757	301 401 363	34 734 293
	平28(2016)	247 042 680	198 868 940	283 406 222	31 839 481
	平29(2017)	237 130 006	191 785 133	269 348 117	32 305 164
	平30(2018)	240 169 774	194 501 000	272 301 242	33 691 951
	1組合当たり Average Per Coop.	375 852.5	304 383.4	426 136.5	52 726.1
	1 北海道	59 139 836	42 269 645	62 841 716	4 019 480
	2 青森	6 970 331	5 776 335	7 884 598	939 828
東	3 岩手	5 744 312	5 395 186	6 444 686	745 103
	4 宮城	4 811 046	4 021 027	5 350 603	698 027
	5 秋田	6 130 018	5 189 232	7 414 044	1 506 597
	6 山形	5 703 478	5 053 625	6 585 040	1 059 964
北	7 福島	6 206 105	5 088 994	7 537 092	1 322 443
	小計	35 565 290	30 524 399	41 216 063	6 271 962
	8 茨城	7 282 584	6 932 329	8 298 177	1 047 567
関	9 栃木	5 626 591	4 859 565	6 543 101	915 279
	10 群馬	3 939 564	3 735 062	4 528 188	568 588
	11 埼玉	3 045 414	2 901 159	3 426 923	457 581
	12 千葉	5 457 199	4 694 010	6 237 404	876 519
	13 東京	485 302	282 285	582 077	92 488
	14 神奈川	1 642 822	1 393 094	1 866 194	220 420
	15 山梨	1 498 743	1 217 614	1 712 097	170 428
	16 長野	6 825 977	5 806 707	8 034 375	1 218 667
東	17 静岡	6 325 960	5 075 073	7 388 348	1 123 870
	小計	42 130 156	36 896 898	48 616 884	6 691 407
北	18 新潟	8 748 273	8 358 916	10 570 848	1 800 399
	19 富山	4 358 190	3 980 378	4 839 142	673 090
	20 石川	2 407 939	2 219 784	2 724 722	319 864
陸	21 福井	2 437 054	2 302 216	2 575 214	295 324
	小計	17 951 456	16 861 294	20 709 926	3 088 677
東	22 岐阜	2 923 209	2 682 542	3 353 372	413 257
	23 愛知	7 105 241	6 023 071	8 200 596	1 333 494
	24 三重	3 111 561	2 472 958	3 531 180	503 140
海	小計	13 140 011	11 178 571	15 085 148	2 249 891
	25 滋賀	3 101 600	2 705 765	3 580 265	532 013
近	26 京都	1 802 272	1 705 858	2 116 877	317 855
	27 大阪	883 200	778 906	995 720	105 729
	28 兵庫	4 297 209	3 855 544	4 875 350	775 114
	29 奈良	1 165 718	975 110	1 403 834	264 816
畿	30 和歌山	2 549 979	2 114 683	3 002 515	479 137
	小計	13 799 978	12 135 866	15 974 561	2 474 664
	31 鳥取	1 768 557	1 202 547	1 986 079	221 807
中	32 島根	1 694 552	1 310 011	1 987 331	338 192
	33 岡山	2 662 826	2 399 708	3 008 145	385 315
国	34 広島	2 756 552	2 421 526	3 161 045	416 160
	35 山口	2 009 109	1 742 764	2 517 958	448 189
・	36 徳島	2 206 644	1 785 681	2 496 795	285 425
	37 香川	2 166 165	1 096 803	2 540 805	378 036
四	38 愛媛	3 194 885	2 510 746	3 642 982	465 518
	39 高知	2 847 401	1 602 745	4 569 746	960 050
国	小計	21 306 691	16 072 531	25 910 886	3 898 692
	40 福岡	6 068 763	4 726 309	6 999 796	894 188
九	41 佐賀	4 654 243	3 438 578	5 528 303	740 319
	42 長崎	3 172 287	2 692 406	3 616 215	444 544
	43 熊本	6 648 895	5 135 741	7 225 370	702 725
	44 大分	2 278 288	2 029 781	2 581 055	322 360
	45 宮崎	4 300 463	3 548 328	4 747 611	517 585
州	46 鹿児島	7 329 894	5 953 326	8 064 403	878 976
	小計	34 452 833	27 524 469	38 762 753	4 500 697
	47 沖縄	2 683 523	1 037 327	3 183 305	496 481

(b) 農　薬
Agricultural Chemicals

(単位：千円)
(Unit:1000Yen)

事業年度 Business Year	当期受入高 Value of Current Supplies Procured	左のうち系統利用 of which Purchased through Coop. Channel	当期供給・取扱高 Value of Current Supplies Handled	購買利益 (購買手数料を含む) Purchasing Profit (Including Commission)
平25(2013)	230 063 556	152 861 252	258 424 263	26 639 558
平26(2014)	199 717 367	131 863 799	219 065 516	23 742 644
平27(2015)	204 024 189	133 852 278	228 174 253	23 893 325
平28(2016)	202 669 482	130 840 594	227 010 736	23 754 161
平29(2017)	196 510 632	127 269 745	222 502 132	23 585 691
平30(2018)	194 964 207	127 135 186	220 381 210	24 745 526
1組合当たり Average Per Coop.	305 108.3	198 959.6	344 884.5	38 725.4
1 北海道	32 286 675	19 374 513	33 534 461	1 492 510
東北 2 青森	8 259 198	4 902 464	9 859 998	962 420
3 岩手	4 800 774	3 059 954	5 599 889	555 731
4 宮城	5 081 451	2 607 627	5 700 405	628 115
5 秋田	6 334 018	4 444 956	6 869 182	1 235 774
6 山形	6 064 368	4 621 797	6 980 991	753 128
7 福島	4 777 020	3 908 068	5 526 896	871 349
小計	35 316 829	23 544 866	40 537 361	5 006 517
関東 8 茨城	5 826 699	4 525 703	6 441 320	723 557
9 栃木	4 731 793	3 320 287	5 893 800	929 393
10 群馬	4 300 551	3 252 896	4 809 287	531 723
11 埼玉	2 352 444	1 823 996	2 684 376	345 916
12 千葉	4 768 897	2 649 840	5 505 433	766 416
13 東京	643 546	545 288	737 825	89 951
14 神奈川	1 455 654	700 309	1 640 012	203 969
15 山梨	1 921 686	685 544	2 076 327	218 342
16 長野	7 924 247	4 444 764	9 450 418	1 334 251
17 静岡	5 320 055	3 610 859	6 227 638	866 700
小計	39 245 572	25 559 486	45 466 436	6 010 218
北陸 18 新潟	7 857 323	6 499 149	9 358 620	1 383 511
19 富山	3 685 372	2 665 542	4 295 196	653 873
20 石川	2 141 265	1 690 081	2 390 423	265 175
21 福井	1 920 637	1 433 476	2 052 093	191 385
小計	15 604 597	12 288 248	18 096 332	2 493 944
東海 22 岐阜	2 326 677	1 612 104	2 630 289	340 159
23 愛知	5 994 892	2 556 138	6 724 153	790 197
24 三重	1 985 108	1 255 742	2 299 219	340 791
小計	10 306 677	5 423 984	11 653 661	1 471 147
近畿 25 滋賀	1 867 324	1 379 114	2 125 951	284 564
26 京都	1 013 420	764 318	1 211 829	187 327
27 大阪	513 801	384 188	664 531	88 453
28 兵庫	2 998 017	2 303 270	3 494 486	419 333
29 奈良	828 836	532 176	1 057 469	218 992
30 和歌山	3 962 573	2 771 536	4 052 788	117 240
小計	11 183 971	8 134 602	12 607 054	1 315 909
中国・四国 31 鳥取	1 869 998	588 764	2 044 551	181 057
32 島根	1 357 594	938 623	1 653 554	232 907
33 岡山	2 438 683	1 659 688	2 713 863	275 991
34 広島	2 392 040	1 789 801	2 701 629	327 049
35 山口	1 781 380	1 194 669	2 169 294	292 827
36 徳島	1 659 606	1 097 300	1 922 627	241 630
37 香川	1 649 595	988 361	1 913 924	255 564
38 愛媛	3 750 445	1 825 565	4 536 815	434 683
39 高知	2 086 912	1 238 328	2 681 616	376 186
小計	18 986 253	11 321 099	22 337 873	2 617 894
九州 40 福岡	4 761 976	2 788 246	5 817 884	966 622
41 佐賀	4 945 484	4 870 483	5 937 969	947 180
42 長崎	2 831 043	2 048 324	3 154 403	324 506
43 熊本	6 837 677	2 968 906	6 933 130	516 750
44 大分	1 894 341	1 584 254	2 233 755	266 760
45 宮崎	3 962 487	2 683 292	4 307 587	373 338
46 鹿児島	4 739 395	3 683 351	5 294 104	551 050
小計	29 972 403	20 626 856	33 678 832	3 946 206
47 沖縄	2 061 230	861 532	2 469 200	391 181

(c) 飼　料
Feed

(単位：千円)
(Unit:1000Yen)

事業年度 Business Year	当期受入高 Value of Current Supplies Procured	左のうち系統利用 of which Purchased through Coop. Channel	当期供給・取扱高 Value of Current Supplies Handled	購買利益（購買手数料を含む） Purchasing Profit (Including Commission)
平25(2013)	370 562 737	225 660 367	383 515 831	14 325 077
平26(2014)	353 845 507	215 292 372	367 060 395	13 284 570
平27(2015)	334 309 427	207 978 899	346 415 514	12 088 454
平28(2016)	305 699 638	184 217 949	317 049 217	11 424 708
平29(2017)	306 879 574	187 832 029	318 500 077	11 602 400
平30(2018)	316 608 845	191 282 521	329 023 753	12 021 027
1組合当たり Average Per Coop.	495 475.5	299 346.7	514 904.2	18 812.2
1 北海道	122 633 082	52 167 313	126 037 096	3 416 169
東北 2 青森	4 337 936	2 421 246	4 502 608	159 564
3 岩手	11 567 206	5 872 192	11 997 149	429 545
4 宮城	6 016 241	4 594 864	6 305 210	287 629
5 秋田	4 759 229	3 891 070	4 837 157	85 592
6 山形	4 002 388	2 847 249	4 184 812	182 349
7 福島	2 707 480	1 669 919	2 899 753	186 716
小計	33 390 480	21 296 540	34 726 689	1 331 395
関東 8 茨城	2 879 866	2 252 904	2 961 542	81 423
9 栃木	4 920 443	1 831	4 873 863	161 920
10 群馬	11 918 986	10 817 546	12 225 571	309 333
11 埼玉	1 244 862	1 167 126	1 281 335	36 487
12 千葉	2 495 424	1 339 056	2 565 622	69 240
13 東京	387 962	14	403 806	15 836
14 神奈川	2 221 935	2 154 529	2 235 782	13 651
15 山梨	675 436	103 907	693 902	21 249
16 長野	5 194 220	1 543 510	5 403 733	218 877
17 静岡	2 740 251	2 150 049	2 789 232	48 261
小計	34 679 385	21 530 472	35 434 388	976 277
北陸 18 新潟	2 993 420	1 626 072	3 093 648	100 850
19 富山	3 803 438	3 695 793	3 837 503	35 531
20 石川	796 637	702 861	821 350	24 638
21 福井	716 169	697 534	731 027	12 990
小計	8 309 664	6 722 260	8 483 528	174 009
東海 22 岐阜	3 718 987	3 279 635	3 875 685	157 482
23 愛知	9 488 225	7 467 564	9 823 625	353 813
24 三重	2 274 001	2 022 627	2 357 624	84 092
小計	15 481 213	12 769 826	16 056 934	595 387
近畿 25 滋賀	1 539 345	404 467	1 616 236	79 989
26 京都	1 080 973	964 500	1 127 529	44 925
27 大阪	12 993	11 800	14 601	1 528
28 兵庫	3 233 101	2 843 191	3 413 486	185 171
29 奈良	546 251	142 751	561 138	14 264
30 和歌山	70 139	66 943	75 572	5 368
小計	6 482 802	4 433 652	6 808 562	331 245
中国・四国 31 鳥取	1 282 504	39 655	1 321 941	39 245
32 島根	2 840 801	1 794 330	2 931 755	94 227
33 岡山	1 413 667	265 909	1 466 937	57 006
34 広島	1 189 497	4 894	1 239 619	50 522
35 山口	900 693	720 893	939 311	38 867
36 徳島	1 720 151	1 384 521	1 778 973	54 319
37 香川	3 256 332	27 333	3 392 193	137 682
38 愛媛	3 706 242	1 794 721	3 818 770	115 411
39 高知	740 237	352 292	1 129 237	66 327
小計	17 050 124	6 384 548	18 018 736	653 606
九州 40 福岡	1 809 984	1 112 174	1 872 495	63 073
41 佐賀	9 315 726	8 392 086	9 729 945	404 971
42 長崎	5 507 050	5 049 261	5 891 323	397 082
43 熊本	10 767 902	6 342 873	11 577 358	414 560
44 大分	1 734 458	1 225 874	1 818 813	86 654
45 宮崎	20 067 469	17 186 512	21 026 228	971 689
46 鹿児島	22 174 178	19 863 177	23 413 153	1 252 242
小計	71 376 767	59 171 957	75 329 315	3 590 271
47 沖縄	7 205 328	6 805 953	8 128 505	952 668

(d) 農 業 機 械
Agricultural Machinery

(単位：千円)
(Unit:1000Yen)

	事業年度 Business Year	当期受入高 Value of Current Supplies Procured	左のうち系統利用 of which Purchased through Coop. Channel	当期供給・取扱高 Value of Current Supplies Handled	購買利益 (購買手数料を含む) Purchasing Profit (Including Commission)
	平25(2013)	260 383 519	183 045 470	292 955 467	30 804 703
	平26(2014)	204 594 238	141 058 597	227 040 023	24 080 033
	平27(2015)	211 093 589	146 680 661	234 712 864	24 933 824
	平28(2016)	212 559 368	142 608 645	240 295 573	25 347 033
	平29(2017)	213 644 414	142 575 871	238 443 111	24 775 128
	平30(2018)	212 224 105	138 455 039	237 558 129	24 513 918
	1組合当たり Average Per Coop.	332 119.1	216 674.6	371 765.5	38 362.9
	1 北海道	65 208 920	22 417 726	67 185 913	2 027 053
東北	2 青森	1 276 544	763 583	1 333 322	54 994
東北	3 岩手	1 495 828	1 127 263	1 665 532	228 666
東北	4 宮城	5 059 832	3 990 702	5 854 964	683 096
東北	5 秋田	7 215 245	5 654 368	8 478 490	1 224 714
東北	6 山形	4 790 942	3 573 552	5 412 397	758 376
東北	7 福島	2 287 661	1 506 280	2 662 247	267 319
東北	小計	22 126 052	16 615 748	25 406 952	3 217 165
関東	8 茨城	7 214 093	6 717 950	8 020 626	873 448
関東	9 栃木	1 890 805	1 733 399	2 216 083	337 497
関東	10 群馬	3 275 636	2 853 328	3 931 241	632 312
関東	11 埼玉	3 122 740	2 793 463	3 665 771	532 214
関東	12 千葉	3 208 042	2 342 707	3 758 894	545 932
関東	13 東京	555 580	476 230	612 843	48 591
関東	14 神奈川	1 572 014	1 487 065	1 744 858	165 991
関東	15 山梨	1 032 182	875 428	1 151 750	116 525
関東	16 長野	7 968 822	5 383 109	9 551 128	1 581 653
関東	17 静岡	2 989 990	1 909 295	3 581 852	580 367
関東	小計	32 829 904	26 571 974	38 235 046	5 414 530
北陸	18 新潟	8 274 699	6 118 354	9 793 488	1 480 503
北陸	19 富山	5 528 831	5 127 616	6 508 015	913 236
北陸	20 石川	3 949 447	3 558 698	4 468 930	674 330
北陸	21 福井	3 823 751	3 458 654	4 305 151	451 528
北陸	小計	21 576 728	18 263 322	25 075 584	3 519 597
東海	22 岐阜	5 196 153	4 427 601	5 860 657	628 166
東海	23 愛知	4 578 958	2 298 936	5 636 507	990 315
東海	24 三重	3 352 981	2 828 677	3 937 783	547 716
東海	小計	13 128 092	9 555 214	15 434 947	2 166 197
近畿	25 滋賀	420 747	235 393	507 784	69 711
近畿	26 京都	1 152 888	963 346	1 380 121	177 988
近畿	27 大阪	681 399	327 736	710 597	36 306
近畿	28 兵庫	3 766 829	3 233 858	4 362 795	558 935
近畿	29 奈良	1 041 267	531 701	1 179 951	150 926
近畿	30 和歌山	1 292 141	833 957	1 585 051	283 464
近畿	小計	8 355 271	6 125 991	9 726 299	1 277 330
中国・四国	31 鳥取	1 667 885	1 325 597	1 946 585	299 714
中国・四国	32 島根	2 196 754	1 452 139	2 304 064	49 179
中国・四国	33 岡山	2 133 792	1 892 922	2 497 859	372 301
中国・四国	34 広島	2 066 930	1 820 610	2 556 111	498 072
中国・四国	35 山口	2 236 603	2 197 533	2 398 421	161 735
中国・四国	36 徳島	1 314 908	1 121 113	1 508 687	176 724
中国・四国	37 香川	2 438 469	1 554 085	2 836 226	547 460
中国・四国	38 愛媛	3 300 813	2 525 498	3 728 380	415 070
中国・四国	39 高知	740 124	425 645	1 484 020	247 849
中国・四国	小計	18 096 278	14 315 142	21 260 353	2 768 104
九州	40 福岡	4 583 373	3 640 873	5 407 261	738 929
九州	41 佐賀	4 733 116	3 837 278	5 405 133	744 466
九州	42 長崎	2 890 463	2 405 753	3 358 170	389 049
九州	43 熊本	6 008 135	5 096 042	6 684 393	663 275
九州	44 大分	1 403 063	1 246 672	1 621 070	204 480
九州	45 宮崎	5 600 951	3 704 599	6 374 471	676 896
九州	46 鹿児島	5 586 980	4 658 705	6 252 560	694 556
九州	小計	30 806 081	24 589 922	35 103 058	4 111 651
	47 沖縄	96 779	0	129 977	12 291

(e) 燃　料
Oil products

(単位：千円)
(Unit:1000Yen)

	事業年度 Business Year	当期受入高 Value of Current Supplies Procured	左のうち系統利用 of which Purchased through Coop. Channel	当期供給・取扱高 Value of Current Supplies Handled	購買利益 (購買手数料を含む) Purchasing Profit (Including Commission)
	平25(2013)	404 559 929	348 440 682	438 724 112	34 628 072
	平26(2014)	353 705 777	302 268 377	389 193 155	33 785 246
	平27(2015)	259 221 380	225 822 251	295 039 877	34 109 558
	平28(2016)	239 893 663	206 689 755	271 302 866	31 787 536
	平29(2017)	275 407 454	234 373 976	306 656 641	32 046 279
	平30(2018)	281 184 060	240 183 135	318 577 250	34 765 796
	1組合当たり Average Per Coop.	440 037.7	375 873.5	498 555.9	54 406.6
	1 北海道	77 643 205	74 224 689	87 547 982	10 018 819
東北	2 青森	5 007 462	3 555 058	5 653 750	642 712
	3 岩手	0	0	0	0
	4 宮城	6 037 433	5 769 606	6 865 145	803 301
	5 秋田	433 889	123 299	529 843	93 605
	6 山形	4 381 532	3 023 442	5 076 180	690 656
	7 福島	3 659 676	3 139 193	4 231 791	564 558
	小計	19 519 992	15 610 598	22 356 709	2 794 832
関東	8 茨城	7 037 110	5 822 241	7 634 765	613 674
	9 栃木	0	0	0	0
	10 群馬	2 097 916	1 969 750	2 272 652	196 355
	11 埼玉	8 514 716	8 431 312	9 027 968	519 338
	12 千葉	8 901 103	7 336 547	9 705 810	810 766
	13 東京	10 859	9 862	12 535	1 683
	14 神奈川	1 474 141	1 448 509	1 586 458	116 587
	15 山梨	695 404	612 563	764 392	68 961
	16 長野	10 563 952	9 909 516	12 274 674	1 710 535
	17 静岡	1 349 793	392 261	1 419 454	68 591
	小計	40 644 994	35 932 561	44 698 708	4 106 490
北陸	18 新潟	14 119 372	12 377 013	15 687 466	1 586 740
	19 富山	185 826	185 479	211 711	26 527
	20 石川	9 633 723	9 318 501	10 710 050	1 060 608
	21 福井	3 271 628	2 832 873	3 709 815	347 544
	小計	27 210 549	24 713 866	30 319 042	3 021 419
東海	22 岐阜	5 582 566	5 274 856	6 388 870	781 235
	23 愛知	6 296 883	6 185 013	6 663 214	369 785
	24 三重	0	0	0	0
	小計	11 879 449	11 459 869	13 052 084	1 151 020
近畿	25 滋賀	348 649	260 353	407 807	58 899
	26 京都	439	439	504	68
	27 大阪	145 039	107 957	159 453	17 008
	28 兵庫	1 363 479	1 345 816	1 501 623	133 376
	29 奈良	2 127 260	2 005 385	2 293 891	169 624
	30 和歌山	0	0	0	0
	小計	3 984 866	3 719 950	4 363 278	378 975
中国・四国	31 鳥取	0	0	0	0
	32 島根	0	0	0	0
	33 岡山	3 742 647	2 939 092	4 179 687	425 272
	34 広島	1 629 767	1 378 654	1 840 326	209 061
	35 山口	1 851 275	1 720 151	2 039 939	167 745
	36 徳島	2 478 166	2 041 514	2 668 891	170 740
	37 香川	53 625	0	59 409	5 810
	38 愛媛	7 005 200	5 350 985	8 010 858	990 545
	39 高知	3 293 821	1 569 477	7 136 913	1 252 388
	小計	20 054 501	14 999 873	25 936 023	3 221 561
九州	40 福岡	12 788 062	10 202 254	14 655 592	1 860 792
	41 佐賀	12 966 717	12 410 886	14 292 502	1 342 661
	42 長崎	8 349 411	8 178 053	9 378 666	1 021 791
	43 熊本	18 117 348	11 386 178	20 651 121	2 515 701
	44 大分	5 547 645	2 403 678	6 449 033	892 060
	45 宮崎	16 504 185	9 348 036	18 317 607	1 852 585
	46 鹿児島	5 973 136	5 592 644	6 558 903	587 090
	小計	80 246 504	59 521 729	90 303 424	10 072 680
	47 沖縄	0	0	0	0

(f) 自動車(二輪車を除く)

(単位:千円)

Automobiles (Excluding Two Wheel Automobiles)

(Unit:1000Yen)

地域	事業年度 Business Year	当期受入高 Value of Current Supplies Procured	左のうち系統利用 of which Purchased through Coop. Channel	当期供給・取扱高 Value of Current Supplies Handled	購買利益 (購買手数料を含む) Purchasing Profit (Including Commission)
	平25(2013)	61 704 331	24 300 303	68 086 711	6 394 131
	平26(2014)	51 728 430	20 395 692	57 076 415	5 814 221
	平27(2015)	51 253 398	19 889 943	56 834 477	5 675 730
	平28(2016)	52 263 840	21 087 549	57 653 164	5 333 640
	平29(2017)	51 910 494	21 324 587	57 672 560	5 278 363
	平30(2018)	51 009 513	21 550 012	56 063 320	5 018 385
	1組合当たり Average Per Coop.	79 827.1	33 724.6	87 736.0	7 853.5
	1 北海道	9 321 104	5 148 717	9 852 792	546 843
東北	2 青森	259 589	2 778	297 993	39 108
	3 岩手	213 618	12 557	248 728	34 888
	4 宮城	653 181	25 510	726 855	76 204
	5 秋田	511	0	568	57
	6 山形	1 250 541	140 757	1 387 617	129 647
	7 福島	213 701	14 056	235 811	18 228
	小計	2 591 141	195 658	2 897 572	298 132
関東	8 茨城	1 030 631	12 837	1 092 402	59 880
	9 栃木	79 554	0	82 900	3 343
	10 群馬	1 205 782	325 314	1 325 407	117 799
	11 埼玉	452 791	12 581	536 188	85 938
	12 千葉	336 164	5 929	366 788	30 069
	13 東京	83 934	0	80 265	100
	14 神奈川	518 915	128 852	537 497	18 503
	15 山梨	385 271	51	404 168	15 636
	16 長野	749 680	399 688	908 213	157 499
	17 静岡	492 966	5 009	623 162	130 514
	小計	5 335 688	890 261	5 956 990	619 281
北陸	18 新潟	7 174 304	3 989 797	8 076 334	901 503
	19 富山	228 810	1 059	254 299	26 355
	20 石川	4 458 774	3 402 712	4 777 693	328 090
	21 福井	1 255 566	1 116 604	1 371 840	116 520
	小計	13 117 454	8 510 172	14 480 166	1 372 468
東海	22 岐阜	4 051 029	2 046 501	4 746 034	716 825
	23 愛知	859 972	125 434	1 109 517	245 808
	24 三重	561 925	0	693 553	131 806
	小計	5 472 926	2 171 935	6 549 104	1 094 439
近畿	25 滋賀	136 417	3 121	157 494	15 230
	26 京都	117 413	115 671	117 869	456
	27 大阪	303 794	14 832	372 724	67 525
	28 兵庫	613 145	875	681 663	66 864
	29 奈良	314 924	9	319 136	4 211
	30 和歌山	0	0	0	0
	小計	1 485 693	134 508	1 648 886	154 286
中国・四国	31 鳥取	804 203	546 806	915 378	110 038
	32 島根	0	0	0	0
	33 岡山	705 942	68 788	773 897	77 870
	34 広島	229 376	215	254 628	31 442
	35 山口	173 062	1 620	189 650	17 291
	36 徳島	244 395	150 030	250 373	5 815
	37 香川	0	0	0	0
	38 愛媛	1 110 238	210 954	1 194 862	84 612
	39 高知	113 905	6 959	317 922	112 224
	小計	3 381 121	985 372	3 896 710	439 292
九州	40 福岡	1 300 815	246 683	1 369 122	68 115
	41 佐賀	2 561 197	2 559 840	2 591 773	30 576
	42 長崎	1 643 212	12 526	1 752 975	127 304
	43 熊本	2 862 738	34 561	3 034 758	169 760
	44 大分	112 132	4 402	133 819	20 051
	45 宮崎	1 242 334	423 546	1 274 068	35 132
	46 鹿児島	581 958	231 831	624 585	42 706
	小計	10 304 386	3 513 389	10 781 100	493 644
	47 沖縄	0	0	0	0

(g) その他
Others

(単位：千円)
(Unit:1000Yen)

	事業年度 Business Year	当期受入高 Value of Current Supplies Procured	左のうち系統利用 of which Purchased through Coop. Channel	当期供給・取扱高 Value of Current Supplies Handled	購買利益(購買手数料を含む) Purchasing Profit (Including Commission)
	平25(2013)	404 031 956	226 932 360	444 175 298	44 488 935
	平26(2014)	384 092 036	216 205 899	425 042 128	41 536 186
	平27(2015)	394 479 511	227 133 534	439 512 071	41 720 945
	平28(2016)	376 846 812	210 020 738	416 399 867	39 768 896
	平29(2017)	377 812 731	211 045 401	417 065 263	40 519 041
	平30(2018)	370 411 001	205 305 359	412 963 367	41 309 330
	1組合当たり Average Per Coop.	579 672.9	321 291.6	646 265.1	64 646.8
	1 北海道	67 598 359	33 754 113	72 949 496	5 415 866
東北	2 青森	8 995 844	4 606 595	10 067 145	1 013 537
	3 岩手	9 001 742	4 835 559	10 087 988	1 087 503
	4 宮城	5 083 464	2 859 422	5 763 082	652 568
	5 秋田	7 856 322	3 657 923	8 813 746	1 025 049
	6 山形	8 239 278	5 409 773	9 556 735	1 339 435
	7 福島	9 153 773	6 790 844	10 382 668	1 315 245
	小計	48 330 423	28 160 116	54 671 364	6 433 337
関東	8 茨城	11 002 072	7 618 994	12 217 412	1 208 854
	9 栃木	10 702 907	6 712 869	11 952 139	1 261 316
	10 群馬	12 682 350	10 231 595	13 827 343	1 122 795
	11 埼玉	4 030 493	2 594 328	4 565 205	551 732
	12 千葉	10 123 144	6 844 544	11 462 206	1 380 463
	13 東京	1 782 190	1 033 208	2 011 087	230 745
	14 神奈川	3 516 154	2 334 730	4 028 263	503 950
	15 山梨	4 536 353	3 201 611	4 890 964	396 778
	16 長野	25 642 103	14 355 783	28 765 464	3 061 369
	17 静岡	8 911 403	4 545 009	9 702 589	902 869
	小計	92 929 169	59 472 671	103 422 672	10 620 871
北陸	18 新潟	8 653 941	3 527 755	10 040 429	1 354 349
	19 富山	2 537 553	1 504 248	2 812 467	359 361
	20 石川	3 484 042	2 715 344	3 955 289	497 723
	21 福井	1 801 187	895 636	2 005 524	316 452
	小計	16 476 723	8 642 983	18 813 709	2 527 885
東海	22 岐阜	7 821 781	4 409 845	8 262 942	619 041
	23 愛知	14 539 142	5 911 866	16 237 129	1 730 130
	24 三重	3 697 210	1 941 656	4 099 310	368 801
	小計	26 058 133	12 263 367	28 599 381	2 717 972
近畿	25 滋賀	1 538 750	896 445	1 810 248	271 287
	26 京都	2 481 548	1 557 247	2 666 476	309 311
	27 大阪	1 690 927	1 115 703	1 894 865	220 222
	28 兵庫	4 072 687	1 405 885	4 666 592	578 024
	29 奈良	2 238 446	631 430	2 510 943	279 079
	30 和歌山	4 409 122	1 721 354	4 807 834	391 276
	小計	16 431 480	7 328 064	18 356 958	2 049 199
中国・四国	31 鳥取	3 511 289	1 370 740	3 942 578	418 845
	32 島根	3 553 943	1 658 632	3 970 717	469 174
	33 岡山	3 276 694	2 556 684	3 774 061	495 803
	34 広島	3 205 824	1 249 735	3 721 049	532 281
	35 山口	1 845 709	906 981	2 179 795	286 123
	36 徳島	4 091 762	1 238 930	4 480 965	405 931
	37 香川	3 854 523	942 097	4 462 774	482 763
	38 愛媛	5 167 118	2 986 061	5 799 842	655 196
	39 高知	2 715 419	1 075 416	5 289 672	831 775
	小計	31 222 281	13 985 276	37 621 453	4 577 891
九州	40 福岡	9 955 677	5 642 004	11 614 452	1 550 985
	41 佐賀	12 073 742	8 291 357	13 091 587	835 601
	42 長崎	7 769 806	5 530 535	8 547 941	824 183
	43 熊本	16 523 708	9 217 557	17 846 795	1 323 354
	44 大分	3 609 379	2 462 253	3 982 563	429 664
	45 宮崎	10 657 612	5 884 422	11 436 859	761 777
	46 鹿児島	8 200 523	4 215 600	9 040 902	846 997
	小計	68 790 447	41 243 728	75 561 099	6 572 561
	47 沖縄	2 573 986	455 041	2 967 235	393 748

（h）生産資材計

Total of Production Materials

（単位：千円）
(Unit:1000Yen)

事業年度 Business Year	当期受入高 Value of Current Supplies Procured	左のうち系統利用 of which Purchased through Coop. Channel	当期供給・取扱高 Value of Current Supplies Handled	購買利益 （購買手数料を含む） Purchasing Profit (Including Commission)
平25(2013)	2 028 007 161	1 408 176 050	2 221 230 079	197 022 342
平26(2014)	1 812 302 839	1 245 593 938	1 981 807 541	176 551 137
平27(2015)	1 719 855 090	1 179 678 373	1 902 091 688	177 157 294
平28(2016)	1 636 976 535	1 094 335 104	1 813 118 834	169 256 573
平29(2017)	1 659 296 430	1 116 207 743	1 830 189 143	170 113 715
平30(2018)	1 666 572 575	1 118 413 140	1 846 869 463	176 066 950
1組合当たり Average Per Coop.	2 608 094.8	1 750 255.3	2 890 249.6	275 535.1
1 北海道	433 831 267	249 356 780	459 949 535	26 936 814
東北 2 青森	35 106 904	22 028 059	39 599 417	3 812 165
3 岩手	32 823 488	20 302 724	36 043 987	3 081 441
4 宮城	32 742 691	23 868 799	36 566 305	3 828 967
5 秋田	32 729 260	22 960 864	36 943 059	5 171 413
6 山形	34 432 530	24 670 199	39 183 778	4 913 556
7 福島	29 005 424	22 117 357	33 476 273	4 545 867
小計	196 840 297	135 948 002	221 812 819	25 353 409
関東 8 茨城	42 273 069	33 882 974	46 666 260	4 608 414
9 栃木	27 952 121	16 627 953	31 561 913	3 608 776
10 群馬	39 420 809	33 185 502	42 919 721	3 478 937
11 埼玉	22 763 491	19 723 994	25 187 810	2 529 240
12 千葉	35 290 015	25 212 664	39 602 208	4 479 448
13 東京	3 949 403	2 346 907	4 440 481	479 418
14 神奈川	12 401 660	9 647 119	13 639 092	1 243 097
15 山梨	10 745 099	6 696 735	11 693 623	1 007 943
16 長野	64 869 030	41 843 102	74 388 042	9 282 886
17 静岡	28 130 474	17 687 607	31 732 338	3 721 228
小計	287 795 171	206 854 557	321 831 488	34 439 387
北陸 18 新潟	57 821 398	42 497 112	66 620 897	8 607 919
19 富山	20 328 033	17 160 123	22 758 354	2 687 991
20 石川	26 871 874	23 608 034	29 848 504	3 170 476
21 福井	15 226 015	12 737 018	16 750 693	1 731 776
小計	120 247 320	96 002 287	135 978 448	16 198 162
東海 22 岐阜	31 620 429	23 733 104	35 117 874	3 656 195
23 愛知	48 863 368	30 568 081	54 394 799	5 813 579
24 三重	14 982 800	10 521 669	16 918 679	1 976 347
小計	95 466 597	64 822 854	106 431 352	11 446 121
近畿 25 滋賀	8 952 836	5 884 661	10 205 788	1 311 695
26 京都	7 648 963	6 071 386	8 621 213	1 037 939
27 大阪	4 231 201	2 741 162	4 812 543	536 821
28 兵庫	20 344 494	14 988 468	22 996 029	2 716 848
29 奈良	8 262 702	4 818 562	9 326 362	1 101 912
30 和歌山	12 283 967	7 508 478	13 523 773	1 276 493
小計	61 724 163	42 012 717	69 485 708	7 981 708
中国・四国 31 鳥取	10 904 442	5 074 114	12 157 121	1 270 714
32 島根	11 643 643	7 153 735	12 847 421	1 183 678
33 岡山	16 374 264	11 782 803	18 414 461	2 089 572
34 広島	13 470 016	8 665 456	15 474 440	2 064 615
35 山口	10 797 856	8 484 624	12 434 399	1 412 811
36 徳島	13 715 667	8 819 115	15 107 353	1 340 617
37 香川	13 418 709	4 608 679	15 205 331	1 807 315
38 愛媛	27 234 973	17 204 549	30 732 539	3 161 055
39 高知	12 537 829	6 270 869	22 609 134	3 846 808
小計	130 097 399	78 063 944	154 982 199	18 177 185
九州 40 福岡	41 268 701	28 358 600	47 736 664	6 142 754
41 佐賀	51 250 224	43 800 509	56 577 209	5 045 773
42 長崎	32 163 275	25 916 862	35 699 696	3 528 462
43 熊本	67 766 436	40 181 887	73 952 959	6 306 151
44 大分	16 579 316	10 956 924	18 820 121	2 222 036
45 宮崎	62 335 499	42 778 731	67 484 434	5 189 002
46 鹿児島	54 586 064	44 198 634	59 248 610	4 853 617
小計	325 949 515	236 192 147	359 519 693	33 287 795
47 沖縄	14 620 846	9 159 852	16 878 221	2 246 369

(B) 生活物資
Livelihood Necessities
(a) 食料品
Food Stuffs

(単位：千円)
(Unit:1000Yen)

地域	事業年度 Business Year	当期受入高 Value of Current Supplies Procured	左のうち系統利用 of which Purchased through Coop. Channel	当期供給・取扱高 Value of Current Supplies Handled	購買利益 (購買手数料を含む) Purchasing Profit (Including Commission)
	平25(2013)	206 126 687	99 364 331	248 319 307	41 581 660
	平26(2014)	189 715 353	93 703 209	229 504 945	39 205 207
	平27(2015)	175 896 418	89 227 598	211 790 588	36 279 538
	平28(2016)	168 051 124	84 807 694	201 485 809	34 118 195
	平29(2017)	163 148 705	79 733 576	195 731 327	32 733 625
	平30(2018)	147 812 216	69 692 645	179 544 639	30 571 543
	1組合当たり Average Per Coop.	231 318.0	109 065.2	280 977.5	47 842.8
	1 北海道	16 931 467	10 670 829	20 495 042	3 548 269
東北	2 青森	894 775	708 857	1 081 099	179 725
	3 岩手	807 793	626 381	982 551	152 242
	4 宮城	671 770	397 118	813 259	139 546
	5 秋田	1 674 430	764 750	2 062 752	394 289
	6 山形	4 045 766	1 163 214	4 926 729	830 838
	7 福島	2 292 904	1 718 480	2 788 614	489 641
	小計	10 387 438	5 378 800	12 655 004	2 186 281
関東	8 茨城	2 800 161	1 579 360	3 290 262	545 307
	9 栃木	3 437 668	2 650 532	3 888 461	436 922
	10 群馬	3 726 882	2 413 084	4 620 480	876 599
	11 埼玉	5 941 326	3 062 902	7 338 561	1 374 913
	12 千葉	2 522 163	1 849 760	2 974 085	436 406
	13 東京	1 828 771	1 125 820	2 142 360	321 933
	14 神奈川	2 849 490	2 515 905	3 409 446	546 713
	15 山梨	4 278 003	727 787	5 225 252	993 284
	16 長野	4 561 514	2 318 224	5 498 931	924 559
	17 静岡	2 653 601	1 651 551	3 162 035	473 752
	小計	34 599 579	19 894 925	41 549 873	6 930 388
北陸	18 新潟	5 069 332	2 580 492	6 310 105	1 188 277
	19 富山	2 280 870	1 088 121	2 737 468	476 622
	20 石川	5 932 427	2 106 986	7 183 753	1 296 347
	21 福井	3 458 056	1 751 873	4 306 256	792 187
	小計	16 740 685	7 527 472	20 537 582	3 753 433
東海	22 岐阜	5 528 467	3 411 250	6 723 742	1 256 476
	23 愛知	2 582 485	1 034 856	3 131 644	541 775
	24 三重	2 745 362	710 925	3 394 306	594 329
	小計	10 856 314	5 157 031	13 249 692	2 392 580
近畿	25 滋賀	1 521 699	686 765	1 887 663	355 231
	26 京都	696 602	295 197	825 227	132 783
	27 大阪	804 854	615 795	936 676	127 993
	28 兵庫	1 737 287	732 267	2 087 930	343 862
	29 奈良	867 378	62 465	1 060 219	192 614
	30 和歌山	953 922	808 345	1 127 495	174 366
	小計	6 581 742	3 200 834	7 925 210	1 326 849
中国・四国	31 鳥取	406 453	57 702	474 040	65 175
	32 島根	371 030	114 738	451 127	91 677
	33 岡山	1 802 313	365 647	2 139 753	329 470
	34 広島	3 885 596	1 807 651	4 755 747	894 690
	35 山口	2 904 160	942 750	3 343 601	447 220
	36 徳島	915 972	500 560	1 055 136	143 394
	37 香川	1 620 367	211 557	1 925 352	303 337
	38 愛媛	3 404 285	983 682	4 165 296	728 102
	39 高知	1 729 071	688 441	3 503 369	720 279
	小計	17 039 247	5 672 728	21 813 421	3 723 344
九州	40 福岡	4 914 090	1 499 742	6 082 288	1 157 224
	41 佐賀	218 558	161 702	244 006	25 025
	42 長崎	8 474 413	3 174 383	10 564 967	2 104 256
	43 熊本	5 885 100	2 992 204	7 172 820	1 337 286
	44 大分	1 076 350	450 757	1 263 787	193 765
	45 宮崎	334 052	200 413	386 629	55 175
	46 鹿児島	7 995 991	2 343 509	9 701 454	1 705 391
	小計	28 898 554	10 822 710	35 415 951	6 578 122
	47 沖縄	5 777 190	1 367 316	5 902 864	132 277

(b) 衣料品

Clothings

(単位：千円)
(Unit:1000Yen)

事業年度 Business Year	当期受入高 Value of Current Supplies Procured	左のうち系統利用 of which Purchased through Coop. Channel	当期供給・取扱高 Value of Current Supplies Handled	購買利益 (購買手数料を含む) Purchasing Profit (Including Commission)
平25(2013)	6 357 412	3 825 587	7 516 604	1 143 355
平26(2014)	7 772 668	3 403 805	6 937 682	1 063 723
平27(2015)	5 399 040	3 258 444	6 300 652	920 556
平28(2016)	4 703 504	2 927 697	5 508 464	814 263
平29(2017)	4 364 797	2 768 507	5 138 550	755 272
平30(2018)	4 057 400	2 584 468	4 764 565	694 518
1組合当たり Average Per Coop.	6 349.6	4 044.6	7 456.3	1 086.9
1 北海道	165 859	73 400	208 799	41 812
2 青森	31 542	16 670	38 195	6 745
東 3 岩手	62 648	24 009	77 535	15 347
4 宮城	33 366	12 807	40 442	7 272
5 秋田	45 132	17 703	55 852	8 561
6 山形	67 076	53 776	77 525	10 313
北 7 福島	415 239	270 751	505 989	90 524
小計	655 003	395 716	795 538	138 762
8 茨城	154 091	82 706	180 171	28 383
関 9 栃木	108 956	37 410	130 042	20 836
10 群馬	34 004	31 935	40 180	5 000
11 埼玉	322 700	291 682	367 570	43 281
12 千葉	59 184	49 270	68 612	9 435
13 東京	27 995	19 937	32 881	4 471
14 神奈川	52 106	49 715	61 128	9 187
15 山梨	55 946	28 117	60 663	8 498
16 長野	123 441	84 385	143 987	19 744
東 17 静岡	196 297	119 999	228 243	30 328
小計	1 134 720	795 156	1 313 477	179 163
北 18 新潟	59 174	6 268	69 349	10 255
19 富山	280 931	187 348	326 828	48 295
20 石川	90 015	36 743	103 715	14 516
陸 21 福井	35 288	30 880	40 777	4 251
小計	465 408	261 239	540 669	77 317
東 22 岐阜	148 474	132 272	159 273	11 111
23 愛知	283 209	196 918	304 779	24 660
24 三重	112 389	101 052	123 489	11 076
海 小計	544 072	430 242	587 541	46 847
25 滋賀	3 344	3 344	3 682	255
近 26 京都	24 666	22 412	29 616	2 158
27 大阪	18 544	12 355	22 642	3 354
28 兵庫	40 467	14 478	49 522	8 615
29 奈良	0	0	0	0
畿 30 和歌山	0	0	0	0
小計	87 021	52 589	105 462	14 382
31 鳥取	114 667	50 982	132 972	18 839
中 32 島根	0	0	0	0
33 岡山	137 502	113 930	162 220	24 733
国 34 広島	33 916	26 129	39 823	5 881
35 山口	51 746	29 548	61 687	9 777
・ 36 徳島	36 261	28 768	43 089	4 919
37 香川	0	0	0	0
四 38 愛媛	68 175	37 939	77 959	9 250
39 高知	26 335	12 425	46 264	10 263
国 小計	468 602	299 721	564 014	83 662
40 福岡	148 952	46 605	173 955	18 921
九 41 佐賀	51 998	51 307	58 244	6 123
42 長崎	102 536	87 586	116 050	13 177
43 熊本	5 116	3 719	5 335	414
44 大分	85 219	64 549	98 796	14 178
45 宮崎	38 294	21 343	44 623	5 066
州 46 鹿児島	104 600	1 296	152 062	54 694
小計	536 715	276 405	649 065	112 573
47 沖縄	0	0	0	0

(c) 耐久消費財
Durable Consumer Goods

(単位：千円)
(Unit:1000Yen)

	事業年度 Business Year	当期受入高 Value of Current Supplies Procured	左のうち系統利用 of which Purchased through Coop. Channel	当期供給・取扱高 Value of Current Supplies Handled	購買利益 (購買手数料を含む) Purchasing Profit (Including Commission)
	平25(2013)	41 373 732	23 464 354	46 074 376	4 766 578
	平26(2014)	37 092 904	20 737 019	41 195 880	4 100 225
	平27(2015)	34 114 474	19 462 588	37 942 198	3 754 995
	平28(2016)	30 521 016	16 971 461	34 045 035	3 439 513
	平29(2017)	29 007 072	15 996 636	32 343 054	3 267 255
	平30(2018)	28 646 535	15 283 708	31 990 200	3 186 687
	1組合当たり Average Per Coop.	44 830.3	23 918.2	50 062.9	4 987.0
	1 北海道	117 500	26 037	126 144	8 492
	2 青森	85 076	41 418	93 876	9 180
東	3 岩手	125 430	78 424	143 435	16 379
	4 宮城	169 923	140 516	187 905	18 033
	5 秋田	78 251	32 501	87 755	9 032
	6 山形	311 797	163 194	357 432	39 123
北	7 福島	390 861	276 903	453 015	51 217
	小計	1 161 338	732 956	1 323 418	142 964
	8 茨城	1 125 064	707 269	1 263 406	135 990
関	9 栃木	1 066 715	174	1 196 165	129 258
	10 群馬	1 257 144	1 185 912	1 381 491	120 730
	11 埼玉	823 031	623 229	913 352	91 098
	12 千葉	328 844	254 913	362 640	36 803
	13 東京	506 773	338 295	556 579	50 105
	14 神奈川	1 205 147	655 418	1 305 129	101 349
	15 山梨	690 990	377 789	741 709	53 572
	16 長野	1 499 699	851 779	1 635 206	146 916
東	17 静岡	900 783	718 966	1 024 420	122 994
	小計	9 404 190	5 713 744	10 380 097	988 815
北	18 新潟	295 673	22 662	344 007	47 123
	19 富山	2 617 806	1 001 766	2 821 895	279 686
	20 石川	790 654	18 721	847 965	58 366
陸	21 福井	240 465	168 767	264 677	24 095
	小計	3 944 598	1 211 916	4 278 544	409 270
東	22 岐阜	1 221 425	467 408	1 356 775	134 819
	23 愛知	1 103 112	319 014	1 255 546	152 140
	24 三重	1 229 371	424 808	1 373 287	142 925
海	小計	3 553 908	1 211 230	3 985 608	429 884
	25 滋賀	187 980	109 169	216 488	29 557
近	26 京都	120 889	80 222	139 903	18 506
	27 大阪	448 107	440 497	496 563	47 717
	28 兵庫	650 843	418 866	737 349	81 273
	29 奈良	345 309	77 516	379 526	39 160
畿	30 和歌山	48 488	48 044	54 091	5 603
	小計	1 801 616	1 174 314	2 023 920	221 816
	31 鳥取	249 764	79 892	278 637	28 502
中	32 島根	0	0	0	0
	33 岡山	1 515 357	1 130 025	1 747 384	233 275
国	34 広島	1 292 181	858 219	1 431 424	141 642
	35 山口	463 412	178 945	518 207	53 959
・	36 徳島	503 062	215 075	534 796	31 322
	37 香川	164 693	116 605	197 139	32 270
四	38 愛媛	486 044	325 649	550 252	60 281
	39 高知	493 624	161 528	753 566	64 177
国	小計	5 168 137	3 065 938	6 011 405	645 428
	40 福岡	509 028	303 314	569 134	58 261
九	41 佐賀	391 088	242 493	446 566	29 019
	42 長崎	659 375	434 985	734 166	76 346
	43 熊本	880 241	364 070	941 270	61 752
	44 大分	109 185	13 351	121 369	12 020
	45 宮崎	527 833	462 240	582 876	54 788
州	46 鹿児島	418 498	327 120	465 683	47 832
	小計	3 495 248	2 147 573	3 861 064	340 018
	47 沖縄	0	0	0	0

(d) 日 用 保 健 雑 貨 用 品

Miscellaneous Commodities for Daily Use & Health Keeping

(単位：千円)
(Unit:1000Yen)

	事業年度 Business Year	当期受入高 Value of Current Supplies Procured	左のうち系統利用 of which Purchased through Coop. Channel	当期供給・取扱高 Value of Current Supplies Handled	購買利益 (購買手数料を含む) Purchasing Profit (Including Commission)
	平25(2013)	51 660 139	25 468 343	58 600 181	6 879 715
	平26(2014)	44 990 760	22 254 627	50 997 085	6 042 463
	平27(2015)	42 554 452	21 177 308	48 337 039	5 676 098
	平28(2016)	42 403 401	21 123 141	47 882 079	5 608 188
	平29(2017)	39 655 946	19 427 559	44 883 627	5 153 751
	平30(2018)	37 147 311	18 527 084	42 283 291	4 883 216
	1組合当たり Average Per Coop.	58 133.5	28 993.9	66 171.0	7 642.0
	1 北海道	1 711 371	917 851	1 932 121	219 332
	2 青森	382 509	162 336	460 405	59 114
東	3 岩手	242 338	77 720	308 781	64 999
	4 宮城	169 554	53 172	200 784	31 458
	5 秋田	177 538	66 623	208 931	31 073
	6 山形	225 666	95 672	257 858	31 454
北	7 福島	1 291 058	1 143 261	1 435 623	139 657
	小計	2 488 663	1 598 784	2 872 382	357 755
	8 茨城	1 584 264	1 127 728	1 766 135	180 909
関	9 栃木	543 393	30 096	616 507	79 199
	10 群馬	201 275	162 967	230 499	28 654
	11 埼玉	1 728 802	1 223 443	1 948 387	217 301
	12 千葉	407 939	220 624	449 924	42 342
	13 東京	342 002	63 394	383 433	42 783
	14 神奈川	722 782	499 900	845 556	121 688
	15 山梨	720 711	342 767	862 730	138 721
	16 長野	988 032	280 696	1 136 257	143 098
東	17 静岡	2 134 565	390 677	2 389 334	247 010
	小計	9 373 765	4 342 292	10 628 762	1 241 705
北	18 新潟	785 282	112 541	890 710	102 697
	19 富山	639 884	146 723	727 196	89 964
	20 石川	799 967	146 841	908 550	110 408
陸	21 福井	326 514	169 491	358 201	43 541
	小計	2 551 647	575 596	2 884 657	346 610
東	22 岐阜	570 094	246 723	649 869	76 598
	23 愛知	1 712 272	1 258 144	1 887 851	174 514
	24 三重	699 368	258 537	823 022	123 270
海	小計	2 981 734	1 763 404	3 360 742	374 382
	25 滋賀	1 061 367	238 408	1 213 595	151 976
近	26 京都	94 803	21 139	118 638	21 769
	27 大阪	1 099 256	923 442	1 146 274	48 718
	28 兵庫	841 035	307 262	935 832	91 539
	29 奈良	552 150	251 056	634 332	81 470
畿	30 和歌山	1 228 815	754 327	1 465 331	237 556
	小計	4 877 426	2 495 634	5 514 002	633 028
	31 鳥取	238 486	114 893	268 756	27 978
中	32 島根	1 048 460	421 087	1 210 945	160 486
	33 岡山	982 128	658 701	1 152 308	166 642
国	34 広島	589 074	126 600	677 825	81 567
	35 山口	1 113 086	558 372	1 256 005	163 358
・	36 徳島	470 805	71 804	529 788	60 121
	37 香川	1 498 302	584 490	1 631 613	131 564
四	38 愛媛	926 564	414 984	1 064 690	119 292
	39 高知	288 477	127 569	529 947	52 005
国	小計	7 155 382	3 078 500	8 321 877	963 013
	40 福岡	798 771	427 018	912 458	111 215
九	41 佐賀	0	0	0	0
	42 長崎	667 088	382 001	770 412	103 424
	43 熊本	2 046 933	1 091 358	2 351 007	297 246
	44 大分	458 389	305 383	518 714	59 682
	45 宮崎	592 999	418 863	668 236	74 529
州	46 鹿児島	535 800	361 792	613 039	71 026
	小計	5 099 980	2 986 415	5 833 866	717 122
	47 沖縄	907 343	768 608	934 882	30 269

(e) 家 庭 燃 料
Household Fuel

(単位：千円)
(Unit:1000Yen)

	事業年度 Business Year	当期受入高 Value of Current Supplies Procured	左のうち系統利用 of which Purchased through Coop. Channel	当期供給・取扱高 Value of Current Supplies Handled	購買利益 (購買手数料を含む) Purchasing Profit (Including Commission)
	平25(2013)	188 826 412	157 831 374	249 279 278	59 745 434
	平26(2014)	157 887 208	124 143 737	221 944 933	62 841 348
	平27(2015)	135 176 774	110 206 730	200 762 774	64 796 424
	平28(2016)	113 206 012	90 771 835	172 806 388	59 810 212
	平29(2017)	135 210 745	108 691 907	194 452 309	58 335 296
	平30(2018)	133 568 187	109 812 772	190 222 038	54 789 597
	1組合当たり Average Per Coop.	209 026.9	171 851.0	297 687.1	85 742.7
	1 北海道	11 172 651	10 177 289	13 476 358	2 314 264
	2 青森	2 305 055	1 724 488	3 280 960	977 287
東	3 岩手	1 783 683	1 639 367	2 864 166	1 074 228
	4 宮城	3 754 321	3 094 737	4 942 955	1 173 549
	5 秋田	5 001 320	1 859 367	6 122 714	1 135 554
	6 山形	351 659	278 622	643 330	290 738
北	7 福島	508 283	412 054	831 810	320 462
	小計	13 704 321	9 008 635	18 685 935	4 971 818
	8 茨城	592 456	547 885	1 249 724	657 028
関	9 栃木	61 323	42 475	74 105	9 076
	10 群馬	1 039 333	1 006 443	2 600 820	1 560 219
	11 埼玉	3 293 755	2 530 790	3 951 881	682 834
	12 千葉	1 922 170	1 709 172	2 253 277	324 290
	13 東京	117 778	112 415	260 145	138 661
	14 神奈川	1 474 922	1 362 971	2 623 407	1 145 372
	15 山梨	5 505 444	5 050 422	6 466 406	957 281
	16 長野	15 348 007	12 360 536	22 235 166	6 590 448
東	17 静岡	2 600 851	1 977 242	4 544 067	1 942 878
	小計	31 956 039	26 700 351	46 258 998	14 008 087
北	18 新潟	4 999 508	3 832 862	7 219 002	2 211 727
	19 富山	8 305 846	7 680 441	10 076 085	1 776 824
	20 石川	937 810	808 842	2 141 337	1 202 860
陸	21 福井	785 634	500 415	1 180 089	394 060
	小計	15 028 798	12 822 560	20 616 513	5 585 471
東	22 岐阜	3 046 939	2 875 639	4 129 151	1 075 352
	23 愛知	7 807 397	7 243 000	10 899 343	3 121 500
	24 三重	5 398 608	4 905 061	6 840 855	1 420 057
海	小計	16 252 944	15 023 700	21 869 349	5 616 909
	25 滋賀	1 899 033	1 143 573	2 991 523	1 086 396
近	26 京都	463 566	407 343	587 830	129 212
	27 大阪	133 241	121 128	229 931	93 514
	28 兵庫	762 607	756 236	1 113 374	348 204
	29 奈良	720 325	309 928	1 410 480	691 287
畿	30 和歌山	3 564 038	2 624 201	4 249 081	687 245
	小計	7 542 810	5 362 409	10 582 219	3 035 858
	31 鳥取	5 128 395	5 040 725	5 194 634	66 294
中	32 島根	4 056 611	1 868 393	5 897 037	1 846 989
	33 岡山	1 728 043	1 297 853	2 585 721	852 462
国	34 広島	1 294 001	1 108 136	2 211 128	922 784
	35 山口	56 024	48 399	162 227	90 510
・	36 徳島	1 337 982	1 292 253	1 666 187	323 126
	37 香川	6 025	0	33 350	27 323
四	38 愛媛	2 335 017	1 558 982	4 013 088	1 672 943
	39 高知	1 980 743	1 265 904	4 192 003	738 616
国	小計	17 922 841	13 480 645	25 955 375	6 541 047
	40 福岡	2 927 913	2 197 356	4 527 311	1 597 029
九	41 佐賀	1 608 051	1 605 913	1 775 663	167 613
	42 長崎	759 633	554 584	2 321 592	1 562 807
	43 熊本	3 506 372	2 713 601	5 821 928	2 249 507
	44 大分	557 114	265 834	1 192 900	628 303
	45 宮崎	1 801 569	1 339 486	2 807 153	1 001 620
州	46 鹿児島	5 456 872	5 190 150	6 778 054	1 325 970
	小計	16 617 524	13 866 924	25 224 601	8 532 849
	47 沖縄	3 370 259	3 370 259	7 552 690	4 183 294

(f) その他
Others

(単位：千円)
(Unit:1000Yen)

事業年度 Business Year	当期受入高 Value of Current Supplies Procured	左のうち系統利用 of which Purchased through Coop. Channel	当期供給・取扱高 Value of Current Supplies Handled	購買利益 (購買手数料を含む) Purchasing Profit (Including Commission)
平25(2013)	182 607 294	95 732 481	214 702 861	32 777 099
平26(2014)	187 148 635	101 560 870	218 696 415	31 612 355
平27(2015)	168 408 846	76 160 757	200 693 419	32 151 428
平28(2016)	179 987 808	90 223 932	212 412 502	32 560 264
平29(2017)	176 418 054	88 176 196	207 410 757	30 771 854
平30(2018)	174 294 985	85 144 870	204 852 151	30 832 541
1組合当たり Average Per Coop.	272 762.1	133 247.1	320 582.4	48 251.2
1 北海道	5 123 325	1 345 133	5 713 476	591 301
東北 2 青森	1 258 171	940 143	1 510 162	251 014
3 岩手	1 314 074	979 259	1 448 569	133 802
4 宮城	3 015 042	1 483 911	3 573 680	531 365
5 秋田	1 405 377	367 798	1 709 862	343 443
6 山形	3 898 281	1 375 787	4 535 503	644 647
7 福島	6 035 479	4 756 960	7 234 270	1 199 287
小計	16 926 424	9 903 858	20 012 046	3 103 558
関東 8 茨城	102 885	32 103	119 677	16 132
9 栃木	5 557 705	90 026	6 499 095	940 670
10 群馬	6 911 822	3 165 800	8 381 055	1 461 978
11 埼玉	11 906 920	6 125 271	14 185 028	2 288 237
12 千葉	3 075 177	1 868 433	3 498 792	424 923
13 東京	309 315	47 854	363 073	58 500
14 神奈川	2 078 125	727 237	2 356 912	278 872
15 山梨	1 880 368	181 572	2 661 935	777 487
16 長野	5 169 657	1 462 966	6 136 707	1 265 269
17 静岡	6 026 610	1 326 340	8 251 976	2 293 064
小計	43 018 584	15 027 602	52 454 250	9 805 132
北陸 18 新潟	1 463 873	193 673	1 785 750	316 732
19 富山	4 492 206	628 153	5 020 443	456 673
20 石川	181 510	37 845	208 553	27 303
21 福井	4 537 670	2 841 075	5 131 286	589 387
小計	10 675 259	3 700 746	12 146 032	1 390 095
東海 22 岐阜	4 054 097	1 668 190	4 866 663	815 306
23 愛知	5 899 057	2 279 521	7 258 794	1 476 222
24 三重	4 163 168	1 357 042	5 425 323	1 237 295
小計	14 116 322	5 304 753	17 550 780	3 528 823
近畿 25 滋賀	515 773	127 803	592 517	77 012
26 京都	1 447 025	1 006 711	1 562 504	117 802
27 大阪	307 271	233 287	340 810	32 987
28 兵庫	710 508	223 204	794 514	84 651
29 奈良	178 933	17 387	210 034	31 119
30 和歌山	12 351 522	8 574 744	15 855 198	3 474 081
小計	15 511 032	10 183 136	19 355 577	3 817 652
中国・四国 31 鳥取	2 530 036	761 541	3 003 853	475 533
32 島根	11 085 858	141 586	13 520 646	2 371 403
33 岡山	2 435 576	1 092 876	2 738 956	301 875
34 広島	3 689 055	2 522 595	4 200 998	569 218
35 山口	836 831	170 741	955 227	94 996
36 徳島	2 257 154	479 460	2 493 537	223 913
37 香川	828 191	39 081	886 437	58 395
38 愛媛	1 080 842	355 724	1 458 892	380 171
39 高知	303 170	248 138	474 473	71 759
小計	25 046 713	5 811 742	29 733 019	4 547 263
九州 40 福岡	1 365 013	562 406	1 582 191	225 270
41 佐賀	4 808 364	3 312 027	5 225 287	419 833
42 長崎	1 342 104	271 927	1 713 145	367 443
43 熊本	4 604 299	2 634 922	5 193 848	585 274
44 大分	483 439	215 542	585 656	93 946
45 宮崎	1 385 048	551 326	1 555 562	171 682
46 鹿児島	10 747 610	7 453 160	12 585 992	1 871 234
小計	24 735 877	15 001 310	28 441 681	3 734 682
47 沖縄	19 141 449	18 866 590	19 445 290	314 035

(g) 生活物資計
Total of Livelihood Necessities

(単位：千円)
(Unit:1000Yen)

地域	事業年度 Business Year	当期受入高 Value of Current Supplies Procured	左のうち系統利用 of which Purchased through Coop. Channel	当期供給・取扱高 Value of Current Supplies Handled	購買利益 (購買手数料を含む) Purchasing Profit (Including Commission)
	平25(2013)	676 952 674	405 687 256	824 493 619	146 894 774
	平26(2014)	624 608 554	365 804 079	769 277 967	144 866 277
	平27(2015)	561 550 966	319 494 199	705 827 721	143 576 561
	平28(2016)	538 873 777	306 826 490	674 141 248	136 351 563
	平29(2017)	547 806 288	314 795 175	679 960 630	131 017 976
	平30(2018)	525 527 619	301 046 353	653 657 930	124 959 046
	1組合当たり Average Per Coop.	822 421.9	471 121.1	1 022 938.9	195 554.1
	1 北海道	35 222 200	23 210 561	41 951 977	6 723 495
東北	2 青森	4 957 128	3 593 912	6 464 693	1 483 066
	3 岩手	4 335 972	3 425 174	5 825 042	1 457 010
	4 宮城	7 814 000	5 182 286	9 759 050	1 901 244
	5 秋田	8 382 067	3 108 753	10 247 893	1 921 972
	6 山形	8 900 246	3 130 265	10 798 379	1 847 117
	7 福島	10 933 833	8 578 410	13 249 335	2 290 796
	小計	45 323 246	27 018 800	56 344 392	10 901 205
関東	8 茨城	6 358 979	4 077 096	7 869 433	1 563 803
	9 栃木	10 775 788	2 850 719	12 404 405	1 615 995
	10 群馬	13 170 488	7 966 157	17 254 552	4 053 217
	11 埼玉	24 016 574	13 857 354	28 704 828	4 697 703
	12 千葉	8 315 507	5 952 195	9 607 363	1 274 230
	13 東京	3 132 659	1 707 736	3 738 511	616 477
	14 神奈川	8 382 593	5 811 166	10 601 602	2 203 208
	15 山梨	13 131 481	6 708 471	16 018 717	2 928 864
	16 長野	27 690 379	17 358 610	36 786 284	9 090 070
	17 静岡	14 512 752	6 184 820	19 600 124	5 110 078
	小計	129 487 200	72 474 324	162 585 819	33 153 645
北陸	18 新潟	12 672 887	6 748 537	16 618 969	3 876 858
	19 富山	18 617 572	10 732 559	21 709 955	3 128 087
	20 石川	8 732 431	3 156 006	11 393 922	2 709 850
	21 福井	9 383 661	5 462 529	11 281 312	1 847 548
	小計	49 406 551	26 099 631	61 004 158	11 562 343
東海	22 岐阜	14 569 525	8 801 504	17 885 501	3 369 687
	23 愛知	19 387 578	12 331 502	24 738 007	5 490 839
	24 三重	14 348 285	7 757 435	17 980 307	3 528 964
	小計	48 305 388	28 890 441	60 603 815	12 389 490
近畿	25 滋賀	5 189 202	2 309 063	6 905 472	1 700 426
	26 京都	2 847 563	1 833 034	3 263 730	422 239
	27 大阪	2 811 317	2 346 552	3 172 936	354 320
	28 兵庫	4 742 776	2 452 343	5 718 554	958 170
	29 奈良	2 664 095	718 351	3 694 591	1 035 651
	30 和歌山	18 146 792	12 809 666	22 751 202	4 578 857
	小計	36 401 745	22 469 009	45 506 485	9 049 663
中国・四国	31 鳥取	8 667 808	6 105 740	9 352 898	682 328
	32 島根	16 561 959	2 545 804	21 079 755	4 470 555
	33 岡山	8 600 938	4 659 046	10 526 361	1 908 477
	34 広島	10 783 847	6 449 359	13 316 969	2 615 808
	35 山口	5 425 294	1 928 780	6 296 983	859 855
	36 徳島	5 521 266	2 587 945	6 322 564	786 825
	37 香川	4 117 579	951 734	4 673 894	552 891
	38 愛媛	8 300 952	3 676 985	11 330 205	2 970 060
	39 高知	4 821 425	2 504 013	9 499 630	1 657 109
	小計	72 801 068	31 409 406	92 399 259	16 503 908
九州	40 福岡	10 663 808	5 036 477	13 847 374	3 167 948
	41 佐賀	7 078 059	5 373 442	7 749 766	647 613
	42 長崎	12 005 152	4 905 470	16 220 335	4 227 458
	43 熊本	16 928 086	9 799 897	21 486 230	4 531 498
	44 大分	2 769 709	1 315 424	3 781 231	1 001 900
	45 宮崎	4 679 795	2 993 671	6 045 080	1 362 859
	46 鹿児島	25 259 371	15 677 027	30 296 283	5 076 147
	小計	79 383 980	45 101 408	99 426 299	20 015 423
	47 沖縄	29 196 241	24 372 773	33 835 726	4 659 874

(C) 購買事業合計
Grand Total of Purchasing Business

(単位：千円)
(Unit:1000Yen)

	事業年度 Business Year	当期受入高 Value of Current Supplies Procured	左のうち系統利用 of which Purchased through Coop. Channel	当期供給・取扱高 Value of Current Supplies Handled	購買利益 (購買手数料を含む) Purchasing Profit (Including Commission)
	平25(2013)	2 704 960 099	1 813 863 503	3 045 723 961	343 917 403
	平26(2014)	2 436 911 634	1 611 398 218	2 751 085 799	321 417 660
	平27(2015)	2 281 406 312	1 499 172 805	2 607 919 653	320 734 099
	平28(2016)	2 175 849 152	1 401 161 806	2 487 260 343	305 608 346
	平29(2017)	2 207 102 960	1 431 003 110	2 510 150 048	301 131 928
	平30(2018)	2 192 100 415	1 419 459 672	2 500 527 602	301 026 202
	1組合当たり Average Per Coop.	3 430 517.1	2 221 376.6	3 913 188.7	471 089.5
	1 北海道	469 053 477	272 567 347	501 901 519	33 660 319
東北	2 青森	40 064 032	25 621 972	46 064 110	5 295 232
	3 岩手	37 159 467	23 727 903	41 869 033	4 538 456
	4 宮城	40 556 702	29 051 097	46 325 364	5 730 219
	5 秋田	41 111 327	26 069 619	47 190 959	7 093 391
	6 山形	43 332 779	27 800 466	49 982 160	6 760 679
	7 福島	39 939 257	30 695 767	46 725 608	6 836 664
	小計	242 163 564	162 966 824	278 157 234	36 254 641
関東	8 茨城	48 632 062	37 960 078	54 535 705	6 172 224
	9 栃木	38 727 912	19 478 671	43 966 321	5 224 777
	10 群馬	52 591 308	41 151 660	60 174 279	7 532 157
	11 埼玉	46 780 075	33 581 352	53 892 647	7 226 953
	12 千葉	43 605 532	31 164 867	49 209 582	5 753 688
	13 東京	7 082 063	4 054 646	8 178 999	1 095 904
	14 神奈川	20 784 259	15 458 286	24 240 699	3 446 310
	15 山梨	23 876 584	13 405 211	27 712 342	3 936 811
	16 長野	92 559 412	59 201 715	111 174 334	18 372 963
	17 静岡	42 643 233	23 872 434	51 332 468	8 831 318
	小計	417 282 440	279 328 920	484 417 376	67 593 105
北陸	18 新潟	70 494 296	49 245 659	83 239 876	12 484 782
	19 富山	38 945 617	27 892 683	44 468 312	5 816 080
	20 石川	35 604 313	26 764 047	41 242 432	5 880 330
	21 福井	24 609 671	18 199 545	28 032 011	3 579 326
	小計	169 653 897	122 101 934	196 982 631	27 760 518
東海	22 岐阜	46 189 957	32 534 618	53 003 378	7 025 887
	23 愛知	68 250 955	42 899 588	79 132 815	11 304 426
	24 三重	29 331 085	18 279 107	34 898 988	5 505 314
	小計	143 771 997	93 713 313	167 035 181	23 835 627
近畿	25 滋賀	14 142 040	8 193 723	17 111 259	3 012 122
	26 京都	10 496 526	7 904 421	11 884 945	1 460 179
	27 大阪	7 042 530	5 087 727	7 985 487	891 147
	28 兵庫	25 087 279	17 440 818	28 714 589	3 675 026
	29 奈良	10 926 797	5 536 913	13 020 952	2 137 563
	30 和歌山	30 430 766	20 318 145	36 274 981	5 855 357
	小計	98 125 938	64 481 747	114 992 213	17 031 394
中国・四国	31 鳥取	19 572 251	11 179 855	21 510 019	1 953 044
	32 島根	28 205 602	9 699 539	33 927 176	5 654 233
	33 岡山	24 975 205	16 441 853	28 940 824	3 998 050
	34 広島	24 253 868	15 114 822	28 791 415	4 680 426
	35 山口	16 223 158	10 413 413	18 731 388	2 272 669
	36 徳島	19 236 941	11 407 064	21 429 923	2 127 447
	37 香川	17 536 289	5 560 414	19 879 226	2 360 207
	38 愛媛	35 535 929	20 881 540	42 062 751	6 131 119
	39 高知	17 359 256	8 774 885	32 108 767	5 503 922
	小計	202 898 499	109 473 385	247 381 489	34 681 117
九州	40 福岡	51 932 521	33 395 087	61 584 048	9 310 716
	41 佐賀	58 328 283	49 173 951	64 326 975	5 693 385
	42 長崎	44 168 427	30 822 331	51 920 032	7 755 919
	43 熊本	84 694 529	49 981 790	95 439 194	10 837 654
	44 大分	19 349 027	12 272 352	22 601 356	3 223 938
	45 宮崎	67 015 294	45 772 405	73 529 514	6 551 862
	46 鹿児島	79 845 435	59 875 661	89 544 893	9 929 764
	小計	405 333 516	281 293 577	458 946 012	53 303 238
	47 沖縄	43 817 087	33 532 625	50 713 947	6 906 243

（2）購買品供給・取扱高別組合数
Number of Coops. by the Value of Supplies

（単位：組合）
(Unit:Coop.)

	事業年度 Business Year	該当組合数 No. of Coops. concerned	5000万円未満 Less than 50 Million Yen	５０００万円以上～１億円未満	１億円以上～２億円未満	２億円以上～３億円未満	３億円以上～４億円未満
	平25(2013)	711	1	10	8	5	12
	平26(2014)	691	3	9	6	10	8
	平27(2015)	685	5	7	8	10	16
	平28(2016)	661	4	7	8	10	15
	平29(2017)	656	6	4	8	10	16
	平30(2018)	638	3	7	8	11	8
	比率 Percentage	100.0	0.5	1.1	1.3	1.7	1.3
	1 北海道	109	–	–	–	–	–
東北	2 青森	10	–	–	–	–	–
	3 岩手	7	–	–	–	–	–
	4 宮城	14	1	–	–	–	–
	5 秋田	13	–	–	–	–	–
	6 山形	15	–	–	1	–	–
	7 福島	5	–	–	–	–	–
	小計	64	1	–	1	–	–
関東	8 茨城	20	–	1	–	–	1
	9 栃木	10	–	–	–	–	–
	10 群馬	15	–	–	–	–	–
	11 埼玉	16	–	–	–	–	–
	12 千葉	19	–	–	–	–	–
	13 東京	15	–	1	–	3	1
	14 神奈川	13	–	–	1	–	–
	15 山梨	11	–	–	2	–	–
	16 長野	18	–	1	–	–	1
	17 静岡	18	–	–	1	–	–
	小計	155	–	3	4	3	3
北陸	18 新潟	24	–	–	–	–	–
	19 富山	15	–	–	–	–	1
	20 石川	17	–	–	–	1	–
	21 福井	11	–	–	–	–	–
	小計	67	–	–	–	1	1
東海	22 岐阜	7	–	–	–	–	–
	23 愛知	20	–	1	1	1	–
	24 三重	11	–	–	–	–	–
	小計	38	–	1	1	1	–
近畿	25 滋賀	16	–	–	–	2	1
	26 京都	5	–	–	–	–	–
	27 大阪	14	–	1	–	3	2
	28 兵庫	14	1	1	1	–	–
	29 奈良	1	–	–	–	–	–
	30 和歌山	8	–	–	–	–	–
	小計	58	1	2	1	5	3
中国・四国	31 鳥取	3	–	–	–	–	–
	32 島根	1	–	–	–	–	–
	33 岡山	9	–	–	–	–	–
	34 広島	13	–	–	–	1	–
	35 山口	12	–	1	–	–	–
	36 徳島	15	–	–	–	–	1
	37 香川	1	–	–	–	–	–
	38 愛媛	12	–	–	–	–	–
	39 高知	4	–	–	1	–	–
	小計	70	–	1	1	1	1
九州	40 福岡	20	–	–	–	–	–
	41 佐賀	4	1	–	–	–	–
	42 長崎	7	–	–	–	–	–
	43 熊本	14	–	–	–	–	–
	44 大分	5	–	–	–	–	–
	45 宮崎	13	–	–	–	–	–
	46 鹿児島	13	–	–	–	–	–
	小計	76	1	–	–	–	–
	47 沖縄	1	–	–	–	–	–

（2）購買品供給・取扱高別組合数（つづき）
Number of Coops. by the Value of Supplies (Cont.)

（単位：組合）
(Unit:Coop.)

	事業年度 Business Year	4億円以上～5億円未満	5億円以上～6億円未満	6億円以上～7億円未満	7億円以上～8億円未満	8億円以上～9億円未満	9億円以上～10億円未満
	平25(2013)	12	9	13	5	16	9
	平26(2014)	17	13	7	12	11	14
	平27(2015)	9	13	5	18	11	8
	平28(2016)	9	13	5	16	12	21
	平29(2017)	9	11	7	15	17	15
	平30(2018)	11	13	7	16	13	12
	比率 Percentage	1.7	2.0	1.1	2.5	2.0	1.9
	1 北海道	-	-	-	-	-	-
東北	2 青森	-	-	-	-	-	-
	3 岩手	-	-	-	-	-	-
	4 宮城	-	-	-	-	-	-
	5 秋田	-	-	-	1	-	-
	6 山形	-	-	1	-	-	1
	7 福島	-	-	-	-	-	-
	小計	-	-	1	1	-	1
関東	8 茨城	-	-	-	-	-	-
	9 栃木	-	-	-	-	-	-
	10 群馬	-	-	-	-	-	-
	11 埼玉	-	1	-	-	-	4
	12 千葉	1	-	-	1	-	-
	13 東京	4	1	-	-	3	-
	14 神奈川	-	-	1	-	-	1
	15 山梨	1	-	1	1	-	-
	16 長野	-	-	-	-	1	-
	17 静岡	-	-	-	1	-	-
	小計	6	2	2	3	4	5
北陸	18 新潟	-	-	-	-	-	2
	19 富山	-	-	-	-	-	-
	20 石川	-	-	-	1	-	-
	21 福井	2	-	1	-	1	1
	小計	2	-	1	1	1	3
東海	22 岐阜	-	-	-	-	1	-
	23 愛知	-	1	-	-	2	-
	24 三重	-	-	1	-	1	-
	小計	-	1	1	-	4	-
近畿	25 滋賀	-	2	1	3	-	-
	26 京都	-	-	-	1	-	-
	27 大阪	-	3	-	2	-	1
	28 兵庫	-	-	-	-	-	-
	29 奈良	-	-	-	-	-	-
	30 和歌山	-	-	-	-	-	-
	小計	-	5	1	6	-	1
中国・四国	31 鳥取	-	-	-	-	-	-
	32 島根	-	-	-	-	-	-
	33 岡山	-	-	-	-	-	-
	34 広島	-	-	1	-	-	-
	35 山口	-	1	-	-	1	1
	36 徳島	1	-	-	3	3	-
	37 香川	-	-	-	-	-	-
	38 愛媛	-	1	-	1	-	-
	39 高知	-	-	-	-	-	-
	小計	1	2	1	4	4	1
九州	40 福岡	-	1	-	1	-	-
	41 佐賀	-	-	-	-	-	-
	42 長崎	-	1	-	-	-	-
	43 熊本	-	-	-	-	-	1
	44 大分	2	1	-	-	-	-
	45 宮崎	-	-	-	-	-	-
	46 鹿児島	-	-	-	-	-	-
	小計	2	3	-	1	-	1
	47 沖縄	-	-	-	-	-	-

（2）購買品供給・取扱高別組合数（つづき）
Number of Coops.by the Value of Supplies (Cont.)

（単位：組合）
(Unit:Coop.)

	事業年度 Business Year	１０億円以上～１２億円未満	１２億円以上～１５億円未満	１５億円以上～２０億円未満	２０億円以上～２５億円未満	２５億円以上～３０億円未満	３０億円以上～５０億円未満	５０億円以上 More than 5 Billion Yen (Including 5Billion yen)
	平25(2013)	29	38	60	64	51	169	200
	平26(2014)	29	42	61	63	54	155	177
	平27(2015)	34	47	60	66	53	154	161
	平28(2016)	25	45	65	58	49	151	148
	平29(2017)	26	51	59	57	48	146	151
	平30(2018)	31	44	61	55	47	132	159
	比率 Percentage	4.9	6.9	9.6	8.6	7.4	20.7	24.9
	1 北海道	6	7	14	10	7	33	32
	2 青森	−	1	1	−	−	3	5
東	3 岩手	−	−	−	1	−	2	4
	4 宮城	−	2	3	−	2	3	3
	5 秋田	−	−	1	2	−	7	2
	6 山形	−	1	2	−	1	4	4
北	7 福島	−	−	−	1	−	−	4
	小計	−	4	7	4	3	19	22
	8 茨城	1	3	−	8	2	1	3
関	9 栃木	−	1	1	−	1	3	4
	10 群馬	−	1	4	2	−	2	6
	11 埼玉	−	2	−	−	−	6	3
	12 千葉	2	4	2	3	−	5	1
	13 東京	2	−	−	−	−	−	−
	14 神奈川	3	−	3	−	2	2	−
	15 山梨	−	1	−	1	−	1	3
	16 長野	−	1	1	1	−	1	11
東	17 静岡	1	1	3	1	5	4	1
	小計	9	14	14	16	10	25	32
北	18 新潟	1	1	3	2	4	6	5
	19 富山	−	1	3	−	3	6	1
	20 石川	1	1	3	4	−	5	1
陸	21 福井	−	1	−	−	1	2	2
	小計	2	4	9	6	8	19	9
東	22 岐阜	−	−	−	−	1	−	5
	23 愛知	1	−	1	−	1	5	6
	24 三重	−	−	1	3	−	3	2
海	小計	1	−	2	3	2	8	13
	25 滋賀	1	4	1	−	−	1	−
近	26 京都	1	−	−	1	−	2	−
	27 大阪	1	1	−	−	−	−	−
	28 兵庫	1	−	4	2	1	2	1
	29 奈良	−	−	−	−	−	−	1
畿	30 和歌山	−	−	2	−	2	2	2
	小計	4	5	7	3	3	7	4
	31 鳥取	−	−	−	−	−	−	3
中	32 島根	−	−	−	−	−	−	1
	33 岡山	−	1	2	−	−	6	−
国	34 広島	−	3	1	2	2	2	1
	35 山口	2	−	2	2	1	1	−
・	36 徳島	3	1	−	−	2	−	1
	37 香川	−	−	−	−	−	−	1
四	38 愛媛	1	1	−	1	2	1	4
	39 高知	−	−	1	−	−	1	1
国	小計	6	6	6	5	7	11	12
	40 福岡	1	1	2	4	3	5	2
九	41 佐賀	−	−	−	−	−	1	2
	42 長崎	−	−	−	−	1	1	4
	43 熊本	1	1	−	1	−	−	10
	44 大分	−	1	−	−	−	−	1
	45 宮崎	1	1	−	1	2	1	7
州	46 鹿児島	−	−	−	2	1	2	8
	小計	3	4	2	8	7	10	34
	47 沖縄	−	−	−	−	−	−	1

（3）購　買　店　舗
Cooperative Stores

（単位：組合、店）
(Unit:Coop.,Store)

事業年度 Business Year		該当組合数 No. of Coops. concerned	店舗数 No. of Store by Floor Space 100㎡未満 Less than 100㎡	100以上～300㎡未満	300以上～500㎡未満	500以上～1000㎡未満	1000以上～1500㎡未満	1500以上～3000㎡未満	3000㎡以上 More than 3000㎡	計 Total
平25(2013)		552	1 244	1 059	461	399	112	50	13	3 338
平26(2014)		535	1 229	1 044	468	392	117	61	12	3 323
平27(2015)		531	1 252	1 049	463	392	121	66	12	3 355
平28(2016)		514	1 205	1 042	442	375	124	66	11	3 265
平29(2017)		512	1 191	1 035	458	404	129	62	13	3 292
平30(2018)		496	1 140	1 013	453	407	127	67	13	3 220
該当1組合当たり Average Per Coop.		−	2.3	2.0	0.9	0.8	0.3	0.1	0.0	6.5
	1 北海道	77	63	78	32	27	12	5	1	218
東北	2 青森	5	6	12	3	10	6	4	−	41
	3 岩手	5	3	16	6	11	12	1	−	49
	4 宮城	10	19	8	5	7	2	2	−	43
	5 秋田	9	17	9	6	1	2	2	−	37
	6 山形	14	8	19	14	7	6	−	−	54
	7 福島	5	28	42	15	19	3	1	−	108
	小計	48	81	106	49	55	31	10	−	332
関東	8 茨城	11	32	22	7	4	2	−	−	67
	9 栃木	8	17	18	4	10	2	2	−	53
	10 群馬	15	16	32	13	7	1	−	1	70
	11 埼玉	13	28	20	10	7	4	−	−	69
	12 千葉	14	55	11	11	5	1	−	−	83
	13 東京	14	27	24	11	5	3	−	−	70
	14 神奈川	11	6	15	4	3	1	−	1	30
	15 山梨	11	80	12	8	4	−	−	−	104
	16 長野	13	42	32	20	25	10	1	−	130
	17 静岡	11	66	11	6	6	2	1	−	92
	小計	121	369	197	94	76	26	4	2	768
北陸	18 新潟	13	19	15	13	7	2	−	−	56
	19 富山	13	10	10	7	−	1	−	−	28
	20 石川	12	3	3	5	8	4	−	1	24
	21 福井	5	1	3	1	1	2	2	−	10
	小計	43	33	31	26	16	9	2	1	118
東海	22 岐阜	7	13	26	13	7	−	1	−	60
	23 愛知	17	4	28	19	35	10	8	1	105
	24 三重	10	29	30	19	8	1	1	−	88
	小計	34	46	84	51	50	11	10	1	253
近畿	25 滋賀	9	5	7	4	1	1	−	−	18
	26 京都	3	22	4	−	−	−	−	−	26
	27 大阪	13	26	8	3	3	1	5	−	46
	28 兵庫	12	14	33	16	15	1	1	−	80
	29 奈良	−	−	−	−	−	−	−	−	−
	30 和歌山	5	9	15	5	13	1	2	−	45
	小計	42	76	67	28	32	4	8	−	215
中国・四国	31 鳥取	3	21	8	5	10	2	1	−	47
	32 島根	1	16	18	4	11	−	2	1	52
	33 岡山	9	64	29	7	6	1	−	−	107
	34 広島	11	44	70	19	8	2	−	−	143
	35 山口	10	20	29	16	4	1	−	−	70
	36 徳島	10	15	14	−	1	−	1	−	31
	37 香川	1	3	29	4	1	−	−	−	37
	38 愛媛	11	91	34	14	4	5	3	1	152
	39 高知	4	25	38	8	7	−	−	−	78
	小計	60	299	269	77	52	11	7	2	717
九州	40 福岡	19	4	31	14	21	4	8	1	83
	41 佐賀	3	5	5	6	9	2	4	−	31
	42 長崎	6	13	18	11	14	3	−	−	59
	43 熊本	13	55	20	13	19	8	5	−	120
	44 大分	4	21	26	8	3	−	−	−	58
	45 宮崎	12	13	23	4	5	−	3	5	53
	46 鹿児島	13	54	41	20	15	5	1	−	136
	小計	70	165	164	76	86	22	21	6	540
	47 沖縄	1	8	17	20	13	1	−	−	59

※　「購買店舗」とは、単なる商品展示場ではなく、一定の売場面積を有し、かつ1人以上の専従職員のいるものをいう（給油施設を除く）。

note:A "purchasing outlet" is not a simple facility to display products but a store having a certain retail floor area and employing one or more dedicated (and substantially dedicated) staff (excluding temporary staff, such as part-time employees). (Service stations are not included.)

(3) 購 買 店 舗 (つづき)
Cooperative Stores (Cont.)

(単位:千円)
(Unit:1000Yen)

事業年度 Business Year		店舗における年間供給高 Annual Supply Turnover of Cooperative Stores						
		食料品 Food stuffs	衣料品 Clothings	耐久消費財 Durable Consumer Goods	日用保健雑貨用品 Miscellaneous Goods for Daily Use & Health Keeping	家庭燃料 Household Fuel	その他 Others	計 Total
平25(2013)		164 242 417	3 202 452	13 903 555	22 141 932	48 478 618	80 566 415	332 535 754
平26(2014)		153 538 774	2 867 247	12 223 130	20 406 363	43 163 950	77 074 320	309 274 248
平27(2015)		139 816 722	2 565 816	11 490 801	19 885 813	35 908 691	80 716 240	290 384 543
平28(2016)		133 409 392	2 285 488	9 962 064	19 491 674	35 486 373	85 001 301	285 636 759
平29(2017)		127 232 462	2 269 257	10 061 563	18 035 363	41 646 357	82 259 635	281 759 034
平30(2018)		111 870 051	2 301 582	9 653 940	16 183 998	42 436 269	80 376 199	262 822 496
該当1組合当たり Average Per Coop.		225 544.5	4 640.3	19 463.6	32 629.0	85 557.0	162 048.8	529 884.1
	1 北海道	20 115 666	190 306	121 461	1 835 550	2 496 919	4 012 639	28 772 563
東北	2 青森	283 908	35 877	16 553	60 972	-	71 800	469 105
	3 岩手	504 915	34 468	112 164	160 050	1 044 137	163 504	2 019 241
	4 宮城	420 420	38 608	185 892	148 775	75 403	1 588 427	2 457 539
	5 秋田	884 791	32 704	38 771	69 565	946 034	1 067 465	3 039 343
	6 山形	1 598 741	5 837	28 028	49 316	66 515	626 976	2 375 415
	7 福島	2 239 816	505 989	413 576	1 435 623	830 948	4 624 674	10 050 629
	小計	5 932 591	653 483	794 984	1 924 301	2 963 037	8 142 846	20 411 272
関東	8 茨城	863 274	52 918	353 439	579 547	125 585	48 939	2 023 720
	9 栃木	1 869 152	91 125	652 038	401 349	7 338	2 618 114	5 639 128
	10 群馬	3 063 359	8 377	593 837	73 361	615 084	2 247 516	6 601 545
	11 埼玉	4 679 567	320 245	335 398	892 889	708 101	4 061 706	10 997 933
	12 千葉	991 091	24 721	226 553	238 886	345 438	1 139 154	2 965 861
	13 東京	1 868 770	25 079	464 681	343 788	181 139	360 776	3 244 254
	14 神奈川	709 114	54 152	430 707	12 910	130 260	93 968	1 431 118
	15 山梨	4 616 317	31 293	372 470	472 442	2 849 716	1 037 648	9 379 897
	16 長野	2 153 861	58 836	95 199	221 795	769 562	437 764	3 737 030
	17 静岡	1 225 983	70 874	287 943	927 710	959 743	2 473 182	5 945 458
	小計	22 040 488	737 620	3 812 265	4 164 677	6 691 966	14 518 767	51 965 944
北陸	18 新潟	2 990 678	3 793	20 382	150 960	457 247	14 131	3 637 201
	19 富山	1 008 884	26 425	292 861	188 624	3 439 965	842 362	5 799 138
	20 石川	4 448 323	46 173	60 550	252 842	119 586	80 495	5 007 985
	21 福井	3 530 638	-	-	84 880	-	-	3 615 518
	小計	11 978 523	76 391	373 793	677 306	4 016 798	936 988	18 059 842
東海	22 岐阜	5 943 245	61 813	332 643	343 363	215 348	588 898	7 485 323
	23 愛知	2 473 647	27 901	181 337	370 298	3 510 137	4 402 589	10 965 928
	24 三重	2 173 174	12 958	413 136	313 741	1 114 642	1 597 347	5 625 000
	小計	10 590 066	102 672	927 116	1 027 402	4 840 127	6 588 834	24 076 251
近畿	25 滋賀	1 072 912	-	499	108 787	-	19 884	1 202 084
	26 京都	209 410	-	61 300	56 106	12 489	506 644	845 952
	27 大阪	496 130	13 172	249 341	611 132	99 993	327 976	1 797 784
	28 兵庫	1 207 253	11 794	381 014	437 253	564 456	319 775	2 921 562
	29 奈良	-	-	-	-	-	-	-
	30 和歌山	172 594	-	21 774	342 076	23 443	15 223 729	15 783 617
	小計	3 158 299	24 966	713 928	1 555 354	700 381	16 398 008	22 550 999
中国・四国	31 鳥取	85 675	-	-	-	-	1 832 859	1 918 535
	32 島根	-	-	-	-	-	12 131 343	12 131 343
	33 岡山	1 174 465	11 004	84 055	423 430	297 907	242 051	2 232 923
	34 広島	3 383 278	19 452	740 346	311 321	2 008 853	3 205 666	9 668 933
	35 山口	1 686 850	26 484	188 841	377 337	20 824	354 173	2 654 527
	36 徳島	414 315	28 942	135 464	122 114	978 092	146 577	1 825 512
	37 香川	1 132 512	-	90 626	620 805	25 975	197 890	2 067 810
	38 愛媛	3 194 571	43 634	125 831	299 051	823 440	914 751	5 401 289
	39 高知	1 756 067	11 678	294 236	170 106	818 027	208 576	3 258 695
	小計	12 827 733	141 194	1 659 399	2 324 164	4 973 118	19 233 886	41 159 567
九州	40 福岡	4 722 295	51 926	265 499	510 537	3 747 099	1 231 373	10 528 753
	41 佐賀	123 265	58 244	148 607	-	-	941 343	1 271 459
	42 長崎	9 719 636	-	20 810	296 503	-	760 036	10 796 986
	43 熊本	4 803 381	-	127 697	430 943	-	688 402	6 050 424
	44 大分	1 211 330	92 808	116 608	451 983	1 032 439	546 499	3 451 672
	45 宮崎	170 299	19 910	216 856	445 830	1 379 551	912 929	3 145 376
	46 鹿児島	4 027 169	152 062	354 917	373 174	2 645 500	5 433 723	12 986 544
	小計	24 777 375	374 950	1 250 994	2 508 970	8 804 589	10 514 305	48 231 214
	47 沖縄	449 310	-	-	166 274	6 949 334	29 926	7 594 844

（4）購買事業利益（購買手数料を含む）合計金額別組合数
Number of Coops. by Total Profit of Purchasing Business (Including Commission)

(単位：組合)
(Unit:Coop.)

事業年度 Business Year	集計組合数 No. of Coops. Surveyed	0または損失となった農協 No. of Coops. with 0 or Loss in the Business	1000万円未満 Less then 10 Million Yen	1000万円以上～3000万円未満	3000万円以上～5000万円未満	5000万円以上～1億円未満
平25(2013)	712	1	9	12	21	46
平26(2014)	692	1	10	14	22	51
平27(2015)	686	1	10	15	23	47
平28(2016)	661	1	9	12	23	49
平29(2017)	657	1	9	13	20	52
平30(2018)	639	1	9	14	17	49
比率 Percentage	100.0	0.2	1.4	2.2	2.7	7.7
1 北海道	109	－	－	－	－	9
東北 2 青森	10	－	－	－	－	－
3 岩手	7	－	－	－	－	－
4 宮城	14	－	1	－	－	－
5 秋田	13	－	－	－	－	－
6 山形	15	－	－	1	－	1
7 福島	5	－	－	－	－	－
小計	64	－	1	1	－	1
関東 8 茨城	20	－	1	－	1	－
9 栃木	10	－	－	－	－	－
10 群馬	15	－	－	－	－	－
11 埼玉	16	－	－	－	－	2
12 千葉	19	－	－	－	－	2
13 東京	15	－	1	－	3	9
14 神奈川	13	－	－	1	－	1
15 山梨	11	－	－	2	－	1
16 長野	18	－	－	1	1	1
17 静岡	18	－	－	1	－	－
小計	155	－	2	5	5	16
北陸 18 新潟	24	－	－	－	－	－
19 富山	15	－	－	－	－	1
20 石川	17	－	－	－	1	－
21 福井	12	1	－	－	1	4
小計	68	1	－	－	2	5
東海 22 岐阜	7	－	－	－	－	－
23 愛知	20	－	1	2	－	1
24 三重	11	－	－	－	－	－
小計	38	－	1	2	－	1
近畿 25 滋賀	16	－	－	－	2	2
26 京都	5	－	－	－	－	1
27 大阪	14	－	1	4	3	4
28 兵庫	14	－	2	1	－	－
29 奈良	1	－	－	－	－	－
30 和歌山	8	－	－	－	－	－
小計	58	－	3	5	5	7
中国・四国 31 鳥取	3	－	－	－	－	－
32 島根	1	－	－	－	－	－
33 岡山	9	－	－	－	－	－
34 広島	13	－	－	－	1	1
35 山口	12	－	1	－	－	2
36 徳島	15	－	－	－	2	4
37 香川	1	－	－	－	－	－
38 愛媛	12	－	－	－	－	－
39 高知	4	－	－	1	－	－
小計	70	－	1	1	3	7
九州 40 福岡	20	－	－	－	1	－
41 佐賀	4	－	1	－	－	－
42 長崎	7	－	－	－	－	1
43 熊本	14	－	－	－	－	－
44 大分	5	－	－	－	1	2
45 宮崎	13	－	－	－	－	－
46 鹿児島	13	－	－	－	－	－
小計	76	－	1	－	2	3
47 沖縄	1	－	－	－	－	－

（4）購買事業利益（購買手数料を含む）合計金額別組合数（つづき）

Number of Coops. by Total Profit of Purchasing Business (Including Commission) (Cont.)

（単位：組合）
(Unit:Coop.)

事業年度 Business Year	1億円以上～2億円未満	2億円以上～3億円未満	3億円以上～4億円未満	4億円以上～5億円未満	5億円以上～8億円未満	8億円以上～10億円未満	10億円以上 More then 1 Billion Yen (Including 1Billion yen)
平25(2013)	117	109	94	63	113	56	71
平26(2014)	117	102	94	65	111	47	58
平27(2015)	113	107	88	65	110	47	60
平28(2016)	125	94	86	55	105	46	56
平29(2017)	120	109	76	61	97	41	58
平30(2018)	117	104	72	63	89	43	61
比率 Percentage	18.3	16.3	11.3	9.9	13.9	6.7	9.5
1 北海道	32	28	18	7	8	3	4
東北 2 青森	2	−	1	4	−	3	−
3 岩手	−	2	−	−	3	1	1
4 宮城	2	4	2	1	2	−	2
5 秋田	1	2	1	2	5	−	2
6 山形	3	1	1	2	3	2	1
7 福島	−	−	1	−	−	−	4
小計	8	9	6	9	13	6	10
関東 8 茨城	7	4	3	1	1	1	1
9 栃木	1	1	1	1	6	−	−
10 群馬	2	5	−	−	5	2	1
11 埼玉	5	−	1	1	4	1	2
12 千葉	5	4	2	4	1	−	1
13 東京	2	−	−	−	−	−	−
14 神奈川	5	2	2	−	2	−	−
15 山梨	2	1	2	−	1	1	1
16 長野	1	−	2	1	−	4	7
17 静岡	2	2	2	3	6	1	1
小計	32	19	15	11	26	10	14
北陸 18 新潟	4	2	5	4	6	−	3
19 富山	−	5	2	4	2	1	−
20 石川	2	3	5	3	3	−	−
21 福井	1	−	1	1	2	1	−
小計	7	10	13	12	13	2	3
東海 22 岐阜	1	−	1	−	2	1	2
23 愛知	2	2	−	−	3	6	3
24 三重	2	1	2	1	2	3	−
小計	5	3	3	1	7	10	5
近畿 25 滋賀	6	5	−	−	1	−	−
26 京都	1	1	−	2	−	−	−
27 大阪	−	2	−	−	−	−	−
28 兵庫	1	5	1	3	1	−	−
29 奈良	−	−	−	−	−	−	1
30 和歌山	2	1	1	−	1	1	2
小計	10	14	2	5	3	1	3
中国・四国 31 鳥取	−	−	−	−	3	−	−
32 島根	−	−	−	−	−	−	1
33 岡山	1	2	−	3	3	−	−
34 広島	−	5	2	2	1	−	1
35 山口	5	2	1	−	1	−	−
36 徳島	6	2	1	−	−	−	−
37 香川	−	−	−	−	−	−	1
38 愛媛	3	3	1	−	2	1	2
39 高知	−	1	−	1	−	−	1
小計	15	15	5	6	10	1	6
九州 40 福岡	3	1	4	6	4	−	1
41 佐賀	−	−	−	−	1	−	2
42 長崎	−	−	1	−	1	2	2
43 熊本	2	1	1	−	−	5	5
44 大分	−	1	−	−	−	−	1
45 宮崎	3	2	1	4	1	−	2
46 鹿児島	−	1	3	2	2	3	2
小計	8	6	10	12	9	10	15
47 沖縄	−	−	−	−	−	−	1

13 販 売 事 業
Marketing Business
総 括 表
Statement of National Total
(A) 総 額
Total Amount

集計組合数 639
Total No. of Coops. Surveyed 639

(単位：千円)
(Unit:1000 Yen)

品 名 Commodities	当期販売・取扱高 (A) Amount Marketed and Handled	うち当期買取販売高 of which Marketed by Purchase Method	うち系統利用高 (B) of which Marketed through Coop. Channel	系統利用率 (B／A) % Percentage of Using Cooperative Channel	販売手数料 (販売利益を含む) Marketing Commission (Including Marketing Profit)	うち受託販売手数料 of which Marketing Commission
米 Rice	858 742 358	116 468 393	595 225 636	69.3	36 424 113	25 942 307
麦 Total of Wheat, Barley and Others	48 229 587	55 546	45 709 833	94.8	3 685 020	3 678 134
雑穀・豆類 Miscellaneous Cereals and Pulses	65 361 819	20 288 676	49 373 745	75.5	4 896 276	1 859 652
野菜 Vegetables	1 310 342 150	25 410 836	1 131 519 709	86.4	39 695 469	36 470 031
果実 Fruits	421 024 279	6 349 613	380 045 206	90.3	12 529 945	11 030 254
花き・花木 Flowers & Ornamental Plants	123 942 495	581 528	96 628 292	78.0	3 477 913	3 354 830
畜産物 Livestock	1 349 881 354	14 412 216	1 223 225 690	90.6	17 463 563	16 990 946
(うち生乳) (of which Fresh Milk)	473 519 023	-	463 185 275	97.8	5 305 890	-
(うち肉用牛) (of which Beef Cattle)	585 513 585	-	504 356 351	86.1	8 178 938	-
(うち肉豚) (of which Hogs)	94 882 656	-	86 419 904	91.1	1 029 059	-
(うち肉鶏) (of which Broiler)	4 153 993	-	695 011	16.7	36 846	-
(うち鶏卵) (of which Eggs)	17 947 308	-	12 018 328	67.0	253 979	-
その他 Others	390 358 954	42 535 444	195 260 395	50.0	27 914 517	19 797 526
(うち茶) (of which Green Tea)	43 294 279	-	34 554 446	79.8	866 290	-
合計 Total	4 567 883 002	226 102 378	3 716 988 508	81.4	146 086 819	119 130 806

（B）１組合当たり平均
Average Per Coop.

集計組合数　639
Total No. of Coops. Surveyed

（単位：千円）
(Unit:1000 Yen)

品名 Commodities	当期販売・取扱高 Amount Marketed and Handled	うち当期買取販売高 of which Marketed by Purchase Method	うち系統利用高 of which Marketed through Coop. Channel	販売手数料（販売利益を含む） Marketing Commission (Including Marketing Profit)	うち受託販売手数料 of which Marketing Commission
米 Rice	1 343 884.8	182 266.7	931 495.5	57 001.7	40 598.3
麦 Total of Wheat,Barley and Others	75 476.7	86.9	71 533.4	5 766.9	5 756.1
雑穀・豆類 Miscellaneous Cereals and Pulses	102 287.7	31 750.7	77 267.2	7 662.4	2 910.3
野菜 Vegetables	2 050 613.7	39 766.6	1 770 766.4	62 121.2	57 073.6
果実 Fruits	658 879.9	9 936.8	594 749.9	19 608.7	17 261.7
花き・花木 Flowers & Ornamental Plants	193 963.2	910.1	151 218.0	5 442.7	5 250.1
畜産物 Livestock	2 112 490.4	22 554.3	1 914 281.2	27 329.5	26 589.9
（うち生乳） (of which Fresh Milk)	741 031.3	−	724 859.6	8 303.4	−
（うち肉用牛） (of which Beef Cattle)	916 296.7	−	789 290.1	12 799.6	−
（うち肉豚） (of which Hogs)	148 486.2	−	135 242.4	1 610.4	−
（うち肉鶏） (of which Broiler)	6 500.8	−	1 087.7	57.7	−
（うち鶏卵） (of which Eggs)	28 086.6	−	18 808.0	397.5	−
その他 Others	610 890.4	66 565.6	305 571.8	43 684.7	30 982.0
（うち茶） (of which Green Tea)	67 753.2	−	54 075.8	1 355.7	−
合計 Total	7 148 486.7	353 837.8	5 816 883.4	228 617.9	186 433.2

（1） 販売品品目別販売・取扱高

Marketed Commodites

（a）米

集計組合数 639

Total No. of Coops. Surveyed 639

Rice

（単位：千円）

(Unit:1000Yen)

事業年度 Business Year	当期販売・取扱高 Amount Marketed and Handled	うち当期買取販売高 of which Marketed by Purchase Method	うち系統利用高 of which Marketed through Coop. Channel	販売手数料（販売利益を含む） Marketing Commission (Including Marketing Profit)	うち受託販売手数料 of which Marketing Commission
平25(2013)	949 740 339	-	698 851 749	35 620 632	-
平26(2014)	823 890 899	-	606 207 278	33 583 404	-
平27(2015)	791 375 124	54 702 554	586 466 948	34 828 833	-
平28(2016)	842 921 102	67 962 227	609 066 813	36 220 852	-
平29(2017)	890 427 094	95 365 858	621 078 183	37 969 535	28 521 525
平30(2018)	858 742 358	116 468 393	595 225 636	36 424 113	25 942 307
1組合当たり Average Per Coop.	1 343 884.8	182 266.7	931 495.5	57 001.7	40 598.3
1 北海道	103 495 585	4 190 881	86 510 180	2 669 727	2 214 064
東北 2 青森	30 237 547	219 675	22 778 035	960 622	946 413
3 岩手	37 979 866	1 723 121	28 294 295	1 242 821	1 142 139
4 宮城	49 039 410	1 916 786	37 478 442	1 567 840	1 483 609
5 秋田	67 354 512	670 224	37 146 187	2 322 059	2 217 881
6 山形	56 539 640	1 331 304	26 451 658	1 898 520	1 787 184
7 福島	34 846 883	17 736 499	18 158 517	2 769 992	591 359
小計	275 997 858	23 597 609	170 307 134	10 761 854	8 168 585
関東 8 茨城	18 739 292	13 062 635	10 227 598	1 447 442	241 613
9 栃木	32 896 494	2 501 347	25 466 902	1 371 030	1 182 230
10 群馬	7 262 968	4 511 234	3 886 422	346 107	137 636
11 埼玉	7 141 153	2 328 108	5 152 604	291 369	158 964
12 千葉	21 306 925	16 524 558	10 575 569	1 729 264	178 302
13 東京	841 141	836 634	2 465	147 985	224
14 神奈川	846 564	365 389	485 826	111 670	8 838
15 山梨	1 862 514	-	309 480	48 547	48 547
16 長野	22 488 140	669 702	19 119 714	869 916	832 060
17 静岡	3 038 592	161 532	1 733 696	103 336	81 515
小計	116 423 783	40 961 139	76 960 276	6 466 666	2 869 929
北陸 18 新潟	91 975 578	3 592 798	62 016 175	3 563 308	3 412 893
19 富山	28 444 252	2 991 659	22 218 113	1 373 314	1 134 207
20 石川	16 731 208	173 635	12 858 209	833 648	816 091
21 福井	16 904 560	646 557	12 477 480	658 722	616 188
小計	154 055 598	7 404 649	109 569 977	6 428 992	5 979 379
東海 22 岐阜	9 368 571	1 758 747	7 170 417	340 510	238 625
23 愛知	11 344 041	2 909 289	8 338 956	900 309	558 376
24 三重	11 096 581	137 723	7 400 826	583 083	550 941
小計	31 809 193	4 805 759	22 910 199	1 823 902	1 347 942
近畿 25 滋賀	16 190 705	1 710 468	11 840 932	802 461	598 966
26 京都	3 467 313	3 015 364	2 532 063	233 750	37 230
27 大阪	1 155 432	1 138 282	192 524	182 503	1 271
28 兵庫	18 726 798	2 432 370	14 147 845	1 117 289	701 717
29 奈良	2 068 501	1 931 826	1 931 826	144 219	5 467
30 和歌山	765 554	121 915	666 332	29 782	20 607
小計	42 374 303	10 350 225	31 311 522	2 510 004	1 365 258
中国・四国 31 鳥取	7 389 139	-	2 701 985	309 709	309 709
32 島根	10 049 401	4 625 091	6 666 958	709 322	198 319
33 岡山	10 440 434	1 737 539	4 254 905	386 919	276 333
34 広島	10 028 749	7 507 681	6 257 169	401 962	83 438
35 山口	11 321 734	1 743 565	8 850 402	706 356	563 172
36 徳島	3 867 586	2 991 539	2 623 365	330 154	45 434
37 香川	5 281 134	-	4 662 200	176 221	176 221
38 愛媛	3 605 929	2 048 449	2 631 515	153 184	57 996
39 高知	2 469 480	357 421	2 383 268	154 080	116 697
小計	64 453 586	21 011 285	41 031 767	3 327 907	1 827 319
九州 40 福岡	19 652 979	231 517	17 354 180	572 086	562 588
41 佐賀	16 518 557	-	15 031 376	750 294	750 294
42 長崎	4 976 939	74 924	4 156 671	135 613	129 802
43 熊本	14 202 774	121 566	8 211 105	411 852	406 588
44 大分	3 628 437	2 999 845	3 095 712	208 543	18 876
45 宮崎	5 680 583	40 013	4 245 370	160 787	154 389
46 鹿児島	5 060 881	267 679	4 530 167	151 879	147 294
小計	69 721 150	3 735 544	56 624 581	2 391 054	2 169 831
47 沖縄	411 302	411 302	-	44 007	-

※1 「当期買取販売高」は、平成27事業年度から新たに設定された項目である。
2 「受託販売手数料」は、平成29事業年度から新たに設定された項目である。

(b) 麦

Wheat, Barley and Others

(単位：千円)
(Unit:1000Yen)

	事業年度 Business Year	当期販売・取扱高 Amount Marketed and Handled	うち当期買取販売高 of which Marketed by Purchase Method	うち系統利用高 of which Marketed through Coop. Channel	販売手数料 (販売利益を含む) Marketing Commission (Including Marketing Profit)	うち受託販売手数料 of which Marketing Commission
	平25(2013)	48 486 749	−	41 362 531	3 943 681	−
	平26(2014)	49 283 217	−	44 161 937	4 178 637	−
	平27(2015)	55 789 563	52 359	52 018 248	4 929 172	−
	平28(2016)	41 935 276	54 661	38 047 861	4 056 413	−
	平29(2017)	51 168 403	19 515	48 079 116	4 260 472	4 253 811
	平30(2018)	48 229 587	55 546	45 709 833	3 685 020	3 678 134
	1組合当たり Average Per Coop.	75 476.7	86.9	71 533.4	5 766.9	5 756.1
	1 北海道	26 605 806	3 665	25 073 858	2 029 695	2 028 923
東北	2 青森	45 831	−	39 488	6 885	6 885
	3 岩手	361 770	−	344 120	18 349	18 349
	4 宮城	263 699	−	256 024	32 623	32 623
	5 秋田	3 897	−	3 826	184	184
	6 山形	1 892	−	1 892	50	50
	7 福島	5 254	−	5 254	356	356
	小計	682 343	−	650 604	58 447	58 447
関東	8 茨城	454 366	26 071	429 187	87 852	83 556
	9 栃木	4 006 529	−	3 989 118	196 734	196 732
	10 群馬	1 590 775	−	1 586 050	127 420	127 420
	11 埼玉	982 410	1 073	980 130	100 474	99 932
	12 千葉	36 455	−	36 077	4 938	4 938
	13 東京	861	831	−	229	4
	14 神奈川	8 496	7 165	51	− 263	18
	15 山梨	6 752	−	6 752	255	255
	16 長野	592 944	−	587 408	32 529	32 529
	17 静岡	47 121	−	46 869	5 848	5 848
	小計	7 726 709	35 140	7 661 642	556 016	551 232
北陸	18 新潟	14 910	−	13 850	1 425	1 425
	19 富山	235 570	−	232 442	41 773	41 773
	20 石川	111 228	−	106 778	16 750	16 750
	21 福井	651 887	−	644 470	53 991	53 991
	小計	1 013 595	−	997 540	113 939	113 939
東海	22 岐阜	522 947	680	516 008	48 619	48 398
	23 愛知	688 319	−	669 969	85 464	85 464
	24 三重	682 851	−	682 851	77 722	77 722
	小計	1 894 117	680	1 868 828	211 805	211 584
近畿	25 滋賀	541 367	−	541 367	66 128	66 128
	26 京都	27 797	−	25 256	185	171
	27 大阪	−	−	−	−	−
	28 兵庫	302 173	−	302 055	27 120	27 119
	29 奈良	11 044	−	11 044	442	442
	30 和歌山	−	−	−	−	−
	小計	882 381	−	879 722	93 875	93 860
中国・四国	31 鳥取	27 706	−	27 497	918	918
	32 島根	144 018	15 981	87 843	7 018	5 947
	33 岡山	647 408	−	614 398	48 914	48 914
	34 広島	18 090	−	18 045	905	904
	35 山口	181 129	−	181 129	17 472	17 472
	36 徳島	2 744	−	2 744	59	57
	37 香川	376 246	−	372 237	43 979	43 979
	38 愛媛	201 188	−	201 152	23 255	23 255
	39 高知	80	80	−	12	−
	小計	1 598 609	16 061	1 505 045	142 532	141 446
九州	40 福岡	3 484 578	−	3 062 537	95 340	95 333
	41 佐賀	2 897 319	−	2 611 819	277 147	277 147
	42 長崎	186 735	−	186 735	13 118	13 118
	43 熊本	758 519	−	757 592	49 423	49 423
	44 大分	475 349	−	430 384	42 978	42 977
	45 宮崎	9 356	−	9 356	279	279
	46 鹿児島	14 171	−	14 171	426	426
	小計	7 826 027	−	7 072 594	478 711	478 703
	47 沖縄	−	−	−	−	−

（c）雑穀・豆類
Miscellaneous Cereals and Pulse

（単位：千円）
(Unit:1000Yen)

事業年度 Business Year	当期販売・取扱高 Amount Marketed and Handled	うち当期買取販売高 of which Marketed by Purchase Method	うち系統利用高 of which Marketed through Coop. Channel	販売手数料（販売利益を含む） Marketing Commission (Including Marketing Profit)	うち受託販売手数料 of which Marketing Commission
平25(2013)	67 875 561	–	50 260 103	4 309 067	–
平26(2014)	70 976 966	–	56 650 497	4 117 919	–
平27(2015)	80 295 951	21 146 232	64 324 838	4 185 692	–
平28(2016)	70 746 751	17 219 829	55 053 314	4 691 477	–
平29(2017)	71 758 798	19 726 374	55 217 742	4 469 038	2 116 824
平30(2018)	65 361 819	20 288 676	49 373 745	4 896 276	1 859 652
1組合当たり Average Per Coop.	102 287.7	31 750.7	77 267.2	7 662.4	2 910.3
1 北海道	32 808 444	19 544 248	23 019 028	3 353 718	460 163
東北 2 青森	726 884	–	613 142	32 725	32 725
3 岩手	685 150	34 102	576 934	31 182	21 325
4 宮城	1 978 932	–	1 881 364	84 605	84 605
5 秋田	1 546 637	–	1 405 117	72 469	72 469
6 山形	1 297 448	45 479	1 024 659	52 131	50 920
7 福島	1 586 732	–	679 945	59 114	51 193
小計	7 821 783	79 581	6 181 161	332 226	313 237
関東 8 茨城	638 882	103 017	450 785	41 543	29 538
9 栃木	928 387	–	708 612	80 812	80 809
10 群馬	278 544	102 962	173 592	18 099	7 055
11 埼玉	218 406	1 958	145 150	24 831	24 650
12 千葉	441 117	33 489	306 651	21 699	18 313
13 東京	16 961	–	3 094	1 892	1 909
14 神奈川	13 105	458	7 833	454	615
15 山梨	81 313	5 479	32 872	2 611	2 430
16 長野	1 317 675	–	951 182	56 831	56 830
17 静岡	22 807	–	20 483	1 091	1 091
小計	3 957 197	247 363	2 800 254	249 863	223 240
北陸 18 新潟	1 850 185	–	1 623 453	73 182	73 182
19 富山	1 859 826	56 854	1 314 259	95 562	87 633
20 石川	521 551	18 625	510 885	37 487	35 584
21 福井	1 142 835	–	783 875	51 200	51 200
小計	5 374 397	75 479	4 232 472	257 431	247 599
東海 22 岐阜	484 960	–	474 011	19 402	19 189
23 愛知	1 228 663	–	1 088 161	69 985	69 985
24 三重	332 855	–	332 855	23 670	23 667
小計	2 046 478	–	1 895 027	113 057	112 841
近畿 25 滋賀	1 163 117	4 165	1 067 598	52 725	50 895
26 京都	349 078	–	317 917	12 600	12 600
27 大阪	13 141	8 226	3 423	1 975	579
28 兵庫	1 592 593	298 793	977 847	136 235	54 838
29 奈良	3 961	–	3 961	246	246
30 和歌山	1 578 473	–	1 578 473	39 462	39 462
小計	4 700 363	311 184	3 949 219	243 243	158 620
中国・四国 31 鳥取	144 867	–	109 590	4 454	4 454
32 島根	248 064	27 526	151 308	12 088	10 245
33 岡山	475 128	–	266 096	16 402	16 402
34 広島	152 507	–	87 029	7 397	7 397
35 山口	113 455	–	103 127	6 278	6 278
36 徳島	3 131	916	281	237	45
37 香川	6 533	–	6 401	342	342
38 愛媛	40 399	–	40 395	1 520	1 519
39 高知	–	–	–	–	–
小計	1 184 084	28 442	764 227	48 718	46 682
九州 40 福岡	2 516 812	–	2 103 247	76 926	76 922
41 佐賀	2 215 971	–	1 913 184	116 554	116 554
42 長崎	193 481	–	171 387	5 617	5 617
43 熊本	893 814	483	791 679	30 857	30 766
44 大分	519 952	–	490 672	29 280	29 280
45 宮崎	148 335	1 896	117 510	4 514	4 144
46 鹿児島	980 708	–	944 678	34 272	33 987
小計	7 469 073	2 379	6 532 357	298 020	297 270
47 沖縄	–	–	–	–	–

(d) 野菜

Vegetables

(単位：千円)
(Unit:1000Yen)

	事業年度 Business Year	当期販売・取扱高 Amount Marketed and Handled	うち当期買取販売高 of which Marketed by Purchase Method	うち系統利用高 of which Marketed through Coop. Channel	販売手数料(販売利益を含む) Marketing Commission (Including Marketing Profit)	うち受託販売手数料 of which Marketing Commission
	平25(2013)	1 284 743 663	-	1 099 909 339	38 962 249	-
	平26(2014)	1 275 967 225	-	1 082 097 092	39 009 900	-
	平27(2015)	1 368 446 894	21 208 810	1 163 268 596	41 362 271	-
	平28(2016)	1 400 204 104	19 276 272	1 193 523 971	42 516 743	-
	平29(2017)	1 356 211 181	24 669 210	1 159 371 332	40 764 976	37 534 635
	平30(2018)	1 310 342 150	25 410 836	1 131 519 709	39 695 469	36 470 031
	1組合当たり Average Per Coop.	2 050 613.7	39 766.6	1 770 766.4	62 121.2	57 073.6
	1 北海道	205 968 368	1 556 605	175 467 413	5 109 849	4 981 202
東北	2 青森	35 619 590	418 837	29 390 459	1 098 774	1 049 715
	3 岩手	16 251 232	-	15 684 168	383 258	383 258
	4 宮城	10 341 144	2 095	8 821 236	273 029	272 989
	5 秋田	12 595 252	5 050	11 384 960	331 008	285 763
	6 山形	17 105 027	6 270	13 518 028	447 406	446 960
	7 福島	20 836 415	-	20 278 840	611 349	611 349
	小計	112 748 660	432 252	99 077 691	3 144 824	3 050 034
関東	8 茨城	81 514 905	725 785	77 463 395	1 840 575	1 581 753
	9 栃木	50 322 288	6 963 405	48 053 996	2 084 235	1 348 285
	10 群馬	71 233 246	17 044	69 575 958	5 133 305	5 133 291
	11 埼玉	25 566 304	16 302	25 429 991	802 063	801 314
	12 千葉	58 541 408	1 125 165	55 078 392	1 279 479	1 166 905
	13 東京	2 829 342	455 140	71 544	260 304	184 994
	14 神奈川	13 796 083	1 810 702	6 946 307	906 253	639 754
	15 山梨	3 502 882	486	3 138 031	90 506	90 506
	16 長野	99 095 603	242 520	86 715 608	2 301 115	2 238 573
	17 静岡	23 310 057	541 354	20 795 526	713 092	592 520
	小計	429 712 118	11 897 903	393 268 748	15 410 927	13 777 895
北陸	18 新潟	17 853 336	115 679	11 075 129	455 625	434 439
	19 富山	2 973 818	4 853	1 920 579	142 750	142 259
	20 石川	4 569 970	18 817	4 496 822	86 728	82 554
	21 福井	2 768 232	-	2 117 901	48 750	48 750
	小計	28 165 356	139 349	19 610 431	733 853	708 002
東海	22 岐阜	15 722 200	-	15 469 740	276 308	276 308
	23 愛知	46 686 612	818 481	44 383 441	1 235 851	1 198 313
	24 三重	3 332 965	1 542	2 758 588	136 541	136 396
	小計	65 741 777	820 023	62 611 769	1 648 700	1 611 017
近畿	25 滋賀	3 604 178	357 003	2 279 599	203 020	166 876
	26 京都	5 408 083	69 597	4 240 032	154 303	133 629
	27 大阪	3 884 760	123 677	2 592 343	184 371	169 192
	28 兵庫	20 090 720	1 730 958	12 509 220	1 192 524	988 070
	29 奈良	2 198 915	-	827 527	24 362	24 362
	30 和歌山	7 335 719	177 286	7 003 037	191 723	178 932
	小計	42 522 375	2 458 521	29 451 758	1 950 303	1 661 061
中国・四国	31 鳥取	12 777 675	-	10 941 345	303 319	303 319
	32 島根	3 458 830	173	2 561 303	90 666	90 665
	33 岡山	6 604 658	404	5 794 872	232 590	232 032
	34 広島	7 080 785	22 709	4 632 742	262 231	257 393
	35 山口	5 896 999	187 556	3 214 806	342 195	304 102
	36 徳島	32 412 905	26 788	31 784 105	586 250	584 588
	37 香川	17 294 392	-	22 605	682 448	682 448
	38 愛媛	7 382 930	140 838	7 009 559	209 934	194 934
	39 高知	50 754 237	380 156	49 907 449	1 156 966	1 140 619
	小計	143 663 411	758 624	115 868 786	3 866 599	3 790 100
九州	40 福岡	47 644 338	161 016	39 669 333	1 188 472	1 164 201
	41 佐賀	22 530 377	159 260	8 184 163	782 260	777 320
	42 長崎	32 348 936	-	31 959 921	689 284	689 284
	43 熊本	78 379 218	110 898	75 543 315	1 474 699	1 455 240
	44 大分	17 558 946	-	15 694 584	307 453	307 451
	45 宮崎	39 297 100	985 758	36 763 623	1 099 496	900 980
	46 鹿児島	30 357 274	1 222 027	27 948 029	779 277	737 585
	小計	268 116 189	2 638 959	235 762 968	6 320 941	6 032 061
	47 沖縄	13 703 896	4 708 600	400 145	1 509 473	858 659

(e) 果実

Fruits

(単位：千円)
(Unit:1000Yen)

事業年度 Business Year	当期販売・取扱高 Amount Marketed and Handled	うち当期買取販売高 of which Marketed by Purchase Method	うち系統利用高 of which Marketed through Coop. Channel	販売手数料（販売利益を含む） Marketing Commission (Including Marketing Profit)	うち受託販売手数料 of which Marketing Commission
平25(2013)	412 454 890	-	360 515 129	12 020 729	-
平26(2014)	396 282 086	-	349 844 403	11 850 975	-
平27(2015)	412 769 466	4 625 853	367 215 051	11 992 789	-
平28(2016)	428 068 920	4 974 872	379 160 723	12 099 055	-
平29(2017)	428 720 707	6 008 904	379 319 941	12 267 595	10 885 698
平30(2018)	421 024 279	6 349 613	380 045 206	12 529 945	11 030 254
1組合当たり Average Per Coop.	658 879.9	9 936.8	594 749.9	19 608.7	17 261.7
1 北海道	2 170 030	37 146	1 466 636	69 635	61 396
東北 2 青森	40 894 268	15 239	38 543 847	851 330	849 448
3 岩手	3 687 813	-	3 406 986	94 838	94 838
4 宮城	4 213 215	-	4 007 197	90 670	90 670
5 秋田	2 546 792	-	2 214 153	55 178	55 178
6 山形	16 956 107	-	16 031 792	490 017	490 017
7 福島	10 988 911	-	10 167 522	326 533	326 533
小計	79 287 106	15 239	74 371 497	1 908 566	1 906 684
関東 8 茨城	14 447 001	243 269	13 527 855	303 748	303 747
9 栃木	3 612 867	161 583	3 467 433	100 110	93 633
10 群馬	2 429 889	-	2 273 190	64 626	64 626
11 埼玉	1 540 291	-	1 443 297	24 788	24 788
12 千葉	6 805 446	28 904	6 398 592	95 897	93 963
13 東京	96 841	28 973	3 543	11 101	7 282
14 神奈川	2 001 298	50 055	1 447 717	102 910	89 807
15 山梨	36 324 607	307 756	34 824 872	728 281	631 278
16 長野	39 496 261	918 415	35 697 782	1 097 568	879 647
17 静岡	20 010 058	1 929	18 980 458	434 761	434 746
小計	126 764 559	1 740 884	118 064 739	2 963 790	2 623 517
北陸 18 新潟	7 506 885	37 698	6 934 928	197 862	190 777
19 富山	554 672	-	511 434	3 467	3 467
20 石川	2 609 877	-	2 594 767	44 028	44 027
21 福井	557 657	-	446 962	15 176	15 176
小計	11 229 091	37 698	10 488 091	260 533	253 447
東海 22 岐阜	2 138 451	-	2 009 447	37 040	37 040
23 愛知	12 379 205	13 461	8 869 820	576 723	573 471
24 三重	3 186 201	559	2 904 351	65 521	65 408
小計	17 703 857	14 020	13 783 618	679 284	675 919
近畿 25 滋賀	225 177	509	175 817	4 440	4 430
26 京都	194 728	31 882	130 092	12 458	3 904
27 大阪	1 040 565	18 148	742 219	41 433	38 105
28 兵庫	356 316	-	234 414	9 769	9 769
29 奈良	4 328 522	-	3 297 397	95 289	95 289
30 和歌山	31 854 589	70 483	29 838 993	1 709 285	1 699 262
小計	37 999 897	121 022	34 418 932	1 872 674	1 850 759
中国・四国 31 鳥取	4 959 703	-	3 518 259	110 516	110 516
32 島根	2 623 458	6 334	2 404 374	84 777	83 866
33 岡山	8 682 653	10 179	8 336 698	240 867	240 867
34 広島	6 236 668	-	6 056 563	317 416	317 415
35 山口	1 595 635	27 328	1 399 840	34 403	31 444
36 徳島	5 244 541	-	5 055 160	107 898	104 258
37 香川	2 873 882	-	1 440	107 328	107 328
38 愛媛	37 811 551	413 912	37 672 557	1 013 057	907 544
39 高知	6 203 399	2 862 818	6 003 976	924 242	62 429
小計	76 231 490	3 320 571	70 448 867	2 940 504	1 965 667
九州 40 福岡	14 233 258	-	11 335 206	302 266	302 259
41 佐賀	12 043 684	82 070	6 835 530	413 890	410 326
42 長崎	9 085 988	-	8 704 128	180 113	180 112
43 熊本	18 731 092	162 076	17 560 081	399 330	362 875
44 大分	4 067 004	-	3 552 997	74 960	74 959
45 宮崎	6 337 715	6 517	6 133 801	153 733	154 598
46 鹿児島	2 972 217	67 698	2 812 035	71 942	71 938
小計	67 470 958	318 361	56 933 778	1 596 234	1 557 067
47 沖縄	2 167 291	744 672	69 048	238 725	135 798

(f) 花き・花木

Flowers & Ornamental Plants

(単位：千円)
(Unit:1000Yen)

	事業年度 Business Year	当期販売・取扱高 Amount Marketed and Handled	うち当期買取販売高 of which Marketed by Purchase Method	うち系統利用高 of which Marketed through Coop. Channel	販売手数料（販売利益を含む） Marketing Commission (Including Marketing Profit)	うち受託販売手数料 of which Marketing Commission
	平25(2013)	141 150 365	−	114 829 049	3 836 884	−
	平26(2014)	135 543 567	−	109 310 599	3 738 566	−
	平27(2015)	136 872 333	559 062	110 668 104	3 751 212	−
	平28(2016)	132 727 998	680 298	106 918 851	3 680 823	−
	平29(2017)	126 379 677	611 097	100 269 190	3 548 897	3 412 120
	平30(2018)	123 942 495	581 528	96 628 292	3 477 913	3 354 830
	1組合当たり Average Per Coop.	193 963.2	910.1	151 218.0	5 442.7	5 250.1
	1 北海道	8 034 263	−	6 650 747	205 512	205 512
東北	2 青森	612 356	−	598 161	15 334	15 334
東北	3 岩手	3 308 768	−	3 194 577	77 866	77 866
東北	4 宮城	1 031 962	−	999 040	21 965	21 964
東北	5 秋田	2 460 456	−	2 283 735	54 894	54 894
東北	6 山形	3 512 434	−	3 194 520	98 010	98 010
東北	7 福島	2 441 450	−	1 704 381	71 997	71 997
東北	小計	13 367 426	−	11 974 414	340 066	340 065
関東	8 茨城	2 212 340	−	2 139 975	44 357	44 355
関東	9 栃木	3 143 514	11 301	2 516 605	126 438	126 437
関東	10 群馬	2 197 772	−	1 695 425	45 277	45 277
関東	11 埼玉	2 719 574	−	2 542 944	31 292	31 292
関東	12 千葉	2 967 237	2 022	505 278	29 832	29 479
関東	13 東京	717 248	19 295	48 219	42 810	40 637
関東	14 神奈川	589 903	11 694	34 364	64 905	62 289
関東	15 山梨	12 299	−	6 324	254	254
関東	16 長野	6 963 827	65 484	6 324 401	144 677	142 057
関東	17 静岡	5 829 280	−	5 549 849	139 849	139 847
関東	小計	27 352 994	109 796	21 363 384	669 691	661 924
北陸	18 新潟	4 938 828	442	4 623 014	125 741	125 667
北陸	19 富山	169 700	−	71 903	6 651	6 651
北陸	20 石川	213 102	−	212 838	3 100	3 099
北陸	21 福井	135 836	−	73 111	5 037	5 037
北陸	小計	5 457 466	442	4 980 866	140 529	140 454
東海	22 岐阜	241 170	−	236 704	4 539	4 539
東海	23 愛知	28 972 730	138 792	25 527 861	1 015 653	993 108
東海	24 三重	700 317	−	162 157	12 804	12 803
東海	小計	29 914 217	138 792	25 926 722	1 032 996	1 010 450
近畿	25 滋賀	126 469	378	17 953	2 059	2 052
近畿	26 京都	290 053	−	274 508	13 737	13 737
近畿	27 大阪	599 162	108 210	−	99 367	51 763
近畿	28 兵庫	1 062 226	−	815 154	13 270	13 270
近畿	29 奈良	1 598 182	−	−	44 562	44 562
近畿	30 和歌山	4 226 385	76 421	4 072 202	134 237	119 153
近畿	小計	7 902 477	185 009	5 179 817	307 232	244 537
中国・四国	31 鳥取	394 016	−	304 045	7 734	7 734
中国・四国	32 島根	507 106	62 156	166 758	28 897	10 260
中国・四国	33 岡山	630 509	−	534 924	16 894	16 894
中国・四国	34 広島	337 912	−	231 538	13 628	13 627
中国・四国	35 山口	234 400	35 466	171 038	10 515	7 760
中国・四国	36 徳島	1 095 769	−	1 080 537	20 429	20 429
中国・四国	37 香川	891 911	−	5 762	39 604	39 604
中国・四国	38 愛媛	635 028	−	634 486	17 330	17 329
中国・四国	39 高知	4 027 619	−	3 993 396	67 784	67 765
中国・四国	小計	8 754 270	97 622	7 122 484	222 815	201 402
九州	40 福岡	7 074 188	49 867	3 149 301	149 844	141 261
九州	41 佐賀	440 040	−	92 291	11 802	11 802
九州	42 長崎	2 112 061	−	1 358 621	42 257	42 257
九州	43 熊本	4 311 057	−	3 864 955	73 825	73 823
九州	44 大分	1 701 009	−	1 343 812	30 095	30 094
九州	45 宮崎	2 848 760	−	2 550 286	54 657	54 657
九州	46 鹿児島	1 161 056	−	1 070 592	26 063	26 063
九州	小計	19 648 171	49 867	13 429 858	388 543	379 957
	47 沖縄	3 511 211	−	−	170 529	170 529

(g) 畜産物

Livestock Products

(単位：千円)
(Unit:1000Yen)

事業年度 Business Year	当期販売・取扱高 Amount Marketed and Handled	うち当期買取販売高 of which Marketed by Purchase Method	うち系統利用高 of which Marketed through Coop. Channel	販売手数料（販売利益を含む） Marketing Commission (Including Marketing Profit)	うち受託販売手数料 of which Marketing Commission
平25(2013)	1 161 595 862	-	1 037 239 941	15 777 808	-
平26(2014)	1 211 054 344	-	1 092 876 933	15 821 354	-
平27(2015)	1 322 266 739	12 708 475	1 187 398 195	17 248 823	-
平28(2016)	1 387 123 332	13 764 629	1 239 453 688	18 142 073	-
平29(2017)	1 361 365 595	12 982 891	1 217 975 996	17 242 339	16 846 003
平30(2018)	1 349 881 354	14 412 216	1 223 225 690	17 463 563	16 990 946
1組合当たり Average Per Coop.	2 112 490.4	22 554.3	1 914 281.2	27 329.5	26 589.9
1 北海道	605 653 296	9 420 461	570 176 062	7 327 475	7 098 925
東北 2 青森	15 134 589	-	12 255 184	207 549	207 549
3 岩手	50 833 869	-	48 430 095	927 873	927 873
4 宮城	27 699 945	-	27 505 536	296 305	296 305
5 秋田	8 672 035	-	4 220 324	111 860	111 860
6 山形	21 193 372	-	15 697 020	239 708	239 708
7 福島	13 367 766	15 666	13 333 395	202 205	199 286
小計	136 901 576	15 666	121 441 554	1 985 500	1 982 581
関東 8 茨城	6 745 149	-	5 606 724	65 323	65 322
9 栃木	16 411 270	-	15 541 675	184 865	184 863
10 群馬	40 269 476	-	38 700 593	284 907	284 907
11 埼玉	4 377 718	-	4 374 986	20 063	20 063
12 千葉	7 894 358	3 048	7 349 054	67 010	66 474
13 東京	82 707	24	27 282	2 114	2 125
14 神奈川	3 674 852	202 286	1 532 390	70 192	32 955
15 山梨	1 478 434	-	1 454 821	12 892	12 892
16 長野	20 196 916	1 050	20 089 716	272 686	272 611
17 静岡	12 052 461	-	11 508 401	80 590	80 590
小計	113 183 341	206 408	106 185 642	1 060 642	1 022 802
北陸 18 新潟	9 008 280	28 702	8 372 525	91 260	88 978
19 富山	4 777 184	-	4 508 543	18 734	18 733
20 石川	4 773 585	-	4 773 585	15 298	15 297
21 福井	1 968 364	-	1 844 260	12 357	12 357
小計	20 527 413	28 702	19 498 913	137 649	135 365
東海 22 岐阜	19 505 114	-	19 437 115	177 948	177 944
23 愛知	23 379 741	35 118	22 419 536	241 853	238 433
24 三重	9 994 971	-	7 980 480	73 814	73 813
小計	52 879 826	35 118	49 837 131	493 615	490 190
近畿 25 滋賀	6 416 483	27 121	6 355 948	83 564	78 106
26 京都	3 110 941	-	2 986 114	32 358	32 358
27 大阪	27 696	3 885	-	3 720	3 238
28 兵庫	16 982 788	295 958	12 459 579	303 278	303 278
29 奈良	3 047 485	-	27 104	14 348	14 348
30 和歌山	542 101	-	542 101	1 485	1 477
小計	30 127 494	326 964	22 370 846	438 753	432 805
中国・四国 31 鳥取	7 002 715	-	5 225 730	102 009	102 009
32 島根	17 621 720	-	12 612 469	166 691	166 691
33 岡山	5 170 477	-	5 088 701	58 550	58 550
34 広島	3 390 784	643 500	2 525 456	63 399	19 338
35 山口	4 377 162	120 061	3 885 560	45 668	43 541
36 徳島	764 950	-	600 711	5 860	5 859
37 香川	11 348 432	-	3 696 251	122 403	122 403
38 愛媛	8 553 364	-	8 389 240	91 373	83 082
39 高知	2 242 155	996 389	1 474 623	9 054	9 054
小計	60 471 759	1 759 950	43 498 741	665 007	610 527
九州 40 福岡	5 310 768	-	5 107 295	49 886	49 882
41 佐賀	32 202 895	-	24 734 146	667 427	667 427
42 長崎	26 999 446	-	21 277 537	477 749	477 749
43 熊本	33 427 700	-	31 900 320	347 432	347 431
44 大分	11 829 384	-	11 482 267	130 011	130 008
45 宮崎	87 599 827	225 626	84 514 907	1 286 480	1 247 944
46 鹿児島	111 814 618	-	111 200 329	1 736 828	1 736 828
小計	309 184 638	225 626	290 216 801	4 695 813	4 657 269
47 沖縄	20 952 011	2 393 321	-	659 109	560 482

(h) （うち生乳） (of which Fresh Milk)　　(i) （うち肉用牛） (of which Beef Cattle)

（単位：千円） (Unit:1000Yen)

地域	事業年度 Business Year	(h) 当期販売・取扱高 Amount Marketed and Handled	(h) うち系統利用高 of which through Marketed through Coop. Channel	(h) 販売手数料（販売利益を含む） Marketing Commission (Including Marketing Profit)	(i) 当期販売・取扱高 Amount Marketed and Handled	(i) うち系統利用高 of which through Marketed through Coop. Channel	(i) 販売手数料（販売利益を含む） Marketing Commission (Including Marketing Profit)
	平25(2013)	453 167 073	435 841 712	6 004 558	396 465 650	335 356 298	4 830 998
	平26(2014)	464 006 001	452 400 675	5 750 604	408 027 833	350 601 403	4 739 734
	平27(2015)	485 255 465	474 535 205	5 977 754	524 837 655	440 421 044	6 776 800
	平28(2016)	479 190 256	464 847 612	5 846 149	561 447 475	472 251 075	7 072 552
	平29(2017)	475 422 112	461 969 106	5 271 911	558 594 739	471 136 227	7 423 438
	平30(2018)	473 519 023	463 185 275	5 305 890	585 513 585	504 356 351	8 178 938
	1組合当たり Average Per Coop.	741 031.3	724 859.6	8 303.4	916 296.7	789 290.1	12 799.6
	1 北海道	356 918 065	354 342 431	3 978 856	166 956 933	144 239 229	2 316 032
	2 青森	7 024 015	7 024 015	101 353	4 542 392	3 751 460	56 039
東	3 岩手	17 698 549	17 698 509	301 067	21 095 307	18 696 026	416 267
	4 宮城	1 689 489	1 689 489	15 909	16 882 711	16 838 683	181 288
	5 秋田	1 313 478	1 313 240	12 128	2 822 032	910 233	36 400
	6 山形	1 955 646	1 955 646	22 413	13 436 394	8 842 050	156 985
北	7 福島	2 307 332	2 307 332	33 197	6 228 016	6 195 305	95 690
	小計	31 988 509	31 988 231	486 067	65 006 852	55 233 757	942 669
	8 茨城	381 996	381 996	2 382	3 458 700	2 320 275	30 494
関	9 栃木	-	-	-	13 586 290	12 716 696	156 950
	10 群馬	12 888 391	12 713 171	88 538	12 329 652	11 259 360	58 701
	11 埼玉	3 375 855	3 374 277	15 864	521 782	232 292	1 217
	12 千葉	3 409 377	3 391 238	31 568	919 440	872 800	6 195
	13 東京	19 905	19 905	17	42 358	7 236	797
	14 神奈川	968 630	352 299	2 212	867 336	430 936	26 160
	15 山梨	395 244	395 244	3 469	1 072 483	1 059 577	9 413
	16 長野	6 341 053	6 339 752	85 407	8 455 680	8 351 489	120 971
東	17 静岡	2 737 154	2 709 597	27 835	5 823 937	5 391 357	29 679
	小計	30 517 605	29 677 479	257 292	47 077 658	42 642 018	440 577
北	18 新潟	2 694 373	2 652 730	28 891	2 324 632	2 125 978	28 029
	19 富山	1 332 005	1 332 004	3 358	1 406 326	1 238 701	9 710
	20 石川	2 047 271	2 047 271	4 442	1 226 501	1 226 501	6 352
陸	21 福井	669 820	669 788	1 824	1 178 090	1 062 348	9 904
	小計	6 743 469	6 701 793	38 515	6 135 549	5 653 528	53 995
東	22 岐阜	2 088 622	2 040 517	10 878	13 082 589	13 082 589	126 616
	23 愛知	3 088 822	3 022 771	16 242	9 362 918	9 344 140	86 106
	24 三重	775 627	315 379	1 970	7 985 273	6 730 448	64 061
海	小計	5 953 071	5 378 667	29 090	30 430 780	29 157 177	276 783
	25 滋賀	1 955 260	1 950 393	27 603	4 145 380	4 094 554	52 500
近	26 京都	2 215 476	2 215 476	22 922	891 142	768 790	9 368
	27 大阪	-	-	-	2 961	-	401
	28 兵庫	-	-	-	13 386 721	10 304 774	137 114
	29 奈良	2 691 177	-	6 936	342 506	27 104	7 405
畿	30 和歌山	536 045	536 045	1 425	6 056	6 056	60
	小計	7 397 958	4 701 914	58 886	18 774 766	15 201 278	206 848
	31 鳥取	-	-	-	4 597 537	3 874 703	74 351
中	32 島根	7 946 014	5 676 337	129 069	2 783 687	1 988 563	9 683
	33 岡山	-	-	-	3 754 777	3 690 856	47 388
国	34 広島	110 064	-	15	2 327 592	2 215 828	17 696
	35 山口	104 161	104 161	172	3 604 829	3 383 972	40 823
・	36 徳島	-	-	-	670 689	509 713	5 774
	37 香川	3 969 251	3 696 251	39 016	3 263 448	-	37 575
四	38 愛媛	1 784 890	1 784 890	21 986	3 736 581	3 732 467	41 337
	39 高知	108 084	108 084	1 234	524 460	524 460	1 066
国	小計	14 022 464	11 369 723	191 492	25 263 600	19 920 562	275 693
	40 福岡	-	-	-	3 106 818	2 972 371	29 322
九	41 佐賀	1 491 793	553 475	39 272	26 472 836	20 542 029	563 797
	42 長崎	-	-	-	22 415 626	16 693 717	410 994
	43 熊本	11 338 954	11 324 527	120 942	19 378 659	17 865 706	198 988
	44 大分	288 209	288 209	404	3 667 484	3 432 617	45 839
	45 宮崎	6 858 926	6 858 826	105 074	41 450 544	40 315 722	380 006
州	46 鹿児島	-	-	-	91 080 126	90 486 640	1 478 057
	小計	19 977 882	19 025 037	265 692	207 572 093	192 308 802	3 107 003
	47 沖縄	-	-	-	18 295 354	-	559 338

(j) (うち肉豚) (of which Hogs)　　(k) (うち肉鶏) (of which Broiler)

(単位：千円) (Unit:1000Yen)

事業年度 Business Year	(j) 当期販売・取扱高 Amount Marketed and Handled	(j) うち系統利用高 of which through Marketed through Coop. Channel	(j) 販売手数料（販売利益を含む） Marketing Commission (Including Marketing Profit)	(k) 当期販売・取扱高 Amount Marketed and Handled	(k) うち系統利用高 of which through Marketed through Coop. Channel	(k) 販売手数料（販売利益を含む） Marketing Commission (Including Marketing Profit)
平25(2013)	108 445 847	99 112 304	1 109 645	4 172 404	828 634	106 597
平26(2014)	115 329 169	105 522 529	1 200 641	5 075 954	1 396 648	48 852
平27(2015)	106 574 007	96 683 669	1 160 553	4 366 180	779 847	39 978
平28(2016)	102 732 910	92 376 205	1 199 566	4 024 632	757 657	41 545
平29(2017)	104 827 746	95 379 377	1 154 364	4 234 335	622 060	38 303
平30(2018)	94 882 656	86 419 904	1 029 059	4 153 993	695 011	36 846
1組合当たり Average Per Coop.	148 486.2	135 242.4	1 610.4	6 500.8	1 087.7	57.7
1 北海道	8 110 122	6 971 612	92 425	198 212	-	1 818
2 青森	752 458	752 458	13 154	-	-	-
東 3 岩手	7 214 396	7 214 396	109 046	-	-	-
4 宮城	1 177 392	1 162 490	14 696	-	-	-
5 秋田	1 373 575	620 545	8 214	708 629	202 470	12 626
6 山形	1 817 360	1 662 754	19 571	-	-	-
北 7 福島	164 034	164 034	2 364	-	-	-
小計	12 499 215	11 576 677	167 045	708 629	202 470	12 626
8 茨城	2 202 790	2 202 790	23 794	-	-	-
関 9 栃木	1 499 075	1 499 075	11 300	-	-	-
10 群馬	11 137 119	10 900 183	117 397	-	-	-
11 埼玉	378 500	378 500	2 828	-	-	-
12 千葉	2 063 026	1 606 725	21 443	-	-	-
13 東京	-	-	-	-	-	-
14 神奈川	1 632 675	726 238	29 473	-	-	-
15 山梨	10 706	-	10	-	-	-
16 長野	2 614 084	2 614 084	44 616	28 901	28 901	143
東 17 静岡	2 327 858	2 243 933	20 344	193 731	193 731	698
小計	23 865 833	22 171 528	271 205	222 632	222 632	841
北 18 新潟	3 914 482	3 538 012	33 640	-	-	-
19 富山	1 902 058	1 820 154	5 057	-	-	-
20 石川	1 093 884	1 093 884	2 285	131 786	131 786	1 291
陸 21 福井	69 591	69 591	155	-	-	-
小計	6 980 015	6 521 641	41 137	131 786	131 786	1 291
東 22 岐阜	1 062 218	1 062 218	6 790	-	-	-
23 愛知	6 500 872	6 286 479	93 532	507 077	-	4 497
24 三重	1 065 680	878 770	6 509	115 658	11 135	1 111
海 小計	8 628 770	8 227 467	106 831	622 735	11 135	5 608
25 滋賀	-	-	-	27 979	27 979	382
近 26 京都	-	-	-	-	-	-
27 大阪	-	-	-	-	-	-
28 兵庫	-	-	-	-	-	-
29 奈良	-	-	-	-	-	-
畿 30 和歌山	-	-	-	-	-	-
小計	-	-	-	27 979	27 979	382
31 鳥取	1 555 380	487 804	16 608	-	-	-
中 32 島根	1 247 673	891 291	11 310	-	-	-
33 岡山	173 220	173 220	1 925	-	-	-
国 34 広島	22 376	22 376	125	-	-	-
35 山口	249 096	-	2 058	18 290	-	-
・ 36 徳島	3 263	-	39	88 483	88 483	1
37 香川	374 923	-	3 747	1 984 209	-	9 871
四 38 愛媛	2 433 078	2 273 185	19 765	-	-	-
39 高知	869 204	242 831	4 231	-	-	-
国 小計	6 928 213	4 090 707	59 808	2 090 982	88 483	9 872
40 福岡	1 541 415	1 473 285	17 651	-	-	-
九 41 佐賀	1 736 867	1 137 282	39 303	-	-	-
42 長崎	2 163 287	2 109 287	19 607	-	-	-
43 熊本	2 213 805	2 213 805	21 770	1 986	1 986	22
44 大分	1 747 931	1 743 569	5 537	-	-	-
45 宮崎	5 914 418	5 914 418	61 467	149 052	8 540	4 386
州 46 鹿児島	12 289 429	12 268 626	124 130	-	-	-
小計	27 607 152	26 860 272	289 465	151 038	10 526	4 408
47 沖縄	263 336	-	1 144	-	-	-

(1) (うち鶏卵)

(of which Eggs)

(単位:千円)
(Unit:1000Yen)

事業年度 Business Year	当期販売・取扱高 Amount Marketed and Handled	うち系統利用高 of which through Marketed through Coop. Channel	販売手数料(販売利益を含む) Marketing Commission (Including Marketing Profit)
平25(2013)	20 098 554	13 800 120	187 042
平26(2014)	19 533 825	13 279 902	240 942
平27(2015)	20 855 765	14 973 075	231 788
平28(2016)	18 953 765	14 259 115	239 212
平29(2017)	19 131 029	13 588 803	208 559
平30(2018)	17 947 308	12 018 328	253 979
1組合当たり Average Per Coop.	28 086.6	18 808.0	397.5
1 北海道	659 378	59 370	5 889
東北 2 青森	565 815	561 378	645
3 岩手	9 151	9 151	46
4 宮城	−	−	−
5 秋田	−	−	−
6 山形	120 028	27 001	1 253
7 福島	685	685	14
小計	695 679	598 215	1 958
関東 8 茨城	699 024	699 024	8 613
9 栃木	138 972	138 972	2 184
10 群馬	3 091 705	2 122 531	13 144
11 埼玉	98 584	98 584	144
12 千葉	373 259	371 471	2 155
13 東京	12 143	18	1 294
14 神奈川	93 660	−	12 129
15 山梨	−	−	−
16 長野	1 447 300	1 446 885	4 956
17 静岡	66 218	66 218	41
小計	6 020 865	4 943 703	44 660
北陸 18 新潟	148	148	1
19 富山	124 231	105 115	485
20 石川	−	−	−
21 福井	−	−	−
小計	124 379	105 263	486
東海 22 岐阜	−	−	−
23 愛知	2 012 331	1 950 433	11 128
24 三重	52 728	44 744	158
小計	2 065 059	1 995 177	11 286
近畿 25 滋賀	214 981	210 139	2 698
26 京都	4 321	1 846	66
27 大阪	24 735	−	3 318
28 兵庫	70 717	26 702	319
29 奈良	13 802	−	7
30 和歌山	−	−	−
小計	328 556	238 687	6 408
中国・四国 31 鳥取	−	−	−
32 島根	741 673	529 652	7 888
33 岡山	−	−	−
34 広島	643 500	−	44 060
35 山口	400 785	397 426	2 614
36 徳島	−	−	−
37 香川	723 238	−	2 163
38 愛媛	427 418	427 418	3 852
39 高知	−	−	−
小計	2 936 614	1 354 496	60 577
九州 40 福岡	89 729	89 729	1 354
41 佐賀	34 683	34 643	388
42 長崎	18 079	18 079	158
43 熊本	50 563	50 563	505
44 大分	−	−	−
45 宮崎	657 368	657 368	8 832
46 鹿児島	1 873 035	1 873 035	12 851
小計	2 723 457	2 723 417	24 088
47 沖縄	2 393 321	−	98 627

（m）その他
Others

（単位：千円）
(Unit:1000Yen)

事業年度 Business Year	当期販売・取扱高 Amount Marketed and Handled	うち当期買取販売高 of which Marketed by Purchase Method	うち系統利用高 of which through Marketed through Coop. Channel	販売手数料（販売利益を含む） Marketing Commission (Including Marketing Profit)	うち受託販売手数料 of which Marketing Commission
平25(2013)	354 958 323	-	177 226 445	22 249 768	-
平26(2014)	363 180 195	-	190 145 190	23 002 343	-
平27(2015)	367 059 489	39 068 455	195 307 245	24 371 231	-
平28(2016)	384 525 572	45 130 209	181 611 235	25 614 103	-
平29(2017)	398 910 249	42 603 158	203 425 748	27 300 511	19 544 679
平30(2018)	390 358 954	42 535 444	195 260 395	27 914 517	19 797 526
1組合当たり Average Per Coop.	610 890.4	66 565.6	305 571.8	43 684.7	30 982.0
1 北海道	98 211 182	6 612 062	78 064 293	2 343 345	1 453 110
2 青森	233 774	-	194 758	16 986	16 986
東 3 岩手	2 012 629	-	1 510 284	55 227	55 225
4 宮城	2 693 986	-	1 020 897	88 210	88 210
5 秋田	3 327 111	178 560	2 881 999	140 930	105 455
6 山形	1 703 432	369 279	786 785	115 526	71 235
北 7 福島	4 444 644	527 851	1 387 869	273 340	179 404
小計	14 415 576	1 075 690	7 782 592	690 219	516 515
8 茨城	8 790 098	248 528	2 476 890	908 747	880 476
関 9 栃木	2 050 963	4 108	1 031 570	159 096	157 946
10 群馬	13 272 763	707 072	9 427 356	1 135 020	932 689
11 埼玉	8 263 493	13 828	4 871 505	1 013 059	1 010 486
12 千葉	6 802 591	5 052 578	659 870	1 079 434	198 913
13 東京	1 064 190	360 058	3 644	170 311	81 187
14 神奈川	6 776 748	1 932 469	361 005	1 033 739	658 670
15 山梨	236 206	1 908	116 101	19 449	19 014
16 長野	10 788 346	1 478 227	3 968 313	823 100	603 903
東 17 静岡	24 315 865	3 244 854	7 932 571	2 315 042	1 620 383
小計	82 361 263	13 043 630	30 848 825	8 656 997	6 163 667
北 18 新潟	6 008 921	1 044 134	1 892 517	775 169	474 169
19 富山	2 618 001	134 148	1 651 997	215 136	195 586
20 石川	3 962 166	7 323	2 781 933	437 109	435 292
陸 21 福井	1 360 313	-	970 082	64 778	64 778
小計	13 949 401	1 185 605	7 296 529	1 492 192	1 169 825
東 22 岐阜	6 052 052	800 839	1 385 197	729 660	590 841
23 愛知	14 800 908	2 379 256	3 221 487	2 371 579	1 768 863
24 三重	4 324 324	179 427	2 536 724	338 289	324 695
海 小計	25 177 284	3 359 522	7 143 408	3 439 528	2 684 399
25 滋賀	2 544 114	612 220	931 200	498 716	311 188
近 26 京都	4 858 329	-	4 486 535	103 964	103 961
27 大阪	3 729 840	1 074 009	3 996	625 727	359 480
28 兵庫	4 455 370	599 322	150 498	738 395	476 815
29 奈良	2 997 791	5 287	-	137 072	135 785
畿 30 和歌山	8 015 522	2 512 788	4 128 907	1 115 766	677 652
小計	26 600 966	4 803 626	9 701 136	3 219 640	2 064 881
31 鳥取	2 866 824	-	76 644	418 112	418 112
中 32 島根	3 859 924	221 101	567 598	273 781	193 848
33 岡山	3 895 125	650 733	642 630	488 844	320 654
国 34 広島	3 252 417	540 557	391 746	312 612	277 483
35 山口	1 850 269	424 982	699 432	204 702	138 492
・ 36 徳島	1 208 581	1 039 741	489 874	98 045	5 210
37 香川	20 048	-	-	652	652
四 38 愛媛	4 277 856	1 056 319	2 163 137	612 726	479 329
39 高知	3 014 773	689 136	2 479 945	268 872	51 717
国 小計	24 245 817	4 622 569	7 511 006	2 678 346	1 885 497
40 福岡	19 249 838	2 338 348	9 046 449	2 127 117	1 589 282
九 41 佐賀	27 070 810	1 917 598	3 781 384	934 800	487 268
42 長崎	5 079 184	669 699	1 149 242	551 610	434 531
43 熊本	5 434 097	317 727	3 539 178	410 246	353 996
44 大分	722 290	137 542	21 722	85 909	70 949
45 宮崎	7 632 050	1 262 324	4 770 704	414 372	313 963
州 46 鹿児島	25 250 340	821 300	24 603 927	768 188	537 960
小計	90 438 609	7 464 538	46 912 606	5 292 242	3 787 949
47 沖縄	14 958 856	368 202	-	102 008	71 683

（n）（うち茶）

(of whiich Green Tea)

（単位：千円）
(Unit:1000Yen)

事業年度 Business Year		当期販売・取扱高 Amount Marketed and Handled	うち系統利用高 Marketed Coop. Channel	販売手数料（販売利益を含む） Marketing Commission (Including Marketing Profit)
平25(2013)		46 678 923	38 522 372	977 097
平26(2014)		45 095 962	37 927 779	933 768
平27(2015)		42 035 164	33 755 066	1 022 940
平28(2016)		47 644 193	37 746 070	891 897
平29(2017)		50 037 778	40 525 563	1 006 424
平30(2018)		43 294 279	34 554 446	866 290
1組合当たり Average Per Coop.		67 753.2	54 075.8	1 355.7
	1 北海道	-	-	-
東北	2 青森	-	-	-
	3 岩手	-	-	-
	4 宮城	-	-	-
	5 秋田	-	-	-
	6 山形	-	-	-
	7 福島	-	-	-
	小計	-	-	-
関東	8 茨城	5 129	-	98
	9 栃木	-	-	-
	10 群馬	-	-	-
	11 埼玉	-	-	-
	12 千葉	-	-	-
	13 東京	182	-	9
	14 神奈川	225 625	224 721	1 110
	15 山梨	4 264	254	371
	16 長野	-	-	-
	17 静岡	9 774 770	4 582 135	218 138
	小計	10 009 970	4 807 110	219 726
北陸	18 新潟	-	-	-
	19 富山	-	-	-
	20 石川	-	-	-
	21 福井	-	-	-
	小計	-	-	-
東海	22 岐阜	373 891	368 558	2 092
	23 愛知	67 533	21 526	2 523
	24 三重	1 543 936	1 286 444	26 288
	小計	1 985 360	1 676 528	30 903
近畿	25 滋賀	345 023	344 844	10 140
	26 京都	4 321 333	4 297 913	67 513
	27 大阪	-	-	-
	28 兵庫	5 304	-	2 238
	29 奈良	1 326 089	-	57 540
	30 和歌山	-	-	-
	小計	5 997 749	4 642 757	137 431
中国・四国	31 鳥取	-	-	-
	32 島根	12 797	9 867	400
	33 岡山	5 702	5 702	137
	34 広島	7 432	-	73
	35 山口	68 555	67 136	562
	36 徳島	11 481	-	1 615
	37 香川	20 048	-	652
	38 愛媛	9 879	9 260	767
	39 高知	41 971	41 423	822
	小計	177 865	133 388	5 028
九州	40 福岡	2 739 671	2 739 601	48 263
	41 佐賀	1 134 397	323 840	20 251
	42 長崎	627 570	43 604	7 950
	43 熊本	731 806	729 963	12 762
	44 大分	-	-	-
	45 宮崎	2 217 567	2 094 472	45 565
	46 鹿児島	17 672 324	17 363 183	338 411
	小計	25 123 335	23 294 663	473 202
	47 沖縄	-	-	-

(o) 販売事業合計

(単位：千円)

Grand Total of Marketing Business

(Unit:1000Yen)

事業年度 Business Year	当期販売・取扱高 Amount Marketed and Handled	うち当期買取販売高 of which Marketed by Purchase Method	うち系統利用高 of which Marketed through Coop. Channel	販売手数料 (販売利益を含む) Marketing Commission (Including Marketing Profit)	うち受託販売手数料 of which Marketing Commission
平25(2013)	4 421 005 752	-	3 580 194 286	136 720 818	-
平26(2014)	4 326 178 499	-	3 531 293 929	135 303 098	-
平27(2015)	4 534 875 559	154 071 905	3 726 667 225	142 670 023	-
平28(2016)	4 688 253 055	169 063 108	3 802 836 456	147 021 539	-
平29(2017)	4 684 941 704	201 987 136	3 784 737 248	147 823 363	123 115 987
平30(2018)	4 567 883 002	226 102 378	3 716 988 508	146 086 819	119 130 806
1組合当たり Average Per Coop.	7 148 486.7	353 837.8	5 816 883.4	228 617.9	186 433.2
1 北海道	1 082 946 974	41 365 081	966 428 217	23 108 956	18 503 334
2 青森	123 504 839	653 751	104 413 074	3 190 205	3 125 056
東 3 岩手	115 121 097	1 757 223	101 441 459	2 831 414	2 720 874
4 宮城	97 262 296	1 918 882	81 969 736	2 455 247	2 377 273
5 秋田	98 506 692	853 836	61 540 301	3 088 582	2 903 694
6 山形	118 309 352	1 752 334	76 706 354	3 341 368	3 184 098
北 7 福島	88 518 055	18 280 017	65 715 723	4 314 886	2 031 479
小計	641 222 331	25 216 043	491 786 647	19 221 702	16 342 474
8 茨城	133 542 033	14 409 309	112 322 409	4 739 587	3 230 413
関 9 栃木	113 372 312	9 641 745	100 775 911	4 303 320	3 370 958
10 群馬	138 535 433	5 338 315	127 318 586	7 154 761	6 732 939
11 埼玉	50 809 349	2 361 273	44 940 607	2 307 939	2 171 534
12 千葉	104 795 537	22 769 767	80 909 483	4 307 553	1 757 320
13 東京	5 649 294	1 700 962	159 792	636 749	318 372
14 神奈川	27 707 049	4 380 229	10 815 493	2 289 860	1 492 969
15 山梨	43 505 007	315 629	39 889 253	902 795	805 182
16 長野	200 939 712	3 375 399	173 454 124	5 598 422	5 058 231
東 17 静岡	88 626 241	3 949 673	66 567 853	3 793 609	2 956 576
小計	907 481 967	68 242 301	757 153 511	36 034 595	27 894 494
北 18 新潟	139 156 923	4 819 458	96 551 591	5 283 572	4 801 532
19 富山	41 633 023	3 187 513	32 429 270	1 897 387	1 630 320
20 石川	33 492 687	218 402	28 335 817	1 474 148	1 448 720
陸 21 福井	25 489 684	646 557	19 358 141	910 011	867 508
小計	239 772 317	8 871 930	176 674 819	9 565 118	8 748 080
東 22 岐阜	54 035 465	2 560 267	46 698 640	1 634 026	1 392 896
23 愛知	139 480 219	6 294 407	114 519 231	6 497 417	5 486 068
24 三重	33 651 065	319 252	24 758 832	1 311 444	1 265 470
海 小計	227 166 749	9 173 926	185 976 703	9 442 887	8 144 434
25 滋賀	30 811 610	2 711 869	23 210 414	1 713 113	1 278 655
近 26 京都	17 706 322	3 116 844	14 992 517	563 355	337 603
27 大阪	10 450 596	2 474 446	3 534 505	1 139 096	623 634
28 兵庫	63 568 984	5 357 406	41 596 612	3 537 880	2 574 907
29 奈良	16 254 401	1 937 113	6 098 859	460 540	320 501
畿 30 和歌山	54 318 343	2 958 895	47 830 045	3 221 740	2 736 562
小計	193 110 256	18 556 573	137 262 952	10 635 724	7 871 862
31 鳥取	35 562 645	-	22 905 095	1 256 771	1 256 773
中 32 島根	38 512 521	4 958 366	25 218 611	1 373 240	759 844
33 岡山	36 546 392	2 398 854	25 533 224	1 489 980	1 210 661
国 34 広島	30 497 912	8 714 451	20 200 288	1 379 550	977 027
35 山口	25 570 783	2 538 962	18 505 334	1 367 589	1 112 293
・ 36 徳島	44 600 207	4 058 986	41 636 777	1 148 932	765 894
37 香川	38 092 578	-	8 766 896	1 172 977	1 172 983
四 38 愛媛	62 508 245	3 659 524	58 742 041	2 122 379	1 765 013
39 高知	68 711 743	5 286 002	66 242 657	2 581 010	1 448 286
国 小計	380 603 026	31 615 145	287 750 923	13 892 428	10 468 774
40 福岡	119 166 759	2 780 750	90 827 548	4 561 937	3 981 788
九 41 佐賀	115 919 653	2 158 929	63 183 893	3 954 174	3 498 142
42 長崎	80 982 770	744 623	68 964 242	2 095 361	1 972 472
43 熊本	156 138 271	712 752	142 168 225	3 197 664	3 080 169
44 大分	40 502 371	3 137 388	36 112 150	909 229	704 602
45 宮崎	149 553 726	2 522 133	139 105 557	3 174 318	2 830 951
州 46 鹿児島	177 611 265	2 378 706	173 123 928	3 568 875	3 292 079
小計	839 874 815	14 435 281	713 485 543	21 461 558	19 360 203
47 沖縄	55 704 567	8 626 098	469 193	2 723 851	1 797 151

(2) 販売品販売・取扱高合計金額別組合数

Number of Coops.by Total Amount of Marketed and Handled in Marketing Business

(単位:組合)
(Unit:Coop.)

	事業年度 Business Year	該当組合数 No.of Coops. concerned	1000万円未満 Less than 10 Millions Yen	1000万円以上~5000万円未満	5000万円以上~1億円未満	1億円以上~2億円未満	2億円以上~3億円未満	3億円以上~4億円未満
	平25(2013)	710	7	10	8	15	11	8
	平26(2014)	690	7	11	7	15	12	9
	平27(2015)	685	7	10	7	14	11	10
	平28(2016)	661	4	10	10	11	9	12
	平29(2017)	657	3	9	9	8	12	9
	平30(2018)	639	2	10	7	14	9	10
	比率 Percentage	100.0	0.3	1.6	1.1	2.2	1.4	1.6
	1 北海道	109	–	–	–	–	–	–
	2 青森	10	–	–	–	–	–	–
東	3 岩手	7	–	–	–	–	–	–
	4 宮城	14	–	1	–	–	–	–
	5 秋田	13	–	–	–	1	–	–
	6 山形	15	–	–	–	–	–	–
北	7 福島	5	–	–	–	–	–	–
	小計	64	–	1	–	1	–	–
	8 茨城	20	–	1	–	–	–	–
関	9 栃木	10	–	–	–	–	–	–
	10 群馬	15	–	–	–	–	–	–
	11 埼玉	16	–	–	–	–	–	–
	12 千葉	19	–	–	–	–	–	–
	13 東京	15	1	–	1	3	–	3
	14 神奈川	13	–	–	1	–	–	1
	15 山梨	11	–	1	–	3	–	–
	16 長野	18	–	–	1	–	–	–
東	17 静岡	18	–	–	–	–	–	–
	小計	155	1	2	3	6	–	4
北	18 新潟	24	–	–	–	–	–	–
	19 富山	15	–	–	–	1	–	–
	20 石川	17	–	–	–	1	2	1
陸	21 福井	12	–	–	–	–	–	2
	小計	68	–	–	–	2	2	3
東	22 岐阜	7	–	–	–	–	1	–
	23 愛知	20	–	2	–	–	1	–
	24 三重	11	–	–	–	–	1	–
海	小計	38	–	2	–	–	3	–
	25 滋賀	16	–	–	–	1	1	–
近	26 京都	5	–	1	–	–	–	–
	27 大阪	14	1	2	2	1	2	1
	28 兵庫	14	–	1	1	1	–	1
	29 奈良	1	–	–	–	–	–	–
畿	30 和歌山	8	–	–	–	–	–	–
	小計	58	1	4	3	3	3	2
	31 鳥取	3	–	–	–	–	–	–
中	32 島根	1	–	–	–	–	–	–
	33 岡山	9	–	–	–	–	–	–
国	34 広島	13	–	–	1	–	–	1
	35 山口	12	–	–	–	1	–	–
・	36 徳島	15	–	–	–	–	–	–
	37 香川	1	–	–	–	–	–	–
四	38 愛媛	12	–	–	–	1	–	–
	39 高知	4	–	–	–	–	–	–
国	小計	70	–	–	1	2	–	1
	40 福岡	20	–	–	–	–	1	–
九	41 佐賀	4	–	1	–	–	–	–
	42 長崎	7	–	–	–	–	–	–
	43 熊本	14	–	–	–	–	–	–
	44 大分	5	–	–	–	–	–	–
	45 宮崎	13	–	–	–	–	–	–
州	46 鹿児島	13	–	–	–	–	–	–
	小計	76	–	1	–	–	1	–
	47 沖縄	1	–	–	–	–	–	–

（2）販売品販売・取扱高合計金額別組合数（つづき）

Number of Coops. by Total Amount of Marketed and Handled in Marketing Business (Cont.)

（単位：組合）
(Unit:Coop.)

地域	事業年度 Business Year	4億円以上～5億円未満	5億円以上～6億円未満	6億円以上～7億円未満	7億円以上～8億円未満	8億円以上～9億円未満	9億円以上～10億円未満	10億円以上～12億円未満
	平25(2013)	17	8	6	14	3	8	19
	平26(2014)	16	10	5	9	10	8	17
	平27(2015)	13	11	8	7	10	5	20
	平28(2016)	10	10	6	9	8	4	17
	平29(2017)	12	11	9	6	10	5	12
	平30(2018)	13	11	6	5	9	7	10
	比率 Percentage	2.0	1.7	0.9	0.8	1.4	1.1	1.6
	1 北海道	–	–	–	–	–	–	–
東北	2 青森	–	–	–	–	–	–	–
	3 岩手	–	–	–	–	–	–	–
	4 宮城	–	–	–	–	–	–	–
	5 秋田	–	–	–	–	–	–	–
	6 山形	–	1	–	–	1	–	–
	7 福島	–	–	–	–	–	–	–
	小計	–	1	–	–	1	–	–
関東	8 茨城	–	–	–	–	–	1	–
	9 栃木	–	–	–	–	–	–	–
	10 群馬	–	–	–	–	–	–	–
	11 埼玉	–	–	2	–	–	2	2
	12 千葉	–	–	1	–	1	–	–
	13 東京	3	2	–	1	1	–	–
	14 神奈川	–	1	–	–	–	–	–
	15 山梨	1	–	–	–	1	–	–
	16 長野	–	–	–	–	–	1	–
	17 静岡	1	1	–	–	1	–	1
	小計	5	4	3	1	4	4	3
北陸	18 新潟	–	–	–	–	–	–	1
	19 富山	–	–	–	–	–	–	–
	20 石川	–	–	–	–	1	–	1
	21 福井	1	–	–	1	–	1	–
	小計	1	–	–	1	1	1	2
東海	22 岐阜	–	–	–	–	–	–	–
	23 愛知	1	1	1	–	–	–	–
	24 三重	–	–	1	–	–	–	–
	小計	1	1	2	–	–	–	–
近畿	25 滋賀	1	1	–	1	2	–	1
	26 京都	–	–	1	–	–	–	–
	27 大阪	2	–	–	–	–	–	–
	28 兵庫	–	–	–	–	–	–	–
	29 奈良	–	–	–	–	–	–	–
	30 和歌山	–	1	–	–	–	–	–
	小計	3	2	1	1	2	–	1
中国・四国	31 鳥取	–	–	–	–	–	–	–
	32 島根	–	–	–	–	–	–	–
	33 岡山	–	–	–	–	–	–	–
	34 広島	1	–	–	–	–	1	–
	35 山口	–	–	–	–	–	1	2
	36 徳島	1	2	–	1	1	–	–
	37 香川	–	–	–	–	–	–	–
	38 愛媛	1	–	–	–	–	–	–
	39 高知	–	–	–	–	–	–	–
	小計	3	2	–	1	1	2	2
九州	40 福岡	–	–	–	–	–	–	–
	41 佐賀	–	–	–	–	–	–	–
	42 長崎	–	1	–	–	–	–	–
	43 熊本	–	–	–	–	–	–	1
	44 大分	–	–	–	1	–	–	1
	45 宮崎	–	–	–	–	–	–	–
	46 鹿児島	–	–	–	–	–	–	–
	小計	–	1	–	1	–	–	2
	47 沖縄	–	–	–	–	–	–	–

（2）販売品販売・取扱高合計金額別組合数（つづき）

Number of Coops. by Total Amount of Marketed and Handled in Marketing Business (Cont.)

（単位：組合）
(Unit:Coop.)

	事業年度 Business Year	１２億円以上～１５億円未満	１５億円以上～２０億円未満	２０億円以上～３０億円未満	３０億円以上～４０億円未満	４０億円以上～５０億円未満	５０億円以上～１００億円未満	１００億円以上 More than 10 Billions Yen (Including 10 Billion yen)
	平25(2013)	30	45	87	65	58	160	131
	平26(2014)	28	45	80	63	58	145	135
	平27(2015)	25	44	72	65	55	145	146
	平28(2016)	25	41	72	61	50	139	153
	平29(2017)	28	36	74	58	48	147	151
	平30(2018)	28	39	69	55	51	131	153
	比率 Percentage	4.4	6.1	10.8	8.6	8.0	20.5	23.9
	1 北海道	1	6	11	7	15	29	40
	2 青森	−	−	−	1	−	4	5
東	3 岩手	1	−	−	−	−	1	5
	4 宮城	1	−	1	1	2	4	4
	5 秋田	−	2	−	2	1	4	3
	6 山形	1	2	−	−	1	4	5
北	7 福島	−	−	−	−	1	−	4
	小計	3	4	1	4	5	17	26
	8 茨城	−	2	2	1	1	7	5
関	9 栃木	−	−	1	2	−	2	5
	10 群馬	−	−	2	2	2	3	6
	11 埼玉	1	1	1	3	−	3	1
	12 千葉	2	1	5	1	1	5	2
	13 東京	−	−	−	−	−	−	−
	14 神奈川	4	−	3	1	−	2	−
	15 山梨	−	1	−	−	1	1	2
	16 長野	1	−	1	2	2	3	7
東	17 静岡	1	−	3	3	1	4	2
	小計	9	5	18	15	8	30	30
北	18 新潟	2	2	2	2	4	6	5
	19 富山	1	3	3	5	1	1	−
	20 石川	2	2	3	3	−	1	−
陸	21 福井	1	2	1	−	2	1	−
	小計	6	9	9	10	7	9	5
東	22 岐阜	−	−	1	−	−	3	2
	23 愛知	−	2	−	1	3	3	5
	24 三重	1	2	2	−	1	3	−
海	小計	1	4	3	1	4	9	7
	25 滋賀	2	−	4	1	−	−	1
近	26 京都	−	−	1	−	−	2	−
	27 大阪	−	−	2	1	−	−	−
	28 兵庫	−	−	2	1	1	4	2
	29 奈良	−	−	−	−	−	−	1
畿	30 和歌山	−	−	−	1	1	3	2
	小計	2	−	9	4	2	9	6
	31 鳥取	−	−	−	−	−	1	2
中	32 島根	−	−	−	−	−	−	1
	33 岡山	−	2	1	3	1	1	1
国	34 広島	1	−	3	3	2	−	−
	35 山口	1	2	2	1	1	1	−
・	36 徳島	1	3	1	2	−	2	1
	37 香川	−	−	−	−	−	−	1
四	38 愛媛	−	1	3	−	1	3	2
	39 高知	−	−	1	1	−	1	1
国	小計	3	8	11	10	5	9	9
	40 福岡	1	2	3	1	3	7	2
九	41 佐賀	−	−	−	−	−	1	2
	42 長崎	−	−	−	−	−	2	4
	43 熊本	1	1	−	1	1	3	6
	44 大分	1	−	−	1	−	−	1
	45 宮崎	−	−	2	1	−	4	6
州	46 鹿児島	−	−	2	−	1	2	8
	小計	3	3	7	4	5	19	29
	47 沖縄	−	−	−	−	−	−	1

（3）販売事業手数料（販売利益を含む）合計金額別組合数

Number of Coops. by Total Marketing Commissions (Incuding Marketing Profit)

（単位：組合）
(Unit:Coop.)

	事業年度 Business Year	集計組合数 Total No. of Coops. Surveyed	0または損失となった農協 No. of Coops. with 0 or Loss in the Business	100万円未満 Less than 1 Million Yen	100万円以上～500万円未満	500万円以上～1000万円未満	1000万円以上～3000万円未満
	平25(2013)	712	4	8	18	15	59
	平26(2014)	692	3	8	19	12	61
	平27(2015)	686	2	8	19	12	53
	平28(2016)	661	－	8	18	9	50
	平29(2017)	657	－	6	14	12	45
	平30(2018)	639	－	6	15	9	47
	比率 Percentage	100.0	0.0	0.9	2.3	1.4	7.4
	1 北海道	109	－	－	－	－	－
東北	2 青森	10	－	－	－	－	－
	3 岩手	7	－	－	－	－	1
	4 宮城	14	－	1	－	－	－
	5 秋田	13	－	－	1	－	－
	6 山形	15	－	－	－	－	2
	7 福島	5	－	－	－	－	－
	小計	64	－	1	1	－	3
関東	8 茨城	20	－	－	1	－	1
	9 栃木	10	－	－	－	－	－
	10 群馬	15	－	－	－	－	－
	11 埼玉	16	－	－	－	－	4
	12 千葉	19	－	－	－	－	2
	13 東京	15	－	1	1	－	4
	14 神奈川	13	－	－	－	1	1
	15 山梨	11	－	1	2	1	2
	16 長野	18	－	－	1	－	－
	17 静岡	18	－	－	－	－	1
	小計	155	－	2	5	2	15
北陸	18 新潟	24	－	－	－	－	－
	19 富山	15	－	－	－	1	－
	20 石川	17	－	－	1	－	4
	21 福井	12	－	－	－	－	3
	小計	68	－	－	1	1	7
東海	22 岐阜	7	－	－	－	－	1
	23 愛知	20	－	1	1	－	3
	24 三重	11	－	－	－	1	1
	小計	38	－	1	1	1	5
近畿	25 滋賀	16	－	－	－	1	3
	26 京都	5	－	1	－	－	1
	27 大阪	14	－	1	2	2	－
	28 兵庫	14	－	－	1	－	2
	29 奈良	1	－	－	－	－	－
	30 和歌山	8	－	－	1	－	－
	小計	58	－	2	4	3	6
中国・四国	31 鳥取	3	－	－	－	－	－
	32 島根	1	－	－	－	－	－
	33 岡山	9	－	－	－	－	－
	34 広島	13	－	－	1	－	1
	35 山口	12	－	－	－	1	1
	36 徳島	15	－	－	－	－	5
	37 香川	1	－	－	－	－	－
	38 愛媛	12	－	－	1	－	1
	39 高知	4	－	－	－	－	－
	小計	70	－	－	2	1	8
九州	40 福岡	20	－	－	－	－	1
	41 佐賀	4	－	－	1	－	－
	42 長崎	7	－	－	－	－	－
	43 熊本	14	－	－	－	－	1
	44 大分	5	－	－	－	1	1
	45 宮崎	13	－	－	－	－	－
	46 鹿児島	13	－	－	－	－	－
	小計	76	－	－	1	1	3
	47 沖縄	1	－	－	－	－	－

（3）販売事業手数料（販売利益を含む）合計金額別組合数（つづき）

Number of Coops. by Total Marketing Commissions (Incuding Marketing Profit) (Cont.)

（単位：組合）
(Unit:Coop.)

事業年度 Business Year	３０００万円以上～５０００万円未満	５０００万円以上～８０００万円未満	８０００万円以上～１億円未満	１億以上～３億円未満	３億以上～５億円未満	５億円以上 More than 500 Million Yen (Including 500 Million yen)
平25(2013)	68	82	44	278	89	47
平26(2014)	63	81	40	273	85	47
平27(2015)	54	81	42	273	85	57
平28(2016)	51	82	34	263	81	65
平29(2017)	51	77	39	260	89	64
平30(2018)	48	70	36	256	85	67
比率 Percentage	7.5	11.0	5.6	40.1	13.3	10.5
1 北海道	7	15	8	60	8	11
2 青森	－	1	－	4	3	2
3 岩手	－	－	－	2	2	2
4 宮城	1	1	1	7	3	－
5 秋田	－	2	1	5	2	2
6 山形	2	1	－	6	3	1
7 福島	－	－	－	1	－	4
東北 小計	3	5	2	25	13	11
8 茨城	－	2	－	9	6	1
9 栃木	－	1	－	3	3	3
10 群馬	1	2	1	6	2	3
11 埼玉	－	2	－	9	－	1
12 千葉	2	－	－	10	3	2
13 東京	3	4	1	1	－	－
14 神奈川	1	－	－	8	2	－
15 山梨	1	－	2	1	1	－
16 長野	1	2	1	6	3	4
17 静岡	1	2	3	6	4	1
関東 小計	10	15	8	59	24	15
18 新潟	1	4	2	10	4	3
19 富山	1	4	1	7	－	1
20 石川	1	4	1	6	－	－
21 福井	2	3	1	3	－	－
北陸 小計	5	15	5	26	4	4
22 岐阜	－	－	－	3	3	－
23 愛知	1	－	－	6	3	5
24 三重	1	3	－	4	1	－
東海 小計	2	3	－	13	7	5
25 滋賀	3	2	2	4	1	－
26 京都	－	－	－	2	1	－
27 大阪	4	1	1	2	1	－
28 兵庫	1	－	1	4	3	2
29 奈良	－	－	－	－	1	－
30 和歌山	－	－	－	2	2	3
近畿 小計	8	3	4	14	9	5
31 鳥取	－	－	－	1	1	1
32 島根	－	－	－	－	－	1
33 岡山	－	1	3	4	1	－
34 広島	2	1	－	8	－	－
35 山口	－	4	－	6	－	－
36 徳島	4	1	1	4	－	－
37 香川	－	－	－	－	－	1
38 愛媛	－	－	2	5	3	－
39 高知	－	－	1	1	－	2
中国・四国 小計	6	7	7	29	5	5
40 福岡	2	3	－	9	3	2
41 佐賀	－	－	－	1	－	2
42 長崎	1	－	－	3	2	1
43 熊本	3	1	－	4	3	2
44 大分	－	1	1	－	－	1
45 宮崎	－	1	－	10	－	2
46 鹿児島	1	1	1	3	7	－
九州 小計	7	7	2	30	15	10
47 沖縄	－	－	－	－	－	1

14 加 工 事 業
Processing & Manufacturing Business
製品及び副産物売上高
Amount of Sales of Processed Goods & By-products

集計組合数 639
Total No. of Coops. Surveyed 639

(単位：千円)
(Unit:1000Yen)

	事業年度 Business Year	該当組合数 No. of Coops. concerned	精米麦加工 Rice & Barley Polishing	澱粉及び芋加工 Starch & Potato Processing	漬物 Pickles Manufacturing	みそ・しょうゆ Soy Bean Paste & Soy Bean Sauce	青果物びん・かん詰 Bottling and Canning of Fruits and Vegetables
	平25(2013)	399	22 625 626	25 072 082	7 045 866	1 232 291	4 589 356
	平26(2014)	376	19 823 655	25 007 959	5 915 414	1 138 884	4 384 084
	平27(2015)	366	20 205 087	25 596 526	5 920 499	1 148 521	4 242 401
	平28(2016)	359	26 293 820	25 086 992	5 911 537	1 124 093	4 207 316
	平29(2017)	358	22 359 262	25 878 248	6 083 783	1 039 941	4 027 929
	平30(2018)	343	13 425 034	27 843 124	6 469 299	937 526	3 818 363
	該当1組合当たり Average Per Coop.	–	39 140.0	81 175.3	18 860.9	2 733.3	11 132.3
	1 北海道	31	1 520 731	26 535 786	18 918	7 438	216 424
東北	2 青森	8	327 124	154 156	172 425	29 409	13 639
	3 岩手	5	171 388	–	–	5 076	6 230
	4 宮城	5	38 561	–	–	11 296	2 623
	5 秋田	11	422 177	–	1 183	76 709	865
	6 山形	7	491 091	–	48 545	7 832	191 210
	7 福島	4	14 796	7 131	73 055	9 153	1 162
	小計	40	1 465 137	161 287	295 208	139 475	215 729
関東	8 茨城	9	501 900	190 846	–	43 230	20 145
	9 栃木	8	90 676	–	–	11 184	11 747
	10 群馬	10	23 224	–	382 209	2 906	45 733
	11 埼玉	6	20 559	–	37 205	1 044	920
	12 千葉	–	–	–	–	–	–
	13 東京	3	505	–	–	–	–
	14 神奈川	6	8 220	–	–	–	–
	15 山梨	7	31 909	2 423	–	9 453	170
	16 長野	14	480 411	–	44 814	185 780	51 968
	17 静岡	12	15 877	–	172 183	1 040	4 368
	小計	75	1 173 281	193 269	636 411	254 637	135 051
北陸	18 新潟	14	4 844 166	236	38 667	92 473	1 672
	19 富山	4	51 904	–	13 629	7 965	1 262
	20 石川	13	447 353	165	–	4 818	1 345
	21 福井	10	290 904	58 265	302 454	31 982	–
	小計	41	5 634 327	58 666	354 750	137 238	4 279
東海	22 岐阜	7	144 790	–	312	–	–
	23 愛知	7	623 608	47 914	–	–	–
	24 三重	7	71 099	–	–	14 220	–
	小計	21	839 497	47 914	312	14 220	–
近畿	25 滋賀	11	93 530	–	16 619	30 312	–
	26 京都	2	–	–	–	–	–
	27 大阪	1	4 630	–	41	29	–
	28 兵庫	5	93 495	–	–	10 112	–
	29 奈良	1	–	–	–	–	–
	30 和歌山	7	–	311	3 428 983	32 525	2 793
	小計	27	191 655	311	3 445 643	72 978	2 793
中国・四国	31 鳥取	3	22 100	–	325 116	274	7 032
	32 島根	1	1 110 132	–	77 278	36 798	12 531
	33 岡山	8	104 313	–	–	7 984	1 236
	34 広島	11	109 236	–	274 238	319	–
	35 山口	8	6 468	–	1 016	5 937	12 342
	36 徳島	5	–	–	–	330	381 430
	37 香川	1	54 364	–	–	–	–
	38 愛媛	9	115 989	–	–	90 280	1 313 431
	39 高知	1	115 355	–	–	15 961	–
	小計	47	1 637 957	–	677 648	157 883	1 728 002
九州	40 福岡	18	312 366	24 218	29 301	89 260	416 104
	41 佐賀	3	61 803	–	9 561	–	–
	42 長崎	3	79 236	–	212 790	–	–
	43 熊本	11	301 929	–	13 746	9 571	207 472
	44 大分	4	77 097	–	183 288	28 375	29 303
	45 宮崎	10	64 070	–	591 723	1 253	–
	46 鹿児島	11	65 948	821 673	–	25 198	1 263
	小計	60	962 449	845 891	1 040 409	153 657	654 142
	47 沖縄	1	–	–	–	–	861 943

14 加　工　事　業（つづき）

Processing & Manufacturing Business (Cont.)

製品及び副産物売上高（つづき）

Amount of Sales of Processed Goods & By-products (Cont.)

（単位：千円）
(Unit:1000Yen)

事業年度 Business Year		畜肉加工 Meat Processing	畜乳加工 Milk Processing	製茶 Tea Refining	その他 Others	合計 Total
	平25(2013)	11 224 666	3 535 851	12 311 215	32 467 325	120 104 278
	平26(2014)	11 167 694	3 280 001	11 269 438	32 153 118	114 140 247
	平27(2015)	8 944 193	3 433 798	9 946 658	34 965 730	114 403 413
	平28(2016)	8 799 808	3 426 943	9 514 267	34 715 880	119 080 656
	平29(2017)	7 196 014	1 798 716	9 977 499	34 529 685	112 891 077
	平30(2018)	4 198 039	1 783 362	10 597 906	33 720 802	102 793 455
	該当1組合当たり Average Per Coop.	12 239.2	5 199.3	30 897.7	98 311.4	299 689.4
	1 北海道	107 510	241 288	-	6 450 227	35 098 322
東北	2 青森	-	-	-	1 864 378	2 561 131
	3 岩手	-	50 982	8 363	65 564	307 603
	4 宮城	-	-	-	78 038	130 518
	5 秋田	62 299	-	-	322 445	885 678
	6 山形	-	-	-	180 097	918 775
	7 福島	-	21 437	-	18 606	145 340
	小計	62 299	72 419	8 363	2 529 128	4 949 045
関東	8 茨城	-	89 720	16 844	539 443	1 402 128
	9 栃木	-	-	-	41 046	154 653
	10 群馬	4 436	3 197	-	214 195	675 900
	11 埼玉	-	-	101 084	7 174	167 986
	12 千葉	-	-	-	-	-
	13 東京	-	-	292	2 099	2 896
	14 神奈川	-	-	22 232	26 293	56 745
	15 山梨	-	-	1 619	24 888	70 462
	16 長野	32 649	304 991	24 582	2 484 488	3 609 683
	17 静岡	-	-	7 422 551	201 408	7 817 427
	小計	37 085	397 908	7 589 204	3 541 034	13 957 880
北陸	18 新潟	-	-	-	498 047	5 475 261
	19 富山	-	-	-	16 518	91 278
	20 石川	-	-	-	139 405	593 086
	21 福井	-	-	-	345 811	1 029 416
	小計	-	-	-	999 781	7 189 041
東海	22 岐阜	1 374 414	-	20 908	327 711	1 868 135
	23 愛知	-	-	-	984 866	1 656 388
	24 三重	-	-	44 564	1 151 336	1 281 219
	小計	1 374 414	-	65 472	2 463 913	4 805 742
近畿	25 滋賀	-	-	14 213	147 455	302 129
	26 京都	-	-	395 704	159 461	555 165
	27 大阪	-	-	-	-	4 700
	28 兵庫	-	-	-	247 507	351 114
	29 奈良	-	-	334 523	3 010	337 533
	30 和歌山	-	-	12 780	1 874 175	5 351 567
	小計	-	-	757 220	2 431 608	6 902 208
中国・四国	31 鳥取	-	-	3 836	46 847	405 205
	32 島根	818 101	923	21 040	3 458 156	5 534 959
	33 岡山	88 611	52 660	9 940	1 310 796	1 575 540
	34 広島	-	-	34 154	221 660	639 607
	35 山口	-	-	49 139	190 539	265 441
	36 徳島	-	-	32 286	138 842	552 888
	37 香川	1 708 106	-	71 525	18 157	1 852 152
	38 愛媛	-	-	52 403	2 653 412	4 225 515
	39 高知	-	-	143 793	1 310 019	1 585 128
	小計	2 614 818	53 583	418 116	9 348 428	16 636 435
九州	40 福岡	1 913	-	749 834	718 878	2 341 874
	41 佐賀	-	-	376 187	1 558 668	2 006 219
	42 長崎	-	-	31 699	112 630	436 355
	43 熊本	-	1 018 164	125 290	927 231	2 603 403
	44 大分	-	-	9 922	570 448	898 433
	45 宮崎	-	-	158 676	360 215	1 175 937
	46 鹿児島	-	-	307 923	1 060 954	2 282 959
	小計	1 913	1 018 164	1 759 531	5 309 024	11 745 180
	47 沖縄	-	-	-	647 659	1 509 602

15 その他の事業
Other Businesses

実施した事業別組合数
Number of Coops. Engaged in Businesses

集計組合数 639　　(a) 農業生産　　(単位：組合、ヘクタール、戸)
Total No. of Coops. Surveyed 639　Agricultural Production　(Unit:Coop., ha, Households)

	事業年度 Business Year	受託農業経営 Trust Farm Management 水稲 Paddy Crops	左の実施面積 Coverage	左の参加農家数 Households	水稲以外 Crops except Paddy	左の実施面積 Coverage	左の参加農家数 Households	農業経営 Farm Managament	左の実施面積 Coverage
	平25(2013)	13	1 097	1 912	3	282	73	38	226
	平26(2014)	13	1 039	2 009	3	252	68	37	204
	平27(2015)	15	640	1 720	2	210	67	46	275
	平28(2016)	20	1 624	4 000	3	288	77	54	429
	平29(2017)	21	1 333	2 962	2	201	60	55	459
	平30(2018)	20	1 340	3 061	4	249	212	57	1 017
	比率		該当1組合当たり Average Per Coop.			該当1組合当たり Average Per Coop.			該当1組合当たり
	Percentage	3.1	67.0	153.1	0.6	62.2	53.0	8.9	17.8
	1 北海道	–	–	–	–	–	–	1	231
東北	2 青森	–	–	–	–	–	–	–	–
	3 岩手	–	–	–	–	–	–	–	–
	4 宮城	–	–	–	–	–	–	–	–
	5 秋田	–	–	–	–	–	–	–	–
	6 山形	–	–	–	–	–	–	2	2
	7 福島	–	–	–	–	–	–	–	–
	小計	–	–	–	–	–	–	2	2
関東	8 茨城	–	–	–	–	–	–	1	0
	9 栃木	–	–	–	–	–	–	–	–
	10 群馬	–	–	–	–	–	–	1	0
	11 埼玉	1	143	183	–	–	–	–	–
	12 千葉	–	–	–	–	–	–	–	–
	13 東京	–	–	–	–	–	–	–	–
	14 神奈川	1	39	206	–	–	–	2	20
	15 山梨	1	43	458	1	49	100	3	67
	16 長野	–	–	–	–	–	–	–	–
	17 静岡	–	–	–	–	–	–	1	2
	小計	3	225	847	1	49	100	8	89
北陸	18 新潟	–	–	–	–	–	–	1	57
	19 富山	–	–	–	–	–	–	–	–
	20 石川	2	69	90	–	–	–	–	–
	21 福井	1	3	10	–	–	–	–	–
	小計	3	72	100	–	–	–	1	57
東海	22 岐阜	–	–	–	–	–	–	–	–
	23 愛知	2	284	731	–	–	–	3	165
	24 三重	1	66	219	–	–	–	2	6
	小計	3	350	950	–	–	–	5	171
近畿	25 滋賀	1	9	32	1	182	33	2	4
	26 京都	–	–	–	–	–	–	–	–
	27 大阪	3	125	649	–	–	–	1	1
	28 兵庫	–	–	–	–	–	–	4	6
	29 奈良	–	–	–	–	–	–	–	–
	30 和歌山	2	11	69	2	18	79	4	16
	小計	6	145	750	3	200	112	11	27
中国・四国	31 鳥取	–	–	–	–	–	–	–	–
	32 島根	–	–	–	–	–	–	1	17
	33 岡山	–	–	–	–	–	–	1	10
	34 広島	1	229	97	–	–	–	1	1
	35 山口	–	–	–	–	–	–	–	–
	36 徳島	–	–	–	–	–	–	3	17
	37 香川	–	–	–	–	–	–	1	5
	38 愛媛	–	–	–	–	–	–	7	12
	39 高知	–	–	–	–	–	–	–	–
	小計	1	229	97	–	–	–	14	61
九州	40 福岡	2	46	198	–	–	–	3	5
	41 佐賀	–	–	–	–	–	–	1	1
	42 長崎	–	–	–	–	–	–	1	1
	43 熊本	2	274	119	–	–	–	1	4
	44 大分	–	–	–	–	–	–	2	5
	45 宮崎	–	–	–	–	–	–	2	9
	46 鹿児島	–	–	–	–	–	–	4	47
	小計	4	319	317	–	–	–	14	71
	47 沖縄	–	–	–	–	–	–	1	310

※ 受託農業経営とは、作目の決定など農業経営の主宰権と生産物の所有権・処分権は受託者である農協が有するが、最終の損益は委託者である農家に帰属するもの。

15 その他の事業（つづき）
Other Businesses (Cont.)

実施した事業別組合数（つづき）
Number of Coops. Engaged in Businesses (Cont.)

（b）保健・生活文化 Health・Life culture.

（単位：組合）(Unit:coops)

	事業年度 Business Year	職業紹介※ Employment Placement	預託家畜（家畜貸与） Lease of Livestock Animals	家畜診療 Medical Treatment Animals	種付け（人工授精） Artificial Fertilization	酪農ヘルパー Dairy Helper	結婚式場・冠婚具 Marriage Ceremony Arrangement & Other	老人福祉施設 Old Man Welfare Facilities	旅行のあっせん Trip Good offices
	平25(2013)	－	242	36	147	97	38	308	375
	平26(2014)	－	230	31	135	91	33	295	354
	平27(2015)	－	231	31	129	93	32	292	344
	平28(2016)	－	214	26	125	88	25	270	321
	平29(2017)	46	206	25	120	84	23	268	310
	平30(2018)	73	200	27	114	87	19	256	290
	比率 Percentage	11.4	31.3	4.2	17.8	13.6	3.0	40.1	45.4
	1 北海道	9	20	2	27	32	－	7	40
	2 青森	8	7	1	2	3	－	1	3
東	3 岩手	2	7	2	7	6	－	3	5
	4 宮城	－	12	1	4	－	－	6	5
	5 秋田	3	7	－	－	2	2	9	5
	6 山形	9	6	－	2	2	3	7	12
北	7 福島	－	4	－	1	2	1	5	5
	小計	22	43	4	16	15	6	31	35
	8 茨城	1	2	1	－	－	－	7	11
関	9 栃木	2	4	－	－	－	－	9	5
	10 群馬	－	2	1	4	5	1	7	10
	11 埼玉	2	－	－	－	1	－	3	6
	12 千葉	2	－	－	1	2	－	9	1
	13 東京	－	－	－	－	1	－	3	2
	14 神奈川	－	－	2	1	6	－	7	4
	15 山梨	2	1	－	1	－	－	3	4
	16 長野	2	8	3	6	3	1	10	8
東	17 静岡	7	5	－	－	3	－	8	6
	小計	18	22	7	13	21	2	66	57
北	18 新潟	1	7	1	4	4	1	11	16
	19 富山	－	－	－	－	1	1	9	9
	20 石川	1	1	－	－	－	－	4	5
陸	21 福井	－	3	－	1	－	1	8	7
	小計	2	11	1	5	5	3	32	37
東	22 岐阜	2	5	－	2	1	－	5	4
	23 愛知	4	2	2	4	3	－	7	6
	24 三重	1	7	1	－	－	1	8	4
海	小計	7	14	3	6	4	1	20	14
	25 滋賀	－	1	－	4	－	－	7	10
近	26 京都	－	1	－	2	1	－	2	3
	27 大阪	－	－	－	－	－	－	2	3
	28 兵庫	－	11	1	4	1	－	8	8
	29 奈良	－	－	－	－	－	－	1	1
畿	30 和歌山	－	－	－	－	－	－	5	6
	小計	－	13	1	10	2	－	25	31
	31 鳥取	－	3	－	－	－	－	1	3
中	32 島根	－	1	－	1	1	1	1	1
	33 岡山	－	5	－	2	－	－	3	8
国	34 広島	－	1	－	－	－	－	8	10
	35 山口	－	8	1	5	－	－	5	1
・	36 徳島	6	2	1	－	－	1	－	3
	37 香川	1	1	1	－	1	－	－	1
四	38 愛媛	1	7	2	4	1	1	9	9
	39 高知	1	1	－	－	－	－	3	2
国	小計	9	29	5	12	3	3	30	38
	40 福岡	3	6	－	－	－	1	15	10
九	41 佐賀	－	3	1	2	－	－	2	3
	42 長崎	－	5	1	5	－	1	1	5
	43 熊本	2	10	2	5	2	－	11	8
	44 大分	－	3	－	4	－	－	2	1
	45 宮崎	1	8	－	4	3	1	5	6
州	46 鹿児島	－	12	－	4	－	1	8	5
	小計	6	47	4	24	5	4	44	38
	47 沖縄	－	1	－	1	－	－	1	－

※ 「職業紹介」は、平成29事業年度から新たに設定された項目である。

15 その他の事業（つづき）
Other Businesses (Cont.)

実施した事業別組合数（つづき）
Number of Coops.Engaged in Businesses (Cont.)

（c）医療
Medical treatment

（単位：組合、か所）
(Unit:coops.,Place)

事業年度 Business Year		税務指導窓口の設置 on Tax Paying	葬祭・葬具 on Funeral Service	病院 Hospital	左の施設数 Number of facilities	診療所 Clinic	左の施設数 Number of facilities
	平25(2013)	419	382	1	1	9	11
	平26(2014)	409	362	1	1	8	10
	平27(2015)	398	354	1	1	9	11
	平28(2016)	386	337	1	1	7	10
	平29(2017)	378	327	1	1	7	11
	平30(2018)	365	310	1	1	7	11
	比率 Percentage	57.1	48.5	0.2	該当1組合当たり 1.0	1.1	該当1組合当たり 1.6
	1 北海道	35	6	-	-	-	-
東北	2 青森	8	4	-	-	-	-
	3 岩手	5	2	-	-	-	-
	4 宮城	12	7	-	-	-	-
	5 秋田	10	-	-	-	-	-
	6 山形	9	9	-	-	-	-
	7 福島	4	4	-	-	2	4
	小計	48	26	-	-	2	4
関東	8 茨城	10	14	-	-	-	-
	9 栃木	7	9	-	-	-	-
	10 群馬	12	12	-	-	-	-
	11 埼玉	7	12	-	-	-	-
	12 千葉	10	10	-	-	-	-
	13 東京	5	12	-	-	-	-
	14 神奈川	12	8	-	-	-	-
	15 山梨	7	10	1	1	-	-
	16 長野	7	12	-	-	2	3
	17 静岡	16	12	-	-	-	-
	小計	93	111	1	1	2	3
北陸	18 新潟	14	13	-	-	-	-
	19 富山	8	8	-	-	-	-
	20 石川	6	9	-	-	-	-
	21 福井	8	8	-	-	-	-
	小計	36	38	-	-	-	-
東海	22 岐阜	6	6	-	-	-	-
	23 愛知	17	8	-	-	-	-
	24 三重	6	10	-	-	-	-
	小計	29	24	-	-	-	-
近畿	25 滋賀	4	10	-	-	-	-
	26 京都	3	1	-	-	-	-
	27 大阪	8	-	-	-	-	-
	28 兵庫	6	5	-	-	1	1
	29 奈良	-	1	-	-	-	-
	30 和歌山	6	4	-	-	-	-
	小計	27	21	-	-	1	1
中国・四国	31 鳥取	3	3	-	-	-	-
	32 島根	1	1	-	-	-	-
	33 岡山	8	8	-	-	-	-
	34 広島	7	10	-	-	-	-
	35 山口	7	1	-	-	-	-
	36 徳島	5	5	-	-	-	-
	37 香川	1	1	-	-	-	-
	38 愛媛	9	5	-	-	1	2
	39 高知	3	-	-	-	-	-
	小計	44	34	-	-	1	2
九州	40 福岡	15	15	-	-	1	1
	41 佐賀	3	2	-	-	-	-
	42 長崎	6	4	-	-	-	-
	43 熊本	8	10	-	-	-	-
	44 大分	5	5	-	-	-	-
	45 宮崎	9	4	-	-	-	-
	46 鹿児島	7	9	-	-	-	-
	小計	53	49	-	-	1	1
	47 沖縄	-	1	-	-	-	-

15 その他の事業（つづき）
Other Businesses (Cont.)

実施した事業別組合数（つづき）
Number of Coops.Engaged in Businesses (Cont.)

（d）その他
Other (Cont.)

（単位：組合）
(Unit:coops.)

	事業年度 Business Year	農地信託 Commissioning of Agri.Land	左の実施面積 Coverage	市町村金庫（指定金融機関） Municipal Bank	簡易郵便局 Local Post Office	宅地等供給 Supplying of Housing Lot & Other
			ha			
	平25(2013)	6	250	202	174	265
	平26(2014)	4	240	193	168	260
	平27(2015)	3	239	197	164	250
	平28(2016)	2	392	191	156	237
	平29(2017)	1	189	190	153	234
	平30(2018)	2	193	181	135	226
	比率 Percentage	0.3	該当1組合当たり 96.6	28.3	21.1	35.4
	1 北海道	1	189	19	10	8
東北	2 青森	-	-	-	2	1
東北	3 岩手	-	-	4	3	5
東北	4 宮城	-	-	5	1	10
東北	5 秋田	-	-	2	-	1
東北	6 山形	-	-	7	2	7
東北	7 福島	-	-	4	3	-
東北	小計	-	-	22	11	24
関東	8 茨城	-	-	-	2	12
関東	9 栃木	-	-	-	1	9
関東	10 群馬	-	-	3	7	10
関東	11 埼玉	-	-	3	5	13
関東	12 千葉	-	-	3	2	9
関東	13 東京	-	-	3	1	14
関東	14 神奈川	-	-	1	1	1
関東	15 山梨	-	-	2	6	1
関東	16 長野	-	-	11	3	6
関東	17 静岡	1	4	10	6	16
関東	小計	1	4	36	34	91
北陸	18 新潟	-	-	5	1	7
北陸	19 富山	-	-	-	6	4
北陸	20 石川	-	-	2	5	5
北陸	21 福井	-	-	4	7	3
北陸	小計	-	-	11	19	19
東海	22 岐阜	-	-	5	5	4
東海	23 愛知	-	-	7	11	16
東海	24 三重	-	-	4	4	7
東海	小計	-	-	16	20	27
近畿	25 滋賀	-	-	2	4	2
近畿	26 京都	-	-	2	2	2
近畿	27 大阪	-	-	2	1	10
近畿	28 兵庫	-	-	3	3	7
近畿	29 奈良	-	-	1	-	1
近畿	30 和歌山	-	-	5	1	2
近畿	小計	-	-	15	11	24
中国・四国	31 鳥取	-	-	-	1	1
中国・四国	32 島根	-	-	1	-	1
中国・四国	33 岡山	-	-	5	3	2
中国・四国	34 広島	-	-	8	5	4
中国・四国	35 山口	-	-	4	2	4
中国・四国	36 徳島	-	-	3	1	-
中国・四国	37 香川	-	-	1	1	-
中国・四国	38 愛媛	-	-	7	7	2
中国・四国	39 高知	-	-	3	1	1
中国・四国	小計	-	-	32	21	15
九州	40 福岡	-	-	7	2	7
九州	41 佐賀	-	-	1	1	2
九州	42 長崎	-	-	-	-	-
九州	43 熊本	-	-	7	2	3
九州	44 大分	-	-	-	1	1
九州	45 宮崎	-	-	4	1	3
九州	46 鹿児島	-	-	10	2	1
九州	小計	-	-	29	9	17
	47 沖縄	-	-	1	-	1

16 共同利用施設等所有状況
Number of Coops. by owning joint Utilization Facilities

集計組合数 639
Total No. of Coops. Surveyed 639

(単位：組合、か所)
(Unit:Coop, Place)

地域	事業年度 Business Year	精米麦施設 Rice Mills 該当組合数 No. of Coops. concerned	精米麦施設 Rice Mills	ライスセンター Rice Center 該当組合数 No. of Coops. concerned	ライスセンター Rice Center	カントリーエレベーター Country Elevator 該当組合数 No. of Coops. concerned	カントリーエレベーター Country Elevator
	平25(2013)	354	1 388	409	1 541	298	772
	平26(2014)	346	1 401	394	1 537	295	780
	平27(2015)	344	1 356	393	1 516	294	781
	平28(2016)	334	1 360	385	1 495	289	773
	平29(2017)	330	1 349	387	1 486	287	771
	平30(2018)	315	1 311	375	1 473	285	768
	該当1組合当たり Average Per Coop.	−	4.2	−	3.9	−	2.7
	1 北海道	47	111	33	76	42	82
東北	2 青森	6	21	9	28	6	16
	3 岩手	2	5	6	67	6	25
	4 宮城	−	−	8	17	7	32
	5 秋田	5	13	8	18	10	35
	6 山形	7	7	10	34	12	49
	7 福島	5	6	4	29	4	18
	小計	25	52	45	193	45	175
関東	8 茨城	11	21	12	55	6	11
	9 栃木	4	5	9	49	6	20
	10 群馬	9	36	7	19	8	17
	11 埼玉	8	23	10	25	8	15
	12 千葉	11	37	9	28	1	1
	13 東京	3	5	−	−	−	−
	14 神奈川	7	16	3	3	−	−
	15 山梨	7	41	2	6	1	2
	16 長野	12	238	13	98	6	16
	17 静岡	6	63	9	17	2	2
	小計	78	485	74	300	38	84
北陸	18 新潟	18	29	17	47	21	57
	19 富山	9	9	9	22	12	28
	20 石川	6	11	17	44	8	13
	21 福井	7	7	7	15	11	29
	小計	40	56	50	128	52	127
東海	22 岐阜	4	56	6	38	6	27
	23 愛知	9	13	14	36	12	28
	24 三重	4	36	10	43	9	14
	小計	17	105	30	117	27	69
近畿	25 滋賀	6	11	8	22	15	39
	26 京都	4	66	4	16	2	2
	27 大阪	10	38	6	9	−	−
	28 兵庫	9	18	12	57	6	10
	29 奈良	−	−	1	13	1	1
	30 和歌山	3	11	4	6	−	−
	小計	32	144	35	123	24	52
中国・四国	31 鳥取	1	1	3	25	3	10
	32 島根	1	1	1	28	1	13
	33 岡山	5	12	9	65	4	14
	34 広島	6	16	10	38	5	9
	35 山口	3	8	10	54	4	5
	36 徳島	8	58	7	21	−	−
	37 香川	1	1	1	5	1	14
	38 愛媛	10	116	7	18	6	8
	39 高知	2	38	3	17	1	1
	小計	37	251	51	271	25	74
九州	40 福岡	12	36	12	27	17	44
	41 佐賀	2	16	3	89	2	28
	42 長崎	4	6	5	23	2	5
	43 熊本	12	35	13	30	9	23
	44 大分	2	7	3	36	1	4
	45 宮崎	5	5	9	20	−	−
	46 鹿児島	2	2	11	36	1	1
	小計	39	107	56	261	32	105
	47 沖縄	−	−	1	4	−	−

16 共同利用施設等所有状況（つづき）
Number of Coops. by owning joint Utilization Facilities (Cont.)

（単位：組合、か所）
(Unit:Coop, Place)

事業年度 Business Year	共同育苗施設 Joint Nursery Beds 該当組合数 No. of Coops. concerned	共同育苗施設 Joint Nursery Beds	うち稲育苗施設 of Which Joint Rice Nursery Beds 該当組合数 No. of Coops. concerned	うち稲育苗施設 of Which Joint Rice Nursery Beds	うち野菜育苗施設 of Which Joint Vegetable Nursery Beds 該当組合数 No. of Coops. concerned	うち野菜育苗施設 of Which Joint Vegetable Nursery Beds
平25(2013)	478	1 427	416	1 114	222	341
平26(2014)	459	1 400	398	1 097	208	326
平27(2015)	462	1 391	400	1 085	210	323
平28(2016)	446	1 383	383	1 073	207	319
平29(2017)	445	1 366	382	1 068	207	322
平30(2018)	433	1 343	372	1 051	205	315
該当1組合当たり Average Per Coop.	－	3.1	－	2.8	－	1.5
1 北海道	33	52	3	3	23	42
東北 2 青森	8	31	7	11	7	20
3 岩手	7	44	7	29	4	16
4 宮城	6	17	6	15	2	2
5 秋田	11	37	10	20	11	15
6 山形	10	17	6	11	6	6
7 福島	5	36	5	30	4	6
小計	47	182	41	116	34	65
関東 8 茨城	14	57	13	54	5	5
9 栃木	8	19	7	16	4	7
10 群馬	13	27	13	24	4	4
11 埼玉	6	8	4	5	3	3
12 千葉	11	33	11	30	3	4
13 東京	1	1	－	－	1	1
14 神奈川	6	8	6	7	1	1
15 山梨	6	8	6	8	－	－
16 長野	13	60	10	42	9	16
17 静岡	14	25	9	15	6	8
小計	92	246	79	201	36	49
北陸 18 新潟	19	68	19	66	3	3
19 富山	11	19	11	18	1	1
20 石川	16	29	16	27	2	2
21 福井	12	32	12	30	3	3
小計	58	148	58	141	9	9
東海 22 岐阜	7	44	7	38	4	6
23 愛知	18	60	16	49	7	8
24 三重	11	59	11	54	4	6
小計	36	163	34	141	15	20
近畿 25 滋賀	15	31	15	31	1	1
26 京都	4	16	4	14	2	2
27 大阪	10	23	10	14	5	9
28 兵庫	12	44	12	40	5	6
29 奈良	1	5	1	5	－	－
30 和歌山	5	10	4	6	3	4
小計	47	129	46	110	16	22
中国・四国 31 鳥取	3	23	3	22	2	3
32 島根	1	26	1	24	1	1
33 岡山	8	34	8	29	4	5
34 広島	12	36	11	32	6	6
35 山口	10	37	10	32	6	9
36 徳島	10	22	9	18	5	6
37 香川	1	14	－	－	－	－
38 愛媛	10	33	10	29	8	12
39 高知	3	17	3	15	1	2
小計	58	242	55	201	33	44
九州 40 福岡	17	44	16	39	6	12
41 佐賀	3	14	3	10	2	5
42 長崎	4	18	4	15	4	6
43 熊本	11	27	10	16	7	14
44 大分	2	13	2	12	1	1
45 宮崎	12	28	9	18	9	11
46 鹿児島	12	31	11	25	9	12
小計	61	175	55	135	38	61
47 沖縄	1	6	1	3	1	3

16 共同利用施設等所有状況（つづき）
Number of Coops. by owning joint Utilization Facilities (Cont.)

（単位：組合、か所）
(Unit:Coop, Place)

事業年度 Business Year	青果物集出荷施設 Fruits and Vegetables Collection of shipment House 該当組合数 No. of Coops. concerned	青果物集出荷施設 Fruits and Vegetables Collection of shipment House	青果物貯蔵施設（冷蔵施設を含む） Fruits and Vegetables Storage Facillities (Including Cold Storage) 該当組合数 No. of Coops. concerned	青果物貯蔵施設（冷蔵施設を含む） Fruits and Vegetables Storage Facillities (Including Cold Storage)	青果物加工施設 Processing Facilities of Vegetables and Fruits 該当組合数 No. of Coops. concerned	青果物加工施設 Processing Facilities of Vegetables and Fruits
平25(2013)	609	4 476	463	2 091	215	427
平26(2014)	589	4 417	452	2 073	210	441
平27(2015)	587	4 410	454	2 054	209	413
平28(2016)	571	4 388	444	2 066	200	397
平29(2017)	570	4 327	442	2 077	201	393
平30(2018)	557	4 308	432	2 070	192	389
該当1組合当たり Average Per Coop.	−	7.7	−	4.8	−	2.0
1 北海道	84	272	77	344	24	37
東北						
2 青森	10	121	10	145	7	15
3 岩手	7	78	4	14	4	6
4 宮城	13	62	6	29	1	1
5 秋田	13	82	11	26	6	17
6 山形	14	81	13	55	7	14
7 福島	5	126	5	34	4	7
小計	62	550	49	303	29	60
関東						
8 茨城	19	99	13	35	3	6
9 栃木	10	59	6	30	4	12
10 群馬	14	187	12	57	8	13
11 埼玉	15	82	9	31	3	5
12 千葉	19	132	14	49	1	1
13 東京	2	10	1	9	−	−
14 神奈川	8	46	6	12	3	3
15 山梨	10	107	7	32	2	2
16 長野	18	200	13	103	9	22
17 静岡	16	132	14	58	3	5
小計	131	1 054	95	416	36	69
北陸						
18 新潟	24	91	19	73	11	24
19 富山	13	17	7	9	4	4
20 石川	16	42	9	10	5	5
21 福井	10	18	6	8	5	5
小計	63	168	41	100	25	38
東海						
22 岐阜	6	61	5	19	1	2
23 愛知	18	152	12	30	2	4
24 三重	11	78	9	17	1	1
小計	35	291	26	66	4	7
近畿						
25 滋賀	12	18	7	12	3	3
26 京都	4	66	3	39	2	2
27 大阪	5	13	4	12	1	1
28 兵庫	10	58	7	20	5	6
29 奈良	1	14	1	2	−	−
30 和歌山	8	112	6	42	7	17
小計	40	281	28	127	18	29
中国・四国						
31 鳥取	3	44	3	27	2	6
32 島根	1	51	1	49	1	12
33 岡山	9	164	8	38	4	39
34 広島	11	107	8	109	5	8
35 山口	11	88	8	25	4	8
36 徳島	15	157	10	42	6	10
37 香川	1	48	−	−	−	−
38 愛媛	11	183	10	58	3	4
39 高知	4	79	4	68	3	13
小計	66	921	52	416	28	100
九州						
40 福岡	20	85	15	36	6	10
41 佐賀	3	128	3	58	2	5
42 長崎	7	118	5	32	2	4
43 熊本	14	110	13	68	7	9
44 大分	5	78	4	21	4	14
45 宮崎	13	61	12	42	1	1
46 鹿児島	13	113	11	40	5	5
小計	75	693	63	297	27	48
47 沖縄	1	78	1	1	1	1

16 共同利用施設等所有状況（つづき）
Number of Coops.by owning joint Utilization Facilities (Cont.)

（単位：組合、か所）
(Unit:Coop,Place)

事業年度 Business Year	茶施設（加工・保冷施設等）該当組合数 No.of Coops. concerned	Tea Facilities (for Processing, Warming ,Cooling)	葬祭センター Funeral Center 該当組合数 No.of Coops. concerned		農業機械サービスステーション 該当組合数 No.of Coops. concerned	Agri.Machinary Workshop
平25(2013)	123	228	278	557	511	1 276
平26(2014)	119	218	268	580	492	1 248
平27(2015)	118	211	268	595	492	1 232
平28(2016)	117	208	261	599	478	1 215
平29(2017)	117	203	256	594	474	1 192
平30(2018)	113	196	247	593	462	1 179
該当1組合当たり Average Per Coop.	–	1.7	–	2.4	–	2.6
1 北海道	–	–	–	–	44	64
東北 2 青森	–	–	1	1	7	10
3 岩手	1	1	4	7	4	11
4 宮城	–	–	8	13	11	28
5 秋田	–	–	–	–	12	25
6 山形	–	–	3	5	13	29
7 福島	1	1	4	15	3	13
小計	2	2	20	41	50	116
関東 8 茨城	3	6	14	24	18	44
9 栃木	–	–	7	15	5	7
10 群馬	–	–	10	18	13	30
11 埼玉	2	4	8	16	12	24
12 千葉	–	–	3	5	18	33
13 東京	–	–	3	3	4	4
14 神奈川	4	6	7	7	9	15
15 山梨	2	7	8	13	8	18
16 長野	2	3	9	29	14	68
17 静岡	12	35	12	32	13	31
小計	25	61	81	162	114	274
北陸 18 新潟	2	2	13	24	21	64
19 富山	1	1	2	2	12	22
20 石川	1	1	6	9	17	25
21 福井	–	–	7	14	11	21
小計	4	4	28	49	61	132
東海 22 岐阜	4	6	6	12	6	21
23 愛知	1	2	6	18	15	38
24 三重	6	7	9	16	10	23
小計	11	15	21	46	31	82
近畿 25 滋賀	4	6	10	14	6	6
26 京都	1	3	1	1	4	11
27 大阪	–	–	–	–	2	2
28 兵庫	4	4	4	5	11	25
29 奈良	1	2	1	2	1	14
30 和歌山	2	2	4	6	8	28
小計	12	17	20	28	32	86
中国・四国 31 鳥取	–	–	3	12	2	11
32 島根	1	2	1	23	1	8
33 岡山	3	4	8	19	8	23
34 広島	4	5	10	23	9	24
35 山口	2	5	–	–	10	28
36 徳島	3	4	4	6	12	17
37 香川	1	3	–	–	1	22
38 愛媛	6	8	5	11	12	25
39 高知	2	3	1	10	2	17
小計	22	34	32	104	57	175
九州 40 福岡	3	3	13	36	20	45
41 佐賀	3	11	2	4	3	27
42 長崎	3	3	3	13	7	31
43 熊本	10	16	10	32	14	50
44 大分	1	2	3	31	4	21
45 宮崎	6	8	4	9	12	24
46 鹿児島	10	19	9	34	13	52
小計	36	62	44	159	73	250
47 沖縄	1	1	1	4	–	–

16 共同利用施設等所有状況（つづき）
Number of Coops. by owning joint Utilization Facilities (Cont.)

（単位：組合、か所）
(Unit:Coop, Place)

地域	事業年度 Business Year	自動車分解整備施設 該当組合数 No. of Coops. concerned	自動車分解整備施設 Automobile Workshop	給油所 該当組合数 No. of Coops. concerned	給油所 Gas Station	農産物直売施設 該当組合数 No. of Coops. concerned	農産物直売施設 Direct Sales Facilities of Agri. Products	レストラン（農産物の販売） 該当組合数 No. of coops. concerned	レストラン（農産物の販売） Restaurant
	平25(2013)	243	364	476	1 983	489	1 476	51	65
	平26(2014)	234	344	463	1 936	491	1 500	51	63
	平27(2015)	231	341	460	1 871	492	1 510	52	67
	平28(2016)	228	335	445	1 818	477	1 520	54	68
	平29(2017)	226	328	436	1 763	480	1 513	55	68
	平30(2018)	222	322	412	1 656	470	1 494	57	71
	該当1組合当たり Average Per Coop.	−	1.5	−	4.0	−	3.2	−	1.2
	1 北海道	36	44	95	206	33	41	3	3
東北	2 青森	3	3	6	38	9	30	1	1
	3 岩手	1	3	3	6	5	10	2	3
	4 宮城	7	7	10	32	8	13	−	−
	5 秋田	2	2	7	20	8	11	1	1
	6 山形	7	9	8	22	11	30	1	1
	7 福島	2	3	4	34	5	42	2	2
	小計	22	27	38	152	46	136	7	8
関東	8 茨城	11	12	8	21	18	69	1	1
	9 栃木	1	2	−	−	9	35	2	2
	10 群馬	8	13	9	35	14	38	1	1
	11 埼玉	4	4	8	20	14	78	3	4
	12 千葉	5	7	11	31	15	33	−	−
	13 東京	−	−	−	−	14	56	−	−
	14 神奈川	1	1	5	12	12	67	−	−
	15 山梨	3	7	7	38	9	20	−	−
	16 長野	4	6	14	115	15	51	1	1
	17 静岡	1	1	8	16	18	64	1	1
	小計	38	53	70	288	138	511	9	10
北陸	18 新潟	20	35	20	68	19	42	1	1
	19 富山	10	13	13	30	11	17	−	−
	20 石川	11	13	16	43	13	18	1	1
	21 福井	3	4	10	26	8	13	1	1
	小計	44	65	59	167	51	90	3	3
東海	22 岐阜	4	6	4	22	6	37	1	1
	23 愛知	6	6	11	56	18	83	4	4
	24 三重	4	5	6	20	8	28	1	1
	小計	14	17	21	98	32	148	6	6
近畿	25 滋賀	2	2	8	10	12	32	2	2
	26 京都	−	−	−	−	3	13	−	−
	27 大阪	1	1	−	−	11	22	1	1
	28 兵庫	4	4	3	10	13	61	4	4
	29 奈良	−	−	1	8	1	8	1	1
	30 和歌山	−	−	7	27	7	29	1	1
	小計	7	7	19	55	47	165	9	9
中国・四国	31 鳥取	2	11	2	19	3	15	−	−
	32 島根	1	4	1	19	1	25	1	1
	33 岡山	7	11	7	34	8	45	1	3
	34 広島	5	6	7	28	12	29	−	−
	35 山口	4	5	5	6	11	20	1	1
	36 徳島	3	4	11	15	11	17	−	−
	37 香川	−	−	−	−	1	28	−	−
	38 愛媛	2	5	8	63	11	22	2	6
	39 高知	1	5	2	40	3	24	−	−
	小計	25	51	43	224	61	225	5	11
九州	40 福岡	8	9	16	62	19	49	2	2
	41 佐賀	−	−	3	63	3	18	3	7
	42 長崎	6	10	6	50	7	27	−	−
	43 熊本	10	21	14	117	10	22	3	3
	44 大分	2	5	4	31	3	20	2	4
	45 宮崎	7	9	12	69	10	19	1	1
	46 鹿児島	3	4	11	67	9	12	4	4
	小計	36	58	66	459	61	167	15	21
	47 沖縄	−	−	1	7	1	11	−	−

17 補 助 金 ・ 助 成 金 等

Subsidies and Others

集計組合数 639
Total No. of Coops. Surveyed 639

(単位：組合、千円)
(Unit:Coop, 1000Yen)

事業年度 Business Year	補助金等 Subsidies and Others				
	該当組合数 No. of Coops. concerned	国・都道府県 Central and Prefectural Governments	市町村・特別区 Cities, Towns and Villages and special ward	その他 Others	計 Total
平25(2013)	542	20 048 030	14 291 955	2 433 027	36 773 012
平26(2014)	508	10 521 955	11 681 960	2 374 771	24 578 686
平27(2015)	495	16 704 952	12 003 125	1 885 137	30 593 214
平28(2016)	484	20 557 950	13 156 402	2 089 400	35 803 752
平29(2017)	488	25 090 057	20 644 526	1 896 511	47 631 094
平30(2018)	478	22 961 107	14 276 167	2 760 754	39 998 028
該当1組合当たり Average Per Coop.	－	48 035.8	29 866.5	5 775.6	83 677.9
1 北海道	71	10 286 128	1 814 570	563 073	12 663 771
東北 2 青森	8	3 843	52 435	21 403	77 681
3 岩手	6	45 416	587 799	16 053	649 268
4 宮城	12	602 949	169 465	29 051	801 465
5 秋田	9	288 200	345 293	28 758	662 251
6 山形	12	148 446	136 852	6 200	291 498
7 福島	5	120 827	72 234	29 986	223 047
小計	52	1 209 681	1 364 078	131 451	2 705 210
関東 8 茨城	10	318 714	716 808	2 411	1 037 933
9 栃木	9	575 721	205 792	6 533	788 046
10 群馬	11	188 728	118 241	31 850	338 819
11 埼玉	9	1 130	9 383	4 599	15 112
12 千葉	8	12 853	10 557	15 675	39 085
13 東京	11	894	64 302	170 629	235 825
14 神奈川	10	1 026	37 782	16 099	54 907
15 山梨	10	95 082	41 090	12 885	149 057
16 長野	12	76 970	178 728	103 997	359 695
17 静岡	13	29 546	451 327	377 513	858 386
小計	103	1 300 664	1 834 010	742 191	3 876 865
北陸 18 新潟	20	531 704	567 348	20 019	1 119 071
19 富山	13	250 115	136 644	45 880	432 639
20 石川	11	12 846	83 341	16 751	112 938
21 福井	9	202 481	84 895	11 388	298 764
小計	53	997 146	872 228	94 038	1 963 412
東海 22 岐阜	7	514 797	473 480	787	989 064
23 愛知	18	55 480	148 674	186 788	390 942
24 三重	7	73 484	17 605	12 875	103 964
小計	32	643 761	639 759	200 450	1 483 970
近畿 25 滋賀	12	248 284	49 877	40 523	338 684
26 京都	5	27 762	11 088	7 119	45 969
27 大阪	6	288	19 396	11 018	30 702
28 兵庫	13	149 681	44 427	170 232	364 340
29 奈良	1	467	20 642	7 864	28 973
30 和歌山	6	45 926	26 300	26 328	98 554
小計	43	472 408	171 730	263 084	907 222
中国・四国 31 鳥取	3	480 736	91 604	18 380	590 720
32 島根	1	84 166	82 481	27 767	194 414
33 岡山	7	136 893	41 609	17 587	196 089
34 広島	9	19 657	278 434	193 680	491 771
35 山口	10	105 468	82 526	71 492	259 486
36 徳島	12	488 700	42 758	104 579	636 037
37 香川	1	230 601	636	－	231 237
38 愛媛	10	47 544	175 518	4 507	227 569
39 高知	4	569 704	167 948	2 074	739 726
小計	57	2 163 469	963 514	440 066	3 567 049
九州 40 福岡	18	31 149	2 996 805	127 715	3 155 669
41 佐賀	3	212 726	1 088 553	－	1 301 279
42 長崎	6	1 400 903	562 305	－	1 963 208
43 熊本	13	1 393 013	1 503 051	78 704	2 974 768
44 大分	3	156 341	57 340	－	213 681
45 宮崎	13	1 492 406	373 906	116 444	1 982 756
46 鹿児島	10	145 792	34 318	3 538	183 648
小計	66	4 832 330	6 616 278	326 401	11 775 009
47 沖縄	1	1 055 520	－	－	1 055 520

17 補助金・助成金等（つづき）
Subsidies and Others (Cont.)

（単位：組合、千円）
(Unit:Coop, 1000Yen)

	事業年度 Business Year	受入推進・奨励費 Bounty Profit		受入特別配当金 Special Patronage Dividends		支払推進・奨励費 Bounty Expenses	
		該当組合数 No. of Coops. concerned	金額 Amount	該当組合数 No. of Coops. concerned	金額 Amount	該当組合数 No. of Coops. concerned	金額 Amount
	平25(2013)	670	262 644 762	626	48 098 602	638	44 871 488
	平26(2014)	648	283 259 597	621	59 208 952	609	44 300 840
	平27(2015)	648	344 912 775	622	71 717 311	607	41 566 520
	平28(2016)	625	313 261 901	609	68 329 106	591	42 421 850
	平29(2017)	626	318 706 026	604	67 815 933	591	42 615 839
	平30(2018)	607	322 447 377	592	68 326 238	571	37 834 383
	該当1組合当たり Average Per Coop.	－	531 214.8	－	115 415.9	－	66 259.9
	1 北海道	94	14 379 401	97	2 929 033	69	2 748 929
	2 青森	9	1 467 216	7	232 561	9	814 433
東	3 岩手	7	1 965 735	7	164 217	7	535 094
	4 宮城	13	3 746 770	14	974 880	13	1 343 389
	5 秋田	12	2 771 591	12	512 449	12	554 786
	6 山形	14	3 910 145	13	1 013 515	13	514 057
北	7 福島	5	7 424 877	5	927 850	5	1 254 126
	小計	60	21 286 334	58	3 825 472	59	5 015 885
	8 茨城	19	8 529 625	17	421 917	20	1 064 388
関	9 栃木	10	7 505 949	10	1 028 276	10	333 569
	10 群馬	14	4 063 375	14	931 087	13	538 158
	11 埼玉	16	15 875 212	15	1 119 664	16	1 144 604
	12 千葉	19	7 439 549	18	1 274 276	19	563 779
	13 東京	14	4 748 587	14	2 343 758	15	1 242 946
	14 神奈川	13	27 176 284	12	5 308 605	12	1 969 962
	15 山梨	10	2 364 573	7	266 287	9	415 540
	16 長野	17	13 553 650	15	4 255 884	16	2 110 465
東	17 静岡	18	16 089 631	16	1 217 989	17	1 242 503
	小計	150	107 346 435	138	18 167 743	147	10 625 914
北	18 新潟	24	5 498 838	24	1 959 423	24	2 341 815
	19 富山	13	2 469 350	12	627 078	13	339 122
	20 石川	15	2 713 450	16	1 197 219	15	289 989
陸	21 福井	12	3 762 212	12	1 449 808	12	326 744
	小計	64	14 443 850	64	5 233 528	64	3 297 670
東	22 岐阜	7	8 493 966	7	2 539 335	7	1 208 241
	23 愛知	20	30 736 150	20	5 043 780	19	2 374 283
	24 三重	11	3 153 631	11	1 645 809	10	720 335
海	小計	38	42 383 747	38	9 228 924	36	4 302 859
	25 滋賀	16	5 543 974	14	2 236 072	14	363 488
近	26 京都	5	4 078 316	5	634 896	5	423 347
	27 大阪	14	7 800 678	14	2 799 038	14	606 585
	28 兵庫	14	16 223 906	13	4 722 596	14	1 202 775
	29 奈良	1	154 257	1	141 267	1	168 865
畿	30 和歌山	8	7 910 998	8	1 544 602	8	709 712
	小計	58	41 712 129	55	12 078 471	56	3 474 772
	31 鳥取	3	1 955 346	3	602 910	3	263 965
中	32 島根	1	4 223 766	1	694 352	1	197 075
	33 岡山	9	5 156 295	9	859 551	7	402 400
国	34 広島	13	6 798 920	12	1 519 218	12	720 469
	35 山口	12	2 935 641	12	943 868	12	369 823
・	36 徳島	15	4 378 725	15	239 655	15	144 168
	37 香川	1	12 562 949	1	3 222 337	1	299 646
四	38 愛媛	11	6 325 482	12	1 655 001	12	381 614
	39 高知	3	4 843 402	4	975 639	3	321 061
国	小計	68	49 180 526	69	10 712 531	66	3 100 221
	40 福岡	18	5 721 158	18	2 018 005	17	625 071
九	41 佐賀	4	4 915 299	4	555 980	4	1 172 863
	42 長崎	7	2 552 222	6	412 547	7	552 451
	43 熊本	14	5 812 205	14	771 173	14	854 556
	44 大分	5	2 678 900	4	453 781	5	323 326
	45 宮崎	13	4 105 620	13	978 988	13	651 430
州	46 鹿児島	13	2 406 953	13	582 462	13	444 046
	小計	74	28 192 357	72	5 772 936	73	4 623 743
	47 沖縄	1	3 522 598	1	377 600	1	644 390

１８　部門別損益

部門別損益計算書（総括版）

集計組合数　639　（単位：千円）

区　分	計	信用事業	共済事業	農業関連事業	生活その他事業	営農指導事業	共通管理費等
事業収益　①	5 038 935 318	922 220 998	496 029 934	2 478 265 975	1 112 455 304	29 964 192	
事業費用　②	3 237 535 688	157 991 834	31 829 777	2 075 033 746	925 176 312	47 505 031	
事業総利益③（①－②）	1 801 399 467	764 228 957	464 199 925	403 232 050	187 278 825	▲ 17 540 701	
事業管理費　④	1 610 210 447	530 449 879	318 742 504	447 312 304	218 954 872	94 750 176	
（うち減価償却費）⑤	124 212 436	24 612 287	10 587 526	68 902 093	16 552 518	3 557 247	
うち共通管理費⑥		126 083 030	67 885 996	93 335 642	44 041 681	13 645 614	▲ 344 992 629
（うち減価償却費）⑦		9 918 265	5 151 951	6 649 621	3 018 129	1 071 750	▲ 25 810 428
事業利益⑧（③－④）	191 188 802	233 778 938	145 457 305	▲ 44 080 189	▲ 31 675 982	▲ 112 291 028	
事業外収益　⑨	104 978 296	43 245 692	19 949 432	24 663 863	13 612 687	3 506 735	
うち共通分　⑩		25 150 040	13 372 660	18 493 619	8 836 712	2 506 748	▲ 68 360 456
事業外費用　⑪	24 735 380	7 419 778	4 010 693	7 673 816	4 517 218	1 114 036	
うち共通分　⑫		6 561 921	3 594 847	5 238 193	2 322 615	753 791	▲ 18 472 017
経常利益⑬（⑧＋⑨－⑪）	271 431 692	269 604 852	161 396 047	▲ 27 090 152	▲ 22 580 521	▲ 109 898 322	
特別利益　⑭	65 134 040	11 334 871	6 810 113	38 374 654	5 856 833	2 757 068	
うち共通分　⑮		10 244 825	6 141 631	10 259 253	4 811 797	1 487 344	▲ 32 945 355
特別損失　⑯	150 351 235	39 341 809	22 960 653	61 907 613	20 245 470	5 895 098	
うち共通分　⑰		34 482 731	19 812 615	24 800 943	13 193 019	3 939 071	▲ 96 229 007
税引前当期利益⑱（⑬＋⑭－⑯）	186 214 495	241 597 910	145 245 484	▲ 50 623 112	▲ 36 969 183	▲ 113 036 364	
営農指導事業分配賦額⑲		32 072 243	22 058 241	47 316 000	11 589 439	▲ 113 036 364	
営農指導事業分配賦後税引前当期利益⑳（⑱－⑲）	186 214 495	209 525 518	123 187 096	▲ 97 939 261	▲ 48 558 760		

（注）端数処理（千円未満）等のため、計と各事業区分の合計額が一致しない。

1 8 Departmental Profit and Loss

Sector Income Statement(As National Total)

Total No. of Coops. Surveyed 639 (Unit:1000Yen)

Category	Total	Credit Business	Insurance Business	Agriculture Related Business	Living&Other Business	Guidance Business	Common Administrative Expenses
Total Earnings of Business①	5 038 935 318	922 220 998	496 029 934	2 478 265 975	1 112 455 304	29 964 192	
Total Business Expenses ②	3 237 535 688	157 991 834	31 829 777	2 075 033 746	925 176 312	47 505 031	
Total Business Profit③ (①−②)	1 801 399 467	764 228 957	464 199 925	403 232 050	187 278 825	▲ 17 540 701	
Business Administration Expenses ④	1 610 210 447	530 449 879	318 742 504	447 312 304	218 954 872	94 750 176	
(of which Depreciation) ⑤	124 212 436	24 612 287	10 587 526	68 902 093	16 552 518	3 557 247	
※of which Common Administrative Expenses⑥		126 083 030	67 885 996	93 335 642	44 041 681	13 645 614	▲ 344 992 629
(of which Depreciation) ⑦		9 918 265	5 151 951	6 649 621	3 018 129	1 071 750	▲ 25 810 428
Business Profit ⑧ (③ − ④)	191 188 802	233 778 938	145 457 305	▲ 44 080 189	▲ 31 675 982	▲ 112 291 028	
Earnings of Non-Business⑨	104 978 296	43 245 692	19 949 432	24 663 863	13 612 687	3 506 735	
※ of which Common Part⑩		25 150 040	13 372 660	18 493 619	8 836 712	2 506 748	▲ 68 360 456
Expenses in Non-Business⑪	24 735 380	7 419 778	4 010 693	7 673 816	4 517 218	1 114 036	
※ of which Common Part⑫		6 561 921	3 594 847	5 238 193	2 322 615	753 791	▲ 18 472 017
Ordinary Profit or Loss⑬ (⑧+⑨−⑪)	271 431 692	269 604 852	161 396 047	▲ 27 090 152	▲ 22 580 521	▲ 109 898 322	
Extraordinary Profits ⑭	65 134 040	11 334 871	6 810 113	38 374 654	5 856 833	2 757 068	
※ of which Common Part⑮		10 244 825	6 141 631	10 259 253	4 811 797	1 487 344	▲ 32 945 355
Extraordinary Losses⑯	150 351 235	39 341 809	22 960 653	61 907 613	20 245 470	5 895 098	
※ of which Common Part⑰		34 482 731	19 812 615	24 800 943	13 193 019	3 939 071	▲ 96 229 007
Net Current Profit(or Loss) before Deduction of Tax⑱ (⑬+⑭−⑯)	186 214 495	241 597 910	145 245 484	▲ 50 623 112	▲ 36 969 183	▲ 113 036 364	
Cost Absorbed into Guidance Business⑲		32 072 243	22 058 241	47 316 000	11 589 439	▲ 113 036 364	
After Absorption into Guidance Business Net Current Profit(or Loss) before Deduction of Tax ⑳ (⑱−⑲)	186 214 495	209 525 518	123 187 096	▲ 97 939 261	▲ 48 558 760		

Note:The total number isn't equivalent to the sum of each business category because of adjusting fractional figures(less than one thousand yen)and etc..

第2部　農業地帯別組織規模別統計表

Statistics of Coops. Agricultural Areas &
Regular Membership

目　　次

例　　　言

1　この調査は、第１部都道府県別統計表の作成に使用された調査票を、農業地帯別、組織規模別に分類して集計したものであり、その細分は次のとおりである。

(1)　農業地帯別分類

都市地帯・・・・・・・・・・・・・地区内の全面積（山林、水面を除く。）に対する都市計画で定める市街化区域の面積の比率が８０％以上のもの

都市的農村地帯・・・・・・・地区内の全面積（山林、水面を除く。）に対する都市計画で定める市街化区域の面積の比率が５０％以上のもので都市地帯に該当しない地帯

中山間地帯・・・・・・・・・・・地区内の全面積（山林、水面を除く。）に対する特定農山村地域（特定農山村地域における農林業等の活性化のための基盤整備の促進に関する法律）の指定面積が８０％以上のもの

農村地帯・・・・・・・・・・・・・都市地帯、都市的農村地帯、中山間地帯のいずれにも属さないもの

(2)　組織規模別分類

～499人・・・・・・・・・・・・・・正組合員数が４９９人以下の組合

500人～999人・・・・・・・・・同じく５００人以上９９９人以下の組合

1000人～1999人・・・・・・・同じく１０００人以上１９９９人以下の組合

2000人～2999人・・・・・・・同じく２０００人以上２９９９人以下の組合

3000人～4999人・・・・・・・同じく３０００人以上４９９９人以下の組合

5000人～9999人・・・・・・・同じく５０００人以上９９９９人以下の組合

10000人～・・・・・・・・・・・・同じく１００００人以上の組合

2　集計事項は、調査票に設けられた項目の中から主要な項目を選択した。

I 農業地帯別集計

Statistics of Coops. by Agricultural Areas

1 組　合　員　数

Number of Membership

Actual No.of Coops. Surveyed (Urbanized Areas / Urbanized Rural Areas / Hilly and Mountainous Areas / Rural Areas / total); Average Per Coop. by Agricultural Areas (Urbanized Areas / Urbanized Rural Areas / Hilly and Mountainous Areas / Rural Areas / total)	集計組合数 Total No. of coops. Surveyed	正組合員 Regular Membership 個人 Individuals	うち女性 of which Female	うち組合員たる地位を失わない者 of which a man retaining Regular Membership(by a specila provision)	法人 Corporation	農事組合法人 Agricultural producer's cooperative corporation	その他法人 Others	計 Total
The Above is English Translation	組合	人	人	人	団体	団体	社	人＋団体
実数 都市地帯	29	77 591	23 525	0	76	5	71	77 667
都市的農村地帯	149	1 069 868	269 899	434	4 132	1 216	2 916	1 074 000
中山間地帯	126	793 874	168 044	0	4 196	1 130	3 066	798 070
農村地帯	335	2 284 172	483 948	173	13 834	4 563	9 271	2 298 006
計	639	4 225 505	945 416	607	22 238	6 914	15 324	4 247 743
平均 都市地帯	-	2 675.6	811.2	0.0	2.6	0.2	2.4	2 678.2
都市的農村地帯	-	7 180.3	1 811.4	2.9	27.7	8.2	19.6	7 208.1
中山間地帯	-	6 300.6	1 333.7	0.0	33.3	9.0	24.3	6 333.9
農村地帯	-	6 818.4	1 444.6	0.5	41.3	13.6	27.7	6 859.7
計	-	6 612.7	1 479.5	0.9	34.8	10.8	24.0	6 647.5

Actual No.of Coops. Surveyed (Urbanized Areas / Urbanized Rural Areas / Hilly and Mountainous Areas / Rural Areas / total); Average Per Coop. by Agricultural Areas (Urbanized Areas / Urbanized Rural Areas / Hilly and Mountainous Areas / Rural Areas / total)	准組合員 Associate Membership 個人 Individuals	団体 Groups	農業協同組合 Coops	農事組合法人 Agricultural producer's cooperative corporation	その他団体 Others	計 Total	合計 Total 個人 Individuals	法人・団体 Corporation & Groups	計 Total
The Above is English Translation	人	団体		団体	社	人	人	団体	人＋団体
実数 都市地帯	473 580	2 312	1	5	2 306	475 892	551 171	2 388	553 559
都市的農村地帯	2 265 351	15 478	40	532	14 906	2 280 829	3 335 219	19 610	3 354 829
中山間地帯	767 743	12 808	45	455	12 308	780 551	1 561 617	17 004	1 578 621
農村地帯	2 658 722	46 970	103	1 719	45 148	2 705 692	4 942 894	60 804	5 003 698
計	6 165 396	77 568	189	2 711	74 668	6 242 964	10 390 901	99 806	10 490 707
平均 都市地帯	16 330.3	79.7	0.0	0.2	79.5	16 410.1	19 005.9	82.3	19 088.2
都市的農村地帯	15 203.7	103.9	0.3	3.6	100.0	15 307.6	22 384.0	131.6	22 515.6
中山間地帯	6 093.2	101.7	0.4	3.6	97.7	6 194.8	12 393.8	135.0	12 528.7
農村地帯	7 936.5	140.2	0.3	5.1	134.8	8 076.7	14 754.9	181.5	14 936.4
計	9 648.5	121.4	0.3	4.2	116.9	9 769.9	16 261.2	156.2	16 417.4

2 組 合 員 の 資 格

Qualification of Membership

（1）正組合員資格

Qualification of Regular Membership

（2）准組合員資格

Qualification of Associate Membership

（単位：組合,人）

(Unit:coop.,Person)

Actual No.of Coops. Surveyed (Urbanized Areas / Urbanized Rural Areas / Hilly and Mountainous Areas / Rural Areas / total) Average Per Coop. by Agricultural Areas (Urbanized Areas / Urbanized Rural Areas / Hilly and Mountainous Areas / Rural Areas / total)	耕作面積 Cultivated area				農業従事日数 The Days of engaged in Farming				組合の地区内に勤務地を有する個人	組合の地区外に住所を有する個人
	該当組合数 No. of Coops. concerned	１０アール以上 More than 10a (Including)	５アール以上１０アール未満 5-10a	５アール未満 Less than 5a	該当組合数 No. of Coops. concerned	９０日以上 More than 90 days	６０日以上９０日未満 60-90 days	６０日未満 Less Than 60 days	Persons employed within their cooperative district	Persons living outside their cooperative district
The Above is English Translation										
実数 都市地帯	12	2	7	3	29	6	11	12	29	24
実数 都市的農村地帯	126	71	40	15	147	88	34	25	146	134
実数 中山間地帯	117	79	27	11	126	96	13	17	122	107
実数 農村地帯	292	247	28	17	333	225	51	57	328	295
実数 計	547	399	102	46	635	415	109	111	625	560
平均 都市地帯	-	-	-	-	-	-	-	-	-	-
平均 都市的農村地帯	-	-	-	-	-	-	-	-	-	-
平均 中山間地帯	-	-	-	-	-	-	-	-	-	-
平均 農村地帯	-	-	-	-	-	-	-	-	-	-
平均 計	-	-	-	-	-	-	-	-	-	-

3 業 種 別 生 産 組 織

Commodity-wise Producer's Organization

（1）業種別生産組織

Commodity-wise Producer's Organization

（単位：組合、組織）

(Unit:Coop.,Organization)

Actual No.of Coops. Surveyed (Urbanized Areas / Urbanized Rural Areas / Hilly and Mountainous Areas / Rural Areas / total) Average Per Coop. by Agricultural Areas (Urbanized Areas / Urbanized Rural Areas / Hilly and Mountainous Areas / Rural Areas / total)	耕種 Rice & Other grains		野菜 Vegetables		畜産 Livestock Framing					
					牛 Catlle		豚 Swine		鶏 Fowls	
	該当組合数 No. of Coops. concerned	組織数 No. of Organizations	該当組合数 No. of Coops. concerned	組織数 No. of Organizations	該当組合数 No. of Coops. concerned	組織数 No. of Organizations	該当組合数 No. of Coops. concerned	組織数 No. of Organizations	該当組合数 No. of Coops. concerned	組織数 No. of Organizations
The Above is English Translation										
実数 都市地帯	7	42	21	59	3	4	3	3	3	3
実数 都市的農村地帯	111	919	138	1 629	77	169	20	20	14	14
実数 中山間地帯	82	456	109	1 047	91	337	28	33	10	10
実数 農村地帯	279	1 698	313	3 590	246	741	95	113	31	40
実数 計	479	3 115	581	6 325	417	1 251	146	169	58	67
平均 都市地帯	-	6.0	-	2.8	-	1.3	-	1.0	-	1.0
平均 都市的農村地帯	-	8.3	-	11.8	-	2.2	-	1.0	-	1.0
平均 中山間地帯	-	5.6	-	9.6	-	3.7	-	1.2	-	1.0
平均 農村地帯	-	6.1	-	11.5	-	3.0	-	1.2	-	1.3
平均 計	-	6.5	-	10.9	-	3.0	-	1.2	-	1.2

3 業種別生産組織（つづき）

Commodity-wise Producer's Organization (cont.)

（2）青年・女性部組織

Cooperative Youths & Womens Organization

（単位：組合、組織）

(Unit:Coop., Organization)

Actual No.of Coops. Surveyed { Urbanized Areas / Urbanized Rural Areas / Hilly and Mountainous Areas / Rural Areas / total } Average Per Coop. by Agricultural Areas { Urbanized Areas / Urbanized Rural Areas / Hilly and Mountainous Areas / Rural Areas / total } The Above is English Translation	畜産 Livestock Framing その他 Others 該当組合数 No. of Coops. concerned	畜産 Livestock Framing その他 Others 組織数 No. of Organizations	果樹 Fruits 該当組合数 No. of Coops. concerned	果樹 Fruits 組織数 No. of Organizations	花き・花木 Flower & Ornamental Plants 該当組合数 No. of Coops. concerned	花き・花木 Flower & Ornamental Plants 組織数 No. of Organizations	その他 Others 該当組合数 No. of Coops. concerned	その他 Others 組織数 No. of Organizations	合計 Total 該当組合数 No. of Coops. concerned	合計 Total 組織数 No. of Organizations	農協青(壮)年部設置組合数 Cooperative with Youths Organization	農協女性部設置組合数 Coopertive with Women's Organization
実数 都市地帯	4	4	14	21	16	25	11	21	25	182	21	26
実数 都市的農村地帯	14	16	109	576	101	255	88	462	144	4 060	126	141
実数 中山間地帯	25	42	82	495	74	221	77	510	121	3 151	106	120
実数 農村地帯	61	92	219	1 207	215	581	197	1 194	325	9 256	305	326
実数 計	104	154	424	2 299	406	1 082	373	2 187	615	16 649	558	613
平均 都市地帯	-	1.0	-	1.5	-	1.6	-	1.9	-	7.3	-	-
平均 都市的農村地帯	-	1.1	-	5.3	-	2.5	-	5.3	-	28.2	-	-
平均 中山間地帯	-	1.7	-	6.0	-	3.0	-	6.6	-	26.0	-	-
平均 農村地帯	-	1.5	-	5.5	-	2.7	-	6.1	-	28.5	-	-
平均 計	-	1.5	-	5.4	-	2.7	-	5.9	-	27.1	-	-

4 役員数

Total Officers

（単位：人）

(Unit:Person)

Actual No.of Coops. Surveyed { Urbanized Areas / Urbanized Rural Areas / Hilly and Mountainous Areas / Rural Areas / total } Average Per Coop. by Agricultural Areas { Urbanized Areas / Urbanized Rural Areas / Hilly and Mountainous Areas / Rural Areas / total } The Above is English Translation	経営管理委員 Business Management Comissioner	うち常勤 of which Full-time employment	うち認定農業者 of Which Certified Farmers	うち省令第76条の2に該当する者 of Which a person who corresponds to the Ordinance Article 76-2	うち女性 of which Female	うち正組合員以外 of which a man of Outsaide of Regular Member	常勤理事 Full-time Directors	うち認定農業者 of Which Certified Farmers	うち実践的能力者 of Which Practical Professionals	うち省令第76条の2に該当する者 of Which a person who corresponds to the Ordinance Article 76-2	うち女性 of which Female	うち組合長 of which President	うち正組合員以外 of which a man of Outsaide of Regular Member
実数 都市地帯	12	0	3	2	1	1	127	9	107	4	0	29	50
実数 都市的農村地帯	218	3	99	20	30	5	595	91	427	11	0	144	98
実数 中山間地帯	141	3	96	1	18	1	479	75	350	3	4	124	64
実数 農村地帯	566	11	295	55	59	8	1 264	278	798	24	6	326	143
実数 計	937	17	493	78	108	15	2 465	453	1 682	42	10	623	355
平均 都市地帯	0.4	0.0	0.1	0.1	0.0	0.0	4.4	0.3	3.7	0.1	0.0	1.0	1.7
平均 都市的農村地帯	1.5	0.0	0.7	0.1	0.2	0.0	4.0	0.6	2.9	0.1	0.0	1.0	0.7
平均 中山間地帯	1.1	0.0	0.8	0.0	0.1	0.0	3.8	0.6	2.8	0.0	0.0	1.0	0.5
平均 農村地帯	1.7	0.0	0.9	0.2	0.2	0.0	3.8	0.8	2.4	0.1	0.0	1.0	0.4
平均 計	1.5	0.0	0.8	0.1	0.2	0.0	3.9	0.7	2.6	0.1	0.0	1.0	0.6

4 役　　員　　数（つづき）
Total Officers(cont.)

（単位：人）
(Unit:Person)

Actual No.of Coops. Surveyed (Urbanized Areas / Urbanized Rural Areas / Hilly and Mountainous Areas / Rural Areas / total) Average Per Coop. by Agricultural Areas (Urbanized Areas / Urbanized Rural Areas / Hilly and Mountainous Areas / Rural Areas / total) The Above is English Translation	非常勤理事 Part-time Directors	うち認定農業者 of Which Certified Farmers	うち実践的能力者 of Which Practical Professionals	うち省令第76条の2に該当する者 of Which a person who corresponds to the Ordinance Article 76-2	うち女性 of which Female	うち正組合員以外 of which a man of Outsaide of Regular Member	理事計 Directors Sub-total
実数 都市地帯	501	115	196	59	65	15	628
都市的農村地帯	2 760	987	885	140	313	31	3 355
中山間地帯	1 742	754	551	56	214	23	2 221
農村地帯	5 270	2 653	1 297	187	561	50	6 534
計	10 273	4 509	2 929	442	1 153	119	12 738
平均 都市地帯	17.3	4.0	6.8	2.0	2.2	0.5	21.7
都市的農村地帯	18.5	6.6	5.9	0.9	2.1	0.2	22.5
中山間地帯	13.8	6.0	4.4	0.4	1.7	0.2	17.6
農村地帯	15.7	7.9	3.9	0.6	1.7	0.1	19.5
計	16.1	7.1	4.6	0.7	1.8	0.2	19.9

（単位：人）
(Unit:Person)

Actual No.of Coops. Surveyed (Urbanized Areas / Urbanized Rural Areas / Hilly and Mountainous Areas / Rural Areas / total) Average Per Coop. by Agricultural Areas (Urbanized Areas / Urbanized Rural Areas / Hilly and Mountainous Areas / Rural Areas / total) The Above is English Translation	常勤監事 Full-time Auditors	うち実務精通者 of which a man of has skill and versed in work	うち女性 of which Female	うち員外 of which a man of outside of Regular Member	非常勤監事 Part-time Auditors	うち実務精通者 of which a man of has skill and versed in work	うち女性 of which Female	うち員外 of which a man of outside of Regular Member	監事計 Auditors Sub-total
実数 都市地帯	29	24	1	6	123	3	7	26	152
都市的農村地帯	146	107	6	33	675	88	20	121	821
中山間地帯	88	57	2	18	501	80	14	109	589
農村地帯	292	195	4	77	1 387	137	22	268	1 679
計	555	383	13	134	2 686	308	63	524	3 241
平均 都市地帯	1.0	0.8	0.0	0.2	4.2	0.1	0.2	0.9	5.2
都市的農村地帯	1.0	0.7	0.0	0.2	4.5	0.6	0.1	0.8	5.5
中山間地帯	0.7	0.5	0.0	0.1	4.0	0.6	0.1	0.9	4.7
農村地帯	0.9	0.6	0.0	0.2	4.1	0.4	0.1	0.8	5.0
計	0.9	0.6	0.0	0.2	4.2	0.5	0.1	0.8	5.1

4 役　　員　　数（つづき）

Total Officers(cont.)

（単位：人）

(Unit:Person)

Actual No.of Coops. Surveyed / Average Per Coop. by Agricultural Areas (Urbanized Areas, Urbanized Rural Areas, Hilly and Mountainous Areas, Rural Areas, total)	役員合計 Officers Total	うち認定農業者 of Which Certified Farmers	うち実践的能力者 of Which Practical Professionals	うち省令第76条の2に該当する者 of Which a person who corresponds to the Ordinance Article 76-2	うち実務精通者 of which a man of has skill and versed in work	うち女性 of which Female	うち使用人兼務の理事 of which a man of Employee and a additional post
The Above is English Translation							
実数 都市地帯	792	127	303	65	27	74	7
都市的農村地帯	4 394	1 177	1 312	171	195	369	35
中山間地帯	2 951	925	901	60	137	252	52
農村地帯	8 779	3 226	2 095	266	332	652	108
計	16 916	5 455	4 611	562	691	1 347	202
平均 都市地帯	27.3	4.4	10.4	2.2	0.9	2.6	0.2
都市的農村地帯	29.5	7.9	8.8	1.1	1.3	2.5	0.2
中山間地帯	23.4	7.3	7.2	0.5	1.1	2.0	0.4
農村地帯	26.2	9.6	6.3	0.8	1.0	1.9	0.3
計	26.5	8.5	7.2	0.9	1.1	2.1	0.3

5 経営管理委員及び理事の年齢構成

Age composition of Business Management Commissioner and Directors

（単位：人）

(Unit:Person)

Actual No.of Coops. Surveyed / Average Per Coop. by Agricultural Areas (Urbanized Areas, Urbanized Rural Areas, Hilly and Mountainous Areas, Rural Areas, total)	４５歳以下 45 years old and under	４６～４９歳 46 to 49	５０～５４歳 50 to 54	５５～５９歳 55 to 59	６０～６４歳 60 to 64	６５～６９歳 65 to 69	７０歳以上 70 years old and over	合計 Total
The Above is English Translation								
実数 都市地帯	5	2	19	68	130	207	209	640
都市的農村地帯	34	45	84	337	758	1 364	951	3 573
中山間地帯	50	38	97	261	567	862	487	2 362
農村地帯	113	118	313	811	1 678	2 608	1 459	7 100
計	202	203	513	1 477	3 133	5 041	3 106	13 675
平均 都市地帯	0.2	0.1	0.7	2.3	4.5	7.1	7.2	22.1
都市的農村地帯	0.2	0.3	0.6	2.3	5.1	9.2	6.4	24.0
中山間地帯	0.4	0.3	0.8	2.1	4.5	6.8	3.9	18.7
農村地帯	0.3	0.4	0.9	2.4	5.0	7.8	4.4	21.2
計	0.3	0.3	0.8	2.3	4.9	7.9	4.9	21.4

6 職　　員　　数
Number of Employees

（単位：人）
(Unit:Person)

Actual No.of Coops. Surveyed (Urbanized Areas / Urbanized Rural Areas / Hilly and Mountainous Areas / Rural Areas / total); Average Per Coop. by Agricultural Areas (Urbanized Areas / Urbanized Rural Areas / Hilly and Mountainous Areas / Rural Areas / total)	参事 General Manager	営農指導員 Farm Advisers	その他職員 Other Employees	合計 Total	うち女性 of which Female	うち常勤嘱託 of Which a regular employee	臨時・パート Part-timer
The Above is English Translation							
実数 都市地帯	3	223	7 834	8 060	3 410	440	506
都市的農村地帯	37	2 809	46 530	49 376	19 690	7 143	11 140
中山間地帯	59	2 381	30 861	33 301	12 733	8 414	7 745
農村地帯	122	8 094	96 556	104 771	41 146	23 702	22 142
計	221	13 507	181 781	195 508	76 979	39 699	41 533
平均 都市地帯	0.1	7.7	270.1	277.9	117.6	15.2	17.4
都市的農村地帯	0.2	18.9	312.3	331.4	132.1	47.9	74.8
中山間地帯	0.5	18.9	244.9	264.3	101.1	66.8	61.5
農村地帯	0.4	24.2	288.2	312.7	122.8	70.8	66.1
計	0.3	21.1	284.5	306.0	120.5	62.1	65.0

7 貸 借 対 照 表 中 の 主 要 勘 定
Principal Accounts in Balance Sheet

（単位：千円）
(Unit:1000Yen)

Actual No.of Coops. Surveyed (Urbanized Areas / Urbanized Rural Areas / Hilly and Mountainous Areas / Rural Areas / total); Average Per Coop. by Agricultural Areas (Urbanized Areas / Urbanized Rural Areas / Hilly and Mountainous Areas / Rural Areas / total)	信用事業資産 Credit Business Assets											
	現金 Cash	預金 Deposits				有価証券 Securities						
		系統預金 Affiliated Organs.	系統外預金 Non-Affiliated Organs. Deposit	譲渡性預金 Certificates of Deposits	小計 Sub-total		国債 State Bond	地方債 Local Government Bond	政府保証債 Bond with State Guarantee	金融債 Bank Debenture	短期社債 Short Bonds	社債 Bonds
The Above is English Translation												
実数 都市地帯	24 920 664	7 314 026 666	28 057 210	0	7 342 083 886	468 855 572	202 038 354	87 420 186	8 478 559	10 522 900	0	132 448 312
都市的農村地帯	126 786 775	26 300 272 448	101 248 679	0	26 401 521 189	1 299 244 020	469 721 127	293 666 360	43 560 725	820 150	0	362 379 350
中山間地帯	65 347 367	9 313 212 005	25 970 547	0	9 339 182 596	364 903 203	165 289 331	99 268 742	11 297 837	1 001 030	0	52 930 969
農村地帯	207 318 030	35 753 993 813	93 473 686	0	35 847 467 587	1 968 166 103	745 204 994	475 135 487	81 946 418	9 933 450	0	483 839 514
計	424 372 836	78 681 504 932	248 750 122	0	78 930 255 258	4 101 168 898	1 582 253 806	955 490 775	145 283 539	22 277 530	0	1 031 598 145
平均 都市地帯	859 333.2	252 207 816.1	967 490.0	0.0	253 175 306.4	16 167 433.5	6 966 839.8	3 014 489.2	292 364.1	362 858.6	0.0	4 567 183.2
都市的農村地帯	850 918.0	176 511 895.6	679 521.3	0.0	177 191 417.4	8 719 758.5	3 152 490.8	1 970 915.2	292 353.9	5 504.4	0.0	2 432 076.2
中山間地帯	518 629.9	73 914 381.0	206 115.5	0.0	74 120 496.8	2 896 057.2	1 311 820.1	787 847.2	89 665.4	7 944.7	0.0	420 087.1
農村地帯	618 859.8	106 728 339.7	279 025.9	0.0	107 007 365.9	5 875 122.7	2 224 492.5	1 418 314.9	244 616.2	29 652.1	0.0	1 444 297.1
計	664 120.2	123 132 245.6	389 280.3	0.0	123 521 526.2	6 418 104.7	2 476 140.5	1 495 290.7	227 360.8	34 863.1	0.0	1 614 394.6

(注1) 端数処理（千円未満）のため、各勘定科目とその内訳が一致しない。
(注2) 「うち当期剰余金」の額には、当期未処分剰余金（又は当期未処理損失金）を計上していない組合の当期剰余金又は当期損失金を含めている。

7 貸借対照表中の主要勘定（つづき）

Principal Accounts in Balance Sheet(Cont.)

（単位：千円）

(Unit:1000Yen)

Actual No.of Coops. Surveyed (Urbanized Areas / Urbanized Rural Areas / Hilly and Mountainous Areas / Rural Areas / total) Average Per Coop. by Agricultural Areas (Urbanized Areas / Urbanized Rural Areas / Hilly and Mountainous Areas / Rural Areas / total)	信用事業資産 Credit Business Assets					
	有価証券 Securities				貸出金 Loan & Discounts	貸倒引当金 Reserves for Bad-loans
	外国証券 Foreign bill	株式 Stock	受益証券 neficiary Certifica of Securities	投資証券 Investment bond		
The Above is English Translation						
実数 都市地帯	0	3 128 930	24 818 327	0	2 979 224 637	▲ 9 958 185
都市的農村地帯	0	6 405 207	117 575 934	5 115 125	7 922 311 042	▲ 50 909 771
中山間地帯	0	900 220	34 139 843	75 222	2 111 804 709	▲ 30 103 447
農村地帯	1 231 139	13 379 539	151 494 877	6 000 635	8 771 216 532	▲ 73 299 143
計	1 231 139	23 813 896	328 028 981	11 190 982	21 784 556 920	▲ 164 270 546
平均 都市地帯	0.0	107 894.1	855 804.4	0.0	102 731 884.0	▲ 343 385.7
都市的農村地帯	0.0	42 988.0	789 100.2	34 329.7	53 169 872.8	▲ 341 676.3
中山間地帯	0.0	7 144.6	270 951.1	597.0	16 760 354.8	▲ 238 916.2
農村地帯	3 675.0	39 938.9	452 223.5	17 912.3	26 182 735.9	▲ 218 803.4
計	1 926.7	37 267.4	513 347.4	17 513.3	34 091 638.4	▲ 257 074.4

（単位：千円）

(Unit:1000Yen)

Actual No.of Coops. Surveyed (Urbanized Areas / Urbanized Rural Areas / Hilly and Mountainous Areas / Rural Areas / total) Average Per Coop. by Agricultural Areas (Urbanized Areas / Urbanized Rural Areas / Hilly and Mountainous Areas / Rural Areas / total)	固定資産 Fixed Assets										
	有形固定資産 Tangible fixed Assets	建物 Buildings	機械装置 Machinery	土地 Land	リース資産 lease Assets	建設仮勘定 Buildings & Repairing Account	その他の有形固定資産 Others	減価償却累計額（控除） Depreciation Reserve (deducted)	無形固定資産 Intangible fixed Assets	合併特別勘定 Special Account for Amalgamation	固定資産計 Fixed Assets Total
The Above is English Translation											
実数 都市地帯	136 833 794	114 454 956	2 668 382	78 282 496	569 192	258 141	28 255 443	▲ 87 654 849	1 020 165	0	137 853 970
都市的農村地帯	766 932 192	753 191 561	173 269 424	467 341 494	5 950 825	3 045 659	205 110 864	▲ 840 977 799	3 505 694	0	770 437 946
中山間地帯	423 801 682	518 482 392	177 188 906	219 273 773	4 513 760	1 461 758	146 761 510	▲ 643 880 551	2 531 954	0	426 333 669
農村地帯	1 472 267 439	1 900 710 446	679 596 475	724 064 188	10 959 775	4 939 470	528 320 664	▲2 376 323 898	7 047 822	61 600	1 479 376 980
計	2 799 835 107	3 286 839 355	1 032 723 187	1 488 961 951	21 993 552	9 705 028	908 448 481	▲3 948 837 097	14 105 635	61 600	2 814 002 565
平均 都市地帯	4 718 406.7	3 946 722.6	92 013.2	2 699 396.4	19 627.3	8 901.4	974 325.6	▲ 3 022 581.0	35 178.1	0.0	4 753 585.2
都市的農村地帯	5 147 195.9	5 054 976.9	1 162 882.0	3 136 520.1	39 938.4	20 440.7	1 376 583.0	▲ 5 644 146.3	23 528.1	0.0	5 170 724.5
中山間地帯	3 363 505.4	4 114 939.6	1 406 261.2	1 740 268.0	35 823.5	11 601.3	1 164 773.9	▲ 5 110 163.1	20 094.9	0.0	3 383 600.5
農村地帯	4 394 828.2	5 673 762.5	2 028 646.2	2 161 385.6	32 715.7	14 744.7	1 577 076.6	▲ 7 093 504.2	21 038.3	183.9	4 416 050.7
計	4 381 588.6	5 143 723.6	1 616 155.2	2 330 143.9	34 418.7	15 187.8	1 421 672.1	▲ 6 179 713.8	22 074.5	96.4	4 403 759.9

7 貸借対照表中の主要勘定（つづき）

Principal Accounts in Balance Sheet(Cont.)

（単位：千円）
(Unit:1000Yen)

Actual No.of Coops. Surveyed (Urbanized Areas / Urbanized Rural Areas / Hilly and Mountainous Areas / Rural Areas / total); Average Per Coop. by Agricultural Areas (Urbanized Areas / Urbanized Rural Areas / Hilly and Mountainous Areas / Rural Areas / total)	外部出資 External							資産合計 Total of Assets	信用事業負債 Credit Business Liabilities			
									貯金 Savings			
	系統 Affiliated	うち連合会 of which Federations	うち農林中金 of which The Norinchukin Bank	系統外出資 Non-Affiliated	うち農業信用基金協会 of which Agriculture Credit Guarantee Fund Association	子会社等出資 Subsidiaries ,etc.	小計 Sub-total		要求払 On Demand	定期性 Fixed	うち定期積金 of which Installment Savings	貯金小計 Sub-total
The Above is English Translation												
実数 都市地帯	303 837 024	302 530 587	1 196 884	7 876 617	6 624 280	684 980	312 398 622	11 305 031 791	3 362 737 849	6 940 795 092	231 624 820	10 303 532 949
実数 都市的農村地帯	1 205 227 859	975 343 739	226 690 323	43 445 524	34 729 050	7 252 762	1 255 926 161	38 125 752 474	11 672 156 014	23 402 491 859	699 234 664	35 074 647 938
実数 中山間地帯	483 233 370	386 256 023	92 931 567	27 846 373	22 287 950	8 973 524	520 053 272	13 122 714 703	4 640 996 713	7 245 841 324	197 588 906	11 886 838 090
実数 農村地帯	1 806 491 096	1 338 149 522	435 477 158	93 670 787	62 883 750	25 849 227	1 926 011 142	51 312 002 786	16 931 130 533	29 372 658 921	955 750 171	46 303 789 561
実数 計	3 798 789 349	3 002 279 871	756 295 932	172 839 301	126 525 030	42 760 493	4 014 389 197	113 865 501 754	36 607 021 109	66 961 787 196	2 084 198 561	103 568 808 538
平均 都市地帯	10 477 138.8	10 432 089.2	41 271.9	271 607.5	228 423.4	23 620.0	10 772 366.3	389 828 682.4	115 956 477.6	239 337 761.8	7 987 062.8	355 294 239.6
平均 都市的農村地帯	8 088 777.6	6 545 931.1	1 521 411.6	291 580.7	233 080.9	48 676.3	8 429 034.6	255 877 533.4	78 336 617.5	157 063 703.8	4 692 850.1	235 400 321.7
平均 中山間地帯	3 835 185.5	3 065 524.0	737 552.1	221 003.0	176 888.5	71 218.4	4 127 406.9	104 148 529.4	36 833 307.2	57 506 677.2	1 568 165.9	94 339 984.8
平均 農村地帯	5 392 510.7	3 994 476.2	1 299 931.8	279 614.3	187 712.7	77 161.9	5 749 287.0	153 170 157.6	50 540 688.2	87 679 578.9	2 852 985.6	138 220 267.3
平均 計	5 944 897.3	4 698 403.6	1 183 561.7	270 484.0	198 004.7	66 917.8	6 282 299.2	178 193 273.5	57 287 983.0	104 791 529.3	3 261 656.6	162 079 512.6

（単位：千円）
(Unit:1000Yen)

Actual No.of Coops. Surveyed (Urbanized Areas / Urbanized Rural Areas / Hilly and Mountainous Areas / Rural Areas / total); Average Per Coop. by Agricultural Areas (Urbanized Areas / Urbanized Rural Areas / Hilly and Mountainous Areas / Rural Areas / total)	信用事業負債 Credit Business Liabilities							設備借入金 Loan Payable for Investments in Facilities	負債合計 Total of Liabilities	純資産 Net-Assets	
		借入金 Borrowings								組合員資本 Shareholder's Equity	
	譲渡性貯金 Certificates of Deposits	手形借入金 Borrowings on Bills	証書借入金 Borrowings on Deeds	当座借越 Current loans payable	その他 Others	小計 Sub-total	うち転貸資金 of which Sublease Borrowings				出資金 Paid-in Share Capital
The Above is English Translation											
実数 都市地帯	9 418 802	319 750	168 261 819	0	0	168 581 569	108 981 569	779 154	10 603 965 711	675 775 410	52 185 679
実数 都市的農村地帯	145 555 214	26 910 000	77 930 903	3 198 760	171 916	108 211 579	44 975 746	10 825 781	35 951 239 018	2 012 757 820	393 660 915
実数 中山間地帯	0	12 198 215	47 687 116	24 276	1 944 880	61 854 484	40 815 688	11 379 480	12 292 391 436	772 787 663	260 726 275
実数 農村地帯	40 445 199	49 674 400	153 516 912	6 094 538	480 448	209 766 295	130 221 207	55 553 105	47 865 002 049	3 233 677 339	859 567 073
実数 計	195 419 215	89 102 365	447 396 750	9 317 574	2 597 244	548 413 927	324 994 210	78 537 520	106 712 598 214	6 694 998 232	1 566 139 942
平均 都市地帯	324 786.3	11 025.9	5 802 131.7	0.0	0.0	5 813 157.6	3 757 985.1	26 867.4	365 653 990.0	23 302 600.3	1 799 506.2
平均 都市的農村地帯	976 880.6	180 604.0	523 026.2	21 468.2	1 153.8	726 252.2	301 850.6	72 656.2	241 283 483.3	13 508 441.7	2 642 019.6
平均 中山間地帯	0.0	96 811.2	378 469.2	192.7	15 435.6	490 908.6	323 934.0	90 313.3	97 558 662.2	6 133 235.4	2 069 256.2
平均 農村地帯	120 731.9	148 281.8	458 259.4	18 192.7	1 434.2	626 168.0	388 720.0	165 830.2	142 880 603.1	9 652 768.2	2 565 871.9
平均 計	305 820.4	139 440.3	700 151.4	14 581.5	4 064.5	858 237.8	508 598.1	122 906.9	166 999 371.2	10 477 305.5	2 450 923.2

7 貸借対照表中の主要勘定(つづき)

ınts in Balance Sheet(Cont.)

(単位：千円)

(Unit:1000Yen)

		未払込出資金 (控除) Unpaid Share Capital (deducted)	回転出資金 Revolving Capital	資本準備金 Capital Reserve	利益剰余金 Earned surplus fund	利益準備金 Earned surplus Reserve	その他利益剰余金 Other Earned surplus	当期未処分剰余金 (当期未処理損失金差引) Current Surplus Unappropriste	当期剰余金 (当期損失金差引) Current Deficit Unappropriate of which Current Profit(or Loss)	その他有価証券評価差額金 Net Unrealized Gains (Losses) on Non-trading Securities Available for Sale, Net of Taxes	土地再評価差額金 Difference fund for Land Revaluation	純資産の部合計 Total of Net Assets
		純資産 Net-Assets										
実数	都市地帯	0	0	3 363 184	620 595 489	99 713 493	520 881 995	41 036 111	21 108 418	17 312 123	8 381 538	701 066 067
	都市的農村地帯	0	360 271	66 524 733	1 555 817 229	438 092 220	1 117 724 996	111 548 563	41 346 040	39 476 473	122 279 032	2 174 513 395
	中山間地帯	0	311 143	12 065 968	502 534 578	192 796 278	309 738 280	32 001 989	14 148 546	12 418 364	45 117 147	830 323 221
	農村地帯	0	408 994	86 410 229	2 295 766 483	760 582 566	1 535 183 868	157 041 256	65 130 604	78 307 521	135 075 793	3 447 000 617
	計	0	1 080 408	168 364 114	4 974 713 779	1 491 184 557	3 483 529 139	341 627 919	141 733 608	147 514 481	310 853 510	7 152 903 300
平均	都市地帯	0.0	0.0	115 971.9	21 399 844.4	3 438 396.3	17 961 448.1	1 415 038.3	727 876.5	596 969.8	289 018.6	24 174 692.0
	都市的農村地帯	0.0	2 417.9	446 474.7	10 441 726.4	2 940 216.2	7 501 510.0	748 648.1	277 490.2	264 942.8	820 664.6	14 594 049.6
	中山間地帯	0.0	2 469.4	95 761.7	3 988 369.7	1 530 129.2	2 458 240.3	253 984.0	112 290.0	98 558.4	358 072.6	6 589 866.8
	農村地帯	0.0	1 220.9	257 941.0	6 853 034.3	2 270 395.7	4 582 638.4	468 779.9	194 419.7	233 753.8	403 211.3	10 289 554.1
	計	0.0	1 690.8	263 480.6	7 785 154.6	2 333 622.2	5 451 532.3	534 629.0	221 805.3	230 852.1	486 468.7	11 193 901.9

The Above is English Translation

(単位：千円、組合)

(Unit:1000Yen, Coop.)

		負債・純資産の部合計 Total of Liabilities & Net-Assets	参考 Reference 当期未処分剰余金計上組合数 No. of coops. With Unappropriated Surplus	当期未処理損失金計上組合数 No. of coops. With Unappropriated Deficit	回転出資金を有する組合数 No. of coops. With Revolving Capital
実数	都市地帯	11 305 031 791	29	0	0
	都市的農村地帯	38 125 752 474	146	3	5
	中山間地帯	13 122 714 703	122	4	3
	農村地帯	51 312 002 786	328	6	10
	計	113 865 501 754	625	13	18
平均	都市地帯	389 828 682.4	-	-	-
	都市的農村地帯	255 877 533.4	-	-	-
	中山間地帯	104 148 529.4	-	-	-
	農村地帯	153 170 157.6	-	-	-
	計	178 193 273.5	-	-	-

The Above is English Translation

8 損 益 計 算 書

Profit & Loss Statement

(単位：千円)

(Unit:1000Yen)

区分 (Actual No. of Coops. Surveyed / Average Per Coop. by Agricultural Areas: Urbanized Areas, Urbanized Rural Areas, Hilly and Mountainous Areas, Rural Areas, total)	事業総利益 Total Business Profit	信用事業収益 Earnings of Credit Business: 資金運用収益 Profits for Working Assets	うち預金利息 of which Interest on Deposits	うち有価証券利息 of which Interests and Dividends on Securities	うち貸出金利息 of which Interests on Loans	うちその他受入利息 of which Receipt interest	役務取引等収益 Profits for Service Transactions	その他事業直接収益 Other Direct Business Profits	その他経常収益 Other Current Profits	小計 Sub-total	信用事業費用 Expenses in Credit Business: 資金調達費用 Funding and Investment
The Above is English Translation											
実数 都市地帯	113 666 196	87 625 254	28 456 007	4 267 985	33 321 263	21 579 959	2 023 023	779 150	2 723 587	93 151 053	7 013 340
都市的農村地帯	488 786 756	286 737 321	140 460 140	14 131 642	94 738 140	37 407 226	8 359 122	2 788 513	9 919 935	307 805 044	26 960 357
中山間地帯	264 087 543	95 793 884	50 992 554	4 387 208	30 674 285	9 739 699	4 110 696	2 015 470	4 025 875	105 946 040	6 498 715
農村地帯	934 858 972	381 920 148	206 506 341	21 574 782	118 560 922	35 277 767	13 707 412	5 243 071	14 447 951	415 318 861	29 636 415
計	1 801 399 467	852 076 607	426 415 042	44 361 617	277 294 610	104 004 651	28 200 253	10 826 204	31 117 348	922 220 998	70 108 827
平均 都市地帯	3 919 524.0	3 021 560.5	981 241.6	147 171.9	1 149 009.1	744 136.5	69 759.4	26 867.2	93 916.8	3 212 105.3	241 839.3
都市的農村地帯	3 280 448.0	1 924 411.6	942 685.5	94 843.2	635 826.4	251 055.2	56 101.5	18 714.9	66 576.7	2 065 805.7	180 942.0
中山間地帯	2 095 932.9	760 268.9	404 702.8	34 819.1	243 446.7	77 299.2	32 624.6	15 995.8	31 951.4	840 841.6	51 577.1
農村地帯	2 790 623.8	1 140 060.1	616 436.8	64 402.3	353 913.2	105 306.8	40 917.6	15 651.0	43 128.2	1 239 757.8	88 466.9
計	2 819 091.5	1 333 453.2	667 316.2	69 423.5	433 950.9	162 761.6	44 131.9	16 942.4	48 696.9	1 443 225.3	109 716.5

(単位：千円)

(Unit:1000Yen)

区分 (Actual No. of Coops. Surveyed / Average Per Coop. by Agricultural Areas: Urbanized Areas, Urbanized Rural Areas, Hilly and Mountainous Areas, Rural Areas, total)	信用事業費用 Expenses in Credit Business: 資金調達費用 Funding and Investment: うち貯金利息 of which Interests on Saving	うち給付補填備金繰入 of which Transferred to Reserves for Additional Payments	うち譲渡性貯金利息 of which interests on Negotiable Certificate of Deposit	うち借入金利息 of which interests Paid on Loans payable	うちその他支払利息 of which Payment interests	役務取引等費用 Expenses of Service Transactions	その他事業直接費用 Other Direct Business Expenses	その他経常費用 Other Current Expenses	うち貸倒引当金繰入額 of which Provision for Reserve for Possible Loan Losses	小計 Sub-total	信用事業総利益 Total Profit in Credit Business
The Above is English Translation											
実数 都市地帯	6 243 640	209 100	6 191	2 832	551 547	690 705	232 371	1 422 007	487 548	9 358 452	83 792 590
都市的農村地帯	25 384 918	679 193	154 538	160 443	581 103	3 966 826	819 258	24 308 853	935 920	56 055 418	251 749 572
中山間地帯	5 786 121	202 988	46	340 290	169 149	1 381 346	124 719	10 787 392	463 806	18 792 279	87 153 722
農村地帯	27 133 969	1 065 831	29 215	791 841	615 241	5 083 635	1 458 171	37 607 221	1 349 698	73 785 685	341 533 073
計	64 548 648	2 157 112	189 990	1 295 406	1 917 040	11 122 512	2 634 519	74 125 473	3 236 972	157 991 834	764 228 957
平均 都市地帯	215 297.9	7 210.3	213.5	97.7	19 018.9	23 817.4	8 012.8	49 034.7	16 812.0	322 705.2	2 889 399.7
都市的農村地帯	170 368.6	4 558.3	1 037.2	1 076.8	3 900.0	26 623.0	5 498.4	163 146.7	6 281.3	376 210.9	1 689 594.4
中山間地帯	45 921.6	1 611.0	0.4	2 700.7	1 342.5	10 963.1	989.8	85 614.2	3 681.0	149 145.1	691 696.2
農村地帯	80 996.9	3 181.6	87.2	2 363.7	1 836.5	15 175.0	4 352.7	112 260.4	4 028.9	220 255.8	1 019 501.7
計	101 015.1	3 375.8	297.3	2 027.2	3 000.1	17 406.1	4 122.9	116 002.3	5 065.7	247 248.6	1 195 976.5

8 損　益　計　算　書（つづき）

Profit & Loss Statement (Cont.)

（単位：千円）
(Unit:1000Yen)

	共済事業収益 Profit in Insurance Business				共済事業費用 Expenses in Insurance Business						共済事業総利益
Actual No.of Coops. Surveyed (Urbanized Areas / Urbanized Rural Areas / Hilly and Mountainous Areas / Rural Areas / total); Average Per Coop. by Agricultural Areas (Urbanized Areas / Urbanized Rural Areas / Hilly and Mountainous Areas / Rural Areas / total)	共済付加収入 Premium Income	共済貸付金利息 Interest received for Insurance Loans	その他の収益 Other Profits	小計 Sub-total	共済借入金利息 Interest Paid for Borrowings	共済推進費 Mutual Insurance Business Promotional Expenses	共済保全費 Mutual Insurance Conservation Expenses	その他の費用 Other Expenses	うち貸倒引当金繰入額 of which Provision for Reserve for Possible Loan Losses	小計 Sub-total	Total Profit in Insurance Business
The Above is English Translation											
実数 都市地帯	22 118 976	38 829	2 064 300	24 222 136	38 417	736 344	216 643	167 828	0	1 159 263	23 062 860
都市的農村地帯	127 428 502	269 616	10 672 504	138 370 749	260 864	4 611 194	733 652	2 198 827	1 907	7 804 707	130 565 981
中山間地帯	71 864 700	131 123	5 596 463	77 592 375	150 517	3 294 373	650 195	1 563 177	201	5 658 372	71 933 950
農村地帯	237 415 124	500 334	17 928 995	255 844 674	486 131	9 913 732	1 893 555	4 913 722	243	17 207 435	238 637 134
計	458 827 302	939 902	36 262 262	496 029 934	935 929	18 555 643	3 494 045	8 843 554	2 351	31 829 777	464 199 925
平均 都市地帯	762 723.3	1 338.9	71 182.8	835 246.1	1 324.7	25 391.2	7 470.4	5 787.2	0.0	39 974.6	795 271.0
都市的農村地帯	855 224.8	1 809.5	71 627.5	928 662.7	1 750.8	30 947.6	4 923.8	14 757.2	12.8	52 380.6	876 281.8
中山間地帯	570 354.8	1 040.7	44 416.4	615 812.5	1 194.6	26 145.8	5 160.3	12 406.2	1.6	44 907.7	570 904.4
農村地帯	708 701.9	1 493.5	53 519.4	763 715.4	1 451.1	29 593.2	5 652.4	14 667.8	0.7	51 365.5	712 349.7
計	718 039.6	1 470.9	56 748.5	776 259.7	1 464.7	29 038.6	5 468.0	13 839.7	3.7	49 811.9	726 447.5

（単位：千円）
(Unit:1000Yen)

	購買事業収益 Earnings of Purchasing Business					購買事業費用 Expenses in Purchasing Business					
Actual No.of Coops. Surveyed (Urbanized Areas / Urbanized Rural Areas / Hilly and Mountainous Areas / Rural Areas / total); Average Per Coop. by Agricultural Areas (Urbanized Areas / Urbanized Rural Areas / Hilly and Mountainous Areas / Rural Areas / total)	購買品供給高 Value of Supplies	購買手数料 Commissions Taken	修理サービス料 Repairing Service Fee	その他の収益 Other Profits	小計 Sub-total	購買品供給原価 Original Cost of Supplies	購買供給費 Supply Expenses	修理サービス費 Repairing Service Expenses	その他の費用 Other Expenses	うち貸倒引当金繰入額 of which Provision for Reserve for Possible Loan Losses	小計 Sub-total
The Above is English Translation											
実数 都市地帯	15 613 140	2 107	17 434	1 117 067	16 749 768	13 762 689	870 944	126	591 913	1 131	15 225 687
都市的農村地帯	452 345 209	114 795	3 895 418	11 351 785	467 707 324	393 528 682	6 201 898	375 828	12 065 124	271 170	412 171 664
中山間地帯	513 732 334	23 452	4 339 507	11 451 780	529 547 154	450 863 453	9 474 776	979 770	13 359 475	438 194	474 677 580
農村地帯	1 517 745 416	232 074	14 554 151	35 357 222	1 567 889 067	1 340 627 175	20 392 757	3 158 503	32 836 101	734 242	1 397 014 785
計	2 499 436 099	372 428	22 806 510	59 277 854	2 581 893 313	2 198 781 999	36 940 375	4 514 227	58 852 613	1 444 737	2 299 089 716
平均 都市地帯	538 384.1	72.7	601.2	38 519.6	577 578.2	474 575.5	30 032.6	4.3	20 410.8	39.0	525 023.7
都市的農村地帯	3 035 873.9	770.4	26 143.7	76 186.5	3 138 975.3	2 641 132.1	41 623.5	2 522.3	80 974.0	1 819.9	2 766 252.8
中山間地帯	4 077 240.7	186.1	34 440.5	90 887.1	4 202 755.2	3 578 281.4	75 196.6	7 776.0	106 027.6	3 477.7	3 767 282.4
農村地帯	4 530 583.3	692.8	43 445.2	105 543.9	4 680 265.9	4 001 872.2	60 873.9	9 428.4	98 018.2	2 191.8	4 170 193.4
計	3 911 480.6	582.8	35 690.9	92 766.6	4 040 521.6	3 440 973.4	57 809.7	7 064.5	92 101.1	2 260.9	3 597 949.5

8 損　益　計　算　書（つづき）

Profit & Loss Statement (Cont.)

（単位：千円）
(Unit:1000Yen)

Actual No. of Coops. Surveyed (Urbanized Areas / Urbanized Rural Areas / Hilly and Mountainous Areas / Rural Areas / total); Average Per Coop. by Agricultural Areas (Urbanized Areas / Urbanized Rural Areas / Hilly and Mountainous Areas / Rural Areas / total)	購買事業総利益 Total Profit in Purchasing Business	販売事業収益 Earning of Marketing Business				販売事業費用 Expenses in Marketing Business					販売事業総利益 Total Profit in Marketing Business
		販売品販売高 Value of Commodities Marketed	販売手数料 Commission Taken	その他の収益 Other Profits	小計 Sub-total	販売品販売原価 Original Cost of Commodities Marketed	販売費 Marketing Expenses	その他の費用 Other Expenses	うち貸倒引当金繰入額 of which Provision for Reserve for Possible Loan Losses	小計 Sub-total	
The Above is English Translation											
実数 都市地帯	1 524 064	2 620 714	658 922	175 815	3 455 475	2 182 345	30 921	214 387	4	2 427 665	1 027 800
実数 都市的農村地帯	55 535 595	34 044 976	21 345 839	11 458 430	66 849 346	29 769 883	3 310 964	8 837 906	54 198	41 918 826	24 930 461
実数 中山間地帯	54 869 529	41 361 415	19 765 994	14 972 001	76 099 478	36 823 565	5 538 327	9 348 694	62 400	51 710 633	24 388 803
実数 農村地帯	170 874 162	148 075 273	77 360 051	51 192 472	276 627 987	130 363 577	19 418 267	29 736 126	173 826	179 518 102	97 109 765
実数 計	282 803 350	226 102 378	119 130 806	77 798 718	423 032 286	199 139 370	28 298 479	48 137 113	290 428	275 575 226	147 456 829
平均 都市地帯	52 553.9	90 369.4	22 721.4	6 062.6	119 154.3	75 253.3	1 066.2	7 392.7	0.1	83 712.6	35 441.4
平均 都市的農村地帯	372 722.1	228 489.8	143 260.7	76 902.2	448 653.3	199 797.9	22 221.2	59 314.8	363.7	281 334.4	167 318.5
平均 中山間地帯	435 472.5	328 265.2	156 873.0	118 825.4	603 964.1	292 250.5	43 955.0	74 196.0	495.2	410 401.8	193 561.9
平均 農村地帯	510 072.1	442 015.7	230 925.5	152 813.3	825 755.2	389 145.0	57 965.0	88 764.6	518.9	535 874.9	289 879.9
平均 計	442 571.8	353 837.8	186 433.2	121 750.7	662 022.4	311 642.2	44 285.6	75 331.9	454.5	431 260.1	230 761.9

（単位：千円）
(Unit:1000Yen)

Actual No. of Coops. Surveyed (Urbanized Areas / Urbanized Rural Areas / Hilly and Mountainous Areas / Rural Areas / total); Average Per Coop. by Agricultural Areas (Urbanized Areas / Urbanized Rural Areas / Hilly and Mountainous Areas / Rural Areas / total)	保管事業収益 Earnings of Warehouseing Business	保管事業費用 Expenses in Warehouseing Business	保管事業総利益 Total Profit in Warehouseing Business	加工事業収益 Earnings of Processing Business	加工事業費用 Expenses in Processing Business	加工事業総利益 Total Profit in Processing Business	利用事業収益 Earnings of Utilization Business	利用事業費用 Expenses in Utilization Business	利用事業総利益 Total Profit in Utilization Business	宅地等供給事業収益 Earnings of Business Supplying Home-lots & Other	宅地等供給事業費用 Expenses in Business Supplying Home-lots & Other
The Above is English Translation											
実数 都市地帯	27 263	28 162	▲ 900	32 546	24 915	7 629	3 213 598	2 040 893	1 172 700	5 018 456	228 271
実数 都市的農村地帯	3 294 492	1 024 612	2 269 845	9 217 445	7 570 131	1 647 298	47 230 985	34 077 680	13 153 247	6 876 956	1 465 011
実数 中山間地帯	2 709 314	1 118 598	1 590 686	20 122 588	17 350 905	2 771 655	51 529 495	36 377 068	15 152 389	721 334	314 625
実数 農村地帯	19 354 350	8 034 959	11 319 309	77 464 662	66 693 635	10 770 985	131 665 003	90 464 399	41 200 503	5 471 872	2 551 659
実数 計	25 385 419	10 206 331	15 178 940	106 837 241	91 639 586	15 197 567	233 639 081	162 960 040	70 678 839	18 088 618	4 559 566
平均 都市地帯	940.1	971.1	▲ 31.0	1 122.3	859.1	263.1	110 813.7	70 375.6	40 437.9	173 050.2	7 871.4
平均 都市的農村地帯	22 110.7	6 876.6	15 233.9	61 862.0	50 806.2	11 055.7	316 986.5	228 709.3	88 276.8	46 154.1	9 832.3
平均 中山間地帯	21 502.5	8 877.8	12 624.5	159 703.1	137 705.6	21 997.3	408 964.2	288 706.9	120 257.1	5 724.9	2 497.0
平均 農村地帯	57 774.2	23 985.0	33 789.0	231 237.8	199 085.5	32 152.2	393 029.9	270 043.0	122 986.6	16 333.9	7 616.9
平均 計	39 726.8	15 972.3	23 754.2	167 194.4	143 410.9	23 783.4	365 632.4	255 023.5	110 608.5	28 307.7	7 135.5

8 損　益　計　算　書（つづき）

Profit & Loss Statement (Cont.)

（単位：千円）
(Unit:1000Yen)

Actual No. of Coops. Surveyed (Urbanized Areas / Urbanized Rural Areas / Hilly and Mountainous Areas / Rural Areas / total); Average Per Coop. by Agricultural Areas (Urbanized Areas / Urbanized Rural Areas / Hilly and Mountainous Areas / Rural Areas / total)	宅地等供給事業総利益 Total Profit in Business Supplying Home-lots & Others	その他事業収益 Earnings of Other Business	その他事業費用 Expenses in Other Business	その他事業総利益 Total Profit in Other Business	指導事業収入 Revenue in Guidance Business	指導事業支出 Expenditure in Guidance Business	指導事業収支差額 Revenue and Expenditure Balance in Guidance Business	事業管理費 Business Administration Expenses			
								人件費 Personal expenses	役員報酬 of which Remuneration to Officers	給料手当 of which Salaries & Allowances to Employees	賞与引当金戻入（控除） Bonus Reserves Refunded (deducted)
The Above is English Translation											
実数 都市地帯	4 790 174	360 501	113 417	247 075	402 794	2 360 670	▲ 1 957 861	61 835 008	2 664 664	45 190 184	▲ 3 341 605
都市的農村地帯	5 411 922	32 802 223	22 710 393	10 091 778	4 352 695	10 922 016	▲ 6 569 265	314 024 118	9 756 573	235 474 088	▲ 12 816 820
中山間地帯	406 698	35 922 283	27 201 867	8 720 362	5 670 094	8 570 640	▲ 2 900 516	177 187 198	5 737 169	131 757 509	▲ 4 498 907
農村地帯	2 920 176	131 318 558	98 687 696	32 630 722	21 041 277	33 178 910	▲ 12 137 538	596 697 928	17 959 352	446 323 392	▲ 19 206 605
計	13 528 970	200 403 565	148 713 373	51 689 937	31 466 860	55 032 236	▲ 23 565 180	1 149 744 252	36 117 758	858 745 173	▲ 39 863 937
平均 都市地帯	165 178.4	12 431.1	3 910.9	8 519.8	13 889.4	81 402.4	▲ 67 512.4	2 132 241.7	91 885.0	1 558 282.2	▲ 115 227.8
都市的農村地帯	36 321.6	220 149.1	152 418.7	67 730.1	29 212.7	73 302.1	▲ 44 089.0	2 107 544.4	65 480.4	1 580 363.0	▲ 86 018.9
中山間地帯	3 227.8	285 097.5	215 887.8	69 209.2	45 000.7	68 021.0	▲ 23 020.0	1 406 247.6	45 533.1	1 045 694.5	▲ 35 705.6
農村地帯	8 716.9	391 995.7	294 590.1	97 405.1	62 809.8	99 041.5	▲ 36 231.5	1 781 187.8	53 610.0	1 332 308.6	▲ 57 333.1
計	21 172.1	313 620.6	232 728.3	80 891.9	49 243.9	86 122.4	▲ 36 878.2	1 799 286.8	56 522.3	1 343 889.2	▲ 62 384.9

（単位：千円）
(Unit:1000Yen)

Actual No. of Coops. Surveyed (Urbanized Areas / Urbanized Rural Areas / Hilly and Mountainous Areas / Rural Areas / total); Average Per Coop. by Agricultural Areas (Urbanized Areas / Urbanized Rural Areas / Hilly and Mountainous Areas / Rural Areas / total)	事業管理費 Business Administration Expenses										
	人件費						業務費 Business Fee	諸税負担金 Various Tax burden money	施設費 Facilities fee	その他事業管理費 Other Business Administration Expenses	小計 Sub-total
	賞与引当金繰入 Bonus Reserves Transferred	福利厚生費 Welfare Expenses	退職給付費用 Retirement benefit cost	役員退職慰労金 Director's Retirement Allowance	役員退職慰労引当金戻入（控除） Retirement Allowance of Officers Refunded (deducted)	役員退職慰労引当金繰入 Retirement Allowance of Officers Transferred					
The Above is English Translation											
実数 都市地帯	4 245 618	8 657 177	4 126 465	19 598	▲ 14 439	287 317	9 654 341	4 140 503	10 972 124	385 323	86 987 345
都市的農村地帯	15 395 617	46 897 059	18 198 833	767 927	▲ 714 212	1 064 921	35 148 162	16 881 645	62 221 906	2 460 769	430 736 840
中山間地帯	7 486 863	27 765 839	8 317 167	403 493	▲ 332 619	550 615	19 415 648	8 988 410	41 181 185	995 957	247 768 586
農村地帯	26 403 683	92 079 293	31 333 931	766 608	▲ 906 650	1 944 735	71 088 149	30 231 580	142 074 943	4 624 618	844 717 676
計	53 531 781	175 399 368	61 976 396	1 957 626	▲ 1 967 920	3 847 588	135 306 300	60 242 138	256 450 158	8 466 667	1 610 210 447
平均 都市地帯	146 400.6	298 523.3	142 291.9	675.8	▲ 497.9	9 907.5	332 908.3	142 776.0	378 349.1	13 287.0	2 999 563.6
都市的農村地帯	103 326.3	314 745.4	122 139.8	5 153.9	▲ 4 793.4	7 147.1	235 893.7	113 299.6	417 596.7	16 515.2	2 890 851.3
中山間地帯	59 419.5	220 363.8	66 009.3	3 202.3	▲ 2 639.8	4 370.0	154 092.4	71 336.6	326 834.8	7 904.4	1 966 417.3
農村地帯	78 817.0	274 863.6	93 534.1	2 288.4	▲ 2 706.4	5 805.2	212 203.4	90 243.5	424 104.3	13 804.8	2 521 545.3
計	83 774.3	274 490.4	96 989.7	3 063.6	▲ 3 079.7	6 021.3	211 746.9	94 275.6	401 330.5	13 249.9	2 519 891.2

8 損　益　計　算　書（つづき）

Profit & Loss Statement (Cont.)

(Unit:1000Yen)

Actual No.of Coops. Surveyed (Urbanized Areas / Urbanized Rural Areas / Hilly and Mountainous Areas / Rural Areas / total) Average Per Coop. by Agricultural Areas (Urbanized Areas / Urbanized Rural Areas / Hilly and Mountainous Areas / Rural Areas / total)	事業利益 Business Profit	事業外収益 Earnings of Non-business	事業外費用 Expenses in Non-business	経常利益（又は経常損失） Ordinary Profit or Loss	特別利益 Extraordinary Profits	特別損失 Extraordinary Losses	税引前当期利益（税引前当期損失差引） Net Current Profit(Loss) before Deduction of Tax	法人税、住民税及び事業税 Corporation's Tax & Inhabitant's Tax	法人税等調整額 Deferred Income Taxes	当期剰余金（当期損失金差引） Current Surplus(deducted current Deficit)	当期首繰越剰余金（当期首繰越損失金差引） Surplus Brought Forward(deducted Loss Brought Forward)
The Above is English Translation											
実数 都市地帯	26 678 832	6 544 227	1 013 592	32 209 467	653 813	4 915 931	27 947 339	8 198 243	▲ 1 359 324	21 108 418	17 235 009
都市的農村地帯	58 049 863	28 899 469	4 990 114	81 959 209	13 387 632	40 944 579	54 402 270	18 369 667	▲ 5 313 475	41 346 040	52 437 803
中山間地帯	16 318 925	15 774 195	4 910 250	27 182 853	13 273 307	21 375 911	19 080 248	4 948 957	▲ 17 283	14 148 546	10 187 497
農村地帯	90 141 182	53 760 405	13 821 424	130 080 163	37 819 288	83 114 814	84 784 638	25 990 013	▲ 6 336 064	65 130 604	54 562 759
計	191 188 802	104 978 296	24 735 380	271 431 692	65 134 040	150 351 235	186 214 495	57 506 880	▲ 13 026 146	141 733 608	134 423 068
平均 都市地帯	919 959.7	225 663.0	34 951.4	1 110 671.3	22 545.3	169 514.9	963 701.3	282 698.0	▲ 46 873.2	727 876.5	594 310.7
都市的農村地帯	389 596.4	193 956.2	33 490.7	550 061.8	89 849.9	274 795.8	365 115.9	123 286.4	▲ 35 660.9	277 490.2	351 931.6
中山間地帯	129 515.3	125 192.0	38 970.2	215 736.9	105 343.7	169 650.1	151 430.5	39 277.4	▲ 137.2	112 290.0	80 853.2
農村地帯	269 078.2	160 478.8	41 258.0	388 299.0	112 893.4	248 103.9	253 088.5	77 582.1	▲ 18 913.6	194 419.7	162 873.9
計	299 200.0	164 285.3	38 709.5	424 775.7	101 931.2	235 291.4	291 415.5	89 995.1	▲ 20 385.2	221 805.3	210 364.7

8 損　益　計　算　書（つづき）

Profit & Loss Statement (Cont.)

9．職　員　給　与　状　況

Employees' Salaries

（単位：千円、組合）

(Unit:1000Yen, Coop)

（1）平均給与（平成30年9月末）

Average Monthly Salary (As of the end of Sept. 2018)

Actual No.of Coops. Surveyed (Urbanized Areas / Urbanized Rural Areas / Hilly and Mountainous Areas / Rural Areas / total) Average Per Coop. by Agricultural Areas (Urbanized Areas / Urbanized Rural Areas / Hilly and Mountainous Areas / Rural Areas / total)	任意積立金取崩額 Transfer from Voluntary Reserve	当期未処分剰余金（当期未処理損失金差引） Current Surplus Unappropriated(deducted Current Deficit Unapporopriated)	参考 Reference：計上組合数 No. of Coops. concerned	参考 Reference：当期剰余金 Current Profit	参考 Reference：計上組合数 No. of Coops. concerned	参考 Reference：当期損失金 Current Loss	対象職員の総数（人） Total No. of Employees：男 Male	対象職員の総数（人） Total No. of Employees：女 Female	対象職員の総数（人） Total No. of Employees：計 Total	1職員当たり平均給与(円) Average Salary per Employee(Yen)：男 Male	1職員当たり平均給与(円) Average Salary per Employee(Yen)：うち超過勤務手当 of which Overtime Pay
The Above is English Translation											
実数 都市地帯	2 692 662	41 036 111	29	21 108 418	0	0	4 521	3 259	7 780	–	–
都市的農村地帯	17 764 640	111 548 563	130	46 061 467	19	▲ 4 715 427	27 511	15 963	43 474	–	–
中山間地帯	7 665 866	32 001 989	115	17 022 253	11	▲ 2 873 707	17 807	8 001	25 808	–	–
農村地帯	37 359 547	157 041 256	288	78 435 880	47	▲ 13 305 276	56 302	27 630	83 932	–	–
計	65 482 715	341 627 919	562	162 628 018	77	▲ 20 894 410	106 141	54 853	160 994	–	–
平均 都市地帯	92 850.4	1 415 038.3	–	727 876.5	–	0.0	155.9	112.4	268.3	374 135	12 608
都市的農村地帯	119 225.8	748 648.1	–	354 319.0	–	▲ 248 180.4	184.6	107.1	291.8	334 998	11 714
中山間地帯	60 840.2	253 984.0	–	148 019.6	–	▲ 261 246.1	141.3	63.5	204.8	306 712	9 971
農村地帯	111 521.0	468 779.9	–	272 346.8	–	▲ 283 091.0	168.1	82.5	250.5	323 833	12 118
計	102 476.9	534 629.0	–	289 373.7	–	▲ 271 356.0	166.1	85.8	251.9	325 997	11 674

9 職　員　給　与　状　況（つづき）

Employees' Salaries(Cont.)

（1）平均給与（平成30年９月末）（つづき）

lary (As of the end of Sept. 2018)(Cont.)

Actual No.of Coops. Surveyed (Urbanized Areas / Urbanized Rural Areas / Hilly and Mountainous Areas / Rural Areas / total) Average Per Coop. by Agricultural Areas (Urbanized Areas / Urbanized Rural Areas / Hilly and Mountainous Areas / Rural Areas / total) The Above is English Translation	１職員当たり平均給与（円） Average Salary per Employee(Yen)				１職員当たり平均年齢（歳） Avarage Age of Employees(Age)			１職員当たり平均勤務年数（年） Average Period of service of Employees(Year)		
	女 Female	うち超過勤務手当 of which Overtime Pay	計 Total	うち超過勤務手当 of which Overtime Pay	男 Male	女 Female	計 Total	男 Male	女 Female	計 Total
実数 都市地帯	-	-	-	-	-	-	-	-	-	-
都市的農村地帯	-	-	-	-	-	-	-	-	-	-
中山間地帯	-	-	-	-	-	-	-	-	-	-
農村地帯	-	-	-	-	-	-	-	-	-	-
計	-	-	-	-	-	-	-	-	-	-
平均 都市地帯	278 806	11 386	334 203	12 096	40.3	35.3	38.2	17.2	13.7	15.7
都市的農村地帯	252 753	7 338	304 799	10 107	41.3	35.4	39.2	18.0	13.2	16.2
中山間地帯	245 188	6 121	287 638	8 778	41.3	37.4	40.1	17.7	14.0	16.5
農村地帯	247 370	7 243	298 662	10 513	41.3	36.2	39.6	18.1	13.1	16.4
計	250 486	7 353	300 269	10 202	41.3	36.1	39.5	17.9	13.3	16.4

（2）退職金

Retirement Allowance

（3）新卒者採用組合数

Number of Coop. Employed a New Graguate

（単位：組合）
(Unit:Coop.)

Actual No.of Coops. Surveyed (Urbanized Areas / Urbanized Rural Areas / Hilly and Mountainous Areas / Rural Areas / total) Average Per Coop. by Agricultural Areas (Urbanized Areas / Urbanized Rural Areas / Hilly and Mountainous Areas / Rural Areas / total) The Above is English Translation	退職者のあった組合数 No of Coops. concerned	退職者の総数（人） Total No. of Retired Employees	１退職者当たり平均退職金（千円） Average Retirement Allowance per Employee	男 Male			女 Female		
				高校卒業（含中学卒業） High School (Including Junior High School)	短大卒業 Junior College	大学卒業 University	高校卒業（含中学卒業） High School (Including Junior High School)	短大卒業 Junior College	大学卒業 University
実数 都市地帯	28	395	-	1	1	23	6	5	21
都市的農村地帯	146	2 831	-	60	48	120	93	59	112
中山間地帯	122	2 058	-	46	49	73	72	36	53
農村地帯	330	5 778	-	172	110	234	215	130	169
計	626	11 062	-	279	208	450	386	230	355
平均 都市地帯	-	-	9 200	-	-	-	-	-	-
都市的農村地帯	-	-	9 115	-	-	-	-	-	-
中山間地帯	-	-	7 889	-	-	-	-	-	-
農村地帯	-	-	9 017	-	-	-	-	-	-
計	-	-	8 839	-	-	-	-	-	-

9 職員給与状況（つづき）

Employees' Salaries (Cont.)

(4) 新卒者採用者数

Number of New Graduates Employed

(単位：人)
(Unit:Person)

10 定年制採用状況

Number of Coops. Adopting Age Limit System for Employees

(単位：組合)
(Unit:Coop.)

Actual No.of Coops. Surveyed (Urbanized Areas / Urbanized Rural Areas / Hilly and Mountainous Areas / Rural Areas / total) Average Per Coop. by Agricultural Areas (Urbanized Areas / Urbanized Rural Areas / Hilly and Mountainous Areas / Rural Areas / total)	男 Male			女 Female			集計組合数 Total No. of. Coops. surveyed	採用している組合数 No. of Coops. adopted	採用していない組合数 No. of Coops. not adopted
	高校卒業（含中学卒業）High School (Including Junior High School)	短大卒業 Junior College	大学卒業 University	高校卒業（含中学卒業）High School (Including Junior High School)	短大卒業 Junior College	大学卒業 University			
The Above is English Translation									
実 都市地帯	1	1	147	16	19	146	29	29	0
都市的農村地帯	135	64	662	365	117	553	149	149	0
中山間地帯	99	79	270	188	71	163	126	126	0
農村地帯	338	173	966	676	236	609	335	335	0
数 計	573	317	2 045	1 245	443	1 471	639	639	0
平 都市地帯	-	-	-	-	-	-	-	-	-
都市的農村地帯	-	-	-	-	-	-	-	-	-
中山間地帯	-	-	-	-	-	-	-	-	-
農村地帯	-	-	-	-	-	-	-	-	-
均 計	-	-	-	-	-	-	-	-	-

11 信用事業

Credit Business

(1) 月末平均残高

Average Outstanding

(単位：千円)
(Unit:1000Yen)

Actual No.of Coops. Surveyed (Urbanized Areas / Urbanized Rural Areas / Hilly and Mountainous Areas / Rural Areas / total) Average Per Coop. by Agricultural Areas (Urbanized Areas / Urbanized Rural Areas / Hilly and Mountainous Areas / Rural Areas / total)	預金平均残高 Deposits			有価証券等平均残高 Security & Others						
	系統 With Affiliated Org.	系統外 With Non Affiliated Org.	計 Total	国債 State Bond	地方債 Local Government Bond	政府保証債 Bond with State Guarantee	金融債 Bank Debenture	短期社債 Short Bond	社債 Bond	外国証券 Foreign Bill
The Above is English Translation										
実 都市地帯	7 182 141 847	28 234 843	7 210 376 690	189 386 618	84 602 717	9 619 344	14 287 099	0	120 548 426	0
都市的農村地帯	26 165 527 044	104 068 646	26 269 595 690	462 102 005	280 189 751	39 593 209	2 650 322	0	327 573 683	0
中山間地帯	9 360 850 183	26 449 167	9 387 299 350	175 340 050	91 839 766	6 452 068	4 583 123	0	50 513 800	0
農村地帯	35 502 984 187	100 822 934	35 603 807 121	738 336 635	481 169 647	75 331 659	16 443 991	555 305	450 973 093	1 167 197
数 計	78 211 503 261	259 575 590	78 471 078 851	1 565 165 308	937 801 881	130 996 280	37 964 535	555 305	949 609 002	1 167 197
平 都市地帯	247 660 063.7	973 615.3	248 633 679.0	6 530 573.0	2 917 335.1	331 701.5	492 658.6	0.0	4 156 842.3	0.0
都市的農村地帯	175 607 564.1	698 447.3	176 306 011.3	3 101 355.7	1 880 468.1	265 726.2	17 787.4	0.0	2 198 481.1	0.0
中山間地帯	74 292 461.8	209 914.0	74 502 375.8	1 391 587.7	728 887.0	51 206.9	36 374.0	0.0	400 903.2	0.0
農村地帯	105 979 057.3	300 964.0	106 280 021.3	2 203 990.0	1 436 327.3	224 870.6	49 086.5	1 657.6	1 346 188.3	3 484.2
均 計	122 396 718.7	406 221.6	122 802 940.3	2 449 398.0	1 467 608.6	205 002.0	59 412.4	869.0	1 486 086.1	1 826.6

１１　信　　用　　事　　業（つづき）

Credit Business(Cont.)

（１）月末平均残高（つづき）

Average Outstanding (Cont.)

（単位：千円）
(Unit:1000Yen)

Actual No.of Coops. Surveyed (Urbanized Areas / Urbanized Rural Areas / Hilly and Mountainous Areas / Rural Areas / total); Average Per Coop. by Agricultural Areas (Urbanized Areas / Urbanized Rural Areas / Hilly and Mountainous Areas / Rural Areas / total)	有価証券等平均残高 Security & Others								貸出金平均残高 Loans & Discounts		
	株式 Stock	受益証券 Beneficiary Certificate of Securities	投資証券 Investment bond	小計 Sub-total	買入金銭債権 Monetary Claims Bought	金銭の信託 Pecuniary Trust	商品有価証券 Trading Account Securities	合計 Total	手形貸付金 Loans on Bills	証書貸付金 Loans on Deeds	その他貸付金 Other Loans
The Above is English Translation											
実数 都市地帯	4 638 669	24 527 662	0	447 610 535	24 461	0	0	447 634 996	7 793 768	2 902 236 185	70 894 433
実数 都市的農村地帯	5 303 414	113 044 856	4 197 572	1 234 654 812	0	16 357 346	0	1 251 012 158	43 817 435	7 529 896 688	281 411 220
実数 中山間地帯	1 029 950	37 898 632	126 450	367 783 839	0	1 603 485	0	369 387 324	26 862 959	1 908 254 522	144 238 234
実数 農村地帯	11 754 899	135 970 038	4 281 503	1 915 983 967	0	5 874 894	0	1 921 858 861	104 274 274	8 050 747 129	599 145 596
実数 計	22 726 932	311 441 188	8 605 525	3 966 033 153	24 461	23 835 725	0	3 989 893 339	182 748 436	20 391 134 524	1 095 689 483
平均 都市地帯	159 954.1	845 781.4	0.0	15 434 846.0	843.5	0.0	0.0	15 435 689.5	268 750.6	100 077 109.8	2 444 635.6
平均 都市的農村地帯	35 593.4	758 690.3	28 171.6	8 286 273.9	0.0	109 780.8	0.0	8 396 054.8	294 076.7	50 536 219.4	1 888 665.9
平均 中山間地帯	8 174.2	300 782.8	1 003.6	2 918 919.4	0.0	12 726.1	0.0	2 931 645.4	213 198.1	15 144 877.2	1 144 747.9
平均 農村地帯	35 089.3	405 880.7	12 780.6	5 719 355.1	0.0	17 537.0	0.0	5 736 892.1	311 266.5	24 032 081.0	1 788 494.3
平均 計	35 566.4	487 388.4	13 467.2	6 206 624.7	38.3	37 301.6	0.0	6 243 964.5	285 991.3	31 911 008.6	1 714 694.0

（１）月末平均残高（つづき）

Average Outstanding (Cont.)

（単位：千円）
(Unit:1000Yen)

Actual No.of Coops. Surveyed (Urbanized Areas / Urbanized Rural Areas / Hilly and Mountainous Areas / Rural Areas / total); Average Per Coop. by Agricultural Areas (Urbanized Areas / Urbanized Rural Areas / Hilly and Mountainous Areas / Rural Areas / total)	貸出金平均残高 Loans & Discounts				貯金平均残高 Savings			借入金平均残高 Borrowings	
	小計 Sub-total	うち組合員 of Which Members	割引手形 Bills Discounted	合計 Total	要求払 On Demand	定期性 Fixed	合計 Total	借入金 Borrowings	うち系統 of Which Affiliated Org.
The Above is English Translation									
実数 都市地帯	2 980 924 386	2 507 862 683	1 288	2 980 925 674	3 186 272 362	6 990 158 072	10 176 430 434	132 590 937	96 920 839
実数 都市的農村地帯	7 855 125 343	6 559 781 230	424 472	7 855 549 815	11 282 599 691	23 532 601 054	34 815 200 745	105 721 905	78 218 469
実数 中山間地帯	2 079 355 715	1 514 387 394	61 249	2 079 416 964	4 573 535 375	7 319 987 205	11 893 522 580	66 227 115	50 938 495
実数 農村地帯	8 754 166 999	6 799 647 590	277 068	8 754 444 067	16 486 247 190	29 715 944 363	46 202 191 553	213 431 153	173 432 753
実数 計	21 669 572 443	17 381 678 897	764 077	21 670 336 520	35 528 654 618	67 558 690 694	103 087 345 312	517 971 110	399 510 556
平均 都市地帯	102 790 496.1	86 478 023.6	44.4	102 790 540.5	109 871 460.8	241 039 933.5	350 911 394.3	4 572 101.3	3 342 097.9
平均 都市的農村地帯	52 718 962.0	44 025 377.4	2 848.8	52 721 810.8	75 722 145.6	157 936 919.8	233 659 065.4	709 543.0	524 956.2
平均 中山間地帯	16 502 823.1	12 018 947.6	486.1	16 503 309.2	36 297 899.8	58 095 136.5	94 393 036.3	525 612.0	404 273.8
平均 農村地帯	26 131 841.8	20 297 455.5	827.1	26 132 668.9	49 212 678.2	88 704 311.5	137 916 989.7	637 107.9	517 709.7
平均 計	33 911 694.0	27 201 375.4	1 195.7	33 912 889.7	55 600 398.5	105 725 650.5	161 326 049.0	810 596.4	625 212.1

11 信　用　事　業（つづき）

Credit Business(Cont.)

（2）貸出金年度末残高明細

Balance of Loans & Discounts at the End of Business Year

（単位：組合、千円）
(Unit:1000Yen)

	貸出金 Loan & Discounts									組合員に対する貸付金 Loans for Membes
	手形貸付金 Loans on Bills	証書貸付金 Loans on Deeds	当座貸越 Over-drafts	その他貸出金 Other Loans	小計 Sub-total	農業近代化資金 of which Agricultural modernization fund	(株)日本政策金融公庫資金 of which JFC※ fund	割引手形 Bills Discounted	合計 Total	
実数 都市地帯	7 913 639	2 920 802 189	7 107 409	43 400 604	2 979 223 857	66 589	9 000	780	2 979 224 637	2 539 918 659
都市的農村地帯	41 118 961	7 634 244 304	75 264 984	171 230 691	7 921 859 009	20 788 035	18 774 326	452 032	7 922 311 042	6 610 624 874
中山間地帯	25 152 081	1 969 851 940	76 011 075	40 715 731	2 111 730 889	28 569 098	38 522 863	73 817	2 111 804 709	1 512 085 431
農村地帯	108 627 311	8 206 074 207	201 014 197	255 251 914	8 770 967 761	93 222 997	89 490 585	248 767	8 771 216 532	6 858 068 768
計	182 811 992	20 730 972 640	359 397 665	510 598 940	21 783 781 516	142 646 719	146 796 774	775 396	21 784 556 920	17 520 697 732
平均 都市地帯	272 884.1	100 717 316.9	245 083.1	1 496 572.6	102 731 857.1	2 296.2	310.3	26.9	102 731 884.0	87 583 402.0
都市的農村地帯	275 966.2	51 236 539.0	505 134.1	1 149 199.3	53 166 839.0	139 517.0	126 002.2	3 033.8	53 169 872.8	44 366 609.9
中山間地帯	199 619.7	15 633 745.6	603 262.5	323 140.7	16 759 769.0	226 738.9	305 737.0	585.8	16 760 354.8	12 000 678.0
農村地帯	324 260.6	24 495 743.9	600 042.4	761 946.0	26 181 993.3	278 277.6	267 136.1	742.6	26 182 735.9	20 471 847.1
計	286 090.8	32 442 836.7	562 437.7	799 059.4	34 090 424.9	223 234.3	229 728.9	1 213.5	34 091 638.4	27 418 932.3

The Above is English Translation

※ JFC Japan Finance Corporation

（単位：組合、千円）
(Unit:Coop. 1000Yen)

	組合員外に対する貸付金 Loans for Non-members								小計 Sub-total	貸出金合計 Total Amount of Loans & Discounts
	該当組合数 No. of Coops. concerned	地方公共団体 Local Governments	該当組合数 No. of Coops. concerned	地方公社等 Local Public Corporations etc.	該当組合数 No. of Coops. concerned	金融機関 Financial Institutions	該当組合数 No. of Coops. concerned	その他 Others		
実数 都市地帯	13	52 551 036	9	6 471 623	22	98 572 770	29	281 710 530	439 305 959	2 979 224 637
都市的農村地帯	129	738 056 095	28	17 940 716	104	282 897 680	149	272 791 563	1 311 686 054	7 922 311 042
中山間地帯	102	355 354 296	16	8 231 805	73	119 186 500	123	116 946 582	599 719 183	2 111 804 709
農村地帯	290	1 007 072 324	39	21 750 098	234	450 087 423	331	434 237 701	1 913 147 546	8 771 216 532
計	534	2 153 033 751	92	54 394 242	433	950 744 373	632	1 105 686 376	4 263 858 742	21 784 556 920
平均 都市地帯	-	4 042 387.4	-	719 069.2	-	4 480 580.5	-	9 714 156.2	15 148 481.3	102 731 884.0
都市的農村地帯	-	5 721 365.1	-	640 739.9	-	2 720 170.0	-	1 830 815.9	8 803 262.1	53 169 872.8
中山間地帯	-	3 483 865.6	-	514 487.8	-	1 632 691.8	-	950 785.2	4 759 676.1	16 760 354.8
農村地帯	-	3 472 663.2	-	557 694.8	-	1 923 450.5	-	1 311 896.4	5 710 888.2	26 182 735.9
計	-	4 031 898.4	-	591 241.8	-	2 195 714.5	-	1 749 503.8	6 672 705.4	34 091 638.4

The Above is English Translation

１１　信　　用　　事　　業（つづき）

Credit Business(Cont.)

（３）手形割引・内国為替取引・債務保証・業務代理等の状況

Status of Bill Discounted, Domestic Exchange, Guarantee for Customers Liabilities, and Business Proxy

（単位：組合）
(Unit:Coop.)

Actual No. of Coops. Surveyed / Average Per Coop. by Agricultural Areas (Urbanized Areas, Urbanized Rural Areas, Hilly and Mountainous Areas, Rural Areas, total)	手形割引 Bill Discount	内国為替取引 Domestic Exchange	債務保証 Guarantee of liabilities	特定社債の引受等 Undertaking of a specific Corporate Bond	業務代理 Business Proxy	国・地公体・会社等の金銭の取扱 Handling of money such as a country, a municipal corporation and company	有価証券等の保護預り Deposit for safe custody of negotiable securities	両替 Exchange	金融先物取引等の受託 Trust of a financial futures transaction etc.	デリバティブ取引 Drivative dealing	信託事業 Trust Business
The Above is English Translation											
実数 都市地帯	1	29	1	0	17	24	5	22	0	1	6
実数 都市的農村地帯	5	149	20	0	93	124	61	86	0	1	14
実数 中山間地帯	5	123	29	1	84	109	33	68	1	0	1
実数 農村地帯	11	328	75	2	210	284	105	189	0	0	10
実数 計	22	629	125	3	404	541	204	365	1	2	31
平均 都市地帯	-	-	-	-	-	-	-	-	-	-	-
平均 都市的農村地帯	-	-	-	-	-	-	-	-	-	-	-
平均 中山間地帯	-	-	-	-	-	-	-	-	-	-	-
平均 農村地帯	-	-	-	-	-	-	-	-	-	-	-
平均 計	-	-	-	-	-	-	-	-	-	-	-

１２　購　　買　　事　　業

Purchasing Business

（単位：千円）
(Unit:1000Yen)

Actual No. of Coops. Surveyed / Average Per Coop. by Agricultural Areas (Urbanized Areas, Urbanized Rural Areas, Hilly and Mountainous Areas, Rural Areas, total)	購買事業合計 Total of Purchasing Business				左のうち主な内訳 of which Details in Purchasing Business						
					生産資材合計 Total of Production Materials				生産資材のうち肥料 of which Fertilizer(as Detail in Production Materials)		
	当期受入高 Value of Current Supplies Procured	左のうち系統利用 of which Purchased through Coop. channel	当期供給・取扱高 Value of Current Supplies Handled	購買利益（購買手数料を含む） Purchasing Profit (Including Commission)	当期受入高 Value of Current Supplies Procured	左のうち系統利用 of which Purchased through Coop. Channel	当期供給・取扱高 Value of Current Supplies Handled	購買利益（購買手数料を含む） Purchasing Profit (Including Commission)	当期受入高 Value of Current Supplies Procured	左のうち系統利用 of which Purchased through Coop. Channel	当期供給・取扱高 Value of Current Supplies Handled
The Above is English Translation											
実数 都市地帯	13 775 641	9 185 919	15 614 883	1 852 545	7 431 013	5 112 183	8 186 177	757 489	1 163 860	798 248	1 331 239
実数 都市的農村地帯	394 557 237	248 135 608	452 540 941	58 931 236	270 749 342	178 043 294	298 988 056	29 275 323	40 089 940	33 290 096	44 952 697
実数 中山間地帯	441 335 579	286 783 703	513 830 206	62 892 249	319 957 743	207 633 364	361 242 274	34 847 785	40 440 539	32 049 430	46 719 377
実数 農村地帯	1 342 431 958	875 354 442	1 518 541 572	177 350 172	1 068 434 477	727 624 299	1 178 452 956	111 186 353	158 475 435	128 363 226	179 297 929
実数 計	2 192 100 415	1 419 459 672	2 500 527 602	301 026 202	1 666 572 575	1 118 413 140	1 846 869 463	176 066 950	240 169 774	194 501 000	272 301 242
平均 都市地帯	475 022.1	316 755.8	538 444.2	63 880.9	256 241.8	176 282.2	282 282.0	26 120.3	40 133.1	27 525.8	45 904.8
平均 都市的農村地帯	2 648 035.1	1 665 339.7	3 037 187.5	395 511.7	1 817 109.7	1 194 921.4	2 006 631.2	196 478.7	269 060.0	223 423.5	301 696.0
平均 中山間地帯	3 502 663.3	2 276 061.1	4 078 017.5	499 144.8	2 539 347.2	1 647 883.8	2 867 002.2	276 569.7	320 956.7	254 360.6	370 788.7
平均 農村地帯	4 007 259.6	2 612 998.3	4 532 959.9	529 403.5	3 189 356.6	2 172 012.8	3 517 770.0	331 899.6	473 061.0	383 173.8	535 217.7
平均 計	3 430 517.1	2 221 376.6	3 913 188.7	471 089.5	2 608 094.8	1 750 255.3	2 890 249.6	275 535.1	375 852.5	304 383.4	426 136.5

１２　購　　買　　事　　業　（つづき）

Purchasing Business(Cont.)

（単位：千円）

(Unit:1000Yen)

Actual No.of Coops. Surveyed: Urbanized Areas / Urbanized Rural Areas / Hilly and Mountainous Areas / Rural Areas / total; Average Per Coop. by Agricultural Areas: Urbanized Areas / Urbanized Rural Areas / Hilly and Mountainous Areas / Rural Areas / total	左のうち主な内訳 of which Details in Purchasing Business										
	生産資材のうち肥料	生産資材のうち農薬 of which Agricultural Chemicals (as Detail in Production Materials)				生産資材のうち飼料 of which Feed (as Detail in Production Materials)				生産資材のうち農業機械 of which Agricultural Machinery(as Detail in Production Materials)	
	購買利益(購買手数料を含む) Purchasing Profit (Including Commission)	当期受入高 Value of Current Supplies Procured	左のうち系統利用 of which Purchased through Coop. Channel	当期供給・取扱高 Value of Current Supplies Handled	購買利益(購買手数料を含む) Purchasing Profit (Including Commission)	当期受入高 Value of Current Supplies Procured	左のうち系統利用 of which Purchased through Coop. Channel	当期供給・取扱高 Value of Current Supplies Handled	購買利益(購買手数料を含む) Purchasing Profit (Including Commission)	当期受入高 Value of Current Supplies Procured	左のうち系統利用 of which Purchased through Coop. Channel
The Above is English Translation											
実数 都市地帯	181 260	878 665	669 004	998 355	117 870	586 804	222 667	603 563	16 616	1 092 046	975 199
都市的農村地帯	5 505 087	35 518 255	20 999 320	39 838 751	4 260 556	32 413 702	21 224 248	33 566 823	1 161 364	39 529 264	28 801 583
中山間地帯	5 852 854	31 530 322	19 666 140	35 844 338	4 006 276	79 104 206	46 109 272	83 309 736	3 574 122	31 711 512	22 394 137
農村地帯	22 152 750	127 036 965	85 800 722	143 699 766	16 360 824	204 504 133	123 726 334	211 543 631	7 268 925	139 891 283	86 284 120
計	33 691 951	194 964 207	127 135 186	220 381 210	24 745 526	316 608 845	191 282 521	329 023 753	12 021 027	212 224 105	138 455 039
平均 都市地帯	6 250.3	30 298.8	23 069.1	34 426.0	4 064.5	20 234.6	7 678.2	20 812.5	573.0	37 656.8	33 627.6
都市的農村地帯	36 946.9	238 377.6	140 935.0	267 374.2	28 594.3	217 541.6	142 444.6	225 280.7	7 794.4	265 297.1	193 299.2
中山間地帯	46 451.2	250 240.7	156 080.5	284 478.9	31 795.8	627 811.2	365 946.6	661 188.4	28 366.0	251 678.7	177 731.2
農村地帯	66 127.6	379 214.8	256 121.6	428 954.5	48 838.3	610 460.1	369 332.3	631 473.5	21 698.3	417 585.9	257 564.5
計	52 726.1	305 108.3	198 959.6	344 884.5	38 725.4	495 475.5	299 346.7	514 904.2	18 812.2	332 119.1	216 674.6

（単位：千円）

(Unit:1000Yen)

Actual No.of Coops. Surveyed: Urbanized Areas / Urbanized Rural Areas / Hilly and Mountainous Areas / Rural Areas / total; Average Per Coop. by Agricultural Areas: Urbanized Areas / Urbanized Rural Areas / Hilly and Mountainous Areas / Rural Areas / total	左のうち主な内訳 of which Details in Purchasing Business										
	生産資材のうち農業機械		生活物資合計 Total of Livehood Necessties				生活物資のうち食料品 of which Food Stuffs (as Detail in Livehood Necessties)				生活物資のうち衣料品 of which Clothings (as Detail in
	当期供給・取扱高 Value of Current Supplies Handled	購買利益(購買手数料を含む) Purchasing Profit (Including Commission)	当期受入高 Value of Current Supplies Procured	左のうち系統利用 of which Purchased through Coop. Channel	当期供給・取扱高 Value of Current Supplies Handled	購買利益(購買手数料を含む) Purchasing Profit (Including Commission)	当期受入高 Value of Current Supplies Procured	左のうち系統利用 of which Purchased through Coop. Channel	当期供給・取扱高 Value of Current Supplies Handled	購買利益(購買手数料を含む) Purchasing Profit (Including Commission)	当期受入高 Value of Current Supplies Procured
The Above is English Translation											
実数 都市地帯	1 177 775	73 745	6 344 621	4 073 727	7 428 695	1 095 047	3 960 555	2 462 261	4 680 343	726 210	82 243
都市的農村地帯	44 163 259	4 863 446	123 807 826	70 092 254	153 552 835	29 655 862	36 990 700	17 968 809	45 022 489	7 965 276	1 153 712
中山間地帯	36 437 339	4 071 108	121 377 792	79 150 299	152 587 883	28 044 424	35 933 330	15 609 142	44 003 179	6 933 314	899 991
農村地帯	155 779 756	15 505 619	273 997 380	147 730 073	340 088 517	66 163 713	70 927 631	33 652 433	85 838 628	14 946 743	1 921 454
計	237 558 129	24 513 918	525 527 619	301 046 353	653 657 930	124 959 046	147 812 216	69 692 645	179 544 639	30 571 543	4 057 400
平均 都市地帯	40 612.9	2 542.9	218 780.0	140 473.3	256 161.9	37 760.2	136 570.9	84 905.6	161 391.1	25 041.7	2 836.0
都市的農村地帯	296 397.7	32 640.6	830 925.0	470 417.8	1 030 555.9	199 032.6	248 259.7	120 596.0	302 164.4	53 458.2	7 743.0
中山間地帯	289 185.2	32 310.4	963 315.8	628 177.0	1 211 014.9	222 574.8	285 185.2	123 882.1	349 231.6	55 026.3	7 142.8
農村地帯	465 014.2	46 285.4	817 902.6	440 985.3	1 015 189.6	197 503.6	211 724.3	100 455.0	256 234.7	44 617.1	5 735.7
計	371 765.5	38 362.9	822 421.9	471 121.1	1 022 938.9	195 554.1	231 318.0	109 065.2	280 977.5	47 842.8	6 349.6

１２ 購　　買　　事　　業 （つづき）

Purchasing Business(Cont.)

（単位：千円）

(Unit:1000Yen)

Actual No.of Coop. Surveyed (Urbanized Areas / Urbanized Rural Areas / Hilly and Mountainous Areas / Rural Areas / total); Average Per Coop. by Agricultural Areas (Urbanized Areas / Urbanized Rural Areas / Hilly and Mountainous Areas / Rural Areas / total)	左のうち主な内訳 of which Details in Purchasing Business										
	生活物資のうち衣料品（つづき） of which Clothings (as Detail in Livehood Necessties)			生活物資のうち耐久消費財 of which Durable Consumer Goods (as Detail in Livehood Necessties)				生活物資のうち日用保健雑貨用品 of which Missellaneous Commodities for Daily Use & Health Keeping(as Detail in Livehood Necessties)			
	左のうち系統利用 of which Purchased through Coop. Channel	当期供給・取扱高 Value of Current Supplies Handled	購買利益（購買手数料を含む） Purchasing Profit (Including Commission)	当期受入高 Value of Current Supplies Procured	左のうち系統利用 of which Purchased through Coop. Channel	当期供給・取扱高 Value of Current Supplies Handled	購買利益（購買手数料を含む） Purchasing Profit (Including Commission)	当期受入高 Value of Current Supplies Procured	左のうち系統利用 of which Purchased through Coop. Channel	当期供給・取扱高 Value of Current Supplies Handled	購買利益（購買手数料を含む） Purchasing Profit (Including Commission)
The Above is English Translation											
実数 都市地帯	61 696	94 048	11 910	428 378	337 575	467 103	39 030	943 950	640 090	1 035 476	94 667
都市的農村地帯	776 093	1 322 009	167 230	9 111 147	5 043 485	10 009 333	931 048	9 919 401	5 463 795	11 308 983	1 355 292
中山間地帯	589 367	1 071 829	161 910	5 676 338	3 249 187	6 537 637	660 108	7 401 513	4 147 802	8 627 379	1 004 397
農村地帯	1 157 312	2 276 679	353 468	13 430 672	6 653 461	14 976 127	1 556 501	18 882 447	8 275 397	21 311 453	2 428 860
計	2 584 468	4 764 565	694 518	28 646 535	15 283 708	31 990 200	3 186 687	37 147 311	18 527 084	42 283 291	4 883 216
平均 都市地帯	2 127.4	3 243.0	410.7	14 771.7	11 640.5	16 107.0	1 345.9	32 550.0	22 072.1	35 706.1	3 264.4
都市的農村地帯	5 208.7	8 872.5	1 122.3	61 148.6	33 848.9	67 176.7	6 248.6	66 573.2	36 669.8	75 899.2	9 095.9
中山間地帯	4 677.5	8 506.6	1 285.0	45 050.3	25 787.2	51 886.0	5 239.0	58 742.2	32 919.1	68 471.3	7 971.4
農村地帯	3 454.7	6 796.1	1 055.1	40 091.6	19 861.1	44 704.9	4 646.3	56 365.5	24 702.7	63 616.3	7 250.3
計	4 044.6	7 456.3	1 086.9	44 830.3	23 918.2	50 062.9	4 987.0	58 133.5	28 993.9	66 171.0	7 642.0

１３ 販　　売　　事　　業

Marketing Business

（単位：千円）

(Unit:1000Yen)

Actual No.of Coop. Surveyed (Urbanized Areas / Urbanized Rural Areas / Hilly and Mountainous Areas / Rural Areas / total); Average Per Coop. by Agricultural Areas (Urbanized Areas / Urbanized Rural Areas / Hilly and Mountainous Areas / Rural Areas / total)	販売事業合計 Total of Marketing Business					左のうち主な内訳 of which Detail in Marketing Business 米 of which Rice				
	当期販売・取扱高 Amount Marketed and Handled	うち当期買取販売高 of which Marketed by Purchase Method	うち系統利用高 of which Marketed through Coop. Channel	販売手数料（販売利益を含む） Marketing Commission (Including Marketing Profit)	うち受託販売手数料 of which Marketing Commission	当期販売・取扱高 Amount Marketed and Handled	うち当期買取販売高 of which Marketed by Purchase Method	うち系統利用高 of which Marketed through Coop. Channel	販売手数料（販売利益を含む） Marketing Commission (Including Marketing Profit)	うち受託販売手数料 of which Marketing Commission
The Above is English Translation										
実数 都市地帯	12 257 511	2 620 714	2 185 856	1 097 263	658 922	1 736 318	801 903	900 845	202 984	52 439
都市的農村地帯	696 724 625	34 044 976	554 977 301	25 620 752	21 345 839	130 458 836	19 349 489	95 441 676	5 734 414	3 908 959
中山間地帯	843 785 306	41 361 415	689 074 167	24 303 745	19 765 994	98 533 023	16 136 220	66 992 440	3 851 899	2 820 723
農村地帯	3 015 115 560	148 075 273	2 470 751 184	95 065 059	77 360 051	628 014 181	80 180 781	431 890 675	26 634 816	19 160 186
計	4 567 883 002	226 102 378	3 716 988 508	146 086 819	119 130 806	858 742 358	116 468 393	595 225 636	36 424 113	25 942 307
平均 都市地帯	422 672.8	90 369.4	75 374.3	37 836.7	22 721.4	59 873.0	27 651.8	31 063.6	6 999.4	1 808.2
都市的農村地帯	4 676 004.2	228 489.8	3 724 679.9	171 951.4	143 260.7	875 562.7	129 862.3	640 548.2	38 486.0	26 234.6
中山間地帯	6 696 708.8	328 265.2	5 468 842.6	192 886.9	156 873.0	782 008.1	128 065.2	531 686.0	30 570.6	22 386.7
農村地帯	9 000 345.0	442 015.7	7 375 376.7	283 776.3	230 925.5	1 874 669.2	239 345.6	1 289 225.9	79 506.9	57 194.6
計	7 148 486.7	353 837.8	5 816 883.4	228 617.9	186 433.2	1 343 884.8	182 266.7	931 495.5	57 001.7	40 598.3

12　販　売　事　業　(つづき)
Marketing Business(Cont.)

(単位：千円)
(Unit:1000Yen)

Actual No.of Coops. Surveyed (Urbanized Areas / Urbanized Rural Areas / Hilly and Mountainous Areas / Rural Areas / total); Average Per Coop. by Agricultural Areas (Urbanized Areas / Urbanized Rural Areas / Hilly and Mountainous Areas / Rural Areas / total)

左のうち主な内訳 of which Details in Marketing Business — 野菜 of which Vegitables

	当期販売・取扱高 Amount Marketed and Handled	うち当期買取販売高 of which Marketed by Purchase Method	うち系統利用高 of which Marketed through Coop. Channel	販売手数料(販売利益を含む) Marketing Commission (Including Marketing Profit)	うち受託販売手数料 of which Marketing Commission
実数 都市地帯	6 600 210	750 252	775 644	508 713	397 942
都市的農村地帯	250 659 610	4 448 898	217 311 257	7 440 521	6 797 322
中山間地帯	224 702 341	6 592 927	190 380 017	6 690 849	5 819 722
農村地帯	828 379 989	13 618 759	723 052 791	25 055 386	23 455 045
計	1 310 342 150	25 410 836	1 131 519 709	39 695 469	36 470 031
平均 都市地帯	227 593.4	25 870.8	26 746.3	17 541.8	13 722.1
都市的農村地帯	1 682 279.3	29 858.4	1 458 464.8	49 936.4	45 619.6
中山間地帯	1 783 351.9	52 324.8	1 510 952.5	53 102.0	46 188.3
農村地帯	2 472 776.1	40 653.0	2 158 366.5	74 792.2	70 015.1
計	2 050 613.7	39 766.6	1 770 766.4	62 121.2	57 073.6

果実 of which Fruits

	当期販売・取扱高 Amount Marketed and Handled	うち当期買取販売高 of which Marketed by Purchase Method	うち系統利用 of which Marketed through Coop. Channel	販売手数料(販売利益を含む) Marketing Commission (Including Marketing Profit)	うち受託販売手数料 of which Marketing Commission
実数 都市地帯	169 456	21 181	5 700	13 196	9 889
都市的農村地帯	100 564 051	203 546	92 172 793	2 859 947	2 824 349
中山間地帯	87 402 103	4 173 470	81 154 786	3 619 759	2 528 971
農村地帯	232 888 669	1 951 416	206 711 927	6 037 043	5 667 045
計	421 024 279	6 349 613	380 045 206	12 529 945	11 030 254
平均 都市地帯	5 843.3	730.4	196.6	455.0	341.0
都市的農村地帯	674 926.5	1 366.1	618 609.3	19 194.3	18 955.4
中山間地帯	693 667.5	33 122.8	644 085.6	28 728.2	20 071.2
農村地帯	695 190.1	5 825.1	617 050.5	18 021.0	16 916.6
計	658 879.9	9 936.8	594 749.9	19 608.7	17 261.7

The Above is English Translation

(単位：千円)
(Unit:1000Yen)

左のうち主な内訳 of which Detail in Marketing Business — 花き・花木 of which Flowers & Ornamental Plants

	当期販売・取扱高 Amount Marketed and Handled	うち当期買取販売高 of which Marketed by Purchase Method	うち系統利用 of which Marketed through Coop. Channel	販売手数料(販売利益を含む) Marketing Commission (Including Marketing Profit)	うち受託販売手数料 of which Marketing Commission
実数 都市地帯	485 174	22 524	96 559	41 208	38 588
都市的農村地帯	16 587 668	198 641	12 153 820	474 592	412 066
中山間地帯	24 808 317		19 897 393	617 627	617 605
農村地帯	82 061 336	360 363	64 480 520	2 344 486	2 286 571
計	123 942 495	581 528	96 628 292	3 477 913	3 354 830
平均 都市地帯	16 730.1	776.7	3 329.6	1 421.0	1 330.6
都市的農村地帯	111 326.6	1 333.2	81 569.3	3 185.2	2 765.5
中山間地帯	196 891.4	0.0	157 915.8	4 901.8	4 901.6
農村地帯	244 959.2	1 075.7	192 479.2	6 998.5	6 825.6
計	193 963.2	910.1	151 218.0	5 442.7	5 250.1

畜産物計 Total of Livestock Products

	当期販売・取扱高 Amount Marketed and Handled	うち当期買取販売高 of which Marketed by Purchase Method	うち系統利用 of which Marketed through Coop. Channel	販売手数料(販売利益を含む) Marketing Commission (Including Marketing Profit)	うち受託販売手数料 of which Marketing Commission
実数 都市地帯	1 171 560	177 971	368 510	35 949	3 569
都市的農村地帯	120 293 721	956 289	103 173 953	1 477 658	1 411 627
中山間地帯	334 784 781	6 091 456	293 740 028	4 949 622	4 797 832
農村地帯	893 631 292	7 186 500	825 943 199	11 000 334	10 777 918
計	1 349 881 354	14 412 216	1 223 225 690	17 463 563	16 990 946
平均 都市地帯	40 398.6	6 136.9	12 707.2	1 239.6	123.1
都市的農村地帯	807 340.4	6 418.0	692 442.6	9 917.2	9 474.0
中山間地帯	2 657 022.1	48 344.9	2 331 270.1	39 282.7	38 078.0
農村地帯	2 667 556.1	21 452.2	2 465 502.1	32 836.8	32 172.9
計	2 112 490.4	22 554.3	1 914 281.2	27 329.5	26 589.9

The Above is English Translation

13 販売事業（つづき）

Marketing Business(Cont.)

（単位：千円）

(Unit:1000Yen)

	左のうち主な内訳 of which Detail in Marketing Business								
	畜産物のうち 生乳 of which Fresh Milk			畜産物のうち 肉用牛 of which Beef Cattle			畜産物のうち 肉豚 of which Hogs		
Actual No.of Coops. Surveyed (Urbanized Areas / Urbanized Rural Areas / Hilly and Mountainous Areas / Rural Areas / total); Average Per Coop. by Agricultural Areas (Urbanized Areas / Urbanized Rural Areas / Hilly and Mountainous Areas / Rural Areas / total)	当期販売・取扱高 Amount Marketed and Handled	うち系統利用 of which Marketed through Coop. Channel	販売手数料（販売利益を含む） Marketing Commission (Including Marketing Profit)	当期販売・取扱高 Amount Marketed and Handled	うち系統利用 of which Marketed through Coop. Channel	販売手数料（販売利益を含む） Marketing Commission (Including Marketing Profit)	当期販売・取扱高 Amount Marketed and Handled	うち系統利用 of which Marketed through Coop. Channel	販売手数料（販売利益を含む） Marketing Commission (Including Marketing Profit)
The Above is English Translation									
実数 都市地帯	351 837	259 329	943	101 996	10 984	3 386	664 787	67 353	29 895
都市的農村地帯	34 739 169	31 146 169	341 695	60 973 988	51 320 405	693 449	10 847 687	8 556 975	96 737
中山間地帯	131 528 127	131 033 809	1 759 694	123 561 149	95 790 806	1 984 439	20 228 439	19 060 948	234 332
農村地帯	306 899 890	300 745 968	3 203 558	400 876 452	357 234 156	5 497 664	63 141 743	58 734 628	668 096
計	473 519 023	463 185 275	5 305 890	585 513 585	504 356 351	8 178 938	94 882 656	86 419 904	1 029 059
平均 都市地帯	12 132.3	8 942.4	32.5	3 517.1	378.8	116.8	22 923.7	2 322.5	1 030.9
都市的農村地帯	233 148.8	209 034.7	2 293.3	409 221.4	344 432.2	4 654.0	72 803.3	57 429.4	649.2
中山間地帯	1 043 874.0	1 039 950.9	13 965.8	980 644.0	760 244.5	15 749.5	160 543.2	151 277.4	1 859.8
農村地帯	916 119.1	897 749.2	9 562.9	1 196 646.1	1 066 370.6	16 410.9	188 482.8	175 327.2	1 994.3
計	741 031.3	724 859.6	8 303.4	916 296.7	789 290.1	12 799.6	148 486.2	135 242.4	1 610.4

（単位：千円）

(Unit:1000Yen)

	左のうち主な内訳 of which Detail in Marketing Business					
	畜産物のうち 肉鶏 of which Broiler			畜産物のうち 鶏卵 of which Eggs		
Actual No.of Coops. Surveyed (Urbanized Areas / Urbanized Rural Areas / Hilly and Mountainous Areas / Rural Areas / total); Average Per Coop. by Agricultural Areas (Urbanized Areas / Urbanized Rural Areas / Hilly and Mountainous Areas / Rural Areas / total)	当期販売・取扱高 Amount Marketed and Handled	うち系統利用 of which Marketed through Coop. Channel	販売手数料（販売利益を含む） Marketing Commission (Including Marketing Profit)	当期販売・取扱高 Amount Marketed and Handled	うち系統利用 of which Marketed through Coop. Channel	販売手数料（販売利益を含む） Marketing Commission (Including Marketing Profit)
The Above is English Translation						
実数 都市地帯	0	0	0	44 639	30 721	1 719
都市的農村地帯	18 290	0	0	1 547 682	733 874	64 224
中山間地帯	951 491	303 902	10 004	4 473 882	2 036 546	109 945
農村地帯	3 184 212	391 109	26 842	11 881 105	9 217 187	78 091
計	4 153 993	695 011	36 846	17 947 308	12 018 328	253 979
平均 都市地帯	0.0	0.0	0.0	1 539.3	1 059.3	59.3
都市的農村地帯	122.8	0.0	0.0	10 387.1	4 925.3	431.0
中山間地帯	7 551.5	2 411.9	79.4	35 507.0	16 163.1	872.6
農村地帯	9 505.1	1 167.5	80.1	35 466.0	27 514.0	233.1
計	6 500.8	1 087.7	57.7	28 086.6	18 808.0	397.5

Ⅱ 組 織 規 模 別 集 計

Statistics of Coops. by Regular Membership

1 組 合 員 数

Number of Membership

The Above is English Translation	集計組合数 Total No. of coops. Surveyed	正組合員 Regular Membership 個人 Individuals	うち女性 of which Female	うち組合員たる地位を失わない者 of which a man retaining Regular Membership(by a specila provision)	法人 Corporation	農事組合法人 Agricultural producer's cooperative corporation	その他法人 Others	計 Total
	組合	人	人	人	団体	団体	社	人+団体
実 ～ 499 人	80	21 028	2 467	71	1 341	147	1 194	22 369
500 ～ 999 人	54	37 558	7 026	0	1 177	168	1 009	38 735
1000 ～ 1999 人	54	80 154	18 068	365	1 113	144	969	81 267
2000 ～ 2999 人	48	121 790	27 028	0	710	150	560	122 500
3000 ～ 4999 人	95	378 420	80 168	44	1 858	723	1 135	380 278
5000 ～ 9999 人	185	1 338 216	292 539	73	6 544	2 310	4 234	1 344 760
10,000 人 ～	123	2 248 339	518 120	54	9 495	3 272	6 223	2 257 834
数 計	639	4 225 505	945 416	607	22 238	6 914	15 324	4 247 743
平 ～ 499 人	-	262.9	30.8	0.9	16.8	1.8	14.9	279.6
500 ～ 999 人	-	695.5	130.1	0.0	21.8	3.1	18.7	717.3
1000 ～ 1999 人	-	1 484.3	334.6	6.8	20.6	2.7	17.9	1 504.9
2000 ～ 2999 人	-	2 537.3	563.1	0.0	14.8	3.1	11.7	2 552.1
3000 ～ 4999 人	-	3 983.4	843.9	0.5	19.6	7.6	11.9	4 002.9
5000 ～ 9999 人	-	7 233.6	1 581.3	0.4	35.4	12.5	22.9	7 269.0
10,000 人 ～	-	18 279.2	4 212.4	0.4	77.2	26.6	50.6	18 356.4
均 計	-	6 612.7	1 479.5	0.9	34.8	10.8	24.0	6 647.5

The Above is English Translation	准組合員 Associate Membership 個人 Individuals	団体 Groups	農業協同組合 Coops	農事組合法人 Agricultural producer's cooperative corporation	その他団体 Others	計 Total	合計 Total 個人 Individuals	法人・団体 Corporation & Groups	計 Total
	人	団体		団体	社	人	人	団体	人+団体
実 ～ 499 人	101 215	2 335	9	48	2 278	103 550	122 243	3 676	125 919
500 ～ 999 人	115 725	2 364	1	67	2 296	118 089	153 283	3 541	156 824
1000 ～ 1999 人	210 727	3 845	3	55	3 787	214 572	290 881	4 958	295 839
2000 ～ 2999 人	363 344	2 635	0	88	2 547	365 979	485 134	3 345	488 479
3000 ～ 4999 人	706 094	7 735	11	211	7 513	713 829	1 084 514	9 593	1 094 107
5000 ～ 9999 人	1 878 117	22 233	70	760	21 403	1 900 350	3 216 333	28 777	3 245 110
10,000 人 ～	2 790 174	36 421	95	1 482	34 844	2 826 595	5 038 513	45 916	5 084 429
数 計	6 165 396	77 568	189	2 711	74 668	6 242 964	10 390 901	99 806	10 490 707
平 ～ 499 人	1 265.2	29.2	0.1	0.6	28.5	1 294.4	1 528.0	46.0	1 574.0
500 ～ 999 人	2 143.1	43.8	0.0	1.2	42.5	2 186.8	2 838.6	65.6	2 904.1
1000 ～ 1999 人	3 902.4	71.2	0.1	1.0	70.1	3 973.6	5 386.7	91.8	5 478.5
2000 ～ 2999 人	7 569.7	54.9	0.0	1.8	53.1	7 624.6	10 107.0	69.7	10 176.6
3000 ～ 4999 人	7 432.6	81.4	0.1	2.2	79.1	7 514.0	11 415.9	101.0	11 516.9
5000 ～ 9999 人	10 152.0	120.2	0.4	4.1	115.7	10 272.2	17 385.6	155.6	17 541.1
10,000 人 ～	22 684.3	296.1	0.8	12.0	283.3	22 980.4	40 963.5	373.3	41 336.8
均 計	9 648.5	121.4	0.3	4.2	116.9	9 769.9	16 261.2	156.2	16 417.4

2 組 合 員 の 資 格

Qualification of Membership

(1) 正組合員資格

Qualification of Regular Membership

(2) 准組合員資格

Qualification of Associate Membership

(単位：組合、人)

(Unit:coop., Person)

	耕作面積 Cultivated area				農業従事日数 The Days of engaged in Farming				組合の地区内に勤務地を有する個人	組合の地区外に住所を有する個人
The Above is English Translation	該当組合数 No. of Coops. concerned	10アール以上 More than 10a (Including)	5アール以上 10アール未満 5-10a	5アール未満 Less than 5a	該当組合数 No. of Coops. concerned	90日以上 More than 90 days	60日以上 90日未満 60-90 days	60日未満 Less Than 60 days	Persons employed within their cooperative district	Persons living outside their cooperative district
実数 ～ 499 人	79	74	4	1	80	80	0	0	79	65
500 ～ 999 人	49	45	4	0	54	47	3	4	53	46
1000 ～ 1999 人	46	38	6	2	54	34	9	11	52	43
2000 ～ 2999 人	35	22	9	4	48	30	6	12	48	44
3000 ～ 4999 人	78	59	15	4	94	63	18	13	91	80
5000 ～ 9999 人	154	100	33	21	185	102	42	41	184	172
10,000 人 ～	106	61	31	14	120	59	31	30	118	110
計	547	399	102	46	635	415	109	111	625	560
平均 ～ 499 人	-	-	-	-	-	-	-	-	-	-
500 ～ 999 人	-	-	-	-	-	-	-	-	-	-
1000 ～ 1999 人	-	-	-	-	-	-	-	-	-	-
2000 ～ 2999 人	-	-	-	-	-	-	-	-	-	-
3000 ～ 4999 人	-	-	-	-	-	-	-	-	-	-
5000 ～ 9999 人	-	-	-	-	-	-	-	-	-	-
10,000 人 ～	-	-	-	-	-	-	-	-	-	-
計	-	-	-	-	-	-	-	-	-	-

3 業 種 別 生 産 組 織

Commodity-wise Producer's Organization

(1) 業種別生産組織

Commodity-wise Producer's Organization

(単位：組合、組織)

(Unit:Coop., Organization)

	耕種 Rice & Other grains		野菜 Vegetables		畜産 Livestock Framing					
					牛 Catlle		豚 Swine		鶏 Fowls	
The Above is English Translation	該当組合数 No. of Coops. concerned	組織数 No. of Organizations	該当組合数 No. of Coops. concerned	組織数 No. of Organizations	該当組合数 No. of Coops. concerned	組織数 No. of Organizations	該当組合数 No. of Coops. concerned	組織数 No. of Organizations	該当組合数 No. of Coops. concerned	組織数 No. of Organizations
実数 ～ 499 人	50	121	55	158	53	141	6	6	0	0
500 ～ 999 人	39	157	45	265	29	88	9	9	1	1
1000 ～ 1999 人	36	230	48	242	25	67	5	5	2	2
2000 ～ 2999 人	25	158	43	366	16	56	11	11	2	2
3000 ～ 4999 人	71	329	91	735	60	114	25	27	11	12
5000 ～ 9999 人	148	1 179	176	2 063	129	309	40	48	24	29
10,000 人 ～	110	941	123	2 496	105	476	50	63	18	21
計	479	3 115	581	6 325	417	1 251	146	169	58	67
平均 ～ 499 人	-	2.4	-	2.9	-	2.7	-	1.0	-	0.0
500 ～ 999 人	-	4.0	-	5.9	-	3.0	-	1.0	-	1.0
1000 ～ 1999 人	-	6.4	-	5.0	-	2.7	-	1.0	-	1.0
2000 ～ 2999 人	-	6.3	-	8.5	-	3.5	-	1.0	-	1.0
3000 ～ 4999 人	-	4.6	-	8.1	-	1.9	-	1.1	-	1.1
5000 ～ 9999 人	-	8.0	-	11.7	-	2.4	-	1.2	-	1.2
10,000 人 ～	-	8.6	-	20.3	-	4.5	-	1.3	-	1.2
計	-	6.5	-	10.9	-	3.0	-	1.2	-	1.2

3 業 種 別 生 産 組 織 （つづき）

Commodity-wise Producer's Organization(cont.)

(2)青年・女性部組織
Cooperative Youths & Womens Organization

（単位：組合、組織）
(Unit:Coop.,Organization)

	畜産 Livestock Framing その他 Others 該当組合数 No. of Coops. concerned	畜産 Livestock Framing その他 Others 組織数 No. of Organizations	果樹 Fruits 該当組合数 No. of Coops. concerned	果樹 Fruits 組織数 No. of Organizations	花き・花木 Flower & Ornamental Plants 該当組合数 No. of Coops. concerned	花き・花木 Flower & Ornamental Plants 組織数 No. of Organizations	その他 Others 該当組合数 No. of Coops. concerned	その他 Others 組織数 No. of Organizations	合計 Total 該当組合数 No. of Coops. concerned	合計 Total 組織数 No. of Organizations	農協青(壮)年部設置組合数 Cooperative with Youths Organization	農協女性部設置組合数 Coopertive with Women's Organization
実数 ～ 499 人	22	27	10	12	11	13	22	48	69	526	73	72
500 ～ 999 人	5	13	19	32	18	20	24	71	50	656	42	50
1000 ～ 1999 人	6	6	22	40	20	35	23	77	53	704	44	48
2000 ～ 2999 人	6	6	30	83	28	51	22	112	44	845	34	45
3000 ～ 4999 人	13	24	75	260	71	135	61	372	95	2 008	87	94
5000 ～ 9999 人	26	32	152	779	149	384	120	528	181	5 351	161	181
10,000 人 ～	26	46	116	1 093	109	444	101	979	123	6 559	117	123
計	104	154	424	2 299	406	1 082	373	2 187	615	16 649	558	613
平均 ～ 499 人	-	1.2	-	1.2	-	1.2	-	2.2	-	7.6	-	-
500 ～ 999 人	-	2.6	-	1.7	-	1.1	-	3.0	-	13.1	-	-
1000 ～ 1999 人	-	1.0	-	1.8	-	1.8	-	3.3	-	13.3	-	-
2000 ～ 2999 人	-	1.0	-	2.8	-	1.8	-	5.1	-	19.2	-	-
3000 ～ 4999 人	-	1.8	-	3.5	-	1.9	-	6.1	-	21.1	-	-
5000 ～ 9999 人	-	1.2	-	5.1	-	2.6	-	4.4	-	29.6	-	-
10,000 人 ～	-	1.8	-	9.4	-	4.1	-	9.7	-	53.3	-	-
計	-	1.5	-	5.4	-	2.7	-	5.9	-	27.1	-	-

The Above is English Translation: 実数 Actual No. of Coops. Surveyed; 平均 Average Per Coop. by Regular Membership (～499, 500～999, 1000～1999, 2000～2999, 3000～4999, 5000～9999, 10000～, Total)

4 役 員 数

Total Officers

（単位：人）
(Unit:Person)

	経営管理委員 Business Management Comissioner	うち常勤 of which Full-time employment	うち認定農業者 of Which Certified Farmers	うち省令第76条の2に該当する者 of Which a person who corresponds to the Ordinance Article 76-2	うち女性 of which Female	うち正組合員以外 of which a man of Outsaide of Regular Member	常勤理事 Full-time Directors	うち認定農業者 of Which Certified Farmers	うち実践的能力者 of Which Practical Professionals	うち省令第76条の2に該当する者 of Which a person who corresponds to the Ordinance Article 76-2	うち女性 of which Female	うち組合長 of which President	うち正組合員以外 of which a man of Outsaide of Regular Member
実数 ～ 499 人	5	0	3	0	0	0	242	84	128	4	2	80	77
500 ～ 999 人	12	0	3	2	1	1	172	53	88	7	2	54	45
1000 ～ 1999 人	38	0	20	6	9	3	183	39	120	6	0	54	42
2000 ～ 2999 人	18	0	3	0	2	0	169	29	120	2	1	48	24
3000 ～ 4999 人	81	1	37	2	11	0	335	60	224	6	0	93	40
5000 ～ 9999 人	338	6	167	45	42	2	681	108	485	5	3	179	63
10,000 人 ～	445	10	260	23	43	9	683	80	517	12	2	115	64
計	937	17	493	78	108	15	2 465	453	1 682	42	10	623	355
平均 ～ 499 人	0.1	0.0	0.0	0.0	0.0	0.0	3.0	1.1	1.6	0.1	0.0	1.0	1.0
500 ～ 999 人	0.2	0.0	0.1	0.0	0.0	0.0	3.2	1.0	1.6	0.1	0.0	1.0	0.8
1000 ～ 1999 人	0.7	0.0	0.4	0.1	0.2	0.1	3.4	0.7	2.2	0.1	0.0	1.0	0.8
2000 ～ 2999 人	0.4	0.0	0.1	0.0	0.0	0.0	3.5	0.6	2.5	0.0	0.0	1.0	0.5
3000 ～ 4999 人	0.9	0.0	0.4	0.0	0.1	0.0	3.5	0.6	2.4	0.1	0.0	1.0	0.4
5000 ～ 9999 人	1.8	0.0	0.9	0.2	0.2	0.0	3.7	0.6	2.6	0.0	0.0	1.0	0.3
10,000 人 ～	3.6	0.1	2.1	0.2	0.3	0.1	5.6	0.7	4.2	0.1	0.0	0.9	0.5
計	1.5	0.0	0.8	0.1	0.2	0.0	3.9	0.7	2.6	0.1	0.0	1.0	0.6

The Above is English Translation: 実数 Actual No. of Coops. Surveyed; 平均 Average Per Coop. by Regular Membership (～499, 500～999, 1000～1999, 2000～2999, 3000～4999, 5000～9999, 10000～, Total)

4 役　員　数（つづき）

Total Officers(cont.)

（単位：人）
(Unit:Person)

Actual No.of Coops. Surveyed (～499, 500～999, 1000～1999, 2000～2999, 3000～4999, 5000～9999, 10000～, Total) / Average Per Coop. by Regular Membership (～499, 500～999, 1000～1999, 2000～2999, 3000～4999, 5000～9999, 10000～, Total)	非常勤理事 Part-time Directors	うち認定農業者 of Which Certified Farmers	うち実践的能力者 of Which Practical Professionals	うち省令第76条の2に該当する者 of Which a person who corresponds to the Ordinance Article 76-2	うち女性 of which Female	うち正組合員以外 of which a man of Outsaide of Regular Member	理事計 Directors Sub-total
The Above is English Translation							
実数 ～ 499 人	527	414	53	18	16	8	769
500 ～ 999 人	496	308	83	28	40	9	668
1000 ～ 1999 人	624	295	102	47	69	13	807
2000 ～ 2999 人	727	273	222	35	95	10	896
3000 ～ 4999 人	1 495	605	438	65	206	22	1 830
5000 ～ 9999 人	3 465	1 426	1 092	138	401	35	4 146
10,000 人 ～	2 939	1 188	939	111	326	22	3 622
計	10 273	4 509	2 929	442	1 153	119	12 738
平均 ～ 499 人	6.6	5.2	0.7	0.2	0.2	0.1	9.6
500 ～ 999 人	9.2	5.7	1.5	0.5	0.7	0.2	12.4
1000 ～ 1999 人	11.6	5.5	1.9	0.9	1.3	0.2	14.9
2000 ～ 2999 人	15.1	5.7	4.6	0.7	2.0	0.2	18.7
3000 ～ 4999 人	15.7	6.4	4.6	0.7	2.2	0.2	19.3
5000 ～ 9999 人	18.7	7.7	5.9	0.7	2.2	0.2	22.4
10,000 人 ～	23.9	9.7	7.6	0.9	2.7	0.2	29.4
計	16.1	7.1	4.6	0.7	1.8	0.2	19.9

（単位：人）
(Unit:Person)

Actual No.of Coops. Surveyed (～499, 500～999, 1000～1999, 2000～2999, 3000～4999, 5000～9999, 10000～, Total) / Average Per Coop. by Regular Membership (～499, 500～999, 1000～1999, 2000～2999, 3000～4999, 5000～9999, 10000～, Total)	常勤監事 Full-time Auditors	うち実務精通者 of which a man of has skill and versed in work	うち女性 of which Female	うち員外 of which a man of outside of Regular Member	非常勤監事 Part-time Auditors	うち実務精通者 of which a man of has skill and versed in work	うち女性 of which Female	うち員外 of which a man of outside of Regular Member	監事計 Auditors Sub-total
The Above is English Translation									
実数 ～ 499 人	23	8	1	13	224	17	10	64	247
500 ～ 999 人	29	15	1	18	162	9	7	39	191
1000 ～ 1999 人	40	29	1	16	179	12	5	37	219
2000 ～ 2999 人	47	35	1	12	193	15	4	37	240
3000 ～ 4999 人	95	69	3	14	399	40	10	81	494
5000 ～ 9999 人	186	124	3	40	885	117	17	151	1 071
10,000 人 ～	135	103	3	21	644	98	10	115	779
計	555	383	13	134	2 686	308	63	524	3 241
平均 ～ 499 人	0.3	0.1	0.0	0.2	2.8	0.2	0.1	0.8	3.1
500 ～ 999 人	0.5	0.3	0.0	0.3	3.0	0.2	0.1	0.7	3.5
1000 ～ 1999 人	0.7	0.5	0.0	0.3	3.3	0.2	0.1	0.7	4.1
2000 ～ 2999 人	1.0	0.7	0.0	0.3	4.0	0.3	0.1	0.8	5.0
3000 ～ 4999 人	1.0	0.7	0.0	0.1	4.2	0.4	0.1	0.9	5.2
5000 ～ 9999 人	1.0	0.7	0.0	0.2	4.8	0.6	0.1	0.8	5.8
10,000 人 ～	1.1	0.8	0.0	0.2	5.2	0.8	0.1	0.9	6.3
計	0.9	0.6	0.0	0.2	4.2	0.5	0.1	0.8	5.1

4 役　　員　　数（つづき）

Total Officers(cont.)

（単位：人）
(Unit:Person)

Actual No.of Coops. Surveyed: ~499, 500~999, 1000~1999, 2000~2999, 3000~4999, 5000~9999, 10000~, Total Average Per Coop. by Regular Membership: ~499, 500~999, 1000~1999, 2000~2999, 3000~4999, 5000~9999, 10000~, Total The Above is English Translation	役員合計 Officers Total	うち認定農業者 of Which Certified Farmers	うち実践的能力者 of Which Practical Professionals	うち省令第76条の2に該当する者 of Which a person who corresponds to the Ordinance Article 76-2	うち実務精通者 of which a man of has skill and versed in work	うち女性 of which Female	うち使用人兼務の理事 of which a man of Employee and a additional post
実数 ～ 499 人	1 021	501	181	22	25	29	79
500 ～ 999 人	871	364	171	37	24	51	45
1000 ～ 1999 人	1 064	354	222	59	41	84	24
2000 ～ 2999 人	1 154	305	342	37	50	103	6
3000 ～ 4999 人	2 405	702	662	73	109	230	15
5000 ～ 9999 人	5 555	1 701	1 577	188	241	466	21
10,000 人 ～	4 846	1 528	1 456	146	201	384	12
計	16 916	5 455	4 611	562	691	1 347	202
平均 ～ 499 人	12.8	6.3	2.3	0.3	0.3	0.4	1.0
500 ～ 999 人	16.1	6.7	3.2	0.7	0.4	0.9	0.8
1000 ～ 1999 人	19.7	6.6	4.1	1.1	0.8	1.6	0.4
2000 ～ 2999 人	24.0	6.4	7.1	0.8	1.0	2.1	0.1
3000 ～ 4999 人	25.3	7.4	7.0	0.8	1.1	2.4	0.2
5000 ～ 9999 人	30.0	9.2	8.5	1.0	1.3	2.5	0.1
10,000 人 ～	39.4	12.4	11.8	1.2	1.6	3.1	0.1
計	26.5	8.5	7.2	0.9	1.1	2.1	0.3

5 経 営 管 理 委 員 及 び 理 事 の 年 齢 構 成

Age composition of Business Management Commissioner and Directors

（単位：人）
(Unit:Person)

Actual No.of Coops. Surveyed: ~499, 500~999, 1000~1999, 2000~2999, 3000~4999, 5000~9999, 10000~, Total Average Per Coop. by Regular Membership: ~499, 500~999, 1000~1999, 2000~2999, 3000~4999, 5000~9999, 10000~, Total The Above is English Translation	45歳以下 45 years old and under	46～49歳 46 to 49	50～54歳 50 to 54	55～59歳 55 to 59	60～64歳 60 to 64	65～69歳 65 to 69	70歳以上 70 years old and over	合　計 Total
実数 ～ 499 人	35	35	98	195	205	138	68	774
500 ～ 999 人	29	26	78	144	161	143	99	680
1000 ～ 1999 人	16	23	61	149	176	235	185	845
2000 ～ 2999 人	9	10	19	96	198	365	217	914
3000 ～ 4999 人	19	18	60	183	444	750	437	1 911
5000 ～ 9999 人	45	54	96	363	1 007	1 791	1 128	4 484
10,000 人 ～	49	37	101	347	942	1 619	972	4 067
計	202	203	513	1 477	3 133	5 041	3 106	13 675
平均 ～ 499 人	0.4	0.4	1.2	2.4	2.6	1.7	0.9	9.7
500 ～ 999 人	0.5	0.5	1.4	2.7	3.0	2.6	1.8	12.6
1000 ～ 1999 人	0.3	0.4	1.1	2.8	3.3	4.4	3.4	15.6
2000 ～ 2999 人	0.2	0.2	0.4	2.0	4.1	7.6	4.5	19.0
3000 ～ 4999 人	0.2	0.2	0.6	1.9	4.7	7.9	4.6	20.1
5000 ～ 9999 人	0.2	0.3	0.5	2.0	5.4	9.7	6.1	24.2
10,000 人 ～	0.4	0.3	0.8	2.8	7.7	13.2	7.9	33.1
計	0.3	0.3	0.8	2.3	4.9	7.9	4.9	21.4

6 職　　員　　数
Number of Employees

（単位：人）
(Unit:Person)

	参　事 General Manager	営農指導員 Farm Advisers	その他職員 Other Employees	合　計 Total	うち女性 of which Female	うち常勤嘱託 of Which a regular employee	臨時・パート Part-timer
The Above is English Translation							
実 ～ 499 人	56	519	5 132	5 707	1 774	1 482	940
500 ～ 999 人	27	377	3 932	4 336	1 437	805	1 397
1000 ～ 1999 人	22	577	6 321	6 920	2 342	1 301	1 205
2000 ～ 2999 人	5	497	7 997	8 499	3 261	1 239	1 906
3000 ～ 4999 人	17	1 199	18 761	19 977	7 877	3 243	3 859
5000 ～ 9999 人	73	4 144	56 643	60 859	24 094	12 334	10 769
10,000 人 ～	21	6 194	82 995	89 210	36 194	19 295	21 457
数 計	221	13 507	181 781	195 508	76 979	39 699	41 533
平 ～ 499 人	0.7	6.5	64.2	71.3	22.2	18.5	11.8
500 ～ 999 人	0.5	7.0	72.8	80.3	26.6	14.9	25.9
1000 ～ 1999 人	0.4	10.7	117.1	128.1	43.4	24.1	22.3
2000 ～ 2999 人	0.1	10.4	166.6	177.1	67.9	25.8	39.7
3000 ～ 4999 人	0.2	12.6	197.5	210.3	82.9	34.1	40.6
5000 ～ 9999 人	0.4	22.4	306.2	329.0	130.2	66.7	58.2
10,000 人 ～	0.2	50.4	674.8	725.3	294.3	156.9	174.4
均 計	0.3	21.1	284.5	306.0	120.5	62.1	65.0

7 貸 借 対 照 表 中 の 主 要 勘 定
Principal Accounts in Balance Sheet

（単位：千円）
(Unit:1000Yen)

	信用事業資産 Credit Business Assets											
	現　金 Cash	預金 Deposits				有価証券 Securities						
		系統預金 Affiliated Organs.	系統外預金 Non-Affiliated Organs. Deposit	譲渡性預金 Certificates of Deposits	小計 Sub-total		国　債 State Bond	地方債 Local Government Bond	政府保証債 Bond with State Guarantee	金融債 Bank Debenture	短期社債 Short Bonds	社　債 Bonds
The Above is English Translation												
実 ～ 499 人	7 893 792	1 111 549 944	6 516 269	0	1 118 066 223	4 796 630	1 837 416	2 526 504	310 580	0	0	0
500 ～ 999 人	7 309 840	1 674 022 918	4 506 676	0	1 678 529 605	15 595 971	6 664 796	7 224 397	858 087	0	0	848 690
1000 ～ 1999 人	13 229 161	2 754 328 660	8 959 447	0	2 763 288 124	120 281 741	47 972 232	28 939 330	5 021 073	0	0	29 485 036
2000 ～ 2999 人	19 002 686	4 300 828 326	17 193 235	0	4 318 021 582	254 547 281	128 077 737	43 936 083	14 978 146	0	0	50 895 743
3000 ～ 4999 人	47 300 039	8 755 450 546	52 909 332	0	8 808 359 919	440 328 528	221 526 705	101 076 447	11 347 209	1 026 770	0	72 519 436
5000 ～ 9999 人	128 372 962	24 472 641 061	68 649 885	0	24 541 291 006	1 253 273 588	416 506 069	312 662 531	47 767 057	16 773 070	0	372 281 305
10,000 人 ～	201 264 356	35 612 683 477	90 015 278	0	35 702 698 799	2 012 345 159	759 668 851	459 125 483	65 001 387	4 477 690	0	505 567 935
数 計	424 372 836	78 681 504 932	248 750 122	0	78 930 255 258	4 101 168 898	1 582 253 806	955 490 775	145 283 539	22 277 530	0	1 031 598 145
平 ～ 499 人	98 672.4	13 894 374.3	81 453.4	0.0	13 975 827.8	59 957.9	22 967.7	31 581.3	3 882.3	0.0	0.0	0.0
500 ～ 999 人	135 367.4	31 000 424.4	83 457.0	0.0	31 083 881.6	288 814.3	123 422.1	133 785.1	15 890.5	0.0	0.0	15 716.5
1000 ～ 1999 人	244 984.5	51 006 086.3	165 915.7	0.0	51 172 002.3	2 227 439.6	888 374.7	535 913.5	92 982.8	0.0	0.0	546 019.2
2000 ～ 2999 人	395 889.3	89 600 590.1	358 192.4	0.0	89 958 783.0	5 303 068.4	2 668 286.2	915 335.1	312 044.7	0.0	0.0	1 060 328.0
3000 ～ 4999 人	497 895.1	92 162 637.3	556 940.3	0.0	92 719 578.1	4 635 037.1	2 331 860.1	1 063 962.6	119 444.3	10 808.1	0.0	763 362.5
5000 ～ 9999 人	693 907.9	132 284 546.3	371 080.5	0.0	132 655 627.1	6 774 451.8	2 251 384.2	1 690 067.7	258 200.3	90 665.2	0.0	2 012 331.4
10,000 人 ～	1 636 295.6	289 534 012.0	731 831.5	0.0	290 265 843.9	16 360 529.7	6 176 169.5	3 732 727.5	528 466.6	36 404.0	0.0	4 110 308.4
均 計	664 120.2	123 132 245.6	389 280.3	0.0	123 521 526.2	6 418 104.7	2 476 140.5	1 495 290.7	227 360.8	34 863.1	0.0	1 614 394.6

(注1) 端数処理（千円未満）のため、各勘定科目とその内訳が一致しない。
(注2) 「うち当期剰余金」の額には、当期未処分剰余金（又は当期未処理損失金）を計上していない組合の当期剰余金又は当期損失金を含めている。

7 貸借対照表中の主要勘定（つづき）

Principal Accounts in Balance Sheet (Cont.)

（単位：千円）
(Unit:1000Yen)

	信用事業資産 Credit Business Assets					
	有価証券 Securities				貸出金 Loan & Discounts	貸倒引当金 Reserves for Bad-loans
	外国証券 Foreign bill	株式 Stock	受益証券 eficiary Certifica of Securities	投資証券 Investment bond		
実数 ～499人	0	0	122 130	0	334 710 070	▲ 5 797 083
500～999人	0	0	0	0	377 783 809	▲ 5 814 009
1000～1999人	0	0	8 864 070	0	902 467 553	▲ 4 337 523
2000～2999人	0	420 092	16 145 380	94 093	1 200 646 185	▲ 7 418 456
3000～4999人	0	0	32 794 087	37 874	2 696 247 570	▲ 25 299 992
5000～9999人	0	7 612 348	75 040 524	4 630 643	6 168 655 600	▲ 46 242 217
10,000人～	1 231 139	15 781 456	195 062 790	6 428 372	10 104 046 133	▲ 69 361 266
計	1 231 139	23 813 896	328 028 981	11 190 982	21 784 556 920	▲ 164 270 546
平均 ～499人	0.0	0.0	1 526.6	0.0	4 183 875.9	▲ 72 463.5
500～999人	0.0	0.0	0.0	0.0	6 995 996.5	▲ 107 666.8
1000～1999人	0.0	0.0	164 149.4	0.0	16 712 362.1	▲ 80 324.5
2000～2999人	0.0	8 751.9	336 362.1	1 960.3	25 013 462.2	▲ 154 551.2
3000～4999人	0.0	0.0	345 200.9	398.7	28 381 553.4	▲ 266 315.7
5000～9999人	0.0	41 147.8	405 624.5	25 030.5	33 344 084.3	▲ 249 957.9
10,000人～	10 009.3	128 304.5	1 585 876.3	52 263.2	82 146 716.5	▲ 563 912.7
計	1 926.7	37 267.4	513 347.4	17 513.3	34 091 638.4	▲ 257 074.4

（単位：千円）
(Unit:1000Yen)

	固定資産 Fixed Assets										
	有形固定資産 Tangible fixed Assets	建物 Buildings	機械装置 Machinery	土地 Land	リース資産 lease Assets	建設仮勘定 Buildings & Repairing Account	その他の有形固定資産 Others	減価償却累計額（控除） Depreciation Reserve (deducted)	無形固定資産 Intangible fixed Assets	合併特別勘定 Special Account for Amalgamation	固定資産計 Fixed Assets Total
実数 ～499人	84 898 111	126 048 145	68 386 660	22 407 710	3 980 608	671 190	44 176 515	▲ 180 772 757	265 892	0	85 164 011
500～999人	84 724 324	125 846 856	74 329 842	27 493 185	753 325	1 293 511	39 245 759	▲ 184 238 185	299 278	61 600	85 085 214
1000～1999人	125 172 050	163 716 524	63 677 541	49 218 953	1 065 528	440 711	43 066 218	▲ 196 013 467	670 818	0	125 842 882
2000～2999人	118 671 949	131 461 998	35 881 403	59 965 933	1 265 994	529 302	35 285 037	▲ 145 717 775	687 149	0	119 359 114
3000～4999人	295 017 170	309 183 546	78 450 019	176 243 503	601 100	1 440 739	86 622 739	▲ 357 524 582	1 138 672	0	296 155 881
5000～9999人	855 522 208	963 460 234	269 667 574	481 363 916	8 117 309	2 427 326	263 949 304	▲1 133 463 673	3 505 229	0	859 027 511
10,000人～	1 235 829 295	1 467 122 052	442 330 148	672 268 751	6 209 688	2 902 249	396 102 909	▲1 751 106 658	7 538 597	0	1 243 367 952
計	2 799 835 107	3 286 839 355	1 032 723 187	1 488 961 951	21 993 552	9 705 028	908 448 481	▲3 948 837 097	14 105 635	61 600	2 814 002 565
平均 ～499人	1 061 226.4	1 575 601.8	854 833.3	280 096.4	49 757.6	8 389.9	552 206.4	▲ 2 259 659.5	3 323.7	0.0	1 064 550.1
500～999人	1 568 969.0	2 330 497.3	1 376 478.6	509 133.1	13 950.5	23 953.9	726 773.3	▲ 3 411 818.2	5 542.2	1 140.7	1 575 652.1
1000～1999人	2 318 000.9	3 031 787.5	1 179 213.7	911 462.1	19 732.0	8 161.3	797 522.6	▲ 3 629 879.0	12 422.6	0.0	2 330 423.7
2000～2999人	2 472 332.3	2 738 791.6	747 529.2	1 249 290.3	26 374.9	11 027.1	735 104.9	▲ 3 035 787.0	14 315.6	0.0	2 486 648.2
3000～4999人	3 105 443.9	3 254 563.6	825 789.7	1 855 194.8	6 327.4	15 165.7	911 818.3	▲ 3 763 416.7	11 986.0	0.0	3 117 430.3
5000～9999人	4 624 444.4	5 207 893.2	1 457 662.6	2 601 967.1	43 877.3	13 120.7	1 426 753.0	▲ 6 126 830.7	18 947.2	0.0	4 643 392.0
10,000人～	10 047 392.6	11 927 821.6	3 596 180.1	5 465 599.6	50 485.3	23 595.5	3 220 348.9	▲ 14 236 639.5	61 289.4	0.0	10 108 682.5
計	4 381 588.6	5 143 723.6	1 616 155.2	2 330 143.9	34 418.7	15 187.8	1 421 672.1	▲ 6 179 713.8	22 074.5	96.4	4 403 759.9

7 貸借対照表中の主要勘定（つづき）

Principal Accounts in Balance Sheet (Cont.)

（単位：千円）
(Unit:1000Yen)

実数 Actual No. of Coops. Surveyed / 平均 Average Per Coop. by Regular Membership	外部出資 External 系統 Affiliated	うち連合会 of which Federations	うち農林中金 of which The Norinchukin Bank	系統外出資 Non-Affiliated	うち農業信用基金協会 of which Agriculture Credit Guarantee Fund Association	子会社等出資 Subsidiaries, etc.	小計 Sub-total	資産合計 Total of Assets	信用事業負債 Credit Business Liabilities 貯金 Savings 要求払 On Demand	定期性 Fixed	うち定期積金 of which Installment Savings	貯金小計 Sub-total
実数 ～499人	56 040 746	53 965 957	1 938 850	8 832 233	6 435 820	2 120 309	66 993 288	1 749 424 593	589 256 948	776 360 008	8 102 034	1 365 616 969
500～999人	70 484 185	67 512 525	2 748 292	5 540 722	2 848 990	586 059	76 610 967	2 335 827 369	703 856 769	1 306 245 681	17 707 932	2 010 102 459
1000～1999人	128 730 800	117 554 877	10 407 237	7 189 688	5 181 330	1 466 014	137 386 505	4 152 165 607	1 335 408 973	2 347 737 063	67 007 666	3 683 146 059
2000～2999人	192 676 161	180 453 902	11 143 548	8 062 778	6 857 360	1 292 862	202 031 803	6 177 237 955	2 038 541 168	3 606 704 803	90 435 932	5 645 245 995
3000～4999人	428 407 571	323 156 914	102 545 089	16 890 851	13 557 440	3 162 235	448 460 659	12 877 139 039	4 283 281 967	7 396 705 588	255 589 923	11 679 987 592
5000～9999人	1 163 321 559	922 386 855	234 556 056	46 330 374	36 881 540	8 589 649	1 218 241 602	34 687 274 036	10 913 623 352	20 787 675 967	645 224 329	31 701 299 393
10,000人～	1 759 128 327	1 337 248 841	392 956 860	79 992 655	54 762 550	25 543 365	1 864 664 373	51 886 433 155	16 743 051 932	30 740 358 086	1 000 130 745	47 483 410 071
計	3 798 789 349	3 002 279 871	756 295 932	172 839 301	126 525 030	42 760 493	4 014 389 197	113 865 501 754	36 607 021 109	66 961 787 196	2 084 198 561	103 568 808 538
平均 ～499人	700 509.3	674 574.5	24 235.6	110 402.9	80 447.8	26 503.9	837 416.1	21 867 807.4	7 365 711.9	9 704 500.1	101 275.4	17 070 212.1
500～999人	1 305 262.7	1 250 231.9	50 894.3	102 606.0	52 759.1	10 852.9	1 418 721.6	43 256 062.4	13 034 384.6	24 189 734.8	327 924.7	37 224 119.6
1000～1999人	2 383 903.7	2 176 942.2	192 726.6	133 142.4	95 950.6	27 148.4	2 544 194.5	76 891 955.7	24 729 795.8	43 476 612.3	1 240 882.7	68 206 408.5
2000～2999人	4 014 086.7	3 759 456.3	232 157.3	167 974.5	142 861.7	26 934.6	4 208 995.9	128 692 457.4	42 469 607.7	75 139 683.4	1 884 081.9	117 609 291.6
3000～4999人	4 509 553.4	3 401 651.7	1 079 422.0	177 798.4	142 709.9	33 286.7	4 720 638.5	135 548 832.0	45 087 178.6	77 860 058.8	2 690 420.2	122 947 237.8
5000～9999人	6 288 224.6	4 985 874.9	1 267 870.6	250 434.5	199 359.7	46 430.5	6 585 089.7	187 498 778.6	58 992 558.7	112 365 816.0	3 487 699.1	171 358 375.1
10,000人～	14 301 856.3	10 871 941.8	3 194 771.2	650 346.8	445 224.0	207 669.6	15 159 873.0	421 840 920.0	136 122 373.4	249 921 610.5	8 131 144.3	386 043 984.3
計	5 944 897.3	4 698 403.6	1 183 561.7	270 484.0	198 004.7	66 917.8	6 282 299.2	178 193 273.5	57 287 983.0	104 791 529.3	3 261 656.6	162 079 512.6

（単位：千円）
(Unit:1000Yen)

実数 Actual No. of Coops. Surveyed / 平均 Average Per Coop. by Regular Membership	信用事業負債 Credit Business Liabilities 譲渡性貯金 Certificates of Deposits	借入金 Borrowings 手形借入金 Borrowings on Bills	証書借入金 Borrowings on Deeds	当座借越 Current loans payable	その他 Others	小計 Sub-total	うち転貸資金 of which Sublease Borrowings	設備借入金 Loan Payable for Investments in Facilities	負債合計 Total of Liabilities	純資産 Net-Assets 組合員資本 Shareholder's Equity	出資金 Paid-in Share Capital
実数 ～499人	0	662 615	66 528 913	276 520	2 040 654	69 508 700	53 002 456	6 204 885	1 552 724 209	194 870 031	72 447 342
500～999人	0	450 000	22 258 631	245 298	29 796	22 983 724	18 159 191	17 132 342	2 125 114 685	206 970 629	49 683 792
1000～1999人	2 118 802	140 000	34 683 241	0	203 740	35 026 980	13 454 015	14 933 022	3 826 582 244	310 109 911	71 778 610
2000～2999人	0	1 200 000	25 078 764	0	0	26 278 764	10 013 368	1 692 758	5 761 390 334	392 885 551	62 664 805
3000～4999人	19 650 000	4 990 000	87 257 479	3 036 243	0	95 283 719	58 473 528	4 118 256	12 032 261 838	785 109 794	163 472 084
5000～9999人	34 316 126	32 070 000	114 970 542	0	110 130	147 150 672	83 052 307	13 322 893	32 572 443 534	1 960 296 709	452 904 897
10,000人～	139 334 287	49 589 750	96 619 180	5 759 513	212 924	152 181 368	88 839 345	21 133 364	48 842 081 370	2 844 755 607	693 188 412
計	195 419 215	89 102 365	447 396 750	9 317 574	2 597 244	548 413 927	324 994 210	78 537 520	106 712 598 214	6 694 998 232	1 566 139 942
平均 ～499人	0.0	8 282.7	831 611.4	3 456.5	25 508.2	868 858.8	662 530.7	77 561.1	19 409 052.6	2 435 875.4	905 591.8
500～999人	0.0	8 333.3	412 196.9	4 542.6	551.8	425 624.5	336 281.3	317 265.6	39 353 975.6	3 832 789.4	920 070.2
1000～1999人	39 237.1	2 592.6	642 282.2	0.0	3 773.0	648 647.8	249 148.4	276 537.4	70 862 634.1	5 742 776.1	1 329 233.5
2000～2999人	0.0	25 000.0	522 474.3	0.0	0.0	547 474.3	208 611.8	35 265.8	120 028 965.3	8 185 115.6	1 305 516.8
3000～4999人	206 842.1	52 526.3	918 499.8	31 960.5	0.0	1 002 986.5	615 510.8	43 350.1	126 655 387.8	8 264 313.6	1 720 758.8
5000～9999人	185 492.6	173 351.4	621 462.4	0.0	595.3	795 409.0	448 931.4	72 015.6	176 067 262.3	10 596 198.4	2 448 134.6
10,000人～	1 132 799.1	403 168.7	785 521.8	46 825.3	1 731.1	1 237 246.9	722 271.1	171 816.0	397 090 092.4	23 128 094.4	5 635 678.1
計	305 820.4	139 440.3	700 151.4	14 581.5	4 064.5	858 237.8	508 598.1	122 906.9	166 999 371.2	10 477 305.5	2 450 923.2

7 貸借対照表中の主要勘定(つづき)

Principal Accounts in Balance Sheet(Cont.)

(単位：千円)
(Unit:1000Yen)

		純資産 Net-Assets									純資産の部合計 Total of Net Assets
		未払込出資金(控除) Unpaid Share Capital (deducted)	回転出資金 Revolving Capital	資本準備金 Capital Reserve	利益剰余金 Earned surplus fund	利益準備金 Earned surplus Reserve	その他利益剰余金 Other Earned surplus	当期未処分剰余金(当期未処理損失金差引) Current Surplus Unappropriste	当期剰余金(当期損失金差引) Current Deficit (Inappropriate of which Current Profit(or Loss))	その他有価証券評価差額金 Net Unrealized Gains (Losses) on Non-trading Securities Available for Sale, Net of Taxes	土地再評価差額金 Difference fund for Land Revaluation	
実数	～ 499 人	0	0	29 857	123 031 701	53 171 178	69 860 518	10 322 475	7 717 724	494 416	1 335 921	196 700 372
	500 ～ 999 人	0	201 994	1 156 855	156 682 816	51 921 333	104 761 482	10 141 533	5 309 177	1 381 709	2 543 252	210 712 671
	1000 ～ 1999 人	0	65 090	2 319 146	236 485 161	71 403 857	165 081 300	19 375 295	8 993 221	6 832 529	8 640 883	325 583 341
	2000 ～ 2999 人	0	0	2 825 987	328 118 202	76 378 682	251 739 513	25 029 458	6 540 992	14 372 114	8 589 920	415 847 606
	3000 ～ 4999 人	0	162 651	13 654 836	609 681 436	173 399 291	436 282 133	42 323 992	15 706 963	17 038 871	42 728 444	844 877 163
	5000 ～ 9999 人	0	236 090	52 071 208	1 459 632 923	432 989 518	1 026 643 383	107 049 116	33 447 347	41 539 951	113 213 766	2 114 830 428
	10,000 人 ～	0	414 583	96 306 225	2 061 081 540	631 920 698	1 429 160 810	127 386 050	64 018 184	65 854 891	133 801 324	3 044 351 719
	計	0	1 080 408	168 364 114	4 974 713 779	1 491 184 557	3 483 529 139	341 627 919	141 733 608	147 514 481	310 853 510	7 152 903 300
平均	～ 499 人	0.0	0.0	373.2	1 537 896.3	664 639.7	873 256.5	129 030.9	96 471.6	6 180.2	16 699.0	2 458 754.7
	500 ～ 999 人	0.0	3 740.6	21 423.2	2 901 533.6	961 506.2	1 940 027.4	187 806.2	98 318.1	25 587.2	47 097.3	3 902 086.5
	1000 ～ 1999 人	0.0	1 205.4	42 947.1	4 379 354.8	1 322 293.6	3 057 061.1	358 801.8	166 541.1	126 528.3	160 016.4	6 029 321.1
	2000 ～ 2999 人	0.0	0.0	58 874.7	6 835 795.9	1 591 222.5	5 244 573.2	521 447.0	136 270.7	299 419.0	178 956.7	8 663 491.8
	3000 ～ 4999 人	0.0	1 712.1	143 735.1	6 417 699.3	1 825 255.7	4 592 443.5	445 515.7	165 336.5	179 356.5	449 773.1	8 893 443.8
	5000 ～ 9999 人	0.0	1 276.2	281 466.0	7 889 907.7	2 340 483.9	5 549 423.7	578 643.9	180 796.5	224 540.3	611 966.3	11 431 515.8
	10,000 人 ～	0.0	3 370.6	782 977.4	16 756 760.5	5 137 566.7	11 619 193.6	1 035 658.9	520 473.0	535 405.6	1 087 815.6	24 750 827.0
	計	0.0	1 690.8	263 480.6	7 785 154.6	2 333 622.2	5 451 532.3	534 629.0	221 805.3	230 852.1	486 468.7	11 193 901.9

The Above is English Translation

(単位：千円、組合)
(Unit:1000Yen, Coop.)

		負債・純資産の部合計 Total of Liabilities & Net-Assets	参考 Reference		
			当期未処分剰余金計上組合数 No. of coops. With Unappropriated Surplus	当期未処理損失金計上組合数 No. of coops. With Unappropriated Deficit	回転出資金を有する組合数 No. of coops. With Revolving Capital
実数	～ 499 人	1 749 424 593	80	0	0
	500 ～ 999 人	2 335 827 369	50	3	5
	1000 ～ 1999 人	4 152 165 607	52	2	3
	2000 ～ 2999 人	6 177 237 955	46	2	0
	3000 ～ 4999 人	12 877 139 039	94	1	4
	5000 ～ 9999 人	34 687 274 036	182	3	3
	10,000 人 ～	51 886 433 155	121	2	3
	計	113 865 501 754	625	13	18
平均	～ 499 人	21 867 807.4	-	-	-
	500 ～ 999 人	43 256 062.4	-	-	-
	1000 ～ 1999 人	76 891 955.7	-	-	-
	2000 ～ 2999 人	128 692 457.4	-	-	-
	3000 ～ 4999 人	135 548 832.0	-	-	-
	5000 ～ 9999 人	187 498 778.6	-	-	-
	10,000 人 ～	421 840 920.0	-	-	-
	計	178 193 273.5	-	-	-

The Above is English Translation

8 損　益　計　算　書

Profit & Loss Statement

（単位：千円）
(Unit:1000Yen)

実数 (Actual No. of Coops. Surveyed) / 平均 (Average Per Coop. by Regular Membership)	事業総利益 Total Business Profit	信用事業収益 Earnings of Credit Business: 資金運用収益 Profits for Working Assets	うち預金利息 of which Interest on Deposits	うち有価証券利息 of which Interests and Dividends on Securities	うち貸出金利息 of which Interests on Loans	うちその他受入利息 of which Receipt interest	役務取引等収益 Profits for Service Transactions	その他事業直接収益 Other Direct Business Profits	その他経常収益 Other Current Profits	小計 Sub-total	信用事業費用 Expenses in Credit Business: 資金調達費用 Funding and Investment
The Above is English Translation											
実数 ～ 499 人	54 438 980	11 615 665	1 028 966	62 200	5 199 174	5 325 296	548 397	30 803	683 215	12 878 115	1 361 416
500 ～ 999 人	47 391 867	15 659 331	5 125 151	169 800	5 111 544	5 252 808	457 268	49 744	672 437	16 838 812	1 985 126
1000 ～ 1999 人	72 086 744	30 805 154	10 704 823	1 418 607	12 071 640	6 610 023	992 297	341 643	1 047 255	33 186 388	2 682 106
2000 ～ 2999 人	84 179 842	45 214 756	20 906 544	2 804 387	14 662 245	6 841 521	1 339 087	494 298	1 511 527	48 559 720	3 098 091
3000 ～ 4999 人	187 376 363	95 875 893	42 808 118	4 716 409	34 507 465	13 843 781	3 166 620	1 701 263	3 505 996	104 249 877	6 879 392
5000 ～ 9999 人	540 529 662	254 450 241	140 404 905	13 411 453	78 433 117	22 200 549	8 320 204	3 733 226	9 595 502	276 099 362	21 919 955
10,000 人 ～	815 396 009	398 455 567	205 436 535	21 778 761	127 309 425	43 930 673	13 376 380	4 475 227	14 101 416	430 408 724	32 182 741
計	1 801 399 467	852 076 607	426 415 042	44 361 617	277 294 610	104 004 651	28 200 253	10 826 204	31 117 348	922 220 998	70 108 827
平均 ～ 499 人	680 487.3	145 195.8	12 862.1	777.5	64 989.7	66 566.2	6 855.0	385.0	8 540.2	160 976.4	17 017.7
500 ～ 999 人	877 627.2	289 987.6	94 910.2	3 144.4	94 658.2	97 274.2	8 467.9	921.2	12 452.5	311 829.9	36 761.6
1000 ～ 1999 人	1 334 939.7	570 465.8	198 237.5	26 270.5	223 548.9	122 407.8	18 375.9	6 326.7	19 393.6	614 562.7	49 668.6
2000 ～ 2999 人	1 753 746.7	941 974.1	435 553.0	58 424.7	305 463.4	142 531.7	27 897.6	10 297.9	31 490.1	1 011 660.8	64 543.6
3000 ～ 4999 人	1 972 382.8	1 009 219.9	450 611.8	49 646.4	363 236.5	145 724.0	33 332.8	17 908.0	36 905.2	1 097 367.1	72 414.7
5000 ～ 9999 人	2 921 782.0	1 375 406.7	758 945.4	72 494.3	423 962.8	120 003.0	44 974.1	20 179.6	51 867.6	1 492 429.0	118 486.2
10,000 人 ～	6 629 235.8	3 239 476.2	1 670 215.7	177 063.1	1 035 036.0	357 159.9	108 751.1	36 384.0	114 645.7	3 499 257.9	261 648.3
計	2 819 091.5	1 333 453.2	667 316.2	69 423.5	433 950.9	162 761.6	44 131.9	16 942.4	48 696.9	1 443 225.3	109 716.5

（単位：千円）
(Unit:1000Yen)

実数 (Actual No. of Coops. Surveyed) / 平均 (Average Per Coop. by Regular Membership)	信用事業費用 Expenses in Credit Business: 資金調達費用 Funding and Investment: うち貯金利息 of which Interests on Saving	うち給付補填備金繰入 of which Transferred to Reserves for Additional Payments	うち譲渡性貯金利息 of which interests on Negotiable Certificate of Deposit	うち借入金利息 of which interests Paid on Loans payable	うちその他支払利息 of which Payment interests	役務取引等費用 Expenses of Service Transactions	その他事業直接費用 Other Direct Business Expenses	その他経常費用 Other Current Expenses	うち貸倒引当金繰入額 of which Provision for Reserve for Possible Loan Losses	小計 Sub-total	信用事業総利益 Total Profit in Credit Business
The Above is English Translation											
実数 ～ 499 人	899 217	6 998	0	448 278	6 896	276 987	10 308	1 371 240	116 285	3 019 981	9 858 122
500 ～ 999 人	1 663 003	12 640	0	151 611	157 839	232 759	14 909	1 726 409	121 049	3 959 227	12 879 569
1000 ～ 1999 人	2 435 939	69 211	4 998	106 756	65 153	354 714	31 353	2 201 714	147 075	5 269 926	27 916 452
2000 ～ 2999 人	2 923 762	85 427	0	54 801	34 054	536 151	53 549	3 311 381	124 750	6 999 218	41 560 487
3000 ～ 4999 人	6 448 170	245 631	7 962	39 986	137 541	1 387 846	283 549	8 207 495	958 598	16 758 360	87 491 473
5000 ～ 9999 人	20 352 808	687 143	20 448	193 343	666 012	2 953 259	1 464 803	21 439 850	800 825	47 778 040	228 321 255
10,000 人 ～	29 825 749	1 050 062	156 582	300 631	849 545	5 380 796	776 048	35 867 384	968 390	74 207 082	356 201 599
計	64 548 648	2 157 112	189 990	1 295 406	1 917 040	11 122 512	2 634 519	74 125 473	3 236 972	157 991 834	764 228 957
平均 ～ 499 人	11 240.2	87.5	0.0	5 603.5	86.2	3 462.3	128.9	17 140.5	1 453.6	37 749.8	123 226.5
500 ～ 999 人	30 796.4	234.1	0.0	2 807.6	2 922.9	4 310.4	276.1	31 970.5	2 241.6	73 319.0	238 510.5
1000 ～ 1999 人	45 110.0	1 281.7	92.6	1 977.0	1 206.5	6 568.8	580.6	40 772.5	2 723.6	97 591.2	516 971.3
2000 ～ 2999 人	60 911.7	1 779.7	0.0	1 141.7	709.5	11 169.8	1 115.6	68 987.1	2 599.0	145 817.0	865 843.5
3000 ～ 4999 人	67 875.5	2 585.6	83.8	420.9	1 447.8	14 608.9	2 984.7	86 394.7	10 090.5	176 403.8	920 962.9
5000 ～ 9999 人	110 015.2	3 714.3	110.5	1 045.1	3 600.1	15 963.6	7 917.9	115 891.1	4 328.8	258 259.7	1 234 168.9
10,000 人 ～	242 485.8	8 537.1	1 273.0	2 444.2	6 906.9	43 746.3	6 309.3	291 604.7	7 873.1	603 309.6	2 895 948.0
計	101 015.1	3 375.8	297.3	2 027.2	3 000.1	17 406.1	4 122.9	116 002.3	5 065.7	247 248.6	1 195 976.5

8 損　益　計　算　書（つづき）

Profit & Loss Statement (Cont.)

（単位：千円）
(Unit:1000Yen)

	共済事業収益 Profit in Insurance Business				共済事業費用 Expenses in Insurance Business						共済事業総利益
	共済付加収入 Premium Income	共済貸付金利息 Interest received for Insurance Loans	その他の収益 Other Profits	小計 Sub-total	共済借入金利息 Interest Paid for Borrowings	共済推進費 Mutual Insurance Business Promotional Expenses	共済保全費 Mutual Insurance Conservation Expenses	その他の費用 Other Expenses	うち貸倒引当金繰入額 of which Provision for Reserve for Possible Loan Losses	小計 Sub-total	Total Profit in Insurance Business
実数 ～ 499 人	5 380 630	11 160	486 239	5 878 052	1 552	120 670	37 834	230 138	781	390 217	5 487 826
500 ～ 999 人	6 631 531	23 681	546 841	7 202 084	6 990	190 593	30 154	235 262	8	463 034	6 739 036
1000 ～ 1999 人	12 847 044	24 978	1 129 937	14 002 000	45 243	439 251	72 354	328 157	0	885 052	13 116 929
2000 ～ 2999 人	19 386 935	31 855	1 609 512	21 028 345	31 588	738 331	98 057	386 967	0	1 254 994	19 773 328
3000 ～ 4999 人	48 389 192	82 615	3 910 971	52 382 859	81 524	1 922 456	402 875	893 118	69	3 300 078	49 082 747
5000 ～ 9999 人	144 369 462	297 536	11 368 819	156 035 968	312 590	5 353 375	1 091 675	3 362 597	1 205	10 120 429	145 915 458
10,000 人 ～	221 822 508	468 077	17 209 943	239 500 626	456 442	9 790 967	1 761 096	3 407 315	288	15 415 973	224 084 601
計	458 827 302	939 902	36 262 262	496 029 934	935 929	18 555 643	3 494 045	8 843 554	2 351	31 829 777	464 199 925
平均 ～ 499 人	67 257.9	139.5	6 078.0	73 475.7	19.4	1 508.4	472.9	2 876.7	9.8	4 877.7	68 597.8
500 ～ 999 人	122 806.1	438.5	10 126.7	133 371.9	129.4	3 529.5	558.4	4 356.7	0.1	8 574.7	124 797.0
1000 ～ 1999 人	237 908.2	462.6	20 924.8	259 296.3	837.8	8 134.3	1 339.9	6 077.0	0.0	16 389.9	242 906.1
2000 ～ 2999 人	403 894.5	663.6	33 531.5	438 090.5	658.1	15 381.9	2 042.9	8 061.8	0.0	26 145.7	411 944.3
3000 ～ 4999 人	509 359.9	869.6	41 168.1	551 398.5	858.1	20 236.4	4 240.8	9 401.2	0.7	34 737.7	516 660.5
5000 ～ 9999 人	780 375.5	1 608.3	61 453.1	843 437.7	1 689.7	28 937.2	5 900.9	18 176.2	6.5	54 705.0	788 732.2
10,000 人 ～	1 803 435.0	3 805.5	139 918.2	1 947 159.6	3 710.9	79 601.4	14 317.9	27 701.7	2.3	125 333.1	1 821 826.0
計	718 039.6	1 470.9	56 748.5	776 259.7	1 464.7	29 038.6	5 468.0	13 839.7	3.7	49 811.9	726 447.5

（単位：千円）
(Unit:1000Yen)

	購買事業収益 Earnings of Purchasing Business					購買事業費用 Expenses in Purchasing Business					
	購買品供給高 Value of Supplies	購買手数料 Commissions Taken	修理サービス料 Repairing Service Fee	その他の収益 Other Profits	小計 Sub-total	購買品供給原価 Original Cost of Supplies	購買供給費 Supply Expenses	修理サービス費 Repairing Service Expenses	その他の費用 Other Expenses	うち貸倒引当金繰入額 of which Provision for Reserve for Possible Loan Losses	小計 Sub-total
実数 ～ 499 人	248 548 672	8	1 529 697	7 993 476	258 071 882	232 957 270	1 291 374	922 213	8 144 694	98 767	243 315 573
500 ～ 999 人	152 022 598	0	834 582	4 451 337	157 308 535	139 914 609	760 167	132 905	5 390 462	39 705	146 198 160
1000 ～ 1999 人	151 659 320	56	707 139	4 635 598	157 002 145	137 902 747	1 354 577	127 607	4 360 056	26 665	143 745 022
2000 ～ 2999 人	99 152 102	109 598	1 204 559	2 094 113	102 560 409	87 680 784	1 464 341	272 412	1 838 769	7 391	91 256 345
3000 ～ 4999 人	211 570 639	81 115	2 865 873	4 400 105	218 917 812	184 347 720	3 963 034	437 615	4 186 847	351 612	192 935 307
5000 ～ 9999 人	701 072 790	115 497	7 211 313	16 641 025	725 040 759	610 513 261	10 707 242	1 150 450	15 154 015	454 542	637 525 140
10,000 人 ～	935 409 978	66 154	8 453 347	19 062 200	962 991 771	805 465 608	17 399 640	1 471 025	19 777 770	466 055	844 114 169
計	2 499 436 099	372 428	22 806 510	59 277 854	2 581 893 313	2 198 781 999	36 940 375	4 514 227	58 852 613	1 444 737	2 299 089 716
平均 ～ 499 人	3 106 858.4	0.1	19 121.2	99 918.5	3 225 898.5	2 911 965.9	16 142.2	11 527.7	101 808.7	1 234.6	3 041 444.7
500 ～ 999 人	2 815 233.3	0.0	15 455.2	82 432.2	2 913 121.0	2 591 011.3	14 077.2	2 461.2	99 823.4	735.3	2 707 373.3
1000 ～ 1999 人	2 808 505.9	1.0	13 095.2	85 844.4	2 907 447.1	2 553 754.6	25 084.8	2 363.1	80 741.8	493.8	2 661 944.9
2000 ～ 2999 人	2 065 668.8	2 283.3	25 095.0	43 627.4	2 136 675.2	1 826 683.0	30 507.1	5 675.3	38 307.7	154.0	1 901 173.9
3000 ～ 4999 人	2 227 059.4	853.8	30 167.1	46 316.9	2 304 398.0	1 940 502.3	41 716.1	4 606.5	44 072.1	3 701.2	2 030 898.0
5000 ～ 9999 人	3 789 582.6	624.3	38 980.1	89 951.5	3 919 139.2	3 300 071.7	57 877.0	6 218.6	81 913.6	2 457.0	3 446 081.8
10,000 人 ～	7 604 959.2	537.8	68 726.4	154 977.2	7 829 201.4	6 548 500.9	141 460.5	11 959.6	160 794.9	3 789.1	6 862 716.8
計	3 911 480.6	582.8	35 690.9	92 766.6	4 040 521.6	3 440 973.4	57 809.7	7 064.5	92 101.1	2 260.9	3 597 949.5

8 損 益 計 算 書（つづき）

Profit & Loss Statement (Cont.)

（単位：千円）
(Unit:1000Yen)

	購買事業総利益 Total Profit in Purchasing Business	販売事業収益 Earning of Marketing Business				販売事業費用 Expenses in Marketing Business					販売事業総利益 Total Profit in Marketing Business
The Above is English Translation		販売品販売高 Value of Commodities Marketed	販売手数料 Commission Taken	その他の収益 Other Profits	小計 Sub-total	販売品販売原価 Original Cost of Commodities Marketed	販売費 Marketing Expenses	その他の費用 Other Expenses	うち貸倒引当金繰入額 of which Provision for Reserve for Possible Loan Losses	小計 Sub-total	
実数 ～ 499 人	14 756 294	24 560 091	8 633 042	8 849 464	42 042 606	21 112 692	2 614 303	5 696 429	24 605	29 423 434	12 619 161
500 ～ 999 人	11 110 356	12 963 028	5 227 106	3 177 528	21 367 675	11 570 692	1 142 992	1 869 809	3 288	14 583 505	6 784 161
1000 ～ 1999 人	13 257 102	14 606 825	9 841 923	5 429 634	29 878 412	12 582 679	4 862 829	2 911 181	30 269	20 356 708	9 521 685
2000 ～ 2999 人	11 304 042	3 976 205	5 663 830	2 482 488	12 122 558	3 310 121	1 082 712	1 537 795	887	5 930 648	6 191 889
3000 ～ 4999 人	25 982 461	12 717 965	9 569 860	5 247 045	27 534 948	11 008 754	1 256 701	3 963 291	37 296	16 228 789	11 306 122
5000 ～ 9999 人	87 515 544	57 652 062	33 353 827	18 658 612	109 664 628	50 963 496	5 303 197	11 089 818	82 370	67 356 599	42 307 946
10,000 人 ～	118 877 551	99 626 202	46 841 218	33 953 947	180 421 459	88 590 936	12 035 745	21 068 790	111 713	121 695 543	58 725 865
計	282 803 350	226 102 378	119 130 806	77 798 718	423 032 286	199 139 370	28 298 479	48 137 113	290 428	275 575 226	147 456 829
平均 ～ 499 人	184 453.7	307 001.1	107 913.0	110 618.3	525 532.6	263 908.7	32 678.8	71 205.4	307.6	367 792.9	157 739.5
500 ～ 999 人	205 747.3	240 056.1	96 798.3	58 843.1	395 697.7	214 272.1	21 166.5	34 626.1	60.9	270 064.9	125 632.6
1000 ～ 1999 人	245 501.9	270 496.8	182 257.8	100 548.8	553 303.9	233 012.6	90 052.4	53 910.8	560.5	376 976.1	176 327.5
2000 ～ 2999 人	235 500.9	82 837.6	117 996.5	51 718.5	252 553.3	68 960.9	22 556.5	32 037.4	18.5	123 555.2	128 997.7
3000 ～ 4999 人	273 499.6	133 873.3	100 735.4	55 232.1	289 841.6	115 881.6	13 228.4	41 718.9	392.6	170 829.4	119 011.8
5000 ～ 9999 人	473 057.0	311 632.8	180 291.0	100 857.4	592 781.8	275 478.4	28 665.9	59 945.0	445.2	364 089.7	228 691.6
10,000 人 ～	966 484.2	809 969.1	380 822.9	276 048.3	1 466 841.1	720 251.5	97 851.6	171 291.0	908.2	989 394.7	477 446.1
計	442 571.8	353 837.8	186 433.2	121 750.7	662 022.4	311 642.2	44 285.6	75 331.9	454.5	431 260.1	230 761.9

（単位：千円）
(Unit:1000Yen)

The Above is English Translation	保管事業収益 Earnings of Warehouseing Business	保管事業費用 Expenses in Warehouseing Business	保管事業総利益 Total Profit in Warehouseing Business	加工事業収益 Earnings of Processing Business	加工事業費用 Expenses in Processing Business	加工事業総利益 Total Profit in Processing Business	利用事業収益 Earnings of Utilization Business	利用事業費用 Expenses in Utilization Business	利用事業総利益 Total Profit in Utilization Business	宅地等供給事業収益 Earnings of Business Supplying Home-lots & Other	宅地等供給事業費用 Expenses in Business Supplying Home-lots & Other
実数 ～ 499 人	2 600 955	1 304 590	1 296 357	2 341 186	1 717 803	623 381	7 031 752	4 753 723	2 278 022	174 284	27 219
500 ～ 999 人	2 781 822	1 147 657	1 634 161	26 595 483	23 291 835	3 303 645	8 847 823	6 724 696	2 123 113	604 198	22 172
1000 ～ 1999 人	3 228 423	1 154 259	2 074 161	3 976 023	3 285 186	690 829	6 479 090	4 855 145	1 623 932	1 800 175	132 909
2000 ～ 2999 人	1 365 595	878 093	487 491	5 804 468	5 110 728	693 735	12 121 072	9 891 315	2 229 743	1 692 349	160 938
3000 ～ 4999 人	1 688 883	636 654	1 052 200	8 969 295	7 837 014	1 132 266	22 777 985	15 974 972	6 802 972	3 588 448	561 200
5000 ～ 9999 人	5 003 599	1 581 165	3 422 389	15 582 576	12 756 939	2 825 608	63 766 948	43 520 459	20 246 422	3 885 093	1 441 421
10,000 人 ～	8 716 142	3 503 913	5 212 181	43 568 210	37 640 081	5 928 103	112 614 411	77 239 730	35 374 635	6 344 071	2 213 707
計	25 385 419	10 206 331	15 178 940	106 837 241	91 639 586	15 197 567	233 639 081	162 960 040	70 678 839	18 088 618	4 559 566
平均 ～ 499 人	32 511.9	16 307.4	16 204.5	29 264.8	21 472.5	7 792.3	87 896.9	59 421.5	28 475.3	2 178.6	340.2
500 ～ 999 人	51 515.2	21 252.9	30 262.2	492 508.9	431 330.3	61 178.6	163 848.6	124 531.4	39 316.9	11 188.9	410.6
1000 ～ 1999 人	59 785.6	21 375.2	38 410.4	73 630.1	60 836.8	12 793.1	119 983.1	89 910.1	30 072.8	33 336.6	2 461.3
2000 ～ 2999 人	28 449.9	18 293.6	10 156.1	120 926.4	106 473.5	14 452.8	252 522.3	206 069.1	46 453.0	35 257.3	3 352.9
3000 ～ 4999 人	17 777.7	6 701.6	11 075.8	94 413.6	82 494.9	11 918.6	239 768.3	168 157.6	71 610.2	37 773.1	5 907.4
5000 ～ 9999 人	27 046.5	8 546.8	18 499.4	84 230.1	68 956.4	15 273.6	344 686.2	235 245.7	109 440.1	21 000.5	7 791.5
10,000 人 ～	70 862.9	28 487.1	42 375.5	354 213.1	306 016.9	48 196.0	915 564.3	627 965.3	287 598.7	51 577.8	17 997.6
計	39 726.8	15 972.3	23 754.2	167 194.4	143 410.9	23 783.4	365 632.4	255 023.5	110 608.5	28 307.7	7 135.5

8 損 益 計 算 書（つづき）

Profit & Loss Statement (Cont.)

（単位：千円）
(Unit:1000Yen)

	宅地等供給事業総利益 Total Profit in Business Supplying Home-lots & Others	その他事業収益 Earnings of Other Business	その他事業費用 Expenses in Other Business	その他事業総利益 Total Profit in Other Business	指導事業収入 Revenue in Guidance Business	指導事業支出 Expenditure in Guidance Business	指導事業収支差額 Revenue and Expenditure Balance in Guidance Business	事業管理費 Business Administration Expenses: 人件費 Personal expenses	役員報酬 of which Remuneration to Officers	給料手当 of which Salaries & Allowances to Employees	賞与引当金戻入（控除） Bonus Reserves Refunded (deducted)
実数 ～ 499 人	147 065	32 256 238	26 274 055	5 982 167	6 525 752	5 135 236	1 390 512	31 993 615	1 726 668	22 711 835	▲ 466 953
500 ～ 999 人	582 024	11 700 986	9 506 506	2 194 472	3 480 983	3 439 743	41 251	26 850 505	1 581 746	18 785 125	▲ 332 822
1000 ～ 1999 人	1 667 261	8 902 294	6 162 844	2 739 439	2 259 282	2 780 430	▲ 521 138	42 855 853	2 231 739	31 213 936	▲ 1 163 763
2000 ～ 2999 人	1 531 406	6 610 653	5 057 485	1 553 158	1 515 897	2 661 456	▲ 1 145 538	52 859 965	2 531 466	38 775 312	▲ 1 765 951
3000 ～ 4999 人	3 027 234	15 181 689	10 897 665	4 283 983	2 375 006	5 160 357	▲ 2 785 320	121 051 736	5 031 214	88 656 665	▲ 4 467 786
5000 ～ 9999 人	2 443 638	49 360 053	34 097 372	15 262 600	6 120 196	13 851 904	▲ 7 731 631	348 206 535	10 985 553	259 431 829	▲ 11 721 790
10,000 人 ～	4 130 342	76 391 652	56 717 446	19 674 118	9 189 744	22 003 110	▲ 12 813 316	525 926 043	12 029 372	399 170 471	▲ 19 944 872
計	13 528 970	200 403 565	148 713 373	51 689 937	31 466 860	55 032 236	▲ 23 565 180	1 149 744 252	36 117 758	858 745 173	▲ 39 863 937
平均 ～ 499 人	1 838.3	403 203.0	328 425.7	74 777.1	81 571.9	64 190.5	17 381.4	399 920.2	21 583.4	283 897.9	▲ 5 836.9
500 ～ 999 人	10 778.2	216 684.9	176 046.4	40 638.4	64 462.6	63 698.9	763.9	497 231.6	29 291.6	347 872.7	▲ 6 163.4
1000 ～ 1999 人	30 875.2	164 857.3	114 126.7	50 730.4	41 838.6	51 489.4	▲ 9 650.7	793 626.9	41 328.5	578 035.9	▲ 21 551.2
2000 ～ 2999 人	31 904.3	137 721.9	105 364.3	32 357.5	31 581.2	55 447.0	▲ 23 865.4	1 101 249.3	52 738.9	807 819.0	▲ 36 790.6
3000 ～ 4999 人	31 865.6	159 807.3	114 712.3	45 094.6	25 000.1	54 319.5	▲ 29 319.2	1 274 228.8	52 960.1	933 228.1	▲ 47 029.3
5000 ～ 9999 人	13 208.9	266 811.1	184 310.1	82 500.5	33 082.1	74 875.2	▲ 41 792.6	1 882 197.5	59 381.4	1 402 334.2	▲ 63 361.0
10,000 人 ～	33 580.0	621 070.3	461 117.4	159 952.2	74 713.4	178 887.1	▲ 104 173.3	4 275 821.5	97 799.8	3 245 288.4	▲ 162 153.4
計	21 172.1	313 620.6	232 728.3	80 891.9	49 243.9	86 122.4	▲ 36 878.2	1 799 286.8	56 522.3	1 343 889.2	▲ 62 384.9

The Above is English Translation: 実数 = Actual No. of Coops. Surveyed; 平均 = Average Per Coop. by Regular Membership (～499, 500～999, 1000～1999, 2000～2999, 3000～4999, 5000～9999, 10000～, Total)

（単位：千円）
(Unit:1000Yen)

	事業管理費 Business Administration Expenses: 人件費: 賞与引当金繰入 Bonus Reserves Transferred	福利厚生費 Welfare Expenses	退職給付費用 Retirement benefit cost	役員退職慰労金 Director's Retirement Allowance	役員退職慰労引当金戻入（控除） Retirement Allowance of Officers Refunded (deducted)	役員退職慰労引当金繰入 Retirement Allowance of Officers Transferred	業務費 Business Fee	諸税負担金 Various Tax burden money	施設費 Facilities fee	その他事業管理費 Other Business Administration Expenses	小計 Sub-total
実数 ～ 499 人	1 303 296	5 193 607	1 472 362	53 390	▲ 260 271	259 656	3 180 747	1 825 422	8 676 250	378 396	46 054 484
500 ～ 999 人	959 197	4 174 642	1 436 579	40 746	▲ 5 533	210 812	3 411 205	1 733 963	9 145 173	310 477	41 451 377
1000 ～ 1999 人	1 601 449	6 610 267	2 089 277	62 099	▲ 45 098	255 923	4 579 986	2 614 652	10 625 096	378 436	61 054 102
2000 ～ 2999 人	2 291 378	7 884 292	2 872 068	137 142	▲ 123 781	257 996	6 751 017	3 039 011	10 752 131	488 335	73 890 536
3000 ～ 4999 人	5 837 865	18 653 710	6 824 028	374 735	▲ 386 352	527 579	13 708 915	6 487 153	24 057 708	1 061 392	166 367 067
5000 ～ 9999 人	16 357 545	53 390 316	18 644 944	613 889	▲ 531 822	1 035 926	40 295 296	18 245 461	75 463 930	2 739 707	484 951 217
10,000 人 ～	25 181 051	79 492 534	28 637 138	675 625	▲ 615 063	1 299 696	63 379 134	26 296 476	117 729 870	3 109 924	736 441 664
計	53 531 781	175 399 368	61 976 396	1 957 626	▲ 1 967 920	3 847 588	135 306 300	60 242 138	256 450 158	8 466 667	1 610 210 447
平均 ～ 499 人	16 291.2	64 920.1	18 404.5	667.4	▲ 3 253.4	3 245.7	39 759.3	22 817.8	108 453.1	4 730.0	575 681.1
500 ～ 999 人	17 762.9	77 308.2	26 603.3	754.6	▲ 102.5	3 903.9	63 170.5	32 110.4	169 355.1	5 749.6	767 618.1
1000 ～ 1999 人	29 656.5	122 412.4	38 690.3	1 150.0	▲ 835.1	4 739.3	84 814.6	48 419.5	196 761.0	7 008.1	1 130 631.5
2000 ～ 2999 人	47 737.0	164 256.1	59 834.8	2 857.1	▲ 2 578.8	5 374.9	140 646.2	63 312.7	224 002.7	10 173.6	1 539 386.2
3000 ～ 4999 人	61 451.2	196 354.8	71 831.9	3 944.6	▲ 4 066.9	5 553.5	144 304.4	68 285.8	253 239.0	11 172.5	1 751 232.3
5000 ～ 9999 人	88 419.2	288 596.3	100 783.5	3 318.3	▲ 2 874.7	5 599.6	217 812.4	98 624.1	407 913.1	14 809.2	2 621 357.9
10,000 人 ～	204 724.0	646 280.8	232 822.3	5 492.9	▲ 5 000.5	10 566.6	515 277.5	213 792.5	957 153.4	25 283.9	5 987 330.6
計	83 774.3	274 490.4	96 989.7	3 063.6	▲ 3 079.7	6 021.3	211 746.9	94 275.6	401 330.5	13 249.9	2 519 891.2

The Above is English Translation: 実数 = Actual No. of Coops. Surveyed; 平均 = Average Per Coop. by Regular Membership (～499, 500～999, 1000～1999, 2000～2999, 3000～4999, 5000～9999, 10000～, Total)

8 損　益　計　算　書（つづき）
Profit & Loss Statement (Cont.)

(Unit:1000Yen)

	事業利益 Business Profit	事業外収益 Earnings of Non-business	事業外費用 Expenses in Non-business	経常利益（又は経常損失） Ordinary Profit or Loss	特別利益 Extraordinary Profits	特別損失 Extraordinary Losses	税引前当期利益（税引前当期損失差引） Net Current Profit(Loss) before Deduction of Tax	法人税、住民税及び事業税 Corporation's Tax & Inhabitant's Tax	法人税等調整額 Deferred Income Taxes	当期剰余金（当期損失金差引） Current Surplus(deducted current Deficit)	当期首繰越剰余金（当期首繰越損失金差引） Surplus Brought Forward(deducted Loss Brought Forward)
実数 ～499人	8 384 480	2 618 749	948 449	10 054 775	3 458 313	4 222 003	9 291 081	1 579 974	▲ 6 631	7 717 724	2 094 900
500～999人	5 940 484	2 981 968	917 222	8 005 233	4 504 838	5 548 410	6 961 659	1 429 399	223 064	5 309 177	3 779 012
1000～1999人	11 032 618	3 710 707	899 062	13 844 260	9 834 943	11 957 092	11 722 114	3 025 053	▲ 296 176	8 993 221	9 065 580
2000～2999人	10 289 285	4 852 311	994 677	14 146 916	1 581 401	7 055 529	8 672 793	3 001 133	▲ 869 339	6 540 992	14 136 854
3000～4999人	21 009 259	10 263 184	1 914 178	29 358 258	5 439 964	14 000 821	20 797 395	6 828 791	▲ 1 738 373	15 706 963	19 569 113
5000～9999人	55 578 372	31 789 058	6 865 077	80 502 343	19 083 860	53 314 460	46 271 745	17 824 592	▲ 5 000 233	33 447 347	46 313 470
10,000人～	78 954 304	48 762 319	12 196 715	115 519 907	21 230 721	54 252 920	82 497 708	23 817 938	▲ 5 338 458	64 018 184	39 464 139
計	191 188 802	104 978 296	24 735 380	271 431 692	65 134 040	150 351 235	186 214 495	57 506 880	▲ 13 026 146	141 733 608	134 423 068
平均 ～499人	104 806.0	32 734.4	11 855.6	125 684.7	43 228.9	52 775.0	116 138.5	19 749.7	▲ 82.9	96 471.6	26 186.3
500～999人	110 009.0	55 221.6	16 985.6	148 245.1	83 422.9	102 748.3	128 919.6	26 470.4	4 130.8	98 318.1	69 981.7
1000～1999人	204 307.7	68 716.8	16 649.3	256 375.2	182 128.6	221 427.6	217 076.2	56 019.5	▲ 5 484.7	166 541.1	167 881.1
2000～2999人	214 360.1	101 089.8	20 722.4	294 727.4	32 945.9	146 990.2	180 683.2	62 523.6	▲ 18 111.2	136 270.7	294 517.8
3000～4999人	221 150.1	108 033.5	20 149.2	309 034.3	57 262.8	147 377.1	218 919.9	71 882.0	▲ 18 298.7	165 336.5	205 990.7
5000～9999人	300 423.6	171 832.7	37 108.5	435 147.8	103 156.0	288 186.3	250 117.5	96 349.1	▲ 27 028.3	180 796.5	250 343.1
10,000人～	641 904.9	396 441.6	99 160.3	939 186.2	172 607.5	441 080.7	670 713.1	193 641.8	▲ 43 402.1	520 473.0	320 846.7
計	299 200.0	164 285.3	38 709.5	424 775.7	101 931.2	235 291.4	291 415.5	89 995.1	▲ 20 385.2	221 805.3	210 364.7

Actual No. of Coops. Surveyed / Average Per Coop. by Regular Membership (~499, 500~999, 1000~1999, 2000~2999, 3000~4999, 5000~9999, 10000~, Total)

The Above is English Translation

8 損　益　計　算　書（つづき）
Profit & Loss Statement (Cont.)

9．職　員　給　与　状　況
Employees' Salaries

（単位：千円、組合） (Unit:1000Yen, Coop)

（1）平均給与（平成30年9月末）
Average Monthly Salary (As of the end of Sept. 2018)

	任意積立金取崩額 Transfer from Voluntary Reserve	当期未処分剰余金（当期未処理損失金差引） Current Surplus Unappropriated (deducted Current Deficit Unapporopriated)	参考 Reference: 計上組合数 No. of Coops. concerned	参考 Reference: 当期剰余金 Current Profit	参考 Reference: 計上組合数 No. of Coops. concerned	参考 Reference: 当期損失金 Current Loss	対象職員の総数（人） Total No. of Employees: 男 Male	女 Female	計 Total	1職員当たり平均給与(円) Average Salary per Employee (Yen): 男 Male	うち超過勤務手当 of which Overtime Pay
実数 ～499人	521 657	10 322 475	78	7 762 162	2	44 438	3 235	1 047	4 282	-	-
500～999人	1 053 317	10 141 533	49	6 018 954	5	709 777	2 521	1 086	3 607	-	-
1000～1999人	1 316 466	19 375 295	46	9 650 977	8	657 756	4 016	1 759	5 775	-	-
2000～2999人	4 351 591	25 029 458	39	8 721 649	9	2 180 657	4 795	2 604	7 399	-	-
3000～4999人	7 047 861	42 323 992	86	17 057 871	9	1 350 908	10 915	6 277	17 192	-	-
5000～9999人	27 288 192	107 049 116	151	44 394 406	34	10 947 059	32 937	17 139	50 076	-	-
10,000人～	23 903 631	127 386 050	113	69 021 999	10	5 003 815	47 722	24 941	72 663	-	-
計	65 482 715	341 627 919	562	162 628 018	77	20 894 410	106 141	54 853	160 994	-	-
平均 ～499人	6 520.7	129 030.9	-	99 514.9	-	22 219.0	40.4	13.1	53.5	332 029	16 720
500～999人	19 505.9	187 806.2	-	122 835.8	-	141 955.4	46.7	20.1	66.8	331 934	14 603
1000～1999人	24 379.0	358 801.8	-	209 803.8	-	82 219.5	74.4	32.6	106.9	336 977	12 310
2000～2999人	90 658.1	521 447.0	-	223 632.0	-	242 295.2	99.9	54.3	154.1	327 606	14 594
3000～4999人	74 188.0	445 515.7	-	198 347.3	-	150 100.9	114.9	66.1	181.0	325 807	9 351
5000～9999人	147 503.7	578 643.9	-	294 002.7	-	321 972.3	178.0	92.6	270.7	319 452	11 265
10,000人～	194 338.5	1 035 658.9	-	610 814.2	-	500 381.5	388.0	202.8	590.8	328 750	11 644
計	102 476.9	534 629.0	-	289 373.7	-	271 356.0	166.1	85.8	251.9	325 997	11 674

Actual No. of Coops. Surveyed / Average Per Coop. by Regular Membership (~499, 500~999, 1000~1999, 2000~2999, 3000~4999, 5000~9999, 10000~, Total)

The Above is English Translation

9 職　員　給　与　状　況（つづき）

Employees' Salaries(Cont.)

（1）平均給与（平成30年９月末）（つづき）

Average Monthly Salary (As of the end of Sept. 2018) (Cont.)

	1職員当たり平均給与（円） Average Salary per Employee(Yen)				1 職員当たり平均年齢（歳） Avarage Age of Employees(Age)			1 職員当たり平均勤務年数（年） Average Period of service of Employees(Year)		
	女 Female	うち超過勤務手当 of which Overtime Pay	計 Total	うち超過勤務手当 of which Overtime Pay	男 Male	女 Female	計 Total	男 Male	女 Female	計 Total
The Above is English Translation										
実 ～499人	－	－	－	－	－	－	－	－	－	－
500～999人	－	－	－	－	－	－	－	－	－	－
1000～1999人	－	－	－	－	－	－	－	－	－	－
2000～2999人	－	－	－	－	－	－	－	－	－	－
3000～4999人	－	－	－	－	－	－	－	－	－	－
5000～9999人	－	－	－	－	－	－	－	－	－	－
10,000人～	－	－	－	－	－	－	－	－	－	－
数 計	－	－	－	－	－	－	－	－	－	－
平 ～499人	236 511	6 309	308 674	14 175	40.2	34.6	38.9	16.2	13.0	15.4
500～999人	233 282	6 047	302 232	12 027	41.0	34.0	38.9	17.7	12.4	16.1
1000～1999人	253 011	6 536	311 402	10 551	41.0	35.4	39.3	17.5	13.0	16.2
2000～2999人	251 832	9 688	300 938	12 867	40.6	35.8	38.9	16.8	13.5	15.7
3000～4999人	252 259	6 422	298 954	8 281	41.2	36.3	39.4	17.8	13.6	16.2
5000～9999人	247 373	6 409	294 782	9 603	41.3	35.9	39.4	17.9	13.1	16.2
10,000人～	253 197	8 151	302 817	10 445	41.4	36.4	39.7	18.3	13.3	16.6
均 計	250 486	7 353	300 269	10 202	41.3	36.1	39.5	17.9	13.3	16.4

（2）退職金

Retirement Allowance

（3）新卒者採用組合数

Number of Coop. Employed a New Graguate

（単位：組合）

(Unit:Coop.)

	退職者のあった組合数 No of Coops. concerned	退職者の総数（人） Total No. of Retired Employees	1退職者当たり平均退職金（千円） Average Retirement Allowance per Employee	男 Male			女 Female		
				高校卒業（含中学卒業） High School (Including Junior High School)	短大卒業 Junior College	大学卒業 University	高校卒業（含中学卒業） High School (Including Junior High School)	短大卒業 Junior College	大学卒業 University
The Above is English Translation									
実 ～499人	74	309	－	26	25	30	37	9	7
500～999人	50	210	－	10	15	22	22	7	9
1000～1999人	53	366	－	15	11	32	24	12	17
2000～2999人	47	467	－	13	9	34	24	10	27
3000～4999人	95	1 143	－	41	23	68	49	25	51
5000～9999人	185	3 459	－	90	58	145	135	89	132
10,000人～	122	5 108	－	84	67	119	95	78	112
数 計	626	11 062	－	279	208	450	386	230	355
平 ～499人	－	－	8 202	－	－	－	－	－	－
500～999人	－	－	9 150	－	－	－	－	－	－
1000～1999人	－	－	8 050	－	－	－	－	－	－
2000～2999人	－	－	8 548	－	－	－	－	－	－
3000～4999人	－	－	9 506	－	－	－	－	－	－
5000～9999人	－	－	8 765	－	－	－	－	－	－
10,000人～	－	－	8 848	－	－	－	－	－	－
均 計	－	－	8 839	－	－	－	－	－	－

9　職員給与状況（つづき）
Employees' Salaries(Cont.)

（4）新卒者採用者数
Number of New Graduates Employed

（単位：人）
(Unit:Person)

	男 Male			女 Female		
	高校卒業（含中学卒業） High School (Including Junior High School)	短大卒業 Junior College	大学卒業 University	高校卒業（含中学卒業） High School (Including Junior High School)	短大卒業 Junior College	大学卒業 University
実数 ～ 499 人	40	33	50	65	10	8
500 ～ 999 人	18	17	43	39	10	13
1000 ～ 1999 人	22	17	77	41	21	57
2000 ～ 2999 人	24	11	114	48	13	88
3000 ～ 4999 人	59	28	204	112	50	147
5000 ～ 9999 人	189	82	610	393	135	424
10,000 人 ～	221	129	947	547	204	734
計	573	317	2 045	1 245	443	1 471
平均 ～ 499 人	-	-	-	-	-	-
500 ～ 999 人	-	-	-	-	-	-
1000 ～ 1999 人	-	-	-	-	-	-
2000 ～ 2999 人	-	-	-	-	-	-
3000 ～ 4999 人	-	-	-	-	-	-
5000 ～ 9999 人	-	-	-	-	-	-
10,000 人 ～	-	-	-	-	-	-
計	-	-	-	-	-	-

The Above is English Translation

10　定年制採用状況
Number of Coops. Adopting Age Limit System for Employees

（単位：組合）
(Unit:Coop.)

	集計組合数 Total No. of. Coops. surveyed	採用している組合数 No. of Coops. adopted	採用していない組合数 No. of Coops. not adopted
実数 ～ 499 人	80	80	0
500 ～ 999 人	54	54	0
1000 ～ 1999 人	54	54	0
2000 ～ 2999 人	48	48	0
3000 ～ 4999 人	95	95	0
5000 ～ 9999 人	185	185	0
10,000 人 ～	123	123	0
計	639	639	0
平均 ～ 499 人	-	-	-
500 ～ 999 人	-	-	-
1000 ～ 1999 人	-	-	-
2000 ～ 2999 人	-	-	-
3000 ～ 4999 人	-	-	-
5000 ～ 9999 人	-	-	-
10,000 人 ～	-	-	-
計	-	-	-

11　信　用　事　業
Credit Business

（1）月末平均残高
Average Outstanding

（単位：千円）
(Unit:1000Yen)

	預金平均残高 Deposits			有価証券等平均残高 Security & Others						
	系統 With Affiliated Org.	系統外 With Non Affiliated Org.	計 Total	国債 State Bond	地方債 Local Government Bond	政府保証債 Bond with State Guarantee	金融債 Bank Debenture	短期社債 Short Bond	社債 Bond	外国証券 Foreign Bill
実数 ～ 499 人	1 090 568 573	7 361 785	1 097 930 358	2 164 333	2 469 400	222 699	0	0	0	0
500 ～ 999 人	1 634 238 785	5 555 007	1 639 793 792	6 503 547	7 163 748	463 954	383 333	0	814 847	0
1000 ～ 1999 人	2 724 988 582	8 485 303	2 733 473 885	41 593 556	27 841 277	4 327 230	144 109	0	27 244 759	0
2000 ～ 2999 人	4 257 223 075	15 366 630	4 272 589 705	123 103 217	43 029 633	13 246 807	0	0	43 975 061	0
3000 ～ 4999 人	8 654 093 273	57 545 213	8 711 638 486	215 082 207	99 967 641	10 379 760	1 172 421	0	63 922 922	0
5000 ～ 9999 人	24 272 688 306	67 396 096	24 340 084 402	410 069 501	306 114 594	43 401 793	23 373 129	0	347 010 982	0
10,000 人 ～	35 577 702 667	97 865 556	35 675 568 223	766 648 947	451 215 588	58 954 037	12 891 543	555 305	466 640 431	1 167 197
計	78 211 503 261	259 575 590	78 471 078 851	1 565 165 308	937 801 881	130 996 280	37 964 535	555 305	949 609 002	1 167 197
平均 ～ 499 人	13 632 107.2	92 022.3	13 724 129.5	27 054.2	30 867.5	2 783.7	0.0	0.0	0.0	0.0
500 ～ 999 人	30 263 681.2	102 870.5	30 366 551.7	120 436.1	132 662.0	8 591.7	7 098.8	0.0	15 089.8	0.0
1000 ～ 1999 人	50 462 751.5	157 135.2	50 619 886.8	770 251.0	515 579.2	80 133.9	2 668.7	0.0	504 532.6	0.0
2000 ～ 2999 人	88 692 147.4	320 138.1	89 012 285.5	2 564 650.4	896 450.7	275 975.1	0.0	0.0	916 147.1	0.0
3000 ～ 4999 人	91 095 718.7	605 739.1	91 701 457.7	2 264 023.2	1 052 291.0	109 260.6	12 341.3	0.0	672 872.9	0.0
5000 ～ 9999 人	131 203 720.6	364 303.2	131 568 023.8	2 216 591.9	1 654 673.5	234 604.3	126 341.2	0.0	1 875 735.0	0.0
10,000 人 ～	289 249 615.2	795 654.9	290 045 270.1	6 232 918.3	3 668 419.4	479 301.1	104 809.3	4 514.7	3 793 824.6	9 489.4
計	122 396 718.7	406 221.6	122 802 940.3	2 449 398.0	1 467 608.6	205 002.0	59 412.4	869.0	1 486 086.1	1 826.6

The Above is English Translation

11 信　用　事　業（つづき）

Credit Business (Cont.)

（1）月末平均残高（つづき）

Average Outstanding (Cont.)

（単位：千円）

(Unit:1000Yen)

The Above is English Translation	有価証券等平均残高 Security & Others								貸出金平均残高 Loans & Discounts		
	株式 Stock	受益証券 Beneficiary Certificate of Securities	投資証券 Investment bond	小計 Sub-total	買入金銭債権 Monetary Claims Bought	金銭の信託 Pecuniary Trust	商品有価証券 Trading Account Securities	合計 Total	手形貸付金 Loans on Bills	証書貸付金 Loans on Deeds	その他貸付金 Other Loans
実 ～ 499 人	0	101 401	0	4 957 833	0	0	0	4 957 833	21 870 190	294 983 027	30 803 696
500 ～ 999 人	0	0	0	15 329 429	0	0	0	15 329 429	21 944 303	333 809 973	29 133 118
1000 ～ 1999 人	0	9 891 016	0	111 041 947	0	0	0	111 041 947	10 387 417	854 142 068	42 492 378
2000 ～ 2999 人	278 182	16 291 746	84 358	240 009 004	0	0	0	240 009 004	8 597 585	1 137 153 941	60 106 888
3000 ～ 4999 人	0	35 422 530	34 495	425 981 976	24 461	0	0	426 006 437	19 909 448	2 561 268 094	121 927 665
5000 ～ 9999 人	8 331 015	69 572 923	4 582 886	1 212 456 823	0	3 956 545	0	1 216 413 368	41 111 716	5 799 661 255	302 430 926
10,000 人 ～	14 117 735	180 161 572	3 903 786	1 956 256 141	0	19 879 180	0	1 976 135 321	58 927 777	9 410 116 166	508 794 812
数 計	22 726 932	311 441 188	8 605 525	3 966 033 153	24 461	23 835 725	0	3 989 893 339	182 748 436	20 391 134 524	1 095 689 483
平 ～ 499 人	0.0	1 267.5	0.0	61 972.9	0.0	0.0	0.0	61 972.9	273 377.4	3 687 287.8	385 046.2
500 ～ 999 人	0.0	0.0	0.0	283 878.3	0.0	0.0	0.0	283 878.3	406 376.0	6 181 666.2	539 502.2
1000 ～ 1999 人	0.0	183 167.0	0.0	2 056 332.4	0.0	0.0	0.0	2 056 332.4	192 359.6	15 817 445.7	786 895.9
2000 ～ 2999 人	5 795.5	339 411.4	1 757.5	5 000 187.6	0.0	0.0	0.0	5 000 187.6	179 116.4	23 690 707.1	1 252 226.8
3000 ～ 4999 人	0.0	372 868.7	363.1	4 484 020.8	257.5	0.0	0.0	4 484 278.3	209 573.1	26 960 716.8	1 283 449.1
5000 ～ 9999 人	45 032.5	376 069.9	24 772.4	6 553 820.7	0.0	21 386.7	0.0	6 575 207.4	222 225.5	31 349 520.3	1 634 761.8
10,000 人 ～	114 778.3	1 464 728.2	31 738.1	15 904 521.5	0.0	161 619.3	0.0	16 066 140.8	479 087.6	76 505 009.5	4 136 543.2
均 計	35 566.4	487 388.4	13 467.2	6 206 624.7	38.3	37 301.6	0.0	6 243 964.5	285 991.3	31 911 008.6	1 714 694.0

（1）月末平均残高（つづき）

Average Outstanding (Cont.)

（単位：千円）

(Unit:1000Yen)

The Above is English Translation	貸出金平均残高 Loans & Discounts				貯金平均残高 Savings			借入金平均残高 Borrowings	
	小計 Sub-total	うち組合員 of Which Members	割引手形 Bills Discounted	合計 Total	要求払 On Demand	定期性 Fixed	合計 Total	借入金 Borrowings	うち系統 of Which Affiliated Org.
実 ～ 499 人	347 656 913	295 993 209	0	347 656 913	570 133 976	785 409 549	1 355 543 525	74 672 674	69 100 269
500 ～ 999 人	384 887 394	306 013 337	0	384 887 394	663 513 854	1 316 135 344	1 979 649 198	27 829 514	21 695 892
1000 ～ 1999 人	907 021 863	782 646 798	0	907 021 863	1 283 198 668	2 378 411 421	3 661 610 089	35 262 409	15 750 686
2000 ～ 2999 人	1 205 858 414	1 008 403 590	14 908	1 205 873 322	1 979 888 804	3 642 181 461	5 622 070 265	23 924 139	20 862 027
3000 ～ 4999 人	2 703 105 207	2 185 387 807	38 887	2 703 144 094	4 144 838 179	7 478 750 338	11 623 588 517	82 016 298	70 682 684
5000 ～ 9999 人	6 143 203 897	4 869 867 564	338 513	6 143 542 410	10 605 505 181	20 837 630 454	31 443 135 635	135 978 677	88 707 023
10,000 人 ～	9 977 838 755	7 933 366 592	371 769	9 978 210 524	16 281 575 956	31 120 172 127	47 401 748 083	138 287 399	112 711 975
数 計	21 669 572 443	17 381 678 897	764 077	21 670 336 520	35 528 654 618	67 558 690 694	103 087 345 312	517 971 110	399 510 556
平 ～ 499 人	4 345 711.4	3 699 915.1	0.0	4 345 711.4	7 126 674.7	9 817 619.4	16 944 294.1	933 408.4	863 753.4
500 ～ 999 人	7 127 544.3	5 666 913.6	0.0	7 127 544.3	12 287 293.6	24 372 876.7	36 660 170.3	515 361.4	401 775.8
1000 ～ 1999 人	16 796 701.2	14 493 459.2	0.0	16 796 701.2	23 762 938.3	44 044 655.9	67 807 594.2	653 007.6	291 679.4
2000 ～ 2999 人	25 122 050.3	21 008 408.1	310.6	25 122 360.9	41 247 683.4	75 878 780.4	117 126 463.9	498 419.6	434 625.6
3000 ～ 4999 人	28 453 739.0	23 004 082.2	409.3	28 454 148.4	43 629 875.6	78 723 687.8	122 353 563.3	863 329.5	744 028.3
5000 ～ 9999 人	33 206 507.6	26 323 608.5	1 829.8	33 208 337.4	57 327 055.0	112 635 840.3	169 962 895.3	735 019.9	479 497.4
10,000 人 ～	81 120 640.3	64 498 915.4	3 022.5	81 123 662.8	132 370 536.2	253 009 529.5	385 380 065.7	1 124 287.8	916 357.5
均 計	33 911 694.0	27 201 375.4	1 195.7	33 912 889.7	55 600 398.5	105 725 650.5	161 326 049.0	810 596.4	625 212.1

11 信 用 事 業（つづき）

Credit Business (Cont.)

（2）貸出金年度末残高明細（つづき）

Balance of Loans & Discounts at the End of Business Year

（単位：組合、千円）
(Unit:1000Yen)

Actual No. of Coops. Surveyed / Average Per Coop. by Regular Membership (The Above is English Translation)	貸出金 Loan & Discounts: 手形貸付金 Loans on Bills	証書貸付金 Loans on Deeds	当座貸越 Over-drafts	その他貸出金 Other Loans	小計 Sub-total	農業近代化資金 of which Agricultural modernization fund	(株)日本政策金融公庫資金 of which JFC※ fund	割引手形 Bills Discounted	合計 Total	組合員に対する貸付金 Loans for Membes
実数 ～ 499 人	22 228 039	295 032 536	10 080 851	7 368 631	334 710 069	5 670 248	49 524 851	0	334 710 070	310 586 510
500 ～ 999 人	21 394 059	343 165 489	7 594 534	5 629 718	377 783 810	3 450 031	15 151 427	0	377 783 809	321 697 853
1000 ～ 1999 人	10 009 488	863 583 835	11 146 641	17 727 564	902 467 553	5 712 827	10 925 698	0	902 467 553	779 621 329
2000 ～ 2999 人	8 095 438	1 150 779 232	12 003 563	29 751 430	1 200 629 680	6 176 826	7 251 256	16 503	1 200 646 185	1 011 207 813
3000 ～ 4999 人	18 383 723	2 573 045 085	33 469 019	71 318 448	2 696 216 323	19 984 738	10 807 985	31 246	2 696 247 570	2 178 491 735
5000 ～ 9999 人	39 442 369	5 859 069 560	103 983 665	165 795 150	6 168 290 836	54 160 065	27 409 704	364 761	6 168 655 600	4 867 326 772
10,000 人 ～	63 258 876	9 646 296 903	181 119 392	213 007 999	10 103 683 245	47 491 984	25 725 853	362 886	10 104 046 133	8 051 765 720
計	182 811 992	20 730 972 640	359 397 665	510 598 940	21 783 781 516	142 646 719	146 796 774	775 396	21 784 556 920	17 520 697 732
平均 ～ 499 人	277 850.5	3 687 906.7	126 010.6	92 107.9	4 183 875.9	70 878.1	619 060.6	0.0	4 183 875.9	3 882 331.4
500 ～ 999 人	396 186.3	6 354 916.5	140 639.5	104 254.0	6 995 996.5	63 889.5	280 582.0	0.0	6 995 996.5	5 957 367.6
1000 ～ 1999 人	185 360.9	15 992 293.2	206 419.3	328 288.2	16 712 362.1	105 793.1	202 327.7	0.0	16 712 362.1	14 437 432.0
2000 ～ 2999 人	168 655.0	23 974 567.3	250 074.2	619 821.5	25 013 118.3	128 683.9	151 067.8	343.8	25 013 462.2	21 066 829.4
3000 ～ 4999 人	193 512.9	27 084 685.1	352 305.5	750 720.5	28 381 224.5	210 365.7	113 768.3	328.9	28 381 553.4	22 931 491.9
5000 ～ 9999 人	213 202.0	31 670 646.3	562 073.9	896 190.0	33 342 112.6	292 757.1	148 160.6	1 971.7	33 344 084.3	26 309 874.4
10,000 人 ～	514 299.8	78 425 178.1	1 472 515.4	1 731 772.3	82 143 766.2	386 113.7	209 153.3	2 950.3	82 146 716.5	65 461 509.9
計	286 090.8	32 442 836.7	562 437.7	799 059.4	34 090 424.9	223 234.3	229 728.9	1 213.5	34 091 638.4	27 418 932.3

※ JFC Japan Finance Corporatipn

（単位：組合、千円）
(Unit:Coop. 1000Yen)

Actual No. of Coops. Surveyed / Average Per Coop. by Regular Membership (The Above is English Translation)	組合員外に対する貸付金 Loans for Non-members: 該当組合数 No. of Coops. concerned	地方公共団体 Local Governments	該当組合数 No. of Coops. concerned	地方公社等 Local Public Corporations etc.	該当組合数 No. of Coops. concerned	金融機関 Financial Institutions	該当組合数 No. of Coops. concerned	その他 Others	小計 Sub-total	貸出金合計 Total Amount of Loans & Discounts
実数 ～ 499 人	40	14 170 275	2	332 634	9	2 437 923	75	7 182 695	24 123 527	334 710 070
500 ～ 999 人	38	30 390 524	3	1 360 827	22	7 192 880	53	17 141 698	56 085 929	377 783 809
1000 ～ 1999 人	37	33 589 871	6	1 588 231	30	17 358 560	53	70 309 526	122 846 188	902 467 553
2000 ～ 2999 人	37	52 972 925	7	5 666 779	36	48 786 620	48	82 012 016	189 438 340	1 200 646 185
3000 ～ 4999 人	88	261 982 750	9	1 995 859	76	120 049 030	95	133 728 123	517 755 762	2 696 247 570
5000 ～ 9999 人	174	610 025 067	33	18 701 763	156	362 990 860	185	309 610 998	1 301 328 688	6 168 655 600
10,000 人 ～	120	1 149 902 339	32	24 748 149	104	391 928 500	123	485 701 320	2 052 280 308	10 104 046 133
計	534	2 153 033 751	92	54 394 242	433	950 744 373	632	1 105 686 376	4 263 858 742	21 784 556 920
平均 ～ 499 人	-	177 128.4	-	4 157.9	-	30 474.0	-	89 783.7	301 544.1	4 183 875.9
500 ～ 999 人	-	562 787.5	-	25 200.5	-	133 201.5	-	317 438.9	1 038 628.3	6 995 996.5
1000 ～ 1999 人	-	622 034.6	-	29 411.7	-	321 454.8	-	1 302 028.3	2 274 929.4	16 712 362.1
2000 ～ 2999 人	-	1 103 602.6	-	118 057.9	-	1 016 387.9	-	1 708 583.7	3 946 632.1	25 013 462.2
3000 ～ 4999 人	-	2 757 713.2	-	21 009.0	-	1 263 674.0	-	1 407 664.5	5 450 060.7	28 381 553.4
5000 ～ 9999 人	-	3 297 432.8	-	101 090.6	-	1 962 112.8	-	1 673 573.0	7 034 209.1	33 344 084.3
10,000 人 ～	-	9 348 799.5	-	201 204.5	-	3 186 410.6	-	3 948 791.2	16 685 205.8	82 146 716.5
計	-	3 369 379.9	-	85 124.0	-	1 487 862.9	-	1 730 338.6	6 672 705.4	34 091 638.4

11 信　用　事　業（つづき）

Credit Business(Cont.)

（3）手形割引・内国為替取引・債務保証・業務代理等の状況

Status of Bill Discounted, Domestic Exchange, Guarantee for Customers Liabilities, and Business Proxy

（単位：組合）
(Unit:Coop.)

区分 (Actual No. of Coops. Surveyed / Average Per Coop. by Regular Membership)	手形割引 Bill Discount	内国為替取引 Domestic Exchange	債務保証 Guarantee of liabilities	特定社債の引受等 Undertaking of a specific Corporate Bond	業務代理 Business Proxy	国・地公体・会社等の金銭の取扱 Handling of money such as a country, a municipal corporation and company	有価証券等の保護預り Deposit for safe custody of negotiable securities	両替 Exchange	金融先物取引等の受託 Trust of a financial futures transaction etc.	デリバティブ取引 Drivative dealing	信託事業 Trust Business
The Above is English Translation											
実数 ～ 499 人	0	73	51	0	46	56	3	46	0	0	1
500 ～ 999 人	0	53	20	0	29	39	7	26	0	1	2
1000 ～ 1999 人	0	53	12	0	22	41	5	35	0	0	3
2000 ～ 2999 人	2	48	4	0	27	40	18	26	1	0	5
3000 ～ 4999 人	5	95	4	0	61	84	38	52	0	1	5
5000 ～ 9999 人	3	184	11	1	124	163	75	101	0	0	6
10,000 人 ～	12	123	23	2	95	118	58	79	0	0	9
計	22	629	125	3	404	541	204	365	1	2	31
平均 ～ 499 人	–	–	–	–	–	–	–	–	–	–	–
500 ～ 999 人	–	–	–	–	–	–	–	–	–	–	–
1000 ～ 1999 人	–	–	–	–	–	–	–	–	–	–	–
2000 ～ 2999 人	–	–	–	–	–	–	–	–	–	–	–
3000 ～ 4999 人	–	–	–	–	–	–	–	–	–	–	–
5000 ～ 9999 人	–	–	–	–	–	–	–	–	–	–	–
10,000 人 ～	–	–	–	–	–	–	–	–	–	–	–
計	–	–	–	–	–	–	–	–	–	–	–

12 購　買　事　業

Purchasing Business

（単位：千円）
(Unit:1000Yen)

区分 (Actual No. of Coops. Surveyed / Average Per Coop. by Regular Membership)	購買事業合計 Total of Purchasing Business				左のうち主な内訳 of which Details in Purchasing Business						
					生産資材合計 Total of Production Materials				生産資材のうち肥料 of which Fertilizer (as Detail in Production Materials)		
	当期受入高 Value of Current Supplies Procured	左のうち系統利用 of which Purchased through Coop. channel	当期供給・取扱高 Value of Current Supplies Handled	購買利益（購買手数料を含む） Purchasing Profit (Including Commission)	当期受入高 Value of Current Supplies Procured	左のうち系統利用 of which Purchased through Coop. Channel	当期供給・取扱高 Value of Current Supplies Handled	購買利益（購買手数料を含む） Purchasing Profit (Including Commission)	当期受入高 Value of Current Supplies Procured	左のうち系統利用 of which Purchased through Coop. Channel	当期供給・取扱高 Value of Current Supplies Handled
The Above is English Translation											
実数 ～ 499 人	233 215 354	126 406 083	248 580 052	15 591 373	216 793 146	115 988 688	229 165 265	12 596 356	26 244 011	18 516 893	27 807 373
500 ～ 999 人	140 244 858	89 843 049	152 022 594	12 107 966	122 910 466	79 648 386	131 024 831	8 423 520	15 776 654	11 962 564	16 948 334
1000 ～ 1999 人	138 311 385	84 699 969	151 659 368	13 756 568	118 358 526	73 111 727	127 410 886	9 410 004	20 572 958	15 436 137	22 106 453
2000 ～ 2999 人	87 905 953	58 179 457	99 153 016	11 580 888	68 830 673	46 527 397	75 233 010	6 566 432	9 991 269	7 877 528	11 176 485
3000 ～ 4999 人	184 923 862	127 550 495	212 211 723	27 304 008	139 475 966	102 754 507	154 906 463	15 399 154	17 946 701	15 028 753	20 517 617
5000 ～ 9999 人	611 202 407	411 652 862	701 419 543	90 674 927	440 106 619	311 928 423	488 810 129	49 496 525	62 046 810	53 511 934	70 510 148
10,000 人 ～	796 296 596	521 127 757	935 481 306	130 010 472	560 097 179	388 454 012	640 318 879	74 174 959	87 591 371	72 167 191	103 234 832
計	2 192 100 415	1 419 459 672	2 500 527 602	301 026 202	1 666 572 575	1 118 413 140	1 846 869 463	176 066 950	240 169 774	194 501 000	272 301 242
平均 ～ 499 人	2 915 191.9	1 580 076.0	3 107 250.7	194 892.2	2 709 914.3	1 449 858.6	2 864 565.8	157 454.5	328 050.1	231 461.2	347 592.2
500 ～ 999 人	2 597 127.0	1 663 760.2	2 815 233.2	224 221.6	2 276 119.7	1 474 970.1	2 426 385.8	155 991.1	292 160.3	221 529.0	313 858.0
1000 ～ 1999 人	2 561 321.9	1 568 517.9	2 808 506.8	254 751.3	2 191 824.6	1 353 920.9	2 359 460.9	174 259.3	380 980.7	285 854.4	409 378.8
2000 ～ 2999 人	1 831 374.0	1 212 072.0	2 065 687.8	241 268.5	1 433 972.4	969 320.8	1 567 354.4	136 800.7	208 151.4	164 115.2	232 843.4
3000 ～ 4999 人	1 946 567.0	1 342 636.8	2 233 807.6	287 410.6	1 468 168.1	1 081 626.4	1 630 594.3	162 096.4	188 912.6	158 197.4	215 974.9
5000 ～ 9999 人	3 303 796.8	2 225 150.6	3 791 457.0	490 134.7	2 378 954.7	1 686 099.6	2 642 216.9	267 548.8	335 388.2	289 253.7	381 135.9
10,000 人 ～	6 473 956.1	4 236 811.0	7 605 539.1	1 056 995.7	4 553 635.6	3 158 162.7	5 205 844.5	603 048.4	712 125.0	586 725.1	839 307.6
計	3 430 517.1	2 221 376.6	3 913 188.7	471 089.5	2 608 094.8	1 750 255.3	2 890 249.6	275 535.1	375 852.5	304 383.4	426 136.5

12 購 買 事 業 (つづき)

Purchasing Business(Cont.)

(単位：千円)
(Unit:1000Yen)

	左のうち主な内訳 of which Details in Purchasing Business										
	生産資材のうち肥料	生産資材のうち農薬 of which Agricultural Chemicals (as Detail in Production Materials)				生産資材のうち飼料 of which Feed (as Detail in Production Materials)				生産資材のうち農業機械 of which Agricultural Machinery(as Detail in Production Materials)	
	購買利益(購買手数料を含む) Purchasing Profit (Including Commission)	当期受入高 Value of Current Supplies Procured	左のうち系統利用 of which Purchased through Coop. Channel	当期供給・取扱高 Value of Current Supplies Handled	購買利益(購買手数料を含む) Purchasing Profit (Including Commission)	当期受入高 Value of Current Supplies Procured	左のうち系統利用 of which Purchased through Coop. Channel	当期供給・取扱高 Value of Current Supplies Handled	購買利益(購買手数料を含む) Purchasing Profit (Including Commission)	当期受入高 Value of Current Supplies Procured	左のうち系統利用 of which Purchased through Coop. Channel
The Above is English Translation											
実数											
〜 499 人	1 594 039	12 648 045	7 369 812	13 190 128	509 300	87 036 661	33 489 248	89 572 331	2 608 075	25 689 734	11 421 481
500 〜 999 人	1 301 783	9 187 409	5 529 486	9 683 868	576 500	27 993 044	15 586 247	28 651 681	597 915	17 693 859	6 419 841
1000 〜 1999 人	1 735 770	15 332 178	10 070 667	16 270 923	1 185 699	8 405 304	4 530 573	8 664 055	259 266	24 214 527	6 952 641
2000 〜 2999 人	1 243 224	7 896 220	4 565 450	8 721 043	856 142	11 931 444	7 374 611	12 363 468	447 130	7 639 852	4 896 351
3000 〜 4999 人	2 754 108	15 233 072	10 505 661	17 637 731	2 239 033	26 654 681	22 427 833	27 444 980	809 479	16 749 702	13 680 753
5000 〜 9999 人	9 506 121	57 226 894	36 445 861	64 659 591	7 455 764	76 001 636	57 782 010	79 432 672	3 275 444	54 077 701	43 594 977
10,000 人 〜	15 556 906	77 440 389	52 648 249	90 217 926	11 923 088	78 586 075	50 091 999	82 894 566	4 023 718	66 158 730	51 488 995
計	33 691 951	194 964 207	127 135 186	220 381 210	24 745 526	316 608 845	191 282 521	329 023 753	12 021 027	212 224 105	138 455 039
平均											
〜 499 人	19 925.5	158 100.6	92 122.7	164 876.6	6 366.3	1 087 958.3	418 615.6	1 119 654.1	32 600.9	321 121.7	142 768.5
500 〜 999 人	24 107.1	170 137.2	102 397.9	179 330.9	10 675.9	518 389.7	288 634.2	530 586.7	11 072.5	327 664.1	118 885.9
1000 〜 1999 人	32 143.9	283 929.2	186 493.8	301 313.4	21 957.4	155 653.8	83 899.5	160 445.5	4 801.2	448 417.2	128 752.6
2000 〜 2999 人	25 900.5	164 504.6	95 113.5	181 688.4	17 836.3	248 571.8	153 637.7	257 572.3	9 315.2	159 163.6	102 007.3
3000 〜 4999 人	28 990.6	160 348.1	110 585.9	185 660.3	23 568.8	280 575.6	236 082.5	288 894.5	8 520.8	176 312.7	144 007.9
5000 〜 9999 人	51 384.4	309 334.6	197 004.7	349 511.3	40 301.4	410 819.7	312 335.2	429 365.8	17 705.1	292 311.9	235 648.5
10,000 人 〜	126 478.9	629 596.7	428 034.5	733 479.1	96 935.7	638 911.2	407 252.0	673 939.6	32 713.2	537 875.9	418 609.7
計	52 726.1	305 108.3	198 959.6	344 884.5	38 725.4	495 475.5	299 346.7	514 904.2	18 812.2	332 119.1	216 674.6

(単位：千円)
(Unit:1000Yen)

	左のうち主な内訳 of which Details in Purchasing Business										
	生産資材のうち農業機械		生活物資合計 Total of Livehood Necessties				生活物資のうち食料品 of which Food Stuffs (as Detail in Livehood Necessties)				[illegible]
	当期供給・取扱高 Value of Current Supplies Handled	購買利益(購買手数料を含む) Purchasing Profit (Including Commission)	当期受入高 Value of Current Supplies Procured	左のうち系統利用 of which Purchased through Coop. Channel	当期供給・取扱高 Value of Current Supplies Handled	購買利益(購買手数料を含む) Purchasing Profit (Including Commission)	当期受入高 Value of Current Supplies Procured	左のうち系統利用 of which Purchased through Coop. Channel	当期供給・取扱高 Value of Current Supplies Handled	購買利益(購買手数料を含む) Purchasing Profit (Including Commission)	当期受入高 Value of Current Supplies Procured
The Above is English Translation											
実数											
〜 499 人	26 333 969	662 959	16 422 199	10 417 385	19 414 776	2 995 007	8 602 476	5 550 940	10 277 284	1 662 916	70 482
500 〜 999 人	18 394 730	713 117	17 334 373	10 194 656	20 997 753	3 684 437	9 011 440	4 910 321	11 063 071	2 084 449	69 742
1000 〜 1999 人	25 362 538	1 131 417	19 952 853	11 588 231	24 248 470	4 346 556	7 130 258	3 175 028	8 719 712	1 579 555	98 737
2000 〜 2999 人	8 439 154	796 395	19 075 262	11 652 046	23 919 992	5 014 438	5 378 047	2 607 978	6 483 537	1 184 261	133 374
3000 〜 4999 人	19 349 376	2 507 490	45 447 863	24 795 968	57 305 218	11 904 825	14 544 696	7 007 531	17 523 541	3 065 462	345 597
5000 〜 9999 人	61 751 490	7 629 189	171 095 698	99 724 379	212 609 352	41 178 336	38 949 731	20 034 332	47 183 296	8 026 635	1 292 534
10,000 人 〜	77 926 872	11 073 351	236 199 371	132 673 688	295 162 369	55 835 447	64 195 568	26 406 515	78 294 198	12 968 265	2 046 934
計	237 558 129	24 513 918	525 527 619	301 046 353	653 657 930	124 959 046	147 812 216	69 692 645	179 544 639	30 571 543	4 057 400
平均											
〜 499 人	329 174.6	8 287.0	205 277.5	130 217.3	242 684.7	37 437.6	107 531.0	69 386.8	128 466.1	20 786.5	881.0
500 〜 999 人	340 643.1	13 205.9	321 006.9	188 789.9	388 847.3	68 230.3	166 878.5	90 931.9	204 871.7	38 600.9	1 291.5
1000 〜 1999 人	469 676.6	20 952.2	369 497.3	214 596.9	449 045.7	80 491.8	132 041.8	58 796.8	161 476.1	29 251.0	1 828.5
2000 〜 2999 人	175 815.7	16 591.6	397 401.3	242 751.0	498 333.2	104 467.5	112 042.6	54 332.9	135 073.7	24 672.1	2 778.6
3000 〜 4999 人	203 677.6	26 394.6	478 398.6	261 010.2	603 212.8	125 313.9	153 102.1	73 763.5	184 458.3	32 268.0	3 637.9
5000 〜 9999 人	333 791.8	41 238.9	924 841.6	539 050.7	1 149 239.7	222 585.6	210 539.1	108 293.7	255 044.8	43 387.2	6 986.7
10,000 人 〜	633 551.8	90 027.2	1 920 320.1	1 078 647.9	2 399 694.1	453 946.7	521 915.2	214 687.1	636 538.2	105 433.0	16 641.7
計	371 765.5	38 362.9	822 421.9	471 121.1	1 022 938.9	195 554.1	231 318.0	109 065.2	280 977.5	47 842.8	6 349.6

１２　購　　買　　事　　業　（つづき）

Purchasing Business (Cont.)

（単位：千円）
(Unit:1000Yen)

Actual No. of Coops. Surveyed / Average Per Coop. by Regular Membership (The Above is English Translation)	左のうち主な内訳 of which Details in Purchasing Business: 生活物資のうち衣料品（つづき） of which Clothings (as Detail in Livehood Necessties): 左のうち系統利用 of which Purchased through Coop. Channel	当期供給・取扱高 Value of Current Supplies Handled	購買利益(購買手数料を含む) Purchasing Profit (Including Commission)	生活物資のうち耐久消費財 of which Durable Consumer Goods (as Detail in Livehood Necessties): 当期受入高 Value of Current Supplies Procured	左のうち系統利用 of which Purchased through Coop. Channel	当期供給・取扱高 Value of Current Supplies Handled	購買利益(購買手数料を含む) Purchasing Profit (Including Commission)	生活物資のうち日用保健雑貨用品 of which Missellaneous Commodities for Daily Use & Health Keeping (as Detail in Livehood Necessties): 当期受入高 Value of Current Supplies Procured	左のうち系統利用 of which Purchased through Coop. Channel	当期供給・取扱高 Value of Current Supplies Handled	購買利益(購買手数料を含む) Purchasing Profit (Including Commission)
実数 ～ 499 人	43 688	88 928	15 341	44 627	16 558	48 600	3 976	1 018 823	613 473	1 142 327	119 679
500 ～ 999 人	34 885	85 264	16 490	312 091	127 363	344 097	31 717	1 307 166	665 092	1 488 535	178 224
1000 ～ 1999 人	43 438	119 965	21 775	624 321	256 150	685 548	63 852	845 847	453 481	946 627	97 930
2000 ～ 2999 人	98 809	155 208	21 640	1 569 581	966 566	1 737 891	168 284	1 528 399	678 961	1 846 668	313 994
3000 ～ 4999 人	260 902	395 616	48 173	3 580 364	2 113 170	3 976 658	390 284	4 230 586	2 201 256	4 756 888	521 116
5000 ～ 9999 人	787 778	1 507 849	207 281	11 844 786	5 994 851	13 129 588	1 320 980	13 583 960	6 526 284	15 400 642	1 797 145
10,000 人 ～	1 314 968	2 411 735	363 818	10 670 765	5 809 050	12 067 818	1 207 594	14 632 530	7 388 537	16 701 604	1 855 128
計	2 584 468	4 764 565	694 518	28 646 535	15 283 708	31 990 200	3 186 687	37 147 311	18 527 084	42 283 291	4 883 216
平均 ～ 499 人	546.1	1 111.6	191.8	557.8	207.0	607.5	49.7	12 735.3	7 668.4	14 279.1	1 496.0
500 ～ 999 人	646.0	1 579.0	305.4	5 779.5	2 358.6	6 372.2	587.4	24 206.8	12 316.5	27 565.5	3 300.4
1000 ～ 1999 人	804.4	2 221.6	403.2	11 561.5	4 743.5	12 695.3	1 182.4	15 663.8	8 397.8	17 530.1	1 813.5
2000 ～ 2999 人	2 058.5	3 233.5	450.8	32 699.6	20 136.8	36 206.1	3 505.9	31 841.6	14 145.0	38 472.3	6 541.5
3000 ～ 4999 人	2 746.3	4 164.4	507.1	37 688.0	22 243.9	41 859.6	4 108.3	44 532.5	23 171.1	50 072.5	5 485.4
5000 ～ 9999 人	4 258.3	8 150.5	1 120.4	64 025.9	32 404.6	70 970.7	7 140.4	73 426.8	35 277.2	83 246.7	9 714.3
10,000 人 ～	10 690.8	19 607.6	2 957.9	86 754.2	47 228.0	98 112.3	9 817.8	118 963.7	60 069.4	135 785.4	15 082.3
計	4 044.6	7 456.3	1 086.9	44 830.3	23 918.2	50 062.9	4 987.0	58 133.5	28 993.9	66 171.0	7 642.0

１３　販　　売　　事　　業

Marketing Business

（単位：千円）
(Unit:1000Yen)

Actual No. of Coops. Surveyed / Average Per Coop. by Regular Membership (The Above is English Translation)	販売事業合計 Grand Total of Marketing Business: 当期販売・取扱高 Amount Marketed and Handled	うち当期買取販売高 of which Marketed by Purchase Method	うち系統利用高 of which Marketed through Coop. Channel	販売手数料(販売利益を含む) Marketing Commission (Including Marketing Profit)	うち受託販売手数料 of which Marketing Commission	左のうち主な内訳 of which Detail in Marketing Business: 米 of which Rice: 当期販売・取扱高 Amount Marketed and Handled	うち当期買取販売高 of which Marketed by Purchase Method	うち系統利用高 of which Marketed through Coop. Channel	販売手数料(販売利益を含む) Marketing Commission (Including Marketing Profit)	うち受託販売手数料 of which Marketing Commission
実数 ～ 499 人	571 156 216	24 560 091	518 216 216	12 080 421	8 633 042	16 333 207	324 731	13 033 558	394 415	376 685
500 ～ 999 人	291 244 962	12 963 028	262 038 914	6 619 410	5 227 106	43 496 867	3 743 746	35 037 655	1 410 627	1 002 648
1000 ～ 1999 人	304 546 770	14 606 825	257 256 758	11 866 031	9 841 923	54 394 386	1 273 679	44 046 598	1 516 428	1 319 448
2000 ～ 2999 人	198 420 842	3 976 205	170 454 708	6 329 848	5 663 830	21 067 376	1 797 199	16 632 093	903 848	625 504
3000 ～ 4999 人	353 987 435	12 717 965	282 139 931	11 278 980	9 569 860	82 790 749	7 901 881	46 983 321	3 454 068	2 776 228
5000 ～ 9999 人	1 225 211 985	57 652 062	1 038 868 235	40 042 166	33 353 827	242 939 855	37 068 671	166 530 217	10 905 415	7 942 466
10,000 人 ～	1 623 314 792	99 626 202	1 188 013 746	57 869 963	46 841 218	397 719 918	64 358 486	272 962 194	17 839 312	11 899 328
計	4 567 883 002	226 102 378	3 716 988 508	146 086 819	119 130 806	858 742 358	116 468 393	595 225 636	36 424 113	25 942 307
平均 ～ 499 人	7 139 452.7	307 001.1	6 477 702.7	151 005.3	107 913.0	204 165.1	4 059.1	162 919.5	4 930.2	4 708.6
500 ～ 999 人	5 393 425.2	240 056.1	4 852 572.5	122 581.7	96 798.3	805 497.5	69 328.6	648 845.5	26 122.7	18 567.6
1000 ～ 1999 人	5 639 755.0	270 496.8	4 764 014.0	219 741.3	182 257.8	1 007 303.4	23 586.6	815 677.7	28 082.0	24 434.2
2000 ～ 2999 人	4 133 767.5	82 837.6	3 551 139.8	131 871.8	117 996.5	438 903.7	37 441.6	346 501.9	18 830.2	13 031.3
3000 ～ 4999 人	3 726 183.5	133 873.3	2 969 894.0	118 726.1	100 735.4	871 481.6	83 177.7	494 561.3	36 358.6	29 223.5
5000 ～ 9999 人	6 622 767.5	311 632.8	5 615 504.0	216 444.1	180 291.0	1 313 188.4	200 371.2	900 163.3	58 948.2	42 932.2
10,000 人 ～	13 197 681.2	809 969.1	9 658 648.3	470 487.5	380 822.9	3 233 495.3	523 239.7	2 219 204.8	145 035.1	96 742.5
計	7 148 486.7	353 837.8	5 816 883.4	228 617.9	186 433.2	1 343 884.8	182 266.7	931 495.5	57 001.7	40 598.3

12 販　売　事　業（つづき）

Marketing Business(Cont.)

（単位：千円）
(Unit:1000Yen)

Actual No.of Coops. Surveyed (～499 / 500～999 / 1000～1999 / 2000～2999 / 3000～4999 / 5000～9999 / 10000～ / Total); Average Per Coop. by Regular Membership (～499 / 500～999 / 1000～1999 / 2000～2999 / 3000～4999 / 5000～9999 / 10000～ / Total)	左のうち主な内訳 of which Details in Marketing Business: 野菜 of which Vegitables					果実 of which Fruits				
The Above is English Translation	当期販売・取扱高 Amount Marketed and Handled	うち当期買取販売高 of which Marketed by Purchase Method	うち系統利用高 of which Marketed through Coop. Channel	販売手数料(販売利益を含む) Marketing Commission (Including Marketing Profit)	うち受託販売手数料 of which Marketing Commission	当期販売・取扱高 Amount Marketed and Handled	うち当期買取販売高 of which Marketed by Purchase Method	うち系統利用 of which Marketed through Coop. Channel	販売手数料(販売利益を含む) Marketing Commission (Including Marketing Profit)	うち受託販売手数料 of which Marketing Commission
実 ～ 499 人	63 289 332	159 567	53 958 792	1 491 620	1 476 577	4 681 614	2 935 160	4 199 479	960 983	82 024
500 ～ 999 人	61 745 211	1 339 263	51 143 305	1 681 657	1 550 252	6 748 426	37 146	5 761 189	158 076	149 834
1000 ～ 1999 人	127 870 185	1 885 743	114 284 402	6 534 997	6 139 310	12 299 581	253 298	11 654 909	287 089	283 250
2000 ～ 2999 人	98 000 314	588 930	88 467 924	2 719 054	2 642 070	12 375 615	2 749	8 857 793	669 634	669 328
3000 ～ 4999 人	123 851 568	935 262	105 899 723	3 159 255	2 984 919	36 258 720	126 157	33 969 996	831 762	824 943
5000 ～ 9999 人	355 283 224	4 639 634	322 629 186	8 725 487	8 268 059	160 872 278	1 033 128	154 367 273	4 428 420	4 173 733
10,000 人 ～	480 302 316	15 862 437	395 136 377	15 383 399	13 408 844	187 788 045	1 961 975	161 234 567	5 193 981	4 847 142
数 計	1 310 342 150	25 410 836	1 131 519 709	39 695 469	36 470 031	421 024 279	6 349 613	380 045 206	12 529 945	11 030 254
平 ～ 499 人	791 116.7	1 994.6	674 484.9	18 645.3	18 457.2	58 520.2	36 689.5	52 493.5	12 012.3	1 025.3
500 ～ 999 人	1 143 429.8	24 801.2	947 098.2	31 141.8	28 708.4	124 970.9	687.9	106 688.7	2 927.3	2 774.7
1000 ～ 1999 人	2 367 966.4	34 921.2	2 116 377.8	121 018.5	113 690.9	227 770.0	4 690.7	215 831.6	5 316.5	5 245.4
2000 ～ 2999 人	2 041 673.2	12 269.4	1 843 081.8	56 647.0	55 043.1	257 825.3	57.3	184 537.4	13 950.7	13 944.3
3000 ～ 4999 人	1 303 700.7	9 844.9	1 114 733.9	33 255.3	31 420.2	381 670.7	1 328.0	357 578.9	8 755.4	8 683.6
5000 ～ 9999 人	1 920 449.9	25 079.1	1 743 941.5	47 164.8	44 692.2	869 579.9	5 584.5	834 417.7	23 937.4	22 560.7
10,000 人 ～	3 904 896.9	128 962.9	3 212 490.9	125 068.3	109 015.0	1 526 732.1	15 951.0	1 310 850.1	42 227.5	39 407.7
均 計	2 050 613.7	39 766.6	1 770 766.4	62 121.2	57 073.6	658 879.9	9 936.8	594 749.9	19 608.7	17 261.7

（単位：千円）
(Unit:1000Yen)

Actual No.of Coops. Surveyed (～499 / 500～999 / 1000～1999 / 2000～2999 / 3000～4999 / 5000～9999 / 10000～ / Total); Average Per Coop. by Regular Membership (～499 / 500～999 / 1000～1999 / 2000～2999 / 3000～4999 / 5000～9999 / 10000～ / Total)	左のうち主な内訳 of which Detail in Marketing Business: 花き・花木 of which Flowers & Ornamental Plants					畜産物計 Total of Livestock Products				
The Above is English Translation	当期販売・取扱高 Amount Marketed and Handled	うち当期買取販売高 of which Marketed by Purchase Method	うち系統利用 of which Marketed through Coop. Channel	販売手数料(販売利益を含む) Marketing Commission (Including Marketing Profit)	うち受託販売手数料 of which Marketing Commission	当期販売・取扱高 Amount Marketed and Handled	うち当期買取販売高 of which Marketed by Purchase Method	うち系統利用 of which Marketed through Coop. Channel	販売手数料(販売利益を含む) Marketing Commission (Including Marketing Profit)	うち受託販売手数料 of which Marketing Commission
実 ～ 499 人	2 101 647	0	1 192 227	56 167	56 167	407 262 918	6 323 065	387 185 633	5 094 423	4 948 081
500 ～ 999 人	2 412 592	0	1 920 501	61 335	61 335	137 197 856	3 097 396	131 688 418	1 371 612	1 289 405
1000 ～ 1999 人	3 772 191	3 186	3 240 257	100 233	99 809	59 334 675	0	51 744 452	712 853	712 850
2000 ～ 2999 人	2 743 002	15 704	2 582 984	83 514	81 710	50 460 819	1 192	45 492 052	708 225	708 083
3000 ～ 4999 人	6 853 460	3 540	6 250 843	179 198	178 761	74 830 960	23 171	68 454 507	882 997	878 302
5000 ～ 9999 人	51 006 417	359 769	44 033 310	1 566 270	1 484 649	296 588 577	298 028	282 124 393	3 824 313	3 779 279
10,000 人 ～	55 053 186	199 329	37 408 170	1 431 196	1 392 399	324 205 549	4 669 364	256 536 235	4 869 140	4 674 946
数 計	123 942 495	581 528	96 628 292	3 477 913	3 354 830	1 349 881 354	14 412 216	1 223 225 690	17 463 563	16 990 946
平 ～ 499 人	26 270.6	0.0	14 902.8	702.1	702.1	5 090 786.5	79 038.3	4 839 820.4	63 680.3	61 851.0
500 ～ 999 人	44 677.6	0.0	35 564.8	1 135.8	1 135.8	2 540 701.0	57 359.2	2 438 674.4	25 400.2	23 877.9
1000 ～ 1999 人	69 855.4	59.0	60 004.8	1 856.2	1 848.3	1 098 790.3	0.0	958 230.6	13 201.0	13 200.9
2000 ～ 2999 人	57 145.9	327.2	53 812.2	1 739.9	1 702.3	1 051 267.1	24.8	947 751.1	14 754.7	14 751.7
3000 ～ 4999 人	72 141.7	37.3	65 798.3	1 886.3	1 881.7	787 694.3	243.9	720 573.8	9 294.7	9 245.3
5000 ～ 9999 人	275 710.4	1 944.7	238 017.9	8 466.3	8 025.1	1 603 181.5	1 611.0	1 524 996.7	20 672.0	20 428.5
10,000 人 ～	447 586.9	1 620.6	304 131.5	11 635.7	11 320.3	2 635 817.5	37 962.3	2 085 660.4	39 586.5	38 007.7
均 計	193 963.2	910.1	151 218.0	5 442.7	5 250.1	2 112 490.4	22 554.3	1 914 281.2	27 329.5	26 589.9

13 販　売　事　業（つづき）

Marketing Business (Cont.)

（単位：千円）
(Unit:1000Yen)

左のうち主な内訳 of which Detail in Marketing Business

	畜産物のうち 生乳 of which Fresh Milk			畜産物のうち 肉用牛 of which Beef Cattle			畜産物のうち 肉豚 of which Hogs		
	当期販売・取扱高 Amount Marketed and Handled	うち系統利用 of which Marketed through Coop. Channel	販売手数料(販売利益を含む) Marketing Commission (Including Marketing Profit)	当期販売・取扱高 Amount Marketed and Handled	うち系統利用 of which Marketed through Coop. Channel	販売手数料(販売利益を含む) Marketing Commission (Including Marketing Profit)	当期販売・取扱高 Amount Marketed and Handled	うち系統利用 of which Marketed through Coop. Channel	販売手数料(販売利益を含む) Marketing Commission (Including Marketing Profit)
実数 ～499人	259 589 187	257 957 142	2 915 625	96 059 017	83 015 775	1 398 793	2 632 736	2 541 539	29 416
500～999人	64 801 542	64 677 156	646 869	48 673 795	45 224 355	599 633	4 532 137	4 513 221	50 750
1000～1999人	24 424 244	24 356 282	267 598	27 143 136	21 624 420	336 129	2 985 928	1 909 005	26 033
2000～2999人	20 681 725	19 518 545	315 051	15 488 366	13 438 949	199 460	6 433 232	5 854 377	71 536
3000～4999人	11 180 428	10 951 663	98 793	35 893 498	33 323 871	461 655	11 304 077	10 466 613	83 950
5000～9999人	37 257 385	36 960 825	366 515	181 652 560	170 930 733	2 307 987	34 872 386	33 819 077	379 362
10,000人～	55 584 512	48 763 662	695 439	180 603 213	136 798 248	2 875 281	32 122 160	27 316 072	388 013
計	473 519 023	463 185 275	5 305 890	585 513 585	504 356 351	8 178 938	94 882 656	86 419 904	1 029 059
平均 ～499人	3 244 864.8	3 224 464.3	36 445.3	1 200 737.7	1 037 697.2	17 484.9	32 909.2	31 769.2	367.7
500～999人	1 200 028.6	1 197 725.1	11 979.1	901 366.6	837 488.1	11 104.3	83 928.5	83 578.2	939.8
1000～1999人	452 300.8	451 042.3	4 955.5	502 650.7	400 452.2	6 224.6	55 295.0	35 351.9	482.1
2000～2999人	430 869.3	406 636.4	6 563.6	322 674.3	279 978.1	4 155.4	134 025.7	121 966.2	1 490.3
3000～4999人	117 688.7	115 280.7	1 039.9	377 826.3	350 777.6	4 859.5	118 990.3	110 174.9	883.7
5000～9999人	201 391.3	199 788.2	1 981.2	981 905.7	923 949.9	12 475.6	188 499.4	182 805.8	2 050.6
10,000人～	451 906.6	396 452.5	5 654.0	1 468 318.8	1 112 180.9	23 376.3	261 155.8	222 081.9	3 154.6
計	741 031.3	724 859.6	8 303.4	916 296.7	789 290.1	12 799.6	148 486.2	135 242.4	1 610.4

The Above is English Translation

（単位：千円）
(Unit:1000Yen)

左のうち主な内訳 of which Detail in Marketing Business

	畜産物のうち 肉鶏 of which Broiler			畜産物のうち 鶏卵 of which Eggs		
	当期販売・取扱高 Amount Marketed and Handled	うち系統利用 of which Marketed through Coop. Channel	販売手数料(販売利益を含む) Marketing Commission (Including Marketing Profit)	当期販売・取扱高 Amount Marketed and Handled	うち系統利用 of which Marketed through Coop. Channel	販売手数料(販売利益を含む) Marketing Commission (Including Marketing Profit)
実数 ～499人	198 212	0	1 818	592 626	12 195	5 170
500～999人	0	0	0	24 893	5 316	725
1000～1999人	83 633	83 633	0	777 957	768 416	2 295
2000～2999人	0	0	0	275 487	202 535	9 898
3000～4999人	612 980	127 940	11 621	3 078 373	2 968 111	28 169
5000～9999人	1 083 677	396 679	11 759	4 200 858	4 126 980	37 069
10,000人～	2 175 491	86 759	11 648	8 997 114	3 934 775	170 653
計	4 153 993	695 011	36 846	17 947 308	12 018 328	253 979
平均 ～499人	2 477.7	0.0	22.7	7 407.8	152.4	64.6
500～999人	0.0	0.0	0.0	461.0	98.4	13.4
1000～1999人	1 548.8	1 548.8	0.0	14 406.6	14 229.9	42.5
2000～2999人	0.0	0.0	0.0	5 739.3	4 219.5	206.2
3000～4999人	6 452.4	1 346.7	122.3	32 403.9	31 243.3	296.5
5000～9999人	5 857.7	2 144.2	63.6	22 707.3	22 308.0	200.4
10,000人～	17 686.9	705.4	94.7	73 147.3	31 990.0	1 387.4
計	6 500.8	1 087.7	57.7	28 086.6	18 808.0	397.5

The Above is English Translation

〔参考〕

購買、販売品目別分類表

① 購 買 事 業

【生産資材】

大 分 類（調査票分類）	細 目
肥 料	化学肥料（硫安、尿素等）、有機質肥料（堆肥、きゅう肥等）
農 薬	農薬
飼 料	穀類、ふすま、植物性かす類、動物性かす類、配合飼料、その他飼料
農 業 機 械	原動機（モーター等）、揚排水機具（ポンプ類等）、耕うん整地用機具（トラクター等）、施肥用機具（肥料散布機等）、防除用機具（噴霧器等）、収穫調整用機具（コンバイン等）、運搬用機具（トレーラー等）、その他農業用に使用される機械器具
燃 料	重油、軽油、灯油、ガソリン、潤滑油、混合油等
自 動 車	農用自動車等（自動車部品、機器、附属品等を含む。）
そ の 他	諸材料等（ビニール・シート、ポリエチレン、袋掛け用紙袋、穀物用樹脂袋、穀物用麻袋、穀物用紙袋、包装用樹脂製品、その他の諸材料）、種苗・苗木、動物（子豚、種豚、ブロイラー用ひな、採卵鶏用ひな、肥育用もと牛、その他の動物（羊など収益を目的として使用する小動物）

【生活物資】

大 分 類（調査票分類）	細 目
食 料 品	米、青果、精肉、鮮魚、塩干、惣菜、その他の食料品
衣 料 品	作業服、合羽、手袋類、被服（洋服、くつ下等）、寝具類、敷物、カーテン、傘、その他衣料品
耐 久 消 費 財	家財家具、家庭用耐久財（電気冷蔵庫、電気洗濯機、電気掃除機等）、冷暖房用器具（エアコンディショナ、ストーブ等）、照明器具、その他の耐久消費財
日用保健雑貨用品	医薬品、保健医療用品、家事雑貨（食器類、なべ等）、家事用消耗品（ポリ袋・ラップ、洗濯用洗剤、トイレットペーパー等）、理美容用品（シャンプー、歯ブラシ等）、履き物（靴、ゴム長靴、運動靴等）、文房具、玩具、その他の日用保健雑貨用品
家 庭 用 燃 料	ＬＰガス、灯油
そ の 他	その他の生活物資

② 販 売 事 業

分　類 （調査票分類）	細　目	
米	水稲うるち、水稲もち、陸稲うるち、陸稲もち	
麦	小麦、６条大麦、裸麦、えん麦、らい麦	
雑穀・豆類	とうもろこし、あわ、そば、きび、ひえ、その他の雑穀、大豆、そらまめ、いんげんまめ、あずき、落花生、えんどう、りょくとう、その他の豆類	
野　菜	だいこん、かぶ、にんじん、ごぼう、さといも、れんこん、しょうが、やまのいも、きゃべつ、結球はくさい、つけな、ほうれんそう、ねぎ、たまねぎ、たけのこ、レタス、セロリ、パセリ、はなやさい、アスパラガス、ふき、らっきょう、とうもろこし（未成熟）、大豆（未成熟）、そらまめ（未成熟）、いんげんまめ（未成熟）、きゅうり、しろうり、かぼちゃ、なす、とまと、とうがらし、ピーマン、すいか、まくわうり、いちご、メロン等果実的野菜、その他の野菜、食用甘しょ・ばれいしょ、生しいたけ、菌茸類	
果　実	みかん、ネーブルオレンジ、なつみかん、ぶどう、日本なし、西洋なし、りんご、おうとう、びわ、もも、うめ、かき、くり、その他の果実	
花き・花	切花、鉢、観葉植物、花木等	
畜　産	生乳	搾乳したままの牛の乳
	肉用牛	肉用牛（肉用乳用牛及び廃用の乳用牛を含む。）
	肉豚	肉豚
	肉鶏	ブロイラー・成鶏（採卵用廃鶏で食用に供するものを含む。）
	鶏卵	鶏卵
	その他	乳用牛、家畜（種、母牛豚、子牛豚）、牛乳（特別牛乳、脱脂乳、加工乳を含み直接飲料に供する目的で販売するものをいう。）、馬、羊、うずらの卵、はちみつ、その他の畜産
その他	茶	茶
	その他	加工用かんしょ・ばれいしょ、藺、林産物（木炭、天然のきのこ類、山菜類等）、乾椎茸、加工食品、種子（種ばれいしょ等を含む。）、たねもみ、なたね、わら工品、こい、どじょう等

平成30事業年度　総合農協統計表

令和２年８月　発行　　　　　　　定価は表紙に表示してあります。

編集　〒100-8950　東京都千代田区霞が関１－２－１
　　　　　　　　農林水産省経営局協同組織課

発行　〒153-0064　東京都目黒区下目黒3-9-13　目黒・炭やビル
　　　　　　　　一般財団法人　農林統計協会
　　　　　　　　振替　00190-5-70255　TEL 03(3492)2987

ISBN978-4-541-04324-5　C3061